ライブラリ数理・情報系の数学講義 = 別巻1

基礎演習 線形代数

金子　晃　著

サイエンス社

サイエンス社のホームページのご案内
http://www.saiensu.co.jp
ご意見・ご要望は　rikei@saiensu.co.jp　まで.

はしがき

　本書は，主に理工系の大学生向けの線形代数の演習書です．『ライブラリ数理・情報系の数学講義』に対する別巻『基礎演習』の第1巻で，前者の『線形代数講義』（以下『教科書』と略称）と対をなすものですが，使用する諸概念や定義・定理は要項に掲げ，線形代数のどんな教科書にも対応できるよう配慮しましたので，ほとんどの大学で線形代数の演習書として，あるいは自習書として広く利用可能と思います．もちろん，要項をあまり詳しく書くと，問題の解説が減り演習書としては本末転倒なので，適当な教科書と並行して，あるいは読み終えた後の復習や学力強化に使うことを想定した簡潔な解説にとどめています．要項だけで理解できない，あるいは詳細を思い出せない場合は，教科書の説明を適宜参照するようにしてください．

　扱っている題材は，理工系の1年生向けの標準的な線形代数の内容はもちろん，大学によっては2年生向けの続論としている固有値や固有ベクトル，更にジョルダン標準形とその応用に関する演習問題も豊富に取り入れています．また，工学部の専門講義で出てくる特異値分解，主成分分析を始め，行列にからんだ最適化問題などの典型的なテーマと，それに関連して，行列の級数や微分など，微積分や線形代数の講義や演習ではなかなか扱えない事項も詳しく取り上げました．工学系の実用書を読むときに線形代数の知識の復習の必要性を感じた方々の参考にもなり得るかと思います．

　用意した問題は計算練習が中心で，初等的な計算についても紙数が許す限り途中経過を詳述しています．それと並行して，基本的な理論問題や，それらの知識を使うと計算が楽になる問題などもかなりの数を取り上げましたので，数学科や理論系学科でも十分使えると思います．

　著者がかつて講義や演習で使うために作成していた演習問題は，主なものを『教科書』の問題として使ってしまったので，ほとんどの計算問題は今回新たに作成しましたが，それに加え，定年後にお茶の水女子大学の院試で出題された問題をいくつか使わせて頂きました．また，かねて蒐集してあった参考書類に載っている問題で，大学の演習の時間にはちょっと使いづらかった面白いが骨のある問題も今回はいくつか採用しました．更に，お茶の水女子大学における情報系の専門講義や卒業研究で自ら関わった応用系諸分野で仕入れた問題や，定年後に親しくして頂いている小林一郎先生の研究室のゼミで新たに知った人工知能・機械学習系統の問題なども追加しましたので，多彩な内容を提供できていると思います．

はしがき

　今回の原稿は，小林研究室の学生のネットワークを辿って見出したお茶の水女子大学理学部情報科学科の宇佐美文梨さんに素稿の段階から閲読をお願いしました．実は本書の執筆を長い間逡巡していたのですが，宇佐美さんから執筆のモチベーションを頂き一気に完成させることができました．頂いた貴重なコメントとともに，ここに感謝を記して記念とします．また院試の過去問の解答作りに協力してくれた橋本さゆりさん，卒業研究に関連したグラフ理論のおもしろい問題を教えてくれた中川真理子さん，この企画に興味を示し最終稿の点検を進んで引き受けてくれた山本百合さんにも感謝します．最後になりましたが，このように貴重な学びと出会いの場を定年後の著者にお与え下さった小林一郎先生にはこの場をお借りして深甚な感謝を表します．

　本書についても（株）富士通研究所で野呂正行氏等により開発され，同氏が引き続きメンテナンスと改良を行っておられるフリーの数式処理ソフト Risa/Asir を，計算問題の定数決めや計算結果のチェックに大変有効に使わせて頂きました．

　本書の出版についてはサイエンス社の田島伸彦，鈴木綾子両氏に企画から編集まで，また一ノ瀬知子氏には緻密な編集・校正作業で大変お世話になりました．今回も問題を詰め込み過ぎたため，同社の演習書のフォーマットをかなり逸脱してしまいましたが，それを快くご了承下さったことに重ねて感謝致します．

2017年1月6日　　　　　　　　　　　　　　　　　　　　　　　　　　　　著者識

（以下，この記号はチューと読みます）

1. 本書ではスペース節約のため，問題の解答中に限り行列の基本変形の説明に以下のような記号を用いています．(r は row（行），c は column（列）の略記号です．また一見奇妙な演算記号は計算機の C 言語から借用しました．）試験やレポートの解答に使うときは，例題の解答中で用いているような普通の日本語に変えてください．

$r2+ = r3 \times 3$	第2行に第3行の3倍を加える
$c1- = c2 \times \lambda$	第1列から第2列の λ 倍を引く
$r3\times = 2$	第3行を2倍する
$r3\div = 2$	第3行を2で割る
$(\lambda - 1) \leftarrow c2$	第2列から $\lambda - 1$ を括り出す
$r2 \Leftrightarrow r3$	第2行と第3行を交換する

2. 本書のサポートページは

    http://www.saiensu.co.jp/

から辿れるサポートページ一覧の本書の欄にリンクされています．本書に載せ切れなかった解答の詳細や図，補足説明などを置く予定で，本文中のアイコン はサポートページに置かれた記事への参照を表します．

目　　次

第 1 章　平面と空間のベクトル　　1

- 1.1　平面ベクトルの基礎概念 …………………………………… 1
- 1.2　回転と重心座標 ……………………………………………… 4
- 1.3　空間のベクトル ……………………………………………… 8

第 2 章　行列と連立 1 次方程式　　12

- 2.1　ベクトルと行列の基礎概念 ………………………………… 12
- 2.2　転置行列とトレース ………………………………………… 16
- 2.3　行列の基本変形と階数 ……………………………………… 18
- 2.4　座標変換と基本変形 ………………………………………… 24
- 2.5　連立 1 次方程式 ……………………………………………… 28
- 2.6　逆行列の計算 ………………………………………………… 32
- 2.7　ブロック型行列の取扱い …………………………………… 37

第 3 章　線形空間と線形写像　　40

- 3.1　線形空間の公理と性質 ……………………………………… 40
- 3.2　次元と基底 …………………………………………………… 42
- 3.3　線形部分空間と次元公式 …………………………………… 45
- 3.4　連立 1 次方程式が定める部分空間 ………………………… 51
- 3.5　線形写像の定義と表現行列 ………………………………… 56
- 3.6　線形写像の像と核 …………………………………………… 62
- 3.7　基底の取り替えと座標変換 ………………………………… 65

第 4 章　行　列　式　　69

- 4.1　行列式の定義と性質 ………………………………………… 69
- 4.2　行列式の計算法 ……………………………………………… 74
- 4.3　余因子とその応用 …………………………………………… 77
- 4.4　ラプラスの展開定理 ………………………………………… 81
- 4.5　線形写像と行列式 …………………………………………… 83
- 4.6　行列式と対称式・交代式 …………………………………… 85

第5章　固有値と固有ベクトル　　　89

- 5.1　固有値と行列の対角化 89
- 5.2　ジョルダン標準形 99
- 5.3　固有多項式と最小多項式 111
- 5.4　標準形の応用–1. 冪乗の計算 117
- 5.5　標準形の応用–2. 標準形を意識した推論 122
- 5.6　標準形の応用–3. 漸化式の解法 124

第6章　対称行列と2次形式　　　129

- 6.1　直交行列と等長変換 129
- 6.2　対称行列の固有値と固有ベクトル 134
- 6.3　2 次 形 式 140
- 6.4　2 次 曲 線 144
- 6.5　2 次 曲 面 148
- 6.6　同時対角化と正規行列 152

第7章　行列の解析的取扱い　　　157

- 7.1　行列のノルムと内積 157
- 7.2　行列の無限級数 161
- 7.3　行列の微分 171
- 7.4　行列式の微分 177
- 7.5　行列を含む積分計算 182
- 7.6　行列と位相 184

第8章　工学への応用　　　187

- 8.1　行列が関わる最大・最小問題 187
- 8.2　特異値分解と一般化逆 195
- 8.3　離散畳み込みと離散フーリエ変換 200
- 8.4　グラフと行列 203

問 題 解 答　　　208

第1章 ⋯ 208，　第2章 ⋯ 212，　第3章 ⋯ 224，　第4章 ⋯ 231，
第5章 ⋯ 238，　第6章 ⋯ 250，　第7章 ⋯ 266，　第8章 ⋯ 273

参 考 文 献　　　278
索　　　引　　　279

1 平面と空間のベクトル

この章では，平面と空間のベクトルを幾何学的に取り扱う練習を行う．高校の数学の延長のような内容であるが，外積は新しく習う概念であり，高校の数学の問題をより高い立場から解釈するのに役立つ．この種の考察は，図形をコンピュータ処理するための計算幾何学のアルゴリズムを作るのにもしばしば必要となる．

1.1 平面ベクトルの基礎概念

この章では，平面ベクトル a の成分を (a_1, a_2) で表す．(次章以降では $\begin{pmatrix} a_1 \\ a_2 \end{pmatrix}$ と縦に記す．) ベクトルの実数倍（以下では**スカラー倍**と言う） $\lambda a = (\lambda a_1, \lambda a_2)$，二つのベクトルの和 $(a_1, a_2) + (b_1, b_2) = (a_1 + b_1, a_2 + b_2)$ は高校で学んだ通りである．また a の長さ（大きさ）を $|a| = \sqrt{a_1^2 + a_2^2}$ で表す．(7 章以降では $\|a\|$ を用いる．)

要項 1.1.1 二つのベクトル a, b は $\lambda a + \mu b = 0$（零ベクトル）となる λ, μ でどちらかは零でないものが存在するとき **1 次従属**という．平面ではこのときどちらかは他方のスカラー倍となる．また，そうでないとき **1 次独立**という．1 次独立な二つのベクトルは，これを**基底**として平面の任意のベクトルをそれらの **1 次結合** $\lambda a + \mu b$ として一意に表現できる．

要項 1.1.2 （平面ベクトルの内積）二つの平面ベクトル a, b の内積を

$$a \cdot b = |a| \, |b| \cos \theta$$

で定める．ここに θ は二つのベクトルの成す角を表す．これは成分表示では $a_1 b_1 + a_2 b_2$ となる．

内積の性質:
(1) （双線形性） $a \cdot (\lambda b + \mu c) = \lambda a \cdot b + \mu a \cdot c$, $(\lambda a + \mu b) \cdot c = \lambda a \cdot c + \mu b \cdot c$
(2) （対称性） $a \cdot b = b \cdot a$
(3) （正定値性） $a \cdot a \geq 0$ であり，これは $a = 0$ のとき，かつそのときに限り 0 となる．

要項 1.1.3 （平面ベクトルの外積）二つの平面ベクトル a, b の外積 $a \times b$ は，この平面に垂直で，長さが $|a| \, |b| |\sin \theta|$，向きは a から b に右ネジを回したときに進む向きと定める．従ってこれは z 座標成分しか持たず，それは符号付きの実数 $|a| \, |b| \sin \theta$，

成分による表現で $a_1b_2 - a_2b_1 =: \begin{vmatrix} a_1 & b_1 \\ a_2 & b_2 \end{vmatrix}$ となる[1]．これが正のときは表側に，負のときは裏側に向かうベクトルとなる．以下簡単のため，平面ベクトルの場合に限り外積記号を，この成分を表すのにも流用する．この量は，二つのベクトル a, b で張られる平行四辺形の符号付き面積を表し，$\frac{1}{2}$ にすれば a, b を 2 辺とする三角形の符号付き面積となる．符号はこのベクトルの並び方が平面の正の向きと一致する（すなわち，標準基底からの連続的な基底の変形で得られる）か，その逆（すなわち，順序の入れ替えが必要）かを表す．

外積の性質：
(1) （双線形性） $a \times (\lambda b + \mu c) = \lambda a \times b + \mu a \times c$,
  $(\lambda a + \mu b) \times c = \lambda a \times c + \mu b \times c$
(2) （反対称性） $a \times b = -b \times a$
(3) $a \times b = 0$ となるのは，二つのベクトル a, b が 1 次従属となるとき，かつそのときに限る．

例題 1.1-1 ——————————————————————— 凸多角形 ———

$a_1, a_2, \ldots, a_n$ を平面のベクトルとする．これらを一つのベクトルの頭（終点）に次のベクトルの根（始点）を合わせて順につないでゆくとき，凸 n 角形ができるための条件を記せ．

[解答] まず，出発点に戻ってこなければ閉じた図形が得られないので，

$$a_1 + a_2 + \cdots + a_n = 0$$

となることが必要である．次に，つなぎ目で必ず一定の側に曲がらねば凸にならないので，

$$a_i \times a_{i+1} > 0, \quad i = 1, 2, \ldots, n \quad \text{（正の向きに一周）}$$

または

$$a_i \times a_{i+1} < 0, \quad i = 1, 2, \ldots, n \quad \text{（負の向きに一周）}$$

となることが必要である．ここに外積は z 座標成分を表すものとし，a_{n+1} は a_1 のこととする．

逆に，これらの条件が満たされれば，凸多角形が得られることが容易に分かる． ∎

---
[1] 後の記号は 2 次の行列式であるが，第 4 章で本格的に扱うまで気にしなくてよい．なお，本書では記号 A を hoge と定義することを $A :=$ hoge で表現するが，時にこのように逆順で hoge $=: A$ とも記す．

1.1 平面ベクトルの基礎概念

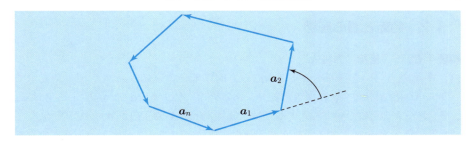

例題 1.1-2 ──────────────────── 零ベクトルの判定条件 ─

平面ベクトル a について, 他の平面ベクトル $b \neq 0$ で $a \times b$ も $a \cdot b$ も零となるものが存在すれば, $a = 0$ であることを示せ.

[解答] $a \times b$ が零なら $a = kb$ と書ける. これが更に $a \cdot b = kb \cdot b = 0$ を満たせば, 仮定により $b \cdot b \neq 0$ なので $k = 0$ となる. よって $a = 0$ である. ∎

問題

1.1.1 平面の点 P を通りベクトル a 方向に延びる直線 ℓ について, このベクトルの方向に進むとき点 Q が ℓ の右側にあるための条件, 左側にあるための条件, および直線 ℓ 上にあるための条件を外積を用いて表せ.

1.1.2 平面の点 P を通りベクトル a 方向に延びる直線 ℓ が線分 QR と端点以外で交わるための条件を示せ.

1.1.3 平面の点 P が三角形 ABC 内にあるかどうか判定する方法を与えよ.

1.1.4 三角形 ABC において $AB^2 + AC^2 - BC^2 = 2AB \cdot AC \cos \angle A$ となること (第 2 余弦定理) を示せ. (式中の AB 等は対応する線分の長さを表す.)

1.1.5 三角形 ABC の辺 BC の 3 等分点を B に近い方から M, N とする. 辺 AB 上に勝手に点 D を取り, ここを通る辺 AC への平行線が線分 AM, AN と交わる点を順に E, F とする. このとき $EF = 3DE$ であることを示せ.

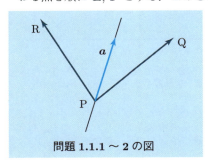

問題 1.1.1 ～ 2 の図

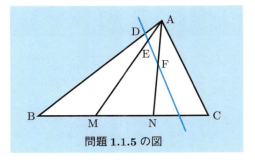

問題 1.1.5 の図

1.2 回転と重心座標

要項 1.2.1 （直線の方程式）

(1) 平面の点 P を通りベクトル $\boldsymbol{a}$ の方向に延びる直線は，パラメータ表示で $Q = P + t\boldsymbol{a}, t \in \boldsymbol{R}$ と表される[2]．あるいは，$\overrightarrow{PQ} = t\boldsymbol{a}, t \in \boldsymbol{R}$ とも書ける．パラメータを用いない方程式としては，Q を動点として $\overrightarrow{PQ} \times \boldsymbol{a} = 0$ がある．

(2) 平面の点 P を通りベクトル $\boldsymbol{a}$ に垂直な直線は，$\overrightarrow{PQ} \cdot \boldsymbol{a} = 0$ という方程式で表される．

以上は座標成分で書き直せば，高校以来なじみの表現となる．

要項 1.2.2 2次行列[3] $R_\theta := \begin{pmatrix} \cos\theta & -\sin\theta \\ \sin\theta & \cos\theta \end{pmatrix}$ は平面ベクトル (x, y) に

$$\begin{pmatrix} \cos\theta & -\sin\theta \\ \sin\theta & \cos\theta \end{pmatrix} \begin{pmatrix} x \\ y \end{pmatrix} = \begin{pmatrix} x\cos\theta - y\sin\theta \\ x\sin\theta + y\cos\theta \end{pmatrix}$$

と作用し，正の向きに θ だけ回転させたベクトル $(x\cos\theta - y\sin\theta, x\sin\theta + y\cos\theta)$ を与える．$R_\theta R_\varphi = R_{\theta+\varphi}$ が成り立つ．

例題 1.2-1 　　　　　　　　　　　　　　　　　　　　　　　　　　　　重心座標

(1) 線分 AB の端点は $A(x_A, y_A)$, $B(x_B, y_B)$ という座標を持つとする．この線分上の点 P は $0 \le \lambda \le 1$ なるパラメータにより $(1-\lambda)(x_A, y_A) + \lambda(x_B, y_B)$ の形に一意的に表されることを示せ．また $\lambda = \frac{1}{2}$ に対応する点はこの線分の中点であることを示せ．

(2) 平面の三角形 ABC の各頂点は $A(x_A, y_A)$, $B(x_B, y_B)$, $C(x_C, y_C)$ という座標を持つとする．この三角形内の点 P は $0 \le \pi_A$, $0 \le \pi_B$, $0 \le \pi_C$, $\pi_A + \pi_B + \pi_C = 1$ を満たすパラメータ π_A, π_B, π_C により

$$P = \pi_A(x_A, y_A) + \pi_B(x_B, y_B) + \pi_C(x_C, y_C)$$

の形に一意的に表されることを示せ．これをこの三角形の**重心座標**と呼ぶ．また，$\pi_A = \pi_B = \pi_C = \frac{1}{3}$ に対応する点は重心であることを示せ．

---

[2] ここで，点とベクトルの加法はワイルによる平面幾何学の表現法であるが，P, Q をこれらの点に対応する平面の位置ベクトルと解釈すれば，単なるベクトルの加法とみなせる．以下でも簡単のためその解釈を用いる．

[3] 至近の高校数学指導要領では行列の扱いが消滅したようなので，学んでいない読者は教科書 [1]，第 1 章などの高校数学の復習に当てられたところを読んで頂きたい．なお，行列の一般的定義や計算法は本書の第 2 章で出てくる．本書の第 2 章以降はこの章に論理的には依存していないので，第 2～4 章ぐらいを先に学んでからこの章に戻るという手もあろう．

[解答] (1) 以下簡単のため，この節だけの記号として座標成分表記の位置ベクトル (x_A, y_A) を単に A 等で略記する．

$$(1-\lambda)A + \lambda B = A + \lambda(B - A)$$

と変形してみれば，これは λ をパラメータとし，点 A を通ってベクトル $B - A = \overrightarrow{AB}$ 方向に延びる直線の方程式である．よって，直線上の点とパラメータ λ の値が一対一に対応することは明らかである．特に，$\lambda = 0$ のときは点 A，$\lambda = 1$ のときは点 B を表すことは明らかなので，$\lambda = \frac{1}{2}$ のときは，それらの中点を表す．一般の λ については，$(1-\lambda)A + \lambda B$ は AB を λ 対 $(1-\lambda)$ に内分する点となる．

(2) $\pi_A = 1 - \pi_B - \pi_C$ を代入すれば，

$$\pi_A A + \pi_B B + \pi_C C = A + \pi_B(B - A) + \pi_C(C - A)$$

と書き直せるので，点 P がベクトル $\overrightarrow{AB}$ と $\overrightarrow{AC}$ で生成される半直線の間に有ることは明らかである．他の点を起点としても同様なので，P は三角形の内部または周上にある．これら二つのベクトルは 1 次独立なので，その 1 次結合の係数 π_B, π_C と平面上の点は一対一に対応する．

特に，$(\pi_A, \pi_B, \pi_C) = \left(0, \frac{1}{2}, \frac{1}{2}\right)$ に対応する点

$$M = 0A + \frac{1}{2}B + \frac{1}{2}C = \frac{1}{2}(B + C)$$

は辺 BC の中点となることが (1) より分かる．更に $(\pi_A, \pi_B, \pi_C) = \left(\frac{1}{3}, \frac{1}{3}, \frac{1}{3}\right)$ に対応する点 G は

$$G = \frac{1}{3}A + \frac{1}{3}B + \frac{1}{3}C = \frac{1}{3}A + \frac{2}{3}\left(\frac{1}{2}B + \frac{1}{2}C\right) = \frac{1}{3}A + \frac{2}{3}M$$

より，中線 AM 上にある．他の頂点に関しても同様で，かつ G の表現が A, B, C について対称なので，G が 3 本の中線の共点となることも分かる．これが重心の幾何学的定義であった．重心は中線 AM を 2 対 1 に内分していることも上の表現から分かる．■

例題 1.2-2 ─────────────── 回転の応用 ─

(ナポレオン[4]の定理) 平面の勝手な三角形 ABC の各辺の外側に，その辺を一辺とする正三角形を描く．このとき次を示せ：
(1) これらの正三角形の重心は正三角形を成す．
(2) この新たな正三角形の重心は，もとの三角形の重心と一致する．

---

[4] 本当にナポレオンが見つけたかどうかについては確証は無いようである．

解答 この解答でも点の記号をその平面での位置ベクトルを表すのに流用する．また，線分 AB の長さは正式には $|\vec{AB}|$ で表すが，式中では単に AB とも記す．
$\triangle$ABC の辺 AB を一辺とする正三角形 ABL の重心 P は，$\angle$ABP $= \dfrac{\pi}{6}$ かつ BP $=$ AB $\cdot \dfrac{\sqrt{3}}{2} \cdot \dfrac{2}{3} = \dfrac{\sqrt{3}}{3}$ AB であることから，

$$P = B + \frac{\sqrt{3}}{3} R_{\pi/6}(A - B)$$

と書ける．辺 BC を一辺とする正三角形の重心 Q，辺 CA を一辺とする正三角形の重心 R についても同様に，

$$Q = C + \frac{\sqrt{3}}{3} R_{\pi/6}(B - C), \qquad R = A + \frac{\sqrt{3}}{3} R_{\pi/6}(C - A)$$

と書ける．これらを総和すると

$$P + Q + R = A + B + C$$

となる．それぞれの三角形の重心はこれを $\dfrac{1}{3}$ 倍したものなので，$\triangle$ABC と $\triangle$PQR が重心を共有することが分かり，まず (2) が示された．

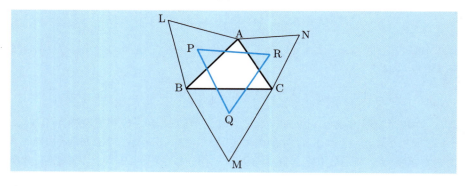

次に，
$$R - Q = A - C - \frac{\sqrt{3}}{3} R_{\pi/6}(A - C) - \frac{\sqrt{3}}{3} R_{\pi/6}(B - C),$$
$$P - Q = B - C - \frac{\sqrt{3}}{3} R_{\pi/6}(B - C) + \frac{\sqrt{3}}{3} R_{\pi/6}(A - B)$$
$$= B - C - 2\frac{\sqrt{3}}{3} R_{\pi/6}(B - C) + \frac{\sqrt{3}}{3} R_{\pi/6}(A - C).$$

ここで $E = \begin{pmatrix} 1 & 0 \\ 0 & 1 \end{pmatrix}$ を単位行列，すなわち恒等写像の表現として

$$E - \frac{\sqrt{3}}{3}R_{\pi/6} = \begin{pmatrix} 1 & 0 \\ 0 & 1 \end{pmatrix} - \frac{\sqrt{3}}{3}\begin{pmatrix} \frac{\sqrt{3}}{2} & -\frac{1}{2} \\ \frac{1}{2} & \frac{\sqrt{3}}{2} \end{pmatrix} = \begin{pmatrix} \frac{1}{2} & \frac{\sqrt{3}}{6} \\ -\frac{\sqrt{3}}{6} & \frac{1}{2} \end{pmatrix}$$

$$= \frac{\sqrt{3}}{3}\begin{pmatrix} \frac{\sqrt{3}}{2} & \frac{1}{2} \\ -\frac{1}{2} & \frac{\sqrt{3}}{2} \end{pmatrix} = \frac{\sqrt{3}}{3}R_{-\pi/6}. \tag{1.1}$$

よって $R - Q$ の右辺の $A - C$ の同類項はこの係数にまとめられる．同様にして，

$$R - Q = \frac{\sqrt{3}}{3}R_{-\pi/6}(A - C) - \frac{\sqrt{3}}{3}R_{\pi/6}(B - C), \tag{1.2}$$

$$P - Q = -\frac{\sqrt{3}}{3}(R_{\pi/6} - R_{-\pi/6})(B - C) + \frac{\sqrt{3}}{3}R_{\pi/6}(A - C) \tag{1.3}$$

と書き直せる．$\frac{\pi}{3} + \frac{\pi}{6} = \frac{\pi}{2}$ に注意すると，

$$R_{\pi/3}(R - Q) = \frac{\sqrt{3}}{3}R_{\pi/6}(A - C) - \frac{\sqrt{3}}{3}R_{\pi/2}(B - C).$$

ここで，

$$R_{\pi/6} - R_{-\pi/6} = \begin{pmatrix} \frac{\sqrt{3}}{2} & -\frac{1}{2} \\ \frac{1}{2} & \frac{\sqrt{3}}{2} \end{pmatrix} - \begin{pmatrix} \frac{\sqrt{3}}{2} & \frac{1}{2} \\ -\frac{1}{2} & \frac{\sqrt{3}}{2} \end{pmatrix} = \begin{pmatrix} 0 & -1 \\ 1 & 0 \end{pmatrix} = R_{\pi/2}$$

なので，$R_{\pi/3}(R - Q) = P - Q$ が分かる．これは $\triangle PQR$ が P を頂点とする頂角 $\frac{\pi}{3}$ の二等辺三角形，すなわち正三角形であることを意味し，(1) が示された． ∎

問　題

1.2.1 例題 1.2-2 において，$\triangle ABC$ の各辺に接する正三角形を例題とは反対の側に作ったときも，それらの重心は正三角形を成し，更にその重心は同じになることを示せ．また，例題の正三角形とこの新しい正三角形の面積の差は，もとの三角形 ABC の面積に等しいことを確かめよ．

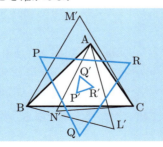

1.2.2 三角形 ABC の各頂点から対辺への垂線は 1 点 H（垂心）で交わることを示せ．また H の位置を三角形の幾何学的データで表せ．

1.3 空間のベクトル

ベクトルの表記法は平面の場合と同様とする．3 次元ベクトルの和やスカラー倍は平面ベクトルと同様，成分ごとの演算で定義される．

要項 1.3.1 三つの 3 次元ベクトル $\bm{a} = (a_1, a_2, a_3)$, $\bm{b} = (b_1, b_2, b_3)$, $\bm{c} = (c_1, c_2, c_3)$ の **1 次結合**とは，$\lambda \bm{a} + \mu \bm{b} + \nu \bm{c}$ ($\lambda, \mu, \nu \in \bm{R}$) の形のものを言う．これが $\bm{0}$ となるのが $\lambda = \mu = \nu = 0$ のときに限るとき，これらのベクトルは **1 次独立**であるという．1 次独立でないときは **1 次従属**という．このとき三つのベクトルは原点を通るある平面に収まる．

要項 1.3.2 二つの 3 次元ベクトル $\bm{a} = (a_1, a_2, a_3)$, $\bm{b} = (b_1, b_2, b_3)$ の**内積** $\bm{a} \cdot \bm{b}$ は，これらのベクトル（が張る平面[5]内でこれら）が成す角を θ とするとき，$|\bm{a}||\bm{b}| \cos\theta$ で与えられる．成分で表せば $a_1 b_1 + a_2 b_2 + a_3 b_3$ となる．

内積は平面ベクトルの場合と同様の性質（要項 1.1.2 の (1), (2), (3)）を持つ．特に，$\sqrt{\bm{a} \cdot \bm{a}}$ はベクトル $\bm{a}$ の長さ $\sqrt{a_1^2 + a_2^2 + a_3^2}$ を与える．従って，ベクトル $\bm{a}, \bm{b}$ が成す角 θ は

$$\cos\theta = \frac{\bm{a} \cdot \bm{b}}{|\bm{a}||\bm{b}|} = \frac{a_1 b_1 + a_2 b_2 + a_3 b_3}{\sqrt{a_1^2 + a_2^2 + a_3^2}\sqrt{b_1^2 + b_2^2 + b_3^2}}$$

で計算できる．特に，$a_1 b_1 + a_2 b_2 + a_3 b_3 = 0 \iff \bm{a}, \bm{b}$ は直交．

要項 1.3.3 二つの 3 次元ベクトル $\bm{a} = (a_1, a_2, a_3)$, $\bm{b} = (b_1, b_2, b_3)$ の**外積** $\bm{a} \times \bm{b}$ は，これらのベクトルが張る平面に垂直で，向きは $\bm{a}$ から $\bm{b}$ に右ネジを回したときに進む向き，またその長さはこれらのベクトルが（平面内で）張る平行四辺形の面積に等しい．平面ベクトルの場合と同様の性質 (1) 〜 (3) を持つ．更に内積と関連して

(4) $(\bm{a} \times \bm{b}) \times \bm{c} = (\bm{a} \cdot \bm{c})\bm{b} - (\bm{b} \cdot \bm{c})\bm{a}$

という公式が成り立つ（⟶ 例題 1.3-1）．外積の成分表示は（⟶ 問題 1.3.1）

$$\left(\begin{vmatrix} a_2 & b_2 \\ a_3 & b_3 \end{vmatrix}, \begin{vmatrix} a_3 & b_3 \\ a_1 & b_1 \end{vmatrix}, \begin{vmatrix} a_1 & b_1 \\ a_2 & b_2 \end{vmatrix} \right), \quad \text{ここに} \quad \begin{vmatrix} a_2 & b_2 \\ a_3 & b_3 \end{vmatrix} = a_2 b_3 - a_3 b_2 \text{ 等々.} \quad (1.4)$$

要項 1.3.4 三つの 3 次元ベクトル $\bm{a} = (a_1, a_2, a_3)$, $\bm{b} = (b_1, b_2, b_3)$, $\bm{c} = (c_1, c_2, c_3)$ が張る平行六面体の符号付き体積は，$\bm{a} \cdot (\bm{b} \times \bm{c}) = \bm{b} \cdot (\bm{c} \times \bm{a}) = \bm{c} \cdot (\bm{a} \times \bm{b})$ で与えられる．符号は，このベクトルの並びが正の向き，すなわち空間の標準基底から基底の連続的変形で得られるときに正，そうでないとき負となる．これは成分表示で $\begin{vmatrix} a_1 & b_1 & c_1 \\ a_2 & b_2 & c_2 \\ a_3 & b_3 & c_3 \end{vmatrix}$

---

[5] この表現は幾何学的には明らかであろうが，線形代数的にはこれらのベクトルの 1 次結合の全体が成す集合と定義される．

となる．この記号は 3 次の行列式（⟶ 第 4 章）を表す．

例題 1.3-1 ────────────────────────────────── 外積の性質 ──

外積の性質 (4) を証明せよ．

[解答] R^3 の基本単位ベクトルを i, j, k で表そう．$a = a_1 i + a_2 j + a_3 k$, $b = b_1 i + b_2 j + b_3 k$, $c = c_1 i + c_2 j + c_3 k$ を (4) の両辺に代入し，両辺の各位置での線形性（3 重線形性）を用いて展開したとき，両者が一致することを示せば証明できるが，この計算は煩雑である．しかし線形性を利用すれば結局 i, j, k のすべての組み合わせに対して等式が成り立つことを見ればよく，更に対称性により $(i \times j) \times k$, $(i \times j) \times i$, $(i \times i) \times c$ の 3 種のタイプについて等式を確かめれば十分である．
第 1 の場合は，
$$\text{左辺} = k \times k = 0, \quad \text{右辺} = (i \cdot k)j - (j \cdot k)i = 0j - 0i = 0,$$
第 2 の場合は，
$$\text{左辺} = k \times i = j, \quad \text{右辺} = (i \cdot i)j - (j \cdot i)i = 1j - 0i = j,$$
第 3 の場合は，
$$\text{左辺} = 0 \times c = 0, \quad \text{右辺} = (i \cdot c)i - (i \cdot c)i = 0$$
で，いずれも成立している．

別解 $(a \times b) \times c$ は $a \times b$ に垂直なベクトルなので，a, b で張られる平面内に有り，従って $\lambda a + \mu b$ と表せる．これは c にも垂直なので，両者の内積は 0 となり
$$0 = (\lambda a + \mu b) \cdot c = \lambda a \cdot c + \mu b \cdot c, \quad \therefore \quad \lambda = \gamma b \cdot c, \quad \mu = -\gamma a \cdot c$$
とある比例定数 γ を用いて書ける．証明すべき式の左辺は a, b, c の成分について 3 次の同次多項式なので，γ は定数でなければならない．これを決めるには，$a = i$, $b = j$, $c = i$ を代入してみればよく，このとき
$$(a \times b) \times c = k \times i = j, \quad \lambda a + \mu b = \gamma(j \cdot i)i - \gamma(i \cdot i)j = -\gamma j.$$
故に $\gamma = -1$，従って $\lambda a + \mu b = -(b \cdot c)a + (a \cdot c)b$ となり等式が示された．　∎

例題 1.3-2 ────────────────────────────────── 外積の応用 ──

3 次元空間内の 3 点 A, B, C で定まる平面があるとき，第 4 の点 D からこの平面までの距離を表す公式を与えよ．

10　　　　　　　　　　第 1 章　平面と空間のベクトル

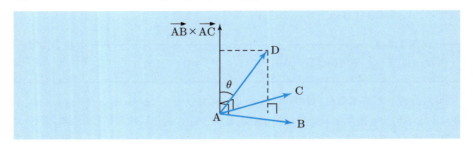

[解答] ベクトル $\overrightarrow{AB}, \overrightarrow{AC}, \overrightarrow{AD}$ の位置関係は図のようになっている．外積 $\overrightarrow{AB} \times \overrightarrow{AC}$ は，これらのベクトルが張る平面に垂直である．これを単位ベクトルにしたものは，$\dfrac{\overrightarrow{AB} \times \overrightarrow{AC}}{|\overrightarrow{AB} \times \overrightarrow{AC}|}$ と書ける．

原点から出る第 3 のベクトル $\overrightarrow{AD}$ のこの直線への正射影の長さは，内積
$$\left|\overrightarrow{AD} \cdot \dfrac{\overrightarrow{AB} \times \overrightarrow{AC}}{|\overrightarrow{AB} \times \overrightarrow{AC}|}\right| = \dfrac{|\overrightarrow{AD} \cdot (\overrightarrow{AB} \times \overrightarrow{AC})|}{|\overrightarrow{AB} \times \overrightarrow{AC}|}$$
で与えられる．(内積は二つのベクトルが鈍角を成すとき負になるので，全体に絶対値を付けた．)

別解 三つのベクトル $\overrightarrow{AB}, \overrightarrow{AC}, \overrightarrow{AD}$ が成す平行六面体の体積の公式 $|\overrightarrow{AD} \cdot (\overrightarrow{AB} \times \overrightarrow{AC})|$ を用いてよいものとする．この六面体の底面積は外積ベクトルの長さ $|\overrightarrow{AB} \times \overrightarrow{AC}|$ で与えられる．体積を底面積で割れば高さ，すなわち D から底面までの距離が得られるので上の値となる．■

🐰 1. $\overrightarrow{AB} \times \overrightarrow{AC} = (m_1, m_2, m_3)$ と置くとき，A, B, C が張る平面の方程式は $A(a_1, a_2, a_3)$ とするとき成分表示で $m_1(x_1 - a_1) + m_2(x_2 - a_2) + m_3(x_3 - a_3) = 0$ と書ける．これを $m_1 x_1 + m_2 x_2 + m_3 x_3 - k = 0$, ここに $k = m_1 a_1 + m_2 a_2 + m_3 a_3$ と変形しよう．このとき $D(d_1, d_2, d_3)$ とすれば
$$\overrightarrow{AD} \cdot (\overrightarrow{AB} \times \overrightarrow{AC}) = m_1(d_1 - a_1) + m_2(d_2 - a_2) + m_3(d_3 - a_3)$$
$$= m_1 d_1 + m_2 d_2 + m_3 d_3 - k$$
となるので，上で求めた距離の式は，昔高校数学でも教えられたことがある
$$\dfrac{|m_1 d_1 + m_2 d_2 + m_3 d_3 - k|}{\sqrt{m_1^2 + m_2^2 + m_3^2}}$$
という公式と一致する．

2. 三つのベクトルで張られる平行六面体の体積は，どの面を底面と思ってもよいので，要項に書かれたように（符号付きで）

$$\overrightarrow{AB}\cdot(\overrightarrow{AC}\times\overrightarrow{AD})=\overrightarrow{AC}\cdot(\overrightarrow{AD}\times\overrightarrow{AB})=\overrightarrow{AD}\cdot(\overrightarrow{AB}\times\overrightarrow{AC})$$

となる．従って，上で導いた公式の分子はこれらのどれが書かれていても同じである．

問題

1.3.1 $\boldsymbol{a}=(a_1,a_2,a_3)$, $\boldsymbol{b}=(b_1,b_2,b_3)$ の外積が (1.4) を成分に持つことを確かめよ．[ヒント：$\boldsymbol{a}=a_1\boldsymbol{i}+a_2\boldsymbol{j}+a_3\boldsymbol{k}$, $\boldsymbol{b}=b_1\boldsymbol{i}+b_2\boldsymbol{j}+b_3\boldsymbol{k}$ に対し $\boldsymbol{a}\times\boldsymbol{b}$ を展開計算してみよ．なお行列式の知識を用いたよりエレガントな証明は $\longrightarrow$ 問題 4.3.5.]

1.3.2 外積は結合律 $(\boldsymbol{a}\times\boldsymbol{b})\times\boldsymbol{c}=\boldsymbol{a}\times(\boldsymbol{b}\times\boldsymbol{c})$ を満たすか？証明または反例を与えよ．

1.3.3 二つの平面 $x+y+3z=-1$, $2x-y=1$ の交わりの直線の方向を持つ単位ベクトルを与えよ．

1.3.4 空間の 3 点 A, B, C を通る平面 h に，点 P, Q を通る直線 ℓ が交わるとき，この交点が三角形 ABC の中にあるかどうかを判定する方法を述べよ．

1.3.5 (**3 垂線の定理**) 平面 α の外の点 P から α に下ろした垂線の足[6]を H とする．α 上の直線 ℓ が H を通らないとき，H から ℓ に下ろした垂線の足を Q とすれば，$\overrightarrow{PQ}$ は ℓ に垂直である．これをベクトルの計算で確かめよ．

1.3.6 空間に 4 点 A, B, C, D を勝手に取るとき，$\overrightarrow{AB}\cdot\overrightarrow{CD}+\overrightarrow{BC}\cdot\overrightarrow{AD}+\overrightarrow{BD}\cdot\overrightarrow{CA}=0$ となることを示せ．

1.3.7 空間の四面体 ABCD の重心 G を通る平面が稜[7] AD, BD, CD と交わる点を順に P, Q, R とするとき，次の等式を示せ：

$$\frac{AP}{PD}+\frac{BQ}{QD}+\frac{CR}{RD}=1$$

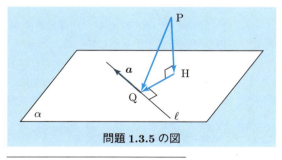

問題 1.3.5 の図

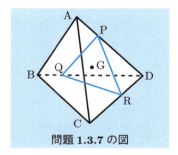

問題 1.3.7 の図

---

[6] 最近中学・高校では使わなくなったようだが，垂線とその目標の図形が（最初に）交わる点のことを伝統的にこう呼ぶ．

[7] 多面体の辺のことを昔は平面多角形の場合と区別してこう読んでいた．今も "山の稜線" などにこの字が残っている．

2 行列と連立 1 次方程式

この章では一般のサイズの数ベクトルと行列の取り扱いを練習する．説明は実数で行うが，複素数[1] C, 有理数 Q, あるいは任意の体，すなわち四則演算が可能な代数系 K の元を用いて同様の議論ができる．実際に後の章では実数で出発しても複素数の計算が必要となることがあるので，以下の例題や問題では複素数の計算も含めている．この章から数ベクトルは特に断らない限り縦ベクトルとして扱う．

2.1 ベクトルと行列の基礎概念

要項 2.1.1 サイズ n の（実）**数ベクトル** $\boldsymbol{a}$ とは n 個の実数の組のことである．以下これを縦に $\begin{pmatrix} a_1 \\ a_2 \\ \vdots \\ a_n \end{pmatrix}$ の形で記す．スペースを取らないよう，これを時に $(a_1, a_2, \ldots, a_n)^T$ と略記する．T は後出の行列に対する転置記号[2]である（要項 2.2.1）．各 a_i を $\boldsymbol{a}$ の**成分**または**要素**と呼ぶ．成分がすべて零のものを**零ベクトル**と呼び，$\boldsymbol{0}$ で表す．

(m, n) 型[3]**行列**とは，$a_{ij}, i = 1, 2, \ldots, m, j = 1, 2, \ldots, n$ と 2 重添え字付けされた mn 個の実数の組である．各 a_{ij} を A の成分または要素と呼ぶ．位置を指定するときは（第）ij 成分，i, j 成分，(i, j) 成分などと記す．（本書ではこれらの書き方を適宜併用する．）これらを普通

$$A = \begin{pmatrix} a_{11} & a_{12} & \ldots & a_{1n} \\ a_{21} & a_{22} & \ldots & a_{2n} \\ \vdots & \vdots & & \vdots \\ a_{m1} & a_{m2} & \ldots & a_{mn} \end{pmatrix} \tag{2.1}$$

のように表す．実体は $\boldsymbol{R}^{mn}$ の元であり，サイズ mn の数ベクトルと同等であるが，データに 2 次元構造を持たせることで，有用な付加価値を生み出している．

(m, n) 型行列をサイズ m の数ベクトル n 個の組 $(\boldsymbol{a}_1, \boldsymbol{a}_2, \ldots, \boldsymbol{a}_n)$ とみなすことは有用である．これらを A の**列ベクトル**と呼ぶ．横に取ったものは**行ベクトル**と呼ぶ．$m = n$ のとき，A は n 次**正方行列**と呼ばれる．$a_{ii}, i = 1, 2, \ldots, n$ を（主）**対角成分**

---

[1] 本書では記号 i を動く添え字として常用するので，**虚数単位**には $\sqrt{-1}$ を用いる．ただし計算問題の解答中では紛れる恐れはないのでスペース節約のため i も用いる．

[2] 数学では転置を $^t(\cdot)$ のように表すのが普通だが，本書は工学系での慣習に合わせてこのように記すこととする．恐らく大学を出たらこちらの表記に出会う機会の方が多いだろう．なお，工学系の書物ではベクトルの記号も $\boldsymbol{a}$ の代わりに立体の太字 $\mathbf{a}$ を用いるものが多いが，こちらは数学の慣習に従いイタリックの太字とした．

[3] $m \times n$ 型と表記する文献も多いが，教科書 [1] の記号に合わせてこちらを用いる．

と呼ぶ. 対角成分以外がすべて 0 の正方行列は**対角行列**または**対角型**と呼ばれる. 対角成分 $a_{ii} = d_i, i = 1, 2, \ldots, n$ を持つ対角行列を $\mathrm{diag}(d_1, d_2, \ldots, d_n)$ のように略記する. 特にすべての対角成分が 1 の対角行列は**単位行列**と呼ばれる. これは普通 E または I で表される[4]. 単位行列の列ベクトル $\boldsymbol{e}_1, \ldots, \boldsymbol{e}_n$ は $\boldsymbol{R}^n$ の座標軸方向の単位ベクトルを表し, **基本単位ベクトル**と呼ばれる. 単位行列の ij 成分は次の**クロネッカーのデルタ**となる:

$$\delta_{ij} = \begin{cases} 1, & i = j \text{ のとき}, \\ 0, & i \neq j \text{ のとき}. \end{cases}$$

成分がすべて 0 の行列は**零行列**と呼ばれる. 本書ではこれを O で表す.

要項 2.1.2 二つの数ベクトル $\boldsymbol{a} = (a_1, a_2, \ldots, a_n)^T, \boldsymbol{b} = (b_1, b_2, \ldots, b_n)^T$ の **1 次結合（線形結合）** $\lambda \boldsymbol{a} + \mu \boldsymbol{b}$ は

$$\lambda \begin{pmatrix} a_1 \\ a_2 \\ \vdots \\ a_n \end{pmatrix} + \mu \begin{pmatrix} b_1 \\ b_2 \\ \vdots \\ b_n \end{pmatrix} = \begin{pmatrix} \lambda a_1 + \mu a_1 \\ \lambda a_2 + \mu a_2 \\ \vdots \\ \lambda a_n + \mu a_n \end{pmatrix}$$

という数ベクトルと定める. 特に $\lambda = \mu = 1$ のときはベクトルの**加法** $\boldsymbol{a} + \boldsymbol{b}$, $\lambda = 1$, $\mu = -1$ のときは**減法** $\boldsymbol{a} - \boldsymbol{b}$, また λ と $\boldsymbol{a}$ のみの場合はベクトルの**スカラー倍** $\lambda \boldsymbol{a}$ となる. 3 個以上のベクトルの **1 次結合** $\lambda_1 \boldsymbol{a}_1 + \cdots + \lambda_k \boldsymbol{a}_k$ は k について帰納的に定義される.

二つの行列 A, B の 1 次結合は, 成分ごとに $\lambda a_{ij} + \mu b_{ij}$ と計算したものであり, これらをサイズ mn の数ベクトルとみなした 1 次結合と一致する.

要項 2.1.3 (m, n) 型行列 A とサイズ n のベクトル $\boldsymbol{b}$ の積 $A\boldsymbol{b}$ を

$$\begin{pmatrix} a_{11} & a_{12} & \ldots & a_{1n} \\ a_{21} & a_{22} & \ldots & a_{2n} \\ \vdots & \vdots & & \vdots \\ a_{m1} & a_{m2} & \ldots & a_{mn} \end{pmatrix} \begin{pmatrix} b_1 \\ b_2 \\ \vdots \\ b_n \end{pmatrix} = \begin{pmatrix} a_{11}b_1 + a_{12}b_2 + \cdots + a_{1n}b_n \\ a_{21}b_1 + a_{22}b_2 + \cdots + a_{2n}b_n \\ \vdots \\ a_{m1}b_1 + a_{m2}b_2 + \cdots + a_{mn}b_n \end{pmatrix}$$

と定める. 結果はサイズ m の数ベクトルとなる. これは A の列ベクトル $\boldsymbol{a}_1, \ldots, \boldsymbol{a}_n$ の 1 次結合

$$b_1 \boldsymbol{a}_1 + \cdots + b_n \boldsymbol{a}_n \tag{2.2}$$

に他ならない.

(m, n) 型行列 A と (n, p) 型行列 $B = (b_{ij}), i = 1, 2, \ldots, n, j = 1, 2, \ldots, p$ の積は, B の列ベクトル $\boldsymbol{b}_j = (b_{1j}, b_{2j}, \ldots, b_{nj})^T, j = 1, 2, \ldots, p$ を用いて

---

[4] 第 6 章までは高校数学に倣い E を用いるが, それ以後は工学の慣習に従い I も用いる.

$$AB = (A\boldsymbol{b}_1, A\boldsymbol{b}_2, \ldots, A\boldsymbol{b}_p) \tag{2.3}$$

と定義される．ここで，右辺の $A\boldsymbol{b}_j$ は行列 A と数ベクトル $\boldsymbol{b}_j$ の先に定義した意味での積の結果であり，右辺全体はこれらを列ベクトルとする (m,p) 型行列を表す．AB の第 ij 成分は $\sum_{k=1}^{n} a_{ik}b_{kj}$ と表される．

A, B がともに n 次正方行列なら，AB, BA がともに計算可能であるが，これらは一般には等しくない（行列積の非可換性）．ただし，一つの正方行列 A に対しては，冪乗 A^k が積の反復で定義でき，更に任意の多項式 $f(x) = x^d + c_1 x^{d-1} + \cdots + c_d$ に対して

$$f(A) := A^d + c_1 A^{d-1} + \cdots + c_d E$$

が定義できて，この形の二つの行列は積が可換となる．従って A を変数に見立てた 1 変数多項式と同様の計算が可能となる．

任意の行列と積が可換なものは，単位行列のスカラー倍に限られる．この形の行列は**スカラー行列**と呼ばれる．スカラー行列 λE による積は，スカラー λ による積と同等である．特に，単位行列は乗法の単位元として働く．

例題 2.1-1 ─────────────────────── 行列積の計算 ─

次のような行列の積の計算をせよ．

(1) $\begin{pmatrix} 1 & -1 \\ -1 & 1 \end{pmatrix} \begin{pmatrix} 1 & -1 \\ 1 & -1 \end{pmatrix}$
(2) $\begin{pmatrix} 2 & 1 & -5 & 2 \\ 1 & 1 & 0 & 3 \\ 1 & -2 & 1 & 0 \end{pmatrix} \begin{pmatrix} 1 & 2 \\ 3 & 4 \\ 5 & 6 \\ 7 & 8 \end{pmatrix}$

(3) $\begin{pmatrix} x_1 & x_2 & x_3 & x_4 \end{pmatrix} \begin{pmatrix} x_1 \\ x_2 \\ x_3 \\ x_4 \end{pmatrix}$
(4) $\begin{pmatrix} x_1 \\ x_2 \\ x_3 \\ x_4 \end{pmatrix} \begin{pmatrix} x_1 & x_2 & x_3 & x_4 & x_5 \end{pmatrix}$

[解答] (1) 定義に従って普通に計算すると $= \begin{pmatrix} 0 & 0 \\ 0 & 0 \end{pmatrix}$ が得られる．（この例は $AB = O$ から $A = O$ または $B = O$ を導いてはいけないことを示している．）

(2) 正方行列でなくても定義に従った計算は同様で，

$$= \begin{pmatrix} 2\cdot 1 + 1\cdot 3 - 5\cdot 5 + 2\cdot 7 & 2\cdot 2 + 1\cdot 4 - 5\cdot 6 + 2\cdot 8 \\ 1\cdot 1 + 1\cdot 3 + 0\cdot 5 + 3\cdot 7 & 1\cdot 2 + 1\cdot 4 + 0\cdot 6 + 3\cdot 8 \\ 1\cdot 1 - 2\cdot 3 + 1\cdot 5 + 0\cdot 7 & 1\cdot 2 - 2\cdot 4 + 1\cdot 6 + 0\cdot 8 \end{pmatrix} = \begin{pmatrix} -6 & -6 \\ 25 & 30 \\ 0 & 0 \end{pmatrix}.$$

(3) 結果は 1 次の正方行列，すなわちスカラーとなり，$x_1^2 + x_2^2 + x_3^2 + x_4^2$．
(4) 行列式の定義に従って計算すると，結果は次のような $(4,5)$ 型行列となる：

$$\begin{pmatrix} x_1^2 & x_1x_2 & x_1x_3 & x_1x_4 & x_1x_5 \\ x_2x_1 & x_2^2 & x_2x_3 & x_2x_4 & x_2x_5 \\ x_3x_1 & x_3x_2 & x_3^2 & x_3x_4 & x_3x_5 \\ x_4x_1 & x_4x_2 & x_4x_3 & x_4^2 & x_4x_5 \end{pmatrix}.$$ ■

―― 例題 2.1-2 ――――――――――――――――――― 行列の多項式 ――

正方行列 A は $A(E-A) = O$ を満たすことが分かっているとする.このとき任意の自然数 n について $A^n = A$ となることを示せ.

[解答] $A^1 = A$ は規約である.与式より $A^2 = A$ が導かれる.数学的帰納法により,$A^{n-1} = A$ が成り立つとすれば,この両辺に A を掛けて $A^n = A^2 = A$. よって証明された.

別解

$$A^n - A = A(A^{n-1} - E) = A(A-E)(A^{n-2} + A^{n-3} + \cdots + A + E)$$

と因数分解され,最初の二つの因子の積 $A(A-E)$ が仮定により零行列となるので,全体も零行列となる. ■

問題

2.1.1 次のような行列 A, B に対し $AB - BA$ を計算せよ.
(1) $A = \begin{pmatrix} 2 & 1 & 0 & 0 \\ 0 & 2 & 1 & 0 \\ 0 & 0 & 2 & 1 \\ 0 & 0 & 0 & 2 \end{pmatrix}$, $B = \begin{pmatrix} 3 & 1 & 0 & 0 \\ 0 & 3 & 1 & 0 \\ 0 & 0 & 3 & 1 \\ 0 & 0 & 0 & 3 \end{pmatrix}$.　(2) A は同左,$B = \begin{pmatrix} 2 & 1 & 0 & 0 \\ 0 & 2 & 0 & 0 \\ 0 & 0 & 2 & 1 \\ 0 & 0 & 0 & 2 \end{pmatrix}$.
(3) A は同上,$B = \begin{pmatrix} 2 & 0 & 0 & 0 \\ 1 & 2 & 0 & 0 \\ 0 & 1 & 2 & 0 \\ 0 & 0 & 1 & 2 \end{pmatrix}$.

2.1.2 A を正方行列とするとき,$(E+A)\{E - A + A^2 - + \cdots + (-1)^n A^n\}$ を展開し,簡単にせよ.

2.1.3 A, B を同じサイズの正方行列とするとき,
(1) $A^2 - B^2 = (A+B)(A-B)$ が成り立つのはいつか?
(2) $(A+B)^2 = A^2 + 2AB + B^2$ が成り立つのはいつか?

2.1.4 2次正方行列 X で,$X^2 = -E$ となるものをすべて挙げよ.ただし,(1) 成分がすべて実数のとき,(2) 成分に複素数を許すとき,のそれぞれについて論ぜよ.

2.1.5 $A = \begin{pmatrix} a_{11} & a_{12} & \cdots & a_{1n} \\ a_{21} & a_{22} & \cdots & a_{2n} \\ \vdots & \vdots & & \vdots \\ a_{n1} & a_{n2} & \cdots & a_{nn} \end{pmatrix}$ を n 次正方行列とし,$D = \begin{pmatrix} d_1 & 0 & \cdots & 0 \\ 0 & d_2 & \ddots & \vdots \\ \vdots & \ddots & \ddots & 0 \\ 0 & \cdots & 0 & d_n \end{pmatrix}$
を n 次対角行列とする.$AD = DA$ となるための条件を示せ.

2.2 転置行列とトレース

要項 2.2.1 (2.1) で定義された (m,n) 型行列 A の転置行列 A^T は

$$A^T = \begin{pmatrix} a_{11} & a_{21} & \cdots & a_{m1} \\ a_{12} & a_{22} & \cdots & a_{m2} \\ \vdots & \vdots & & \vdots \\ a_{1n} & a_{2n} & \cdots & a_{mn} \end{pmatrix}$$

で定義される (n,m) 型行列のことである．縦ベクトル $\boldsymbol{a}$ に対して横ベクトルを作る操作 $\boldsymbol{a}^T = (a_1,\ldots,a_n)$ はこの特別な場合とみなされる．A が正方行列のとき，A^T は A の成分を主対角線に関して折り返した（鏡像の位置に移動した）ものである．$A^T = A$ を満たす A は**対称行列**，また $A^T = -A$ を満たすものは**歪対称行列**と呼ばれる．

正方行列 A の非零成分が対角線上とその上方にしか無いとき**上三角型**と呼ばれる．**下三角型**も同様に定める．上（下）三角型行列の転置行列は下（上）三角型となる．上（下）三角型同士の積は再び上（下）三角型となる．

要項 2.2.2 二つの数ベクトル $\boldsymbol{a} = (a_1,\ldots,a_n)^T$, $\boldsymbol{b} = (b_1,\ldots,b_n)^T$ の**内積**を $(\boldsymbol{a},\boldsymbol{b}) = a_1 b_1 + \cdots + a_n b_n$ と定める[5]．これは平面ベクトルに対する内積と同様の性質（要項 1.1.2）を持つ．内積は行列の積の意味で $\boldsymbol{a}^T \boldsymbol{b}$ とも書ける[6]．
内積 $(\boldsymbol{a},\boldsymbol{b}) = 0$ となるとき，二つのベクトル $\boldsymbol{a}, \boldsymbol{b}$ は**直交**すると言う．

要項 2.2.3 A を (m,n) 型行列，$\boldsymbol{a}$ をサイズ n の数ベクトル，$\boldsymbol{b}$ をサイズ m の数ベクトルとすれば，$(A\boldsymbol{a},\boldsymbol{b}) = (\boldsymbol{a},A^T\boldsymbol{b})$ が成り立つ．ここに，左辺は $\boldsymbol{R}^m$ の内積，右辺は $\boldsymbol{R}^n$ の内積である．
行列積 AB が定義可能のとき，$(AB)^T = B^T A^T$ が成り立つ．

要項 2.2.4 正方行列 A の**トレース** $\mathrm{tr}\,A$ は，対角成分の和 $a_{11} + a_{22} + \cdots + a_{nn}$ のことである．定義から明らかに $\mathrm{tr}\,A = \mathrm{tr}\,A^T$ である．

例題 2.2-1 ─────────────────────── トレースの可換性 ─

A を (m,n) 型行列，B を (n,m) 型行列とするとき，$\mathrm{tr}(AB) = \mathrm{tr}(BA)$ となることを示せ．

[解答] AB の第 i,i 成分は $\sum_{k=1}^n a_{ik} b_{ki}$ であるから，定義により

---

[5] 第 1 章では内積を高校流に $\boldsymbol{a} \cdot \boldsymbol{b}$ で表していたが，以後はこの記号を用いる．
[6] 工学系の文献ではこの記号が常用される．

2.2 転置行列とトレース

$$\mathrm{tr}(AB) = \sum_{i=1}^{m}\sum_{k=1}^{n} a_{ik}b_{ki}.$$

他方,BA の第 i,i 成分は $\sum_{k=1}^{m} b_{ik}a_{ki}$ であるから,

$$\mathrm{tr}(BA) = \sum_{i=1}^{n}\sum_{k=1}^{m} b_{ik}a_{ki}.$$

この二つは動く添え字 i,k を交換すれば同じものとなる. ∎

例題 2.2-2 ─────────────────────── 内積の性質 ─

(1) $(\boldsymbol{x}, \boldsymbol{a}) = 0$ が任意の $\boldsymbol{x}$ について成り立てば $\boldsymbol{a} = \boldsymbol{0}$ となることを示せ.
(2) (m,n) 型行列は任意の $\boldsymbol{x} \in \boldsymbol{R}^n$ について $A\boldsymbol{x} = \boldsymbol{0}$ となるなら $A = O$ であることを示せ.

[解答] (1) $\boldsymbol{x} = \boldsymbol{e}_i$($i$ 番目の基本単位ベクトル)とすれば $(\boldsymbol{x}, \boldsymbol{a}) = a_i$($\boldsymbol{a}$ の第 i 成分)となるので,これらがすべて 0 より $\boldsymbol{a} = \boldsymbol{0}$.
別解として,特に $\boldsymbol{x} = \boldsymbol{a}$ と取れば $|\boldsymbol{a}|^2 = 0$ となる(⟶ 要項 6.1.1)から $\boldsymbol{a} = \boldsymbol{0}$.
(2) $\boldsymbol{x}$ として基本単位ベクトルの一つ $\boldsymbol{e}_j$ を取れば,$A\boldsymbol{e}_j$ は A の第 j 列ベクトルとなるので,これらがすべて零ベクトルなら A は零行列となる. ∎

(1) の主張は,内積を抽象的に定義するときには公理として扱われる(⟶ 要項 6.1.7).

問 題

2.2.1 転置行列 A^T が内積により $(A\boldsymbol{x}, \boldsymbol{y}) = (\boldsymbol{x}, A^T\boldsymbol{y})$ で特徴づけられることを確かめよ.またこれを用いて $(AB)^T = B^T A^T$ を証明せよ.

2.2.2 $\boldsymbol{x}$ を n 次元数ベクトル,A, B を n 次正方行列とするとき,$\boldsymbol{x}^T A B \boldsymbol{x} = \mathrm{tr}(B\boldsymbol{x}\boldsymbol{x}^T A)$ を示せ.

2.2.3 (1) A を (m,n) 型,B を (n,p) 型,C を (p,m) 型とするとき,$\mathrm{tr}(ABC) = \mathrm{tr}(BCA)$ を示せ.
(2) $m = n = p$ のとき,次の量の中で等しいものは存在するか? 証明あるいは反例を付けて答えよ.

$$\mathrm{tr}(ABC), \quad \mathrm{tr}(BAC), \quad \mathrm{tr}(CAB), \quad \mathrm{tr}(CBA), \quad \mathrm{tr}(ACB)$$

2.2.4 $\boldsymbol{a} = \begin{pmatrix} a_1 \\ a_2 \\ \vdots \\ a_n \end{pmatrix}, \boldsymbol{b} = \begin{pmatrix} b_1 \\ b_2 \\ \vdots \\ b_n \end{pmatrix}$ をサイズ n の二つのベクトルとするとき,$\boldsymbol{a}\boldsymbol{b}^T$ はどのような行列か? またそのトレースは内積 $(\boldsymbol{a}, \boldsymbol{b})$ と一致することを確かめよ.

2.3 行列の基本変形と階数

要項 2.3.1 数ベクトル $\boldsymbol{a}_1, \ldots, \boldsymbol{a}_k$ の 1 次結合 $\lambda_1 \boldsymbol{a}_1 + \cdots + \lambda_k \boldsymbol{a}_k$ が零ベクトルになるのが $\lambda_1 = \cdots = \lambda_k = 0$ のときに限るとき，$\boldsymbol{a}_1, \ldots, \boldsymbol{a}_k$ は **1 次独立**と言い，そうでなければ **1 次従属**と言う．

$\boldsymbol{a}_1, \ldots, \boldsymbol{a}_k$ から取り出せる 1 次独立なベクトルの最大個数をこの数ベクトルの集合の**階数**（ランク，rank）と言い，rank$\{\boldsymbol{a}_1, \ldots, \boldsymbol{a}_k\}$ で表す．

k 個のベクトルの集合の階数は高々 k である．n 次元数ベクトルの集合の階数は高々 n である．階数がこれらの制約の強い方の限界を達成しているとき，この数ベクトルの集合は**最大階数** (maximal rank) を持つと言われる．

ベクトルを縦に書くか横に書くかは単なる表記の問題なので，これらの概念は横ベクトルにも適用できる．このとき行列の列ベクトルの集合の階数は，行ベクトルの集合の階数と一致する．（これは下に述べる基本変形から分かる．）この共通の値を行列 A の**階数**と呼び，rank$A$ と記す．

(m, n) 型行列 A の階数は高々 $\min\{m, n\}$ である．rank$A = \min\{m, n\}$ のとき A は最大階数を持つと言われる．そうでないものは**階数落ち**（ランク落ち）している，あるいは**退化**していると言われる．

要項 2.3.2 行列 A に対する以下の操作を A の**列基本変形**という．

(1) A のある列 $\boldsymbol{a}_i$ に他の列 $\boldsymbol{a}_j$ のスカラー倍 $\lambda \boldsymbol{a}_j$ を加えること．

(2) A のある 2 列 $\boldsymbol{a}_i, \boldsymbol{a}_j$ を交換すること．

(3) A のある列 $\boldsymbol{a}_i$ にスカラー $\lambda \neq 0$ を掛けること．

行列 A の**行基本変形**は，上で "列" とあるところをすべて "行" で取り替えて定義される．

任意の行列は，行基本変形により次の**階段型**[7]に変形できる：

$$\begin{pmatrix} 1 & * & 0 & * & 0 & * \\ 0 \cdots 0 & 1 & * & 0 & * \\ 0 & \cdots & \cdots & 0 & 1 & * \\ 0 & \cdots & \cdots & \cdots & \cdots & 0 \\ 0 & \cdots & \cdots & \cdots & \cdots & 0 \end{pmatrix} \tag{2.4}$$

これは以下の条件を満たすものである：

(1) 各行はすべて 0 であるか，いくつかの 0 の後 1 から始まる．

(2) 各行の先頭の 1 の位置はそれ以前（上）の行のものより後（右）にずれる．

---

[7] 1 の位置を階段の角（階^{きざはし}）に見立ててこの名前が付けられた．左側の零の列は無視した．

(3) 1 の後に続く成分はいろいろであるが，それ以後の行に先頭の 1 が現れる列の成分は 0 にすることができる．(使う目的により必須ではないが，この形にすると，もとの行列から一意に定まる．)

行列の基本変形はすべて可逆な操作であり，従って行列の階数を変えないので，角の 1 の個数は行列の階数と一致する[8]．

列基本変形を使うと (2.4) の行と列を取り替えた形の標準形に導ける．更に，行と列の基本変形を両方用いると，行列は次の形にできる：

$$\begin{pmatrix} 1 & 0 & \cdots & \cdots & 0 & \cdots & 0 \\ 0 & 1 & \ddots & & \vdots & & \vdots \\ \vdots & \ddots & \ddots & \ddots & \vdots & & \vdots \\ 0 & \cdots & 0 & 1 & 0 & \cdots & 0 \\ 0 & \cdots & \cdots & 0 & 0 & \cdots & 0 \\ \vdots & & & \vdots & \vdots & & \vdots \\ 0 & \cdots & \cdots & 0 & 0 & \cdots & 0 \end{pmatrix} \quad (2.5)$$

すなわち，角の 1 をすべて "対角線上" に[9]移せ，他の成分は 0 にできる．(上で示したような 0 成分だけから成る下方の行や右方の列は無いこともある．)

― 例題 2.3-1 ―――――――――――――――――――――― 階段型への変形 ―

次の行列を階段型に変形し，階数を求めよ．ただし定数パラメータを含むものはその値により分類して答えよ．

(1) $\begin{pmatrix} 2 & 0 & 3 & 3 & 2 \\ 1 & 1 & -1 & -2 & 1 \\ 0 & 1 & 2 & 1 & 0 \\ 1 & -2 & 2 & 4 & 1 \end{pmatrix}$ (2) $\begin{pmatrix} a & 0 & a & 1 & 0 \\ 1 & a & -1 & b & 2-b \\ a & a-1 & 1 & 1 & b \\ 1 & 2a & -a-2 & b & 1 \end{pmatrix}$

[解答] (1) 与えられた行列から，

$\xrightarrow[\text{第 2 行 ×2 を第 1 行から引く}]{\text{第 2 行を第 4 行から引く}}$ $\begin{pmatrix} 0 & -2 & 5 & 7 & 0 \\ 1 & 1 & -1 & -2 & 1 \\ 0 & 1 & 2 & 1 & 0 \\ 0 & -3 & 3 & 6 & 0 \end{pmatrix}$ $\xrightarrow[\text{第 4 行から 3 を括り出す}]{\text{第 1,2 行を入れ替える}}$

$\begin{pmatrix} 1 & 1 & -1 & -2 & 1 \\ 0 & -2 & 5 & 7 & 0 \\ 0 & 1 & 2 & 1 & 0 \\ 0 & -1 & 1 & 2 & 0 \end{pmatrix}$ $\xrightarrow[\text{第 3 行を第 4 行に加える}]{\text{第 3 行 ×2 を第 2 行に，}}$ $\begin{pmatrix} 1 & 1 & -1 & -2 & 1 \\ 0 & 0 & 9 & 9 & 0 \\ 0 & 1 & 2 & 1 & 0 \\ 0 & 0 & 3 & 3 & 0 \end{pmatrix}$ $\xrightarrow[\text{それぞれ括り出す}]{\text{第 2,4 行から 9,3 を}}$

---

[8] 階数を調べるだけなら，角の 1 は 0 でなければ何でもよい．また慣れてくると階段を右に作っても，あるいは上下に入れ替えられていても階数の計算はできるようになるが，答案などでは他人にも分かりやすい変形にとどめておいた方が良いだろう．

[9] 添え字が $i=j$ となる位置をこう表現したのであり，長方形の行列の場合は図形的な意味での対角線は意味を成さない．

$$\begin{pmatrix} 1 & 1 & -1 & -2 & 1 \\ 0 & 0 & 1 & 1 & 0 \\ 0 & 1 & 2 & 1 & 0 \\ 0 & 0 & 1 & 1 & 0 \end{pmatrix} \xrightarrow{\substack{\text{第2行を} \\ \text{第4行から引く}}} \begin{pmatrix} 1 & 1 & -1 & -2 & 1 \\ 0 & 0 & 1 & 1 & 0 \\ 0 & 1 & 2 & 1 & 0 \\ 0 & 0 & 0 & 0 & 0 \end{pmatrix} \xrightarrow{\substack{\text{第2,3行} \\ \text{を交換}}} \begin{pmatrix} 1 & 1 & -1 & -2 & 1 \\ 0 & 1 & 2 & 1 & 0 \\ 0 & 0 & 1 & 1 & 0 \\ 0 & 0 & 0 & 0 & 0 \end{pmatrix}.$$

よって階数は 3 である．なお階段の角の 1 を用いて次のように更に簡略化できる：

$$\xrightarrow{\substack{\text{第3行の2倍を} \\ \text{第2行から引く}}} \begin{pmatrix} 1 & 1 & -1 & -2 & 1 \\ 0 & 1 & 0 & -1 & 0 \\ 0 & 0 & 1 & 1 & 0 \\ 0 & 0 & 0 & 0 & 0 \end{pmatrix} \xrightarrow{\substack{\text{第2行を第1行から引き} \\ \text{第3行を第1行に加える}}} \begin{pmatrix} 1 & 0 & 0 & 0 & 1 \\ 0 & 1 & 0 & -1 & 0 \\ 0 & 0 & 1 & 1 & 0 \\ 0 & 0 & 0 & 0 & 0 \end{pmatrix}.$$

🐙 使用した基本変形を記述するのは面倒だが，試験答案では採点する人が分かる程度に最低の説明は書くべきである．（後述のように，用途によっては自分の役にも立つ．）なお本書ではスペース節約のため一度に複数の変形を記しているが，混乱しないよう，また後の問題で使うため，本節ではまとめるのは独立な操作だけにしている．一般的にも互いに干渉するような変形を一度にまとめるのは避けた方がよい．例えば，"第1行から第2行を引き，その結果得られた新しい第1行を第2行から引く"という複合操作は正当ではあるが，うっかり間違えて後の操作に古い第1行を使ってしまうと，この2行は1次従属になり，階数が変わってしまう．この複合操作を暗算で正しく行うにはかなりの記憶力が必要である．

(2) 与えられた行列から，

$$\xrightarrow{\substack{\text{第1行を第3行から引き} \\ \text{第2行を第4行から引く}}} \begin{pmatrix} a & 0 & a & 1 & 0 \\ 1 & a & -1 & b & 2-b \\ 0 & a-1 & 1-a & 0 & b \\ 0 & a & -a-1 & 0 & b-1 \end{pmatrix} \xrightarrow{\substack{\text{第2行の}a\text{倍を} \\ \text{第1行から引く}}}$$

$$\begin{pmatrix} 0 & -a^2 & 2a & 1-ab & a(b-2) \\ 1 & a & -1 & b & 2-b \\ 0 & a-1 & 1-a & 0 & b-1 \\ 0 & a & -a-1 & 0 & b-1 \end{pmatrix} \xrightarrow{\substack{\text{第4行の}a\text{倍を第1行に加え} \\ \text{第4行を第3行から引く}}}$$

$$\begin{pmatrix} 0 & 0 & a-a^2 & 1-ab & a(2b-3) \\ 1 & a & -1 & b & 2-b \\ 0 & -1 & 2 & 0 & 0 \\ 0 & a & -a-1 & 0 & b-1 \end{pmatrix} \xrightarrow{\substack{\text{第3行の}a\text{倍を第4行に加えた後} \\ \text{第3行の符号を変え第1行を最下行に移動}}}$$

$$\begin{pmatrix} 1 & a & -1 & b & 2-b \\ 0 & 1 & -2 & 0 & 0 \\ 0 & 0 & a-1 & 0 & b-1 \\ 0 & 0 & a-a^2 & 1-ab & a(2b-3) \end{pmatrix} \xrightarrow{\text{第3行の}a\text{倍を第4行に加える}}$$

$$\begin{pmatrix} 1 & a & -1 & b & 2-b \\ 0 & 1 & -2 & 0 & 0 \\ 0 & 0 & a-1 & 0 & b-1 \\ 0 & 0 & 0 & 1-ab & a(3b-4) \end{pmatrix}.$$ ここから先は場合に分かれる．

(i) $a \neq 1, ab \neq 1$ のとき　第3行を $a-1$ で，第4行を $1-ab$ で割れば

$$\rightarrow \begin{pmatrix} 1 & a & -1 & b & 2-b \\ 0 & 1 & -2 & 0 & 0 \\ 0 & 0 & 1 & 0 & \frac{b-1}{a-1} \\ 0 & 0 & 0 & 1 & \frac{a(3b-4)}{1-ab} \end{pmatrix}$$ が求める階段型で，階数は 4.

(ii) $\underline{a \neq 1, ab = 1}$ のとき　第 3 行を $a-1$ で割り，第 4 行に $ab = 1$ を代入すれば

$$\rightarrow \begin{pmatrix} 1 & a & -1 & b & 2-b \\ 0 & 1 & -2 & 0 & 0 \\ 0 & 0 & 1 & 0 & \frac{b-1}{a-1} \\ 0 & 0 & 0 & 0 & 3-4a \end{pmatrix}. \text{ よって, } a \neq \frac{3}{4} \text{ なら, } \rightarrow \begin{pmatrix} 1 & a & -1 & b & 2-b \\ 0 & 1 & -2 & 0 & 0 \\ 0 & 0 & 1 & 0 & \frac{b-1}{a-1} \\ 0 & 0 & 0 & 0 & 1 \end{pmatrix}$$ が階段型

の標準形で，階数はやはり 4 であるが，$a = \frac{3}{4}$ のときは，最後の行が零ベクトルとなり，階数は 3.

(iii) $\underline{a = 1, b \neq 1}$ のとき　場合分け前の行列に $a = 1$ を代入し $b-1$ を括り出して行を並べ替えると $\rightarrow \begin{pmatrix} 1 & a & -1 & b & 2-b \\ 0 & 1 & -2 & 0 & 0 \\ 0 & 0 & 0 & 0 & b-1 \\ 0 & 0 & 0 & 1-b & 3b-4 \end{pmatrix} \rightarrow \begin{pmatrix} 1 & a & -1 & b & 2-b \\ 0 & 1 & -2 & 0 & 0 \\ 0 & 0 & 0 & 1 & \frac{3b-4}{1-b} \\ 0 & 0 & 0 & 0 & 1 \end{pmatrix}$ となり，階数は 4.

(iv) $\underline{a = 1, b = 1}$ のとき　場合分け前の式にこれらを代入し，行基本変形を行うと

$\rightarrow \begin{pmatrix} 1 & a & -1 & b & 2-b \\ 0 & 1 & -2 & 0 & 0 \\ 0 & 0 & 0 & 0 & 0 \\ 0 & 0 & 0 & 0 & -1 \end{pmatrix} \rightarrow \begin{pmatrix} 1 & 1 & -1 & 1 & 1 \\ 0 & 1 & -2 & 0 & 0 \\ 0 & 0 & 0 & 0 & 1 \\ 0 & 0 & 0 & 0 & 0 \end{pmatrix}$ となり階数は 3.

最後に階数だけの結果をまとめると，$a = 1, b = 1$ または $a = \frac{3}{4}, b = \frac{4}{3}$ のとき階数は 3 で，それ以外のとき階数は 4 となる．

この最後の結論だけなら，分類前の行列の第 3, 4 行を観察すれば導くことができるであろう．　■

例題 2.3-2 ─────────────────── 階数に関する不等式 ─

階数に関する以下の不等式を示せ．ただし，現れる演算は定義可能とする．また，等号が成り立つ場合と真の不等号になる場合の例をそれぞれ示せ．

(1)　$\mathrm{rank}\,(AB) \leq \min\{\mathrm{rank}\,A, \mathrm{rank}\,B\}$ 　　　　　　　　　　(2.6)

(2)　$|\mathrm{rank}\,A - \mathrm{rank}\,B| \leq \mathrm{rank}\,(A+B) \leq \mathrm{rank}\,A + \mathrm{rank}\,B$ 　　　(2.7)

【解答】　(1) (2.2)〜(2.3) により AB は A の列ベクトルから B の各列ベクトルの成分を係数に持つ 1 次結合を作った縦ベクトルを左右に並べて得られる行列となる．一般に，ベクトルの集合 Φ から 1 次結合を作って得られる新しいベクトルの集合 Ψ は，もとの集合の階数より大きな階数を持つことはできない．実際，

$$\mathrm{rank}\,\Psi \leq \mathrm{rank}\,(\Psi \cup \Phi)$$

であるが,$\Psi \cup \Phi$ を行列表記して列基本変形すれば,もとの Φ の元を用いて Ψ の部分をすべて零ベクトルにできるから,$\mathrm{rank}\,(\Psi \cup \Phi) = \mathrm{rank}\,\Phi$ である.よって $\mathrm{rank}\,(AB) \leq \mathrm{rank}\,A$ が分かった.

全く同様に,AB は B の行ベクトルに対して A の各行ベクトルの成分を係数として 1 次結合を取った横ベクトルを上下に並べて得られる行列だから,$\mathrm{rank}\,(AB) \leq \mathrm{rank}\,B$ となる.これらを合わせれば問題の不等式が得られる.

最後に,この不等式で等号が成り立つ例は,A, B を n 次の単位行列に取るのが最も簡明である.このとき $AB = E$ なので $\mathrm{rank}\,(AB) = \mathrm{rank}\,A = \mathrm{rank}\,B = n$. 他方,真の不等号になる例としては,$A = \begin{pmatrix} 1 & 0 \\ 1 & 0 \end{pmatrix}, B = \begin{pmatrix} 0 & 0 \\ 1 & 1 \end{pmatrix}$ などがある.このとき $AB = O$ なので,$\mathrm{rank}\,(AB) = 0 < 1 = \mathrm{rank}\,A = \mathrm{rank}\,B = \min\{\mathrm{rank}\,A, \mathrm{rank}\,B\}$.

(2) $A \mid B$ で二つの行列を横に並べて得られる横 2 倍のサイズの行列を表すと

$$\mathrm{rank}\,(A + B) \leq \mathrm{rank}\,(A + B \mid B) = \mathrm{rank}\,(A \mid B) \leq \mathrm{rank}\,A + \mathrm{rank}\,B.$$

途中の等式は,列基本変形で,左側から B の列を引き算すれば得られる.よって右側の不等号が示された.これを $A + B$ と $-B$ に適用すると

$$\mathrm{rank}\,A = \mathrm{rank}\,\{(A + B) + (-B)\}$$
$$\leq \mathrm{rank}\,(A + B) + \mathrm{rank}\,(-B) = \mathrm{rank}\,(A + B) + \mathrm{rank}\,B$$
$$\therefore \quad \mathrm{rank}\,A - \mathrm{rank}\,B \leq \mathrm{rank}\,(A + B).$$

同様に $\mathrm{rank}\,B - \mathrm{rank}\,A \leq \mathrm{rank}\,(A + B)$ も成り立つから,左側の不等号が示された.

右側の不等号が等号となる例は,
$$A = (\boldsymbol{e}_1, \ldots, \boldsymbol{e}_p, \boldsymbol{0}, \ldots, \boldsymbol{0}), B = (\boldsymbol{0}, \ldots, \boldsymbol{0}, \boldsymbol{e}_{p+1}, \ldots, \boldsymbol{e}_{p+q}, \boldsymbol{0}, \ldots, \boldsymbol{0})$$
のような状態を考えればよい.左側の不等号が等号となるのは,$q < p$ として
$$A = (\boldsymbol{e}_1, \ldots, \boldsymbol{e}_p, \boldsymbol{0}, \ldots, \boldsymbol{0}), B = (\boldsymbol{0}, \ldots, \boldsymbol{0}, -\boldsymbol{e}_{p-q+1}, \ldots, -\boldsymbol{e}_p, \boldsymbol{0}, \ldots, \boldsymbol{0})$$
のような状態を考えればよい.B の方の非零ベクトルの符号を先頭から一つずつ $-$ を $+$ に変えて行けば,$\mathrm{rank}\,B = q$ のままで $p - q + 1, \ldots, p$ までの任意の階数を $A + B$ に与えることができる.これより先は $B = (\boldsymbol{0}, \ldots, \boldsymbol{0}, \boldsymbol{e}_{p-q+k+1}, \ldots, \boldsymbol{e}_{p+k}, \boldsymbol{0}, \ldots, \boldsymbol{0})$ と非零ベクトルの場所を k だけ右にずらしてゆけば,$p + k, k = 1, 2, \ldots, q - 1$ のいずれも $\mathrm{rank}\,(A + B)$ として実現できる.∎

2.3 行列の基本変形と階数

問題

2.3.1 次の行列の階数を行基本変形により求めよ．

(1) $\begin{pmatrix} 1 & 2 & 3 & 0 & 1 \\ 2 & 2 & 1 & 3 & -1 \\ 1 & 3 & 1 & 3 & -2 \\ 1 & -2 & 1 & -2 & 3 \end{pmatrix}$
(2) $\begin{pmatrix} 3 & 4 & 3 & 2 & 5 \\ 1 & 1 & 0 & 1 & 2 \\ 1 & 3 & 6 & -1 & 0 \\ -1 & -2 & -3 & 0 & -1 \end{pmatrix}$

2.3.2 次の行列の階数を行基本変形により求めよ．

(1) $\begin{pmatrix} 1 & 2 & 0 & 1 \\ 0 & 1 & 2 & 3 \\ 1 & 1 & -2 & -2 \end{pmatrix}$
(2) $\begin{pmatrix} 3 & 1 & -1 & -3 & 0 \\ 0 & 1 & 2 & 3 & 3 \\ 1 & 0 & -1 & -2 & -1 \\ 1 & 2 & 3 & 4 & 5 \end{pmatrix}$
(3) $\begin{pmatrix} 2 & 1 & 2 & -1 & 6 & -2 \\ 1 & 1 & 2 & -2 & 6 & -3 \\ 3 & 1 & 1 & 3 & 4 & 2 \\ 2 & -1 & -2 & 5 & -6 & 6 \end{pmatrix}$

2.3.3 次の行列の階数をパラメータの値により分類して答えよ．

(1) $\begin{pmatrix} 1 & -1 & b & a & -1 \\ 1 & 1-a & 2 & a+1 & 1 \\ -1 & 1 & 1 & 0 & b \\ 0 & 2-a & 2-b & a-1 & b+3 \end{pmatrix}$
(2) $\begin{pmatrix} 3 & 2 & 1 & 0 & a \\ 0 & 1 & 2 & 3 & b \\ 1 & 0 & -1 & -2 & 1 \\ 3 & 4 & c & 6 & 7 \end{pmatrix}$

2.3.4 正方行列 A は他の同サイズの正方行列により $A = BCF + G$ と表されており，B, C, F, G の階数はそれぞれ $5, 1, 2, 3$ であるという．A の階数の可能な値を示せ．

2.3.5 次の主張の真偽を判定せよ．その理由も簡単に述べよ．

(1) $\boldsymbol{a}_1, \boldsymbol{a}_2, \ldots, \boldsymbol{a}_r$ が1次従属のとき，これに適当なベクトル $\boldsymbol{b}$ を追加して全体を1次独立に変えることができる．

(2) $\boldsymbol{a}_1, \boldsymbol{a}_2, \ldots, \boldsymbol{a}_r$ が1次独立なら，これに適当なベクトルを1本追加して全体を1次独立に保てる．

(3) n 成分を持つベクトル $\boldsymbol{a}_1, \boldsymbol{a}_2, \ldots, \boldsymbol{a}_r$ が1次従属なら，その座標成分の一部を取り出したサイズ $m < n$ のベクトル $\boldsymbol{a}'_1, \boldsymbol{a}'_2, \ldots, \boldsymbol{a}'_r$ も必ず1次従属となる．

(4) n 成分を持つベクトル $\boldsymbol{a}_1, \boldsymbol{a}_2, \ldots, \boldsymbol{a}_r$ は，そのある一部の座標成分に1次独立な部分が存在するならば，全体も1次独立である．

(5) n 成分を持つベクトル $\boldsymbol{a}_1, \boldsymbol{a}_2, \ldots, \boldsymbol{a}_r$ が1次独立なら，r 個の座標を適当に選べばそれに対応する成分だけのベクトルも1次独立となる．

2.3.6 n 次正方行列 A の階数が1なら，適当な n 次元非零ベクトル $\boldsymbol{a}, \boldsymbol{b}$ を選んで $A = \boldsymbol{a}\boldsymbol{b}^T$ の形に表せることを示せ．

2.3.7 n 次正方行列 A の階数が k のとき，適当な (n, k) 型行列 A' と (k, n) 型行列 B を選んで $A = A'B$ の形に分解できることを示せ．

2.4 座標変換と基本変形

要項 2.4.1 (m, n) 型行列 A の列基本変形は A に右から n 次の可逆な正方行列を掛けることで，また行基本変形は A に左から m 次の可逆な正方行列を掛けることで実現できる．具体的には以下のものである（何も書かれていない箇所は 0 とする）．

(1) 第 j 列の λ 倍を第 i 列に加えることは，右から次の行列を掛けることで実現される：

$$E_{i+=j\times\lambda} := \begin{pmatrix} 1 & 0 & \cdots & \overset{i}{0} & \cdots\cdots & \overset{j}{0} & \cdots & 0 \\ 0 & \ddots & & \vdots & & \vdots & & \vdots \\ \vdots & \ddots & 1 & 0 & & & & \\ 0 & \cdots & 0 & 1 & 0 & \cdots\cdots & 0 & 0 \\ & & & 0 & \ddots & & & \vdots \\ & & & \vdots & & 1 & 0 & 0 \\ 0 & \cdots & 0 & \lambda & 0 & \cdots & 0 & 1 & 0 & \cdots & 0 \\ & & & 0 & & & & & \ddots & & \vdots \\ 0 & \cdots\cdots & 0 & & \cdots\cdots & & 0 & 0 & 1 \end{pmatrix}.$$

（λ は第 ji 成分に位置するので，$i > j$ のときは対角線の上側に来る．）これをもとに戻す変形は，$\lambda \mapsto -\lambda$ としたもので与えられる．また第 j 行の λ 倍を第 i 行に加える変形は，上の転置行列 $E^T_{i+=j\times\lambda}$ を行列に左から掛けることで実現される．

(2) 第 i 列を λ 倍することは，右から次の行列を掛けることで実現される：

$$E_{i\times=\lambda} := \begin{pmatrix} 1 & 0 & \cdots & \overset{i}{0} & \cdots & 0 \\ 0 & \ddots & & \vdots & & \vdots \\ \vdots & \ddots & 1 & 0 & & \\ 0 & \cdots & 0 & \lambda & 0 & \cdots & 0 \\ & & & 0 & 1 & \ddots & \vdots \\ \vdots & & & & \ddots & \ddots & 0 \\ 0 & \cdots\cdots & 0 & \cdots & 0 & 1 \end{pmatrix}.$$

$\lambda \neq 0$ のとき，この逆の変形は，この行列の λ を $\frac{1}{\lambda}$ に変えたもので実現できる．これらは左から行列に掛けると，行に対する同種の変形を実現する．

(3) 第 i 列と第 j 列の交換は，次の行列を右から掛けることで実現される：

$$E_{i \Leftrightarrow j} := \begin{pmatrix} 1 & 0 & \cdots & \overset{i}{0} & \cdots\cdots & \overset{j}{0} & \cdots & 0 \\ 0 & \ddots & & & & & & \\ \vdots & \ddots & 1 & 0 & & & & 0 \\ 0 & \cdots & 0 & 0 & 0 & \cdots & 0 & 1 & 0 & \cdots & 0 \\ & & & 0 & 1 & \ddots & & 0 & & & \\ \vdots & & & & \ddots & \ddots & & \vdots & & & \\ & & & & & & 1 & 0 & & & \\ 0 & \cdots & 0 & 1 & 0 & \cdots & 0 & 0 & 0 & \cdots & 0 \\ & & & & & & & 0 & 1 & \ddots & \vdots \\ & & & & & & & & \ddots & \ddots & 0 \\ 0 & \cdots\cdots & 0 & & \cdots\cdots & & 0 & 0 & 1 \end{pmatrix}.$$

これはそれ自身の逆変換となる．左から行列に掛けると，行の交換を実現する．

2.4 座標変換と基本変形

要項2.4.2 列基本変形は，行列の列ベクトルをそれらの1次結合で置き換えるが，それらから作られる1次結合の全体は集合として変わらない．行基本変形は，もとの列ベクトルと一見無関係な列ベクトルを作るが，これは，列ベクトルが属する空間 $\boldsymbol{R}^m$ の**座標変換**に対応する．例えば，第 j 行の λ 倍を第 i 行に加える操作は，これに対応する基本変形行列 $E^T_{i+=j\times\lambda}$ による

$$\begin{pmatrix} x_1 \\ \vdots \\ x_n \end{pmatrix} \mapsto E^T_{i+=j\times\lambda} \begin{pmatrix} x_1 \\ \vdots \\ x_n \end{pmatrix} = \begin{pmatrix} y_1 \\ \vdots \\ y_n \end{pmatrix}$$

という座標変換による新座標での成分を表す．

例題 2.4-1 ——————————————— 基本変形行列の対称性 ———

行列 A の列に関するある基本変形 $*$ が行列 E_* を A の右から掛けることで実現されるとき，同じ種類の基本変形を A の行に対して施すことは E^T_* を左から A に掛けることで実現される．この理由を説明せよ．

[解答] $AE_* = B$ が列に対する操作 $*$ の結果のとき，同じ操作を行に対して施すには，A を転置したものに列の操作 $*$ を施して，結果を転置すればよい．すなわち，

$$B = (A^T E_*)^T = E^T_* A$$

が求める結果のはずである．■

例題 2.4-2 ——————————————— 基本変形行列の計算 ———

例題 2.3-1 (1) の解答で用いた行基本変形は，どんな行列を左から掛けることに相当するか？

[解答] 最初の変形から順に翻訳してゆく．（以下の行列は基本変形行列のリストを一々参照しなくても，各変形操作を単位行列に施すことで機械的に得られる．）

第2行を第4行から引く 第2行 ×2 を第1行から引く	$\iff$	$\begin{pmatrix} 1 & -2 & 0 & 0 \\ 0 & 1 & 0 & 0 \\ 0 & 0 & 1 & 0 \\ 0 & -1 & 0 & 1 \end{pmatrix} =: E_1,$
第1,2行を入れ替える 第4行から3を括り出す	$\iff$	$\begin{pmatrix} 0 & 1 & 0 & 0 \\ 1 & 0 & 0 & 0 \\ 0 & 0 & 1 & 0 \\ 0 & 0 & 0 & \frac{1}{3} \end{pmatrix} =: E_2,$
第3行 ×2 を第2行に加える 第3行を第4行に加える	$\iff$	$\begin{pmatrix} 1 & 0 & 0 & 0 \\ 0 & 1 & 2 & 0 \\ 0 & 0 & 1 & 0 \\ 0 & 0 & 1 & 1 \end{pmatrix} =: E_3,$

$$\boxed{\text{第 2,4 行から } 9,3 \text{ を括り出す}} \iff \begin{pmatrix} 1 & 0 & 0 & 0 \\ 0 & \frac{1}{9} & 0 & 0 \\ 0 & 0 & 1 & 0 \\ 0 & 0 & 0 & \frac{1}{3} \end{pmatrix} =: E_4,$$

$$\boxed{\text{第 2 行を第 4 行から引く}} \iff \begin{pmatrix} 1 & 0 & 0 & 0 \\ 0 & 1 & 0 & 0 \\ 0 & 0 & 1 & 0 \\ 0 & -1 & 0 & 1 \end{pmatrix} =: E_5,$$

$$\boxed{\text{第 2,3 行を交換}} \iff \begin{pmatrix} 1 & 0 & 0 & 0 \\ 0 & 0 & 1 & 0 \\ 0 & 1 & 0 & 0 \\ 0 & 0 & 0 & 1 \end{pmatrix} =: E_6.$$

以上を後の方から順に掛け算してゆくと,与えられた行列に左から掛けて最初に示した階段型に導く行列 $T = E_6 E_5 E_4 E_3 E_2 E_1 = \begin{pmatrix} 0 & 1 & 0 & 0 \\ 0 & 0 & 1 & 0 \\ \frac{1}{9} & -\frac{2}{9} & \frac{2}{9} & 0 \\ -\frac{1}{9} & \frac{1}{9} & \frac{1}{9} & \frac{1}{9} \end{pmatrix}$ が得られる.これは A と同じ基本変形を E に施したものに等しい.角の 1 の上部も削るには,更に,

$$\boxed{\text{第 3 行の 2 倍を第 2 行から引く}} \iff \begin{pmatrix} 1 & 0 & 0 & 0 \\ 0 & 1 & -2 & 0 \\ 0 & 1 & 1 & 0 \\ 0 & 0 & 0 & 1 \end{pmatrix} =: E_7,$$

$$\boxed{\begin{array}{l}\text{第 2 行を第 1 行から引き} \\ \text{第 3 行を第 1 行に加える}\end{array}} \iff \begin{pmatrix} 1 & -1 & 0 & 0 \\ 0 & 1 & -2 & 0 \\ 0 & 1 & 1 & 0 \\ 0 & 0 & 0 & 1 \end{pmatrix} =: E_8$$

の二つを左から施す必要がある.これらを T に左から掛ければ,最後の変形を与える行列 $E_8 E_7 T = \begin{pmatrix} \frac{1}{3} & \frac{1}{3} & -\frac{1}{3} & 0 \\ -\frac{2}{9} & \frac{4}{9} & \frac{5}{9} & 0 \\ \frac{1}{9} & -\frac{2}{9} & \frac{2}{9} & 0 \\ -\frac{1}{9} & \frac{1}{9} & \frac{1}{9} & \frac{1}{9} \end{pmatrix}$ が得られる. ∎

── 例題 2.4-3 ──────────────── 基本変形行列への分解 ──

次の行列を左から掛けることはどんな行基本変形を施すことに対応するか?

$$\begin{pmatrix} 0 & 1 & 2 \\ 1 & -1 & 1 \\ 3 & 1 & -1 \end{pmatrix}$$

[解答] この行列を行基本変形して単位行列に帰着させると,

$$\xrightarrow[\text{第 3 行から引く}]{\text{第 2 行 ×3 を}} \begin{pmatrix} 0 & 1 & 2 \\ 1 & -1 & 1 \\ 0 & 4 & -4 \end{pmatrix} \xrightarrow[\text{4 で割る}]{\text{第 3 行を}} \begin{pmatrix} 0 & 1 & 2 \\ 1 & -1 & 1 \\ 0 & 1 & -1 \end{pmatrix} \xrightarrow[\text{第 2 行に加える}]{\text{第 3 行を第 1 行から引き}}$$

$$\begin{pmatrix} 0 & 0 & 3 \\ 1 & 0 & 0 \\ 0 & 1 & -1 \end{pmatrix} \xrightarrow{\text{第1行を}\atop\text{3で割る}} \begin{pmatrix} 0 & 0 & 1 \\ 1 & 0 & 0 \\ 0 & 1 & -1 \end{pmatrix} \xrightarrow{\text{第1行を第}\atop\text{3行に加える}} \begin{pmatrix} 0 & 0 & 1 \\ 1 & 0 & 0 \\ 0 & 1 & 0 \end{pmatrix} \xrightarrow{\text{第1,2行を}\atop\text{交換する}}$$

$$\begin{pmatrix} 1 & 0 & 0 \\ 0 & 0 & 1 \\ 0 & 1 & 0 \end{pmatrix} \xrightarrow{\text{第2,3行を}\atop\text{交換する}} \begin{pmatrix} 1 & 0 & 0 \\ 0 & 1 & 0 \\ 0 & 0 & 1 \end{pmatrix}.$$

これで単位行列になったので，ここで用いた行基本変形を後から逆順に，それぞれを逆操作で置き換えながら適用すれば，単位行列が与えられた行列に変形され，従ってこれがもとの行列を左から掛けるのと同等な基本変形の系列となる：

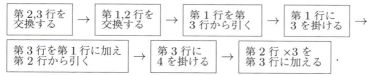

これらに対応する基本変形行列を右から左に掛けたもの

$$\begin{pmatrix} 1 & 0 & 0 \\ 0 & 1 & 0 \\ 0 & 3 & 1 \end{pmatrix} \begin{pmatrix} 1 & 0 & 0 \\ 0 & 1 & 0 \\ 0 & 0 & 4 \end{pmatrix} \begin{pmatrix} 1 & 0 & 1 \\ 0 & 1 & -1 \\ 0 & 0 & 1 \end{pmatrix} \begin{pmatrix} 3 & 0 & 0 \\ 0 & 1 & 0 \\ 0 & 0 & 1 \end{pmatrix} \begin{pmatrix} 1 & 0 & 0 \\ 0 & 1 & 0 \\ -1 & 0 & 1 \end{pmatrix} \begin{pmatrix} 0 & 1 & 0 \\ 1 & 0 & 0 \\ 0 & 0 & 1 \end{pmatrix} \begin{pmatrix} 1 & 0 & 0 \\ 0 & 0 & 1 \\ 0 & 1 & 0 \end{pmatrix}$$

が求める行列の分解となる．■

🐰 最後の操作の3行の並べ替え：第1行を第3行へ，第2, 3行を一つずつ上に，は置換行列 $\begin{pmatrix} 0 & 1 & 0 \\ 0 & 0 & 1 \\ 1 & 0 & 0 \end{pmatrix}$ で一気に実現されるが，これは普通は基本変形には含めず，逆操作の行列も $\begin{pmatrix} 0 & 0 & 1 \\ 1 & 0 & 0 \\ 0 & 1 & 0 \end{pmatrix}$ と，それ自身とは異なるものになるので，上の解答では分かりやすく2度の互換で表した．通常の操作ではもちろん一気にやって問題無い．

問題

2.4.1 問題 2.3.1 (1), (2) の行基本変形の巻末解答の手順を実現する行列を示せ．また同じことを自分がこの問題に与えた解答の手順に対してもやってみよ．

2.4.2 次のような行列による左からの積と同じ効果を持つ行基本変形の列を示せ．またそれぞれに対応する基本変形行列の積への分解も示せ．（巻末の解答ではこれらの行列の行基本変形による単位行列への変形操作として例題 2.6-1 (1), (2) の解答で与えたものを用いているが，自分で計算したものを用いてよい．）

(1) $\begin{pmatrix} -1 & 1 & 1 \\ 2 & 1 & -1 \\ 1 & 0 & -1 \end{pmatrix}$
(2) $\begin{pmatrix} 1 & 1 & 0 & 2 \\ 2 & -1 & 1 & 1 \\ 0 & 1 & 2 & 0 \\ 1 & 3 & 2 & 3 \end{pmatrix}$

2.5 連立1次方程式

要項 2.5.1 連立 1 次方程式

$$\begin{cases} a_{11}x_1 + a_{12}x_2 + \cdots + a_{1n}x_n = b_1, \\ a_{21}x_1 + a_{22}x_2 + \cdots + a_{2n}x_n = b_2, \\ \cdots\cdots\cdots, \\ a_{m1}x_1 + a_{m2}x_2 + \cdots + a_{mn}x_n = b_m \end{cases} \tag{2.8}$$

は，行列を用いて $A\boldsymbol{x} = \boldsymbol{b}$ と表せる．ここに

$$A = \begin{pmatrix} a_{11} & \ldots & a_{1n} \\ a_{21} & \ldots & a_{2n} \\ \vdots & & \vdots \\ a_{m1} & \ldots & a_{mn} \end{pmatrix}, \qquad \boldsymbol{b} = \begin{pmatrix} b_1 \\ b_2 \\ \vdots \\ b_m \end{pmatrix}$$

である．A を連立 1 次方程式 (2.8) の**係数行列**と言う．また，これに右辺を追加したもの

$$A \mid \boldsymbol{b} = \left(\begin{array}{ccc|c} a_{11} & \ldots & a_{1n} & b_1 \\ a_{21} & \ldots & a_{2n} & b_2 \\ \vdots & & \vdots & \vdots \\ a_{m1} & \ldots & a_{mn} & b_m \end{array}\right)$$

を (2.8) の**拡大係数行列**と言う．$\boldsymbol{b} = \boldsymbol{0}$ の場合を**斉次**の方程式と言い，このときは係数行列だけを考えればよい．これに対比して $\boldsymbol{b} \neq \boldsymbol{0}$ のときを**非斉次**の方程式と言う．連立 1 次方程式 (2.8) を消去法で解く操作は，拡大係数行列を行基本変形して階段型に帰着させ，角の 1 に対応する変数について下から順に決めて行くのと同等である．行基本変形の計算では，ある行の最初（場合によってはその他の位置）の非零成分 a_{ij} を用いてこの行の何倍かを他の行から引くことにより第 j 列の残りの成分を零にすることを，a_{ij} をピボットとして**掃き出す**と言う．この故に，消去法は**掃き出し法**と呼ばれることもある．

要項 2.5.2 連立 1 次方程式 (2.8) に解が存在するための条件は，$\mathrm{rank}\,(A \mid \boldsymbol{b}) = \mathrm{rank}\,A$，すなわち，拡大係数行列の階数が係数行列の階数と等しいことである．これは，A の列ベクトルを $\boldsymbol{a}_1, \ldots, \boldsymbol{a}_n$ とするとき，$A\boldsymbol{x} = \boldsymbol{b}$ は $x_1\boldsymbol{a}_1 + \cdots + x_n\boldsymbol{a}_n = \boldsymbol{b}$ の意味となり，解が A の列ベクトルの 1 次結合として $\boldsymbol{b}$ を表したときの係数と解釈されるからである．

斉次方程式では $x_1 = \cdots = x_n = 0$ が必ず解となる．非斉次の方程式の一般解はその一つの解（特殊解）に斉次の方程式の一般解を加えた形をしている．解が存在する場合，解の**次元**，すなわち，一般解に含まれる自由パラメータの個数は，$n - \mathrm{rank}\,A$，

すなわち，"未知数の個数 − 方程式の実質的個数"に等しい[10]．
特に，A が n 次正方行列で，$\operatorname{rank} A = n$ なら，方程式は常にただ一つの解を持つ．この場合は行列式を用いて解を表現するクラメールの公式が有る（⟶ 要項 4.3.2）．

───── 例題 2.5-1 ─────────────────────── 連立 1 次方程式-1 ─

次の連立 1 次方程式を解け．

(1) $\begin{cases} x_1 - 2x_2 + x_4 = 0, \\ x_1 - 2x_3 + x_4 + 2x_5 = 0, \\ -3x_1 + 5x_3 - 2x_5 = 0 \end{cases}$ (2) $\begin{cases} x_1 - 2x_2 + x_4 = 1, \\ x_1 - 2x_3 + x_4 + 2x_5 = 1, \\ -3x_1 + 5x_3 - 2x_5 = -3 \end{cases}$

解答　(1) 係数行列を行基本変形することにより解くと，

$\begin{pmatrix} 1 & -2 & 0 & 1 & 0 \\ 1 & 0 & -2 & 1 & 2 \\ -3 & 0 & 5 & 0 & -2 \end{pmatrix} \xrightarrow[\text{第 2 行×3 を第 3 行に加える}]{\text{第 2 行を第 1 行から引き}} \begin{pmatrix} 0 & -2 & 2 & 0 & -2 \\ 1 & 0 & -2 & 1 & 2 \\ 0 & 0 & -1 & 3 & 4 \end{pmatrix}$

$\xrightarrow[\text{第 3 行の符号を変える}]{\substack{\text{第 1 行を }-2\text{ で割り}\\ \text{第 2 行と入れ替える}}} \begin{pmatrix} 1 & 0 & -2 & 1 & 2 \\ 0 & 1 & -1 & 0 & 1 \\ 0 & 0 & 1 & -3 & -4 \end{pmatrix} \xrightarrow{\text{第 3 行で掃き出す}} \begin{pmatrix} 1 & 0 & 0 & -5 & -6 \\ 0 & 1 & 0 & -3 & -3 \\ 0 & 0 & 1 & -3 & -4 \end{pmatrix}.$

これで階段型になったので，階数は 3, 従って解の次元は $5 - 3 = 2$ となる．$x_4 = s$, $x_5 = t$ を自由パラメータとして上から順に解けば，$x_1 = 5s + 6t$, $x_2 = 3s + 3t$, $x_3 = 3s + 4t$ と求まる．ベクトル表記での一般解は $\begin{pmatrix} x_1 \\ x_2 \\ x_3 \\ x_4 \\ x_5 \end{pmatrix} = \begin{pmatrix} 5 \\ 3 \\ 3 \\ 1 \\ 0 \end{pmatrix} s + \begin{pmatrix} 6 \\ 3 \\ 4 \\ 0 \\ 1 \end{pmatrix} t.$

(2) 拡大係数行列 $\begin{pmatrix} 1 & -2 & 0 & 1 & 0 & | & 1 \\ 1 & 0 & -2 & 1 & 2 & | & 1 \\ -3 & 0 & 5 & 0 & -2 & | & -3 \end{pmatrix}$ を行基本変形することにより解くのが標準的な解法だが，既に係数行列の行基本変形が計算済みなので，その手順を右辺のベクトルに再適用するだけでよい：

$\begin{pmatrix} 1 \\ 1 \\ -3 \end{pmatrix} \to \begin{pmatrix} 0 \\ 1 \\ 0 \end{pmatrix} \to \begin{pmatrix} 1 \\ 0 \\ 0 \end{pmatrix} \to \begin{pmatrix} 1 \\ 0 \\ 0 \end{pmatrix}.$ よって $\begin{pmatrix} 1 & 0 & 0 & -5 & -6 & | & 1 \\ 0 & 1 & 0 & -3 & -3 & | & 0 \\ 0 & 0 & 1 & -3 & -4 & | & 0 \end{pmatrix}$ に対応する方程式を解けばよいので，$x_4 = s$, $x_5 = t$ を自由パラメータとして $x_1 = 5s + 5t + 1$, $x_2 = 3s + 3t$, $x_3 = 3s + 4t$. ベクトル表記の一般解は $\begin{pmatrix} 1 \\ 0 \\ 0 \\ 0 \\ 0 \end{pmatrix} + \begin{pmatrix} 5 \\ 3 \\ 3 \\ 1 \\ 0 \end{pmatrix} s + \begin{pmatrix} 6 \\ 3 \\ 4 \\ 0 \\ 1 \end{pmatrix} t.$

別解　方程式を見ただけで $(1, 0, 0, 0, 0)^T$ が一つの解になっていることが分かる．よっ

---

[10] ここでは $\operatorname{rank} A$ は 1 次独立な行ベクトルの個数と解釈される．従ってこれらの行に対応する方程式さえ満たされれば，他の方程式は自動的に満たされるので，$\operatorname{rank} A$ は方程式の実質的な個数と言える．

てこの分を差し引けば (1) の斉次方程式に帰着するから，先に求めた解をこれに加えたものが一般解となり，上と同じ答が得られる．■

🐌 1. 最後の変形をさぼって階段の端の 1 の上を消さずに残した場合は，下から順に解いてゆけばよい（**後退代入**と言う）．なお，このように項がまばらな方程式の場合は，係数行列で消去法を実行するより，方程式のままで，最もたくさん現れている変数，例えば x_1 に s, x_3 に t を与えて，残りの変数を

$$\begin{cases} 2x_2 - x_4 = s, \\ x_4 + 2x_5 = -s + 2t, \\ 2x_5 = -3s + 5t \end{cases}$$

から $x_5 = -\frac{3}{2}s + \frac{5}{2}t$, $x_4 = -s + 2t - 2(-\frac{3}{2}s + \frac{5}{2}t) = 2s - 3t$, $x_2 = \frac{1}{2}\{s + (2s - 3t)\} = \frac{3}{2}s - \frac{3}{2}t$ と求める方が省スペース的である．このように解けたことから，解の次元が 2 であることも確定する．s, t を 2 倍で置き換えれば分数を避けることができ，そうして得られた解のベクトル表示は $\begin{pmatrix} x_1 \\ x_2 \\ x_3 \\ x_4 \\ x_5 \end{pmatrix} = \begin{pmatrix} 2 \\ 3 \\ 0 \\ 4 \\ -3 \end{pmatrix} s + \begin{pmatrix} 0 \\ -3 \\ 2 \\ -6 \\ 5 \end{pmatrix} t$ となる．

2. 非斉次の方程式の場合は最初から拡大係数行列の行基本変形を使うのが普通だが，5.2 節で行う一般固有ベクトルの計算などでは，斉次方程式の解が求まって初めて右辺に置くべき非斉次項が決まるという場合もある．なので，係数行列の行基本変形の手順を書いておくことは解答を他人に読みやすくするだけでなく，上のように自分の計算の節約にもなる．

例題 2.5-2　　　　　　　　　　　　　　　　　　　　　　**連立 1 次方程式-2**

x, y, z, u を未知数とする次の連立 1 次方程式を解け．ただしパラメータ a により場合に分けて論ぜよ．

$$\begin{cases} x + ay + u = a, \\ 2x + y - az + u = -1, \\ (2-a)x + y + u = -1 \end{cases}$$

[解答]　　そのまま消去法で解いてもよいが，ここではそれと同値な，拡大係数行列に行基本変形を行う計算例を示す．

$$\begin{pmatrix} 1 & a & 0 & 1 & | & a \\ 2 & 1 & -a & 1 & | & -1 \\ 2-a & 1 & 0 & 1 & | & -1 \end{pmatrix} \xrightarrow{\text{第 3 行を第 1,2 行から引く}} \begin{pmatrix} a-1 & a-1 & 0 & 0 & | & a+1 \\ a & 0 & -a & 0 & | & 0 \\ 2-a & 1 & 0 & 1 & | & -1 \end{pmatrix}.$$

ここで $a = 1$ なら第 1 行が矛盾して解が無いので，以下 $a \neq 1$ と仮定する．まず $a \neq 0$ のときは

$$\xrightarrow[\text{第 2 行を }-a\text{ で割る}]{\text{第 1 行を }a-1\text{ で割る}} \begin{pmatrix} 1 & 1 & 0 & 0 & | & \frac{a+1}{a-1} \\ -1 & 0 & 1 & 0 & | & 0 \\ 2-a & 1 & 0 & 1 & | & -1 \end{pmatrix}$$

と右上方から見て階段型になる．これ

より階数は最大の 3 で, $x = t$ と置けば第 1, 2, 3 行からそれぞれ y, z, u が

$$y = \frac{a+1}{a-1} - x = \frac{a+1}{a-1} - t,$$
$$z = t,$$
$$u = -1 + (a-2)x - y = -\frac{2a}{a-1} + (a-1)t$$

と求まる.

$a = 0$ のときは $\begin{pmatrix} -1 & -1 & 0 & 0 & | & 1 \\ 0 & 0 & 0 & 0 & | & 0 \\ 2 & 1 & 0 & 1 & | & -1 \end{pmatrix}$ となり, 係数行列も拡大係数行列も階数 2 で方程式は $4 - 2 = 2$ 次元の解を持つ. $x = t, z = s$ と置くと第 1, 3 行からそれぞれ y, u が

$$y = -1 - x = -1 - t, \quad u = -1 - 2x - y = -t$$

と求まる. これは z が独立になった他は $a \neq 0$ のときの解で $a = 0$ としたものと一致する. ∎

🐰 文字を含む方程式の場合は, 第 1 列目から機械的に消去法を実行するのでなく, 文字があまり含まれない列を見付けてそこを攻撃すると, 場合分けが簡単になる.

問題

2.5.1 次の連立 1 次方程式を解け. (未知数は方程式に現れている文字とする.)

(1) $\begin{cases} x + 2z - w = 0, \\ 3x + y + z = 0, \\ -2x - y + z - w = 0 \end{cases}$
(2) $\begin{cases} x_1 + x_2 + x_3 - x_4 = 2, \\ x_1 - x_2 + x_3 = 1, \\ x_1 - x_3 + x_4 = 1, \\ 3x_1 + x_3 = 4 \end{cases}$

2.5.2 次の連立 1 次方程式を消去法で解け. ただし方程式に含まれたパラメータ a, b, c の値で場合分けせよ.

(1) $\begin{cases} x + 2y - z = b, \\ 3x + y - az = b, \\ ax + ay = 6 \end{cases}$
(2) $\begin{cases} x_1 + x_2 - 2x_3 + x_4 = a, \\ x_1 - x_2 + bx_4 = 2, \\ x_1 - x_3 + x_4 = 1, \\ x_1 + x_2 + cx_3 = 1 \end{cases}$

2.5.3 次の連立 1 次方程式について以下の問いに答えよ. ただし a は定数とする.

$$\begin{cases} x - ay - 2z = 2, \\ ax + y + 4z = 4, \\ 2x - ay - z = 5 \end{cases}$$

(1) ただ一つの解を持つための a の条件を求めよ.
(2) 解を持たないように a の値を定めよ.
(3) 無限に多くの解を持つように a の値を定め, そのときの解を示せ.

2.6 逆行列の計算

要項 2.6.1 A を n 次正方行列とする．$AB = BA = E$ を満たす行列 B を A の**逆行列**と呼び，A^{-1} で表す．実は $AB = E$ あるいは $BA = E$ のどちらか一方が成り立てば，他方も自動的に成り立つ．逆行列を持つような行列は**正則**，あるいは**可逆**，あるいは**非退化**と呼ばれる．そうでないものは**退化**していると言われる．

要項 2.6.2 行列 A の逆行列はこれと単位行列を横に並べた $(n, 2n)$ 型の行列 $A \mid E$ に行基本変形を施して，A の場所を単位行列に変えたとき，E の場所に現れる．（正則行列は行基本変形だけで単位行列に帰着される．）

同様に，縦に並べて列基本変形で上の方を単位行列にすることで，下の方に逆行列が得られる．（正則行列は列基本変形だけでも単位行列に帰着される．）

逆行列のその他の求め方は第 4 章の要項 4.3.2, 第 7 章の要項 7.2.4 参照．なお工学で現れる巨大行列の逆行列は反復法で計算するのが実用的である（[6], 第 10 章参照）．

例題 2.6-1 ────────────────────────────── 逆行列の計算 ─

次の行列に逆行列が有ればそれを求めよ．

(1) $\begin{pmatrix} -1 & 1 & 1 \\ 2 & 1 & -1 \\ 1 & 0 & -1 \end{pmatrix}$
(2) $\begin{pmatrix} 1 & 1 & 0 & 2 \\ 2 & -1 & 1 & 1 \\ 0 & 1 & 2 & 0 \\ 1 & 3 & 2 & 3 \end{pmatrix}$
(3) $\begin{pmatrix} 1 & 3 & -2 & 4 \\ 0 & 1 & 2 & 3 \\ 1 & 0 & -1 & 2 \\ 1 & 1 & 1 & 5 \end{pmatrix}$

解答 いずれも $A \mid E$ を行基本変形する[11]．

(1) $\begin{pmatrix} -1 & 1 & 1 & | & 1 & 0 & 0 \\ 2 & 1 & -1 & | & 0 & 1 & 0 \\ 1 & 0 & -1 & | & 0 & 0 & 1 \end{pmatrix}$ $\xrightarrow[\text{第 3 行を第 2 行から引く}]{\text{第 3 行を第 1 行に加える}}$ $\begin{pmatrix} 0 & 1 & 0 & | & 1 & 0 & 1 \\ 1 & 1 & 0 & | & 0 & 1 & -1 \\ 1 & 0 & -1 & | & 0 & 0 & 1 \end{pmatrix}$

$\xrightarrow[]{\substack{\text{第 1 行を第} \\ \text{2 行から引く}}}$ $\begin{pmatrix} 0 & 1 & 0 & | & 1 & 0 & 1 \\ 1 & 0 & 0 & | & -1 & 1 & -2 \\ 1 & 0 & -1 & | & 0 & 0 & 1 \end{pmatrix}$ $\xrightarrow[]{\substack{\text{第 2 行を第} \\ \text{3 行から引く}}}$ $\begin{pmatrix} 0 & 1 & 0 & | & 1 & 0 & 1 \\ 1 & 0 & 0 & | & -1 & 1 & -2 \\ 0 & 0 & -1 & | & 1 & -1 & 3 \end{pmatrix}$

$\xrightarrow[]{\substack{\text{第 1, 2 行を入れ替え} \\ \text{3 行の符号を変える}}}$ $\begin{pmatrix} 1 & 0 & 0 & | & -1 & 1 & -2 \\ 0 & 1 & 0 & | & 1 & 0 & 1 \\ 0 & 0 & 1 & | & -1 & 1 & -3 \end{pmatrix}$. よって答は $\begin{pmatrix} -1 & 1 & -2 \\ 1 & 0 & 1 \\ -1 & 1 & -3 \end{pmatrix}$.

---

[11] 本書では計算問題の答を丁寧に与えているが，いずれも解答の一例を示しているだけであって，最も効率的な計算法を選んでいる訳ではない．逆行列の検算はもとの行列と掛けてみて単位行列になればよいので，正解が分からないときも自分の計算結果が確認できる．

$$(2) \begin{pmatrix} 1 & 1 & 0 & 2 & | & 1 & 0 & 0 & 0 \\ 2 & -1 & 1 & 1 & | & 0 & 1 & 0 & 0 \\ 0 & 1 & 2 & 0 & | & 0 & 0 & 1 & 0 \\ 1 & 3 & 2 & 3 & | & 0 & 0 & 0 & 1 \end{pmatrix} \xrightarrow[\text{第1行を}]{\text{第1行×2を}} \begin{pmatrix} 1 & 1 & 0 & 2 & | & 1 & 0 & 0 & 0 \\ 0 & -3 & 1 & -3 & | & -2 & 1 & 0 & 0 \\ 0 & 1 & 2 & 0 & | & 0 & 0 & 1 & 0 \\ 0 & 2 & 2 & 1 & | & -1 & 0 & 0 & 1 \end{pmatrix}$$

$$\xrightarrow[\text{3行を交換}]{\text{第2行と第}} \begin{pmatrix} 1 & 1 & 0 & 2 & | & 1 & 0 & 0 & 0 \\ 0 & 1 & 2 & 0 & | & 0 & 0 & 1 & 0 \\ 0 & -3 & 1 & -3 & | & -2 & 1 & 0 & 0 \\ 0 & 2 & 2 & 1 & | & -1 & 0 & 0 & 1 \end{pmatrix} \xrightarrow[\substack{\text{第2行×3を第3行に加える}\\\text{第2行×2を第4行から引く}}]{\text{第2行を第1行から引く}}$$

$$\begin{pmatrix} 1 & 0 & -2 & 2 & | & 1 & 0 & -1 & 0 \\ 0 & 1 & 2 & 0 & | & 0 & 0 & 1 & 0 \\ 0 & 0 & 7 & -3 & | & -2 & 1 & 3 & 0 \\ 0 & 0 & -2 & 1 & | & -1 & 0 & -2 & 1 \end{pmatrix} \xrightarrow[\text{第3行に加える}]{\text{第4行×3を}} \begin{pmatrix} 1 & 0 & -2 & 2 & | & 1 & 0 & -1 & 0 \\ 0 & 1 & 2 & 0 & | & 0 & 0 & 1 & 0 \\ 0 & 0 & 1 & 0 & | & -5 & 1 & -3 & 3 \\ 0 & 0 & -2 & 1 & | & -1 & 0 & -2 & 1 \end{pmatrix}$$

$$\xrightarrow[\substack{\text{第3行×2を第1行に加える}\\\text{第3行×2を第2行から引く}\\\text{第3行×2を第4行に加える}}]{} \begin{pmatrix} 1 & 0 & 0 & 2 & | & -9 & 2 & -7 & 6 \\ 0 & 1 & 0 & 0 & | & 10 & -2 & 7 & -6 \\ 0 & 0 & 1 & 0 & | & -5 & 1 & -3 & 3 \\ 0 & 0 & 0 & 1 & | & -11 & 2 & -8 & 7 \end{pmatrix} \xrightarrow[\text{第1行から引く}]{\text{第4行×2を}}$$

$$\begin{pmatrix} 1 & 0 & 0 & 0 & | & 13 & -2 & 9 & -8 \\ 0 & 1 & 0 & 0 & | & 10 & -2 & 7 & -6 \\ 0 & 0 & 1 & 0 & | & -5 & 1 & -3 & 3 \\ 0 & 0 & 0 & 1 & | & -11 & 2 & -8 & 7 \end{pmatrix}. \text{よって逆行列は} \begin{pmatrix} 13 & -2 & 9 & -8 \\ 10 & -2 & 7 & -6 \\ -5 & 1 & -3 & 3 \\ -11 & 2 & -8 & 7 \end{pmatrix}.$$

$$(3) \begin{pmatrix} 1 & 3 & -2 & 4 & | & 1 & 0 & 0 & 0 \\ 0 & 1 & 2 & 3 & | & 0 & 1 & 0 & 0 \\ 1 & 0 & -1 & 2 & | & 0 & 0 & 1 & 0 \\ 1 & 1 & 1 & 5 & | & 0 & 0 & 0 & 1 \end{pmatrix} \xrightarrow[\text{第4行から引く}]{\text{第3行を}} \begin{pmatrix} 1 & 3 & -2 & 4 & | & 1 & 0 & 0 & 0 \\ 0 & 1 & 2 & 3 & | & 0 & 1 & 0 & 0 \\ 1 & 0 & -1 & 2 & | & 0 & 0 & 1 & 0 \\ 0 & 1 & 2 & 3 & | & 0 & 0 & -1 & 1 \end{pmatrix}$$

この時点で第2行と第4行の左側の部分が一致してしまったので，もとの行列はランク落ちしており，逆行列は存在しないことが分かる． ∎

例題 2.6-2 ——————————————————————— 逆行列の存否 ———

次の行列に逆行列が有るのはパラメータ a がどんな値のときか？ またそのときの逆行列を求めよ．
$$A = \begin{pmatrix} -1 & 3 & 2 & 1 \\ 1 & 1 & 2 & 3 \\ 0 & a & 1 & -1 \\ 1 & 0 & a & 2 \end{pmatrix}$$

[解答] $A \mid E = \begin{pmatrix} -1 & 3 & 2 & 1 & | & 1 & 0 & 0 & 0 \\ 1 & 1 & 2 & 3 & | & 0 & 1 & 0 & 0 \\ 0 & a & 1 & -1 & | & 0 & 0 & 1 & 0 \\ 1 & 0 & a & 2 & | & 0 & 0 & 0 & 1 \end{pmatrix}$ を行基本変形する．

$\xrightarrow{\substack{\text{第1行を}\\\text{第2,4行に加える}}}$
$\begin{pmatrix} -1 & 3 & 2 & 1 & | & 1 & 0 & 0 & 0 \\ 0 & 4 & 4 & 4 & | & 1 & 1 & 0 & 0 \\ 0 & a & 1 & -1 & | & 0 & 0 & 1 & 0 \\ 0 & 3 & a+2 & 3 & | & 1 & 0 & 0 & 1 \end{pmatrix}$
$\xrightarrow{\substack{\text{第4行を第2行から引く}\\\text{第1行の符号を変える}}}$

$\begin{pmatrix} 1 & -3 & -2 & -1 & | & -1 & 0 & 0 & 0 \\ 0 & 1 & 2-a & 1 & | & 0 & 1 & 0 & -1 \\ 0 & a & 1 & -1 & | & 0 & 0 & 1 & 0 \\ 0 & 3 & a+2 & 3 & | & 1 & 0 & 0 & 1 \end{pmatrix}$
$\xrightarrow{\substack{\text{第2行の3倍を}\\\text{第4行から引き第1行に加える}\\\text{第2行の }a\text{ 倍を第3行から引く}}}$

$\begin{pmatrix} 1 & 0 & 4-3a & 2 & | & -1 & 3 & 0 & -3 \\ 0 & 1 & 2-a & 1 & | & 0 & 1 & 0 & -1 \\ 0 & 0 & (a-1)^2 & -a-1 & | & 0 & -a & 1 & a \\ 0 & 0 & 4(a-1) & 0 & | & 1 & -3 & 0 & 4 \end{pmatrix}.$

よって $a=1$ なら A は退化し逆行列を持たない．$a \neq 1$ とすると，

$\xrightarrow{\substack{\text{第4行}\times(a-1)/4\text{ を，}\\\text{第3行をから引く}}}$ $\begin{pmatrix} 1 & 0 & 4-3a & 2 & | & -1 & 3 & 0 & -3 \\ 0 & 1 & 2-a & 1 & | & 0 & 1 & 0 & -1 \\ 0 & 0 & 0 & -a-1 & | & -\frac{a-1}{4} & -\frac{a+3}{4} & 1 & 1 \\ 0 & 0 & 4(a-1) & 0 & | & 1 & -3 & 0 & 4 \end{pmatrix}$

ここで $a=-1$ のときも A は退化することが分かる．そこで $a \neq \pm 1$ とし，第4行を $4(a-1)$ で，第3行を $-(a+1)$ で割り，これらの行を入れ替えれば，

$\rightarrow \begin{pmatrix} 1 & 0 & 4-3a & 2 & | & -1 & 3 & 0 & -3 \\ 0 & 1 & 2-a & 1 & | & 0 & 1 & 0 & -1 \\ 0 & 0 & 1 & 0 & | & \frac{1}{4(a-1)} & -\frac{3}{4(a-1)} & 0 & \frac{1}{a-1} \\ 0 & 0 & 0 & 1 & | & \frac{a-1}{4(a+1)} & \frac{a+3}{4(a+1)} & -\frac{1}{a+1} & -\frac{1}{a+1} \end{pmatrix}$

最後に第3行の $3a-4$ 倍を第1行に，$a-2$ 倍を第2行に加え，次いで第4行の2倍を第1行から引き，第4行を第2行から引けば，縦線の左側は単位行列となり，右側には

$\begin{pmatrix} -1+\frac{3a-4}{4(a-1)}-2\frac{a-1}{4(a+1)} & 3-\frac{3(3a-4)}{4(a-1)}-2\frac{a+3}{4(a+1)} & \frac{2}{a+1} & -3+\frac{3a-4}{a-1}+2\frac{1}{a+1} \\ \frac{a-2}{4(a-1)}-\frac{a-1}{4(a+1)} & 1-\frac{3(a-2)}{4(a-1)}-\frac{a+3}{4(a+1)} & \frac{1}{a+1} & -1+\frac{a-2}{a-1}+\frac{1}{a+1} \\ \frac{1}{4(a-1)} & -\frac{3}{4(a-1)} & 0 & \frac{1}{a-1} \\ \frac{a-1}{4(a+1)} & \frac{a+3}{4(a+1)} & -\frac{1}{a+1} & -\frac{1}{a+1} \end{pmatrix}$

$= \begin{pmatrix} -\frac{3a^2-3a+2}{4(a^2-1)} & \frac{a^2-a+6}{4(a^2-1)} & \frac{2}{a+1} & \frac{a-3}{a^2-1} \\ \frac{a-3}{4(a^2-1)} & \frac{a+5}{4(a^2-1)} & \frac{1}{a+1} & -\frac{2}{a^2-1} \\ \frac{1}{4(a-1)} & -\frac{3}{4(a-1)} & 0 & \frac{1}{a-1} \\ \frac{a-1}{4(a+1)} & \frac{a+3}{4(a+1)} & -\frac{1}{a+1} & -\frac{1}{a+1} \end{pmatrix}$ と，求める逆行列が得られる． ∎

🐌 a を不定文字だと思えば，最後の結果が1変数有理関数体 $\boldsymbol{R}(a)$ での A の逆行列となる．このような式の計算は定数係数線形常微分方程式系を演算子法で解くときに使われる（⟶ [5], 4.4 節）．

2.6 逆行列の計算

例題 2.6-3 ──────────────── 特殊な行列の逆行列 ──

次の n 次行列の逆行列を求めよ．ただし $\lambda \neq 0$ とする．

$$\begin{pmatrix} \lambda & 1 & 0 & \cdots & 0 \\ 0 & \lambda & 1 & \ddots & \vdots \\ \vdots & \ddots & \ddots & \ddots & 0 \\ \vdots & & \ddots & \lambda & 1 \\ 0 & \cdots & \cdots & 0 & \lambda \end{pmatrix}$$

[解答] 行基本変形で求める．（別の計算法を問題 4.3.4, 問題 7.2.5 に与える．）

$$\left(\begin{array}{ccccc|ccccc} \lambda & 1 & 0 & \cdots & 0 & 1 & 0 & \cdots & \cdots & 0 \\ 0 & \lambda & 1 & \ddots & \vdots & 0 & 1 & \ddots & & \vdots \\ \vdots & \ddots & \ddots & \ddots & 0 & \vdots & & \ddots & \ddots & \vdots \\ \vdots & & \ddots & \lambda & 1 & \vdots & & & 1 & 0 \\ 0 & \cdots & \cdots & 0 & \lambda & 0 & \cdots & \cdots & 0 & 1 \end{array}\right) \xrightarrow{\text{すべての行を}\ \lambda\ \text{で割る}}$$

$$\left(\begin{array}{ccccc|ccccc} 1 & \frac{1}{\lambda} & 0 & \cdots & 0 & \frac{1}{\lambda} & 0 & \cdots & & 0 \\ 0 & 1 & \frac{1}{\lambda} & \ddots & \vdots & 0 & \frac{1}{\lambda} & \ddots & & \\ \vdots & \ddots & \ddots & \ddots & & \vdots & & \ddots & \ddots & \\ & & & 1 & \frac{1}{\lambda} & & & & \frac{1}{\lambda} & 0 \\ 0 & \cdots & & 0 & 1 & 0 & \cdots & & 0 & \frac{1}{\lambda} \end{array}\right) \xrightarrow{\text{第 2 行の}\ 1/\lambda\ \text{を}\ \text{第 1 行から引く}}$$

$$\left(\begin{array}{cccccc|cccccc} 1 & 0 & -\frac{1}{\lambda^2} & 0 & \cdots & 0 & \frac{1}{\lambda} & -\frac{1}{\lambda^2} & 0 & \cdots & \cdots & 0 \\ 0 & 1 & \frac{1}{\lambda} & 0 & & & 0 & \frac{1}{\lambda} & & 0 & & 0 \\ & & \ddots & 1 & \frac{1}{\lambda} & 0 & & & \ddots & \frac{1}{\lambda} & & 0 \\ & & & & 1 & \frac{1}{\lambda} & & & & & \frac{1}{\lambda} & 0 \\ 0 & & & \cdots & 0 & 1 & 0 & \cdots & & & 0 & \frac{1}{\lambda} \end{array}\right)$$

$\xrightarrow{\begin{array}{l}\text{第 3 行の}\ 1/\lambda\ \text{を}\\ \text{第 2 行から引く}\\ \text{第 3 行の}\ 1/\lambda^2\ \text{を}\\ \text{第 1 行に加える}\end{array}}$

$$\left(\begin{array}{ccccccc|ccccccc} 1 & 0 & 0 & \frac{1}{\lambda^3} & 0 & \cdots & 0 & \frac{1}{\lambda} & -\frac{1}{\lambda^2} & \frac{1}{\lambda^3} & 0 & \cdots & 0 \\ 0 & 1 & 0 & -\frac{1}{\lambda^2} & 0 & & \vdots & 0 & \frac{1}{\lambda} & -\frac{1}{\lambda^2} & & & \\ \vdots & \ddots & 1 & \frac{1}{\lambda} & 0 & & & \vdots & \ddots & \frac{1}{\lambda} & & & \\ & & & 1 & & & 0 & & & & & & \\ & & & & & \ddots & \frac{1}{\lambda} & 0 & & & & & \frac{1}{\lambda} & 0 \\ 0 & \cdots & & & 0 & & 1 & 0 & \cdots & & & & 0 & \frac{1}{\lambda} \end{array}\right).$$

この操作を続けると，左側が単位行列になったとき，右側に

$$\begin{pmatrix} \frac{1}{\lambda} & -\frac{1}{\lambda^2} & \frac{1}{\lambda^3} & \cdots & \frac{(-1)^{n-2}}{\lambda^{n-1}} & \frac{(-1)^{n-1}}{\lambda^n} \\ 0 & \frac{1}{\lambda} & -\frac{1}{\lambda^2} & \ddots & & \frac{(-1)^{n-2}}{\lambda^{n-1}} \\ \vdots & \ddots & \frac{1}{\lambda} & \ddots & \ddots & \vdots \\ \vdots & & & \ddots & & \frac{1}{\lambda^3} \\ \vdots & & & \frac{1}{\lambda} & -\frac{1}{\lambda^2} \\ 0 & \cdots & & \cdots & 0 & \frac{1}{\lambda} \end{pmatrix}$$

が残る．これが求める逆行列である． ∎

問題

2.6.1 A が可逆なことと A^T が可逆なことは同値であり，このとき $(A^{-1})^T = (A^T)^{-1}$ が成り立つことを示せ．

2.6.2 次の行列に逆行列が有ればそれを求めよ．

(1) $\begin{pmatrix} 0 & 2 & 1 \\ 1 & 0 & 0 \\ 0 & 1 & 1 \end{pmatrix}$
(2) $\begin{pmatrix} 1 & 0 & 4 \\ -1 & 1 & -6 \\ 0 & 1 & -3 \end{pmatrix}$
(3) $\begin{pmatrix} 1 & 0 & 1 \\ 2 & 1 & 1 \\ 0 & 1 & 1 \end{pmatrix}$

(4) $\begin{pmatrix} -1 & 1 & -2 \\ 1 & 0 & 1 \\ -1 & 1 & -3 \end{pmatrix}$
(5) $\begin{pmatrix} -1 & 7 & 1 \\ 2 & 3 & -2 \\ 1 & 0 & -1 \end{pmatrix}$
(6) $\begin{pmatrix} 1 & 1 & 1 \\ 2 & 1 & 2 \\ 0 & 1 & 1 \end{pmatrix}$

(7) $\begin{pmatrix} 1 & 2 & 1 & 0 \\ 1 & 1 & 0 & 1 \\ 1 & 0 & 0 & 1 \\ 0 & 1 & -2 & 1 \end{pmatrix}$
(8) $\begin{pmatrix} 1 & 0 & 1 & -2 \\ -4 & 0 & 0 & 1 \\ -3 & 0 & 0 & 1 \\ -1 & 1 & 0 & 0 \end{pmatrix}$
(9) $\begin{pmatrix} 1 & 0 & -1 & 0 \\ -4 & 0 & 0 & 1 \\ -3 & 0 & 0 & 1 \\ 3 & -1 & 0 & -1 \end{pmatrix}$

(10) $\begin{pmatrix} 1 & 0 & 0 & -2 \\ 0 & 1 & 4 & 1 \\ 0 & 1 & 3 & 2 \\ -1 & -1 & -4 & 0 \end{pmatrix}$
(11) $\begin{pmatrix} 1 & 2 & 1 & 3 \\ 1 & 0 & 0 & -3 \\ 0 & 1 & 0 & 2 \\ 0 & 0 & 1 & 1 \end{pmatrix}$
(12) $\begin{pmatrix} 1 & -2 & 1 \\ 2 & 2 & 3 \\ 0 & 1 & -2 \end{pmatrix}$

(13) $\begin{pmatrix} 1 & 1 & 1 \\ 2 & 2+\sqrt{-1} & 2-\sqrt{-1} \\ -1 & -2 & -2 \end{pmatrix}$

2.6.3 次の行列に逆行列が存在するようなパラメータ a の範囲を定め，そのときの逆行列を求めよ．

(1) $\begin{pmatrix} 2 & 1 & 2 \\ a & 1 & 1 \\ 1 & -a & 1 \end{pmatrix}$
(2) $\begin{pmatrix} 0 & a & 1 \\ b & 2 & a \\ 3 & b & 0 \end{pmatrix}$

2.6.4 A が対称行列のとき，A^{-1} は存在すれば再び対称行列となることを示せ．

2.6.5 A が右上から左下への副対角線に関して対称 (persymmetric[12]) なら，A^{-1} もそうなることを示せ．またこれを例題 2.6-3 と問題 2.6.3 (2) で確認せよ．

2.6.6 次の n 次正方行列の逆行列を求めよ．ただし $n > 2, a \neq \pm 1$ とする．

(1) $\begin{pmatrix} 1 & 1 & 0 & \dots & \dots & 0 \\ 1 & 0 & 1 & 0 & \dots & 0 \\ \vdots & & & & & \vdots \\ 1 & 0 & \dots & 0 & 1 & 0 \\ 1 & 0 & \dots & \dots & 0 & 1 \\ 1 & 1 & \dots & \dots & 1 & 1 \end{pmatrix}$
(2) $\begin{pmatrix} 1 & a & a^2 & \dots & a^{n-2} & a^{n-1} \\ a & 1 & a & \ddots & & a^{n-2} \\ a^2 & a & 1 & \ddots & \ddots & \vdots \\ \vdots & \ddots & \ddots & \ddots & \ddots & a^2 \\ a^{n-2} & & \ddots & \ddots & 1 & a \\ a^{n-1} & a^{n-2} & \dots & a^2 & a & 1 \end{pmatrix}$

---

[12] 日本語訳はまだ無いようである．

2.7 ブロック型行列の取扱い

要項 2.7.1　行列をいくつかのブロックに分割して扱う方法はしばしば有効である．基本的なブロック分けは，n 次正方行列 A を，d 次正方行列 A_{11}, $(d, n-d)$ 型長方行列 A_{12}, $(n-d, d)$ 型長方行列 A_{21}, $n-d$ 次正方行列 A_{22} に

$$A = \begin{pmatrix} A_{11} & A_{12} \\ A_{21} & A_{22} \end{pmatrix} \tag{2.9}$$

のように分解するものである．この形の二つの行列 A, B に対しては

$$A + B = \begin{pmatrix} A_{11} + B_{11} & A_{12} + B_{12} \\ A_{21} + B_{21} & A_{22} + B_{22} \end{pmatrix},$$

$$AB = \begin{pmatrix} A_{11}B_{11} + A_{12}B_{21} & A_{11}B_{12} + A_{12}B_{22} \\ A_{21}B_{11} + A_{22}B_{21} & A_{21}B_{12} + A_{22}B_{22} \end{pmatrix}$$

のような計算ができる．逆行列については $A_{12} = O_{12}, A_{21} = O_{21}$ がともに同サイズの零行列なら $\begin{pmatrix} A_{11} & O_{12} \\ O_{21} & A_{22} \end{pmatrix}^{-1} = \begin{pmatrix} A_{11}^{-1} & O_{12} \\ O_{21} & A_{22}^{-1} \end{pmatrix}$ が成り立つ．より一般のブロック型行列の逆行列については下の例題 2.7-2 参照．
ブロックの数が増えても同様の計算ができる．

例題 2.7-1 ─────────────── ブロック行列と基本変形 ─

(1) $\begin{pmatrix} E & H \\ O & E \end{pmatrix}$, および $\begin{pmatrix} E & O \\ H & E \end{pmatrix}$ による右からの掛け算は，ブロック行列 $\begin{pmatrix} A & B \\ C & D \end{pmatrix}$ に対してそれぞれどのような列基本変形となるか？

(2) $\begin{pmatrix} E & O \\ H & E \end{pmatrix}$, および $\begin{pmatrix} E & H \\ O & E \end{pmatrix}$ による左からの掛け算は，ブロック行列 $\begin{pmatrix} A & B \\ C & D \end{pmatrix}$ に対してそれぞれどのような行基本変形となるか？

解答　(1) $H = (h_{ij})_{1 \leq i \leq d, d+1 \leq j \leq n}$ と置く[13]とき，$\begin{pmatrix} A & B \\ C & D \end{pmatrix} \begin{pmatrix} E & H \\ O & E \end{pmatrix} = \begin{pmatrix} A & B + AH \\ C & D + CH \end{pmatrix}$ となるが，これは第 j 列 $(d+1 \leq j \leq n)$ に第 i 列 $(1 \leq i \leq d)$ の h_{ij} 倍を加えるという基本変形の集合に相当する．これらの $(n-d)d$ 個の操作は

---

[13] H を単独の行列とみなすと添え字の範囲が奇妙だが，n 次行列の中での位置と思っていただきたい．

互いに可換で，どの順にやっても良いし，一度に行うこともできる．

同様に $H = (h_{ij})_{d+1 \leq i \leq n, 1 \leq j \leq d}$ と置くとき，$\begin{pmatrix} A & B \\ C & D \end{pmatrix} \begin{pmatrix} E & O \\ H & E \end{pmatrix} = \begin{pmatrix} A+BH & B \\ C+DH & D \end{pmatrix}$ は，第 j 列に第 i 列の h_{ij} 倍を加えるという基本変形に相当する．この二つは形式的な表現では同じになるが，実際には前者は左側のブロックで右側を変形し，後者は逆に右側のブロックで左側を変形するという違いがある．

(2) h_{ij} を H の第 ij 成分 $(d+1 \leq i \leq n, 1 \leq j \leq d)$ とするとき，$\begin{pmatrix} E & O \\ H & E \end{pmatrix} \begin{pmatrix} A & B \\ C & D \end{pmatrix} = \begin{pmatrix} A & B \\ C+HA & D+HC \end{pmatrix}$ は第 i 行に第 j 行の h_{ij} 倍を加える操作の集合体である．後半の $\begin{pmatrix} E & H \\ O & E \end{pmatrix} \begin{pmatrix} A & B \\ C & D \end{pmatrix} = \begin{pmatrix} A+HC & B+HD \\ C & D \end{pmatrix}$ についても同様である．なお，全体を転置して (1) に帰着させることもできる． ■

例題 2.7-2 ───────────── ブロック行列の逆行列 ───

ブロック行列 $\begin{pmatrix} A & B \\ C & D \end{pmatrix}$ の逆行列は，$M = (A - BD^{-1}C)^{-1}$ と置くとき

$$\begin{pmatrix} M & -MBD^{-1} \\ -D^{-1}CM & D^{-1} + D^{-1}CMBD^{-1} \end{pmatrix} \tag{2.10}$$

で与えられることを示せ．ただし，この表現に現れた逆行列の存在は仮定する．

解答 d 次と $n-d$ 次のブロック分けとして積を計算すると

$$\begin{pmatrix} A & B \\ C & D \end{pmatrix} \begin{pmatrix} P & Q \\ R & S \end{pmatrix} = \begin{pmatrix} AP+BR & AQ+BS \\ CP+DR & CQ+DS \end{pmatrix} \tag{2.11}$$

となる．前者の逆行列を求めるときは

$$AP + BR = I_d \quad \ldots ①, \quad AQ + BS = O_{d,n-d} \quad \ldots ②,$$
$$CP + DR = O_{n-d,d} \quad \ldots ③, \quad CQ + DS = I_{n-d} \quad \ldots ④$$

を解けばよい．ここに I_d は d 次の単位行列，$O_{d,n-d}$ は $(d, n-d)$ 型の零行列を表す等々．ここで，D^{-1} が存在することを仮定すると（問題 2.7.3 参照），まず③から $R = -D^{-1}CP$．これを①に代入して

$$AP - BD^{-1}CP = (A - BD^{-1}C)P = I_d.$$

これより $P = (A - BD^{-1}C)^{-1}$ であり，この逆行列が存在することも上の等式から従う．この P は定理で M と置いたものに他ならない．よって $R = -D^{-1}CM$．次に④から $S = D^{-1} - D^{-1}CQ$．これを②に代入して

$$AQ + B(D^{-1} - D^{-1}CQ) = O_{d,n-d}.$$
$$\therefore \quad (A - BD^{-1}C)Q = -BD^{-1}, \quad \text{すなわち} \quad M^{-1}Q = -BD^{-1}.$$

従って $Q = -MBD^{-1}$. 故に $S = D^{-1} + D^{-1}CMBD^{-1}$. 以上より逆行列は

$$\begin{pmatrix} M & -MBD^{-1} \\ -D^{-1}CM & D^{-1} + D^{-1}CMBD^{-1} \end{pmatrix}.$$

別解 D が逆行列を持つので，これを用いて列基本変形をし，C の箇所を消去すると，

$$\begin{pmatrix} A & B \\ C & D \end{pmatrix} \begin{pmatrix} E & O \\ -D^{-1}C & E \end{pmatrix} = \begin{pmatrix} A - BD^{-1}C & B \\ O & D \end{pmatrix}.$$

次に，行基本変形を用いてこの B の部分を消すと

$$\begin{pmatrix} E & -BD^{-1} \\ O & E \end{pmatrix} \begin{pmatrix} A - BD^{-1}C & B \\ O & D \end{pmatrix} = \begin{pmatrix} A - BD^{-1}C & O \\ O & D \end{pmatrix}.$$

これらを繋げると，

$$\begin{pmatrix} A & B \\ C & D \end{pmatrix}^{-1} = \begin{pmatrix} E & O \\ -D^{-1}C & E \end{pmatrix} \begin{pmatrix} A - BD^{-1}C & B \\ O & D \end{pmatrix}^{-1}$$
$$= \begin{pmatrix} E & O \\ -D^{-1}C & E \end{pmatrix} \begin{pmatrix} A - BD^{-1}C & O \\ O & D \end{pmatrix}^{-1} \begin{pmatrix} E & -BD^{-1} \\ O & E \end{pmatrix} \quad (2.12)$$
$$= \begin{pmatrix} E & O \\ -D^{-1}C & E \end{pmatrix} \begin{pmatrix} M & O \\ O & D^{-1} \end{pmatrix} \begin{pmatrix} E & -BD^{-1} \\ O & E \end{pmatrix}$$
$$= \begin{pmatrix} M & O \\ -D^{-1}CM & D^{-1} \end{pmatrix} \begin{pmatrix} E & -BD^{-1} \\ O & E \end{pmatrix}$$
$$= \begin{pmatrix} M & -MBD^{-1} \\ -D^{-1}CM & D^{-1} + D^{-1}CMBD^{-1} \end{pmatrix}. \quad ■$$

問 題

2.7.1 次のようなブロック行列の逆行列を求めよ．
(1) $\begin{pmatrix} E & B \\ O & E \end{pmatrix}$ (2) $\begin{pmatrix} E & O \\ B & E \end{pmatrix}$ (3) $\begin{pmatrix} O & A \\ B & O \end{pmatrix}$ (A, B は可逆正方行列とする)

2.7.2 A が可逆のとき $\begin{pmatrix} A & B \\ C & D \end{pmatrix}$ の逆行列が $\begin{pmatrix} A^{-1} + A^{-1}BNCA^{-1} & -A^{-1}BN \\ -NCA^{-1} & N \end{pmatrix}$ と書けることを示せ．ここに $N = (D - CA^{-1}B)^{-1}$ と置いた．

2.7.3 例題 2.7-2 で D の可逆性を仮定したときの $\begin{pmatrix} A & B \\ C & D \end{pmatrix}$ の可逆性は，$M = A - BD^{-1}C$ の可逆性と同値であることを示せ．問題 2.7.2 の場合はどうか？

2.7.4 正則な 4 次正方行列で，2 次の正方行列 4 個のブロックに分けたもののいずれもが可逆でないような例を示せ．

3 線形空間と線形写像

この章ではやや抽象的な線形代数の内容を扱い，抽象的に記述された線形空間や線形写像を数ベクトルや行列で具体的に扱う方法を練習する．要項の記述ではスカラーはすべて実数 R としているが，これを任意の体としても議論は同様にゆく．

3.1 線形空間の公理と性質

要項 3.1.1 集合 V に以下に掲げるような規則（公理）を満たす 2 項演算

$$
\begin{array}{rcl}
+ : V \times V & \longrightarrow & V \\
\cup & & \cup \\
(v, w) & \longmapsto & v + w
\end{array}
$$

と，R の V への作用[1]

$$
\begin{array}{rcl}
\cdot : R \times V & \longrightarrow & V \\
\cup & & \cup \\
(\lambda, v) & \mapsto & \lambda \cdot v
\end{array}
$$

があるとき，V あるいは $(V, R, +, \cdot)$ の四つ組を R 上の**線形空間**，あるいは**ベクトル空間**と呼ぶ．R はこの線形空間の**係数体**と言われる[2]．V の元を**ベクトル**と呼ぶ．
線形空間の公理：

(i) $V, +$ は加法群[3]を成す．すなわち，

(1) （可換律）$\forall v, w \in V$ について $v + w = w + v$

(2) （結合律）$\forall u, v, w \in V$ について $(u + v) + w = u + (v + w)$

(3) （単位元の存在）$\exists 0 \in V$, s.t. $\forall v \in V$ について，$v + 0 = 0 + v = v$.
 0 を**零ベクトル**と呼ぶ．

(4) （逆元の存在）$\forall v \in V$ に対し $\exists w \in V$ s.t. $v + w = w + v = 0$.
 w を v の**加法の逆元**と呼び，$-v$ で表す．

---

[1] 演算と同様であるが，加法と違い二つの元の属する集合が異なるので作用と呼んで区別する．この記号は内積と紛らわしいので $\lambda \cdot v$ は λv と略記するのが普通である．

[2] 章の冒頭で断ったように，R を任意の体 K に換えて，体 K 上の線形空間が全く同様に定義され，同様の性質を持つ．以下でも複素数体 C や有理数体 Q, 1 変数有理関数体 $R(x)$, $C(x)$ などが実際に用いられる．

[3] 加法群とは，可換群の演算をプラス記号で表したもののことである．定義と主な性質は以下に述べられている．演算を積で表し可換律を無くせば一般の（非可換）**群**の公理となる．

3.1 線形空間の公理と性質

(ii) ・ は加法群への作用の公理を満たす，すなわち，

(5) $\forall \lambda, \mu \in \mathbf{R}, \ \forall \boldsymbol{v} \in V$ について，$\lambda(\mu \boldsymbol{v}) = (\lambda \mu) \boldsymbol{v}$.

(6) $1 \in \mathbf{R}$ の作用は恒等作用である：$\forall \boldsymbol{v} \in \mathbf{R}$ に対して $1 \cdot \boldsymbol{v} = \boldsymbol{v}$.

(7) 2種の分配律：

(7a) $\forall \lambda, \mu \in \mathbf{R}, \ \forall \boldsymbol{v} \in V$ について $(\lambda + \mu)\boldsymbol{v} = \lambda \boldsymbol{v} + \mu \boldsymbol{v}$,

(7b) $\forall \lambda \in \mathbf{R}, \ \forall \boldsymbol{v}, \boldsymbol{w} \in V$ について $\lambda(\boldsymbol{v} + \boldsymbol{w}) = \lambda \boldsymbol{v} + \lambda \boldsymbol{w}$.

例題 3.1-1 ──────────────── 線形空間の公理-1 ─

加法群の性質として，次の主張を加法群の公理 (1)〜(4) から導け．

(8) 零ベクトルは一意に定まる．

(9) 加法の逆元は一意に定まる．

[解答] (8) もし (3) の性質を持つ元 $\boldsymbol{0}' \in V$ が他にも有ったら，$\boldsymbol{0}$ が加法の単位元であることから，$\boldsymbol{0} + \boldsymbol{0}' = \boldsymbol{0}'$．他方 $\boldsymbol{0}'$ もこの性質を持つことから $\boldsymbol{0} + \boldsymbol{0}' = \boldsymbol{0}$．よって両者は等しい．

(9) $\boldsymbol{v}$ に対して $\boldsymbol{v} + \boldsymbol{w} = \boldsymbol{0}$，かつ $\boldsymbol{v} + \boldsymbol{w}' = \boldsymbol{0}$ だとすると，前者に $\boldsymbol{w}'$ を加えて加法の結合律と可換律を用いると

$$\boldsymbol{w}' = \boldsymbol{w}' + \boldsymbol{0} = \boldsymbol{w}' + (\boldsymbol{v} + \boldsymbol{w}) = (\boldsymbol{w}' + \boldsymbol{v}) + \boldsymbol{w} = \boldsymbol{0} + \boldsymbol{w} = \boldsymbol{w}. \quad \blacksquare$$

例題 3.1-2 ──────────────── 線形空間の公理-2 ─

次の主張を線形空間の公理から導け：

(10) $\forall \boldsymbol{v} \in V$ について $0\boldsymbol{v} = \boldsymbol{0}$，すなわち，どんなベクトルも 0 を掛けると零ベクトルになる．

(11) $(-1)\boldsymbol{v} = -\boldsymbol{v}$ （左辺は -1 の $\boldsymbol{v}$ への作用の結果，右辺は $\boldsymbol{v}$ の加法に関する逆元）

[解答] (10) 分配律 (7a) より $0\boldsymbol{v} = (0+0)\boldsymbol{v} = 0\boldsymbol{v} + 0\boldsymbol{v}$ である．この両辺に $0\boldsymbol{v}$ の逆元 $-0\boldsymbol{v}$ を加えて加法の結合律 (2) と零ベクトルの定義を用いると，$\boldsymbol{0} = 0\boldsymbol{v} + (-0\boldsymbol{v}) = (0\boldsymbol{v} + 0\boldsymbol{v}) + (-0\boldsymbol{v}) = 0\boldsymbol{v} + \{0\boldsymbol{v} + (-0\boldsymbol{v})\} = 0\boldsymbol{v} + \boldsymbol{0} = 0\boldsymbol{v}$.
(11) (6), (7a) 次いで (10) より $(-1)\boldsymbol{v} + \boldsymbol{v} = (-1)\boldsymbol{v} + 1\boldsymbol{v} = (-1+1)\boldsymbol{v} = 0\boldsymbol{v} = \boldsymbol{0}$. よって加法の逆元の一意性により $(-1)\boldsymbol{v} = -\boldsymbol{v}$ となる．$\quad \blacksquare$

問題

3.1.1 $\forall \lambda \in \mathbf{R}$ について $\lambda \boldsymbol{0} = \boldsymbol{0}$ を示せ．

3.1.2 $\lambda \boldsymbol{v} = \boldsymbol{0}$ なら $\lambda = 0$ か $\boldsymbol{v} = \boldsymbol{0}$ かのいずれかであることを示せ．

3.2 次元と基底

要項 3.2.1 V を抽象的な線形空間とする．$v_1, \ldots, v_n \in V$ に対し，線形空間の公理から，$\lambda_1, \ldots, \lambda_n \in \mathbf{R}$ を係数とする **1 次結合** $\lambda_1 v_1 + \cdots + \lambda_n v_n \in V$ が帰納的に定義される．$\lambda_1 = \cdots = \lambda_n = 0$ の場合を除き，これが零ベクトルとならないとき，$v_1, \ldots, v_n$ は **1 次独立**であると言い，そうでなければ **1 次従属**であると言う．$\mathbf{R}$ 上の線形空間 V の 1 次独立なベクトルの集合の元の個数に最大限界 n があるとき，V は $\mathbf{R}$ 上 n **次元**であると言う．そうでなければ V は**無限次元**であると言う[4]．
V の次元を $\dim V$ と記す．係数体を明示したいときは $\dim_{\mathbf{R}} V$ のように記す．

要項 3.2.2 V が n 次元のとき，1 次独立なベクトル $v_1, \ldots, v_n$ を勝手に選ぶと，他の任意の元 $a \in V$ はこれらの 1 次結合 $a_1 v_1 + \cdots + a_n v_n$ として一意に表される．これにより V は線形空間の構造を込めて n 次元数ベクトルの空間 $\mathbf{R}^n$ と一対一に対応付けられる．このような目的で用いたベクトルの列 $[v_1, \ldots, v_n]$ を V の（一つの）**基底**と呼び，数ベクトル $(a_1, \ldots, a_n)^T$ を $a \in V$ のこの基底による**表現**，あるいはこの基底に関する**成分**と呼ぶ．

係数体を固定したとき，線形空間は次元だけが唯一の特徴量となる[5]．特に，0 次元の線形空間は零ベクトルのみから成る．

要項 3.2.3 線形空間の代表例：

(1) **数ベクトル空間** $\mathbf{R}^n$ は第 2 章で定めたベクトル演算により $\mathbf{R}$ 上の n 次元線形空間となる．基底としては

$$e_1 = \begin{pmatrix} 1 \\ 0 \\ \vdots \\ 0 \end{pmatrix}, \ldots, e_n = \begin{pmatrix} 0 \\ \vdots \\ 0 \\ 1 \end{pmatrix}$$

が標準的であり，任意の数ベクトル $x = (x_1, \ldots, x_n)^T$ のこの基底による表現ベクトルはそれ自身である．

(2) **幾何学的ベクトルの空間** 平面あるいは空間の有向線分を平行移動で重なるものを同一視して得られる同値類を**幾何学的ベクトル**と呼ぶ．同値類の代表として適当に選んだ 1 点（原点）を始点とするベクトルが必ず取れる．

幾何学的ベクトルの演算は，それを代表する有向線分で行う．正のスカラー倍は有

---

[4] 数学では無限次元を更に分類することがある．これについては例えば [7], 定義 10.16 および関連する記述を参照せよ．

[5] 抽象代数としては区別する必要が無いということであり，応用上はさまざまな見掛けを持った n 次元のベクトル空間が現れ，それなりの役割を果たす．

3.2 次元と基底

向線分をその分だけ伸ばし（あるいは縮め）たもので，(-1) 倍は向きを変えたもので，また加法は平行四辺形の法則で定義される．

平面あるいは空間に原点とそこから発する基本ベクトルを定めれば，一般のベクトルはこれらにより数ベクトルで表現され，これによりこの空間は $\boldsymbol{R}^2$ あるいは $\boldsymbol{R}^3$ と同一視される．

(3) 1 変数多項式 $a_0 x^n + a_1 x^{n-1} + \cdots + a_n$ の集合は多項式の通常の演算で無限次元の線形空間を成す．多項式の次数を n 以下に限れば $n+1$ 次元となり，単項式より成る基底 $[x^n, x^{n-1}, \ldots, x, 1]$ により，これらに対応する係数を並べた $\boldsymbol{R}^{n+1}$ の元 $(a_0, a_1, \ldots, a_{n-1}, a_n)^T$ で表現される．

次元や基底の概念も一般の体上の線形空間で通用する．実数体 $\boldsymbol{R}$ と複素数体 $\boldsymbol{C}$ のように包含関係が有るものについては，$\boldsymbol{C}$ 上の線形空間は $\boldsymbol{R}$ 上の線形空間ともみなせるが，この場合次元は 2 倍となる．例えば $\boldsymbol{C}$ は $\boldsymbol{R}$ 上の線形空間としては 2 次元であり，$1, \sqrt{-1}$ が標準的な基底となる．更に，$\boldsymbol{R}$ は $\boldsymbol{Q}$ 上の線形空間ともみなせ，次元は無限大となる．（この基底については [7], 例題 10.5 参照.）

例題 3.2 ────────────────────── 線形写像の判定 ─

次のような集合 V は多項式の通常の加法と定数倍について線形空間となるか？なる場合はその次元と基底を一つ示せ．

(1) ちょうど 2 次の x の多項式の全体．
(2) 3 次以下の多項式で $x = 1$ で零となるものの全体．
(3) 3 次以下の多項式で $x = 0$ で値 1 を取るものの全体．
(4) 3 次以下の多項式で，奇関数，すなわち $f(-x) = -f(x)$ を満たすものの全体．
(5) 4 次以下の多項式で，$f(x) - f(0)$ が x^2 で割り切れるようなものの全体．

解答 (1) ちょうど 2 次の多項式 $f(x), g(x)$ から x^2 の表現ベクトルの係数 a_0, b_0 を取り出せば，$b_0 f(x) - a_0 g(x)$ は正当な線形演算であるが，x^2 の項が消え，1 次以下となる．よってもし零でない項が残れば，ちょうど 2 次ではなくなるので，f と g は定数倍の差しか有ってはならないが，そうでないペアは存在するので，これは線形空間を成さない．より具体的には，$x^2 + x, x^2 \in V$ だが，$(x^2 + x) - x^2 = x \notin V$ などの反例を挙げればよい．

(2) この条件を満たす多項式は，因数定理により $(x-1)g(x)$ の形を持つ．ここで $g(x)$ は 2 次以下の任意の多項式なので，これは多項式の通常の演算で 3 次元の線形空間となる．基底の例としては $[(x-1)x^2, (x-1)x, x-1]$ などが挙げられる．

(3) $f(0) = 1$ となる多項式を λ 倍すると $\lambda f(0) = \lambda$ となるが,線形空間なら λf も f とともに V に属さねばならず,従って $\lambda f(0) = 1$ でなければならず, $\lambda \neq 1$ だと矛盾となる.よってこれは線形空間ではない.

(4) $f(-x) = -f(x)$ から, f は奇数次の項のみを持つことが容易に分かる.このようなものは $[x, x^3]$ の 1 次結合で書け,従ってこれを基底に持つ 2 次元の線形空間を成す.

(5) $f(x) - f(0) = x^2 p(x)$, $g(x) - g(0) = x^2 q(x)$ なら,$\forall \lambda, \mu \in \mathbf{R}$ に対して

$$(\lambda f + \mu g)(x) - (\lambda f + \mu g)(0) = \lambda(f(x) - f(0)) + \mu(g(x) - g(0))$$
$$= x^2(\lambda p(x) + \mu q(x))$$

となり,やはり x^2 で割り切れるので,$\lambda f + \mu g$ は再びこの集合に属す.従ってこの集合に 1 次結合が定義できる.線形空間のそれ以外の公理は多項式の集合が満たしているので,これからこの集合が線形空間となることが分かる.
この集合の元の一般形は $x^2 p(x) + c$ で,p, c が自由に取れるが,$p(x)$ は 2 次以下の多項式なので,全体の次元は 4 で基底の例として $[x^4, x^3, x^2, 1]$ が取れる. ∎

問題

3.2.1 次の集合の中から,括弧内に指定された演算について $\mathbf{R}$ 上の線形空間となるものを拾い出し,その次元を示し基底の例を与えよ.

(1) $x^2 - y^2 = 0$ を満たす平面の点 (x, y) の全体(通常のベクトル演算について).

(2) $a \sin(x + b)$ の形の関数の集合(通常の関数の加法とスカラー倍について),ここに $a, b \in \mathbf{R}$.

(3) $f(x) \log x$ の形の関数の全体(同上).ここに $f(x)$ は 2 次以下の実係数多項式とする.

(4) 平面の 3 点 $(0,0), (1,0), (0,1)$ で値が零となるような 2 変数 x, y の 2 次以下の多項式 $F(x, y) = ax^2 + 2hxy + by^2 + 2gx + 2fy + c$ の全体(同上).

(5) 実数列 $\{x_n\}_{n=1}^{\infty}$ で,$x_{n+2} = ax_{n+1} + bx_n$ を $n \geq 3$ に対して満たすものの集合(演算は $\{x_n\}_{n=1}^{\infty} + \{y_n\}_{n=1}^{\infty} = \{x_n + y_n\}_{n=1}^{\infty}$, $\lambda \{x_n\}_{n=1}^{\infty} = \{\lambda x_n\}_{n=1}^{\infty}$ とする).

(6) 平面の単位円 $x^2 + y^2 = 1$ から点 $(-1, 0)$ を除いた集合(スカラー倍は $\lambda(x, y) = \left(\dfrac{1 - (\frac{\lambda y}{1+x})^2}{1 + (\frac{\lambda y}{1+x})^2}, \dfrac{2 \frac{\lambda y}{1+x}}{1 + (\frac{\lambda y}{1+x})^2} \right)$,加法は $(x_1, y_1) + (x_2, y_2) = \left(\dfrac{1 - (\frac{y_1}{1+x_1} + \frac{y_2}{1+x_2})^2}{1 + (\frac{y_1}{1+x_1} + \frac{y_2}{1+x_2})^2}, \dfrac{2(\frac{y_1}{1+x_1} + \frac{y_2}{1+x_2})}{1 + (\frac{y_1}{1+x_1} + \frac{y_2}{1+x_2})^2} \right)$ とする).

3.3 線形部分空間と次元公式

要項 3.3.1　V の部分集合 W が，V と同じ線形演算で再び線形空間となっているとき，W は V の**線形部分空間**あるいは**部分ベクトル空間**と呼ばれる．このための必要十分条件は，W が V の線形演算で閉じていること，すなわち，

$$\forall \boldsymbol{v}_1, \boldsymbol{v}_2 \in W, \ \forall \lambda_1, \lambda_2 \in \boldsymbol{R} \ \text{に対し} \ \lambda_1 \boldsymbol{v}_1 + \lambda_2 \boldsymbol{v}_2 \in W$$

となることである．特に，線形部分空間は V の零ベクトルを含まねばならない．V のベクトル $\boldsymbol{a}_1, \ldots, \boldsymbol{a}_k$ が有るとき，これらの 1 次結合の全体 W は定義により V の線形部分空間となる．これを $\boldsymbol{a}_1, \ldots, \boldsymbol{a}_k$ により**張られる**線形部分空間と言い，$\langle\!\langle \boldsymbol{a}_1, \ldots, \boldsymbol{a}_k \rangle\!\rangle$ などで表す．

線形部分空間のモデルは，$\boldsymbol{R}^3$ 内の原点を通る直線または平面である．また，斉次の（すなわち定数項が無い）連立 1 次方程式の解の集合も線形部分空間の自然な例となる．

要項 3.3.2　V に二つの線形部分空間 W_1, W_2 が有るとき，$W_1 \cap W_2$ は再び V の線形部分空間となる．また

$$W_1 + W_2 := \{\lambda_1 \boldsymbol{w}_1 + \lambda_2 \boldsymbol{w}_2 \, ; \, \boldsymbol{w}_1 \in W_1, \boldsymbol{w}_2 \in W_2, \lambda_1, \lambda_2 \in \boldsymbol{R}\}$$

も V の線形部分空間となる．これを W_1, W_2 の**和空間**と言う[6]．もし $W_1 \cap W_2 = \{\boldsymbol{0}\}$ なら，$W_1 \dotplus W_2$ と書いて W_1, W_2 の**直和**と言う[7]．

要項 3.3.3　線形部分空間 $W \subset V$ の次元とは W を線形空間とみなしたときの次元，すなわち W の基底 $[\boldsymbol{a}_1, \ldots, \boldsymbol{a}_m]$ の個数 m である．これは V の 1 次独立なベクトルの集合なので，これを補充して V 全体の基底 $[\boldsymbol{a}_1, \ldots, \boldsymbol{a}_m, \boldsymbol{a}_{m+1}, \ldots, \boldsymbol{a}_n]$ にすることができる．この操作を**基底の延長**と言う．このとき $\mathbb{W}$[8] を $\boldsymbol{a}_{m+1}, \ldots, \boldsymbol{a}_n$ により張られる線形部分空間とすれば，$V = W \dotplus \mathbb{W}$ となる．$\mathbb{W}$ を W の V における**直和補空間**（の一つ）と呼び，$V = W \dotplus \mathbb{W}$ を V の W と $\mathbb{W}$ への**直和分解**と言う．直和補空間の次元 $n - m = \dim V - \dim W$ は W の**余次元**と呼ばれる．余次元 1 の線形部分空間（およびその平行移動）は V の**超平面**と呼ばれる．

要項 3.3.4　W_1, W_2 を V の二つの線形部分空間とするとき，**次元公式**

$$\dim W_1 + \dim W_2 = \dim(W_1 \cap W_2) + \dim(W_1 + W_2) \tag{3.1}$$

---

[6] $\boldsymbol{R}^3$ における平面と直線を考えれば明らかなように，集合論の意味での和 $W_1 \cup W_2$ はどちらかが $\{\boldsymbol{0}\}$ または V という自明な場合を除き線形部分空間にならない．

[7] 直和にはもう一つ $W_1 \oplus W_2$ で表されるものがあるが，本書では使わない．

[8] この記号は W（ダブリュー）の次のアルファベットとして久賀道郎先生が線形代数の講義で導入したもので，トリプリューと読む．

が成り立つ．この公式は $W_1 \cap W_2$ の基底をそれぞれ W_1 および W_2 に延長することで確かめられる．直和の $\dim W_1 + \dim W_2 = \dim(W_1 \dotplus W_2)$ はこの公式の特別な場合である．

例題 3.3-1 ────────────── 線形部分空間

$\boldsymbol{R}^3$ の部分集合 $W = \left\{ \begin{pmatrix} x \\ y \\ -2x+3y \end{pmatrix} ; x, y \in \boldsymbol{R} \right\}$ は $\boldsymbol{R}^3$ の線形部分空間であることを示し，次元と基底を与えよ．

[解答] W の元は $\begin{pmatrix} x \\ y \\ -2x+3y \end{pmatrix} = \begin{pmatrix} 1 \\ 0 \\ -2 \end{pmatrix} x + \begin{pmatrix} 0 \\ 1 \\ 3 \end{pmatrix} y$ と書ける．これは W が二つのベクトル $\begin{pmatrix} 1 \\ 0 \\ -2 \end{pmatrix}, \begin{pmatrix} 0 \\ 1 \\ 3 \end{pmatrix}$ により張られた線形部分空間であることを示す．これら二つのベクトルは明らかに1次独立なので，そのまま W の基底となり，W は 2 次元である． ∎

例題 3.3-2 ────────────── 基底の延長-1

$\boldsymbol{R}^4$ の次のようなベクトルで張られた線形部分空間を考える：
$V = \langle\!\langle \boldsymbol{v}_1, \boldsymbol{v}_2, \boldsymbol{v}_3 \rangle\!\rangle, W = \langle\!\langle \boldsymbol{w}_1, \boldsymbol{w}_2, \boldsymbol{w}_3 \rangle\!\rangle$，ここに，

$\boldsymbol{v}_1 = \begin{pmatrix} 2 \\ 1 \\ 0 \\ 1 \end{pmatrix}, \boldsymbol{v}_2 = \begin{pmatrix} 1 \\ 1 \\ 1 \\ 1 \end{pmatrix}, \boldsymbol{v}_3 = \begin{pmatrix} 0 \\ 1 \\ 1 \\ 3 \end{pmatrix}; \boldsymbol{w}_1 = \begin{pmatrix} 1 \\ 0 \\ 1 \\ 1 \end{pmatrix}, \boldsymbol{w}_2 = \begin{pmatrix} 1 \\ 1 \\ 1 \\ 1 \end{pmatrix}, \boldsymbol{w}_3 = \begin{pmatrix} 0 \\ -1 \\ 1 \\ 0 \end{pmatrix}$

(1) V, W の次元を求めよ．
(2) $V \cap W$ の基底を一つ与えよ．
(3) $V \cap W$ には含まれないようなベクトルを V, W から適当に選び，(2) で与えたものと合わせて，それぞれ V, W の基底となるようにせよ．

[解答] **(列基本変形を用いる方法)** 二つ目のベクトルが共通だが，$V \cap W$ の元はこの他にも有るかもしれないので，それぞれを行列に並べたものをこの1本は変えないように列基本変形し，関係が一目で分かるようにする．まず V の方は，

$\begin{pmatrix} 2 & 1 & 0 \\ 1 & 1 & 1 \\ 0 & 1 & 1 \\ 1 & 1 & 3 \end{pmatrix} \xrightarrow[\text{第2列×3を第3列から引く}]{\text{第2列を第1列から引く}} \begin{pmatrix} 1 & 1 & -3 \\ 0 & 1 & -2 \\ -1 & 1 & -2 \\ 0 & 1 & 0 \end{pmatrix} \xrightarrow[\text{第3列に加える}]{\text{第1列×3を}} \begin{pmatrix} 1 & 1 & 0 \\ 0 & 1 & -2 \\ -1 & 1 & -5 \\ 0 & 1 & 0 \end{pmatrix}$

$\xrightarrow{\text{第3列の符号を反転}} \begin{pmatrix} 1 & 1 & 0 \\ 0 & 1 & 2 \\ -1 & 1 & 5 \\ 0 & 1 & 0 \end{pmatrix}$．次に W の方は，

$$\begin{pmatrix} 1 & 1 & 0 \\ 0 & 1 & -1 \\ 1 & 1 & 1 \\ 1 & 1 & 0 \end{pmatrix} \xrightarrow[\text{第 1 列から引く}]{\text{第 2 列を}} \begin{pmatrix} 0 & 1 & 0 \\ -1 & 1 & -1 \\ 0 & 1 & 1 \\ 0 & 1 & 0 \end{pmatrix} \xrightarrow[\text{第 1 列の符号を反転}]{\text{第 1 列を第 3 列から引き}} \begin{pmatrix} 0 & 1 & 0 \\ 1 & 1 & 0 \\ 0 & 1 & 1 \\ 0 & 1 & 0 \end{pmatrix}.$$

以上により,
(1) V も W も 3 次元.
(2) $V \cap W$ が二つのベクトル $\begin{pmatrix} 1 \\ 1 \\ 1 \\ 1 \end{pmatrix}, \begin{pmatrix} 0 \\ 2 \\ 5 \\ 0 \end{pmatrix}$ を含むことが分かり,$V \cap W$ は 2 次元.
(3) V, W からそれぞれ一つずつこれらに含まれないものを選んで追加すればよい.例えば,上の式から V より $(1, 0, -1, 0)^T$,W より $(0, 1, 0, 0)^T$ を取ればよい.

別解(行基本変形を用いる方法) 与えられたベクトル系の両者を併せて行列にしたものを一斉に行基本変形する.(この操作は $\boldsymbol{R}^4$ の座標変換に相当し,列ベクトルは数ベクトルとしてはもとの V あるいは W の元とは無関係になってしまうが,これらの間に存在する 1 次関係式は $\boldsymbol{R}^4$ に固有のものなので,この操作で影響を受けない.)

$$\left(\begin{array}{ccc|ccc} 2 & 1 & 0 & 1 & 1 & 0 \\ 1 & 1 & 1 & 0 & 1 & -1 \\ 0 & 1 & 1 & 1 & 1 & 1 \\ 1 & 1 & 3 & 1 & 1 & 0 \end{array}\right) \xrightarrow[\text{第 1 行から引く}]{\text{第 2 行を}} \left(\begin{array}{ccc|ccc} 1 & 0 & -1 & 1 & 0 & 1 \\ 1 & 1 & 1 & 0 & 1 & -1 \\ 0 & 1 & 1 & 1 & 1 & 1 \\ 1 & 1 & 3 & 1 & 1 & 0 \end{array}\right) \xrightarrow[]{\text{第 1 行を}\atop\text{第 2,4 行から引く}}$$

$$\left(\begin{array}{ccc|ccc} 1 & 0 & -1 & 1 & 0 & 1 \\ 0 & 1 & 2 & -1 & 1 & -2 \\ 0 & 1 & 1 & 1 & 1 & 1 \\ 0 & 1 & 4 & 0 & 1 & -1 \end{array}\right) \xrightarrow[\text{から引く}]{\text{第 2 行を}\atop\text{第 3,4 行}} \left(\begin{array}{ccc|ccc} 1 & 0 & -1 & 1 & 0 & 1 \\ 0 & 1 & 2 & -1 & 1 & -2 \\ 0 & 0 & -1 & 2 & 0 & 3 \\ 0 & 0 & 2 & 1 & 0 & 1 \end{array}\right) \xrightarrow[\text{第 3 行の符号を反転}]{\text{第 3 行×2 を}\atop\text{第 4 行に加えた後}}$$

$$\left(\begin{array}{ccc|ccc} 1 & 0 & -1 & 1 & 0 & 1 \\ 0 & 1 & 2 & -1 & 1 & -2 \\ 0 & 0 & 1 & -2 & 0 & -3 \\ 0 & 0 & 0 & 5 & 0 & 7 \end{array}\right) \xrightarrow[]{\text{第 3 行×2 を第 2 行から引き}\atop\text{第 3 行を第 1 行に加える}} \left(\begin{array}{ccc|ccc} 1 & 0 & 0 & -1 & 0 & -2 \\ 0 & 1 & 0 & 3 & 1 & 4 \\ 0 & 0 & 1 & -2 & 0 & -3 \\ 0 & 0 & 0 & 5 & 0 & 7 \end{array}\right).$$

よって,この列ベクトルを順に $\boldsymbol{v}_1', \boldsymbol{v}_2', \boldsymbol{v}_3', \boldsymbol{w}_1', \boldsymbol{w}_2', \boldsymbol{w}_3'$ と置けば,

$$7\boldsymbol{w}_1' - 5\boldsymbol{w}_3' = \begin{pmatrix} 3 \\ 1 \\ 1 \\ 0 \end{pmatrix} = 3\boldsymbol{v}_1' + \boldsymbol{v}_2' + \boldsymbol{v}_3'.$$

以上の計算から V も W も 3 次元であることが分かる.始めに指摘したように,最後に得た 1 次関係式はもとのベクトルでも成立しているので,$V \cap W$ の基底としては,始めから見えていた $\boldsymbol{u}_1 = \boldsymbol{v}_2 = \boldsymbol{w}_2 = \begin{pmatrix} 1 \\ 1 \\ 1 \\ 1 \end{pmatrix}$ の他に $\boldsymbol{u}_2 = 7\boldsymbol{w}_1 - 5\boldsymbol{w}_3 = \begin{pmatrix} 7 \\ 5 \\ 2 \\ 7 \end{pmatrix}$ を取ればよいことが分かった.($\boldsymbol{u}_2 = \boldsymbol{w}_1 - \frac{5}{7}\boldsymbol{w}_3$ と取る方が自然だが,分数が生じないように工夫した.なおこれは最初の解法で求めた二つの基底ベクトルの一つ目の 7 倍から二つ目を引いたものとなっている.)これらを含む V の基底としては $\boldsymbol{v}_1$ を,また W の基底としては $\boldsymbol{w}_1$ を追加すればよい. ∎

♟ 1. 最初の解法では，列基本変形後のベクトルもそれぞれ V, あるいは W に含まれるので，特に与えられたベクトルで答を表せという要求が無い限り，変形後のベクトルで答えればよい．これに対し，別解の方では，ベクトル成分が座標変換を受けているので，必ずもとのベクトルに戻って答える必要がある．

2. 二つの解法を比べれば分かるが，答は一つでなく無限の可能性がある．そのどれを答えてもよいが，常に次元公式を念頭に置き誤った結論を導かないよう注意せよ．

例題 3.3-3　　　　　　　　　　　　　　　　　　　　　　　　　　　　　　基底の延長-2

R^4 の次のようなベクトルで張られた線形部分空間 $V = \langle\!\langle a_1, a_2, a_3 \rangle\!\rangle$, $W = \langle\!\langle b_1, b_2 \rangle\!\rangle$ を考える：

$$a_1 = \begin{pmatrix} 1 \\ 2 \\ 0 \\ -1 \end{pmatrix}, a_2 = \begin{pmatrix} -1 \\ 1 \\ 0 \\ 2 \end{pmatrix}, a_3 = \begin{pmatrix} 0 \\ 3 \\ 1 \\ 0 \end{pmatrix}; \quad b_1 = \begin{pmatrix} 1 \\ 1 \\ 3 \\ -3 \end{pmatrix}, b_2 = \begin{pmatrix} -1 \\ 1 \\ 2 \\ 4 \end{pmatrix}$$

(1) V, W の次元を求めよ．
(2) $V \cap W$ の次元を求め，基底を一つ示せ．
(3) $V + W$ の次元を求め，その基底を (2) のものを延長する形で与えよ．

解答　　（**列基本変形による方法**）　（1）それぞれの基底を並べた行列を別々に列基本変形すると，まず V の方は

$$\begin{pmatrix} 1 & -1 & 0 \\ 2 & 1 & 3 \\ 0 & 0 & 1 \\ -1 & 2 & 0 \end{pmatrix} \xrightarrow[\text{第2列に加える}]{\text{第1列を}} \begin{pmatrix} 1 & 0 & 0 \\ 2 & 3 & 3 \\ 0 & 0 & 1 \\ -1 & 1 & 0 \end{pmatrix} \xrightarrow[\text{第3列から引く}]{\text{第2列を}} \begin{pmatrix} 1 & 0 & 0 \\ 2 & 3 & 0 \\ 0 & 0 & 1 \\ -1 & 1 & -1 \end{pmatrix}$$

$$\xrightarrow[\text{第2列×2を引く}]{\text{第1列を3倍しそこから}} \begin{pmatrix} 3 & 0 & 0 \\ 0 & 3 & 0 \\ 0 & 0 & 1 \\ -5 & 1 & -1 \end{pmatrix}.$$

W の方は

$$\begin{pmatrix} 1 & -1 \\ 1 & 1 \\ 3 & 2 \\ -3 & 4 \end{pmatrix} \xrightarrow[\text{第2列に加える}]{\text{第1列を}} \begin{pmatrix} 1 & 0 \\ 1 & 2 \\ 3 & 5 \\ -3 & 1 \end{pmatrix} \xrightarrow[\text{から第2列を引く}]{\text{第1列を2倍しそこ}} \begin{pmatrix} 2 & 0 \\ 0 & 2 \\ 1 & 5 \\ -7 & 1 \end{pmatrix}.$$

得られた列ベクトルを順に a_1', a_2', a_3', および b_1', b_2' と置く．これらはそれぞれ V, W の元で，1 次独立である．この時点で V が 3 次元，W が 2 次元と分かる．

(2) 共通元は目の子では求まらないが，次元公式により共通部分は少なくとも 1 次元は有るはず（かつ 2 次元ではないことも明らか）なので，1 次結合を調べる必要が有る．最初の 2 成分に着目し，$3b_1' - 2a_1' = \begin{pmatrix} 0 \\ 0 \\ 3 \\ -11 \end{pmatrix}$, $3b_2' - 2a_2' = \begin{pmatrix} 0 \\ 0 \\ 15 \\ 1 \end{pmatrix}$ を計算

3.3 線形部分空間と次元公式

してみると,これらの1次結合で a'_3 が作れることが分かる.具体的には

$$3x + 15y = 1, \qquad -11x + y = -1$$

を解いて $x = \frac{2}{21}, y = \frac{1}{21}$. よって $2(3b'_1 - 2a'_1) + (3b'_2 - 2a'_2) = 21a'_3$,
$4a'_1 + 2a'_2 + 21a'_3 = 6b'_1 + 3b'_2 = \begin{pmatrix} 12 \\ 6 \\ 21 \\ -39 \end{pmatrix}$, あるいは 3 で割った $c := \begin{pmatrix} 4 \\ 2 \\ 7 \\ -13 \end{pmatrix}$ が
求める共通元であり,V の方はこれに a'_1, a'_2, a'_3 から任意の二つ,例えば最初の二つを追加して基底を作ればよく,W の方も b'_1, b'_2 の任意の一つ,例えば前者を追加すればよい.

(3) このとき $V+W$ は 4 次元であり,求める基底の例として c, a'_1, a'_2, b'_1 が取れる.

別解(行基本変形による方法) すべてのベクトルで作った行列を行基本変形する:

$$\begin{pmatrix} 1 & -1 & 0 & | & 1 & -1 \\ 2 & 1 & 3 & | & 1 & 1 \\ 0 & 0 & 1 & | & 3 & 2 \\ -1 & 2 & 0 & | & -3 & 4 \end{pmatrix} \xrightarrow[\text{第 1 行を}]{\substack{\text{第 1 行}\times 2 \text{ を} \\ \text{第 2 行から引く}}} \begin{pmatrix} 1 & -1 & 0 & | & 1 & -1 \\ 0 & 3 & 3 & | & -1 & 3 \\ 0 & 0 & 1 & | & 3 & 2 \\ 0 & 1 & 0 & | & -2 & 3 \end{pmatrix} \xrightarrow[\text{第 4 行を}]{\substack{\text{第 4 行}\times 3 \text{ を} \\ \text{第 2 行から引く}}}$$

$$\begin{pmatrix} 1 & 0 & 0 & | & -1 & 2 \\ 0 & 0 & 3 & | & 5 & -6 \\ 0 & 0 & 1 & | & 3 & 2 \\ 0 & 1 & 0 & | & -2 & 3 \end{pmatrix} \xrightarrow[\text{引く}]{\substack{\text{第 3 行}\times 3 \text{ を} \\ \text{第 2 行から}}} \begin{pmatrix} 1 & 0 & 0 & | & -1 & 2 \\ 0 & 0 & 0 & | & -4 & -12 \\ 0 & 0 & 1 & | & 3 & 2 \\ 0 & 1 & 0 & | & -2 & 3 \end{pmatrix} \xrightarrow[\text{第 2,4 行を}]{\substack{\text{第 2 行を} -4 \\ \text{で割った後,} \\ \text{交換}}} \begin{pmatrix} 1 & 0 & 0 & | & -1 & 2 \\ 0 & 1 & 0 & | & -2 & 3 \\ 0 & 0 & 1 & | & 3 & 2 \\ 0 & 0 & 0 & | & 1 & 3 \end{pmatrix}.$$

最後の行列の列ベクトルを順に $a'_1, a'_2, a'_3; b'_1, b'_2$ と置くと,$b'_2 - 3b'_1 = \begin{pmatrix} 5 \\ 9 \\ -7 \\ 0 \end{pmatrix}$
$= 5a'_1 + 9a'_2 - 7a'_3$ が共通ベクトルとなることが分かる.よってもとの座標に戻って,$V \cap W$ は $c := b_2 - 3b_1 = 5a_1 + 9a_2 - 7a_3 = \begin{pmatrix} -4 \\ -2 \\ -7 \\ 13 \end{pmatrix}$ で張られることが分かる.(このベクトルは最初の解答で求めたものと符号が異なるだけで,同じ空間を張っている.)これに属さない V の元としては,変換後の座標で a'_1, a'_2 が,また W の元としては b'_1 が取れるので,もとの座標ではダッシュを取ったものが採用できる.よって結局 $V+W$ の求める基底としては c, a_1, a_2, b_1 が取れる. ∎

例題 3.3-4 ──────────────────── 劣モデュラー性 ──

$A = \{a_1, \ldots, a_p\}, B = \{b_1, \ldots, b_q\}$ を V の二つのベクトルの集合とするとき,次の不等式を示せ.ここに集合演算記号は有限集合に対するものとする.

$$\operatorname{rank}(A \cap B) + \operatorname{rank}(A \cup B) \leq \operatorname{rank} A + \operatorname{rank} B$$

解答 W_1, W_2 をそれぞれベクトルの集合 A, B で張られた V の線形部分空間と

すれば，次元公式 (3.1) が成り立つ．ここで，明らかに

$$\mathrm{rank}\, A = \dim W_1, \quad \mathrm{rank}\, B = \dim W_2, \quad \mathrm{rank}\,(A \cup B) = \dim(W_1 + W_2)$$

が成り立つが，一般には

$$\mathrm{rank}\,(A \cap B) \leq \dim(W_1 \cap W_2)$$

である．（実際，$W_1 = W_2$ となる場合でさえ，$A \cap B$ は空集合になり得る．）よってこれらにより (3.1) の各項を置き換えれば所望の不等式が得られる． ■

問題

3.3.1 $\boldsymbol{R}^3$ の次のような（必ずしも 1 次独立と限らない）ベクトルの集合を考える：
$$\Sigma_1 = \left\{ \begin{pmatrix} 1 \\ 0 \\ 1 \end{pmatrix}, \begin{pmatrix} 1 \\ 0 \\ -2 \end{pmatrix}, \begin{pmatrix} 0 \\ 0 \\ 1 \end{pmatrix} \right\}, \quad \Sigma_2 = \left\{ \begin{pmatrix} 1 \\ 0 \\ 3 \end{pmatrix}, \begin{pmatrix} 0 \\ 1 \\ 0 \end{pmatrix} \right\}.$$

(1) Σ_1 が生成する $\boldsymbol{R}^3$ の線形部分空間（Σ_1 に属するベクトルの 1 次結合の全体）を W_1，Σ_2 が生成する $\boldsymbol{R}^3$ の線形部分空間を W_2 とする．これらの次元を求めよ．

(2) $W_1 \cap W_2$，$W_1 + W_2$ の次元を求めよ．また $W_1 \cap W_2$ の基底と，それを含むような W_1，W_2 の基底をそれぞれ与えよ．

(3) W_1，W_2，$W_1 \cap W_2$ を解空間（解の集合）として持つ連立 1 次方程式をそれぞれ一つずつ示せ．

3.3.2 $\boldsymbol{R}^4$ の線形部分空間 V，W はそれぞれ次のようなベクトル $\boldsymbol{a}_1, \boldsymbol{a}_2$ および $\boldsymbol{b}_1, \boldsymbol{b}_2$ で張られているとする：
$$\boldsymbol{a}_1 = \begin{pmatrix} 1 \\ 3 \\ 2 \\ 0 \end{pmatrix}, \boldsymbol{a}_2 = \begin{pmatrix} 1 \\ 4 \\ 0 \\ -1 \end{pmatrix}; \quad \boldsymbol{b}_1 = \begin{pmatrix} 0 \\ -1 \\ -1 \\ 0 \end{pmatrix}, \boldsymbol{b}_2 = \begin{pmatrix} 2 \\ -1 \\ 0 \\ 1 \end{pmatrix}.$$

(1) $\boldsymbol{b}_2$ を $\boldsymbol{a}_1, \boldsymbol{a}_2, \boldsymbol{b}_1$ の 1 次結合で表せ．

(2) $V \cap W$ と $V + W$ の次元を示し，これらの基底を，後者が前者を含む形で求めよ．

3.3.3 V の二つの線形部分空間 W，$\mathbb{W}$ が包含関係 $W \subset \mathbb{W}$ にあるとき，"$W = \mathbb{W} \iff \dim W = \dim \mathbb{W}$" を示せ．

3.3.4 V がその線形部分空間 W_1, W_2 の和 $V = W_1 + W_2$ となっているとき，"$V = W_1 \dotplus W_2 \iff \dim V = \dim W_1 + \dim W_2$" を示せ．

3.3.5 n 次正方行列の空間の中で対称行列の全体，歪対称行列の全体はそれぞれ $\dfrac{n(n+1)}{2}$ 次元，および $\dfrac{n(n-1)}{2}$ 次元の線形部分空間を成すことを示せ．またこれらの部分空間は $\boldsymbol{R}^{n^2}$ の直和分解を与えること，すなわち，任意の正方行列が対称行列と歪対称行列の和に一意的に分解されることを示せ．

3.4 連立1次方程式が定める部分空間

要項 3.4.1 斉次連立1次方程式の解の集合は**解空間**と呼ばれる線形部分空間になる．方程式を解いて基底を求めればそれが記述できるが，斉次連立1次方程式自身が線形部分空間を記述する道具としても重要である．

例題 3.4-1 ─────────────── 連立1次方程式の解空間 ─

$\boldsymbol{R}^4$ において，二組の連立1次方程式
$$\begin{cases} x_1 + 3x_2 + 2x_3 = 0 & \ldots ①, \\ x_2 + x_3 - 3x_4 = 0 & \ldots ② \end{cases}$$
および
$$\begin{cases} 2x_1 + x_3 + 2x_4 = 0 & \ldots ③, \\ 2x_1 + x_2 + 2x_3 - x_4 = 0 & \ldots ④ \end{cases}$$
を考え，前者の解空間を W_1，後者のそれを W_2 と置く．

(1) W_1, W_2 の次元を求めよ．
(2) $W_1 \cap W_2$ の次元を求め，基底の例を示せ．
(3) $W_1 + W_2$ の次元を求め，その基底の例を (2) で求めたものを延長する形で与えよ．

[解答] （行基本変形による方法）(1) それぞれの方程式の係数行列を行基本変形する．一つ目はそのまま階段型になっているが，もう一つの方程式との比較のため

$$\begin{pmatrix} 1 & 3 & 2 & 0 \\ 0 & 1 & 1 & -3 \end{pmatrix} \to \begin{pmatrix} 1 & 0 & -1 & 9 \\ 0 & 1 & 1 & -3 \end{pmatrix}$$

まで変形しておく．なお階数は2，従って解の次元公式より解空間 W_1 は2次元である．二つ目の方は

$$\begin{pmatrix} 2 & 0 & 1 & 2 \\ 2 & 1 & 2 & -1 \end{pmatrix} \to \begin{pmatrix} 2 & 0 & 1 & 2 \\ 0 & 1 & 1 & -3 \end{pmatrix}.$$

よって W_2 も2次元である．

(2) $W_1 \cap W_2$ は二つの方程式系のすべての方程式を満たすようなベクトルの集合となるが，これを具体的に求めるには，これらの方程式に対応する係数行列の行を併せ，共通の一つを省略したものを行基本変形した

$$\begin{pmatrix} 1 & 0 & -1 & 9 \\ 2 & 0 & 1 & 2 \\ 0 & 1 & 1 & -3 \end{pmatrix} \to \begin{pmatrix} 1 & 0 & -1 & 9 \\ 0 & 0 & 3 & -16 \\ 0 & 1 & 1 & -3 \end{pmatrix} \to \begin{pmatrix} 1 & 0 & -1 & 9 \\ 0 & 1 & 1 & -3 \\ 0 & 0 & 3 & -16 \end{pmatrix}$$

から解を得ればよい．（最後の変形は省略してもよい．）この階数が 3 なので，解の次元公式により $\dim W_1 \cap W_2 = 4 - 3 = 1$.

(3) この結果から部分空間の次元公式により $\dim(W_1 + W_2) = 2 + 2 - 1 = 3$ も分かる．$W_1 \cap W_2$ の元を具体的に求めるには，上の行列に対応する連立 1 次方程式を解けばよく，$x_4 = 3$, $x_3 = 16$, $x_2 = -7$, $x_1 = -11$ と順に求められ[9]，基底 $(-11, -7, 16, 3)^T$ を得る．これを $W_1 + W_2$ の基底に延長するには，(x_3, x_4) を $(16, 3)$ とは 1 次独立な選び方，例えば $(1, 0)$ とか $(0, 1)$ とかにして[10]，W_1, W_2 それぞれの（基本変形後の）方程式を解けばよい．これより基底の残りの 2 本として，$(1, -1, 1, 0)^T$, $(-1, 3, 0, 1)^T$ などを取ることができる．

別解 1（列基本変形による方法） 二つの方程式を縦に並べた行列を列基本変形する．これにより，方程式の未知数は座標変換を受けるので，変形後に得られる解はもとの方程式の解ではなくなるが，解空間の間に存在する 1 次関係式は不変に保たれる．このことを見やすくするため，右側に変数ベクトルを記すと，こちらは列基本変形の逆に対応する行基本変形を受けるので，

$$\begin{pmatrix} 1 & 3 & 2 & 0 \\ 0 & 1 & 1 & -3 \\ 2 & 0 & 1 & 2 \\ 2 & 1 & 2 & -1 \end{pmatrix} \begin{pmatrix} x_1 \\ x_2 \\ x_3 \\ x_4 \end{pmatrix} \xrightarrow[\text{第 3 列から引く}]{\substack{\text{第 1 列} \times 3 \text{ を} \\ \text{第 2 列から引き} \\ \text{第 1 列} \times 2 \text{ を}}} \begin{pmatrix} 1 & 3 & 2 & 0 \\ 0 & 1 & 1 & -3 \\ 2 & 0 & 1 & 2 \\ 2 & 1 & 2 & -1 \end{pmatrix} \begin{pmatrix} 1 & -3 & -2 & 0 \\ 0 & 1 & 0 & 0 \\ 0 & 0 & 1 & 0 \\ 0 & 0 & 0 & 1 \end{pmatrix} \begin{pmatrix} 1 & 3 & 2 & 0 \\ 0 & 1 & 0 & 0 \\ 0 & 0 & 1 & 0 \\ 0 & 0 & 0 & 1 \end{pmatrix} \begin{pmatrix} x_1 \\ x_2 \\ x_3 \\ x_4 \end{pmatrix}$$

$$= \begin{pmatrix} 1 & 0 & 0 & 0 \\ 0 & 1 & 1 & -3 \\ 2 & -6 & -3 & 2 \\ 2 & -5 & -2 & -1 \end{pmatrix} \begin{pmatrix} x_1 + 3x_2 + 2x_3 \\ x_2 \\ x_3 \\ x_4 \end{pmatrix} \xrightarrow[\text{第 2 列} \times 3 \text{ を第 4 列に加える}]{\text{第 2 列を第 3 列から引き}}$$

$$\begin{pmatrix} 1 & 0 & 0 & 0 \\ 0 & 1 & 1 & -3 \\ 2 & -6 & -3 & 2 \\ 2 & -5 & -2 & -1 \end{pmatrix} \begin{pmatrix} 1 & 0 & 0 & 0 \\ 0 & 1 & -1 & 3 \\ 0 & 0 & 1 & 0 \\ 0 & 0 & 0 & 1 \end{pmatrix} \begin{pmatrix} 1 & 0 & 0 & 0 \\ 0 & 1 & 1 & -3 \\ 0 & 0 & 1 & 0 \\ 0 & 0 & 0 & 1 \end{pmatrix} \begin{pmatrix} x_1 + 3x_2 + 2x_3 \\ x_2 \\ x_3 \\ x_4 \end{pmatrix}$$

$$= \begin{pmatrix} 1 & 0 & 0 & 0 \\ 0 & 1 & 0 & 0 \\ 2 & -6 & 3 & -16 \\ 2 & -5 & 3 & -16 \end{pmatrix} \begin{pmatrix} x_1 + 3x_2 + 2x_3 \\ x_2 + x_3 - 3x_4 \\ x_3 \\ x_4 \end{pmatrix}.$$

これから，二つの連立方程式は変形後にそれぞれ 2 次元の解を持ち，かつ $(0, 0, 16, 3)^T$ という 1 次元の共通解を持つことが分かる．この結論はもとの座標系でも成り立つから，$\dim W_1 = \dim W_2 = 2$, $\dim W_1 \cap W_2 = 1$, 従って次元公式から $\dim(W_1 + W_2) = 4 - 1 = 3$ と結論される．$W_1 \cap W_2$ の基底を具体的に求めるには，右脇に添えた変数の変換情報を用いる．先に求めた基本変形後の座標での共通元は，もとの座標では

---

[9] 機械的にやるには $x_4 = 1$ から出発すればよいが，ここでは分数を避ける置き方をした．
[10] W_1 の元を求めるときと W_2 の元を求めるときとで，同じにする必要は無い．$(16, 3)$ と 1 次独立であれば何でもよい．

3.4 連立 1 次方程式が定める部分空間

$$x_1 + 3x_2 + 2x_3 = 0, \quad x_2 + x_3 - 3x_4 = 0, \quad x_3 = 16, \quad x_4 = 3$$

に相当し，後から順に $x_2 = -7$, $x_1 = -11$ と決定し最初の解答と同じ答 $(-11, -7, 16, 3)^T$ が得られる．これを延長する残りの基底も，基本変形後の座標で，例えば W_1 の $(0, 0, 1, 0)^T$, W_2 の $(3, 0, -2, 0)^T$ から同様にもとの座標に戻して

$x_1 + 3x_2 + 2x_3 = 0, \ x_2 + x_3 - 3x_4 = 0, \ x_3 = 1, \ x_4 = 0$ から $(1, -1, 1, 0)^T$,
$x_1 + 3x_2 + 2x_3 = 3, \ x_2 + x_3 - 3x_4 = 0, \ x_3 = -2, \ x_4 = 0$ から $(1, 2, -2, 0)^T$

と求まる．

別解 2（解空間を求めてしまう方法） 最初の解法と同様の行基本変形で，①〜②の解空間 W_1 は $\boldsymbol{v}_1 = (1, -1, 1, 0)^T$, $\boldsymbol{v}_2 = (-9, 3, 0, 1)^T$ という基底を持ち，また③〜④の解空間 W_2 は $\boldsymbol{v}_3 = (1, 2, -2, 0)^T$, $\boldsymbol{v}_4 = (-1, 3, 0, 1)^T$ という基底を持つことが分かる．これらに例題 3.3-2 のいずれかの方法を適用して $W_1 \cap W_2$, $W_1 + W_2$ の基底を求めればよい．計算は二度手間の感も有るが，そう大変ではなく，論理的な紛れが少ない．例えば行基本変形を用いると

$$\begin{pmatrix} 1 & -9 & 1 & -1 \\ -1 & 3 & 2 & 3 \\ 1 & 0 & -2 & 0 \\ 0 & 1 & 0 & 1 \end{pmatrix} \xrightarrow[\text{第 3 行を第 1 行から引く}]{\text{第 3 行を第 2 行に加え}} \begin{pmatrix} 0 & -9 & 3 & -1 \\ 0 & 3 & 0 & 3 \\ 1 & 0 & -2 & 0 \\ 0 & 1 & 0 & 1 \end{pmatrix}$$

$$\xrightarrow[\text{第 4 行 ×3 を第 2 行から引く}]{\text{第 4 行 ×9 を第 1 行に加える}} \begin{pmatrix} 0 & 0 & 3 & 8 \\ 0 & 0 & 0 & 0 \\ 1 & 0 & -2 & 0 \\ 0 & 1 & 0 & 1 \end{pmatrix} \xrightarrow{\text{行を並べ替える}} \begin{pmatrix} 1 & 0 & -2 & 0 \\ 0 & 1 & 0 & 1 \\ 0 & 0 & 3 & 8 \\ 0 & 0 & 0 & 0 \end{pmatrix}.$$

これから $\boldsymbol{v}_3 \times 8 - \boldsymbol{v}_4 \times 3 = (11, 7, -16, -3)^T$ が $W_1 \cap W_2$ の元であることが分かる．これを補う元としては，それぞれ $\boldsymbol{v}_1$, $\boldsymbol{v}_3$ を取ればよい． ∎

例題 3.4-2 ―――――――――――――――――――― 連立 1 次方程式の作成 ―

次のような（1 次独立とは限らない）ベクトルたちで張られる $\boldsymbol{R}^4$ の線形部分空間を解空間として持つ連立 1 次方程式を作れ．

$$\begin{pmatrix} 1 \\ 0 \\ 0 \\ 1 \end{pmatrix}, \quad \begin{pmatrix} 1 \\ 3 \\ 1 \\ 2 \end{pmatrix}, \quad \begin{pmatrix} 1 \\ 1 \\ 1 \\ 0 \end{pmatrix}, \quad \begin{pmatrix} 1 \\ 2 \\ 2 \\ -1 \end{pmatrix}.$$

解答 求める方程式（の一つ）を $ax + by + cz + du = 0$ と置き，これが与えられたベクトルのすべてに対して成り立つように係数 a, b, c, d を定めると

$$(a,b,c,d)\begin{pmatrix} 1 & 1 & 1 & 1 \\ 0 & 3 & 1 & 2 \\ 0 & 1 & 1 & 2 \\ 1 & 2 & 0 & -1 \end{pmatrix} = (0,0,0,0)$$

となるようにすればよいので，この係数行列を列基本変形すると

$$\xrightarrow[\text{列から引く}]{\text{第 1 列を他の}} \begin{pmatrix} 1 & 0 & 0 & 0 \\ 0 & 3 & 1 & 2 \\ 0 & 1 & 1 & 2 \\ 1 & 1 & -1 & -2 \end{pmatrix} \xrightarrow[\text{掃き出す}]{\text{第 3 列で}} \begin{pmatrix} 1 & 0 & 0 & 0 \\ 0 & 0 & 1 & 0 \\ 0 & -2 & 1 & 0 \\ 1 & 4 & -1 & 0 \end{pmatrix} \xrightarrow[\text{共通因子の除去}]{\text{列の入れ替えと}}$$

$$\begin{pmatrix} 1 & 0 & 0 & 0 \\ 0 & 1 & 0 & 0 \\ 0 & 1 & -1 & 0 \\ 1 & -1 & 2 & 0 \end{pmatrix} \xrightarrow[\text{第 2 列に加える}]{\text{第 3 列を}} \begin{pmatrix} 1 & 0 & 0 & 0 \\ 0 & 1 & 0 & 0 \\ 0 & 0 & -1 & 0 \\ 1 & 1 & 2 & 0 \end{pmatrix}.$$

よって条件は $a+d=0, b+d=0, -c+2d=0$ と分かったので，$d=-1$ とすれば $a=1, b=1, c=-2$ と決まる．よって求める方程式は $x+y-2z-u=0$ である．

🐚 列基本変形に不慣れな場合は，全体を転置すれば普通の連立 1 次方程式の形となり，行基本変形で解ける．なおこの関係の抽象化は例題 3.6-3 に有る．

別解 $(c_1, c_2, c_3, c_4)^T$ を動かしたとき

$$\begin{pmatrix} 1 & 1 & 1 & 1 \\ 0 & 3 & 1 & 2 \\ 0 & 1 & 1 & 2 \\ 1 & 2 & 0 & -1 \end{pmatrix} \begin{pmatrix} c_1 \\ c_2 \\ c_3 \\ c_4 \end{pmatrix} = \begin{pmatrix} x \\ y \\ z \\ u \end{pmatrix}$$

と書けるための $(x,y,z,u)^T$ の条件を求める．これは $(c_1, c_2, c_3, c_4)^T$ の連立 1 次方程式が解けるための右辺の非斉次項の条件に他ならないので，"拡大係数行列"

$$\left(\begin{array}{cccc|c} 1 & 1 & 1 & 1 & x \\ 0 & 3 & 1 & 2 & y \\ 0 & 1 & 1 & 2 & z \\ 1 & 2 & 0 & -1 & u \end{array}\right)$$

を行基本変形して，階数の矛盾が生じないための条件を見出せばよい．

$$\xrightarrow[\text{4 行から引く}]{\text{第 1 行を第}} \left(\begin{array}{cccc|c} 1 & 1 & 1 & 1 & x \\ 0 & 3 & 1 & 2 & y \\ 0 & 1 & 1 & 2 & z \\ 0 & 1 & -1 & -2 & u-x \end{array}\right) \xrightarrow[\text{掃き出す}]{\text{第 3 行で}\atop\text{部分的に}} \left(\begin{array}{cccc|c} 1 & 1 & 1 & 1 & x \\ 0 & 0 & -2 & -4 & y-3z \\ 0 & 1 & 1 & 2 & z \\ 0 & 0 & -2 & -4 & u-x-z \end{array}\right)$$

$$\xrightarrow[\text{第 2,3 行を入れ替え}]{\text{第 2 行を第 4 行から引き}} \left(\begin{array}{cccc|c} 1 & 1 & 1 & 1 & x \\ 0 & 1 & 1 & 2 & z \\ 0 & 0 & -2 & -4 & y-3z \\ 0 & 0 & 0 & 0 & u-x-z-(y-3z) \end{array}\right).$$

これで係数行列の階数は 3 と分かったので，解けるための条件は拡大部分の最後の成分 $-x-y+2z+u$ が零となることである．これは最初に求めた方程式に他ならない．■

3.4 連立 1 次方程式が定める部分空間

---**例題 3.4-3**--------------------**超平面の決定**---

R^4 内の 2 直線 $\begin{pmatrix} 1 \\ 0 \\ -1 \\ 2 \end{pmatrix} + \begin{pmatrix} 2 \\ 1 \\ 1 \\ 3 \end{pmatrix} s$ $(s \in \mathbf{R})$, $\begin{pmatrix} 0 \\ 1 \\ 1 \\ 2 \end{pmatrix} + \begin{pmatrix} 0 \\ 2 \\ 1 \\ 1 \end{pmatrix} t$ $(t \in \mathbf{R})$ を含む超平面を決定せよ.

[解答] 超平面の方程式を $a_1 x_1 + a_2 x_2 + a_3 x_3 + a_4 x_4 + c = 0$ と置く. 与えられた直線上の一般の点の座標をこの変数 x_1, x_2, x_3, x_4 に代入し,それが s, t についてそれぞれ恒等的に成り立つようにすればよい. そのためには

$$(a_1, a_2, a_3, a_4, c) \begin{pmatrix} 1 & 2 & 0 & 0 \\ 0 & 1 & 1 & 2 \\ -1 & 1 & 1 & 1 \\ 2 & 3 & 2 & 1 \\ 1 & 0 & 1 & 0 \end{pmatrix} = (0, 0, 0, 0)$$

となればよい. これを連立 1 次方程式として消去法で(ただし転置されているので列基本変形になるが)普通に解けば,$(a_1, a_2, a_3, a_4, c) = k(8, 2, 3, -7, 9)$ を得る. よって求める方程式は $8x_1 + 2x_2 + 3x_3 - 7x_4 + 9 = 0$.

[別解] 原点を $\begin{pmatrix} 0 \\ 1 \\ 1 \\ 2 \end{pmatrix}$ に平行移動すれば,求める超平面は $\begin{pmatrix} 1 \\ 0 \\ -1 \\ 2 \end{pmatrix} - \begin{pmatrix} 0 \\ 1 \\ 1 \\ 2 \end{pmatrix} = \begin{pmatrix} 1 \\ -1 \\ -2 \\ 0 \end{pmatrix}$, $\begin{pmatrix} 2 \\ 1 \\ 1 \\ 3 \end{pmatrix}$, $\begin{pmatrix} 0 \\ 2 \\ 1 \\ 1 \end{pmatrix}$ という三つのベクトルで張られる部分空間となる. よってもとに戻せば,求める超平面は $\begin{pmatrix} 0 \\ 1 \\ 1 \\ 2 \end{pmatrix} + \begin{pmatrix} 1 \\ -1 \\ -2 \\ 0 \end{pmatrix} r + \begin{pmatrix} 2 \\ 1 \\ 1 \\ 3 \end{pmatrix} s + \begin{pmatrix} 0 \\ 2 \\ 1 \\ 1 \end{pmatrix} t$ $(r, s, t \in \mathbf{R})$ とパラメータ表示される. これは上の 1 次方程式の一般解となっている(cf. 問題 4.1.6). ∎

問題

3.4.1 R^3 の二つの線形部分空間

$$W_1 = \left\{ \begin{pmatrix} x \\ y \\ z \end{pmatrix} ; x - 3y - 5z = 0 \right\}, \quad W_2 = \left\{ \begin{pmatrix} x \\ y \\ z \end{pmatrix} ; x - y + z = 0 \right\}$$

について以下の問に答えよ.
(1) $W_1 \cap W_2$ の次元と基底を示せ.
(2) W_1, W_2 の基底を,上で与えたものを含む形で与えよ.

3.4.2 次のようなベクトルが張る部分空間を記述する連立 1 次方程式を示せ.
$(3, 1, 2, 1)^T$, $(1, 0, 1, 2)^T$, $(2, 1, 1, -1)^T$, $(1, 1, 0, -3)^T$.

3.4.3 R^4 の 2 枚の超平面 $x_1 + x_2 + x_3 + x_4 = 1$, $2x_1 - x_2 + 3x_3 - x_4 = 2$ の交わりを含み,点 $(1, -1, 3, 6)$ を通る超平面を決定せよ.

3.5 線形写像の定義と表現行列

要項 3.5.1 R 上の二つの線形空間の間の写像 $F: V \to W$ は，次の性質を満たすとき**線形写像**と呼ばれる[11]：

(1) F は V, W の線形演算と両立する．すなわち，

$\forall \boldsymbol{v}_1, \boldsymbol{v}_2 \in V, \ \forall \lambda_1, \lambda_2 \in \boldsymbol{R}$ に対し $F(\lambda_1 \boldsymbol{v}_1 + \lambda_2 \boldsymbol{v}_2) = \lambda_1 F(\boldsymbol{v}_1) + \lambda_2 F(\boldsymbol{v}_2)$.

この条件は次の二つに分解できる：

(1a) $\forall \boldsymbol{v}_1, \boldsymbol{v}_2 \in V$ に対し $F(\boldsymbol{v}_1 + \boldsymbol{v}_2) = F(\boldsymbol{v}_1) + F(\boldsymbol{v}_2)$.

(1b) $\forall \boldsymbol{v} \in V, \ \forall \lambda \in \boldsymbol{R}$ に対し $F(\lambda \boldsymbol{v}) = \lambda F(\boldsymbol{v})$.

要項 3.5.2 V の基底 $[\boldsymbol{v}_1, \ldots, \boldsymbol{v}_n]$，$W$ の基底 $[\boldsymbol{w}_1, \ldots, \boldsymbol{w}_m]$ を一つ定めると，各 $F(\boldsymbol{v}_j)$ は $\sum_{i=1}^n a_{ij} \boldsymbol{w}_i$ と表され，この対応は形式的に (m, n) 型行列 $A = (a_{ij})$ を用いて

$$F([\boldsymbol{v}_1, \ldots, \boldsymbol{v}_n]) := [F(\boldsymbol{v}_1), \ldots, F(\boldsymbol{v}_n)] = [\boldsymbol{w}_1, \ldots, \boldsymbol{w}_m] A \qquad (3.2)$$

と書ける．この A を F のこれらの基底による**表現行列**と呼ぶ．$\boldsymbol{v} \in V$ が基底 $[\boldsymbol{v}_1, \ldots, \boldsymbol{v}_n]$ により $\boldsymbol{v} = \sum_{j=1}^n b_j \boldsymbol{v}_j$ と表されるとき，$F(\boldsymbol{v}) \in W$ は基底 $[\boldsymbol{w}_1, \ldots, \boldsymbol{w}_m]$ により

$$F(\boldsymbol{v}) = \sum_{j=1}^n b_j F(\boldsymbol{v}_j) = \sum_{j=1}^n b_j \sum_{i=1}^m a_{ij} \boldsymbol{w}_i = \sum_{i=1}^m \Big(\sum_{j=1}^n a_{ij} b_j\Big) \boldsymbol{w}_i$$

と表せる．すなわち，行き先の基底による表現の係数 $\boldsymbol{c} = (c_1, \ldots, c_m)^T$ は もとの表現の係数 $\boldsymbol{b} = (b_1, \ldots, b_n)^T$ から $\boldsymbol{c} = A\boldsymbol{b}$ により計算される．以上は形式的な計算の意味で次のように簡潔にまとめられる：

$$F(\boldsymbol{v}) = F([\boldsymbol{v}_1, \ldots, \boldsymbol{v}_n]\boldsymbol{b}) = [F(\boldsymbol{v}_1), \ldots, F(\boldsymbol{v}_n)]\boldsymbol{b} = [\boldsymbol{w}_1, \ldots, \boldsymbol{w}_m] A\boldsymbol{b}$$
$$= [\boldsymbol{w}_1, \ldots, \boldsymbol{w}_m]\boldsymbol{c}.$$

特別な場合として，$\boldsymbol{R}^n$ からそれ自身への線形写像を標準基底 $\boldsymbol{e}_1, \ldots, \boldsymbol{e}_n$ で表現したときは (3.2) は

$$F([\boldsymbol{e}_1, \ldots, \boldsymbol{e}_n]) = [\boldsymbol{e}_1, \ldots, \boldsymbol{e}_n] A = A,$$

すなわち，表現行列は標準基底の行き先を並べたものに他ならない．これは成分表示では $A\boldsymbol{e}_i = \boldsymbol{a}_i$ (A の第 i 列ベクトル) という式に対応する．

---

[11] 正確な呼称は $\boldsymbol{R}$-線形写像である．なお，以下 $\boldsymbol{R}$ を任意の体 K と取り替えることにより，K 上の線形写像が定義される．

3.5 線形写像の定義と表現行列

要項 3.5.3 微分・積分などの解析の代表的な演算は線形写像の重要な例である．これらは普通，無限次元の関数の空間に作用するが，多項式に限る等により線形代数で扱える手頃な例となる．

要項 3.5.4 F, G を V から W への二つの線形写像とするとき，

$$\lambda F + \mu G : \begin{array}{ccc} V & \longrightarrow & W \\ \cup & & \cup \\ \boldsymbol{v} & \longmapsto & \lambda F(\boldsymbol{v}) + \mu G(\boldsymbol{v}) \end{array}$$

で定まる写像は再び線形となる．これにより V から W への線形写像の集合 $\mathrm{Hom}_{\boldsymbol{R}}(V, W)$ は $\boldsymbol{R}$ 上の線形空間となる．$\dim V = n$, $\dim W = m$ とすれば，基底の導入により，これは (m, n) 型行列の集合 $M(m, n; \boldsymbol{R})$ と同一視でき，従って mn 次元となる．$\mathrm{Hom}_{\boldsymbol{R}}(V, W)$ の零ベクトルは，V のすべての元を W の零ベクトルに写す写像で，これは $M(m, n; \boldsymbol{R})$ の零行列に対応する．

特に，V からそれ自身への線形写像の全体 $\mathrm{End}_{\boldsymbol{R}}(V)$ は n 次正方行列の全体 $M(n, \boldsymbol{R})$ と同一視され，$\boldsymbol{R}$ 上の n^2 次元線形空間となる．これらの元は V あるいは $\boldsymbol{R}^n$ の**線形変換**（**1 次変換**）と呼ばれる．（この呼称は可逆な写像にだけ使われることもある．）

要項 3.5.5 $F : V \to W$, $G : W \to W$ を線形写像とするとき，これらの合成写像 $G \circ F : V \to W$ はまた線形写像となる．V, W, W の基底を定めたとき F, G がそれぞれ行列 A, B で表現されるならば，$G \circ F$ は積の行列 BA で表現される．更に $H : W \to W$ も線形写像なら，$\lambda, \mu \in \boldsymbol{R}$ について $(\lambda G + \mu H) \circ F = \lambda(G \circ F) + \mu(H \circ F)$ となる．F の位置に対しても同様で，相当する行列演算の分配律に対応する．特に，$\mathrm{End}_{\boldsymbol{R}}(V)$ は以上に定義された演算で非可換な**多元環**と呼ばれる代数系になる．$n = \dim_{\boldsymbol{R}} V$ なら，これは $M(n, \boldsymbol{R})$ と演算を込めて同一視できる．その可逆元の集合 $GL(n, \boldsymbol{R})$ は行列積に関して群を成し**一般線形群**と呼ばれる．

例題 3.5-1 ─────────────────── 写像の線形性判定 ──

3 次以下の 1 変数多項式の空間 V から 1 変数多項式の空間への次のような写像 F は線形か？ 線形となるものについて，適当な有限次元の行き先の空間 W を定め，V, W の適当な基底を選んでそれらに関する表現行列を示せ．

(1) $V \ni f(x) \mapsto f(x^2)$

(2) $V \ni f(x) \mapsto f'(x) - \dfrac{6}{x}\displaystyle\int_0^x f(t)\,dt + xf(1)$

(3) $V \ni f(x) \mapsto (x-1)\dfrac{f(x^2) - f(0)}{x^2}$

(4) $V \ni f(x) \mapsto f(x)^2 - xf(0)$

58　　　　　　　　　　第 3 章　線形空間と線形写像

[解答]　(1) f が行き先に 1 次同次でしか含まれていないので，線形写像になる．定義に当てはめて確かめるには，λ, μ を二つのスカラー（実数）とし，V の二つの元 f, g を勝手に取るとき，

$$F[\lambda f(x) + \mu g(x)] = \{\lambda f(x) + \mu g(x)\}\big|_{x \mapsto x^2}$$
$$= \lambda f(x^2) + \mu g(x^2) = \lambda F[f(x)] + \mu F[g(x)]$$

となることから分かる．この代入により 3 次の多項式は一般に 6 次になるので，行き先の空間として 6 次以下の x の 1 変数多項式の集合 W を取れば，V の基底を $[1, x, x^2, x^3]$，W の基底を $[1, x, x^2, x^3, x^4, x^5, x^6]$ として

$$F([1, x, x^2, x^3]) = [1, x^2, x^4, x^6] = [1, x, x^2, x^3, x^4, x^5, x^6] \begin{pmatrix} 1 & 0 & 0 & 0 \\ 0 & 0 & 0 & 0 \\ 0 & 1 & 0 & 0 \\ 0 & 0 & 0 & 0 \\ 0 & 0 & 1 & 0 \\ 0 & 0 & 0 & 0 \\ 0 & 0 & 0 & 1 \end{pmatrix}$$

となるので，この行列が F の求める表現行列となる．

別解として，W として 6 次以下の偶関数多項式，すなわち偶数次のみの項を持つ多項式の集合を取り，その基底として $[1, x^2, x^4, x^6]$ を取れば，上で零ベクトルより成る 3 本の行を省略した 4 次の単位行列が F の表現行列となる．

(2) 要項 3.5.4 で述べたことにより，右辺の各項がそれぞれ線形なことを確かめればよい．第 1 項は微分演算が線形性を持つこと，第 2 項は積分演算と x による割り算が線形なこと，第 3 項は変数への値の代入（評価写像）が線形なことにより，いずれも線形であることから，全体も線形写像であることが結論される．表現行列は全体を一度に計算しても良いし，各項の表現行列を求めてそれらの行列和を答としてもよい．積分で多項式の次数が 1 上がった分が x で割られてもとの次数に戻るので，行き先 W は V と同様，3 次以下の多項式の集合に取れる．V, W の基底はともに上の V の基底と同じものを用いることとし，ここでは写像全体を一度に扱うと，

$$F([1, x, x^2, x^3]) = \left[-6 + x, 1 - 3x + x, 2x - 2x^2 + x, 3x^2 - \frac{3x^3}{2} + x\right]$$
$$= \left[-6 + x, 1 - 2x, 3x - 2x^2, x + 3x^2 - \frac{3}{2}x^3\right]$$
$$= [1, x, x^2, x^3] \begin{pmatrix} -6 & 1 & 0 & 0 \\ 1 & -2 & 3 & 1 \\ 0 & 0 & -2 & 3 \\ 0 & 0 & 0 & -\frac{3}{2} \end{pmatrix}.$$

なお，V の基底の f による像は明らかに 1 次独立なベクトル系となっている．今は V と W は別の空間とみなしているので，W の基底としてこの像を用いれば，F の表現行列は単位行列となる．

(3) これも行き先の表現に f が1次同次で含まれているので線形写像となる．（線形かどうかは f についてなので $x-1$ が掛けられても非線形にはならないことに注意せよ．）像は明らかに5次以下の多項式となるので，行き先の空間 W としてそれを取り，その基底を $[1, x, x^2, x^3, x^4, x^5]$ とすれば，V の基底は従前通りとして，その行き先は

$$F([1, x, x^2, x^3]) = [0, x-1, (x-1)x^2, (x-1)x^4]$$
$$= [0, -1+x, -x^2+x^3, -x^4+x^5]$$
$$= [1, x, x^2, x^3, x^4, x^5] \begin{pmatrix} 0 & -1 & 0 & 0 \\ 0 & 1 & 0 & 0 \\ 0 & 0 & -1 & 0 \\ 0 & 0 & 1 & 0 \\ 0 & 0 & 0 & -1 \\ 0 & 0 & 0 & 1 \end{pmatrix}.$$

この場合，W として "$(x-1) \times 4$ 次の偶関数多項式の集合" を取り，上で求めた V の基底の像を W の基底に用いると，表現行列は次のように簡単になる：

$$\begin{pmatrix} 0 & 1 & 0 & 0 \\ 0 & 0 & 1 & 0 \\ 0 & 0 & 0 & 1 \end{pmatrix}.$$

(4) これは線形写像ではない．行き先の第2項は f につき線形であるが，初項が線形ではない．f の2次式なのでこのことはほぼ自明であるが，定義に当てはめて確かめてみよう．λ, μ を二つのスカラー（実数）とし，V の二つの元 f, g を取る．もし $F : f(x) \mapsto f(x)^2$ が線形なら

$$F[\lambda f(x) + \mu g(x)] = (\lambda f(x) + \mu g(x))^2 = \lambda^2 f(x)^2 + 2\lambda\mu f(x)g(x) + \mu^2 g(x)^2$$
$$= \lambda F[f(x)] + \mu F[g(x)] = \lambda f(x)^2 + \mu g(x)^2$$

となるべきであるが，1行目と2行目はほとんどの場合一致しない．具体的には，$f(x) = g(x) = 1, \lambda = \mu = 1$ でも $4 \neq 2$ で等号は不成立である．■

─── 例題 3.5-2 ─────────────────── 線形写像の表現行列 ───

R^3 からそれ自身への線形写像 F は

$$\begin{pmatrix} 1 \\ 2 \\ 0 \end{pmatrix} \text{ を } \begin{pmatrix} -1 \\ 0 \\ 1 \end{pmatrix} \text{ へ，} \begin{pmatrix} -1 \\ 1 \\ -1 \end{pmatrix} \text{ を } \begin{pmatrix} -3 \\ -1 \\ 0 \end{pmatrix} \text{ へ，} \begin{pmatrix} 2 \\ 0 \\ 3 \end{pmatrix} \text{ を } \begin{pmatrix} 0 \\ -2 \\ 4 \end{pmatrix} \text{ へ}$$

写すとする．
(1) F の表現行列を求めよ．
(2) $\begin{pmatrix} 1 \\ 1 \\ 1 \end{pmatrix}$ の F による行き先を求めよ．

解答 数ベクトル空間の線形写像の場合，その表現行列は基本単位ベクトル e_1, e_2, e_3 の行き先を列ベクトルとして並べたものになる．よってもとの3本のベクトルの適当な1次結合を取り，基本単位ベクトルに変形する．線形写像は1次結合の演算と可換なので，このとき行き先のベクトルも同じ1次結合に変化する．よってこの計算を効率的に行うには，これらのベクトルから作った行列を縦に並べ，列基本変形で上の方を単位行列にすれば，下の方に表現行列が自然に現れる：

$$\begin{pmatrix} 1 & -1 & 2 \\ 2 & 1 & 0 \\ 0 & -1 & 3 \\ \hline -1 & -3 & 0 \\ 0 & -1 & -2 \\ 1 & 0 & 4 \end{pmatrix} \xrightarrow[\text{第1列×2を第3列から引く}]{\text{第1列を第2列に加え}} \begin{pmatrix} 1 & 0 & 0 \\ 2 & 3 & -4 \\ 0 & -1 & 3 \\ \hline -1 & -4 & 2 \\ 0 & -1 & -2 \\ 1 & 1 & 2 \end{pmatrix} \xrightarrow[\text{第3列に加える}]{\text{第2列×3を}}$$

$$\begin{pmatrix} 1 & 0 & 0 \\ 2 & 3 & 5 \\ 0 & -1 & 0 \\ \hline -1 & -4 & -10 \\ 0 & -1 & -5 \\ 1 & 1 & 5 \end{pmatrix} \xrightarrow{\text{第3列を5で割る}} \begin{pmatrix} 1 & 0 & 0 \\ 2 & 3 & 1 \\ 0 & -1 & 0 \\ \hline -1 & -4 & -2 \\ 0 & -1 & -1 \\ 1 & 1 & 1 \end{pmatrix} \xrightarrow[\text{第3列×3を第2列から引く}]{\text{第3列×2を第1列から，}}$$

$$\begin{pmatrix} 1 & 0 & 0 \\ 0 & 0 & 1 \\ 0 & -1 & 0 \\ \hline 3 & 2 & -2 \\ 2 & 2 & -1 \\ -1 & -2 & 1 \end{pmatrix} \xrightarrow[\text{第3列と交換する}]{\text{第2列の符号を変え}} \begin{pmatrix} 1 & 0 & 0 \\ 0 & 1 & 0 \\ 0 & 0 & 1 \\ \hline 3 & -2 & -2 \\ 2 & -1 & -2 \\ -1 & 1 & 2 \end{pmatrix}.$$

これより，求める表現行列は $\begin{pmatrix} 3 & -2 & -2 \\ 2 & -1 & -2 \\ -1 & 1 & 2 \end{pmatrix}$ となる．$\begin{pmatrix} 1 \\ 1 \\ 1 \end{pmatrix}$ の行き先は普通にこの行列を掛ければよいので $\begin{pmatrix} -1 \\ -1 \\ 2 \end{pmatrix}$ である．■

🐰 上の方の逆行列を求め，それを下の方に右から掛けてもよいが，2度手間になるので計算量は増加する．なお，その場合は逆行列の計算は行基本変形を使っても構わないが，あくまで1次結合を作る操作なので，求めた逆行列は下の方に右から掛けなければならない．左から掛けてしまうと座標変換になってしまうことに注意せよ．

問題

3.5.1 $\boldsymbol{R}^3$ からそれ自身への線形写像 F は
$\begin{pmatrix} 2 \\ 3 \\ 1 \end{pmatrix}$ を $\begin{pmatrix} 6 \\ 6 \\ -6 \end{pmatrix}$ に,$\begin{pmatrix} 1 \\ -1 \\ 2 \end{pmatrix}$ を $\begin{pmatrix} -5 \\ -1 \\ 9 \end{pmatrix}$ に,$\begin{pmatrix} 0 \\ 2 \\ -1 \end{pmatrix}$ を $\begin{pmatrix} 6 \\ 3 \\ -9 \end{pmatrix}$ に,
それぞれ写すとする.この F の表現行列を求めよ.

3.5.2 V を 3 次以下の x の 1 変数実係数多項式の集合とし,$F: V \to V$ を $f(x) \in V$ に $(x^2 - 1)f(x) \bmod (x^4 - 1)$ を対応させる写像とする.ここで $\bmod (x^4 - 1)$ は $x^4 - 1$ で割ったときの余りを表す.
(1) F が V からそれ自身への $\boldsymbol{R}$-線形写像であることを確かめよ.
(2) V の適当な基底による F の表現行列を求めよ.

3.5.3 V を $ax + b + (cx + d)\sqrt{x}$ の形の関数の集合とする.
(1) これは $\boldsymbol{R}$ 上の線形空間を成すことを示し,次元と基底を与えよ.
(2) $f(x) \in V$ に $2\sqrt{x}\dfrac{d}{dx}f(x)$ を対応させる写像 F は V からそれ自身への線形写像であることを確かめ,上で与えた基底によるその表現行列を示せ.

3.5.4 実数の部分集合 $V = \{a + b\sqrt{2} ; a, b \in \boldsymbol{Q}\}$ を考える.
(1) V は有理数体 $\boldsymbol{Q}$ 上の線形空間を成すことを説明し,その次元と基底の例を示せ.
(2) $1 + \sqrt{2}$ による実数の掛け算は V からそれ自身への写像となるが,これは $\boldsymbol{Q}$-線形写像であることを示し,上で与えた基底による表現行列を与えよ.
(3) 上の写像の逆写像は何か?

3.5.5 実数の部分集合 $V = \{a + b\sqrt{2} + c\sqrt{3} + d\sqrt{6} ; a, b, c, d \in \boldsymbol{Q}\}$ を考える.
(1) V は通常の演算で有理数体 $\boldsymbol{Q}$ 上の線形空間を成すことを説明し,その次元と基底の例を示せ.
(2) $\sqrt{2}$ による実数の掛け算は V からそれ自身への $\boldsymbol{Q}$-線形写像であることを示し,上で与えた基底による表現行列を与えよ.
(3) 上の写像の逆写像を求めよ.

3.5.6 問題 3.2.1 (5) の数列の空間 V において,$F: \{x_n\}_{n=1}^\infty \mapsto \{x_{n+1}\}_{n=1}^\infty$ で定まる写像(左シフト)S は V からそれ自身への線形写像となることを確かめ,その表現行列を与えよ.

3.6 線形写像の像と核

要項 3.6.1　線形写像 $F: V \to W$ の像 (image) $F(V)$ とは，集合論的な意味での写像の像のことを言い，これを $\mathrm{Image}\, F$ で表す[12]．また**核** (kernel) とは，W の零ベクトルの逆像 $F^{-1}(\mathbf{0})$ のことを言い，これを $\mathrm{Ker}\, F$ と記す[13]．像は W の線形部分空間，核は V の線形部分空間となり，次の**次元公式**が成り立つ：

$$\dim \mathrm{Image}\, F + \dim \mathrm{Ker}\, F = \dim V. \tag{3.3}$$

$\dim \mathrm{Image}\, F$ は F の**階数**と呼ばれる．これは F の表現行列の階数に等しく，階数の座標（基底）に依らない定義である．他方 $\mathrm{Ker}\, F$ は F の表現行列を係数行列とする斉次連立 1 次方程式の解空間と同等である．よって上の次元公式は要項 2.5.2 に与えた連立 1 次方程式の解空間の次元を与える公式と同等である．(3.3) から特に，

F が単射 $\iff \dim \mathrm{Ker}\, F = 0 \iff \dim \mathrm{Image}\, F = \dim V$,

F が全射 $\iff \dim \mathrm{Image}\, F = \dim W \iff \dim V - \dim \mathrm{Ker}\, F = \dim W$.

従って，$\dim V = \dim W$ なら，F が全射 $\iff F$ が単射 $\iff F$ が全単射，となる．このような F は**線形同型写像**と呼ばれ，このとき V, W は**線形同型**と言われる．

例題 3.6-1　　　　　　　　　　　　　　　　　　　　　　　　　　　像と核の計算

$\boldsymbol{R}^3$ からそれ自身への線形写像 $F\begin{pmatrix} x \\ y \\ z \end{pmatrix} = \begin{pmatrix} x + 2y + 3z \\ -y + 2z \\ 2x + 4y + 6z \end{pmatrix}$ の核と像の次元と基底をそれぞれ求めよ．

[解答]　この場合は，係数行列がそのまま表現行列となるので，それを行基本変形すると，

$$\begin{pmatrix} 1 & 2 & 3 \\ 0 & -1 & 2 \\ 2 & 4 & 6 \end{pmatrix} \xrightarrow[\text{第 3 行から引く}]{\text{第 1 行 }\times 2\text{ を}} \begin{pmatrix} 1 & 2 & 3 \\ 0 & -1 & 2 \\ 0 & 0 & 0 \end{pmatrix} \xrightarrow[\text{第 1 行に加える}]{\text{第 2 行 }\times 2\text{ を}} \begin{pmatrix} 1 & 0 & 7 \\ 0 & -1 & 2 \\ 0 & 0 & 0 \end{pmatrix}.$$

最後の行列の階数は 2 なので，像は 2 次元である．最初の 2 本の列が 1 次独立なので，この位置のもとの行列の列ベクトル $\begin{pmatrix} 1 \\ 0 \\ 2 \end{pmatrix}, \begin{pmatrix} 2 \\ -1 \\ 4 \end{pmatrix}$ を取れば像の基底となる．核は $3 - 2 = 1$ 次元で，最後の行列を係数とする斉次連立 1 次方程式を解けば $\begin{pmatrix} 7 \\ -2 \\ -1 \end{pmatrix}$ がその基底となる．■

---

[12]　応用方面では**値域** (range) と呼び $R(F)$ で表すことも多い．
[13]　応用方面では**零空間** (null space) と呼び $N(F)$ で表すことも多い．

―― 例題 3.6-2 ―――――――――――――――――――――― 線形写像の階数の評価 ――

(1) $F: V \to W$ を線形写像とし，$\boldsymbol{a}_1, \ldots, \boldsymbol{a}_k \in V$ をベクトルとするとき，次を示せ：
$$\mathrm{rank}\, \{F(\boldsymbol{a}_1), \ldots, F(\boldsymbol{a}_k)\} \leq \mathrm{rank}\, \{\boldsymbol{a}_1, \ldots, \boldsymbol{a}_k\}$$

(2) $F: V \to W$, $G: W \to W$ を線形写像とするとき，次を示せ：
$$\mathrm{rank}\, G \circ F \leq \min\{\mathrm{rank}\, F, \mathrm{rank}\, G\}$$

(3) $F, G: V \to W$ を線形写像とするとき，次を示せ：
$$|\mathrm{rank}\, F - \mathrm{rank}\, G| \leq \mathrm{rank}\, (F + G) \leq \mathrm{rank}\, F + \mathrm{rank}\, G$$

[解答] (1) ベクトル $\boldsymbol{a}_1, \ldots, \boldsymbol{a}_k$ に 1 次関係が有れば，それは線形写像 F によってこれらの像の 1 次関係に写される．よって対偶を取れば，ベクトルの像が 1 次独立ならもとのベクトルも 1 次独立である．故に像の方で 1 次独立な最大個数のベクトルの部分集合を選んでこの考察を適用すれば，上の不等式が得られる．

(2) (1) により，部分空間 $\mathrm{Image}\, F \subset W$ の次元とその G による像である $\mathrm{Image}\, G \circ F = G(F(V))$ の次元の間には $\dim \mathrm{Image}\, G \circ F \leq \dim \mathrm{Image}\, F$ という関係がある．他方，$\dim G(F(V)) \leq \dim G(W)$ は自明なので，$\dim \mathrm{Image}\, G \circ F \leq \dim \mathrm{Image}\, G$ も成り立つ．これらを合わせて $\mathrm{rank}\, G = \dim \mathrm{Image}\, G$ 等の式に書き直せば，問題の不等式が得られる．

(3) 線形写像の加法の定義により $\mathrm{rank}\, (F+G) = \dim(F+G)(V) \leq \dim(F(V) + G(V))$ である．部分空間に対する次元公式 (3.1) によりこれは $\leq \dim F(V) + \dim G(V)$ となるので，つなげて rank で書き直せば，問題の不等式の右側が得られる．$\mathrm{rank}\, G = \mathrm{rank}\, (-G)$ はほぼ自明なので，これより $\mathrm{rank}\, F \leq \mathrm{rank}\, (F+G) + \mathrm{rank}\, (-G) = \mathrm{rank}\, (F+G) + \mathrm{rank}\, (G)$，従って $\mathrm{rank}\, F - \mathrm{rank}\, G \leq \mathrm{rank}\, (F+G)$ となる．F, G を取り替えて同様に論ずれば左側の不等号が得られる．■

この例題の (2), (3) は，各線形写像をその表現行列で置き換えれば既出の例題 2.3-2 と同等である．(1) についても同例題の解答の冒頭で実質的に示されている．

―― 例題 3.6-3 ―――――――――――――――――――――――― 像と核の関係 ――

(m, n) 型行列 A を $\boldsymbol{R}^n$ から $\boldsymbol{R}^m$ への線形写像，また A^T を $\boldsymbol{R}^m$ から $\boldsymbol{R}^n$ への線形写像とみなすとき，$\boldsymbol{R}^m$ の内積の意味で $(\mathrm{Image}\, A)^\perp = \mathrm{Ker}\, A^T$ となることを示せ．

解答 議論を明確にするため，内積がどの空間のものかを添え字で示す．$y \in (\text{Image}\, A)^\perp$ なら，$\forall x \in R^n$ について $0 = (Ax, y)_{R^m} = (x, A^T y)_{R^n}$．よって $A^T y = 0$ となり（例題 2.2-2(2) 参照），$y \in \text{Ker}\, A^T$．従って $(\text{Image}\, A)^\perp \subset \text{Ker}\, A^T$．逆に，$y \in \text{Ker}\, A^T$ なら，$\forall x \in R^n$ について $0 = (x, A^T y)_{R^n} = (Ax, y)_{R^m}$．よって $y \in (\text{Image}\, A)^\perp$ となるから $\text{Ker}\, A^T \subset (\text{Image}\, A)^\perp$．故に両者は一致する．
なおこの関係をベクトルと行列の成分を用いた具体的な計算で行ったものが例題 3.4-2 の解答（その🐰も参照）に他ならない．■

例題 3.6-4 ──────────────────── 線形写像の次元公式 ─

$F : V \to W$, $G : W \to W$ をそれぞれの線形空間の間の線形写像とし，$\text{Image}\, F = \text{Ker}\, G$ が成立しており，かつ F は単射，G は全射とする．（このとき写像の列 $0 \to V \xrightarrow{F} W \xrightarrow{G} W \to 0$ は線形写像の**完全列**を成すと言う．）このとき次の等式が成り立つことを示せ：

$$\dim V + \dim W = \dim W$$

解答 次元を棒の長さで表した図を描けば，ほぼ自明であるが，式で示すと
(1) F が単射より $\dim V = \dim \text{Image}\, F$．
(2) 次元公式 (3.3) より $\dim \text{Ker}\, G + \dim \text{Image}\, G = \dim W$．
(3) G が全射より $\dim \text{Image}\, G = \dim W$．
よって
$$\dim V + \dim W = \dim \text{Image}\, F + \dim \text{Image}\, G$$
となるが，ここで仮定 $\text{Image}\, F = \text{Ker}\, G$ より $\dim \text{Image}\, F = \dim \text{Ker}\, G$．よって (2) によりこの右辺は $\dim W$ に等しい．■

問題

3.6.1 行列 $A = \begin{pmatrix} 1 & -4 & 2 \\ 0 & 1 & 2 \\ 1 & -3 & 4 \end{pmatrix}$ で表現された R^3 からそれ自身への線形写像の像と核の次元と基底を求めよ．

3.6.2 R^3 からそれ自身への $F\begin{pmatrix} x \\ y \\ z \end{pmatrix} = \begin{pmatrix} 2x + 4z \\ -x + 4y + 2z \\ -x + 2y \end{pmatrix}$ で定まる線形写像の像と核の次元と基底を求めよ．

3.6.3 問題 3.5.1 の線形写像 F の像と核の次元と基底を示せ．

3.6.4 問題 3.5.2 の線形写像 F の像と核の具体形，並びに次元と基底を示せ．

3.6.5 問題 3.5.3 の写像 F について，像と核の具体形，並びに次元と基底を示せ．

3.7 基底の取り替えと座標変換

要項 3.7.1 $[\boldsymbol{v}_1,\ldots,\boldsymbol{v}_n]$, $[\boldsymbol{v}'_1,\ldots,\boldsymbol{v}'_n]$ を V の二つの基底とするとき，一方の基底の各元は，他方の基底の1次結合として一意に表される．よってこれらの係数を列ベクトルの成分とする行列 S, S' で，形式的な計算の意味で

$$[\boldsymbol{v}'_1,\ldots,\boldsymbol{v}'_n] = [\boldsymbol{v}_1,\ldots,\boldsymbol{v}_n]S, \quad \text{および} \quad [\boldsymbol{v}_1,\ldots,\boldsymbol{v}_n] = [\boldsymbol{v}'_1,\ldots,\boldsymbol{v}'_n]S' \quad (3.4)$$

を満たすものが存在する．S' は明らかに S の逆行列となり，従って S は可逆である．これを基底 $[\boldsymbol{v}_1,\ldots,\boldsymbol{v}_n]$ から $[\boldsymbol{v}'_1,\ldots,\boldsymbol{v}'_n]$ への（**基底**）**変換行列**と呼ぶ．
$\boldsymbol{v} \in V$ の古い基底に関する成分が $\boldsymbol{b} = (b_1,\ldots,b_n)^T$，新しい基底に関するそれが $\boldsymbol{b}'$ なら，両者の間には $\boldsymbol{b} = S\boldsymbol{b}'$ なる関係がある[14]．これを基底の変換から誘導される**座標変換**と呼ぶ．この関係は

$$\boldsymbol{v} = [\boldsymbol{v}'_1,\ldots,\boldsymbol{v}'_n]\boldsymbol{b}' = [\boldsymbol{v}_1,\ldots,\boldsymbol{v}_n]S\boldsymbol{b}',$$
$$\boldsymbol{v} = [\boldsymbol{v}_1,\ldots,\boldsymbol{v}_n]\boldsymbol{b}$$

から係数比較により分かる．

要項 3.7.2 V の基底を $[\boldsymbol{v}_1,\ldots,\boldsymbol{v}_n]$ から $[\boldsymbol{v}'_1,\ldots,\boldsymbol{v}'_n]$ に取り替えたときの変換行列を S, W の基底を $[\boldsymbol{w}_1,\ldots,\boldsymbol{w}_m]$ から $[\boldsymbol{w}'_1,\ldots,\boldsymbol{w}'_m]$ に取り替えたときの変換行列を T とすれば，線形写像 $F: V \to W$ の表現行列は A から $A' = T^{-1}AS$ に変化する．これは下の可換図式を辿るのが分かりやすい：

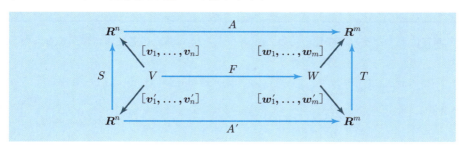

形式的計算は

$$F(\boldsymbol{v}) = F([\boldsymbol{v}'_1,\ldots,\boldsymbol{v}'_n]\boldsymbol{b}') = [F(\boldsymbol{v}'_1),\ldots,F(\boldsymbol{v}'_n)]\boldsymbol{b}' = [\boldsymbol{w}'_1,\ldots,\boldsymbol{w}'_m]A'\boldsymbol{b}',$$
$$F(\boldsymbol{v}) = F([\boldsymbol{v}_1,\ldots,\boldsymbol{v}_n]\boldsymbol{b}) = [F(\boldsymbol{v}_1),\ldots,F(\boldsymbol{v}_n)]\boldsymbol{b}$$
$$= [\boldsymbol{w}_1,\ldots,\boldsymbol{w}_m]A\boldsymbol{b} = [\boldsymbol{w}'_1,\ldots,\boldsymbol{w}'_m]T^{-1}AS\boldsymbol{b}$$

---

[14] この定義だと座標変換としては新旧の座標の位置が高校の教科書で採用しているものと逆になる．どちらにしても本質的な差は無いが，古い座標で書かれた方程式を新しい座標で書き直すときは，座標変換式をそのまま代入すれば済む点でこの定義の方が便利である．

から係数比較で得られる.

以上により，行列を線形写像の表現行列と見なしたとき，行列の行基本変形，列基本変形は，それぞれ行き先の空間，もとの空間における基底の取り替えに相当することが分かる．特に，線形写像 $F: V \to W$ の表現行列を標準形 (2.5) にすることは，V の基底として，$\operatorname{Ker} F$ の直和補空間の基底 $[\boldsymbol{v}_1, \ldots, \boldsymbol{v}_r]$ と $\operatorname{Ker} F$ の基底 $[\boldsymbol{v}_{r+1}, \ldots, \boldsymbol{v}_n]$ をこの順に並べたものを取り，前者の F による像 $[F(\boldsymbol{v}_1), \ldots, F(\boldsymbol{v}_r)]$ を $\operatorname{Image} F$ の基底とし，それを W 全体に延長したものを W の基底とすることに相当する．

V からそれ自身への線形写像 $F \in \operatorname{End}(V)$ については，基底変換は V のみでなされ，対応する座標変換は $T = S$ となるので，表現行列の変換は $A \mapsto S^{-1} A S$ の形となる．これを行列の**相似変換**と呼ぶ．

──例題 3.7-1────────────────標準形を与える基底-1─

V を 3 次以下の 1 変数多項式の集合，W を 2 次以下の 1 変数多項式の集合とする．写像 $F: V \to W$ を

$$f(x) \in V \mapsto (x-1)f(x) \mod (x^3 - 1)$$

で定める．(ここでは mod は割り算の剰余を表す.)
(1) V の基底 $[x^3, x^2, x, 1]$, W の基底 $[x^2, x, 1]$ による F の表現行列を求めよ．
(2) F の表現行列が標準形 (2.5) となるような V, W の基底を一組与えよ．
(3) (1) で用いた基底を (2) で求めた基底に変換する行列を示せ．

[解答] (1) 記法の簡略化のため，$\mod (x^3 - 1)$ は集合の各要素に作用するものとして

$$F([x^3, x^2, x, 1]) = [x^3(x-1), x^2(x-1), x(x-1), x-1] \mod (x^3 - 1)$$

$$= [x-1, -x^2+1, x^2-x, x-1] = [x^2, x, 1] \begin{pmatrix} 0 & -2 & 1 & 0 \\ 1 & 0 & -1 & 1 \\ -1 & 1 & 0 & -1 \end{pmatrix}$$

となる．この最後の行列 A が求める F の表現行列である．

(2) 上で計算した基底の行き先から x^3 と 1 の行き先が一致，また x^2 と x の行き先を加えたものはこれらの符号を変えたものになることが分かる．これから F の核の元として $x^3 - 1$, $x^2 + x + 1$ が求まる．(これは $x^3 - 1$ の因数分解を考えれば当然である.) よって V の基底として，最後の二つをこれら核の基底で置き換えた $[x^3, x^2, x^3 - 1, x^2 + x + 1]$ を取り，W の基底としてこの最初の二つの行き先に全体が 1 次独立となるようにもう一つを補った $[x-1, -x^2+1, 1]$ などを取れば，これら

による F の表現行列は $\begin{pmatrix} 1 & 0 & 0 & 0 \\ 0 & 1 & 0 & 0 \\ 0 & 0 & 0 & 0 \end{pmatrix}$ となる.

(3) V の基底変換 S, W の基底変換 T は，それぞれ (3.4) の意味で

$$[x^3, x^2, x^3-1, x^2+x+1] = [x^3, x^2, x, 1]\begin{pmatrix} 1 & 0 & 1 & 0 \\ 0 & 1 & 0 & 1 \\ 0 & 0 & 0 & 1 \\ 0 & 0 & -1 & 1 \end{pmatrix},$$

$$[x-1, -x^2+1, 1] = [x^2, x, 1]\begin{pmatrix} 0 & -1 & 0 \\ 1 & 0 & 0 \\ -1 & 1 & 1 \end{pmatrix}$$

と計算したときの行列として求まる. 実際に $T^{-1}AS = \begin{pmatrix} 1 & 0 & 0 & 0 \\ 0 & 1 & 0 & 0 \\ 0 & 0 & 0 & 0 \end{pmatrix}$ となるのを確かめることができる. ∎

最初に求めた表現行列 A を行と列の基本変形で標準形に帰着させて解くこともできるが，上の解法の方が楽であろう．もちろん，次の例題のように線形写像が最初から行列で定義されているときはそのように計算するしかない．

例題 3.7-2 ─────────────────── 標準形を与える基底-2 ─

次の行列で定まる $\boldsymbol{R}^4$ から $\boldsymbol{R}^3$ への線形写像を (2.5) の標準形に変換するような $\boldsymbol{R}^4, \boldsymbol{R}^3$ の座標変換 S, T を示せ.

$$A = \begin{pmatrix} 1 & 1 & 2 & 0 \\ 0 & 1 & -1 & 1 \\ 2 & 1 & 5 & -1 \end{pmatrix}$$

解答 まず行基本変形をできるところまでやると，

$A \xrightarrow[\text{第 3 行から引く}]{\text{第 1 行 ×2 を}} \begin{pmatrix} 1 & 1 & 2 & 0 \\ 0 & 1 & -1 & 1 \\ 0 & -1 & 1 & -1 \end{pmatrix} \xrightarrow[\text{第 1 行から引く}]{\text{第 2 行を第 3 行に加え}} \begin{pmatrix} 1 & 0 & 3 & -1 \\ 0 & 1 & -1 & 1 \\ 0 & 0 & 0 & 0 \end{pmatrix} \dots ①.$

行基本変形でできるのはここまでなので，次は列基本変形を施す．

$\xrightarrow[\text{第 4 列から引く}]{\text{第 2 列を第 3 列に加え}} \begin{pmatrix} 1 & 0 & 3 & -1 \\ 0 & 1 & 0 & 0 \\ 0 & 0 & 0 & 0 \end{pmatrix} \xrightarrow[\text{第 1 列 ×3 を第 3 列から引く}]{\text{第 1 列を第 4 列に加え}} \begin{pmatrix} 1 & 0 & 0 & 0 \\ 0 & 1 & 0 & 0 \\ 0 & 0 & 0 & 0 \end{pmatrix}.$

これで標準形になった．列基本変形に対応する行列 S はそのまま順に掛ければ得られる：

$$S = \begin{pmatrix} 1 & 0 & 0 & 0 \\ 0 & 1 & 1 & -1 \\ 0 & 0 & 1 & 0 \\ 0 & 0 & 0 & 1 \end{pmatrix}\begin{pmatrix} 1 & 0 & -3 & 1 \\ 0 & 1 & 0 & 0 \\ 0 & 0 & 1 & 0 \\ 0 & 0 & 0 & 1 \end{pmatrix} = \begin{pmatrix} 1 & 0 & -3 & 1 \\ 0 & 1 & 1 & -1 \\ 0 & 0 & 1 & 0 \\ 0 & 0 & 0 & 1 \end{pmatrix}.$$

行基本変形の方は逆順に掛けると T^{-1} になるので，もとの順に，ただし各々を逆操作で置き換えながら掛けて行く：

$$T = \begin{pmatrix} 1 & 0 & 0 \\ 0 & 1 & 0 \\ 2 & 0 & 1 \end{pmatrix} \begin{pmatrix} 1 & 1 & 0 \\ 0 & 1 & 0 \\ 0 & -1 & 1 \end{pmatrix} = \begin{pmatrix} 1 & 1 & 0 \\ 0 & 1 & 0 \\ 2 & 1 & 1 \end{pmatrix}.$$

これらにより $T^{-1}AS = \begin{pmatrix} 1 & 0 & 0 & 0 \\ 0 & 1 & 0 & 0 \\ 0 & 0 & 0 & 0 \end{pmatrix}$ となる．言い換えると，$\mathbf{R}^4$ の基底として S の列ベクトルを，$\mathbf{R}^3$ の基底として T の列ベクトルを用いれば，表現行列がこの標準形となる．

別解 与えられた行列 A の列ベクトル $\boldsymbol{a}_1, \boldsymbol{a}_2, \boldsymbol{a}_3, \boldsymbol{a}_4$ は，$\mathbf{R}^4$ の標準基底 $\boldsymbol{e}_1, \boldsymbol{e}_2, \boldsymbol{e}_3, \boldsymbol{e}_4$ の行き先が並んでいることを想起しつつ，行基本変形すなわち $\mathbf{R}^3$ の座標変換を終了した時点の階段型行列①を見ると，$\boldsymbol{a}_1, \boldsymbol{a}_2$ は 1 次独立で，$\boldsymbol{a}_3 = 3\boldsymbol{a}_1 - \boldsymbol{a}_2$, $\boldsymbol{a}_4 = -\boldsymbol{a}_1 + \boldsymbol{a}_2$ と書けていることが分かる．よって $\boldsymbol{e}_3 - 3\boldsymbol{e}_1 + \boldsymbol{e}_2$, $\boldsymbol{e}_4 + \boldsymbol{e}_1 - \boldsymbol{e}_2$ は A の核に入る．他方，$\boldsymbol{e}_3 = (0, 0, 1)^T$ は $\boldsymbol{a}_1, \boldsymbol{a}_2$ と 1 次独立なことが容易に分かるので，結局もとの空間 $\mathbf{R}^4$ の基底を $[\boldsymbol{e}_1, \boldsymbol{e}_2, \boldsymbol{e}_3 - 3\boldsymbol{e}_1 + \boldsymbol{e}_2, \boldsymbol{e}_4 + \boldsymbol{e}_1 - \boldsymbol{e}_2]$ に，また行き先 $\mathbf{R}^3$ の基底を $[\boldsymbol{a}_1, \boldsymbol{a}_2, \boldsymbol{e}_3]$ にすれば，この線形写像の表現行列は $\begin{pmatrix} 1 & 0 & 0 & 0 \\ 0 & 1 & 0 & 0 \\ 0 & 0 & 0 & 0 \end{pmatrix}$ となることが分かる．これに用いた座標変換は，もとの空間の方では

$$[\boldsymbol{e}_1, \boldsymbol{e}_2, \boldsymbol{e}_3 - 3\boldsymbol{e}_1 + \boldsymbol{e}_2, \boldsymbol{e}_4 + \boldsymbol{e}_1 - \boldsymbol{e}_2] = [\boldsymbol{e}_1, \boldsymbol{e}_2, \boldsymbol{e}_3, \boldsymbol{e}_4] \begin{pmatrix} 1 & 0 & -3 & 1 \\ 0 & 1 & 1 & -1 \\ 0 & 0 & 1 & 0 \\ 0 & 0 & 0 & 1 \end{pmatrix}$$

であり，行き先では $[\boldsymbol{a}_1, \boldsymbol{a}_2, \boldsymbol{e}_3] = [\boldsymbol{e}_1, \boldsymbol{e}_2, \boldsymbol{e}_3](\boldsymbol{a}_1, \boldsymbol{a}_2, \boldsymbol{e}_3) = [\boldsymbol{e}_1, \boldsymbol{e}_2, \boldsymbol{e}_3] \begin{pmatrix} 1 & 1 & 0 \\ 0 & 1 & 0 \\ 2 & 1 & 1 \end{pmatrix}$ となる．これらの行列を順に S, T とすればよい．■

🐰 この別解では S, T が最初の解答と一致するように選んだが，取り方には任意性が有るので，正解でも一致するとは限らない．心配なら $T^{-1}AS$ を計算して確かめよ．

問 題

3.7.1 問題 3.5.2 の写像 F について，その行き先を V と同じ集合だが別の空間 W と見たとき，F の表現行列が標準形 (2.5) となる V, W の基底を一組与えよ．

3.7.2 問題 3.5.3 の写像 F について，同様にその行き先を V とは別の空間 W と見て，F の表現行列が標準形 (2.5) となるようなそれぞれの基底を一組与えよ．

3.7.3 行列 $\begin{pmatrix} 2 & 1 & 1 & 2 & 1 \\ 1 & 0 & 1 & -1 & 2 \\ 3 & 2 & 1 & 1 & 1 \\ 0 & -1 & 1 & 0 & 2 \end{pmatrix}$ で定義された $\mathbf{R}^5$ から $\mathbf{R}^4$ への線形写像が (2.5) の標準形となるような各空間の新しい基底を求めよ．

3.7.4 問題 3.5.5 で与えた $\mathbf{Q}$ 上の線形写像を V からそれと同じ元より成る別の空間 W への写像とみなしたとき，それぞれの基底を個別に選んで F の表現行列が標準形 (2.5) となるようにせよ．

4 行列式

本章では行列式の定義とその意味,およびその計算法を扱う.

4.1 行列式の定義と性質

要項 4.1.1 n 次正方行列 $A = (\boldsymbol{a}_1, \ldots, \boldsymbol{a}_n)$ の行列式の直感的な意味は,$\boldsymbol{R}^n$ のベクトル $\boldsymbol{a}_1, \ldots, \boldsymbol{a}_n$ で張られる**平行 $2n$ 面体**

$$\{\lambda_1 \boldsymbol{a}_1 + \cdots + \lambda_n \boldsymbol{a}_n ; 0 \leq \lambda_1 \leq 1, \ldots, 0 \leq \lambda_n \leq 1\}$$

の符号付き体積である.符号はベクトル系 $[\boldsymbol{a}_1, \ldots, \boldsymbol{a}_n]$ が空間の標準基底と同じ向きを持つとき,すなわち,途中で 1 次独立性を失わないような連続的な変形で一方から他方に帰着できるとき正,そうでないとき負である.
A の行列式を $\det A$,または $|A|$ で表す.これは $\boldsymbol{R}^{n^2}$ 上の多項式関数である.(具体形は下記 (4.1).)

要項 4.1.2 行列式の公理的定義[1] 関数 $\det A$ は以下の性質を満たすものとして一意的に定まる.これは上の直感的な意味を数式化したものである.
 (1) (正規化) $\det E = 1$
 (2) (各列に関する線形性)
  $\det(\boldsymbol{a}_1, \ldots, \lambda \boldsymbol{a}_i + \mu \boldsymbol{b}_i, \ldots, \boldsymbol{a}_n)$
    $= \lambda \det(\boldsymbol{a}_1, \ldots, \boldsymbol{a}_i, \ldots, \boldsymbol{a}_n) + \mu \det(\boldsymbol{a}_1, \ldots, \boldsymbol{b}_i, \ldots, \boldsymbol{a}_n)$
 (3) (交代性:二つの列を入れ替えると符号が変わる)
  $\det(\boldsymbol{a}_1, \ldots, \boldsymbol{a}_j, \ldots, \boldsymbol{a}_i, \ldots, \boldsymbol{a}_n) = -\det(\boldsymbol{a}_1, \ldots, \boldsymbol{a}_i, \ldots, \boldsymbol{a}_j, \ldots, \boldsymbol{a}_n)$
以上の公理から,次の諸性質も導かれる:
 (2′) (線形性の別表現)
  (2′a) $\det(\boldsymbol{a}_1, \ldots, \boldsymbol{a}_i + \boldsymbol{b}_i, \ldots, \boldsymbol{a}_n)$
    $= \det(\boldsymbol{a}_1, \ldots, \boldsymbol{a}_i, \ldots, \boldsymbol{a}_n) + \det(\boldsymbol{a}_1, \ldots, \boldsymbol{b}_i, \ldots, \boldsymbol{a}_n)$
  (2′b) $\det(\boldsymbol{a}_1, \ldots, \lambda \boldsymbol{a}_i, \ldots, \boldsymbol{a}_n) = \lambda \det(\boldsymbol{a}_1, \ldots, \boldsymbol{a}_i, \ldots, \boldsymbol{a}_n)$

---

[1] スカラーやベクトルの成分は取り敢えず $\boldsymbol{R}$ の元と思って読んで頂ければ良いが,第 2 章の冒頭や 3.1 節の脚注 2) に記したのと同様に,代数的な定義ではこれを任意の体に替えても通用する.更に,行列式の定義では除算を使わないので,体の演算のうち加減乗法だけが定義されている可換環でも意味を持つ.実際に整数環や多項式環の場合が後で使われる.

(3′) (交代性の別表現[2])：二つの列が等しいとき行列式は零になる)
$$\det(\boldsymbol{a}_1,\ldots,\boldsymbol{a}_i,\ldots,\boldsymbol{a}_i,\ldots,\boldsymbol{a}_n) = 0$$
(4) (基本変形：一つの列に他の列のスカラー倍を加えても行列式の値は不変)
$$\det(\boldsymbol{a}_1,\ldots,\boldsymbol{a}_i + \lambda\boldsymbol{a}_j,\ldots,\boldsymbol{a}_j,\ldots,\boldsymbol{a}_n) = \det(\boldsymbol{a}_1,\ldots,\boldsymbol{a}_i,\ldots,\boldsymbol{a}_j,\ldots,\boldsymbol{a}_n)$$

要項4.1.3 行列 A が階数落ちしていれば $\det A = 0$ である．これはこのとき A の列ベクトルが張る平行 $2n$ 面体が潰れてしまい体積が 0 になるという幾何学的直感から納得されるが，行列式の性質を用いて $\det A$ の値を変えずに零ベクトルの列を作ることで証明できる．

要項4.1.4 (展開公式) 以上の性質を使うと，行列式は成分の多項式で表される：
$$\det A = \sum_{(i_1,i_2,\ldots,i_n)} \sigma(i_1,\ldots,i_n) a_{i_1 1} a_{i_2 2} \cdots a_{i_n n} \qquad (4.1)$$
ここに，$(i_1,\ldots,i_n)$ は $(1,\ldots,n)$ の並べ替えで，$\sigma(i_1,\ldots,i_n) = \det(\boldsymbol{e}_{i_1},\ldots,\boldsymbol{e}_{i_n})$ はその符号，すなわち，この並べ替えに必要な二つの成分の入れ替え（互換）の回数を k とするとき $(-1)^k$ を表す．各項は行列 A の各行各列からちょうど一つずつ要素を取り出して積を作ったものにこの符号を付けたもので，$n!$ 個の項が有り，全体は行列の要素に関する n 次同次多項式となっている．
特に，$n=2$ のときは $\begin{vmatrix} a_{11} & a_{12} \\ a_{21} & a_{22} \end{vmatrix} = a_{11}a_{22} - a_{21}a_{12}$ （たすき掛け），また $n=3$ のときはサラスの公式となる：
$$\begin{vmatrix} a_{11} & a_{12} & a_{13} \\ a_{21} & a_{22} & a_{23} \\ a_{31} & a_{32} & a_{33} \end{vmatrix} = \begin{array}{l} a_{11}a_{22}a_{33} + a_{21}a_{32}a_{13} + a_{31}a_{12}a_{23} \\ - a_{11}a_{32}a_{23} - a_{21}a_{12}a_{33} - a_{31}a_{22}a_{13}. \end{array}$$

(4.1) の表現から，公理 (1) ~ (3) を満たす $\boldsymbol{R}^{n^2}$ 上の関数は一意に定まることが分かる．従って，行列の関数 $f(A)$ が (2), (3) を満たせば，それは行列式の定数倍となる：$f(A) = f(E)\det A$.

要項4.1.5 展開 (4.1) の各項の積の順序を変えると
$$\det A = \sum_{(j_1,j_2,\ldots,j_n)} \sigma(j_1,\ldots,j_n) a_{1 j_1} a_{2 j_2} \cdots a_{n j_n} \qquad (4.2)$$
となる．ここに，$(j_1,\ldots,j_n)$ は $(i_1,\ldots,i_n)$ の逆の並べ替え，すなわち，$(i_1,\ldots,i_n)$ を $(1,\ldots,n)$ に戻す操作を $(1,\ldots,n)$ に適用したときに得られる順列で，符号は当然もとと同じになる．二つの表現を比較すると $\det A = \det A^T$ が分かる．従って，行列式の性質 (1) ~ (4) は列の代わりに行に対してもすべて成り立つ．

---

[2]) $\boldsymbol{R}$ 等の通常の体では (2′) は (2) と同値であるが，標数 2，すなわち 2 倍するとすべての元が 0 になるような体ではむしろこちらを仮定しなければならない．

例題 4.1-1 ―――――――――――――――――――――― 行列式の公理の応用 ――

行列式の公理を用いて $\det(AB) = \det A \det B$ を証明せよ.

[解答] どちらも $B = (\boldsymbol{b}_1, \ldots, \boldsymbol{b}_n)$ の関数と見たとき行列式の公理の (2), (3) を満たすことが容易に確かめられる. 右辺の方はほぼ自明である. 左辺については, $AB = (A\boldsymbol{b}_1, A\boldsymbol{b}_2, \ldots, A\boldsymbol{b}_n)$ であり, 行列 A による掛け算が線形写像であることから, B の例えば第 1 列を $\lambda\boldsymbol{b}_1 + \mu\boldsymbol{c}_1$ で置き換えたとき,

$$(A(\lambda\boldsymbol{b}_1 + \mu\boldsymbol{c}_1), A\boldsymbol{b}_2, \ldots, A\boldsymbol{b}_n) = (\lambda A\boldsymbol{b}_1 + \mu A\boldsymbol{c}_1, A\boldsymbol{b}_2, \ldots, A\boldsymbol{b}_n)$$

となって, AB の第 1 列が二つのベクトルの 1 次結合で置き換わるが, 他の列には影響を与えないので, 行列式も

$$|(A(\lambda\boldsymbol{b}_1 + \mu\boldsymbol{c}_1), A\boldsymbol{b}_2, \ldots, A\boldsymbol{b}_n)|$$
$$= \lambda|(A\boldsymbol{b}_1, A\boldsymbol{b}_2, \ldots, A\boldsymbol{b}_n)| + \mu|(A\boldsymbol{c}_1, A\boldsymbol{b}_2, \ldots, A\boldsymbol{b}_n)|$$

となることから (2) が確かめられる. (3) についても同様で, B の 2 列の交換は AB の同じ 2 列の交換をもたらすことから交代性が分かる.

どちらも $B = E$ のときは値が $\det A$ になるので, 行列式の一意性により, 両者は一致する. ∎

例題 4.1-2 ―――――――――――――――――――――― ブロック行列の行列式 ――

次のことを示せ. ただし, O の部分は成分がすべて 0 とする.
(1) 上三角型, または下三角型の行列の行列式は, 対角成分の積に等しい.
(2) ブロック型の行列 $\begin{pmatrix} A & B \\ O & C \end{pmatrix}$ あるいは $\begin{pmatrix} A & O \\ B & C \end{pmatrix}$ の行列式は, 対角ブロックの行列式の積 $\det A \det C$ に等しい.

[解答] (1) 展開公式 (4.1) を当てはめると, 因子がすべて 0 と異なるような積の組み合わせは $i_1 = 1, i_2 = 2, \ldots, i_n = n$ しか有り得ないことが直ちに分かるので, 対角成分の積だけが残る.
(2) A を r 次の正方行列とし, 展開公式 (4.1) を適用したとき, $i_k, k = 1, 2, \ldots, r$ については $r+1$ 以下に選ぶと成分が 0 となるので, $1 \leq i_k \leq r$ でなければならない. するとここで第 1 添え字に $1, 2, \ldots, r$ を使い尽くしてしまうので, $k = r+1, \ldots, n$ に対しては i_k はもはや $r+1, \ldots, n$ からしか選べない. このときこの項は "$\det A$ の展開項の一つ" × "$\det C$ の展開項の一つ" の形となる. この組み合わせはすべての場合を尽くせるので, 全体は $\det A \times \det C$ に因数分解される. もう一つについて

も同様である．あるいは全体を転置して一つ目に帰着させてもよい． ∎

例題 4.1-3 ────────────────── 特殊な形の行列式 ─

次の行列の行列式を計算せよ．
$$A = \begin{pmatrix} c_1 & 0 & \ldots & \ldots & 0 & b_1 \\ 0 & c_2 & 0 & \ldots & 0 & b_2 \\ \vdots & \ddots & \ddots & \ddots & \vdots & \vdots \\ & & & \ddots & 0 & \\ 0 & \ldots & \ldots & 0 & c_{n-1} & b_{n-1} \\ a_1 & a_2 & \ldots & \ldots & a_{n-1} & d_n \end{pmatrix}$$

[解答] 展開公式 (4.1) を適用する．第 n 列から b_1 を選択すると，第 1 列は c_1 を取れないので，0 でない積は a_1 を取るしかない．するとその他の列は第 n 行の成分はもう取れないので，必然的に $c_2,\ldots,c_{n-1}$ を選ぶことになる．これらの行番号は $(n,2,3,\ldots,n-1,1)$ となるので，これを正しい順に並べ直すには n と 1 を交換する 1 回の互換でよい．よってこの選び方からは項 $-a_1 b_1 c_2 \cdots c_{n-1}$ が得られる．同様に第 n 列から b_2 を取れば，第 2 列からは a_2 しか選べず，残りは必然的に $c_1, c_3,\ldots,c_{n-1}$ を選ぶことになる．この行成分は $(1,n,3,\ldots,n-1,2)$ となるので，やはり互換 1 回で並べ直せ，対応する項は $-a_2 b_2 c_1 c_3 \cdots c_{n-1}$ となる．最後に，第 n 列から d_n を選んだときは，$d_n c_1 c_2 \cdots c_{n-1}$ となる．以上により

$$\det A = d_n c_1 c_2 \cdots c_{n-1} - \sum_{i=1}^{n-1} a_i b_i c_1 \cdots c_{i-1} c_{i+1} \cdots c_{n-1} \tag{4.3}$$

と結論される． ∎

例題 4.1-4 ────────────────── 行列式の剰余計算 ─

次の行列式の値を 13 で割ったときの余りを答えよ．
$$\begin{vmatrix} 14 & -13 & 13 & 26 \\ 7 & 12 & 15 & 19 \\ 8 & 13 & 16 & 15 \\ 23 & -13 & 14 & -10 \end{vmatrix}$$

[解答] 計算の途中で 13 の倍数はどんどん 0 で置き換えても結果は変わらない（更に任意の数を 13 で割った余りで置き換えてもよい）ことを用いる．$\equiv$ を 13 で割った余りが一致することを示す記号とし，例題 4.1-2 (2) を繰り返し用いると，求める値は

$$\equiv \begin{vmatrix} 1 & 0 & 0 & 0 \\ 7 & -1 & 15 & 19 \\ 8 & 0 & 3 & 2 \\ 23 & 0 & 1 & 3 \end{vmatrix} = \begin{vmatrix} -1 & 15 & 19 \\ 0 & 3 & 2 \\ 0 & 1 & 3 \end{vmatrix} = -\begin{vmatrix} 3 & 2 \\ 1 & 3 \end{vmatrix} = -9 + 2 = -7$$

$\equiv 6 \mod 13$. ∎

問題

4.1.1 次の行列式の値はいずれも 17 で割りきれる．これを最小の労力により説明せよ．

(1) $\begin{vmatrix} 5 & 0 & 7 \\ 3 & 17 & 2 \\ -4 & 0 & 1 \end{vmatrix}$
(2) $\begin{vmatrix} 17 & -1 & 1 \\ 1 & 17 & -1 \\ -2 & 2 & 17 \end{vmatrix}$
(3) $\begin{vmatrix} 1 & 1 & 18 \\ 1 & 18 & 1 \\ 11 & 2 & 13 \end{vmatrix}$

4.1.2 次の行列式を計算したときの x の最高次の項と定数項をなるべく省力的に求めよ．

$$\begin{vmatrix} 1 & x & x^2 & 3 \\ x & x^2 & 2 & x \\ 1 & 1 & x & x^3 \\ x^2 & x^2 & x & 3 \end{vmatrix}$$

4.1.3 奇数次の歪対称行列の行列式は 0 となることを示せ．

4.1.4 $\begin{pmatrix} O & B \\ C & D \end{pmatrix}$ の形の $2n$ 次ブロック型行列の行列式はどうなるか？ ただし B, C, D は n 次正方行列とする．

4.1.5 $\boldsymbol{R}^3$ 内の四面体 ABCD の頂点の座標が A(3,2,3), B(1,3,1), C(1,2,1), D(1,1,0) であるとき，この四面体の体積を求めよ．

4.1.6 $\begin{pmatrix} x_1 \\ x_2 \\ x_3 \\ x_4 \end{pmatrix} = \begin{pmatrix} 0 \\ 1 \\ 1 \\ 2 \end{pmatrix} + \begin{pmatrix} 1 \\ -1 \\ -2 \\ 0 \end{pmatrix} r + \begin{pmatrix} 2 \\ 1 \\ 1 \\ 3 \end{pmatrix} s + \begin{pmatrix} 0 \\ 2 \\ 1 \\ 1 \end{pmatrix} t \ (r, s, t \in \boldsymbol{R})$ とパラメータ表示された $\boldsymbol{R}^4$ の超平面を表す x_1, x_2, x_3, x_4 の 1 次方程式を行列式で表せ．

4.1.7 $f(x_1, x_2, x_3, x_4) = \begin{vmatrix} x_1 & x_2 & x_3 & x_4 \\ -x_2 & x_1 & -x_4 & x_3 \\ -x_3 & x_4 & x_1 & -x_2 \\ -x_4 & -x_3 & x_2 & x_1 \end{vmatrix}$ と置くとき，

$f(x_1, x_2, x_3, x_4) f(y_1, y_2, y_3, y_4)$
$= f(x_1 y_1 - x_2 y_2 - x_3 y_3 - x_4 y_4, x_1 y_2 + x_2 y_1 + x_3 y_4 - x_4 y_3,$
$\quad x_1 y_3 - x_2 y_4 + x_3 y_1 + x_4 y_2, x_1 y_4 + x_2 y_3 - x_3 y_2 + x_4 y_1)$

となることを確かめ，問題 4.4.1 (1) の結果を用いてこれから次のオイラーの等式を導け．

$(x_1^2 + x_2^2 + x_3^2 + x_4^2)(y_1^2 + y_2^2 + y_3^2 + y_4^2)$
$= (x_1 y_1 - x_2 y_2 - x_3 y_3 - x_4 y_4)^2 + (x_1 y_2 + x_2 y_1 + x_3 y_4 - x_4 y_3)^2$
$\quad + (x_1 y_3 - x_2 y_4 + x_3 y_1 + x_4 y_2)^2 + (x_1 y_4 + x_2 y_3 - x_3 y_2 + x_4 y_1)^2.$

4.2 行列式の計算法

要項 4.2.1 行列式の計算は前節の諸性質を用いて行列式を上三角型（または下三角型）に帰着させ，対角成分の積を計算することで得られる．この計算は基本的に第2章で連立1次方程式を解くのに用いた基本変形と同じであるが，以下の違いに注意を要する．

(1) 行と列の基本変形を混ぜて用いてよい．
(2) 行または列の一つを λ 倍すると行列式の値も λ 倍される．n 次の行列全体を λ 倍すれば行列式の値は λ^n 倍される．
(3) 2行または2列を交換したときは行列式の符号を変える．

ただし，手計算の場合は，一つの列または行だけを掃き出し，例題 4.1-2 の特別な場合である

$$\begin{vmatrix} a_{11} & * & & * \\ 0 & a_{22} & \cdots & a_{2n} \\ \vdots & \vdots & & \vdots \\ 0 & a_{n2} & \cdots & a_{nn} \end{vmatrix} = a_{11} \begin{vmatrix} a_{22} & \cdots & a_{2n} \\ \vdots & & \vdots \\ a_{n2} & \cdots & a_{nn} \end{vmatrix} \tag{4.4}$$

あるいはその転置型を用いて，順に行列式の次数を下げて行き，2次になったところでたすき掛けを行うのが最も効率的である．

より一般に 0 以外の成分がただ一つになった列または行が先頭では無い場合は，その成分の位置を a_{ij} とすれば，$(-1)^{i+j} a_{ij}$ に第 i 行，第 j 列を消去した行列の行列式を掛けたものに帰着できる．これは行の交換を $i-1$ 回，列の交換を $j-1$ 回施して (4.4) の場合に帰着させれば分かる．（これは後述の行列式の展開定理 (4.5), (4.6) の特別な場合でもある．）

例題 4.2-1 ─────────── 基本変形による行列式の計算-1 ─

次の行列式を基本変形を用いて計算せよ．

(1) $\begin{vmatrix} 1 & 3 & 2 \\ 0 & 1 & 1 \\ 2 & 0 & 1 \end{vmatrix}$
(2) $\begin{vmatrix} 7 & 0 & 0 & -4 \\ -9 & 8 & 2 & 15 \\ -3 & 0 & 0 & 1 \\ 3 & 3 & 0 & 2 \end{vmatrix}$

[解答] (1) $\underset{\text{第3行から引く}}{\underline{\text{第1行} \times 2 \text{を}}} \begin{vmatrix} 1 & 3 & 2 \\ 0 & 1 & 1 \\ 0 & -6 & -3 \end{vmatrix} = \begin{vmatrix} 1 & 1 \\ -6 & -3 \end{vmatrix} = -3 + 6 = 3.$

もう少し楽な計算にするには，$\underset{\text{第3列から引く}}{\underline{\text{第2列を}}} \begin{vmatrix} 1 & 3 & -1 \\ 0 & 1 & 0 \\ 2 & 0 & 1 \end{vmatrix} = \begin{vmatrix} 1 & -1 \\ 2 & 1 \end{vmatrix} = 1 + 2 = 3.$

0成分が多ければサラスの公式でも大変ではない：零でない項のみ記せば $1+6-4=3$.
(2) 第 $(2,3)$ 成分を取り出してこれを含む行，列を消すと，

$$= (-1)^{2+3} \times 2 \times \begin{vmatrix} 7 & 0 & -4 \\ -3 & 0 & 1 \\ 3 & 3 & 2 \end{vmatrix} = -2 \begin{vmatrix} 7 & 0 & -4 \\ -3 & 0 & 1 \\ 3 & 3 & 2 \end{vmatrix}.$$

同様に $(3,2)$ 成分を含む行と列を消すと，

$$= (-2) \times (-1)^{3+2} \times 3 \begin{vmatrix} 7 & -4 \\ -3 & 1 \end{vmatrix} = 6 \times (7-12) = -30. \quad \blacksquare$$

---**例題 4.2-2**------------------------------**基本変形による行列式の計算-2**---

例題 4.1-3 の行列式を基本変形を用いて計算せよ．

[解答] まず $c_1, \ldots, c_{n-1}$ がすべて零ではないとして計算する．第 1 列の $\dfrac{b_1}{c_1}$ 倍を第 n 列から引き，次いで第 2 列の $\dfrac{b_2}{c_2}$ 倍を第 n 列から引き，以下同様にして第 $n-1$ 列の $\dfrac{b_{n-1}}{c_{n-1}}$ 倍を第 n 列から引くと，第 n 列はその第 $1, \ldots, n-1$ 成分が 0 となり，最後の成分は

$$d_n - \frac{a_1 b_1}{c_1} - \frac{a_2 b_2}{c_2} - \cdots - \frac{a_{n-1} b_{n-1}}{c_{n-1}}$$

となる．よって下三角型なので，その行列式は対角成分の積で計算でき，上の量に $c_1 \cdots c_{n-1}$ を掛けたものとなり (4.3) が得られる．この等式は $c_1, \ldots, c_{n-1}$ がどれも零でないとして導かれたが，両辺とも $c_1, \ldots, c_{n-1}$ の多項式なので，実はどれかが零になっても成り立つ． $\blacksquare$

---**例題 4.2-3**------------------------------**基本変形による行列式の計算-3**---

次の行列式を基本変形を用いて計算せよ．

$$\begin{vmatrix} 0 & 1 & 2 & \cdots & \cdots & n-1 \\ 1 & 0 & 1 & \ddots & & \vdots \\ 2 & 1 & 0 & 1 & \ddots & \vdots \\ \vdots & \ddots & \ddots & \ddots & \ddots & 2 \\ n-2 & & 2 & 1 & 0 & 1 \\ n-1 & n-2 & \cdots & 2 & 1 & 0 \end{vmatrix}$$

[解答] 第 1 行から第 2 行を引く，第 2 行から第 3 行を引く，…，第 $n-1$ 行から第 n 行を引く，という操作をこの順に行うと，

$$\begin{vmatrix} -1 & 1 & 1 & \cdots & \cdots & 1 \\ -1 & -1 & 1 & \ddots & & \vdots \\ \vdots & \ddots & \ddots & \ddots & \ddots & \vdots \\ & & & & & 1 \\ -1 & \cdots & -1 & -1 & 1 & 1 \\ -1 & \cdots & -1 & -1 & -1 & 1 \\ n-1 & n-2 & \cdots & 2 & 1 & 0 \end{vmatrix}$$

となる．次いで再び第1行から第2行を引く，第2行から第3行を引く，…，第 $n-2$ 行から第 $n-1$ 行を引く，という操作をこの順に行うと，

$$\begin{vmatrix} 0 & 2 & 0 & \cdots & \cdots & 0 \\ 0 & 0 & 2 & \ddots & & \vdots \\ \vdots & \ddots & \ddots & \ddots & \ddots & 0 \\ 0 & \cdots & 0 & 0 & 2 & 0 \\ -1 & \cdots & -1 & -1 & -1 & 1 \\ n-1 & n-2 & \cdots & 2 & 1 & 0 \end{vmatrix}$$

となる．ここで上から順に行で展開してゆくと（分かりにくければ第1列を第 $n-1$ 列の直後に移動すると）

$$= (-2)^{n-2} \begin{vmatrix} -1 & 1 \\ n-1 & 0 \end{vmatrix} = (-1)^{n-1} 2^{n-2}(n-1)$$

が得られる．■

🐰 この例題のように主対角線に平行に同じ成分が並んでいる行列を**テプリッツ行列**と呼ぶ（対称である必要は無い）．

問題

4.2.1 次の行列式を計算せよ．

(1) $\begin{vmatrix} 1 & 2 & 3 \\ 2 & -9 & 2 \\ 1 & -4 & 3 \end{vmatrix}$ (2) $\begin{vmatrix} 2 & -3 & 2 \\ -1 & -4 & 3 \\ 4 & 1 & -2 \end{vmatrix}$ (3) $\begin{vmatrix} 1 & 2 & 3 & 5 \\ -2 & 1 & -4 & 3 \\ -3 & -4 & 1 & -2 \\ -4 & -3 & 2 & 4 \end{vmatrix}$ (4) $\begin{vmatrix} 1 & 1 & 2 & 3 & 4 \\ 1 & 0 & 2 & 3 & 1 \\ 2 & 0 & 1 & 3 & 2 \\ 3 & 2 & 0 & 1 & 2 \\ 4 & -3 & -2 & 0 & 1 \end{vmatrix}$

4.2.2 次の行列式を計算せよ．答はなるべく因数分解した形で求めよ．

(1) $\begin{vmatrix} 0 & 1 & 1 & 1 \\ 1 & 0 & z^2 & y^2 \\ 1 & z^2 & 0 & x^2 \\ 1 & y^2 & x^2 & 0 \end{vmatrix}$ (2) $\begin{vmatrix} a & b & c \\ b & a & b \\ c & b & a \end{vmatrix}$ (3) $\begin{vmatrix} 0 & a & d & f \\ -a & 0 & b & e \\ -d & -b & 0 & c \\ -f & -e & -c & 0 \end{vmatrix}$ (4) $\begin{vmatrix} 1 & 0 & 1 & 0 \\ a & 1 & b & 1 \\ a^2 & 2a & b^2 & 2b \\ a^3 & 3a^2 & b^3 & 3b^2 \end{vmatrix}$

4.2.3 次の n 次行列式の値を求めよ．ただしドットも何も書かれていないところは 0 で埋まっているものとする．

(1) $\begin{vmatrix} 1 & 1 & 0 & \cdots & & 0 \\ 1 & 0 & 1 & 0 & \cdots & 0 \\ \vdots & \ddots & \ddots & \ddots & \ddots & \vdots \\ 1 & 0 & \cdots & 0 & 1 & 0 \\ 1 & 0 & \cdots & & 0 & 1 \\ 1 & 1 & \cdots & \cdots & 1 & 1 \end{vmatrix}$ (2) $\begin{vmatrix} a & 1 & 1 & \cdots & 1 \\ 1 & a & 0 & \cdots & 0 \\ 1 & 0 & \ddots & \ddots & \vdots \\ \vdots & \vdots & \ddots & \ddots & a & 0 \\ 1 & 0 & \cdots & 0 & a \end{vmatrix}$ (3) $\begin{vmatrix} 1 & a & a^2 & \cdots & a^{n-1} \\ a & 1 & a & \ddots & \vdots \\ \vdots & \ddots & \ddots & \ddots & a^2 \\ a^{n-2} & & a & 1 & a \\ a^{n-1} & a^{n-2} & \cdots & a & 1 \end{vmatrix}$

4.3 余因子とその応用

要項 4.3.1 （行列式の展開定理）n 次正方行列 A から第 i 行，第 j 列を除いて得られる $n-1$ 次正方行列を $\widetilde{A}_{ij}$ で表すとき，$\det A$ の第 i 行に関する展開は

$$\det A = \sum_{j=1}^{n}(-1)^{i+j}a_{ij}\det \widetilde{A}_{ij} \tag{4.5}$$

となる．同様に，第 j 列に関する展開は

$$\det A = \sum_{i=1}^{n}(-1)^{i+j}a_{ij}\det \widetilde{A}_{ij}. \tag{4.6}$$

なお，

$$\sum_{j=1}^{n}(-1)^{i+j}a_{ij}\det \widetilde{A}_{kj} = 0 \ (i\neq k), \quad \sum_{i=1}^{n}(-1)^{i+j}a_{ij}\det \widetilde{A}_{ik} = 0 \ (j\neq k). \tag{4.7}$$

要項 4.3.2 $\widetilde{a_{ij}} = (-1)^{i+j}\det \widetilde{A}_{ij}$ を a_{ij} の**余因子**と呼ぶ．単に第 (i,j) 余因子，ij 余因子などとも呼ぶ．

$$\widetilde{A} = \begin{pmatrix} \widetilde{a_{11}} & \widetilde{a_{21}} & \cdots & \widetilde{a_{n1}} \\ \widetilde{a_{12}} & \widetilde{a_{22}} & \cdots & \widetilde{a_{n2}} \\ \vdots & \vdots & & \vdots \\ \widetilde{a_{1n}} & \widetilde{a_{2n}} & \cdots & \widetilde{a_{nn}} \end{pmatrix}$$

を A の**余因子行列**と呼ぶ[3]．(4.5)〜(4.7) から

$$A\widetilde{A} = \widetilde{A}A = \begin{pmatrix} |A| & 0 & \cdots & 0 \\ 0 & \ddots & \ddots & \vdots \\ \vdots & \ddots & \ddots & 0 \\ 0 & \cdots & 0 & |A| \end{pmatrix}, \quad \text{従って} \quad A^{-1} = \frac{1}{|A|}\widetilde{A}. \tag{4.8}$$

これより，連立 1 次方程式 $A\boldsymbol{x} = \boldsymbol{b}$ の解 $\boldsymbol{x} = A^{-1}\boldsymbol{b}$ が次の**クラメールの公式**で表されることが分かる：$A = (\boldsymbol{a}_1,\ldots,\boldsymbol{a}_n)$, $\boldsymbol{x} = (x_1,\ldots,x_n)^T$ とするとき，

$$x_i = \frac{1}{\det A}\det(\boldsymbol{a}_1,\ldots,\overset{i}{\boldsymbol{b}},\ldots,\boldsymbol{a}_n), \quad i = 1,\ldots,n. \tag{4.9}$$

---

[3] 余因子を並べた行列そのものではなく，その転置行列となっていることに注意せよ．

例題 4.3-1 ────────────────── 展開定理の応用

次の n 次行列式を展開定理を用いて計算せよ.

$$\begin{vmatrix} -\lambda & 1 & 0 & \cdots & \cdots & 0 \\ 0 & -\lambda & 1 & 0 & & \vdots \\ \vdots & \ddots & \ddots & \ddots & \ddots & \vdots \\ \vdots & & & \ddots & \ddots & 1 & 0 \\ 0 & \cdots & \cdots & 0 & -\lambda & 1 \\ -a_n & -a_{n-1} & \cdots & \cdots & -a_2 & -a_1-\lambda \end{vmatrix}$$

[解答] 第 n 行で展開し, しかも一番右の $-a_1-\lambda$ から始めるのが分かりやすい. この成分を採ったときは, 対角線に $-\lambda$ が並ぶ $n-1$ 次の上三角型行列が残るので, 対応する項は $(-\lambda)^{n-1}(-a_1-\lambda) = (-1)^n(\lambda^n + a_1\lambda^{n-1})$ となる. 一つ左に移ると, a_2 が属する行と列を取った残りは, やはり $n-1$ 次上三角行列だが, 最後の成分が 1 に変わるので, この位置の余因子の符号 -1 と合わせて対応する項は $-(-a_2)(-\lambda)^{n-2} = (-1)^n a_2 \lambda^{n-2}$ となる. 以下同様に $(-1)^{k-1}(-a_k)(-\lambda)^{n-k} = (-1)^n a_k \lambda^{n-k}$, $k = 3, \ldots, n-1$ と進み, 最後は $(-1)^{n-1}(-a_n) = (-1)^n a_n$ となる. 行列式の値はこれらの総和で

$$(-1)^n(\lambda^n + a_1\lambda^{n-1} + \cdots + a_k\lambda^{n-k} + \cdots + a_n).$$

別解 第 1 列で展開する. 求める行列式を D_n と置けば, この展開により二つの項

$$(-\lambda)D_{n-1} + (-1)^{n-1}(-a_n)\begin{vmatrix} 1 & 0 & \cdots & \cdots & 0 \\ -\lambda & 1 & & & \vdots \\ 0 & \ddots & \ddots & & \vdots \\ \vdots & & \ddots & \ddots & 0 \\ 0 & \cdots & 0 & -\lambda & 1 \end{vmatrix} = (-\lambda)D_{n-1} + (-1)^n a_n$$

が得られる. 従って, D_{n-1} に上の解答の表現の $n-1$ の場合の形を仮定すれば

$$D_n = (-\lambda)(-1)^{n-1}(\lambda^{n-1} + a_1\lambda^{n-2} + \cdots + a_{n-1}) + (-1)^n a_n$$
$$= (-1)^n(\lambda^n + a_1\lambda^{n-1} + \cdots + a_{n-1}\lambda + a_n). \blacksquare$$

例題 4.3-2 ────────────────── 余因子の計算

次の行列の余因子行列を作れ. またそれを用いて逆行列を求めよ.

$$A = \begin{pmatrix} 1 & -2 & 1 \\ 2 & 2 & 3 \\ 0 & 1 & -2 \end{pmatrix}$$

[解答] まず各成分の余因子を計算すると,

$$\widetilde{a_{11}} = \begin{vmatrix} 2 & 3 \\ 1 & -2 \end{vmatrix} = -7, \quad \widetilde{a_{12}} = -\begin{vmatrix} 2 & 3 \\ 0 & -2 \end{vmatrix} = 4, \quad \widetilde{a_{13}} = \begin{vmatrix} 2 & 2 \\ 0 & 1 \end{vmatrix} = 2,$$

4.3 余因子とその応用

$\widetilde{a_{21}} = -\begin{vmatrix} -2 & 1 \\ 1 & -2 \end{vmatrix} = -3, \quad \widetilde{a_{22}} = \begin{vmatrix} 1 & 1 \\ 0 & -2 \end{vmatrix} = -2, \quad \widetilde{a_{23}} = -\begin{vmatrix} 1 & -2 \\ 0 & 1 \end{vmatrix} = -1,$

$\widetilde{a_{31}} = \begin{vmatrix} -2 & 1 \\ 2 & 3 \end{vmatrix} = -8, \quad \widetilde{a_{32}} = -\begin{vmatrix} 1 & 1 \\ 2 & 3 \end{vmatrix} = -1, \quad \widetilde{a_{33}} = \begin{vmatrix} 1 & -2 \\ 2 & 2 \end{vmatrix} = 6.$

よって余因子行列は, これを転置した位置に並べて

$$\widetilde{A} = \begin{pmatrix} -7 & -3 & -8 \\ 4 & -2 & -1 \\ 2 & -1 & 6 \end{pmatrix}.$$

また

$$|A| \xrightarrow[\text{第 2 列から引く}]{\text{第 1 列 }\times 2 \text{ を}} \begin{vmatrix} 1 & -2 & 1 \\ 0 & 6 & 1 \\ 0 & 1 & -2 \end{vmatrix} = \begin{vmatrix} 6 & 1 \\ 1 & -2 \end{vmatrix} = -13.$$

よって逆行列は (cf. 問題 2.6.2 (12))

$$A^{-1} = \begin{pmatrix} \frac{7}{13} & \frac{3}{13} & \frac{8}{13} \\ -\frac{4}{13} & \frac{2}{13} & \frac{1}{13} \\ -\frac{2}{13} & \frac{1}{13} & -\frac{6}{13} \end{pmatrix}. \quad \blacksquare$$

── 例題 4.3-3 ─────────────────────── クラメールの公式 ──

次の連立 1 次方程式をクラメールの公式を用いて解け.
$$\begin{cases} x - 2y + z = 1, \\ 2x + 2y + 3z = 2, \\ y - 2z = -1 \end{cases}$$

[解答] 行列式自身は前問で計算してあるので, 公式を適用すると, 前問で計算してある余因子の値を使って,

$x = -\dfrac{1}{13} \begin{vmatrix} 1 & -2 & 1 \\ 2 & 2 & 3 \\ -1 & 1 & -2 \end{vmatrix} = -\dfrac{1}{13}\{1 \cdot \widetilde{a_{11}} + 2 \cdot \widetilde{a_{21}} + (-1) \cdot \widetilde{a_{31}}\}$

$\quad = -\dfrac{1}{13}(-7 - 6 + 8) = \dfrac{5}{13},$

$y = -\dfrac{1}{13} \begin{vmatrix} 1 & 1 & 1 \\ 2 & 2 & 3 \\ 0 & -1 & -2 \end{vmatrix} = -\dfrac{1}{13}\{1 \cdot \widetilde{a_{12}} + 2 \cdot \widetilde{a_{22}} + (-1) \cdot \widetilde{a_{32}}\}$

$\quad = -\dfrac{1}{13}(4 - 4 + 1) = -\dfrac{1}{13},$

$z = -\dfrac{1}{13} \begin{vmatrix} 1 & -2 & 1 \\ 2 & 2 & 2 \\ 0 & 1 & -1 \end{vmatrix} = -\dfrac{1}{13}\{1 \cdot \widetilde{a_{13}} + 2 \cdot \widetilde{a_{23}} + (-1) \cdot \widetilde{a_{33}}\}$

$\quad = -\dfrac{1}{13}(2 - 2 - 6) = \dfrac{6}{13}. \quad \blacksquare$

🐇 最後の計算は実質的に前問で求めた A^{-1} に右辺のベクトル $\begin{pmatrix} 1 \\ 2 \\ -1 \end{pmatrix}$ を掛けるのと同じであり，クラメールの公式の証明の過程を辿ることになっている．クラメールの公式は理論的には重要だが手計算には消去法を用いるべきである．実際，係数行列の行列式を計算するのに消去法など使ったら，何のための公式か分からないことになる．

〜〜 問 題 〜〜〜〜〜〜〜〜〜〜〜〜〜〜〜〜〜〜〜〜〜〜〜〜

4.3.1 次の行列式の値を求めよ．ただし何も書かれていないところは 0 とみなす．

(1) $\begin{vmatrix} 1 & a & 0 & \dots & 0 \\ 0 & 1 & a & \ddots & \vdots \\ \vdots & \ddots & \ddots & \ddots & 0 \\ 0 & \dots & 0 & 1 & a \\ 1 & 1 & \dots & 1 & 1 \end{vmatrix}$
(2) $\begin{vmatrix} a & 0 & \dots & \dots & 0 & 1 \\ 1 & a & & & & 1 \\ 0 & \ddots & \ddots & & & \vdots \\ \vdots & \ddots & 1 & a & 0 & 1 \\ 0 & \ddots & 0 & 1 & a & 1 \\ 1 & 1 & \dots & 1 & 1 & a \end{vmatrix}$

4.3.2 次の行列式の値を求めよ．ただし (1) は $2n$ 次，(2) は $2n+1$ 次とする．

(1) $\begin{vmatrix} 0 & \dots & 0 & 1 & 1 & \dots & 0 \\ \vdots & \ddots & 1 & 0 & 0 & 1 & \vdots \\ 0 & \ddots & \ddots & & & \ddots & 0 \\ 1 & 0 & \dots & & \dots & 0 & 1 \\ 1 & 0 & \dots & & \dots & 0 & -1 \\ 0 & \ddots & & & & \ddots & \vdots \\ \vdots & \ddots & 1 & 0 & 0 & -1 & \vdots \\ 0 & \dots & 0 & 1 & -1 & 0 & \dots & 0 \end{vmatrix}$
(2) $\begin{vmatrix} 2n & 0 & \dots & \dots & 0 & 1 \\ 0 & 1 & & & 1 & 0 \\ \vdots & & \ddots & 0 & & \vdots \\ 0 & & 0 & 1 & 0 & & 0 \\ \vdots & & 1 & 0 & -1 & & \vdots \\ 0 & \ddots & & & \ddots & 0 \\ 1 & 0 & \dots & & \dots & 0 & -1 \end{vmatrix}$

4.3.3 次の連立 1 次方程式をクラメールの公式を用いて解け．

(1) $\begin{cases} 2x + y + 3z = 1, \\ x + 2z = 1, \\ x + y + 7z = 1 \end{cases}$
(2) $\begin{cases} x + 5y - z = 2, \\ 2x - 3y + z = 1, \\ -x + 6y + 2z = 3 \end{cases}$

4.3.4 例題 2.6-3 で扱った次の行列の逆行列を余因子行列を用いて求めよ．

$$A = \begin{pmatrix} \lambda & 1 & 0 & \dots & 0 \\ 0 & \lambda & 1 & \ddots & \vdots \\ \vdots & \ddots & \ddots & \ddots & 0 \\ & & & \lambda & 1 \\ 0 & \dots & \dots & 0 & \lambda \end{pmatrix}$$

4.3.5 $\mathbf{R}^3$ の二つのベクトル $\boldsymbol{a} = (a_1, a_2, a_3)^T$, $\boldsymbol{b} = (b_1, b_2, b_3)^T$ の外積 $\boldsymbol{a} \times \boldsymbol{b}$ （—→ 要項 1.3.3）が公式 (1.4) で与えられた成分を持つベクトル $\boldsymbol{d} = \left(\begin{vmatrix} a_2 & b_2 \\ a_3 & b_3 \end{vmatrix}, \begin{vmatrix} a_3 & b_3 \\ a_1 & b_1 \end{vmatrix}, \begin{vmatrix} a_1 & b_1 \\ a_2 & b_2 \end{vmatrix} \right)^T$ と一致することを次のようにして示せ．

(1) 行列式 $\begin{vmatrix} a_1 & b_1 & c_1 \\ a_2 & b_2 & c_2 \\ a_3 & b_3 & c_3 \end{vmatrix}$ は上記のベクトル $\boldsymbol{d}$ と $\boldsymbol{c} = (c_1, c_2, c_3)^T$ の内積となることを示せ．

(2) $\boldsymbol{d}$ は $\boldsymbol{a}, \boldsymbol{b}$ と直交することを示せ．

(3) $\boldsymbol{d}$ の長さが $\boldsymbol{a}, \boldsymbol{b}$ で張られる平行四辺形の面積に等しいことを示せ．

4.4 ラプラスの展開定理

要項 4.4.1 一般に，A の第 $i_1, \ldots, i_k$ 行，第 $j_1, \ldots, j_k$ 列を取り出して得られる k 次正方行列 $A_{i_1,\ldots,i_k;j_1,\ldots,j_k}$ を A の k 次**小行列**という．特に $i_1 = j_1, \ldots, i_k = j_k$ のときは**主小行列**という．(主) 小行列の行列式を (主) **小行列式**と呼ぶ．
$i_1 < \cdots < i_k$ を勝手に選んで固定し，その残りの添え字を $i_{k+1} < \cdots < i_n$ とするとき，$j_1 < \cdots < j_k$ を k 個の動く添え字，$j_{k+1} < \cdots < j_n$ をその残りの添え字として，次のラプラスの展開定理が成り立つ：

$$\det A = \sum_{j_1 < \cdots < j_k} (-1)^{i_1+\cdots+i_k+j_1+\cdots+j_k} \det A_{i_1,\ldots,i_k;j_1,\ldots,j_k} \det A_{i_{k+1},\ldots,i_n;j_{k+1},\ldots,j_n}. \tag{4.10}$$

同様に，$j_1, \ldots, j_k$ の方を固定したとき

$$\det A = \sum_{i_1 < \cdots < i_k} (-1)^{i_1+\cdots+i_k+j_1+\cdots+j_k} \det A_{i_1,\ldots,i_k;j_1,\ldots,j_k} \det A_{i_{k+1},\ldots,i_n;j_{k+1},\ldots,j_n}. \tag{4.11}$$

例題 4.4-1 ─────────────── ラプラス展開の応用 ─

ブロック行列 $A = \begin{pmatrix} K & L \\ M & O \end{pmatrix}$ の行列式をラプラスの展開定理を用いて計算せよ．ただし K は k 次正方行列とし，O は $n-k$ 次の零行列とする．

[解答] L は $(k, n-k)$ 型，M は $(n-k, k)$ 型の長方行列である．以下ラプラス展開における固定行として $i_1, \ldots, i_k = 1, \ldots, k$ を取る．このとき $i_{k+1}, \ldots, i_n$ も $k+1, \ldots, n$ に固定される．まず，$k = n-k$，すなわち，n が偶数でちょうど半分に分けたブロックより成り立つ場合は，$j_1, \ldots, j_k$ が $k+1, \ldots, n$ と一致しない場合は，ラプラス展開の各項の第 2 因子の $A_{k+1,\ldots,n;j_{k+1},\ldots,j_n}$ に O の列が少なくとも一つは含まれるので，その行列式は零となる．従って残るのは

$$(-1)^{1+\cdots+k+(k+1)+\cdots+n} \det A_{1,\ldots,k;k+1,\ldots,n} \det A_{k+1,\ldots,n;1,\ldots,k}$$
$$= (-1)^{n(n+1)/2} \det L \det M$$

という項だけである．

次に，$k < n-k$ のときは，展開の第 2 因子の $A_{k+1,\ldots,n;j_{k+1},\ldots,j_n}$ に (M からは高々 k 個の列しか取れないので) O の列が少なくとも $n-2k > 0$ 個は使われ，従って $\det A_{k+1,\ldots,n;j_{k+1},\ldots,j_n}$ は常に零となる．よってこの場合は $\det A = 0$ である．

最後に $k > n-k$ のときは，第 2 因子に当たる行列の $n-k$ 列 $j_{k+1}, \ldots, j_n \leq k$ はすべて M から採用しなければならないので，第 1 因子はその分は K からは取れな

い．従ってそれに L の列をすべて割り当てる必要があり，更に $k-(n-k) = 2k-n$ 本を K から第1因子に充てる必要がある．これを $j_1, \ldots, j_{2k-n}$ とすれば，(4.10) は

$$\sum_{j_1 < \cdots < j_{2k-n} \leq k} (-1)^{1+\cdots+k+j_1+\cdots+j_{2k-n}+(k+1)+\cdots+n}$$
$$\times \det(\boldsymbol{k}_{j_1}, \ldots, \boldsymbol{k}_{j_{2k-n}}, L) \det(\boldsymbol{m}_{j_{k+1}}, \ldots, \boldsymbol{m}_{j_n})$$
$$= (-1)^{n(n+1)/2}$$
$$\times \sum_{j_1 < \cdots < j_{2k-n} \leq k} (-1)^{j_1+\cdots+j_{2k-n}} \det(\boldsymbol{k}_{j_1}, \ldots, \boldsymbol{k}_{j_{2k-n}}, L) \det(\boldsymbol{m}_{j_{k+1}}, \ldots, \boldsymbol{m}_{j_n})$$

となる．ここに，$\boldsymbol{k}_j$ は K の第 j 列を，$\boldsymbol{m}_j$ は M の第 j 列を表し，横に並べたものはこれらを列として作られる行列を表す．この結果は $n=2k$ のときの最初の結果を特別な場合として含む．■

例題 4.4-2 ─────────────────────── ラプラス展開による計算 ─

次の行列式をラプラスの展開定理を用いて計算せよ．
$$\begin{vmatrix} a & b & c & d \\ -b & a & -d & c \\ -c & d & a & -b \\ -d & -c & b & a \end{vmatrix}$$

[解答] 第 1, 2 行で展開すると

$$= \begin{vmatrix} a & b \\ -b & a \end{vmatrix} \begin{vmatrix} a & -b \\ b & a \end{vmatrix} - \begin{vmatrix} a & c \\ -b & -d \end{vmatrix} \begin{vmatrix} d & -b \\ -c & a \end{vmatrix} + \begin{vmatrix} a & d \\ -b & c \end{vmatrix} \begin{vmatrix} d & a \\ -c & b \end{vmatrix}$$
$$+ \begin{vmatrix} b & c \\ a & -d \end{vmatrix} \begin{vmatrix} -c & -b \\ -d & a \end{vmatrix} - \begin{vmatrix} b & d \\ a & c \end{vmatrix} \begin{vmatrix} -c & a \\ -d & b \end{vmatrix} + \begin{vmatrix} c & d \\ -d & c \end{vmatrix} \begin{vmatrix} -c & d \\ -d & -c \end{vmatrix}$$
$$= (a^2+b^2)^2 + (ad-bc)^2 + (ac+bd)^2 + (ac+bd)^2 + (ad-bc)^2 + (c^2+d^2)^2$$
$$= (a^2+b^2)^2 + 2(a^2d^2 - 2abcd + b^2c^2 + a^2c^2 + 2abcd + b^2d^2) + (c^2+d^2)^2$$
$$= (a^2+b^2)^2 + 2(a^2+b^2)(c^2+d^2) + (c^2+d^2)^2 = (a^2+b^2+c^2+d^2)^2. \quad ■$$

問 題

4.4.1 次の行列式をラプラス展開を用いて計算せよ．

(1) $\begin{vmatrix} a & b & a & b \\ c & d & -c & -d \\ a & b & c & d \\ -a & -b & c & d \end{vmatrix}$
(2) $\begin{vmatrix} a & c & a & c \\ b & d & b & d \\ c & -a & -c & a \\ d & b & d & -b \end{vmatrix}$
(3) $\begin{vmatrix} a^2 & ab & ac & ad \\ ab & -b^2 & bc & -bd \\ cd & c^2 & bc & ac \\ d^2 & -cd & bd & -ad \end{vmatrix}$

(4) $\begin{vmatrix} a & b & c & d \\ b & a & b & c \\ c & b & a & b \\ d & c & b & a \end{vmatrix}$
(5) $\begin{vmatrix} a & -c & c & a \\ b & d & -d & b \\ c & a & c & a \\ d & b & d & b \end{vmatrix}$
(6) $\begin{vmatrix} a & b & c & b \\ -b & a & -d & c \\ -c & d & a & -b \\ -d & -c & b & d \end{vmatrix}$

4.5 線形写像と行列式

要項 4.5.1 A が $\boldsymbol{R}^n$ からそれ自身への線形写像の表現行列のとき，$\det A$ はこの写像による体積の符号付き拡大率を表す．符号はこの写像が向きを保つか否かで ± 1 となる．

この直感的意味から，次の主張が明解になる：

(1) A が正則 $\iff \det A \neq 0$.
(2) $\det(AB) = \det A \det B$. （合成写像の拡大率は積になる．）
(3) A が可逆のとき $\det(A^{-1}) = \dfrac{1}{\det A}$.

この二つから，良く用いる公式 $\det(S^{-1}AS) = \det A$ が得られる．これは線形写像の体積拡大率が，どんな基底による表現行列で計算しても同じ値となることを意味している．

─── 例題 4.5-1 ─────────────────────── 行列式と体積 ───
(1) $\boldsymbol{R}^3$ のベクトル $\boldsymbol{a} = \begin{pmatrix} 1 \\ 2 \\ 3 \end{pmatrix}, \boldsymbol{b} = \begin{pmatrix} 1 \\ 3 \\ -2 \end{pmatrix}, \boldsymbol{c} = \begin{pmatrix} 0 \\ 1 \\ 3 \end{pmatrix}$ により張られる平行六面体の体積を求めよ．

(2) $F(\boldsymbol{a}) = \boldsymbol{a} - \boldsymbol{c}$, $F(\boldsymbol{b}) = \boldsymbol{b} - \boldsymbol{a} + 3\boldsymbol{c}$, $F(\boldsymbol{c}) = \boldsymbol{c} + \boldsymbol{a}$ で定まる $\boldsymbol{R}^3$ の線形変換による上の平行六面体の像の体積を求めよ．

解答 (1) 所与の平行六面体の符号付き体積は，行列式に等しい：

$$\begin{vmatrix} 1 & 1 & 0 \\ 2 & 3 & 1 \\ 3 & -2 & 3 \end{vmatrix} \underline{\text{第 2 列から第 1 列を引く}} \begin{vmatrix} 1 & 0 & 0 \\ 2 & 1 & 1 \\ 3 & -5 & 3 \end{vmatrix} = \begin{vmatrix} 1 & 1 \\ -5 & 3 \end{vmatrix} = 3 + 5 = 8.$$

この値は正であるから，絶対値を取るまでもなく，求める値は 8 である．

(2) $\boldsymbol{R}^3$ の基底 $[\boldsymbol{a}, \boldsymbol{b}, \boldsymbol{c}]$ での F の表現行列は，

$$F[\boldsymbol{a}, \boldsymbol{b}, \boldsymbol{c}] = [F(\boldsymbol{a}), F(\boldsymbol{b}), F(\boldsymbol{c})] = [\boldsymbol{a} - \boldsymbol{c}, \boldsymbol{b} - \boldsymbol{a} + 3\boldsymbol{c}, \boldsymbol{a} + \boldsymbol{c}]$$
$$= [\boldsymbol{a}, \boldsymbol{b}, \boldsymbol{c}] \begin{pmatrix} 1 & -1 & 1 \\ 0 & 1 & 0 \\ -1 & 3 & 1 \end{pmatrix} \tag{4.12}$$

より，この最後の行列 A に等しい．よって F による符号付き体積拡大率は $\det A$ で計算され（後の 🐰 参照），その値は

$$\det A = \begin{vmatrix} 1 & -1 & 1 \\ 0 & 1 & 0 \\ -1 & 3 & 1 \end{vmatrix} \underline{\underline{\text{第2行で展開}}} \begin{vmatrix} 1 & 1 \\ -1 & 1 \end{vmatrix} = 1+1 = 2$$

となる.よって先の平行六面体の F による像の体積は $8 \times 2 = 16$ となる. ∎

🐸 $\mathbf{R}^3$ の標準基底に関する F の表現行列は,標準基底からこの基底への変換の表現行列を S とするとき,$S^{-1}AS$ となり,$\det(S^{-1}AS) = \det A$ である.よって要項 4.5.1 の最後に注意されているように F による符号付き体積拡大率は,F を表現するために使用した基底の如何によらず表現行列の行列式で求まる.この問題を解くだけなら,F の標準基底による表現行列も F による $\boldsymbol{a}, \boldsymbol{b}, \boldsymbol{c}$ の行き先の標準基底による表現も計算する必要が無いことに注意せよ.(もちろん,他の小問でそれらが要求されているときはその限りではない.)後者は $S^{-1}AS(\boldsymbol{a}, \boldsymbol{b}, \boldsymbol{c})$ であり,$S = (\boldsymbol{a}, \boldsymbol{b}, \boldsymbol{c})^{-1}$ なので,$S^{-1}AS(\boldsymbol{a}, \boldsymbol{b}, \boldsymbol{c}) = (\boldsymbol{a}, \boldsymbol{b}, \boldsymbol{c})A$ となり,(4.12) を行列の積として計算することに相当し,その結果の行列式が求める像の体積となる.このことからも上述の計算法の妥当性が納得されるであろう.

―― 例題 4.5-2 ―――――――――――――――――――――― 小行列式と階数 ――

(m, n) 型行列 A について次を示せ:

$$\operatorname{rank} A \geq r \quad \Longleftrightarrow \quad r \text{ 次の小行列式で } 0 \text{ でないものが有る}.$$

解答 行列の階数 $\geq r$ なら,1次独立な(少なくとも)r 本の列が有るが,この部分を行の方から見たとき,1次独立な r 本の行がどこかに存在する.(そうでなければこの r 列より成る部分の階数 $< r$ となってしまうから.)故にこの部分の r 次の小行列は最大階数を持つから正則であり,従って行列式は零でない.

逆に r 次の小行列式に 0 でないものが有れば,この小行列が存在する列は1次独立である(cf. 問題 2.3.5 (4)).よって全体の階数は r 以上となる. ∎

〰〰 問 題 〰〰〰〰〰〰〰〰〰〰〰〰〰〰〰〰〰〰〰〰〰〰〰〰

4.5.1 行列 A の階数 r は,
(1) r 次の小行列式に 0 でないものがある.
(2) $r+1$ 次の小行列式はすべて 0 である.
の 2 条件で特徴づけられることを示せ.

4.5.2 $\mathbf{R}^3$ の 4 点 A(2,1,1), B(0,3,0), C(−1,−2,5), O(0,0,0) を頂点とする四面体をそれ自身に写す線形写像をすべて挙げよ.またそれらの表現行列の行列式を示せ.

4.6 行列式と対称式・交代式

この節では，対称式・交代式の概念を文字成分の行列式の計算法に応用する技法を扱う．以下の要項の内容の詳細は [4], 3.4 節などを参照．

要項 4.6.1 n 変数多項式 $f(x_1, \ldots, x_n)$ が，変数の置換によって変化しないとき，n 元**対称式**と呼ばれる．これは**基本対称式**

$$s_1 = \sum_{i=1}^{n} x_i, \quad s_2 = \sum_{1 \leq i < j \leq n} x_i x_j, \quad \ldots, \quad s_n = x_1 x_2 \cdots x_n$$

の多項式で表される．s_k は t の多項式 $\prod_{i=1}^{n}(t - x_i)$ の t^{n-k} の係数に符号 $(-1)^k$ を掛けたものに等しい（**根と係数の関係**）．

$f(x_1, \ldots, x_n)$ が，二つの変数の入れ替えにより符号のみを変えるとき，n 元**交代式**と呼ばれる．**差積**

$$\Delta(x_1, \ldots, x_n) := \prod_{1 \leq i < j \leq n} (x_i - x_j) \tag{4.13}$$

は基本的な交代式であり，任意の交代式は差積と対称式の積に分解される．
差積は次の**ヴァンデルモンド行列式**でも表される：

$$\begin{vmatrix} 1 & 1 & \cdots & 1 \\ x_1 & x_2 & \cdots & x_n \\ \vdots & \vdots & & \vdots \\ x_1^{n-1} & x_2^{n-1} & \cdots & x_n^{n-1} \end{vmatrix} = \prod_{1 \leq i < j \neq n} (x_j - x_i) = (-1)^{n(n-1)/2} \Delta(x_1, \ldots, x_n) \tag{4.14}$$

例題 4.6-1 ─────────────────────── 交代式の利用-1 ──

次の行列式を基本変形や展開を用いずに求めよ．

$$(1) \begin{vmatrix} 1 & 1 & 1 & 1 \\ a & b & c & d \\ a^2 & b^2 & c^2 & d^2 \\ a^4 & b^4 & c^4 & d^4 \end{vmatrix} \quad (2) \begin{vmatrix} 1 & 1 & 1 & 1 \\ a & b & c & d \\ a^2 & b^2 & c^2 & d^2 \\ bcd & acd & abd & abc \end{vmatrix} \quad (3) \begin{vmatrix} b+c & c+a & a+b \\ a^2 & b^2 & c^2 \\ bc & ca & ab \end{vmatrix}$$

[解答] (1) 交代式なので差積 $(a-b)(a-c)(a-d)(b-c)(b-d)(c-d)$ で割りきれるが，次数が差積は 6 なのに対し，行列式の方は 7 なので，残る因子は 1 次の対称式 $k(a+b+c+d)$ の形となる．ここで行列式を展開した形を想像すると，$d^4 c^2 b$ は主対角線上の成分の積からしか現れず，他方因数分解の方からの展開では $kd \times (-1)^{3+2+1} d^3 c^2 b = kd^4 c^2 b$ となるので，$k = 1$ である．よって答は

$$(a+b+c+d)(a-b)(a-c)(a-d)(b-c)(b-d)(c-d).$$

(なお，この問題は問題 4.6.3 で一般的に与えられた公式の特別な場合となっている．)
(2) 上と全く同様の議論で，こちらの値も $k(a-b)(a-c)(a-d)(b-c)(b-d)(c-d)$ の形となる．次数は同じく 6 なので，定数 k を決めればよい．主対角成分の積は $c^3 b^2 a$ で，この形の項は他からは現れない．他方，因数分解を展開した方にこれが含まれるのは，$(-1)^{2+1} c^3 b^2 a = -c^3 b^2 a$ のみである．よって $k = -1$ であり，答は

$$-(a-b)(a-c)(a-d)(b-c)(b-d)(c-d).$$

(3) 交代式なので差積 $(a-b)(a-c)(b-c)$ で割りきれるが，次数を見ると残る因子は 2 次の対称式である．よって p, q を定数としてこれは $p(a^2+b^2+c^2)+q(ab+bc+ca)$ の形でなければならない．対角線の成分の積から ab^4 という項が現れるが，これは行列式の展開においてここ以外からは出ない．他方差積と上の 2 次対称式の積からはこの形の単項式は $-pab^4$ のみが現れるので，$p = -1$ である．次に，行列式からは中央の b^2 を選択しなければ，どういう選択をしても b は 1 次以下になってしまうことが分かる．従って $a^2 b^3$ という項は行列式の展開には含まれない．他方，この項は因数分解の方からは $pb^2 \cdot a^2 b - qab \cdot bab$ の形で現れる．よって $q = p = -1$ であり，従って求める行列式は

$$-(a^2+b^2+c^2+bc+ca+ab)(a-b)(a-c)(b-c). \quad \blacksquare$$

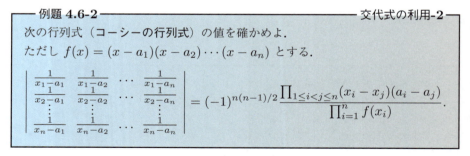

例題 4.6-2 — 交代式の利用-2

次の行列式（コーシーの行列式）の値を確かめよ．
ただし $f(x) = (x-a_1)(x-a_2)\cdots(x-a_n)$ とする．

$$\begin{vmatrix} \frac{1}{x_1-a_1} & \frac{1}{x_1-a_2} & \cdots & \frac{1}{x_1-a_n} \\ \frac{1}{x_2-a_1} & \frac{1}{x_2-a_2} & \cdots & \frac{1}{x_2-a_n} \\ \vdots & \vdots & & \vdots \\ \frac{1}{x_n-a_1} & \frac{1}{x_n-a_2} & \cdots & \frac{1}{x_n-a_n} \end{vmatrix} = (-1)^{n(n-1)/2} \frac{\prod_{1 \le i < j \le n}(x_i-x_j)(a_i-a_j)}{\prod_{i=1}^n f(x_i)}.$$

解答 第 i 行の成分を通分すると，共通分母は $f(x_i)$ になり，第 ij 成分の分子は $\prod_{l \ne j}(x_i-a_l) = \dfrac{f(x_i)}{x_i-a_j}$ という多項式となる．これを成分とする行列を以下 M と記す．M は $x_i = x_j$ とすると第 i 行と第 j 行が一致するので，行列式は零となり，因数定理により $|M|$ は $x_i - x_j$ という因子を含む．また $a_j = a_k$ とすると，第 j 列と第 k 列が一致するので，$a_j - a_k$ という因子も含む．よって共通分母を取り去った行列式 $|M|$ は，多項式として $\prod_{1 \le i < j \le n}(x_i-x_j)(a_i-a_j)$ で割りきれるが，この

因子の $x_i, a_j, 1 \leq i,j \leq n$ に関する総次数は $2 \times \dfrac{n(n-1)}{2} = n(n-1)$ で，他方 $|M|$ の次数も $n \times (n-1)$ で一致する．よって後は定数因子を決めればよい．

M において $x_i = a_i, i = 1, 2, \ldots, n$ と置くと，各 ii 対角成分に $\prod_{j \neq i}(a_i - a_j)$ が残るだけで他は 0 の対角行列となるので，このとき
$$|M| = \prod_{i=1}^{n} \prod_{j \neq i}(a_i - a_j) = \prod_{i=1}^{n} \prod_{j<i}(a_i - a_j) \times \prod_{i=1}^{n} \prod_{j>i}(a_i - a_j)$$
$$= (-1)^{n(n-1)/2} \{\prod_{1 \leq i < j \leq n}(a_i - a_j)\}^2$$

となる．他方，$\prod_{1 \leq i < j \leq n}(x_i - x_j)(a_i - a_j)$ は同じ代入で $\{\prod_{1 \leq i < j \leq n}(a_i - a_j)\}^2$ になる．よって残った定数因子は $(-1)^{n(n-1)/2}$ と決定される． ■

―― 例題 4.6-3 ――――――――――――――――― 階数落ちと行列式 ――

n 次正方行列 A の成分は a, b の多項式とする．もし $a = b$ と置いたときの行列が階数 $n - k$ となるなら，$\det A$ は $(a - b)^k$ で割りきれることを示せ．

解答 A において $a = b$ と置いたものを A_0 とする．列の置換は行列式の符号を変えるだけなので，A_0 の最初の $n - k$ 列が 1 次独立で，最後の k 列がそれらに 1 次従属しているとしても一般性を失わない．最初の $n - k$ 列の 1 次結合を最後の k 列から引いて，この k 列を零ベクトルにするような A_0 の列基本変形をもとの行列 A に施せば，この k 列は a, b の多項式であって，$a = b$ と置けば零ベクトルに帰するようなものとなる．よって因数定理により，これらの列のすべての成分は $a - b$ で割りきれる．従ってこれらの列の各々からは $\det A$ に因子 $(a - b)$ を（少なくとも）一つずつ供給する．故に $\det A$ は $(a - b)^k$ で割りきれる． ■

🐚 1. 逆の主張は $k = 1$ のときしか成り立たない．ある一つの行だけがすべての成分に因子 $(a - b)^k$ を持つかもしれないからである．問題 4.2.2(4) も他のそのような例である．

2. A の成分が a, b 以外の変数を含む多変数多項式でも上の主張は正しい．実際，a, b 以外の変数が分母に入るのを許せば同じ証明が通用するが，もとの行列の行列式は全変数の多項式なので，途中で現れた分母は最終的には消失し，その多項式が $(a - b)^k$ で割りきれる．

〜〜〜 問 題 〜〜〜〜〜〜〜〜〜〜〜〜〜〜〜〜〜〜〜〜〜〜〜〜〜〜〜〜〜〜〜

4.6.1 次の行列式をなるべく少ない計算で求めよ．

(1) $\begin{vmatrix} 1 & 1 & 1 \\ a & b & c \\ b^2+c^2 & c^2+a^2 & a^2+b^2 \end{vmatrix}$
(2) $\begin{vmatrix} 1 & 1 & 1 \\ a & b & c \\ bc & ca & ab \end{vmatrix}$
(3) $\begin{vmatrix} 1 & 1 & 1 \\ bc & ca & ab \\ a^2bc & b^2ca & c^2ab \end{vmatrix}$

(4) $\begin{vmatrix} 1 & 1 & 1 & 1 \\ a & b & c & d \\ a^2 & b^2 & c^2 & d^2 \\ bcd & cda & dab & abc \end{vmatrix}$
(5) $\begin{vmatrix} 1 & 1 & 1 & 1 \\ a & b & c & d \\ a^2 & b^2 & c^2 & d^2 \\ a^3+bcd & b^3+cda & c^3+dab & d^3+abc \end{vmatrix}$

4.6.2 ヴァンデルモンド行列式を利用して次の n 次行列式の値を求めよ．

(1) $\begin{vmatrix} e^{x_1} & e^{x_2} & \cdots & e^{x_n} \\ e^{2x_1} & e^{2x_2} & \cdots & e^{2x_n} \\ \vdots & \vdots & & \vdots \\ e^{(n-1)x_1} & e^{(n-1)x_2} & \cdots & e^{(n-1)x_n} \\ e^{nx_1} & e^{nx_2} & \cdots & e^{nx_n} \end{vmatrix}$

(2) $\begin{vmatrix} 1 & 1 & \cdots & 1 \\ \cos x_1 & \cos x_2 & \cdots & \cos x_n \\ \cos 2x_1 & \cos 2x_2 & \cdots & \cos 2x_n \\ \vdots & \vdots & & \vdots \\ \cos(n-1)x_1 & \cos(n-1)x_2 & \cdots & \cos(n-1)x_n \end{vmatrix}$

(3) $\begin{vmatrix} \cos x_1 & \cos x_2 & \cdots & \cos x_n \\ \cos 2x_1 & \cos 2x_2 & \cdots & \cos 2x_n \\ \vdots & \vdots & & \vdots \\ \cos(n-1)x_1 & \cos(n-1)x_2 & \cdots & \cos(n-1)x_n \\ \cos nx_1 & \cos nx_2 & \cdots & \cos nx_n \end{vmatrix}$

4.6.3 次の等式を確かめよ．

$$\begin{vmatrix} 1 & 1 & \cdots & 1 \\ a_1 & a_2 & \cdots & a_n \\ \vdots & \vdots & & \vdots \\ a_1^{k-1} & a_2^{k-1} & \cdots & a_n^{k-1} \\ a_1^{k+1} & a_2^{k+1} & \cdots & a_n^{k+1} \\ \vdots & \vdots & & \vdots \\ a_1^n & a_2^n & \cdots & a_n^n \end{vmatrix}$$
$= (-1)^{n(n-1)/2} s_{n-k}(a_1, a_2, \ldots, a_n) \Delta(a_1, a_2, \ldots, a_n).$

ここに，s_{n-k} は $n-k$ 次の基本対称式，Δ は差積を表す．

[ヒント：消された行を復活し，最後に1列追加した

$$\begin{vmatrix} 1 & 1 & \cdots & 1 & 1 \\ a_1 & a_2 & \cdots & a_n & x \\ \vdots & \vdots & \cdots & \vdots & \vdots \\ a_1^k & a_2^k & \cdots & a_n^k & x^k \\ \vdots & \vdots & \cdots & \vdots & \vdots \\ a_1^n & a_2^n & \cdots & a_n^n & x^n \end{vmatrix}$$

を考え，これを展開したものの x^k の係数に着目せよ．]

4.6.4 次の行列式を計算せよ．[ヒント：コーシーの行列式（例題 4.6-2）を用いよ．]

$$\begin{vmatrix} \frac{1}{1} & \frac{1}{2} & \frac{1}{3} & \cdots & \frac{1}{n-1} & \frac{1}{n} \\ \frac{1}{2} & \frac{1}{3} & \frac{1}{4} & \cdots & \frac{1}{n} & \frac{1}{n+1} \\ \vdots & & & & & \\ \frac{1}{n} & \frac{1}{n+1} & \frac{1}{n+2} & \cdots & \frac{1}{2n-2} & \frac{1}{2n-1} \end{vmatrix}$$

5 固有値と固有ベクトル

本章では正方行列をある線形空間からそれ自身への線形写像の表現とみなしたときの重要な不変量である固有値，固有ベクトルなどの扱い方と，更にこれらを手がかりに正方行列の構造を調べ，標準形に導く方法とその応用法を練習する．

5.1 固有値と行列の対角化

要項 5.1.1 λ が n 次正方行列 A の**固有値**であるとは，$A\boldsymbol{x} = \lambda\boldsymbol{x}$ を満たすような $\boldsymbol{x} \neq \boldsymbol{0}$ が存在することを言う．このための条件は $\mathrm{rank}\,(A - \lambda E) < n$ なること，従って $\det(A - \lambda E) = 0$ となることである．左辺の符号を調節した $\det(\lambda E - A)$ を A の**固有多項式**，これを 0 と置いたものを A の**固有方程式**と呼ぶ．これは λ の n 次方程式であり，その根である固有値は重複度を込めて n 個存在する[1]．固有多項式は

$$\lambda^n - c_1 \lambda^{n-1} + \cdots + (-1)^k c_k \lambda^{n-k} + \cdots + (-1)^n c_n, \tag{5.1}$$

ここに $c_1 = \mathrm{tr}\,A$, $c_n = \det A$, 一般に c_k は A の k 次主小行列式の総和の形であることが行列式の展開公式 (4.1) から分かる．

要項 5.1.2 $A\boldsymbol{x} = \lambda\boldsymbol{x}$ を満たす $\boldsymbol{x} \neq \boldsymbol{0}$ を固有値 λ に同伴（付属，あるいは対応）する**固有ベクトル**と呼ぶ．また $\boldsymbol{0}$ も含めた $(A - \lambda E)\boldsymbol{x} = \boldsymbol{0}$ の解の全体，すなわち，$\mathrm{Ker}(A - \lambda E)$ を A の **λ-固有空間**と呼ぶ．

要項 5.1.3 各固有値には少なくとも 1 本[2]の固有ベクトルが存在する．異なる固有値に同伴する固有ベクトルは 1 次独立である．

各固有値 λ_i に対し 1 次独立な固有ベクトルが λ_i の重複度だけ選べるとき，行列は**半単純**であるという．このとき固有ベクトルを列ベクトルに持つ行列 S による基底（座標）変換で行列は $S^{-1}AS = L = \mathrm{diag}(\lambda_1, \ldots, \lambda_n)$ と**対角化**される[3]．特に固有値がすべて単純な場合は対角化可能である．ただし，実行列でも固有値に虚

---

[1] 実係数代数方程式の根は虚数になり得るので，実行列であっても固有値は一般には実数とは限らない（が共役複素根が同じ重複度で現れる）．複素固有値に対しては固有ベクトルも複素ベクトルとなり，以下の議論は複素数の範囲で行うことになる．

[2] 以下記述を簡潔にするため，固有ベクトルの本数とは 1 次独立なものの本数のこととする．なお，固有ベクトルは定義により零ベクトルではない．

[3] 教科書 [1] では対角化の結果を Λ で表していたが，A と紛らわしいのでこの章では（あまり慣用的ではないが）L を用いることにする．

数のものがあるときは，複素数に拡大したところで対角化される．
（より高級な対角化可能性の判定条件は ⟶ 要項 5.2.2, 5.3.2.）

例題 5.1-1 ─────────────────────────── 対角化の計算

次の行列の固有値と固有ベクトルを求めよ．また対角化可能かどうかを判定し，可能な場合は対角化の結果と使用した変換行列を示せ[4]．

(1) $\begin{pmatrix} 1 & -1 & 1 \\ 2 & -2 & 1 \\ 2 & -1 & 0 \end{pmatrix}$
(2) $\begin{pmatrix} 3 & 4 & -4 \\ -6 & -7 & 6 \\ -3 & -3 & 2 \end{pmatrix}$
(3) $\begin{pmatrix} 2 & 1 & 1 \\ 1 & 4 & 3 \\ 2 & -2 & 1 \end{pmatrix}$

(4) $\begin{pmatrix} 2 & -1 & 3 \\ 0 & 2 & 2 \\ 1 & 0 & 2 \end{pmatrix}$
(5) $\begin{pmatrix} 3 & -3 & 2 & 1 \\ 2 & -3 & 3 & 1 \\ 2 & -5 & 5 & 1 \\ 0 & 1 & -1 & 1 \end{pmatrix}$
(6) $\begin{pmatrix} 1 & -4 & 2 & -3 \\ 3 & 1 & -3 & -5 \\ 2 & 2 & -1 & -1 \\ -2 & 2 & 2 & 7 \end{pmatrix}$

[解答] (1) まず固有値を求めると[5]

$\begin{vmatrix} 1-\lambda & -1 & 1 \\ 2 & -2-\lambda & 1 \\ 2 & -1 & -\lambda \end{vmatrix} \xrightarrow{\substack{\text{第 2 行を}\\\text{第 1 行から引く}}} \begin{vmatrix} -1-\lambda & 1+\lambda & 0 \\ 2 & -2-\lambda & 1 \\ 2 & -1 & -\lambda \end{vmatrix} \xrightarrow{\substack{\text{第 1 行から}\\\lambda+1 \text{ を括り出す}}}$

$(\lambda+1) \begin{vmatrix} -1 & 1 & 0 \\ 2 & -2-\lambda & 1 \\ 2 & -1 & -\lambda \end{vmatrix} \xrightarrow{\substack{\text{第 1 列を}\\\text{第 2 列に加える}}} (\lambda+1) \begin{vmatrix} -1 & 0 & 0 \\ 2 & -\lambda & 1 \\ 2 & 1 & -\lambda \end{vmatrix} \xrightarrow{\text{第 1 行で展開}}$

$-(\lambda+1)\begin{vmatrix} -\lambda & 1 \\ 1 & -\lambda \end{vmatrix} = -(\lambda+1)(\lambda^2-1) = -(\lambda+1)^2(\lambda-1).$

よって固有値は -1（2 重），1．
前者に対する固有ベクトルを求める連立 1 次方程式の係数行列は $A+E = \begin{pmatrix} 2 & -1 & 1 \\ 2 & -1 & 1 \\ 2 & -1 & 1 \end{pmatrix}$

となり，方程式は $2x-y+z=0$ 一つなので，2 本の 1 次独立な固有ベクトル，例えば $(1,2,0)^T, (0,1,1)^T$ が取れる．よって対角化可能である．
後者に対する固有ベクトルは，係数行列の行基本変形

$A-E = \begin{pmatrix} 0 & -1 & 1 \\ 2 & -3 & 1 \\ 2 & -1 & -1 \end{pmatrix} \xrightarrow{\substack{\text{第 3 行を}\\\text{第 2 行}\\\text{から引く}}} \begin{pmatrix} 0 & -1 & 1 \\ 0 & -2 & 2 \\ 2 & -1 & -1 \end{pmatrix} \xrightarrow{\substack{\text{第 1 行×2 を}\\\text{第 2 行から引き}\\\text{行を入れ替え}}} \begin{pmatrix} 2 & -1 & -1 \\ 0 & -1 & 1 \\ 0 & 0 & 0 \end{pmatrix}$

---

[4] 固有値の計算では，3 次の行列の場合もいきなりサラスを使って展開すると計算間違いを起こしやすいし，後で 3 次式の因数分解が必要になるので，試験問題などの場合は基本変形を用いて展開前になるべく多くの因子を求めるのがよい．ただし因子がなかなか求まらない場合は，とにかく展開してから得られた固有多項式の実根の追跡を行うことも必要になる．なお，応用の現場では巨大行列の固有値を数値計算するのだが，誤差の拡大を防ぐため固有多項式は経由せず，直接対角化行列を反復法で近似計算するのが普通である．なので以下の計算はむしろ理論をマスターするための練習と思って頂きたい．

[5] 固有多項式の定義は $\det(\lambda E - A)$ だが，A の成分すべてにマイナスをつけるのは面倒だし間違いを起こしやすいので，本書では固有値の計算には $\det(A - \lambda E)$ を使う．

5.1 固有値と行列の対角化

より $(1,1,1)^T$ と求まる. 以上により

$$S = \begin{pmatrix} 1 & 0 & 1 \\ 2 & 1 & 1 \\ 0 & 1 & 1 \end{pmatrix} \quad \text{により} \quad S^{-1}AS = \begin{pmatrix} -1 & 0 & 0 \\ 0 & -1 & 0 \\ 0 & 0 & 1 \end{pmatrix}$$

となる.

(2) 固有値を求めると,

$$\begin{vmatrix} 3-\lambda & 4 & -4 \\ -6 & -7-\lambda & 6 \\ -3 & -3 & 2-\lambda \end{vmatrix} \xrightarrow[\text{加える}]{\text{第3列を}\atop\text{第2列に}} \begin{vmatrix} 3-\lambda & 0 & -4 \\ -6 & -1-\lambda & 6 \\ -3 & -1-\lambda & 2-\lambda \end{vmatrix} = (\lambda+1) \begin{vmatrix} 3-\lambda & 0 & -4 \\ -6 & -1 & 6 \\ -3 & -1 & 2-\lambda \end{vmatrix}$$

$$\xrightarrow[\text{引く}]{\text{第3行から}\atop\text{第2行を}} (\lambda+1) \begin{vmatrix} 3-\lambda & 0 & -4 \\ -6 & -1 & 6 \\ 3 & 0 & -4-\lambda \end{vmatrix} = -(\lambda+1) \begin{vmatrix} 3-\lambda & -4 \\ 3 & -4-\lambda \end{vmatrix} \xrightarrow[\text{第1行から引く}]{\text{第2行を}}$$

$$-(\lambda+1) \begin{vmatrix} -\lambda & \lambda \\ 3 & -4-\lambda \end{vmatrix} = -\lambda(\lambda+1) \begin{vmatrix} -1 & 1 \\ 3 & -4-\lambda \end{vmatrix} = -\lambda(\lambda+1)^2.$$

よって固有値は -1 (2重), 0.

前者に対する固有ベクトルを調べるため $A - (-1)E = \begin{pmatrix} 4 & 4 & -4 \\ -6 & -6 & 6 \\ -3 & -3 & 3 \end{pmatrix}$ を作ると, 階数 1 で方程式は基本的に $x+y-z=0$ の一つだけで, 解空間は 2 次元. よって A は対角化可能であり, 対角化行列は $L = \begin{pmatrix} -1 & 0 & 0 \\ 0 & -1 & 0 \\ 0 & 0 & 0 \end{pmatrix}$ となる. 変換行列を求めるために上の方程式を解くと, $(1,-1,0)^T, (0,1,1)^T$ などが基底として取れる.

もう一つの固有値に対しては, $A - 0E = A$ を基本変形すると

$$\begin{pmatrix} 3 & 4 & -4 \\ -6 & -7 & 6 \\ -3 & -3 & 2 \end{pmatrix} \xrightarrow{\text{第1行で掃き出す}} \begin{pmatrix} 3 & 4 & -4 \\ 0 & 1 & -2 \\ 0 & 1 & -2 \end{pmatrix} \xrightarrow{\text{第2行で掃き出す}} \begin{pmatrix} 3 & 2 & 0 \\ 0 & 1 & -2 \\ 0 & 0 & 0 \end{pmatrix}$$

となり, 解 $(4,-6,-3)^T$ を得る. よって変換行列 $S = \begin{pmatrix} 1 & 0 & 4 \\ -1 & 1 & -6 \\ 0 & 1 & -3 \end{pmatrix}$ が得られる.

(3) 固有値を求めると $\begin{vmatrix} 2-\lambda & 1 & 1 \\ 1 & 4-\lambda & 3 \\ 2 & -2 & 1-\lambda \end{vmatrix} \xrightarrow[\text{第2列から引く}]{\text{第3列を}} \begin{vmatrix} 2-\lambda & 0 & 1 \\ 1 & 1-\lambda & 3 \\ 2 & \lambda-3 & 1-\lambda \end{vmatrix}$

$\xrightarrow[\text{第3行に加える}]{\text{第1行×2を}} \begin{vmatrix} 2-\lambda & 0 & 1 \\ 1 & 1-\lambda & 3 \\ 6-2\lambda & \lambda-3 & 3-\lambda \end{vmatrix} \xrightarrow[\text{$\lambda-3$を括り出す}]{\text{第3行から}} (\lambda-3) \begin{vmatrix} 2-\lambda & 0 & 1 \\ 1 & 1-\lambda & 3 \\ -2 & 1 & -1 \end{vmatrix}$

$\xrightarrow[\text{第2列を第3列に加える}]{\text{第2列×2を第1列に加え}} (\lambda-3) \begin{vmatrix} 2-\lambda & 0 & 1 \\ 3-2\lambda & 1-\lambda & 4-\lambda \\ 0 & 1 & 0 \end{vmatrix} \xrightarrow[\text{で展開}]{\text{第3行}}$

$-(\lambda-3) \begin{vmatrix} 2-\lambda & 1 \\ 3-2\lambda & 4-\lambda \end{vmatrix} = -(\lambda-3)\{(2-\lambda)(4-\lambda)-(3-2\lambda)\}$

$= -(\lambda-3)(\lambda^2-4\lambda+5)$. よって固有値は $3, 2\pm\sqrt{-1}$.

前者に対しては

$\begin{pmatrix} -1 & 1 & 1 \\ 1 & 1 & 3 \\ 2 & -2 & -2 \end{pmatrix} \xrightarrow{\text{第1行で}\atop\text{掃き出す}} \begin{pmatrix} -1 & 1 & 1 \\ 0 & 2 & 4 \\ 0 & 0 & 0 \end{pmatrix} \to \begin{pmatrix} -1 & 1 & 1 \\ 0 & 1 & 2 \\ 0 & 0 & 0 \end{pmatrix} \to \begin{pmatrix} -1 & 0 & -1 \\ 0 & 1 & 2 \\ 0 & 0 & 0 \end{pmatrix}$ より固有ベクトル $(1, 2, -1)^T$ を得る.

後者に対しては（以下 $\sqrt{-1}$ を i で表す）

$\begin{pmatrix} \mp i & 1 & 1 \\ 1 & 2\mp i & 3 \\ 2 & -2 & -1\mp i \end{pmatrix} \xrightarrow{\text{第1行}\times 3\text{を第2行から引く}\atop\text{第1行}\times 2\text{を第3行に加える}} \begin{pmatrix} \mp i & 1 & 1 \\ 1\pm 3i & -1\mp i & 0 \\ 2\mp 2i & 0 & 1\mp i \end{pmatrix} \xrightarrow{\text{第3行を}\atop 1\mp i\text{で割る}}$

$\begin{pmatrix} \mp i & 1 & 1 \\ 1\pm 3i & -1\mp i & 0 \\ 2 & 0 & 1 \end{pmatrix}$. 下の2行から $\left(1, \frac{1\pm 3i}{1\pm i}, -2\right)^T = (1, 2\pm i, -2)^T$ が解となる.

以上により $S = \begin{pmatrix} 1 & 1 & 1 \\ 2 & 2+i & 2-i \\ -1 & -2 & -2 \end{pmatrix}$ により $S^{-1}AS = \begin{pmatrix} 3 & 0 & 0 \\ 0 & 2+i & 0 \\ 0 & 0 & 2-i \end{pmatrix}$ と対角化される.

(4) $\begin{vmatrix} 2-\lambda & -1 & 3 \\ 0 & 2-\lambda & 2 \\ 1 & 0 & 2-\lambda \end{vmatrix} \xrightarrow{\text{第2列を}\atop\text{第3列から引く}} \begin{vmatrix} 2-\lambda & -1 & 4 \\ 0 & 2-\lambda & \lambda \\ 1 & 0 & 2-\lambda \end{vmatrix} \xrightarrow{\text{第1列}\times 2\text{を}\atop\text{第3列から引く}}$

$\begin{vmatrix} 2-\lambda & -1 & 2\lambda \\ 0 & 2-\lambda & \lambda \\ 1 & 0 & -\lambda \end{vmatrix} \xrightarrow{\text{第3列から}\atop\lambda\text{を括り出す}} \lambda \begin{vmatrix} 2-\lambda & -1 & 2 \\ 0 & 2-\lambda & 1 \\ 1 & 0 & -1 \end{vmatrix} \xrightarrow{\text{第1列を}\atop\text{第3列に加える}}$

$\lambda \begin{vmatrix} 2-\lambda & -1 & 4-\lambda \\ 0 & 2-\lambda & 1 \\ 1 & 0 & 0 \end{vmatrix} \xrightarrow{\text{第3行}\atop\text{で展開}} \lambda \begin{vmatrix} -1 & 4-\lambda \\ 2-\lambda & 1 \end{vmatrix} \xrightarrow{\text{第2行を}\atop\text{第1行から引く}} \lambda \begin{vmatrix} -3+\lambda & 3-\lambda \\ 2-\lambda & 1 \end{vmatrix}$

$= \lambda(\lambda-3) \begin{vmatrix} 1 & -1 \\ 2-\lambda & 1 \end{vmatrix} = \lambda(\lambda-3)(3-\lambda)$ となり，固有値は 3（2重），0.

前者に対する固有ベクトルは $\begin{pmatrix} -1 & -1 & 3 \\ 0 & -1 & 2 \\ 1 & 0 & -1 \end{pmatrix} \to \begin{pmatrix} 0 & -1 & 2 \\ 0 & -1 & 2 \\ 1 & 0 & -1 \end{pmatrix} \to \begin{pmatrix} 0 & 0 & 0 \\ 0 & -1 & 2 \\ 1 & 0 & -1 \end{pmatrix}$ となって階数2なので，解は1本しかない. よってこの時点で対角化できないことが分かる. しかし問題が固有ベクトルを求めているので，引き続き計算すると，まずこの解として $(1, 2, 1)^T$ を得る.

次に後者に対する固有ベクトルは

$\begin{pmatrix} 2 & -1 & 3 \\ 0 & 2 & 2 \\ 1 & 0 & 2 \end{pmatrix} \xrightarrow{\text{第3行}\times 2\text{を}\atop\text{第1行から引く}} \begin{pmatrix} 0 & -1 & -1 \\ 0 & 2 & 2 \\ 1 & 0 & 2 \end{pmatrix} \to \begin{pmatrix} 0 & 1 & 1 \\ 0 & 0 & 0 \\ 1 & 0 & 2 \end{pmatrix}$ より $(2, 1, -1)^T$.

(5) まず固有値を求めると

$\begin{vmatrix} 3-\lambda & -3 & 2 & 1 \\ 2 & -3-\lambda & 3 & 1 \\ 2 & -5 & 5-\lambda & 1 \\ 0 & 1 & -1 & 1-\lambda \end{vmatrix} \xrightarrow{\text{第3行から}\atop\text{第2行を引く}} \begin{vmatrix} 3-\lambda & -3 & 2 & 1 \\ 2 & -3-\lambda & 3 & 1 \\ 0 & -2+\lambda & 2-\lambda & 0 \\ 0 & 1 & -1 & 1-\lambda \end{vmatrix} \xrightarrow{\text{第3行から}\atop\lambda-2\text{を括り出す}}$

5.1 固有値と行列の対角化

$$(\lambda-2)\begin{vmatrix} 3-\lambda & -3 & 2 & 1 \\ 2 & -3-\lambda & 3 & 1 \\ 0 & 1 & -1 & 0 \\ 0 & 1 & -1 & 1-\lambda \end{vmatrix} \xrightarrow[\text{加える}]{\text{第 3 列を}\atop\text{第 2 列に}} (\lambda-2)\begin{vmatrix} 3-\lambda & -1 & 2 & 1 \\ 2 & -\lambda & 3 & 1 \\ 0 & 0 & -1 & 0 \\ 0 & 0 & -1 & 1-\lambda \end{vmatrix}$$

$$\xrightarrow[\text{で展開}]{\text{第 3 行}} -(\lambda-2)\begin{vmatrix} 3-\lambda & -1 & 1 \\ 2 & -\lambda & 1 \\ 0 & 0 & 1-\lambda \end{vmatrix} \xrightarrow[\text{で展開}]{\text{第 3 行}} (\lambda-2)(\lambda-1)\begin{vmatrix} 3-\lambda & -1 \\ 2 & -\lambda \end{vmatrix}$$

$$\xrightarrow[\text{第 2 行を引く}]{\text{第 1 行から}} (\lambda-2)(\lambda-1)\begin{vmatrix} 1-\lambda & \lambda-1 \\ 2 & -\lambda \end{vmatrix} = (\lambda-2)(\lambda-1)^2\begin{vmatrix} -1 & 1 \\ 2 & -\lambda \end{vmatrix}$$

$$= (\lambda-2)^2(\lambda-1)^2.$$

よって固有値は 2 (2 重), 1 (2 重).

前者に対する固有ベクトルは

$$\begin{pmatrix} 1 & -3 & 2 & 1 \\ 2 & -5 & 3 & 1 \\ 2 & -5 & 3 & 1 \\ 0 & 1 & -1 & -1 \end{pmatrix} \xrightarrow[\text{第 2 行を引く}]{\text{第 3 行から}} \begin{pmatrix} 1 & -3 & 2 & 1 \\ 2 & -5 & 3 & 1 \\ 0 & 0 & 0 & 0 \\ 0 & 1 & -1 & -1 \end{pmatrix} \xrightarrow[\text{加える}]{\text{第 4 行を}\atop\text{第 1,2 行に}} \begin{pmatrix} 1 & -2 & 1 & 0 \\ 2 & -4 & 2 & 0 \\ 0 & 0 & 0 & 0 \\ 0 & 1 & -1 & -1 \end{pmatrix}$$

$$\xrightarrow[\text{第 2 行に加える}]{\text{第 1 行 ×2 を}} \begin{pmatrix} 1 & -2 & 1 & 0 \\ 0 & 0 & 0 & 0 \\ 0 & 0 & 0 & 0 \\ 0 & 1 & -1 & -1 \end{pmatrix} \text{ より, } \begin{pmatrix} 1 \\ 1 \\ 1 \\ 0 \end{pmatrix}, \begin{pmatrix} 2 \\ 1 \\ 0 \\ 1 \end{pmatrix} \text{ の 2 本が取れる.}$$

後者に対しては,

$$\begin{pmatrix} 2 & -3 & 2 & 1 \\ 2 & -4 & 3 & 1 \\ 2 & -5 & 4 & 1 \\ 0 & 1 & -1 & 0 \end{pmatrix} \xrightarrow[\text{から引く}]{\text{第 1 行を}\atop\text{第 2,3 行}} \begin{pmatrix} 2 & -3 & 2 & 1 \\ 0 & -1 & 1 & 0 \\ 0 & -2 & 2 & 0 \\ 0 & 1 & -1 & 0 \end{pmatrix} \xrightarrow[\text{掃き出す}]{\text{第 4 行で}} \begin{pmatrix} 2 & -1 & 0 & 1 \\ 0 & 0 & 0 & 0 \\ 0 & 0 & 0 & 0 \\ 0 & 1 & -1 & 0 \end{pmatrix}$$

より, $\begin{pmatrix} 1 \\ 0 \\ 0 \\ -2 \end{pmatrix}, \begin{pmatrix} 0 \\ 1 \\ 1 \\ 1 \end{pmatrix}$ の 2 本が取れる. 以上によりこの行列は対角化可能で

$$S = \begin{pmatrix} 1 & 2 & 1 & 0 \\ 1 & 1 & 0 & 1 \\ 1 & 0 & 0 & 1 \\ 0 & 1 & -2 & 1 \end{pmatrix} \text{ により } S^{-1}AS = \begin{pmatrix} 2 & 0 & 0 & 0 \\ 0 & 2 & 0 & 0 \\ 0 & 0 & 1 & 0 \\ 0 & 0 & 0 & 1 \end{pmatrix} \text{ となる.}$$

🐰 固有ベクトルの選び方には任意性が有るので, S を例えば $S = \begin{pmatrix} 1 & 2 & 1 & 1 \\ 1 & 1 & 2 & 0 \\ 1 & 0 & 2 & 0 \\ 0 & 1 & 0 & -2 \end{pmatrix}$ など

と取っても対角化の結果は変わらないが S^{-1} を計算してみると, 前者は整数行列になるのに対し, 後者は分母が 2 の分数が現れる. 従って使う目的によっては前者の方が優れている.

(6) まず固有多項式を求めるのだが, 1 次因子が見つかりそうにないので零の成分を少し増やしてとにかく展開してしまう.

$$\begin{vmatrix} 1-\lambda & -4 & 2 & -3 \\ 3 & 1-\lambda & -3 & -5 \\ 2 & 2 & -1-\lambda & -1 \\ -2 & 2 & 2 & 7-\lambda \end{vmatrix} \xrightarrow[\text{第 1 列に加える}]{\text{第 3 列を}} \begin{vmatrix} 3-\lambda & -4 & 2 & -3 \\ 0 & 1-\lambda & -3 & -5 \\ 1-\lambda & 2 & -1-\lambda & -1 \\ 0 & 2 & 2 & 7-\lambda \end{vmatrix} \xrightarrow[\text{で展開}]{\text{第 1 列}}$$

$$= (3-\lambda)\begin{vmatrix} 1-\lambda & -3 & -5 \\ 2 & -1-\lambda & -1 \\ 2 & 2 & 7-\lambda \end{vmatrix} + (1-\lambda)\begin{vmatrix} -4 & 2 & -3 \\ 1-\lambda & -3 & -5 \\ 2 & 2 & 7-\lambda \end{vmatrix} = \cdots \text{(途中略)}$$

$$= (3-\lambda)(-\lambda^3 + 7\lambda^2 - 17\lambda + 13) + (1-\lambda)(-2\lambda^2 + 10\lambda - 14)$$

$$= \lambda^4 - 8\lambda^3 + 26\lambda^2 - 40\lambda + 25.$$

この 4 次式はグラフで符号変化を見ると常に正で実根は無さそうである．実数の範囲では二つの 2 次多項式の積に分解されるが，整数の範囲では一般には分解されるとは限らない．しかし数値計算の問題ではないので，整数で分解されると期待して未定係数法により 2 次因子を探してみる．$(\lambda^2 + a\lambda + b)(\lambda^2 + c\lambda + d)$ となったとして，$a + c = -8 \ldots$ ①，$ac + b + d = 26 \ldots$ ②，$ad + bc = -40 \ldots$ ③，$bd = 25 \ldots$ ④．最後の式から $(b, d) = \pm(25, 1), \pm(5, 5)$ のいずれかである．②から $(a-c)^2 = (a+c)^2 - 4ac = 64 - 4\{26 - (b+d)\} = 4(b+d) - 40$ となるが，これは完全平方数でなければならない，b, d がともに負のときは右辺は負となってしまい不適．ともに正のときはこの値はそれぞれ 64，または 0 となるが，前者なら $a - c = \pm 8$ で，①と合わせて $\{a, c\} = \{0, 8\}$．しかし③から $25a + c = -40$ なので，どの組み合わせも矛盾する．後者なら $a = c$ で，①より $a = c = -4$．これはすべての式を満たし，$(\lambda^2 - 4\lambda + 5)^2$ と因数分解された．従って固有値は $2 \pm \sqrt{-1}$（2 重）となる．以下スペースの節約のため $\sqrt{-1}$ を i と書く．

$2 + i$ に対する固有ベクトルは

$$\begin{pmatrix} -1-i & -4 & 2 & -3 \\ 3 & -1-i & -3 & -5 \\ 2 & 2 & -3-i & -1 \\ -2 & 2 & 2 & 5-i \end{pmatrix} \xrightarrow[\text{第 2 行を 2 倍する}]{\substack{\text{第 3 行を第 4 行に加える} \\ \text{第 1 行に} -1+i \text{を掛ける}}} \begin{pmatrix} 2 & 4-4i & -2+2i & 3-3i \\ 6 & -2-2i & -6 & -10 \\ 2 & 2 & -3-i & -1 \\ 0 & 4 & -1-i & 4-i \end{pmatrix}$$

$$\xrightarrow[\text{第 3 行} \times 3 \text{を第 2 行から引く}]{\text{第 3 行を第 1 行から引く}} \begin{pmatrix} 0 & 2-4i & 1+3i & 4-3i \\ 0 & -8-2i & 3+3i & -7 \\ 2 & 2 & -3-i & -1 \\ 0 & 4 & -1-i & 4-i \end{pmatrix} \xrightarrow[\text{第 2 行に} 4-i \text{を掛ける}]{\text{第 1 行に} 1+2i \text{を掛ける}}$$

$$\begin{pmatrix} 0 & 10 & -5+5i & 10+5i \\ 0 & -34 & 15+9i & -28+7i \\ 2 & 2 & -3-i & -1 \\ 0 & 4 & -1-i & 4-i \end{pmatrix} \xrightarrow[\text{5 で割る}]{\text{第 1 行を}} \begin{pmatrix} 0 & 2 & -1+i & 2+i \\ 0 & -34 & 15+9i & -28+7i \\ 2 & 2 & -3-i & -1 \\ 0 & 4 & -1-i & 4-i \end{pmatrix}$$

$$\xrightarrow[\substack{\text{第 1 行を第 3 行から引く} \\ \text{第 1 行} \times 2 \text{を第 4 行から引く}}]{\text{第 1 行} \times 17 \text{を第 2 行に加える}} \begin{pmatrix} 0 & 2 & -1+i & 2+i \\ 0 & 0 & -2+26i & 6+24i \\ 2 & 0 & -2-2i & -3-i \\ 0 & 0 & 1-3i & -3i \end{pmatrix} \xrightarrow[\text{第 4 行に} 1+3i \text{を掛ける}]{\text{第 2 行に} (1+13i)/2 \text{を}}$$

$$\begin{pmatrix} 0 & 2 & -1+i & 2+i \\ 0 & 0 & -170 & -153+51i \\ 2 & 0 & -2-2i & -3-i \\ 0 & 0 & 10 & 9-3i \end{pmatrix} \xrightarrow[-17 \text{で割る}]{\text{第 2 行を}} \begin{pmatrix} 0 & 2 & -1+i & 2+i \\ 0 & 0 & 10 & 9-3i \\ 2 & 0 & -2-2i & -3-i \\ 0 & 0 & 10 & 9-3i \end{pmatrix} \xrightarrow[\text{第 1,3 行に} \\ 5 \text{を掛ける}]{\substack{\text{第 2 行を第} \\ \text{4 行から引く}}}$$

5.1 固有値と行列の対角化

$$\begin{pmatrix} 0 & 10 & -5+5i & 10+5i \\ 0 & 0 & 10 & 9-3i \\ 10 & 0 & -10-10i & -15-5i \\ 0 & 0 & 0 & 0 \end{pmatrix} \xrightarrow[\substack{\text{第 2 行} \times (1-i)/2 \text{ を} \\ \text{第 1 行に加える}}]{\substack{\text{第 2 行} \times (1+i) \text{ を} \\ \text{第 3 行に加える}}} \begin{pmatrix} 0 & 10 & 0 & 13-i \\ 0 & 0 & 10 & 9-3i \\ 10 & 0 & 0 & -3+i \\ 0 & 0 & 0 & 0 \end{pmatrix}.$$

よって解として $(3-i, -13+i, -9+3i, 10)^T$ が取れる.
$2-i$ に対する固有ベクトルはこの複素共役の $(3+i, -13-i, -9-3i, 10)^T$ でよい. これらが 1 本ずつしか無かったので, この行列は複素数の範囲でも対角化はできない. ■

例題 5.1-2 ───────────────── 対角化の判定 ─

a を定数パラメータとする次の行列の固有値と固有ベクトルを求めよ. また対角化可能かどうかを判定し, 可能なら対角化とそれを与える変換行列を示せ.

$$A = \begin{pmatrix} 2a-1 & 2a-2 & 2-a \\ 1-2a & 2-2a & a-1 \\ -2 & -2 & 3 \end{pmatrix}$$

[解答] まず固有値を求めると,

$$\begin{vmatrix} 2a-1-\lambda & 2a-2 & 2-a \\ 1-2a & 2-2a-\lambda & a-1 \\ -2 & -2 & 3-\lambda \end{vmatrix} \xrightarrow[\text{加える}]{\substack{\text{第 1 行を} \\ \text{第 2 行に}}} \begin{vmatrix} 2a-1-\lambda & 2a-2 & 2-a \\ -\lambda & -\lambda & 1 \\ -2 & -2 & 3-\lambda \end{vmatrix} \xrightarrow[\text{引く}]{\substack{\text{第 2 行を} \\ \text{第 3 行から}}}$$

$$\begin{vmatrix} 2a-1-\lambda & 2a-2 & 2-a \\ -\lambda & -\lambda & 1 \\ \lambda-2 & \lambda-2 & 2-\lambda \end{vmatrix} \xrightarrow[\text{括り出す}]{\substack{\text{第 3 行から} \\ \lambda-2 \text{ を}}} (\lambda-2) \begin{vmatrix} 2a-1-\lambda & 2a-2 & 2-a \\ -\lambda & -\lambda & 1 \\ 1 & 1 & -1 \end{vmatrix} \xrightarrow[\text{加える}]{\substack{\text{第 3 列を} \\ \text{第 1,2 列に}}}$$

$$(\lambda-2) \begin{vmatrix} a+1-\lambda & a & 2-a \\ 1-\lambda & 1-\lambda & 1 \\ 0 & 0 & -1 \end{vmatrix} \xrightarrow[\text{で展開}]{\text{第 3 行}} -(\lambda-2) \begin{vmatrix} a+1-\lambda & a \\ 1-\lambda & 1-\lambda \end{vmatrix} \xrightarrow[\text{括り出す}]{1-\lambda \text{ を}}$$

$$(\lambda-2)(\lambda-1) \begin{vmatrix} a+1-\lambda & a \\ 1 & 1 \end{vmatrix} = (\lambda-2)(\lambda-1)(a+1-\lambda-a) = -(\lambda-1)^2(\lambda-2).$$

よって固有値は 1 (2 重), 2 となる. それぞれに対応する固有ベクトルを求めよう. まず 1 に対しては, それを求める連立 1 次方程式の係数行列が行基本変形により

$$\begin{pmatrix} 2a-1-1 & 2a-2 & 2-a \\ 1-2a & 2-2a-1 & a-1 \\ -2 & -2 & 3-1 \end{pmatrix} = \begin{pmatrix} 2a-2 & 2a-2 & 2-a \\ 1-2a & 1-2a & a-1 \\ -2 & -2 & 2 \end{pmatrix} \xrightarrow[\text{第 3 行を 2 で割る}]{\text{第 1 行を第 2 行に加え}}$$

$$\begin{pmatrix} 2a-2 & 2a-2 & 2-a \\ -1 & -1 & 1 \\ -1 & -1 & 1 \end{pmatrix} \xrightarrow[\text{第 2 行の } 2a-2 \text{ 倍を第 1 行に加える}]{\text{第 2 行を第 3 行から引き}} \begin{pmatrix} 0 & 0 & a \\ -1 & -1 & 1 \\ 0 & 0 & 0 \end{pmatrix}$$

となるので, $a=0$ なら 2 本の解, 例えば $(1,-1,0)^T$ と $(1,0,1)^T$ があるが, $a \neq 0$ なら, 前者の 1 本だけとなる.

次に 2 に対しては, $\begin{pmatrix} 2a-1-2 & 2a-2 & 2-a \\ 1-2a & 2-2a-2 & a-1 \\ -2 & -2 & 3-2 \end{pmatrix} = \begin{pmatrix} 2a-3 & 2a-2 & 2-a \\ 1-2a & -2a & a-1 \\ -2 & -2 & 1 \end{pmatrix}$

$\xrightarrow{\text{第 1 行を第 2 行に加える}} \begin{pmatrix} 2a-3 & 2a-2 & 2-a \\ -2 & -2 & 1 \\ -2 & -2 & 1 \end{pmatrix} \xrightarrow[\text{第 2 行の } a-1 \text{ 倍を}]{\text{第 2 行を第 3 行から引き}} \begin{pmatrix} -1 & 0 & 1 \\ -2 & -2 & 1 \\ 0 & 0 & 0 \end{pmatrix}$

$\xrightarrow{\text{第 1 行の 2 倍を第 2 行から引く}} \begin{pmatrix} -1 & 0 & 1 \\ 0 & -2 & -1 \\ 0 & 0 & 0 \end{pmatrix}.$

よって理論通り 1 本の解 $(2,-1,2)^T$ が得られた. 以上により, $a=0$ なら A は対角化可能で,

$$S = \begin{pmatrix} 1 & 1 & 2 \\ -1 & 0 & -1 \\ 0 & 1 & 2 \end{pmatrix} \quad \text{により} \quad S^{-1}AS = \begin{pmatrix} 1 & 0 & 0 \\ 0 & 1 & 0 \\ 0 & 0 & 2 \end{pmatrix}$$

となる. また $a \neq 0$ なら対角化可能でない. ■

🐭 対角化できる場合, 変換行列の逆行列 S^{-1} は, 特に問題が求めているときや検算その他の目的で使うとき以外は計算するには及ばない.

例題 5.1-3 ──────────────────────── 特殊な行列の固有多項式 ─

次の行列 A の固有多項式, 固有値, 固有ベクトルはどのような形になるか?

$$\begin{pmatrix} 0 & 1 & 0 & \cdots & 0 \\ 0 & 0 & 1 & \ddots & \vdots \\ \vdots & \ddots & \ddots & \ddots & 0 \\ 0 & \cdots & 0 & 0 & 1 \\ -a_n & -a_{n-1} & \cdots & -a_2 & -a_1 \end{pmatrix}$$

[解答] $\det(A-\lambda E)$ は例題 4.3-1 で計算した行列式に等しく, 従って固有多項式は $\lambda^n + a_1 \lambda^{n-1} + \cdots + a_n$ になる. この根を λ_i (ν_i 重), $i=1,2,\ldots,s$ とする. 固有値 λ_i に同伴する固有ベクトルを求める連立 1 次方程式は

$$(A-\lambda_i E)\boldsymbol{x} = \begin{pmatrix} -\lambda_i & 1 & 0 & \cdots & 0 \\ 0 & -\lambda_i & 1 & \ddots & \vdots \\ \vdots & \ddots & \ddots & \ddots & 0 \\ 0 & \cdots & 0 & -\lambda_i & 1 \\ -a_n & -a_{n-1} & \cdots & -a_2 & -a_1-\lambda_i \end{pmatrix} \begin{pmatrix} x_1 \\ x_2 \\ \vdots \\ x_{n-1} \\ x_n \end{pmatrix} = \begin{pmatrix} 0 \\ 0 \\ \vdots \\ 0 \\ 0 \end{pmatrix}$$

となるが, 上 $n-1$ 行が常に 1 次独立なので, 固有ベクトルは 1 本しかない. これは, $x_1 = 1$ と置けば上の方から次々に定まって $(1, \lambda_i, \lambda_i^2, \ldots, \lambda_i^{n-1})^T$ となる. ■

例題 5.1-4 ─────────────────── ブロック行列の固有値 ─

2次正方行列 A は異なる固有値 λ, μ と，それぞれに対応する固有ベクトル $\boldsymbol{a} = \begin{pmatrix} a_1 \\ a_2 \end{pmatrix}, \boldsymbol{b} = \begin{pmatrix} b_1 \\ b_2 \end{pmatrix}$ を持つとする．このとき次のブロック型4次正方行列の固有値と固有ベクトルを求めよ．ただし O, E はそれぞれ2次の零行列および単位行列である．

(1) $\begin{pmatrix} A & O \\ O & A \end{pmatrix}$ (2) $\begin{pmatrix} O & A \\ A & O \end{pmatrix}$ (3) $\begin{pmatrix} O & A \\ -A & O \end{pmatrix}$ (4) $\begin{pmatrix} A & E \\ O & A \end{pmatrix}$

解答 (1) 仮定により $A\boldsymbol{a} = \lambda\boldsymbol{a}, A\boldsymbol{b} = \mu\boldsymbol{b}$ が成り立つ．かつ $\lambda \neq \mu$ なので $\boldsymbol{a}, \boldsymbol{b}$ は1次独立である．以上より

$$\begin{pmatrix} A & O \\ O & A \end{pmatrix} \begin{pmatrix} \boldsymbol{a} \\ \boldsymbol{0} \end{pmatrix} = \lambda \begin{pmatrix} \boldsymbol{a} \\ \boldsymbol{0} \end{pmatrix}, \quad \begin{pmatrix} A & O \\ O & A \end{pmatrix} \begin{pmatrix} \boldsymbol{0} \\ \boldsymbol{a} \end{pmatrix} = \lambda \begin{pmatrix} \boldsymbol{0} \\ \boldsymbol{a} \end{pmatrix},$$

$$\begin{pmatrix} A & O \\ O & A \end{pmatrix} \begin{pmatrix} \boldsymbol{b} \\ \boldsymbol{0} \end{pmatrix} = \mu \begin{pmatrix} \boldsymbol{b} \\ \boldsymbol{0} \end{pmatrix}, \quad \begin{pmatrix} A & O \\ O & A \end{pmatrix} \begin{pmatrix} \boldsymbol{0} \\ \boldsymbol{b} \end{pmatrix} = \mu \begin{pmatrix} \boldsymbol{0} \\ \boldsymbol{b} \end{pmatrix}$$

が成り立つ．これより λ, μ が $\begin{pmatrix} A & O \\ O & A \end{pmatrix}$ の2重固有値で，上に列挙したのがこれらに同伴する2本ずつの固有ベクトルの基底であることが分かる．

(2) 今度は

$$\begin{pmatrix} O & A \\ A & O \end{pmatrix} \begin{pmatrix} \boldsymbol{a} \\ \boldsymbol{0} \end{pmatrix} = \lambda \begin{pmatrix} \boldsymbol{0} \\ \boldsymbol{a} \end{pmatrix}, \quad \begin{pmatrix} O & A \\ A & O \end{pmatrix} \begin{pmatrix} \boldsymbol{0} \\ \boldsymbol{a} \end{pmatrix} = \lambda \begin{pmatrix} \boldsymbol{a} \\ \boldsymbol{0} \end{pmatrix}$$

が成り立つ．よってこれらを加えたものと，引いたものから

$$\begin{pmatrix} O & A \\ A & O \end{pmatrix} \begin{pmatrix} \boldsymbol{a} \\ \boldsymbol{a} \end{pmatrix} = \lambda \begin{pmatrix} \boldsymbol{a} \\ \boldsymbol{a} \end{pmatrix}, \quad \begin{pmatrix} O & A \\ A & O \end{pmatrix} \begin{pmatrix} \boldsymbol{a} \\ -\boldsymbol{a} \end{pmatrix} = \lambda \begin{pmatrix} -\boldsymbol{a} \\ \boldsymbol{a} \end{pmatrix}$$

が成り立つ．よって固有値 λ に固有ベクトル $\begin{pmatrix} \boldsymbol{a} \\ \boldsymbol{a} \end{pmatrix}$ が，固有値 $-\lambda$ に固有ベクトル $\begin{pmatrix} \boldsymbol{a} \\ -\boldsymbol{a} \end{pmatrix}$ が存在する．$\boldsymbol{a} \neq \boldsymbol{0}$ なので，これらのベクトルは1次独立である．故に $\lambda = 0$ のときはこれら二つの固有値は重複するが，固有ベクトルはちゃんと2本存在する．全く同様に，固有値 μ に固有ベクトル $\begin{pmatrix} \boldsymbol{b} \\ \boldsymbol{b} \end{pmatrix}$ が，固有値 $-\mu$ に固有ベクトル $\begin{pmatrix} \boldsymbol{b} \\ -\boldsymbol{b} \end{pmatrix}$ が存在する．これで4次元有るので，これらがすべてであり，$\lambda = -\mu$ でも問題無い．

(3) 今度は

$$\begin{pmatrix} O & A \\ -A & O \end{pmatrix} \begin{pmatrix} \boldsymbol{a} \\ \boldsymbol{0} \end{pmatrix} = \lambda \begin{pmatrix} \boldsymbol{0} \\ -\boldsymbol{a} \end{pmatrix}, \quad \begin{pmatrix} O & A \\ -A & O \end{pmatrix} \begin{pmatrix} \boldsymbol{0} \\ \boldsymbol{a} \end{pmatrix} = \lambda \begin{pmatrix} \boldsymbol{a} \\ \boldsymbol{0} \end{pmatrix}$$

となる．これは，

$$\begin{pmatrix} O & A \\ -A & O \end{pmatrix} \begin{pmatrix} \boldsymbol{a} \\ \boldsymbol{0} \end{pmatrix} = \sqrt{-1}\lambda \begin{pmatrix} \boldsymbol{0} \\ \sqrt{-1}\boldsymbol{a} \end{pmatrix}, \quad \begin{pmatrix} O & A \\ -A & O \end{pmatrix} \begin{pmatrix} \boldsymbol{0} \\ \sqrt{-1}\boldsymbol{a} \end{pmatrix} = \sqrt{-1}\lambda \begin{pmatrix} \boldsymbol{a} \\ \boldsymbol{0} \end{pmatrix}$$

と書き直せるので，これらの和と差を取れば

$$\begin{pmatrix} O & A \\ -A & O \end{pmatrix} \begin{pmatrix} \boldsymbol{a} \\ \sqrt{-1}\boldsymbol{a} \end{pmatrix} = \sqrt{-1}\lambda \begin{pmatrix} \boldsymbol{a} \\ \sqrt{-1}\boldsymbol{a} \end{pmatrix},$$

$$\begin{pmatrix} O & A \\ -A & O \end{pmatrix} \begin{pmatrix} \boldsymbol{a} \\ -\sqrt{-1}\boldsymbol{a} \end{pmatrix} = -\sqrt{-1}\lambda \begin{pmatrix} \boldsymbol{a} \\ -\sqrt{-1}\boldsymbol{a} \end{pmatrix}$$

を得る．すなわち，固有値 $\pm\sqrt{-1}\lambda$ に対して固有ベクトル $\begin{pmatrix} \boldsymbol{a} \\ \pm\sqrt{-1}\boldsymbol{a} \end{pmatrix}$ が存在する．全く同様に，固有値 $\pm\sqrt{-1}\mu$ に対して固有ベクトル $\begin{pmatrix} \boldsymbol{b} \\ \pm\sqrt{-1}\boldsymbol{b} \end{pmatrix}$ が存在する．

(4) この行列も固有多項式は $\begin{vmatrix} A-\lambda E & E \\ O & A-\lambda E \end{vmatrix} = \det(A-\lambda E)^2$ なので，固有値は λ, μ がそれぞれ2重で，これ以外には存在しない．$\begin{pmatrix} A & E \\ O & A \end{pmatrix}\begin{pmatrix} \boldsymbol{a} \\ \boldsymbol{0} \end{pmatrix} = \lambda\begin{pmatrix} \boldsymbol{a} \\ \boldsymbol{0} \end{pmatrix}$ は成り立つが，λ に同伴する固有ベクトルはこれ以外には無い．実際，$\begin{pmatrix} A-\lambda E & E \\ O & A-\lambda E \end{pmatrix}$ は階数が3有ることが，次の基本変形から分かる：

$$\begin{pmatrix} E & O \\ -(A-\lambda E) & E \end{pmatrix} \begin{pmatrix} A-\lambda E & E \\ O & A-\lambda E \end{pmatrix} \begin{pmatrix} E & O \\ -(A-\lambda E) & E \end{pmatrix}$$
$$= \begin{pmatrix} E & O \\ -(A-\lambda E) & E \end{pmatrix} \begin{pmatrix} O & E \\ -(A-\lambda E)^2 & A-\lambda E \end{pmatrix} = \begin{pmatrix} O & E \\ -(A-\lambda E)^2 & O \end{pmatrix}.$$

この変形で全体の階数は変わらないが，λ は A の単純固有値なので，$\mathrm{rank}\,(A-\lambda E)^2 = \mathrm{rank}\,(A-\lambda E) = 1$ である．よって最後の結果は階数が $1+2 = 3$ となる．故に λ に対応する固有ベクトルは1本しかない．μ についても同様で，$\begin{pmatrix} \boldsymbol{b} \\ \boldsymbol{0} \end{pmatrix}$ が唯一の固有ベクトルである．なおこの問題のジョルダン標準形と一般固有ベクトルは次節の問題5.2.2 で再考する．■

問題

5.1.1 次の行列の固有値と固有ベクトルを求めよ．対角化可能な場合はその結果と変換行列を示せ．

(1) $\begin{pmatrix} 5 & 6 & 0 \\ -1 & 0 & 0 \\ 1 & 2 & 2 \end{pmatrix}$ (2) $\begin{pmatrix} 4 & -1 & -2 \\ 6 & -1 & -4 \\ 2 & -1 & 0 \end{pmatrix}$ (3) $\begin{pmatrix} -5 & 0 & 6 \\ 1 & -2 & -1 \\ -3 & 0 & 4 \end{pmatrix}$

(4) $\begin{pmatrix} 3 & -3 & 2 \\ -1 & 3 & 0 \\ -6 & 10 & -2 \end{pmatrix}$ (5) $\begin{pmatrix} -1 & 3 & 6 & 3 \\ 3 & -1 & -6 & -3 \\ -2 & 2 & 6 & 2 \\ -1 & 1 & 2 & 3 \end{pmatrix}$ (6) $\begin{pmatrix} 2 & -2 & 1 & 1 \\ 2 & -1 & 1 & 1 \\ 6 & -5 & -2 & -2 \\ 0 & 1 & 1 & -1 \end{pmatrix}$

5.1.2 (1) A と A^T は固有多項式，従って固有値が一致することを示せ．

(2) $\boldsymbol{a}^T A = \lambda \boldsymbol{a}^T$ を満たす $\lambda, \boldsymbol{a}^T$ をそれぞれ A の (左) 固有値，**左固有ベクトル**と呼ぶことにする．これらと A^T の固有値，固有ベクトルとの関係を述べよ．

5.2 ジョルダン標準形

要項 5.2.1　正方行列 A の重複固有値 λ_i に対し 1 次独立な固有ベクトルが λ_i の重複度だけ取れないときは，$\exists k > 1$ について $(A - \lambda_i E)^k \boldsymbol{x} = \boldsymbol{0}$ となる $\boldsymbol{x}$ で張られる λ_i-**一般固有空間**を考える．この零でない元を**一般固有ベクトル**と呼ぶ．一般固有空間の基底を並べた変換行列 S により $S^{-1}AS$ は固有値毎にブロック対角化される．

要項 5.2.2　一つの固有値 λ_i に対する一般固有空間は，一般固有ベクトルを先頭の $\boldsymbol{x}_1$ は固有ベクトル，以下 $j = 2, 3, \ldots$ に対し $(A - \lambda_i E)\boldsymbol{x}_j = \boldsymbol{x}_{j-1}$ という連鎖で類別することにより，更にいくつかのブロックに分割される．これらの $[\boldsymbol{x}_1, \ldots, \boldsymbol{x}_\nu]$ を並べたものを基底に使えば，$S^{-1}AS$ の各対応部分は

$$\begin{pmatrix} \lambda_i & 1 & 0 & \ldots & 0 \\ 0 & \lambda_i & 1 & \ddots & \vdots \\ \vdots & \ddots & \ddots & \ddots & 0 \\ \vdots & & \ddots & \lambda_i & 1 \\ 0 & \ldots & \ldots & 0 & \lambda_i \end{pmatrix} \tag{5.2}$$

の形にできる．これを固有値 λ_i に属する**ジョルダンブロック**（の一つ）と呼ぶ．行列 A の**ジョルダン標準形**は，各固有値のジョルダンブロックを対角線に沿って並べたもので，対角線とその一つ上以外の成分は 0 の特別の形の上三角型となる．各固有値に属するブロックの最大サイズは，$\dim \mathrm{Ker}(A - \lambda_i E)^k$ が一定となるような最小の k に等しい．従って行列が対角化できるための必要十分条件は，すべてのブロックがサイズ 1，すなわち，任意の固有値 λ_i について $\mathrm{Ker}(A - \lambda_i E)^2 = \mathrm{Ker}(A - \lambda_i E)$ となることである．

要項 5.2.3　行列の相似変換 $A \mapsto S^{-1}AS$ により固有多項式は不変である．特に，上三角型に変換することで $\mathrm{tr}\, A$ は固有値の総和，$\det A$ は全固有値の積となる．

例題 5.2-1 ────────────── ジョルダン標準形の計算 ──

次の行列のジョルダン標準形と，それを与える変換行列を計算せよ．

(1) $\begin{pmatrix} 4 & -3 & 8 \\ -1 & 5 & -7 \\ -2 & 3 & -6 \end{pmatrix}$
(2) $\begin{pmatrix} 1 & -4 & 5 & 1 \\ 0 & 5 & -4 & -4 \\ 0 & 3 & -2 & -3 \\ 1 & -4 & 6 & 0 \end{pmatrix}$
(3) $\begin{pmatrix} 6 & 2 & 4 & 5 \\ -4 & -3 & 0 & -4 \\ -3 & -3 & 1 & -3 \\ -1 & -2 & -4 & 0 \end{pmatrix}$

(4) $\begin{pmatrix} 1 & 0 & -1 & -1 \\ 0 & 1 & 4 & 4 \\ 0 & 0 & 4 & 3 \\ 1 & 1 & -4 & -2 \end{pmatrix}$
(5) $\begin{pmatrix} 1 & -4 & 2 & -3 \\ 3 & 1 & -3 & -5 \\ 2 & 2 & -1 & -1 \\ -2 & 2 & 2 & 7 \end{pmatrix}$

解答　(1) まず固有値を求める．

$$\begin{vmatrix} 4-\lambda & -3 & 8 \\ -1 & 5-\lambda & -7 \\ -2 & 3 & -6-\lambda \end{vmatrix} \xrightarrow[\text{第 1 行に加える}]{\text{第 3 行を}} \begin{vmatrix} 2-\lambda & 0 & 2-\lambda \\ -1 & 5-\lambda & -7 \\ -2 & 3 & -6-\lambda \end{vmatrix} \xrightarrow[\text{$2-\lambda$ を括り出す}]{\text{第 1 行から}}$$

$$(2-\lambda) \begin{vmatrix} 1 & 0 & 1 \\ -1 & 5-\lambda & -7 \\ -2 & 3 & -6-\lambda \end{vmatrix} \xrightarrow[\text{第 1 列を引く}]{\text{第 3 列から}} (2-\lambda) \begin{vmatrix} 1 & 0 & 0 \\ -1 & 5-\lambda & -6 \\ -2 & 3 & -4-\lambda \end{vmatrix} \xrightarrow[\text{で展開}]{\text{第 1 行}}$$

$$(2-\lambda) \begin{vmatrix} 5-\lambda & -6 \\ 3 & -4-\lambda \end{vmatrix} \xrightarrow[\text{第 2 行を引く}]{\text{第 1 行から}} (2-\lambda) \begin{vmatrix} 2-\lambda & \lambda-2 \\ 3 & -4-\lambda \end{vmatrix} \xrightarrow[\text{$2-\lambda$ を括り出す}]{\text{第 1 行から}}$$

$$= (\lambda-2)^2 \begin{vmatrix} 1 & -1 \\ 3 & -4-\lambda \end{vmatrix} = -(\lambda-2)^2(\lambda+1).$$

よって固有値は 2（2 重），-1．前者に対する固有ベクトルを求めると

$$A - 2E = \begin{pmatrix} 2 & -3 & 8 \\ -1 & 3 & -7 \\ -2 & 3 & -8 \end{pmatrix} \xrightarrow[\text{第 3 行に加える}]{\text{第 1 行を}} \begin{pmatrix} 2 & -3 & 8 \\ -1 & 3 & -7 \\ 0 & 0 & 0 \end{pmatrix} \xrightarrow[\text{第 1 行に加える}]{\text{第 2 行×2 を}}$$

$$\begin{pmatrix} 0 & 3 & -6 \\ -1 & 3 & -7 \\ 0 & 0 & 0 \end{pmatrix} \xrightarrow[\text{第 1,2 行を交換}]{\text{第 1 行を 3 で割り}} \begin{pmatrix} -1 & 3 & -7 \\ 0 & 1 & -2 \\ 0 & 0 & 0 \end{pmatrix}.$$ よって固有ベクトルは $(-1,2,1)^T$ の

1 本のみ．一般固有ベクトルは $\begin{pmatrix} 2 & -3 & 8 \\ -1 & 3 & -7 \\ -2 & 3 & -8 \end{pmatrix} \begin{pmatrix} x \\ y \\ z \end{pmatrix} = \begin{pmatrix} -1 \\ 2 \\ 1 \end{pmatrix}$ を解けばよい．上で

用いた行基本変形をこの右辺のベクトルに適用すると，$\begin{pmatrix} -1 \\ 2 \\ 1 \end{pmatrix} \to \begin{pmatrix} -1 \\ 2 \\ 0 \end{pmatrix} \to \begin{pmatrix} 3 \\ 2 \\ 0 \end{pmatrix} \to$

$\begin{pmatrix} 2 \\ 1 \\ 0 \end{pmatrix}$．よって解くべき方程式は $\begin{pmatrix} -1 & 3 & -7 \\ 0 & 1 & -2 \\ 0 & 0 & 0 \end{pmatrix} \begin{pmatrix} x \\ y \\ z \end{pmatrix} = \begin{pmatrix} 2 \\ 1 \\ 0 \end{pmatrix}$ となり，解は例えば

$\begin{pmatrix} 1 \\ 1 \\ 0 \end{pmatrix}$．後者に対する固有ベクトルは

$$A + E = \begin{pmatrix} 5 & -3 & 8 \\ -1 & 6 & -7 \\ -2 & 4 & -6 \end{pmatrix} \xrightarrow[\text{掃き出し}]{\text{第 2 行で}} \begin{pmatrix} 0 & 27 & -27 \\ -1 & 6 & -7 \\ 0 & -8 & 8 \end{pmatrix} \xrightarrow[\text{を括り出す}]{\substack{\text{第 1 行から 27} \\ \text{第 3 行から 8}}} \begin{pmatrix} 0 & 1 & -1 \\ -1 & 6 & -7 \\ 0 & -1 & 1 \end{pmatrix}$$

$$\xrightarrow[\text{掃き出し}]{\text{第 1 行で}} \begin{pmatrix} 0 & 1 & -1 \\ -1 & 0 & -1 \\ 0 & 0 & 0 \end{pmatrix}.$$ よって $(1,-1,-1)^T$ が取れる．以上によりジョルダン標

準形は $J = \begin{pmatrix} 2 & 1 & 0 \\ 0 & 2 & 0 \\ 0 & 0 & -1 \end{pmatrix}$, 変換行列は $\begin{pmatrix} -1 & 1 & 1 \\ 2 & 1 & -1 \\ 1 & 0 & -1 \end{pmatrix}$.

(2) まず固有値を求めると，$\begin{vmatrix} 1-\lambda & -4 & 5 & 1 \\ 0 & 5-\lambda & -4 & -4 \\ 0 & 3 & -2-\lambda & -3 \\ 1 & -4 & 6 & -\lambda \end{vmatrix} \xrightarrow[\text{第 2 列に加える}]{\text{第 3 列を}}$

5.2 ジョルダン標準形

$\begin{vmatrix} 1-\lambda & 1 & 5 & 1 \\ 0 & 1-\lambda & -4 & -4 \\ 0 & 1-\lambda & -2-\lambda & -3 \\ 1 & 2 & 6 & -\lambda \end{vmatrix} \xrightarrow[\text{第 3 列から}]{\text{第 4 列を}} \begin{vmatrix} 1-\lambda & 1 & 4 & 1 \\ 0 & 1-\lambda & 0 & -4 \\ 0 & 1-\lambda & 1-\lambda & -3 \\ 1 & 2 & 6+\lambda & -\lambda \end{vmatrix} \xrightarrow[\text{第 3 行から}]{\text{第 2 行を}}$

$\begin{vmatrix} 1-\lambda & 1 & 4 & 1 \\ 0 & 1-\lambda & 0 & -4 \\ 0 & 0 & 1-\lambda & 1 \\ 1 & 2 & 6+\lambda & -\lambda \end{vmatrix} \xrightarrow[\text{第 2 行に加える}]{\text{第 3 行 ×4 を}} \begin{vmatrix} 1-\lambda & 1 & 4 & 1 \\ 0 & 1-\lambda & 4(1-\lambda) & 0 \\ 0 & 0 & 1-\lambda & 1 \\ 1 & 2 & 6+\lambda & -\lambda \end{vmatrix} \xrightarrow[\text{括り出す}]{\text{第 2 行から}\atop 1-\lambda \text{ を}}$

$(1-\lambda) \begin{vmatrix} 1-\lambda & 1 & 4 & 1 \\ 0 & 1 & 4 & 0 \\ 0 & 0 & 1-\lambda & 1 \\ 1 & 2 & 6+\lambda & -\lambda \end{vmatrix} \xrightarrow[\text{第 2 行 ×2 を}\atop \text{第 4 行から引く}]{\text{第 2 行を}\atop \text{第 1 行から引く}} (1-\lambda) \begin{vmatrix} 1-\lambda & 0 & 0 & 1 \\ 0 & 1 & 4 & 0 \\ 0 & 0 & 1-\lambda & 1 \\ 1 & 0 & -2+\lambda & -\lambda \end{vmatrix}$

$\xrightarrow[]{\text{第 2 列}\atop\text{で展開}} (1-\lambda) \begin{vmatrix} 1-\lambda & 0 & 1 \\ 0 & 1-\lambda & 1 \\ 1 & -2+\lambda & -\lambda \end{vmatrix} \xrightarrow[\text{第 1 行から引く}]{\text{第 2 行を}} (1-\lambda) \begin{vmatrix} 1-\lambda & \lambda-1 & 0 \\ 0 & 1-\lambda & 1 \\ 1 & -2+\lambda & -\lambda \end{vmatrix}$

$\xrightarrow[\text{括り出す}]{\text{第 1 行から}\atop 1-\lambda \text{ を}} (1-\lambda)^2 \begin{vmatrix} 1 & -1 & 0 \\ 0 & 1-\lambda & 1 \\ 1 & -2+\lambda & -\lambda \end{vmatrix} \xrightarrow[\text{引く}]{\text{第 1 行を}\atop\text{第 3 行から}} (1-\lambda)^2 \begin{vmatrix} 1 & -1 & 0 \\ 0 & 1-\lambda & 1 \\ 0 & -1+\lambda & -\lambda \end{vmatrix} \xrightarrow[]{\text{第 1 列}\atop\text{で展開}}$

$(1-\lambda)^2 \begin{vmatrix} 1-\lambda & 1 \\ -1+\lambda & -\lambda \end{vmatrix} \xrightarrow[\text{括り出す}]{\text{第 1 列から}\atop \lambda-1 \text{ を}} (\lambda-1)^3 \begin{vmatrix} -1 & 1 \\ 1 & -\lambda \end{vmatrix} = (\lambda-1)^4$ より,固有値は 1

(4重).次に固有ベクトルを求めると,$A - E = \begin{pmatrix} 0 & -4 & 5 & 1 \\ 0 & 4 & -4 & -4 \\ 0 & 3 & -3 & -3 \\ 1 & -4 & 6 & -1 \end{pmatrix} \xrightarrow[\text{括り出す}]{\text{第 2 行から 4 を}\atop\text{第 3 行から 3 を}}$

$\begin{pmatrix} 0 & -4 & 5 & 1 \\ 0 & 1 & -1 & -1 \\ 0 & 1 & -1 & -1 \\ 1 & -4 & 6 & -1 \end{pmatrix} \xrightarrow[\text{第 2 行 ×4 を}\atop\text{第 1,3 行に加える}]{\text{第 2 行を}\atop\text{第 3 行から引く}} \begin{pmatrix} 0 & 0 & 1 & -3 \\ 0 & 1 & -1 & -1 \\ 0 & 0 & 0 & 0 \\ 1 & 0 & 2 & -5 \end{pmatrix} \xrightarrow[\text{その後で行を入れ替え}]{\text{第 1 行を第 2 行に加え}\atop\text{第 1 行×2 を第 4 行から引く}}$

$\begin{pmatrix} 1 & 0 & 0 & 1 \\ 0 & 1 & 0 & -4 \\ 0 & 0 & 1 & -3 \\ 0 & 0 & 0 & 0 \end{pmatrix}$.これは階数 3 なので固有ベクトルは 1 本で,$\begin{pmatrix} 1 \\ -4 \\ -3 \\ -1 \end{pmatrix}$ などが取れる.

これよりジョルダン標準形は $\begin{pmatrix} 1 & 1 & 0 & 0 \\ 0 & 1 & 1 & 0 \\ 0 & 0 & 1 & 1 \\ 0 & 0 & 0 & 1 \end{pmatrix}$ と確定する.変換行列を求めるには,一

般固有ベクトルを次々と解けばよい.$(A-E)\boldsymbol{x} = \begin{pmatrix} 1 \\ -4 \\ -3 \\ -1 \end{pmatrix}$ を解くには,上で用いた

変形を右辺のベクトルに施して $\begin{pmatrix} 1 \\ -4 \\ -3 \\ -1 \end{pmatrix} \to \begin{pmatrix} 1 \\ -1 \\ -1 \\ -1 \end{pmatrix} \to \begin{pmatrix} -3 \\ -1 \\ 0 \\ -5 \end{pmatrix} \to \begin{pmatrix} 1 \\ -4 \\ -3 \\ 0 \end{pmatrix}$.よって

$\begin{pmatrix} 1 & 0 & 0 & 1 \\ 0 & 1 & 0 & -4 \\ 0 & 0 & 1 & -3 \\ 0 & 0 & 0 & 0 \end{pmatrix} \begin{pmatrix} x \\ y \\ z \\ w \end{pmatrix} = \begin{pmatrix} 1 \\ -4 \\ -3 \\ 0 \end{pmatrix}$ を解いて,例えば $\begin{pmatrix} 0 \\ 0 \\ 0 \\ 1 \end{pmatrix}$.次に,これに上と同じ変

第 5 章　固有値と固有ベクトル

形を施して $\to \begin{pmatrix} 1 \\ 0 \\ 0 \\ 0 \end{pmatrix}$. よって $\begin{pmatrix} 1 & 0 & 0 & 1 \\ 0 & 1 & 0 & -4 \\ 0 & 0 & 1 & -3 \\ 0 & 0 & 0 & 0 \end{pmatrix} \begin{pmatrix} x \\ y \\ z \\ w \end{pmatrix} = \begin{pmatrix} 1 \\ 0 \\ 0 \\ 0 \end{pmatrix}$ を解いて, $\begin{pmatrix} 1 \\ 0 \\ 0 \\ 0 \end{pmatrix}$. 最後にこれを上と同様に変形して $\to \begin{pmatrix} -2 \\ 1 \\ 1 \\ 0 \end{pmatrix}$. よって $\begin{pmatrix} 1 & 0 & 0 & 1 \\ 0 & 1 & 0 & -4 \\ 0 & 0 & 1 & -3 \\ 0 & 0 & 0 & 0 \end{pmatrix} \begin{pmatrix} x \\ y \\ z \\ w \end{pmatrix} = \begin{pmatrix} -2 \\ 1 \\ 1 \\ 0 \end{pmatrix}$ を解いて $\begin{pmatrix} -2 \\ 1 \\ 1 \\ 0 \end{pmatrix}$. 以上に求めた 4 本をこの順に並べた $S = \begin{pmatrix} 1 & 0 & 1 & -2 \\ -4 & 0 & 0 & 1 \\ -3 & 0 & 0 & 1 \\ -1 & 1 & 0 & 0 \end{pmatrix}$ が変換行列となる.

(3) まず固有値を求めると,

$\begin{vmatrix} 6-\lambda & 2 & 4 & 5 \\ -4 & -3-\lambda & 0 & -4 \\ -3 & -3 & 1-\lambda & -3 \\ -1 & 2 & -4 & -\lambda \end{vmatrix} \xrightarrow[\text{引く}]{\substack{\text{第 4 列を}\\\text{第 1 列から}}} \begin{vmatrix} 1-\lambda & 2 & 4 & 5 \\ 0 & -3-\lambda & 0 & -4 \\ 0 & -3 & 1-\lambda & -3 \\ -1+\lambda & 2 & -4 & -\lambda \end{vmatrix} \xrightarrow[\text{括り出す}]{\substack{\text{第 1 列から}\\\lambda-1\text{を}}}$

$(\lambda-1) \begin{vmatrix} -1 & 2 & 4 & 5 \\ 0 & -3-\lambda & 0 & -4 \\ 0 & -3 & 1-\lambda & -3 \\ 1 & 2 & -4 & -\lambda \end{vmatrix} \xrightarrow[\text{加える}]{\substack{\text{第 1 行を}\\\text{第 4 行に}}} (\lambda-1) \begin{vmatrix} -1 & 2 & 4 & 5 \\ 0 & -3-\lambda & 0 & -4 \\ 0 & -3 & 1-\lambda & -3 \\ 0 & 4 & 0 & 5-\lambda \end{vmatrix}$

$\xrightarrow[]{\substack{\text{第 1 列}\\\text{で展開}}} -(\lambda-1) \begin{vmatrix} -3-\lambda & 0 & -4 \\ -3 & 1-\lambda & -3 \\ 4 & 0 & 5-\lambda \end{vmatrix} \xrightarrow[]{\substack{\text{第 2 列}\\\text{で展開}}} (\lambda-1)^2 \begin{vmatrix} -3-\lambda & -4 \\ 4 & 5-\lambda \end{vmatrix}$

$\xrightarrow[\text{加える}]{\substack{\text{第 2 行を}\\\text{第 1 行に}}} (\lambda-1)^2 \begin{vmatrix} 1-\lambda & 1-\lambda \\ 4 & 5-\lambda \end{vmatrix} \xrightarrow[\text{括り出す}]{\substack{\text{第 1 行から}\\\lambda-1\text{を}}} (\lambda-1)^3 \begin{vmatrix} -1 & -1 \\ 4 & 5-\lambda \end{vmatrix} = (\lambda-1)^4$.

よって固有値は 1 (4 重). 固有ベクトルを求めると

$\begin{pmatrix} 5 & 2 & 4 & 5 \\ -4 & -4 & 0 & -4 \\ -3 & -3 & 0 & -3 \\ -1 & 2 & -4 & -1 \end{pmatrix} \xrightarrow[\text{第 4 行を第 1 行に加える}]{\text{第 2,3 行から共通因子を括り出す}} \begin{pmatrix} 4 & 4 & 0 & 4 \\ 1 & 1 & 0 & 1 \\ 1 & 1 & 0 & 1 \\ -1 & 2 & -4 & -1 \end{pmatrix} \xrightarrow[]{\substack{\text{第 2 行で}\\\text{掃き出す}}}$

$\begin{pmatrix} 0 & 0 & 0 & 0 \\ 1 & 1 & 0 & 1 \\ 0 & 0 & 0 & 0 \\ 0 & 3 & -4 & 0 \end{pmatrix}$. よって階数は 2 なので固有ベクトルは 2 本しかない. 例えば $(1, 0, 0, -1)^T$ と $(0, 4, 3, -4)^T$. 次にこれらの 1 次結合を右辺として一般固有ベクトルを求めるため, これらを並べたものに上と同じ行基本変形を施すと,

$\begin{pmatrix} 1 & 0 \\ 0 & 4 \\ 0 & 3 \\ -1 & -4 \end{pmatrix} \to \begin{pmatrix} 0 & -4 \\ 0 & -1 \\ 0 & -1 \\ -1 & -4 \end{pmatrix} \to \begin{pmatrix} 0 & 0 \\ 0 & -1 \\ 0 & 0 \\ -1 & -5 \end{pmatrix}$. この 2 本のいずれも $\begin{pmatrix} 0 & 0 & 0 & 0 \\ 1 & 1 & 0 & 1 \\ 0 & 0 & 0 & 0 \\ 0 & 3 & -4 & 0 \end{pmatrix} \begin{pmatrix} x \\ y \\ z \\ w \end{pmatrix}$

の右辺に置いたとき解ける. (例えば順に $\begin{pmatrix} 0 \\ 1 \\ 1 \\ -1 \end{pmatrix}, \begin{pmatrix} -2 \\ 1 \\ 2 \\ 0 \end{pmatrix}$ が解.) これからジョルダ

ン標準形が $\begin{pmatrix} 1 & 1 & 0 & 0 \\ 0 & 1 & 0 & 0 \\ 0 & 0 & 1 & 1 \\ 0 & 0 & 0 & 1 \end{pmatrix}$ の方であることが分かり，$\begin{pmatrix} 1 & 1 & 0 & 0 \\ 0 & 1 & 1 & 0 \\ 0 & 0 & 1 & 0 \\ 0 & 0 & 0 & 1 \end{pmatrix}$ の可能性が否定された．変換行列は今までに求めた固有ベクトルとそれに同伴する一般固有ベクトルをペアで並べた $S = \begin{pmatrix} 1 & 0 & 0 & -2 \\ 0 & 1 & 4 & 1 \\ 0 & 1 & 3 & 2 \\ -1 & -1 & -4 & 0 \end{pmatrix}$ となる．

(4) 固有値を求めると

$\begin{vmatrix} 1-\lambda & 0 & -1 & -1 \\ 0 & 1-\lambda & 4 & 4 \\ 0 & 0 & 4-\lambda & 3 \\ 1 & 1 & -4 & -2-\lambda \end{vmatrix}$ $\xrightarrow[\text{第 1 列から引く}]{\text{第 2 列を}}$ $\begin{vmatrix} 1-\lambda & 0 & -1 & -1 \\ \lambda-1 & 1-\lambda & 4 & 4 \\ 0 & 0 & 4-\lambda & 3 \\ 0 & 1 & -4 & -2-\lambda \end{vmatrix}$

$\xrightarrow[\underline{\lambda-1 \text{を括り出す}}]{\text{第 1 列から}}$ $(\lambda-1) \begin{vmatrix} -1 & 0 & -1 & -1 \\ 1 & 1-\lambda & 4 & 4 \\ 0 & 0 & 4-\lambda & 3 \\ 0 & 1 & -4 & -2-\lambda \end{vmatrix}$ $\xrightarrow[\text{第 2 行に加える}]{\text{第 1 行を}}$

$(\lambda-1) \begin{vmatrix} -1 & 0 & -1 & -1 \\ 0 & 1-\lambda & 3 & 3 \\ 0 & 0 & 4-\lambda & 3 \\ 0 & 1 & -4 & -2-\lambda \end{vmatrix}$ $\xrightarrow[\text{で展開}]{\text{第 1 列}}$ $-(\lambda-1)\begin{vmatrix} 1-\lambda & 3 & 3 \\ 0 & 4-\lambda & 3 \\ 1 & -4 & -2-\lambda \end{vmatrix}$

$\xrightarrow[\text{第 1 行から引く}]{\text{第 2 行を}}$ $-(\lambda-1) \begin{vmatrix} 1-\lambda & \lambda-1 & 0 \\ 0 & 4-\lambda & 3 \\ 1 & -4 & -2-\lambda \end{vmatrix}$ $\xrightarrow[\underline{\lambda-1 \text{を括り出す}}]{\text{第 1 行から}}$

$-(\lambda-1)^2 \begin{vmatrix} -1 & 1 & 0 \\ 0 & 4-\lambda & 3 \\ 1 & -4 & -2-\lambda \end{vmatrix}$ $\xrightarrow[\text{加える}]{\substack{\text{第 1 列を} \\ \text{第 2 列に}}}$ $-(\lambda-1)^2 \begin{vmatrix} -1 & 0 & 0 \\ 0 & 4-\lambda & 3 \\ 1 & -3 & -2-\lambda \end{vmatrix}$ $\xrightarrow[\text{で展開}]{\text{第 1 行}}$

$(\lambda-1)^2 \begin{vmatrix} 4-\lambda & 3 \\ -3 & -2-\lambda \end{vmatrix}$ $\xrightarrow[\text{第 1 行に加える}]{\text{第 2 行を}}$ $(\lambda-1)^2 \begin{vmatrix} 1-\lambda & 1-\lambda \\ -3 & -2-\lambda \end{vmatrix}$ $\xrightarrow[\underline{\lambda-1 \text{を括り出す}}]{\text{第 1 行から}}$

$(\lambda-1)^3 \begin{vmatrix} -1 & -1 \\ -3 & -2-\lambda \end{vmatrix} = (\lambda-1)^4$. よって固有値は 1 (4 重)．

固有ベクトルを求めると，

$A - E = \begin{pmatrix} 0 & 0 & -1 & -1 \\ 0 & 0 & 4 & 4 \\ 0 & 0 & 3 & 3 \\ 1 & 1 & -4 & -3 \end{pmatrix}$ $\xrightarrow[\text{掃き出す}]{\text{第 1 行で}}$ $\begin{pmatrix} 0 & 0 & -1 & -1 \\ 0 & 0 & 0 & 0 \\ 0 & 0 & 0 & 0 \\ 1 & 1 & -1 & 0 \end{pmatrix}$．この階数は 2 なので，固有ベクトルは 2 本有る．取り敢えず $\boldsymbol{a} = (1, 0, 1, -1)^T$ と $\boldsymbol{b} = (0, 1, 1, -1)^T$ にしておいて，このどれが $A - E$ の像に入るかを調べるため，上と同じ基本変形をこれらのベクトルに施すと $(\boldsymbol{a}, \boldsymbol{b}) = \begin{pmatrix} 1 & 0 \\ 0 & 1 \\ 1 & 1 \\ -1 & -1 \end{pmatrix} \to \begin{pmatrix} 1 & 0 \\ 4 & 1 \\ 4 & 1 \\ -4 & -1 \end{pmatrix}$．これと変形後の行列を比べると，

像に入るのは $c := a - 4b = \begin{pmatrix} 1 \\ -4 \\ -3 \\ 3 \end{pmatrix}$，変形後は $\begin{pmatrix} 1 \\ 0 \\ 0 \\ 0 \end{pmatrix}$ の1本のみである．この時点でジョルダン標準形は $J = \begin{pmatrix} 1 & 1 & 0 & 0 \\ 0 & 1 & 1 & 0 \\ 0 & 0 & 1 & 0 \\ 0 & 0 & 0 & 1 \end{pmatrix}$ に確定し，$\begin{pmatrix} 1 & 1 & 0 & 0 \\ 0 & 1 & 0 & 0 \\ 0 & 0 & 1 & 1 \\ 0 & 0 & 0 & 1 \end{pmatrix}$ の可能性が否定された．c を右辺としたときの解は，基本変形後の方程式から暗算で $(0,0,0,-1)^T$ などが取れることが分かる．更にこれを右辺として $\begin{pmatrix} 0 & 0 & -1 & -1 \\ 0 & 0 & 0 & 0 \\ 0 & 0 & 0 & 0 \\ 1 & 1 & -1 & 0 \end{pmatrix} \begin{pmatrix} x_1 \\ x_2 \\ x_3 \\ x_4 \end{pmatrix} = \begin{pmatrix} 0 \\ 0 \\ 0 \\ -1 \end{pmatrix}$ （右辺は変形しても変わらない）を解いてもう一つ上部の一般固有ベクトル $(-1,0,0,0)^T$ を求めれば，変換行列の例 $S = \begin{pmatrix} 1 & 0 & -1 & 0 \\ -4 & 0 & 0 & 1 \\ -3 & 0 & 0 & 1 \\ 3 & -1 & 0 & -1 \end{pmatrix}$ などが得られる．

(5) この行列は例題 5.1-1(6) の解答で固有値 $2 \pm i$ $(i = \sqrt{-1})$ と固有ベクトルが求まっており，対角化できないことが分かっているので，ジョルダン標準形は $\begin{pmatrix} 2+i & 1 & 0 & 0 \\ 0 & 2+i & 0 & 0 \\ 0 & 0 & 2-i & 1 \\ 0 & 0 & 0 & 2-i \end{pmatrix}$ となる．変換行列を定めるため一般固有ベクトルを求めよう．まず $2+i$ に対しては，同例題で求めた固有ベクトル $y = (3-i, -13+i, -9+3i, 10)^T$ を右辺に置いて $\{A - (2+i)E\}x = y$ を解くのだが，この係数行列に対する同例題の行基本変形を右辺の y に施すと

$$\begin{pmatrix} 3-i \\ -13+i \\ -9+3i \\ 10 \end{pmatrix} \to \begin{pmatrix} -2+4i \\ -26+2i \\ -9+3i \\ 1+3i \end{pmatrix} \to \begin{pmatrix} 7+i \\ 1-7i \\ -9+3i \\ 1+3i \end{pmatrix} \to \begin{pmatrix} 5+15i \\ -3-29i \\ -9+3i \\ 1+3i \end{pmatrix} \to \begin{pmatrix} 1+3i \\ -3-29i \\ -9+3i \\ 1+3i \end{pmatrix}$$

$$\to \begin{pmatrix} 1+3i \\ 14+22i \\ -10 \\ -1-3i \end{pmatrix} \to \begin{pmatrix} 1+3i \\ -136+102i \\ -10 \\ 8-6i \end{pmatrix} \to \begin{pmatrix} 1+3i \\ 8-6i \\ -10 \\ 8-6i \end{pmatrix} \to \begin{pmatrix} 5+15i \\ 8-6i \\ -50 \\ 0 \end{pmatrix} \to \begin{pmatrix} 6+8i \\ 8-6i \\ -36+2i \\ 0 \end{pmatrix}$$

となる．この最後のベクトルを右辺として

$$\begin{pmatrix} 0 & 10 & 0 & 13-i \\ 0 & 0 & 10 & 9-3i \\ 10 & 0 & 0 & -3+i \\ 0 & 0 & 0 & 0 \end{pmatrix} \begin{pmatrix} x \\ y \\ z \\ u \end{pmatrix} = \begin{pmatrix} 6+8i \\ 8-6i \\ -36+2i \\ 0 \end{pmatrix}$$

を解く．分数を避けるため $u = 2$ と選べば，一般固有ベクトル $(-3, -2+i, -1, 2)^T$ が得られる．$2-i$ に対しては，この複素共役を用いればよい．以上により最初に示したジョルダン標準形を与える変換行列は $S = \begin{pmatrix} 3-i & -3 & 3+i & -3 \\ -13+i & -2+i & -13-i & -2-i \\ -9+3i & -1 & -9-3i & -1 \\ 10 & 2 & 10 & 2 \end{pmatrix}$

5.2 ジョルダン標準形

となる. ■

例題 5.2-2 ──────────────── ジョルダン標準形の判定 ─

次の行列のジョルダン標準形をパラメータ a, b, c の値によって分類せよ.
$$A = \begin{pmatrix} 3b-c+1 & 4b-c & 4b-c & b \\ 4a-6b+c & 4a-8b+c+1 & 4a-8b+c & a-2b \\ -4a+3b & -4a+4b & -4a+4b+1 & -a+b \\ 3b & 4b & 4b & b+1 \end{pmatrix}$$

【解答】 まず固有値を求めると, $|A - \lambda E|$

$$= \begin{vmatrix} 3b-c+1-\lambda & 4b-c & 4b-c & b \\ 4a-6b+c & 4a-8b+c+1-\lambda & 4a-8b+c & a-2b \\ -4a+3b & -4a+4b & -4a+4b+1-\lambda & -a+b \\ 3b & 4b & 4b & b+1-\lambda \end{vmatrix}$$

$\underline{\text{第2列を}}\atop\underline{\text{第3列から引く}}$ $\begin{vmatrix} 3b-c+1-\lambda & 4b-c & 0 & b \\ 4a-6b+c & 4a-8b+c+1-\lambda & \lambda-1 & a-2b \\ -4a+3b & -4a+4b & 1-\lambda & -a+b \\ 3b & 4b & 0 & b+1-\lambda \end{vmatrix}$

$\underline{\text{第3列から}\atop \lambda-1\text{を括り出し}}\atop\underline{\text{第3行を}\atop\text{第2行に加える}}$ $(\lambda-1)\begin{vmatrix} 3b-c+1-\lambda & 4b-c & 0 & b \\ -3b+c & -4b+c+1-\lambda & 0 & -b \\ -4a+3b & -4a+4b & -1 & -a+b \\ 3b & 4b & 0 & b+1-\lambda \end{vmatrix}$

$\underline{\text{第3列で展開}}$ $-(\lambda-1)\begin{vmatrix} 3b-c+1-\lambda & 4b-c & b \\ -3b+c & -4b+c+1-\lambda & -b \\ 3b & 4b & b+1-\lambda \end{vmatrix}$

$\underline{\text{第2行を}\atop\text{第1行に}\atop\text{加える}}$ $-(\lambda-1)\begin{vmatrix} 1-\lambda & 1-\lambda & 0 \\ -3b+c & -4b+c+1-\lambda & -b \\ 3b & 4b & b+1-\lambda \end{vmatrix}$ $\underline{\text{第1行から}\atop 1-\lambda\text{を括り出す}}$

$(\lambda-1)^2 \begin{vmatrix} 1 & 1 & 0 \\ -3b+c & -4b+c+1-\lambda & -b \\ 3b & 4b & b+1-\lambda \end{vmatrix}$ $\underline{\text{第1列を第2列から引く}}$

$(\lambda-1)^2 \begin{vmatrix} 1 & 0 & 0 \\ -3b+c & -b+1-\lambda & -b \\ 3b & b & b+1-\lambda \end{vmatrix}$ $\underline{\text{第1行}\atop\text{で展開}}$ $(\lambda-1)^2 \begin{vmatrix} -b+1-\lambda & -b \\ b & b+1-\lambda \end{vmatrix}$

$= (\lambda-1)^2\{(\lambda-1)^2 - b^2 + b^2\} = (\lambda-1)^4.$

よって固有値は 1（4重）である.

固有ベクトルを求める連立1次方程式の係数行列 $A - E$ は

$\begin{pmatrix} 3b-c & 4b-c & 4b-c & b \\ 4a-6b+c & 4a-8b+c & 4a-8b+c & a-2b \\ -4a+3b & -4a+4b & -4a+4b & -a+b \\ 3b & 4b & 4b & b \end{pmatrix}$ $\underline{\text{第4行を}\atop\text{第1,3行から引き}}\atop\underline{\text{第4行}\times 2\text{を}\atop\text{第2行に加える}}$

$$\begin{pmatrix} -c & -c & -c & 0 \\ 4a+c & 4a+c & 4a+c & a \\ -4a & -4a & -4a & -a \\ 3b & 4b & 4b & b \end{pmatrix} \xrightarrow[\text{加える}]{\text{第1,3行を}\atop\text{第2行に}} \begin{pmatrix} -c & -c & -c & 0 \\ 0 & 0 & 0 & 0 \\ -4a & -4a & -4a & -a \\ 3b & 4b & 4b & b \end{pmatrix} \xrightarrow[\text{符号を変える}]{\text{行を並べ替え}}$$

$$\begin{pmatrix} 4a & 4a & 4a & a \\ 3b & 4b & 4b & b \\ c & c & c & 0 \\ 0 & 0 & 0 & 0 \end{pmatrix} \ldots\ldots ⓪$$ と行基本変形される. ここから先は場合に分かれる.

(i) $a \neq 0, b \neq 0, c \neq 0$ のとき 上の行列は階数 3 である. これを見やすくするため, もう少し基本変形してみると

$$\xrightarrow[]{a,b,c\text{を}\atop\text{括り出す}} \begin{pmatrix} 4 & 4 & 4 & 1 \\ 3 & 4 & 4 & 1 \\ 1 & 1 & 1 & 0 \\ 0 & 0 & 0 & 0 \end{pmatrix} \xrightarrow[\text{第1行から引く}]{\text{第3行の4倍を}} \begin{pmatrix} 0 & 0 & 0 & 1 \\ 3 & 4 & 4 & 1 \\ 1 & 1 & 1 & 0 \\ 0 & 0 & 0 & 0 \end{pmatrix} \xrightarrow[\text{引く}]{\text{第3行×4}\atop\text{と第1行を}\atop\text{第2行から}} \begin{pmatrix} 0 & 0 & 0 & 1 \\ -1 & 0 & 0 & 0 \\ 1 & 1 & 1 & 0 \\ 0 & 0 & 0 & 0 \end{pmatrix}$$

$$\xrightarrow[\text{加える}]{\text{第2行を}\atop\text{第3行に}} \begin{pmatrix} 0 & 0 & 0 & 1 \\ -1 & 0 & 0 & 0 \\ 0 & 1 & 1 & 0 \\ 0 & 0 & 0 & 0 \end{pmatrix}.$$ これより, 解 $\begin{pmatrix} 0 \\ 1 \\ -1 \\ 0 \end{pmatrix}$ を得る. 1 次元しかないので, ジョ

ルダン標準形はただ一つのブロック $\begin{pmatrix} 1 & 1 & 0 & 0 \\ 0 & 1 & 1 & 0 \\ 0 & 0 & 1 & 1 \\ 0 & 0 & 0 & 1 \end{pmatrix}$ …① より成る.

(ii) a, b, c のうちどれか一つだけが 0 のとき ⓪は階数 2 で固有ベクトルが 2 本有

るので, 標準形は二つのブロックを持ち $\begin{pmatrix} 1 & 1 & 0 & 0 \\ 0 & 1 & 0 & 0 \\ 0 & 0 & 1 & 0 \\ 0 & 0 & 0 & 1 \end{pmatrix}$ …② か $\begin{pmatrix} 1 & 1 & 0 & 0 \\ 0 & 1 & 0 & 0 \\ 0 & 0 & 1 & 1 \\ 0 & 0 & 0 & 1 \end{pmatrix}$ …③

かのいずれかである. この二つは $(A-E)^2$ の階数で判別できるが, その計算は面倒なので次のように推論する:標準形が前者②なら $(A-E)\boldsymbol{x} = \boldsymbol{a}$ が解けないような固有ベクトル $\boldsymbol{a}$ が存在し, 後者③なら常に解ける. 上で求めた固有ベクトルはこの場合も有効なので, $A-E$ から⓪に到るまでの基本変形をこれに施すと

$$\begin{pmatrix} 0 \\ 1 \\ -1 \\ 0 \end{pmatrix} \to \begin{pmatrix} 0 \\ 1 \\ -1 \\ 0 \end{pmatrix} \to \begin{pmatrix} 0 \\ 0 \\ -1 \\ 0 \end{pmatrix} \to \begin{pmatrix} 1 \\ 0 \\ 0 \\ 0 \end{pmatrix}.$$ 従って $a=0$ のときこれは解けないので標

準形は前者②に決まる. その他のときは解けてしまうが, まず $b=0$ のときは (i) の基本変形を部分的に利用すると, もう 1 本の固有ベクトルは $(1,0,-1,0)^T$. これに⓪に

到るまでの基本変形を施すと $\begin{pmatrix} 1 \\ 0 \\ -1 \\ 0 \end{pmatrix} \to \begin{pmatrix} 1 \\ 0 \\ -1 \\ 0 \end{pmatrix} \to \begin{pmatrix} 1 \\ 0 \\ -1 \\ 0 \end{pmatrix} \to \begin{pmatrix} 1 \\ 0 \\ -1 \\ 0 \end{pmatrix}$ と, やはり解け

てしまうので, この場合は後者③. 最後に $c=0$ のときは $(0,1,0,-4)^T$ が第 2 の固有

ベクトルで, これを同様に基本変形すると $\begin{pmatrix} 0 \\ 1 \\ 0 \\ -4 \end{pmatrix} \to \begin{pmatrix} 4 \\ -7 \\ 4 \\ -4 \end{pmatrix} \to \begin{pmatrix} 4 \\ 1 \\ 4 \\ -4 \end{pmatrix} \to \begin{pmatrix} -4 \\ -4 \\ -4 \\ 1 \end{pmatrix}$

と解けないベクトルになったので, この場合は前者②と定まる.

(iii) a, b, c のうちの二つが 0 のとき 行列①の階数は 1, 従って固有ベクトルが 3 本有るので，ジョルダンブロックの個数も 3. よって $\begin{pmatrix} 1 & 1 & 0 & 0 \\ 0 & 1 & 0 & 0 \\ 0 & 0 & 1 & 0 \\ 0 & 0 & 0 & 1 \end{pmatrix}$ …④ に決まる.

(iv) $a=b=c=0$ のとき $A-E=O$, 従って $A=E$ …⑤ となり，これがそのまま標準形である．

以上①〜⑤がジョルダ標準形の分類のすべてとなる． ∎

例題 5.2-3 ──────────────────────── 階数落ち行列と標準形 ──

行列
$$A = \begin{pmatrix} a_1b_1+1 & a_1b_2 & \cdots & \cdots & a_1b_n \\ a_2b_1 & a_2b_2+1 & a_2b_3 & \cdots & a_2b_n \\ \vdots & & \ddots & & \vdots \\ a_{n-1}b_1 & a_{n-1}b_2 & & \ddots & a_{n-1}b_n \\ a_nb_1 & a_nb_2 & \cdots & a_nb_{n-1} & a_nb_n+1 \end{pmatrix}$$

について以下の問いに答えよ．
(1) 固有値を求めよ．
(2) 行列式を計算せよ．
(3) ジョルダン標準形とそれへの変換行列を求めよ．

解答

$$B = \begin{pmatrix} a_1b_1 & a_1b_2 & \cdots & \cdots & a_1b_n \\ a_2b_1 & a_2b_2 & a_2b_3 & \cdots & a_2b_n \\ \vdots & & \ddots & & \vdots \\ a_{n-1}b_1 & a_{n-1}b_2 & & \ddots & a_{n-1}b_n \\ a_nb_1 & a_nb_2 & \cdots & a_nb_{n-1} & a_nb_n \end{pmatrix} = \begin{pmatrix} a_1 \\ a_2 \\ \vdots \\ a_n \end{pmatrix}(b_1, b_2, \ldots, b_n)$$

は階数 1 の行列であるから，固有値 0 が少なくとも $n-1$ 重している．実際，固有値 0 に対応する固有ベクトルは

$$b_1x_1 + b_2x_2 + \cdots + b_nx_n = 0 \tag{5.3}$$

の解として求まり，どれかの $b_i \neq 0$ なら，

$$x_j = b_i,\ x_i = -b_j,\ \text{その他の成分は零},\ j=1,\ldots,i-1,i+1,\ldots,n \tag{5.4}$$

で $n-1$ 個の固有ベクトルが求まる．すべての $b_i = 0$ のときは B は零行列となり，$\boldsymbol{R}^n$ の標準基底が固有ベクトルの系となる．このときは A は単位行列で，固有値 1 が n 重，また $\det A = 1$ は自明である．それ以外のとき，B の残りの固有値はトレー

ス $a_1b_1 + \cdots + a_nb_n$ に等しい．問題の行列は $A = B + E$ の形をしており，この固有値は $\det(A - \lambda E) = \det\{B - (\lambda - 1)E\} = 0$ より，B の固有値に 1 を加えたものとなる．よって $a_1b_1 + \cdots + a_nb_n \neq 0$ なら，A の固有値は 1 ($n-1$ 重)，$a_1b_1 + \cdots + a_nb_n + 1$ となる．1 に対応する固有ベクトルは (5.4) である．最後の固有値に対応する固有ベクトルは B の $a_1b_1 + \cdots + a_nb_n$ に対応する固有ベクトルで，目の子で $\boldsymbol{a} := (a_1, \ldots, a_n)^T$ でよいことが分かる．よって $\boldsymbol{a} \neq \boldsymbol{0}$ なら (5.4) とこれを並べた変換行列 S で B は $\mathrm{diag}(0, \ldots, 0, a_1b_1 + \cdots + a_nb_n)$ に，従って A は $\mathrm{diag}(1, \ldots, 1, a_1b_1 + \cdots + a_nb_n + 1)$ に対角化される．なお，$\boldsymbol{a} = \boldsymbol{0}$ のときは B が零行列となり，$\forall b_i = 0$ の場合と同じ結論になる．

最後に，$\exists a_ib_j \neq 0$ だが $a_1b_1 + \cdots + a_nb_n = 0$ のときは，固有値 0 が n 重となるが，$\mathrm{rank}\, B = 1$ なので，B は対角化できずサイズ 2 のジョルダンブロック $\begin{pmatrix} 0 & 1 \\ 0 & 0 \end{pmatrix}$ が生じる．これを作り出すには，(5.4) のどれか一つ，例えば最後のものを $(a_1, \ldots, a_n)^T$ と取り替え，これに対応する一般固有ベクトルとして $b_1x_1 + \cdots + b_nx_n = 1$ の解，例えば $(0, \ldots, 0, \frac{1}{b_i}, 0, \ldots, 0)^T$ を取って並べればよい．同じ S で A は対角線に 1 が並び，最後の肩，すなわち $(n-1, n)$ 成分にも 1 がある標準形となる．

なおいずれの場合も行列式は全固有値の積で $a_1b_1 + \cdots + a_nb_n + 1$ となる．■

🐱 最後の場合は，(5.4) のベクトルに順に $a_1, \ldots, a_{i-1}, a_{i+1}, \ldots, a_n$ を掛けて加えると
$$(-a_1b_i, \ldots, -a_{i-1}b_i, \sum_{j \neq i} a_jb_j, -a_{i+1}b_{i+1}, \cdots, -a_nb_n)^T$$
$$= (-a_1b_i, \ldots, -a_{i-1}b_i, \sum_{j=1}^n a_jb_j - a_ib_i, -a_{i+1}b_{i+1}, \cdots, -a_nb_n)^T$$
$$= -b_i(a_1, \ldots, a_{i-1}, a_i, a_{i+1}, \cdots, a_n)^T$$
となるので，(5.4) に $(a_1, \ldots, a_n)^T$ を加えたものは 1 次独立ではなくなる．同じ計算から，$\sum_{j=1}^n a_jb_j \neq 0$ のときは，これらが全体として 1 次独立なことも分かる．

── 例題 5.2-4 ──────────────── 特殊な行列のジョルダン標準形 ──

例題 5.1-3 の行列 A のジョルダン標準形と変換行列を求めよ．

解答 同例題で固有多項式と固有値が記述され，各固有値 λ_i に対して固有ベクトル $(1, \lambda_i, \lambda_i^2, \ldots, \lambda_i^{n-1})^T$ が 1 本ずつしか無いことが示されているので，ジョルダン標準形は $\begin{pmatrix} J_1 & & & \\ & J_2 & & \\ & & \ddots & \\ & & & J_s \end{pmatrix}$，ここに，$J_i$ はサイズ ν_i で J_i は (5.2) で与えられるもの，に確定する．固有ベクトルは 1 本求められているので，これを右辺として一般固有ベクトルをあと $\nu_i - 1$ 本求めればよい．まず

$$(A - \lambda_i E)\boldsymbol{x} = \begin{pmatrix} -\lambda_i & 1 & 0 & \cdots & & 0 \\ 0 & -\lambda_i & 1 & 0 & & \vdots \\ \vdots & \ddots & \ddots & \ddots & & \\ \vdots & & \ddots & \ddots & 1 & 0 \\ 0 & \cdots & & 0 & -\lambda_i & 1 \\ -a_n & -a_{n-1} & \cdots & \cdots & -a_2 & -a_1-\lambda_i \end{pmatrix} \begin{pmatrix} x_1 \\ x_2 \\ x_3 \\ \vdots \\ x_n \end{pmatrix} = \begin{pmatrix} 1 \\ \lambda_i \\ \lambda_i^2 \\ \vdots \\ \lambda_i^{n-1} \end{pmatrix}$$

を睨むと，次の一般固有ベクトルが $x_1 = 0$ の選択で $(0, 1, 2\lambda_i, \ldots, (n-1)\lambda_i^{n-2})^T$ となることが見て取れる．同様にして，$k = 2, \ldots, \nu_i - 1$ に対し，k 番目の一般固有ベクトルが $(0, \ldots, 0, k!, \frac{(k+1)!}{1!}\lambda_i, \ldots, (n-1)\cdots(n-k)\lambda_i^{n-k-1})^T$ となることが帰納的に分かる．よって変換行列は

$$S = \begin{pmatrix} 1 & 0 & 0 & \cdots & & 0 & 1 & \cdots \\ \lambda_1 & 1 & 0 & & & \vdots & \lambda_2 & \cdots \\ \lambda_1^2 & 2\lambda_1 & 2 & & & & \lambda_2^2 & \cdots \\ \lambda_1^3 & 3\lambda_1^2 & 3 \cdot 2\lambda_1 & \ddots & & 0 & \lambda_2^3 & \cdots \\ \vdots & \vdots & \vdots & & (\nu_1-1)! & & \vdots & \cdots \\ \lambda_1^{n-1} & (n-1)\lambda_1^{n-2} & \frac{(n-1)!}{(n-3)!}\lambda_1^{n-3} & \cdots & \frac{(n-1)!}{(n-\nu_1)!}\lambda_1^{n-\nu_1} & & \lambda_2^{n-1} & \cdots \end{pmatrix} \quad (5.5)$$

のような形となる． ∎

🐰 S の各固有値 λ_i に対応する一般固有ベクトルは k 番目が固有ベクトルを λ_i で k 回微分したものとなっている．

例題 5.2-5 ─────────────────── ジョルダン標準形の改良 ─

ジョルダン標準形の肩の 1 は任意の $\varepsilon \neq 0$ で位置毎に独立に置き換えられることを示せ．ただしジョルダン標準形への変換の存在は仮定してよい．

解答 ジョルダンブロック毎にそのような基底に取り替えられることを言えばよい．サイズ ν の一つのブロック $\begin{pmatrix} \lambda & 1 & 0 & \cdots & 0 \\ 0 & \lambda & \ddots & & \vdots \\ \vdots & \ddots & \ddots & \ddots & 1 \\ 0 & \cdots & & 0 & \lambda \end{pmatrix}$ を達成する基底が $[\boldsymbol{v}_1, \ldots, \boldsymbol{v}_\nu]$ であったとすると，$(A-\lambda E)\boldsymbol{v}_1 = \boldsymbol{0}, (A-\lambda E)\boldsymbol{v}_2 = \boldsymbol{v}_1, \ldots, (A-\lambda E)\boldsymbol{v}_\nu = \boldsymbol{v}_{n-1}$ となっている．よって

$$\boldsymbol{w}_1 = \boldsymbol{v}_1,\ \boldsymbol{w}_2 = \varepsilon_1 \boldsymbol{v}_2,\ \boldsymbol{w}_3 = \varepsilon_1 \varepsilon_2 \boldsymbol{v}_3,\ \ldots,\ \boldsymbol{w}_{\nu-1} = \prod_{j=1}^{\nu-2} \varepsilon_j \boldsymbol{v}_{\nu-1},\ \boldsymbol{w}_\nu = \prod_{j=1}^{\nu-1} \varepsilon_j \boldsymbol{v}_\nu$$

により新たな基底 $[\boldsymbol{w}_1, \ldots, \boldsymbol{w}_n]$ を導入すれば，

$(A-\lambda E)\boldsymbol{w}_1 = 0,\ (A-\lambda E)\boldsymbol{w}_2 = \varepsilon_1 \boldsymbol{v}_1 = \varepsilon_1 \boldsymbol{w}_1,\ (A-\lambda E)\boldsymbol{w}_3 = \varepsilon_1\varepsilon_2 \boldsymbol{v}_2 = \varepsilon_2 \boldsymbol{w}_2,$

$\ldots, (A-\lambda E)\boldsymbol{w}_\nu = \prod_{j=1}^{\nu-1} \varepsilon_j \boldsymbol{v}_{\nu-1} = \varepsilon_{\nu-1} \boldsymbol{w}_{\nu-1}$

となるので,

$$(A - \lambda E)[\boldsymbol{w}_1, \ldots, \boldsymbol{w}_\nu] = [\boldsymbol{w}_1, \ldots, \boldsymbol{w}_\nu] \begin{pmatrix} 0 & \varepsilon_1 & 0 & \cdots & 0 \\ \vdots & \ddots & \ddots & \ddots & \vdots \\ \vdots & & \ddots & \ddots & 0 \\ \vdots & & & \ddots & \varepsilon_{\nu-1} \\ 0 & \cdots & \cdots & \cdots & 0 \end{pmatrix}$$

となり,要求が満たされた. ∎

～～ 問 題 ～～～～～～～～～～～～～～～～～～～～～～～～

5.2.1 次の行列のジョルダン標準形とそれを与える変換行列を求めよ.

(1) $\begin{pmatrix} 2 & -1 & 3 \\ 0 & 2 & 2 \\ 1 & 0 & 2 \end{pmatrix}$ (2) $\begin{pmatrix} 1 & 0 & 1 \\ 0 & 1 & 1 \\ 0 & 0 & 1 \end{pmatrix}$ (3) $\begin{pmatrix} -5 & 0 & 6 \\ 1 & -2 & -1 \\ -3 & 0 & 4 \end{pmatrix}$

5.2.2 例題 5.1-4 (4) の 4 次ブロック型行列 $\begin{pmatrix} A & E \\ O & A \end{pmatrix}$ のジョルダン標準形と変換行列を求めよ.

5.2.3 例題 5.2-4 で求めた変換行列 (5.5) の行列式を求めよ.ただし $\nu_1 \geq \nu_2 \geq \cdots \geq \nu_s$ とする.

5.2.4 A と A^T は同じジョルダン標準形を持つことを示せ.

5.2.5 次の上段 (1) ～ (6) に掲げた行列のジョルダン標準形を視認と暗算で下段の (a) ～ (d) から選べ.また推測の根拠を示せ.

(1) $\begin{pmatrix} 2 & 5 & 0 & 0 \\ 0 & 2 & 2 & 0 \\ 0 & 0 & 2 & 0 \\ 0 & 0 & 0 & 2 \end{pmatrix}$ (2) $\begin{pmatrix} 2 & 3 & 4 & 5 \\ 0 & 2 & 0 & 0 \\ 0 & 0 & 2 & 0 \\ 0 & 0 & 0 & 2 \end{pmatrix}$ (3) $\begin{pmatrix} 2 & 1 & 0 & 3 \\ 0 & 2 & 0 & 0 \\ 0 & 0 & 2 & 7 \\ 0 & 0 & 0 & 2 \end{pmatrix}$ (4) $\begin{pmatrix} 2 & 1 & 1 & 1 \\ 0 & 2 & 0 & 1 \\ 0 & 0 & 2 & 1 \\ 0 & 0 & 0 & 2 \end{pmatrix}$

(5) $\begin{pmatrix} 2 & 1 & 3 & 5 \\ 0 & 2 & 1 & 3 \\ 0 & 0 & 2 & 1 \\ 0 & 0 & 0 & 2 \end{pmatrix}$ (6) $\begin{pmatrix} 2 & 0 & 0 & 0 \\ 0 & 2 & 0 & 0 \\ 0 & 1 & 2 & 0 \\ 0 & 0 & 0 & 2 \end{pmatrix}$ (7) $\begin{pmatrix} 2 & 0 & 0 & 0 \\ 1 & 2 & 0 & 0 \\ 0 & 0 & 2 & -1 \\ 0 & 0 & 0 & 2 \end{pmatrix}$ (8) $\begin{pmatrix} 2 & 0 & 0 & 0 \\ 1 & 2 & 0 & 0 \\ 0 & 0 & 2 & 1 \\ 1 & 0 & 0 & 2 \end{pmatrix}$

(a) $\begin{pmatrix} 2 & 1 & 0 & 0 \\ 0 & 2 & 1 & 0 \\ 0 & 0 & 2 & 1 \\ 0 & 0 & 0 & 2 \end{pmatrix}$ (b) $\begin{pmatrix} 2 & 1 & 0 & 0 \\ 0 & 2 & 1 & 0 \\ 0 & 0 & 2 & 0 \\ 0 & 0 & 0 & 2 \end{pmatrix}$ (c) $\begin{pmatrix} 2 & 1 & 0 & 0 \\ 0 & 2 & 0 & 0 \\ 0 & 0 & 2 & 0 \\ 0 & 0 & 0 & 2 \end{pmatrix}$ (d) $\begin{pmatrix} 2 & 1 & 0 & 0 \\ 0 & 2 & 0 & 0 \\ 0 & 0 & 2 & 1 \\ 0 & 0 & 0 & 2 \end{pmatrix}$

5.2.6 次の行列のジョルダン標準形とそれを与える変換行列を求めよ.

(1) $\begin{pmatrix} -2 & -1 & 0 & -1 \\ 4 & 3 & 0 & 4 \\ 3 & 3 & -1 & 3 \\ -3 & 5 & -8 & 0 \end{pmatrix}$ (2) $\begin{pmatrix} -3 & 0 & -1 & 2 \\ 6 & -13 & -7 & 25 \\ -16 & 8 & 1 & -8 \\ 4 & -8 & -4 & 15 \end{pmatrix}$ (3) $\begin{pmatrix} 5 & -7 & -1 & 1 \\ 3 & -5 & 0 & 1 \\ 1 & -1 & 0 & 0 \\ 6 & -15 & 3 & 4 \end{pmatrix}$

(4) $\begin{pmatrix} -9 & -2 & -1 & 16 \\ -5 & 2 & -2 & 7 \\ 3 & 4 & -1 & -7 \\ -7 & -1 & -1 & 12 \end{pmatrix}$ (5) $\begin{pmatrix} 0 & 1 & 4 & -2 \\ 0 & 0 & 0 & 1 \\ 1 & -5 & -3 & 6 \\ 1 & -5 & -4 & 7 \end{pmatrix}$ (6) $\begin{pmatrix} -1 & -2 & 2 & 4 \\ -4 & -3 & 4 & 8 \\ 4 & 4 & -3 & -8 \\ -5 & -5 & 5 & 11 \end{pmatrix}$

5.3 固有多項式と最小多項式

要項 5.3.1 実係数 1 変数多項式の集合を $\mathbf{R}[x]$ で表すとき，行列 A を代入すると零行列となるような $f(x) \in \mathbf{R}[x]$ の集合 $\mathcal{I}_A$ は次の性質を持つ[6]：

(1) $f(x), g(x) \in \mathcal{I}_A, a, b \in \mathbf{R}$ なら，$af(x) + bg(x) \in \mathcal{I}_A$.
(2) $f(x) \in \mathcal{I}, g(x) \in \mathbf{R}[x]$ なら，$f(x)g(x) \in \mathcal{I}_A$.

$\mathcal{I}_A$ を行列 A の**零化イデアル**と呼ぶ.

$\mathcal{I}_A$ の次数最小の元で，**モニック**，すなわち，最高次の係数を 1 に正規化したもの $\psi_A(x)$ は A の**最小多項式**と呼ばれる．これは $\psi(A) = O$ となるようなモニックな多項式 ψ のうちで次数最小のものということである．

$\mathcal{I}_A$ の任意の元は最小多項式 ψ_A で割りきれる．

（ケイリー-ハミルトンの定理） A の固有多項式 $\varphi_A(x)$ は $\mathcal{I}_A$ に属する．すなわち，$\varphi_A(A) = O$ であり，$\varphi_A(x)$ は $\psi_A(x)$ で割りきれる．

要項 5.3.2 正方行列 A の最小多項式は A の固有多項式と同じ種類の根[7]を持つ．違いはその重複度のみである．

A が対角化可能なためには，その最小多項式が単根のみを持つことが必要かつ十分である.

以上の主張は係数体 $\mathbf{R}$ を複素数体 $\mathbf{C}$ に変えても同様に成り立つ．ただし，実行列については，固有値が虚数になっても，最小多項式は固有多項式と同様，実係数多項式になる.

要項 5.3.3 （**スペクトル写像定理**） $f(x)$ を 1 変数の有理式とし，n 次正方行列 A に対し $f(A)$ は定義可能（すなわち，f の分母に A を代入したものが可逆）とする．A が重複度 ν の固有値 λ を持てば，$f(A)$ は同じ重複度 ν の固有値 $f(\lambda)$ を持つ．固有値 λ に同伴する A の（一般）固有ベクトルは固有値 $f(\lambda)$ に同伴する $f(A)$ の（一般）固有ベクトルとなる．

要項 5.3.4 n 次正方行列 A が $A^2 = A$ を満たすとき**冪等** (idempotent)，あるいは**射影作用素**であると言う．後者の名称は $\boldsymbol{x} \in \mathrm{Image}\, A$ なら $A\boldsymbol{x} = \boldsymbol{x}$ となることから来ている.

---

[6] $\mathbf{R}[x]$ は通常の多項式の演算でいわゆる環（より正確には体 $\mathbf{R}$ 上の多元環）となる．これを実係数 1 変数**多項式環**と呼ぶ．多項式の積は可換なので可換環である.

[7] 多項式 $f(x)$ の**根**とは，代数方程式 $f(x) = 0$ を満たす x のことである．ある時期から高校数学では，代数方程式の根を解と呼ぶようになったが，多項式の解はおかしい（固有多項式の方は固有方程式の根と言えるが，最小多項式には対応する概念に名前が無い）し，大学で学ぶ代数ではどちらも根と呼ぶのが普通である.

また A がある k について $A^k = O$ を満たすとき，**冪零** (nilpotent) と言う．

要項 5.3.5　正方行列 A に対し，半単純（対角化可能）な行列 D, 冪零行列 N で互いに可換，かつ $A = D + N$ を満たすもの（ジョルダン分解）が一意に存在する．D, N をそれぞれ A の**半単純部分**，**冪零部分**と呼ぶ．

要項 5.3.6　$\varphi_A(x) = \prod_{i=1}^{s}(x - \lambda_i)^{\nu_i}$ を A の固有多項式の素因子分解とし，

$$\frac{1}{\varphi_A(x)} = \sum_{i=1}^{s} \frac{\chi_i(x)}{(x - \lambda_i)^{\nu_i}}$$

を部分分数分解とする．この分母を払ったものを

$$1 = \sum_{i=1}^{s} f_i(x), \quad f_i(x) = \chi_i(x) \prod_{j \neq i}(x - \lambda_j)^{\nu_j} \tag{5.6}$$

とするとき，

$$E = \sum_{i=1}^{s} E_i, \quad E_i = f_i(A) \tag{5.7}$$

は射影作用素への**直和分解**となる．すなわち，

$$E_i^2 = E_i, \quad i \neq j \text{ なら } E_i E_j = O. \tag{5.8}$$

E_i は $\mathbf{R}^n$ から A の λ_i-一般固有空間への射影作用素となり，AE_i は固有値 λ_i のみを持つ．$V_i := \text{Image} E_i$ は A-**不変**：$AV_i \subset V_i$ であり，$\mathbf{R}^n = V_1 \dotplus \cdots \dotplus V_s$ は空間の直和分解となる．

特に A が対角化可能のときは

$$A = \sum_{i=1}^{s} \lambda_i E_i = \sum_{i=1}^{s} \lambda_i f_i(A) \tag{5.9}$$

と表される．これを A の**スペクトル分解**と呼ぶ．なお A が対角化可能でないときには，これは A の半単純部分を与える．よって A の半単純部分，従って冪零部分は A の多項式として書ける．

🐙 分解 (5.7) は最小多項式 $\psi_A(x)$ を用いても作れる．その方が効率的だが，最小多項式は固有多項式より求めるのが複雑なので，普通は固有多項式を用いて作る．

── 例題 5.3-1 ──────────────────────── 冪等行列 ──

冪等行列 A は対角化可能であることを示せ．また A を対角化したときの可能な形を列挙せよ．

[解答]　A は $f(x) = x^2 - x = x(x - 1)$ を零にするので，A の最小多項式は $x(x - 1)$ の約数であり，従って単根しか持たない．根の可能性は 0 か 1 なので，固

有値は 1 が $n-k$ 個, 0 が k 個 $(0 \leq k \leq n)$ となる. よって A を対角化すれば, 対角線に 1 が $n-k$ 個, 0 が k 個並ぶ. (一方が存在しない場合も含む.) 変換行列の選び方により並び方は任意にできるが, この順にまとめることは可能である. ∎

例題 5.3-2 ———————————————————————————————— 冪零行列 ———

(1) サイズ n の冪零行列は必ず $A^n = O$ を満たすことを示せ.
(2) 冪零行列のジョルダン標準形はどのような形か?
(3) 可換な冪零行列の和は冪零となることを示せ. 可換でないときはどうか?

[解答] (1) $A^k = O$ となる最小の k を k_0 とする. A の最小多項式は x^{k_0} の約数なので, x^{k_0} 自身が最小多項式となる. 最小多項式は固有多項式の約数なので $k_0 \leq n$ である. 故に $A^n = A^{k_0} A^{n-k_0} = O A^{n-k_0} = O$ となる.
(2) 上で求めた k_0 を用いる. A の固有値は $x^{k_0} = 0$ の根で, 従ってすべて 0 なので, A のジョルダンブロックは肩の 1 のみから成り, ジョルダンブロックの最大サイズは k_0 となる. 一般にはこれ以上のことは分からない.
(3) N_1, N_2 が可換な冪零行列なら, $(N_1 + N_2)^{2n} = \sum_{k=0}^{2n} {}_{2n}C_k N_1^{2n-k} N_2^k$ となり, 各項はどちらかの因子が零行列となるため. 一般には $\begin{pmatrix} 0 & 1 \\ 0 & 0 \end{pmatrix} + \begin{pmatrix} 0 & 0 \\ 1 & 0 \end{pmatrix} = \begin{pmatrix} 0 & 1 \\ 1 & 0 \end{pmatrix}$ などの反例がある. (成り立つこともあるが一般的ではない.) ∎

例題 5.3-3 ———————————————————————————— 一般固有空間への射影 ———

要項 5.3.6 の式 (5.7), (5.8), (5.9) を確かめよ.

[解答] $E_i = f_i(A)$, $f_i(x) = \chi_i(x) \prod_{k \neq i}(x - \lambda_k)^{\nu_k}$ だったので, $i \neq j$ のとき $E_i E_j = g_{ij}(A)$, ここに, $g_{ij}(x) = \chi_i(x) \prod_{k \neq i}(x - \lambda_k)^{\nu_k} \chi_j(x) \prod_{l \neq j}(x - \lambda_l)^{\nu_l}$ は必ず $\prod_{k=1}^{s}(x - \lambda_k)^{\nu_k}$ すなわち A の固有多項式 $\varphi_A(x)$ で割りきれる. 従ってこれに $x = A$ を代入して得られる $E_i E_j$ は零行列となる. (5.7) は定義から明らかなので, この両辺に E_i を掛けると, 左辺は E_i になり, 右辺は E_i^2 以外は O になるので, (5.8) が確かめられた. 最後に, 定義から $(x - \lambda_i)^{\nu_i} f_i(x) = \chi_i(x) \prod_{k=1}^{s}(x - \lambda_k)^{\nu_k}$ も φ_A で割りきれるので, これに $x = A$ を代入した $(A - \lambda_i E)^{\nu_i} E_i = O$ となる. すなわち $\mathrm{Image}\, E_i$ は A の λ_i-一般固有空間に含まれる. 逆に $j \neq i$ なら $E_j = f_j(A)$ において $f_j(x)$ は $(x - \lambda_i)^{\nu_i}$ を因子に含むので, $\boldsymbol{x} \in \mathrm{Ker}(A - \lambda_i E)^{\nu_i}$ なら $E_j \boldsymbol{x} = \boldsymbol{0}$, 従って (5.7) から $\boldsymbol{x} = E\boldsymbol{x} = E_i \boldsymbol{x}$ となり, λ_i-一般固有空間 $\mathrm{Ker}(A - \lambda_i E)^{\nu_i}$ は $\mathrm{Image}\, E_i$ に含まれる. よって両者は一致し, (5.7) は一般固有空間への射影作用素による分解となっている. (5.7) の両辺に A を掛けると $A = \sum_{i=1}^{s} A E_i$ となる. A が対角化可能な場合は $\mathrm{Image}\, E_i$ は A の λ_i-固有空間となっており, この上で A はス

カラー λ_i 倍に帰着されるので $AE_i = \lambda_i E_i$ となり,この式は (5.9) になる. A が一般の場合も A は Image E_i の上ではただ 1 種類の固有値 λ_i を持ち,$\lambda_i E_i$ が半単純部分となっている.よってこれらを集めた (5.9) は A の半単純部分を与える. ∎

例題 5.3-4 ────────────────────────── 半単純部分と冪零部分

要項 5.3.5 のジョルダン分解は一意に存在することを示せ.また,可換性を仮定しないと一意にならない例を示せ.

[解答] $S^{-1}AS = J$ を A のジョルダン標準形とし,$J = J_D + J_N$ をその対角部分と肩の 1 の部分への分解とする.ジョルダン標準形はブロック毎に前者がスカラー行列となっているので,D_J と D_N は可換である.$A = SJ_D S^{-1} + SJ_N S^{-1}$ であり,$D = SJ_D S^{-1}$ は明らかに対角化可能,また $N = SJ_N S^{-1}$ も $N^n = SJ_N^n S^{-1} = SOS^{-1} = O$ より冪零で,$DN = SJ_D S^{-1} SN_J S^{-1} = SJ_D J_N S^{-1} = SJ_N J_D S^{-1} = ND$ よりこれらは可換となる.これで分解の存在が示された.

次に,$A = D+N = D'+N'$ と条件を満たす二つの分解が存在したとすると,仮定により D' は N' と可換,従って $D'+N' = A$ とも可換である.$(A-D')^n = N'^n = O$ だが,これから例題 5.3-2 (2) により $A - D'$ の固有値は 0 のみであることが分かる.ここで A の一般固有空間への分解 (5.7) を考える.E_i は A の多項式として表されるので,D' はこれとも可換である:$D'E_i = E_i D'$.これから D' は Image E_i すなわち A の λ_i-一般固有空間を不変にすることが分かる.$A - D'$ はこの上でも固有値が 0 のみであるが,A はここでは $\lambda_i E_i + NE_i$ の形をしており,$D'E_i$ はこれと可換,また $\lambda_i E_i$ とも可換なので NE_i と可換となり,従って $\lambda_i E_i - D'E_i$ は例題 5.3-2 (3) より冪零となって固有値 0 のみを持つことになる.これは D' が Image E_i の上では固有値 λ_i のみを持つ対角化可能行列であることを意味し,従って $D'E_i = \lambda_i E_i$ となる.故に $D' = \sum_{i=1}^{s} \lambda_i E_i$ は標準的に構成した A の半単純部分と一致する.

最後に,可換性を仮定しないときの一意性の反例としては,$\varepsilon > 0$ としたときの

$$A = \begin{pmatrix} 1 & 1 \\ 0 & 1 \end{pmatrix} = \begin{pmatrix} 1 & 0 \\ 0 & 1 \end{pmatrix} + \begin{pmatrix} 0 & 1 \\ 0 & 0 \end{pmatrix} = \begin{pmatrix} 1 & 1 \\ \varepsilon & 1 \end{pmatrix} + \begin{pmatrix} 0 & 0 \\ -\varepsilon & 0 \end{pmatrix}$$

が挙げられる.最初の分解は正当なジョルダン分解であるが,後の方は 1 番目の行列が二つの異なる固有値を持つため対角化可能となっており,2 番目の行列は明らかに冪零である. ∎

例題 5.3-5 ────────────────────────── 最小多項式の推定

例題 5.2-1 の各行列の最小多項式を示せ.

5.3 固有多項式と最小多項式

[解答] 例題 5.2-1 でいずれもジョルダン標準形が求まっているので，最小多項式は各固有値に対応する 1 次因子を，その固有値に属するジョルダンブロックの最大サイズだけ冪乗したものの積として求まる．

(1) $(\lambda - 2)^2 (\lambda + 1)$ （固有多項式に等しい）．
(2) $(\lambda - 1)^4$ （固有多項式に等しい）．
(3) $(\lambda - 1)^2$．
(4) $(\lambda - 1)^3$．
(5) $(\lambda^2 - 4\lambda + 5)^2$ （固有多項式に等しい）． ■

例題 5.3-6 ─────────────────────── スペクトル分解 ─

例題 5.2-1 (1) の行列のジョルダン分解を求めよ．またその一般固有空間への射影作用素による直和分解を与え，ジョルダン分解の成分を A の多項式として表せ．

[解答] 例題 5.2-1 (1) の解答で求めた S と例題 2.6-1 (1) で計算したその逆行列 S^{-1} を用いると，$A = D + N$，ここに，

$$D = \begin{pmatrix} -1 & 1 & 1 \\ 2 & 1 & -1 \\ 1 & 0 & -1 \end{pmatrix} \begin{pmatrix} 2 & 0 & 0 \\ 0 & 2 & 0 \\ 0 & 0 & -1 \end{pmatrix} \begin{pmatrix} -1 & 1 & -2 \\ 1 & 0 & 1 \\ -1 & 1 & -3 \end{pmatrix}$$

$$= \begin{pmatrix} -1 & 1 & 1 \\ 2 & 1 & -1 \\ 1 & 0 & -1 \end{pmatrix} \begin{pmatrix} -2 & 2 & -4 \\ 2 & 0 & 2 \\ 1 & -1 & 3 \end{pmatrix} = \begin{pmatrix} 5 & -3 & 9 \\ -3 & 5 & -9 \\ -3 & 3 & -7 \end{pmatrix},$$

$$N = \begin{pmatrix} -1 & 1 & 1 \\ 2 & 1 & -1 \\ 1 & 0 & -1 \end{pmatrix} \begin{pmatrix} 0 & 1 & 0 \\ 0 & 0 & 0 \\ 0 & 0 & 0 \end{pmatrix} \begin{pmatrix} -1 & 1 & -2 \\ 1 & 0 & 1 \\ -1 & 1 & -3 \end{pmatrix}$$

$$= \begin{pmatrix} -1 & 1 & 1 \\ 2 & 1 & -1 \\ 1 & 0 & -1 \end{pmatrix} \begin{pmatrix} 1 & 0 & 1 \\ 0 & 0 & 0 \\ 0 & 0 & 0 \end{pmatrix} = \begin{pmatrix} -1 & 0 & -1 \\ 2 & 0 & 2 \\ 1 & 0 & 1 \end{pmatrix}.$$

次に，固有値 $2, -1$ に対する射影作用素は，変換行列とジョルダン標準形が分かっていれば次のように計算できる：

$$E_2 = \begin{pmatrix} -1 & 1 & 1 \\ 2 & 1 & -1 \\ 1 & 0 & -1 \end{pmatrix} \begin{pmatrix} 1 & 0 & 0 \\ 0 & 1 & 0 \\ 0 & 0 & 0 \end{pmatrix} \begin{pmatrix} -1 & 1 & -2 \\ 1 & 0 & 1 \\ -1 & 1 & -3 \end{pmatrix}$$

$$= \begin{pmatrix} -1 & 1 & 1 \\ 2 & 1 & -1 \\ 1 & 0 & -1 \end{pmatrix} \begin{pmatrix} -1 & 1 & -2 \\ 1 & 0 & 1 \\ 0 & 0 & 0 \end{pmatrix} = \begin{pmatrix} 2 & -1 & 3 \\ -1 & 2 & -3 \\ -1 & 1 & -2 \end{pmatrix},$$

$$E_{-1} = \begin{pmatrix} -1 & 1 & 1 \\ 2 & 1 & -1 \\ 1 & 0 & -1 \end{pmatrix} \begin{pmatrix} 0 & 0 & 0 \\ 0 & 0 & 0 \\ 0 & 0 & 1 \end{pmatrix} \begin{pmatrix} -1 & 1 & -2 \\ 1 & 0 & 1 \\ -1 & 1 & -3 \end{pmatrix}$$

$$= \begin{pmatrix} -1 & 1 & 1 \\ 2 & 1 & -1 \\ 1 & 0 & -1 \end{pmatrix} \begin{pmatrix} 0 & 0 & 0 \\ 0 & 0 & 0 \\ -1 & 1 & -3 \end{pmatrix} = \begin{pmatrix} -1 & 1 & -3 \\ 1 & -1 & 3 \\ 1 & -1 & 3 \end{pmatrix}.$$

A の多項式によるこれらの表現は，固有多項式 $\varphi_A(x) = (x-2)^2(x+1)$ の逆数の部分分数分解を未定係数法で計算して公式 (5.9) から導けるが，部分分数分解は漸近計算を用いた方が速いので，例えば関数論のローラン展開の手法を紹介すると

$$\frac{1}{(x-2)^2(x+1)} = \left[\frac{1}{(x-2)^2} \frac{1}{x-2+3} \right]_{x=2} \text{での負冪部分} + \frac{1}{9}\frac{1}{x+1}$$
$$= \frac{1}{3}\frac{1}{(x-2)^2}\left(1 - \frac{x-2}{3}\right) + \frac{1}{9(x+1)} = -\frac{x-5}{9(x-2)^2} + \frac{1}{9(x+1)},$$

従って分母を払えば (5.6) に相当する式

$$1 = -\frac{(x+1)(x-5)}{9} + \frac{(x-2)^2}{9}$$

が得られる．これより

$$E_2 = -\frac{1}{9}(A+E)(A-5E), \quad E_{-1} = \frac{1}{9}(A-2E)^2.$$

また

$$D = 2E_2 - E_{-1} = -\frac{2}{9}(A+E)(A-5E) - \frac{1}{9}(A-2E)^2$$
$$= -\frac{1}{3}A^2 + \frac{4}{3}A + \frac{2}{3}E,$$
$$N = A - D = \frac{1}{3}A^2 - \frac{1}{3}A - \frac{2}{3}E. \quad \blacksquare$$

問題

5.3.1 問題 5.2.1 の (1) ～ (3) の行列の最小多項式を示せ．

5.3.2 例題 5.2-2 の行列の最小多項式をパラメータの値により分類して示せ．

5.3.3 例題 5.2-1 の残りの行列 (2) ～ (5)，および問題 5.2.1 の (1) ～ (3) の行列について，ジョルダン分解，一般固有空間への射影作用素を求め，それらを A の多項式として表せ．

5.3.4 A を冪等行列とするとき，以下の問に答えよ．

(1) $\mathrm{Image}\, A$ の上では A は恒等写像となることを示せ．

(2) $E - A$ も冪等となることを示せ．

(3) A を $\boldsymbol{R}^n$ からそれ自身への線形写像とみなせば，

$$\boldsymbol{R}^n = \mathrm{Image}\, A \dotplus \mathrm{Image}(E-A)$$

と直和に分かれることを示せ．また $\mathrm{Image}(E-A) = \mathrm{Ker}\, A$ を示せ．

5.4 標準形の応用–1. 冪乗の計算

要項 5.4.1 行列 A の冪乗は A のジョルダン標準形 $L = S^{-1}AS$ を用いて計算できる：
$$L^k = S^{-1}A^k S, \quad \text{従って} \quad A^k = SL^k S^{-1}.$$
ここで L^k はジョルダンブロックごとに計算でき，サイズ ν の一つのブロックについては

$$\begin{pmatrix} \lambda & 1 & 0 & \ldots & 0 \\ 0 & \lambda & 1 & \ddots & \vdots \\ \vdots & \ddots & \ddots & \ddots & 0 \\ \vdots & & \ddots & \lambda & 1 \\ 0 & \ldots & \ldots & 0 & \lambda \end{pmatrix}^k = \begin{pmatrix} \lambda^k & k\lambda^{k-1} & {}_kC_2\lambda^{k-2} & \ldots & {}_kC_{\nu-1}\lambda^{k-\nu+1} \\ 0 & \lambda^k & k\lambda^{k-1} & \ddots & \vdots \\ \vdots & \ddots & \ddots & \ddots & {}_kC_2\lambda^{k-2} \\ & & \ddots & \lambda^k & k\lambda^{k-1} \\ 0 & \ldots & \ldots & 0 & \lambda^k \end{pmatrix} \tag{5.10}$$

ただし ${}_kC_j\lambda^{k-j}$ 項は $j > k$ のとき 0 とみなす．実際，このブロックは $\lambda E + N$，ここに N は対角線の一つ上の 1 を集めた冪零行列で $N^\nu = O$ となり（例題 5.3-2 参照），スカラー行列がすべての行列と可換なことから，通常の 2 項定理のように

$$(\lambda E + N)^k = \sum_{j=0}^{k} {}_kC_j \lambda^{k-j} N^j$$

と計算され，N^j は 1 の位置が右上方に j だけシフトされた

$$N^j = \begin{pmatrix} 0 & \ldots & 0 & \overset{j+1}{1} & 0 & \ldots & 0 \\ 0 & 0 & & \ddots & 1 & \ddots & \vdots \\ \vdots & \ddots & \ddots & & \ddots & \ddots & 0 \\ & & \ddots & & & \ddots & 1 \\ & & & \ddots & 0 & \ldots & 0 \\ 0 & \ldots & \ldots & \ldots & \ldots & 0 & 0 \end{pmatrix} \tag{5.11}$$

の形の行列となることから，この公式が確かめられる．

例題 5.4-1 ─────────────── **冪乗の計算-1**

次のような行列の n 乗を計算せよ（以下の行列は対角化の例題 5.1-1 に含まれる）：

(1) $\begin{pmatrix} 1 & -1 & 1 \\ 2 & -2 & 1 \\ 2 & -1 & 0 \end{pmatrix}$ (2) $\begin{pmatrix} 3 & 4 & -4 \\ -6 & -7 & 6 \\ -3 & -3 & 2 \end{pmatrix}$ (3) $\begin{pmatrix} 2 & 1 & 1 \\ 1 & 4 & 3 \\ 2 & -2 & 1 \end{pmatrix}$ (4) $\begin{pmatrix} 3 & -3 & 2 & 1 \\ 2 & -3 & 3 & 1 \\ 2 & -5 & 5 & 1 \\ 0 & 1 & -1 & 1 \end{pmatrix}$

[解答] 以下，問題の行列を A と記す．

(1) 例題 5.1-1 の (1) により

$$S = \begin{pmatrix} 1 & 0 & 1 \\ 2 & 1 & 1 \\ 0 & 1 & 1 \end{pmatrix} \quad \text{により} \quad L := S^{-1}AS = \begin{pmatrix} -1 & 0 & 0 \\ 0 & -1 & 0 \\ 0 & 0 & 1 \end{pmatrix}$$

となることが分かっている. 従って $S^{-1} = \begin{pmatrix} 0 & 1/2 & -1/2 \\ -1 & 1/2 & 1/2 \\ 1 & -1/2 & 1/2 \end{pmatrix}$ を求めておけば (計算は問題 2.6.2(3) 参照),

$$A^n = SL^nS^{-1} = \begin{pmatrix} 1 & \{(-1)^n - 1\}/2 & \{-(-1)^n + 1\}/2 \\ -(-1)^n + 1 & \{3(-1)^n - 1\}/2 & \{-(-1)^n + 1\}/2 \\ -(-1)^n + 1 & \{(-1)^n - 1\}/2 & \{(-1)^n + 1\}/2 \end{pmatrix}$$ と求まる.

なお, 最後の結果は n の偶奇に分けて計算すると, n が偶数のとき $= \begin{pmatrix} 1 & 0 & 0 \\ 0 & 1 & 0 \\ 0 & 0 & 1 \end{pmatrix}$, すなわち, 単位行列となる. また, n が奇数のとき $= \begin{pmatrix} 1 & -1 & 1 \\ 2 & -2 & 1 \\ 2 & -1 & 0 \end{pmatrix}$, すなわち A 自身となる.

別解 上は一般の行列に対する標準的な冪乗の計算法であるが, 上の解答の最後の形から想像されるように, このように特殊な標準形を持つ場合には, 次のような簡便法が有る:

対角化したものの冪乗 L^n は n が偶数のとき E に, また奇数のときは L 自身に等しい. よって前者のときは $A^n = SES^{-1} = E$ となり, 後者のときは $A^n = SLS^{-1} = A$ となる. すなわち, この答は S を計算することなく得られる.

(2) 同じく例題 5.1-1 の (2) により $L = \begin{pmatrix} -1 & 0 & 0 \\ 0 & -1 & 0 \\ 0 & 0 & 0 \end{pmatrix}$ と対角化され, 変換行列は $S = \begin{pmatrix} 1 & 0 & 4 \\ -1 & 1 & -6 \\ 0 & 1 & -3 \end{pmatrix}$ と求まっている. よって $S^{-1} = \begin{pmatrix} -3 & -4 & 4 \\ 3 & 3 & -2 \\ 1 & 1 & -1 \end{pmatrix}$ を求めれば (この計算は問題 2.6.2 (2) でやってある), $A^n = SL^nS^{-1} = S\begin{pmatrix} (-1)^n & 0 & 0 \\ 0 & (-1)^n & 0 \\ 0 & 0 & 0 \end{pmatrix} S^{-1} = \begin{pmatrix} -3(-1)^n & -4(-1)^n & 4(-1)^n \\ 6(-1)^n & 7(-1)^n & -6(-1)^n \\ 3(-1)^n & 3(-1)^n & -2(-1)^n \end{pmatrix}$. これは n が偶数のとき A に, n が奇数のとき $-A$ に等しい. ただし, $n = 0$ のときは規約によって $A^n = E$ とする.

別解 対角化された形から, これも簡便法が使え, S を計算せずに答が得られることが分かる: n が奇数のとき $L^n = L$, 従って $A^n = A$ となり, n が偶数のときは $L^n = \begin{pmatrix} 1 & 0 & 0 \\ 0 & 1 & 0 \\ 0 & 0 & 0 \end{pmatrix} = -L$, 従って $A^n = S(-L)S^{-1} = -SLS^{-1} = -A$ となる.

(ただし $A^0 = E$ は同じく例外である.)

(3) 例題 5.1-1 (3) により, $S = \begin{pmatrix} 1 & 1 & 1 \\ 2 & 2+i & 2-i \\ -1 & -2 & -2 \end{pmatrix}$ ($i = \sqrt{-1}$) で $S^{-1}AS = L = \begin{pmatrix} 3 & 0 & 0 \\ 0 & 2+i & 0 \\ 0 & 0 & 2-i \end{pmatrix}$ と対角化されることが分かっているので, $S^{-1} = \begin{pmatrix} 2 & 0 & 1 \\ -\frac{1}{2}+i & -\frac{1}{2}i & -\frac{1}{2} \\ -\frac{1}{2}-i & \frac{1}{2}i & -\frac{1}{2} \end{pmatrix}$ を求めて (これは問題 2.6.2 (13) で計算されている) $A^n = SL^nS^{-1}$ を計算すればよい. 途中計算を行列のまま書くのは長すぎて紙幅に収まらないので, 典型的な成分の例を示すと, $(1,1)$ 成分については

$(-\frac{1}{2}+i)(2+i)^n + (-\frac{1}{2}-i)(2-i)^n = 2\operatorname{Re}\{(-\frac{1}{2}+i)(2+i)^n\} = \operatorname{Re}\{(-1+2i)(2+i)^n\}$
$= \operatorname{Re}\{i(2+i)(2+i)^n\} = -\operatorname{Im}(2+i)^{n+1}$,

また $(2,1)$ 成分については

$(-2+\frac{3}{2}i)(2+i)^n + (-2-\frac{3}{2}i)(2-i)^n = 2\operatorname{Re}\{(-2+\frac{3}{2}i)(2+i)^n\}$
$= \operatorname{Re}\{(-4+3i)(2+i)^n\} = \operatorname{Re}\{i(3+4i)(2+i)^n\} = -\operatorname{Im}\{(2+i)^2(2+i)^n\}$
$= -\operatorname{Im}(2+i)^{n+2}$ となる等を用いて整理すると,

$A^n = \begin{pmatrix} 2\cdot 3^n - \operatorname{Im}(2+i)^{n+1} & \operatorname{Im}(2+i)^n & 3^n - \operatorname{Re}(2+i)^n \\ 4\cdot 3^n - \operatorname{Im}(2+i)^{n+2} & \operatorname{Im}(2+i)^{n+1} & 2\cdot 3^n - \operatorname{Re}(2+i)^{n+1} \\ -2\cdot 3^n + 2\operatorname{Im}(2+i)^{n+1} & -2\operatorname{Im}(2+i)^n & -3^n + 2\operatorname{Re}(2+i)^n \end{pmatrix}$.

なお, 複素数の極表示を用いて $2+i = \sqrt{5}e^{\alpha i}$, ここに $\tan\alpha = \frac{1}{2}$ と書けば, $\operatorname{Re}(2+i)^n = \operatorname{Re}(5^{n/2}e^{n\alpha i}) = 5^{n/2}\cos n\alpha$, $\operatorname{Im}(2+i)^n = 5^{n/2}\sin n\alpha$ 等と書ける.

(4) 例題 5.1-1 (5) により, $S = \begin{pmatrix} 1 & 2 & 1 & 0 \\ 1 & 1 & 0 & 1 \\ 1 & 0 & 0 & 1 \\ 0 & 1 & -2 & 1 \end{pmatrix}$ で $L = S^{-1}AS = \begin{pmatrix} 2 & 0 & 0 & 0 \\ 0 & 2 & 0 & 0 \\ 0 & 0 & 1 & 0 \\ 0 & 0 & 0 & 1 \end{pmatrix}$ と対角化されることが分かっているので, $S^{-1} = \begin{pmatrix} 2 & -5 & 4 & 1 \\ 0 & 1 & -1 & 0 \\ -1 & 3 & -2 & -1 \\ -2 & 5 & -3 & -1 \end{pmatrix}$ を追加で求めれば (この計算は問題 2.6.2 (7) 参照), $A^n = SL^nS^{-1} = \begin{pmatrix} 2^{n+1}-1 & -3(2^n-1) & 2(2^n-1) & 2^n-1 \\ 2(2^n-1) & -2^{n+2}+5 & 3(2^n-1) & 2^n-1 \\ 2(2^n-1) & -5(2^n-1) & 2^{n+2}-3 & 2^n-1 \\ 0 & 2^n-1 & 1-2^n & 1 \end{pmatrix}$ となる.

別解 対角化行列 L の形から $L = E + K$, ここに $K = \begin{pmatrix} 1 & 0 & 0 & 0 \\ 0 & 1 & 0 & 0 \\ 0 & 0 & 0 & 0 \\ 0 & 0 & 0 & 0 \end{pmatrix}$ と書け, K は冪等, すなわち $K^n = K$ (ただし $K^0 = E$ は例外) となっている. よって
$L^n = \sum_{k=0}^n {}_nC_k E^{n-k} K^k = E + \sum_{k=1}^n {}_nC_k E K = E - K + \left(\sum_{k=0}^n {}_nC_k\right) K$

$= E - K + 2^n K = E + (2^n - 1)K = E - (2^n - 1)E + (2^n - 1)(E + K) = -(2^n - 2)E + (2^n - 1)L.$ 故に
$A^n = SL^n S^{-1} = -(2^n - 2)E + (2^n - 1)SLS^{-1} = -(2^n - 2)E + (2^n - 1)A$ を計算すればよく,上と同じ結果が容易に得られる. ■

(2) の $A^0 = E$ という規約は,対角化したときの計算で $0^0 = 1$ とすることに相当する. 数学では 0^0 は一般に不定形であるが,行列の指数関数の定義(⟶ 要項 7.2.2)などでは,整合性のためにこの規約が必要となる.(なお問題 5.4.1 (1) の別解でも,この規約を忘れると答が合わなくなる例が出てくる.)

── 例題 5.4-2 ──────────────────────────── 冪乗の計算-2 ──

次の行列の冪乗を計算せよ.(これらの行列はジョルダン標準形を求める例題 5.2-1 に含まれる.)

$$(1) \begin{pmatrix} 4 & -3 & 8 \\ -1 & 5 & -7 \\ -2 & 3 & -6 \end{pmatrix} \quad (2) \begin{pmatrix} 1 & -4 & 5 & 1 \\ 0 & 5 & -4 & -4 \\ 0 & 3 & -2 & -3 \\ 1 & -4 & 6 & 0 \end{pmatrix} \quad (3) \begin{pmatrix} 6 & 2 & 4 & 5 \\ -4 & -3 & 0 & -4 \\ -3 & -3 & 1 & -3 \\ -1 & 2 & -4 & 0 \end{pmatrix}$$

[解答] (1) 例題 5.2-1 (1) において既に,ジョルダン標準形 $J = \begin{pmatrix} 2 & 1 & 0 \\ 0 & 2 & 0 \\ 0 & 0 & -1 \end{pmatrix}$ と変換行列 $S = \begin{pmatrix} -1 & 1 & 1 \\ 2 & 1 & -1 \\ 1 & 0 & -1 \end{pmatrix}$ が求まっているので,新たに $S^{-1} = \begin{pmatrix} -1 & 1 & -2 \\ 1 & 0 & 1 \\ -1 & 1 & -3 \end{pmatrix}$ を計算し(これは例題 2.6-1 (1) でやってある),$A^n = S \begin{pmatrix} 2^n & 2^{n-1}n & 0 \\ 0 & 2^n & 0 \\ 0 & 0 & (-1)^n \end{pmatrix} S^{-1}$

$= \begin{pmatrix} -(n-4)2^{n-1} - (-1)^n & -2^n + (-1)^n & -(n-6)2^{n-1} - 3(-1)^n \\ (n-1)2^n + (-1)^n & 2^{n+1} - (-1)^n & (n-3)2^n + 3(-1)^n \\ (n-2)2^{n-1} + (-1)^n & 2^n - (-1)^n & (n-4)2^{n-1} + 3(-1)^n \end{pmatrix}$

を答とすればよい.

(2) 同じく例題 5.2-1 (2) において既に,ジョルダン標準形 $J = \begin{pmatrix} 1 & 1 & 0 & 0 \\ 0 & 1 & 1 & 0 \\ 0 & 0 & 1 & 1 \\ 0 & 0 & 0 & 1 \end{pmatrix}$ と変換行列 $S = \begin{pmatrix} 1 & 0 & 1 & -2 \\ -4 & 0 & 0 & 1 \\ -3 & 0 & 0 & 1 \\ -1 & 1 & 0 & 0 \end{pmatrix}$ が求めてあるので $S^{-1} = \begin{pmatrix} 0 & -1 & 1 & 0 \\ 0 & -1 & 1 & 1 \\ 1 & -5 & 7 & 0 \\ 0 & -3 & 4 & 0 \end{pmatrix}$ を新たに計算すれば(⟶ 問題 2.6.2 (8)),$J^n = \begin{pmatrix} 1 & n & \frac{n(n-1)}{2} & \frac{n(n-1)(n-2)}{6} \\ 0 & 1 & n & \frac{n(n-1)}{2} \\ 0 & 0 & 1 & n \\ 0 & 0 & 0 & 1 \end{pmatrix}$ より

5.4 標準形の応用–1. 冪乗の計算

$$A^n = SJ^nS^{-1} = \begin{pmatrix} \frac{n(n-1)}{2}+1 & -\frac{n(n^2+2n+5)}{2} & \frac{n(4n^2+9n+17)}{6} & n \\ -2n(n-1) & 2n^3+4n^2-2n+1 & -\frac{2n(4n^2+9n-7)}{3} & -4n \\ -\frac{3n(n-1)}{2} & \frac{3n(n^2+2n-1)}{2} & -\frac{4n^3+9n^2-7n-2}{2} & -3n \\ -\frac{n(n-3)}{2} & \frac{n(n^2-n-8)}{2} & -\frac{n(4n^2-3n-37)}{6} & -n+1 \end{pmatrix}.$$

別解 この標準形から $(A-E)^4 = O$ が分かる. よって $A^n = \{E+(A-E)\}^n = E^n + nE^{n-1}(A-E) + \frac{n(n-1)}{2}E^{n-2}(A-E)^2 + \frac{n(n-1)(n-2)}{6}E^{n-3}(A-E)^3 = E + n(A-E) + \frac{n(n-1)}{2}(A-E)^2 + \frac{n(n-1)(n-2)}{6}(A-E)^3$ で計算できる. $(A-E)^3$ までの計算は軽くはないが, 高々 S, S^{-1} と最後の積の計算の総量程度だろう.

(3) 例題 5.2-1 (3) により, ジョルダン標準形 $J = \begin{pmatrix} 1 & 1 & 0 & 0 \\ 0 & 1 & 0 & 0 \\ 0 & 0 & 1 & 1 \\ 0 & 0 & 0 & 1 \end{pmatrix}$ と変換行列 $S = \begin{pmatrix} 1 & 0 & 0 & -2 \\ 0 & 1 & 4 & 1 \\ 0 & 1 & 3 & 2 \\ -1 & -1 & -4 & 0 \end{pmatrix}$ が求められているので, $J^n = \begin{pmatrix} 1 & n & 0 & 0 \\ 0 & 1 & 0 & 0 \\ 0 & 0 & 1 & n \\ 0 & 0 & 0 & 1 \end{pmatrix}$ に注意し, $S^{-1} = \begin{pmatrix} -1 & -2 & 0 & -2 \\ 5 & 2 & 4 & 5 \\ -1 & 0 & -1 & -1 \\ -1 & -1 & 0 & -1 \end{pmatrix}$ を計算して(問題 2.6.2 (10) でやってある),

$A = SJ^nS^{-1} = \begin{pmatrix} 5n+1 & 2n & 4n & 5n \\ -4n & -4n+1 & 0 & -4n \\ -3n & -3n & 1 & -3n \\ -n & 2n & -4n & -n+1 \end{pmatrix}$ と求まる.

別解 $J = E+N, N = \begin{pmatrix} 0 & 1 & 0 & 0 \\ 0 & 0 & 0 & 0 \\ 0 & 0 & 0 & 1 \\ 0 & 0 & 0 & 0 \end{pmatrix}$ と置けば, $N^2 = O$ であり, $J^n = (E+N)^n = E^n + nEN = E + nN = n(E+N) - (n-1)E$. よって $A^n = SJ^nS^{-1} = S\{n(E+N)-(n-1)E\}S^{-1} = nSJS^{-1} - (n-1)SES^{-1} = nA - (n-1)E$ となる. よって行列の重い計算無しで答が求まる. ∎

問 題

5.4.1 次の行列の n 乗を計算せよ. (括弧内に付記してあるのはこれらの行列の対角化を計算している場所である.)

(1) $\begin{pmatrix} 4 & -1 & -2 \\ 6 & -1 & -4 \\ 2 & -1 & 0 \end{pmatrix}$ (問題 5.1.1 (2)) (2) $\begin{pmatrix} -1 & 3 & 6 & 3 \\ 3 & -1 & -6 & -3 \\ -2 & 2 & 6 & 2 \\ -1 & 1 & 2 & 3 \end{pmatrix}$ (問題 5.1.1 (5))

5.4.2 次の行列の n 乗を計算せよ. (括弧内に付記してあるのはこれらの行列のジョルダン標準形を計算している場所である.)

(1) $\begin{pmatrix} -5 & 0 & 6 \\ 1 & -2 & -1 \\ -3 & 0 & 4 \end{pmatrix}$ (問題 5.2.1 (3)) (2) $\begin{pmatrix} 1 & 0 & -1 & -1 \\ 0 & 1 & 4 & 4 \\ 0 & 0 & 4 & 3 \\ 1 & 1 & -4 & -2 \end{pmatrix}$ (例題 5.2-1 (4))

5.5 標準形の応用—2. 標準形を意識した推論

例題 5.5-1 ─────────────────────────── トレースの不等式

固有値がすべて正の n 次正方行列 A に対して次の不等式を示せ.
$$|A|^{1/n} \leq \frac{1}{n}\operatorname{tr} A.$$
また, 等号が成り立つのはどのような A か？

[解答] A の固有値を（重複も込めて）$\lambda_1, \ldots, \lambda_n$ とすると,
$$|A| = \lambda_1 \cdots \lambda_n, \qquad \operatorname{tr} A = \lambda_1 + \cdots + \lambda_n$$
なので, 相加相乗平均の不等式により
$$|A|^{1/n} = \sqrt[n]{\lambda_1 \cdots \lambda_n} \leq \frac{\lambda_1 + \cdots + \lambda_n}{n} = \frac{1}{n}\operatorname{tr} A.$$
また, この不等式で等号が成り立つのは, 良く知られているように $\lambda_1 = \cdots = \lambda_n$ のときである.（A が対角化可能なら, これより A はスカラー行列と結論されるが, 必ずしもその必要は無い.） ∎

例題 5.5-2 ────────────────────────── 標準形を利用した計算

$H = \operatorname{diag}(h_1, \ldots, h_n)$ を対角成分が非零の対角行列, $\mathbf{1}$ を成分がすべて 1 の n 次正方行列, x をスカラーとするとき, 行列 $A := H + x\mathbf{1}$ の逆行列を求めよ. またそれが存在するための x の条件を定めよ.

[解答] $A = H + x\mathbf{1} = H(E + xH^{-1}\mathbf{1})$ と変形し, $A^{-1} = (E + xH^{-1}\mathbf{1})^{-1}H^{-1}$ の形で求める. 行列 $\mathbf{1}$ は階数 1 なので, $H^{-1}\mathbf{1}$ も階数 1 となる. 例題 5.2-3 の解答と同様の議論でこれを標準形にする. $H^{-1} = \operatorname{diag}(\frac{1}{h_1}, \ldots, \frac{1}{h_n})$ となるので, $H^{-1}\mathbf{1}$ は第 1 行に $h_1^{-1}, \ldots,$ 第 n 行に h_n^{-1} が並んだ行列となる. 従ってそのトレース $a := \sum_{i=1}^n h_i^{-1}$ である.

まず $a \neq 0$ のとき, これが唯一の非零固有値となる. 固有値 0 に対する固有ベクトルはもとの行列の零空間なので, 階数 1 より $n-1$ 本有り, 従って適当な変換行列 S により $S^{-1}H^{-1}\mathbf{1}S = \operatorname{diag}(a, 0, \ldots, 0)$ と対角化できる. すると
$$(E + xH^{-1}\mathbf{1})^{-1}$$
$$= [S\{E + x\operatorname{diag}(a, 0, \ldots, 0)\}S^{-1}]^{-1} = \{S\operatorname{diag}(1+ax, 1, \ldots, 1)S^{-1}\}^{-1}$$

$$= S \operatorname{diag}\Big(\frac{1}{1+ax}, 1, \ldots, 1\Big) S^{-1} = S\Big\{E - \operatorname{diag}\Big(\frac{ax}{1+ax}, 0, \ldots, 0\Big)\Big\} S^{-1}$$
$$= S\Big\{E - \frac{x}{1+ax}\operatorname{diag}(a, 0, \ldots, 0)\Big\} S^{-1} = E - \frac{x}{1+ax} H^{-1}\mathbf{1}$$

となり，この計算は $1 + ax \neq 0$ のとき，かつそのときに限り有効である．よって

$$A^{-1} = \Big(E - \frac{x}{1+ax} H^{-1}\mathbf{1}\Big) H^{-1} = H^{-1} - \frac{x}{1 + x\sum_{i=1}^n h_i^{-1}} H^{-1}\mathbf{1} H^{-1}$$

が $1 + x\sum_{i=1}^n h_i^{-1} \neq 0$ のときの逆行列となる．

次に，$a = 0$ のときは固有ベクトルが 1 本不足するので，適当な S により $S^{-1}H^{-1}\mathbf{1}S = J := \begin{pmatrix} 0 & 1 & 0 & \ldots & 0 \\ 0 & 0 & 0 & \ldots & 0 \\ \vdots & \vdots & \vdots & & \vdots \\ 0 & 0 & 0 & \ldots & 0 \end{pmatrix}$ となり，$(E + xJ)^{-1} = E - xJ$ となる．よってこの場合は

$$(E + xH^{-1}\mathbf{1})^{-1} = \{S(E + xJ)S^{-1}\}^{-1} = S(E - xJ)S^{-1} = E - xH^{-1}\mathbf{1}$$

となるから，$A^{-1} = (E - xH^{-1}\mathbf{1})H^{-1} = H^{-1} - xH^{-1}\mathbf{1}H^{-1}$ となり，結果的に先に求めたものに含まれる． ∎

🐸 上の結果は一般の正則行列 H と階数 1 の行列[8] $\boldsymbol{a}\boldsymbol{b}^T$ に対する

$$(H + \boldsymbol{a}\boldsymbol{b}^T)^{-1} = H^{-1} - \frac{1}{1 + \boldsymbol{b}^T H^{-1}\boldsymbol{a}} H^{-1}\boldsymbol{a}\boldsymbol{b}^T H^{-1} \tag{5.12}$$

という "シャーマン-モリソンの公式" に一般化される（下の問題 5.5.2 参照）．このような構造の行列はグーグルのサーチエンジンのためのページランクと呼ばれる行列で使われた．

問 題

5.5.1 次のような 0 と 1 の市松模様から成る $2n + 1$ 次正方行列の固有多項式，固有値，固有ベクトルを求めよ．

$$A = \begin{pmatrix} 1 & 0 & 1 & 0 & \ldots & 1 & 0 & 1 \\ 0 & 1 & 0 & 1 & \ldots & 0 & 1 & 0 \\ 1 & 0 & 1 & 0 & \ldots & 1 & 0 & 1 \\ \vdots & \vdots & \vdots & \vdots & & \vdots & \vdots & \vdots \\ 0 & 1 & 0 & 1 & \ldots & 0 & 1 & 0 \\ 1 & 0 & 1 & 0 & \ldots & 1 & 0 & 1 \end{pmatrix}$$

5.5.2 H を一般の n 次正則行列とするとき，次のような例題 5.5-2 の拡張を解け．
(1) $\mathbf{1}, x$ を例題 5.5-2 と同様として $A = H + x\mathbf{1}$ の逆行列．
(2) C を一般の階数 1 の行列として $A = H + C$ の逆行列．
(3) $\boldsymbol{a}, \boldsymbol{b}$ をサイズ n の数ベクトルとして $A = H + \boldsymbol{a}\boldsymbol{b}^T$ の逆行列．

---
[8] 階数 1 の行列は必ずこの形に書けるのであった（⟶ 問題 2.3.6）．

5.6 標準形の応用--3. 漸化式の解法

要項 5.6.1 （定数係数線形の）3 項漸化式
$$x_{n+2} = ax_{n+1} + bx_n$$
は，行列で
$$\begin{pmatrix} x_{n+1} \\ x_{n+2} \end{pmatrix} = \begin{pmatrix} 0 & 1 \\ b & a \end{pmatrix} \begin{pmatrix} x_n \\ x_{n+1} \end{pmatrix}$$
と書き直され，$\boldsymbol{x} = (x_n, x_{n+1})^T$, $A = \begin{pmatrix} 0 & 1 \\ b & a \end{pmatrix}$ と置けば，ベクトル版の 2 項漸化式 $\boldsymbol{x}_{n+1} = A\boldsymbol{x}_n$ に書き直せて，
$$\boldsymbol{x}_n = A^{n-1}\boldsymbol{x}_1, \qquad \text{ここに } \boldsymbol{x}_1 = \begin{pmatrix} x_1 \\ x_2 \end{pmatrix} \text{ は初項}$$
と解ける．よって問題の本質は行列の冪乗の計算に帰着する．
同様に，$k+1$ 項漸化式
$$x_{n+k} = a_1 x_{n+k-1} + a_2 x_{n+k-2} + \cdots + a_k x_n \quad (n \geq 1) \tag{5.13}$$
は，k 次行列で
$$\boldsymbol{x}_{n+1} = A\boldsymbol{x}_n, \quad \boldsymbol{x}_n = \begin{pmatrix} x_n \\ x_{n+1} \\ \vdots \\ x_{n+k-1} \end{pmatrix}, \quad A = \begin{pmatrix} 0 & 1 & 0 & \ldots & 0 \\ 0 & \ddots & \ddots & \ddots & \vdots \\ \vdots & \ddots & \ddots & \ddots & 0 \\ 0 & \ldots & 0 & 0 & 1 \\ a_k & a_{k-1} & \ldots & a_2 & a_1 \end{pmatrix} \tag{5.14}$$
とベクトル 2 項漸化式に書き直され A の冪乗計算に帰着する．
$k+1$ 項漸化式の一般解は k 次元の線形部分空間を成す．これは初項ベクトル $(x_1, \ldots, x_k)^T = (c_1, \ldots, c_k)^T$ を指定すると一つに定まる．
この係数行列 A の固有値とジョルダン標準形，並びに漸化式の解の基底については次の例題 5.6-1 参照．

例題 5.6-1 ─────────────────── 漸化式の一般解 ─

$k+1$ 項漸化式 (5.13) の一般解が c_{ij} をパラメータとして
$$x_n = \sum_{i=1}^{s} \sum_{j=0}^{\nu_i - 1} c_{ij} n(n-1) \cdots (n-j+1) \lambda_i^n \tag{5.15}$$
の形となることを示し，λ_i, ν_i の計算法を説明せよ．ただし $j=0$ のときの項は $c_{i0} \lambda_i^n$ と規約する．（係数 c_{ij} は初期値とは異なることに注意せよ．）

[解答] 要項の行列 (5.14)（以下 A と書く）は例題 5.1-3 で扱ったものにおいて a_i の符号を変え，$n \mapsto k$ としたものである．よって固有方程式は

$$\lambda^k = a_1 \lambda^{k-1} + \cdots + a_j \lambda^{k-j} + \cdots + a_k \tag{5.16}$$

となる．(これを与えられた $k+1$ 項漸化式 (5.13) の**特性方程式**と呼ぶ．) この根，すなわち行列 A の固有値（これを (5.13) の**特性根**と呼ぶ）を λ_1 (ν_1 重), ..., λ_s (ν_s 重) とすれば，例題 5.2-4 によりこの行列は各固有値 λ_i に属するジョルダンブロックが最大サイズ ν_i のもの一つだけから成る．故に行列の冪乗の一般論により A^n の各成分，従って特に $A\mathbf{c}$ の最初の成分である x_n ($n > k$) は $n(n-1)\cdots(n-j+1)\lambda_i^n$, $j = 0, 1, \nu_i - 1, i = 1, \ldots, s$ の 1 次結合となる．($\frac{1}{j!}\lambda_i^{-j}$ は定数因子なので省ける．) なお，虚根 $\lambda_i = \rho_i e^{\sqrt{-1}\theta_i}$ が $\overline{\lambda_i} = \rho_i e^{-\sqrt{-1}\theta_i}$ とともに含まれる場合は，(5.15) で

$$\lambda_i^n, \overline{\lambda_i}^n \mapsto \rho_i^n \cos n\theta_i, \rho_i^n \sin n\theta_i \tag{5.17}$$

のようにペアで実の基底と取り換えることができる．

別解 $x_n = n(n-1)\cdots(n-\nu+1)\lambda_i^{n-\nu}$ を $k+1$ 項漸化式 (5.13) に直接当てはめてみると，左辺は

$$x_{n+k} = (n+k)(n+k-1)\cdots(n+k-\nu+1)\lambda_i^{n+k-\nu}$$

また右辺は

$$a_1(n+k-1)(n+k-2)\cdots(n+k-\nu)\lambda_i^{n+k-\nu-1} + \cdots$$
$$+ a_j(n+k-j)(n+k-j-1)\cdots(n+k-\nu-j+1)\lambda^{n+k-\nu-j} + \cdots$$
$$+ a_k n(n-1)\cdots(n-\nu+1)\lambda^{n-\nu}$$

となる．ここで λ_i が特性方程式 (5.16) の ν_i 重根だと，(5.16) とともに，これを λ で $\nu_i - 1$ 回まで微分したものも $\lambda = \lambda_i$ の代入で 0 になる．このことは (5.16) の両辺に λ^n を掛けた後で微分しても同様である．すると上の二つを等号で結んだものは，まさにその ν 回微分に $\lambda = \lambda_i$ を代入したものとなっている．よって $0 \leq \nu \leq \nu_i - 1$ までは等号が成立し，従ってこの $\boldsymbol{x_n}$ は解となる．これらは明らかに 1 次独立で，その総数は次元 k に等しいので，これが解の基底となる．∎

🐰 なお，別解の考察からも (5.14) の行列 A のジョルダン標準形が推察できる．

例題 5.6-2 ―――――――――――――― **有名な 3 項漸化式** ―

(1) 3 項漸化式 $x_{n+2} = x_{n+1} + x_n$ の一般解の一般項 x_n を求めよ．
(2) 初期値が $c_1 = c_2 = 1$ のときの一般項 y_n （**フィボナッチ数列**）を求めよ．
(3) 初期値が一般の c_1, c_2 のときの一般項 z_n を (2) の解で表せ．

[解答] (1) $\boldsymbol{x} = \begin{pmatrix} x_n \\ x_{n+1} \end{pmatrix}$ と置けば，この漸化式の行列表現は

$$\begin{pmatrix} x_{n+1} \\ x_{n+2} \end{pmatrix} = \begin{pmatrix} 0 & 1 \\ 1 & 1 \end{pmatrix} \begin{pmatrix} x_n \\ x_{n+1} \end{pmatrix}$$

となる．前問で示したように，係数行列の固有方程式は $\lambda^2 = \lambda + 1$ となるので，固有値は $\dfrac{1 \pm \sqrt{5}}{2}$ である．これらに対応する固有ベクトルは，

$$\begin{pmatrix} -\frac{1\pm\sqrt{5}}{2} & 1 \\ 1 & 1 - \frac{1\pm\sqrt{5}}{2} \end{pmatrix} \begin{pmatrix} x \\ y \end{pmatrix} = \begin{pmatrix} 0 \\ 0 \end{pmatrix}$$

を解けばよい．2行は1次従属なはずだから，1行目から $\begin{pmatrix} x \\ y \end{pmatrix} = \begin{pmatrix} 1 \\ \frac{1\pm\sqrt{5}}{2} \end{pmatrix}$. よってこれらを並べた $S = \begin{pmatrix} 1 & 1 \\ \frac{1+\sqrt{5}}{2} & \frac{1-\sqrt{5}}{2} \end{pmatrix}$ により $S^{-1}AS = \begin{pmatrix} \frac{1+\sqrt{5}}{2} & 0 \\ 0 & \frac{1-\sqrt{5}}{2} \end{pmatrix}$ と対角化される．余因子行列を用いて $S^{-1} = -\dfrac{1}{\sqrt{5}} \begin{pmatrix} \frac{1-\sqrt{5}}{2} & -1 \\ -\frac{1+\sqrt{5}}{2} & 1 \end{pmatrix}$ と暗算されるから，

$$A^n = S \begin{pmatrix} \frac{1+\sqrt{5}}{2} & 0 \\ 0 & \frac{1-\sqrt{5}}{2} \end{pmatrix}^n S^{-1}$$

$$= -\frac{1}{\sqrt{5}} \begin{pmatrix} 1 & 1 \\ \frac{1+\sqrt{5}}{2} & \frac{1-\sqrt{5}}{2} \end{pmatrix} \begin{pmatrix} \left(\frac{1+\sqrt{5}}{2}\right)^n & 0 \\ 0 & \left(\frac{1-\sqrt{5}}{2}\right)^n \end{pmatrix} \begin{pmatrix} \frac{1-\sqrt{5}}{2} & -1 \\ -\frac{1+\sqrt{5}}{2} & 1 \end{pmatrix}$$

$$= -\frac{1}{\sqrt{5}} \begin{pmatrix} 1 & 1 \\ \frac{1+\sqrt{5}}{2} & \frac{1-\sqrt{5}}{2} \end{pmatrix} \begin{pmatrix} -\left(\frac{1+\sqrt{5}}{2}\right)^{n-1} & -\left(\frac{1+\sqrt{5}}{2}\right)^n \\ \left(\frac{1-\sqrt{5}}{2}\right)^{n-1} & \left(\frac{1-\sqrt{5}}{2}\right)^n \end{pmatrix}.$$

よって $\boldsymbol{c} = (c_1, c_2)^T$ を初期値とする一般解 x_{n+1} は，上の第1行だけを計算してこの初期値ベクトルとの内積を取ればよく，

$$\left\{ \left(\frac{1+\sqrt{5}}{2}\right)^{n-1} - \left(\frac{1-\sqrt{5}}{2}\right)^{n-1} \right\} \frac{c_1}{\sqrt{5}} + \left\{ \left(\frac{1+\sqrt{5}}{2}\right)^n - \left(\frac{1-\sqrt{5}}{2}\right)^n \right\} \frac{c_2}{\sqrt{5}}.$$

別解 上の計算で固有値を求めたところで一般解は $a\left(\dfrac{1+\sqrt{5}}{2}\right)^{n-1} + b\left(\dfrac{1-\sqrt{5}}{2}\right)^{n-1}$ と書ける．(n を $n-1$ にずらしたのは，初項に対応させるための計算を簡単にするためである．この違いは係数 a, b に繰り込めるので，一般解としては同等である．）ただし，初項 c_1, c_2 に対応させるには，

$$a + b = c_1, \quad a\frac{1+\sqrt{5}}{2} + b\frac{1-\sqrt{5}}{2} = c_2$$

という連立1次方程式を解かねばならない．二つ目は

$$(a+b) + \sqrt{5}(a-b) = 2c_2, \quad \therefore \quad a - b = \frac{2c_2 - c_1}{\sqrt{5}}$$

と簡単になるので,
$$a = \frac{\frac{\sqrt{5}-1}{2}c_1 + c_2}{\sqrt{5}}, \quad b = \frac{\frac{\sqrt{5}+1}{2}c_1 - c_2}{\sqrt{5}}$$
と求まる.これらを代入すれば
$$\begin{aligned}x_n &= \frac{\frac{\sqrt{5}-1}{2}c_1 + c_2}{\sqrt{5}}\left(\frac{1+\sqrt{5}}{2}\right)^{n-1} + \frac{\frac{\sqrt{5}+1}{2}c_1 - c_2}{\sqrt{5}}\left(\frac{1-\sqrt{5}}{2}\right)^{n-1}\\ &= \left\{\left(\frac{1+\sqrt{5}}{2}\right)^{n-2} - \left(\frac{1-\sqrt{5}}{2}\right)^{n-2}\right\}\frac{c_1}{\sqrt{5}}\\ &\quad + \left\{\left(\frac{1+\sqrt{5}}{2}\right)^{n-1} - \left(\frac{1-\sqrt{5}}{2}\right)^{n-1}\right\}\frac{c_2}{\sqrt{5}}.\end{aligned}$$

これは n が一つずれているだけで最初の解と同じである.

(2) 今得た一般項に $c_1 = c_2 = 1$ を代入すると,
$$\begin{aligned}y_n &= \frac{3+\sqrt{5}}{2\sqrt{5}}\left(\frac{1+\sqrt{5}}{2}\right)^{n-2} - \frac{3-\sqrt{5}}{2\sqrt{5}}\left(\frac{1-\sqrt{5}}{2}\right)^{n-2}\\ &= \frac{1}{\sqrt{5}}\left\{\left(\frac{1+\sqrt{5}}{2}\right)^n - \left(\frac{1-\sqrt{5}}{2}\right)^n\right\}.\end{aligned}$$

ここで $3 \pm \sqrt{5} = \frac{(1+\sqrt{5})^2}{2}$ であることを用いた.

(3) (1) と (2) の結論を比較すると,
$$z_n = c_1 y_{n-2} + c_2 y_{n-1}$$
と,ステップ遅れの二つのフィボナッチ数列の 1 次結合であることが分かる. ∎

🐚 $c_1 = 1, c_2 = \sqrt{-1}$ のときは,実部,虚部にフィボナッチ数列が明瞭に現れることになる(cf. 平成 13 年度東京大学入試問題).実は虚数を使わなくても,$c_2 = \sqrt{2}$ など,$c_1 = 1$ と有理数体 $\boldsymbol{Q}$ 上 1 次独立な数を取れば同じ現象が観察できる.

── 例題 5.6-3 ──────────────── 行列式の計算と漸化式 ──

漸化式を利用して次の 3 重対角型 n 次行列式の値を計算せよ.ただし a は不定文字として扱い,計算の際に a の値による分類はしなくてよい.

$$\begin{vmatrix} a & 1 & 0 & \cdots & 0 \\ 1 & a & 1 & \ddots & \vdots \\ 0 & \ddots & \ddots & \ddots & 0 \\ \vdots & \ddots & 1 & a & 1 \\ 0 & \cdots & 0 & 1 & a \end{vmatrix}$$

解答 以下求める値を D_n で表す.第 1 列で展開すると,

$$D_n = a \begin{vmatrix} a & 1 & 0 & \ldots & 0 \\ 1 & a & 1 & \ddots & \vdots \\ 0 & \ddots & \ddots & \ddots & 0 \\ \vdots & \ddots & 1 & a & 1 \\ 0 & \ldots & 0 & 1 & a \end{vmatrix} - \begin{vmatrix} 1 & 0 & 0 & \ldots & 0 \\ 1 & a & 1 & \ddots & \vdots \\ 0 & \ddots & \ddots & \ddots & 0 \\ \vdots & \ddots & 1 & a & 1 \\ 0 & \ldots & 0 & 1 & a \end{vmatrix}$$

となる.ここで右辺はどちらも $n-1$ 次の行列式である.よって二つ目を第 1 行で展開すれば $D_n = aD_{n-1} - D_{n-2}$ という漸化式が得られる.この特性多項式は $\lambda^2 = a\lambda - 1$ で,$\lambda = \dfrac{a \pm \sqrt{a^2-4}}{2}$ を根として持つ.よって一般解は $D_n = c_1 \left(\dfrac{a+\sqrt{a^2-4}}{2}\right)^n + c_2 \left(\dfrac{a-\sqrt{a^2-4}}{2}\right)^n$ となるが,初期値として $D_1 = a$, $D_2 = a^2 - 1$ が取れるので,

$$c_1 \frac{a+\sqrt{a^2-4}}{2} + c_2 \frac{a-\sqrt{a^2-4}}{2} = a,$$

$$c_1 \frac{a^2 + a - 4 + 2a\sqrt{a^2-4}}{4} + c_2 \frac{a^2 + a - 4 - 2a\sqrt{a^2-4}}{4} = a^2 - 1.$$

これより $c_1 = \dfrac{a+\sqrt{a^2-4}}{2\sqrt{a^2-4}}, c_2 = \dfrac{-a+\sqrt{a^2-4}}{2\sqrt{a^2-4}}$.よって

$$D_n = \frac{a+\sqrt{a^2-4}}{2\sqrt{a^2-4}} \left(\frac{a+\sqrt{a^2-4}}{2}\right)^n + \frac{-a+\sqrt{a^2-4}}{2\sqrt{a^2-4}} \left(\frac{a-\sqrt{a^2-4}}{2}\right)^n$$

$$= \frac{(a+\sqrt{a^2-4})^{n+1} - (a-\sqrt{a^2-4})^{n+1}}{2^{n+1}\sqrt{a^2-4}}$$

となる.実際にはこれは a の多項式のはずであるが,最後の表現の分子を頭の中で展開してみれば,確かに $\sqrt{a^2-4}$ が分母・分子で打ち消すことが分かる.∎

ちなみに $a = \pm 2$ のときは上の式で極限を取った $(\pm 1)^n (n+1)$ (複号同順)になる.この場合の漸化式を直接解いてこれを確認してみよ.

問題

5.6.1 次の漸化式の初期値を指定したときの解の表現を求めよ.

(1) $x_{n+3} = -x_{n+2} + x_{n+1} + x_n$ (2) $x_{n+2} = x_{n+1} - x_n$

5.6.2 次の n 次行列式の値を求めよ.ただし a は不定文字とする.また明記されていない成分は 0 とする.

(1) $\begin{vmatrix} a & 1 & 0 & \ldots & \ldots & 0 \\ 1 & a & 1 & 0 & \ldots & 0 \\ \vdots & 0 & \ddots & \ddots & \ddots & \vdots \\ 1 & \vdots & \ddots & a & 1 & 0 \\ 1 & 0 & \ldots & 0 & a & 1 \\ 1 & 0 & \ldots & \ldots & 0 & a \end{vmatrix}$ (2) $\begin{vmatrix} a & 0 & 1 & 0 & \ldots & 0 \\ 0 & a & 0 & 1 & \ddots & \vdots \\ 1 & 0 & \ddots & \ddots & \ddots & 0 \\ 0 & \ddots & \ddots & \ddots & \ddots & 1 \\ \vdots & \ddots & \ddots & \ddots & a & 0 \\ 0 & \ldots & 0 & 1 & 0 & a \end{vmatrix}$

6 対称行列と2次形式

本章では応用上最も重要な行列のクラスである対称行列の扱い方を練習する.

6.1 直交行列と等長変換

要項 6.1.1 実 n 次元ユークリッド空間 $\boldsymbol{R}^n$ のベクトル $\boldsymbol{a}, \boldsymbol{b}$ に対し, これらの内積を $(\boldsymbol{a}, \boldsymbol{b}) = \boldsymbol{a}^T \boldsymbol{b} = a_1 b_1 + \cdots + a_n b_n$ と定める.
内積の性質:

(1) $(\boldsymbol{a}, \boldsymbol{b})$ は双線形, すなわち $\boldsymbol{a}, \boldsymbol{b}$ についてそれぞれ線形である:
$$(\lambda \boldsymbol{a} + \mu \boldsymbol{b}, \boldsymbol{c}) = \lambda(\boldsymbol{a}, \boldsymbol{c}) + \mu(\boldsymbol{b}, \boldsymbol{c}), \quad (\boldsymbol{a}, \lambda \boldsymbol{b} + \mu \boldsymbol{c}) = \lambda(\boldsymbol{a}, \boldsymbol{b}) + \mu(\boldsymbol{a}, \boldsymbol{c}).$$

(2) $(\boldsymbol{a}, \boldsymbol{b})$ は対称, すなわち $\forall \boldsymbol{a}, \boldsymbol{b}$ について $(\boldsymbol{b}, \boldsymbol{a}) = (\boldsymbol{a}, \boldsymbol{b})$.

(3) 内積は**正定値**, すなわち $(\boldsymbol{a}, \boldsymbol{a}) \geq 0$ であり, これが 0 になるのは $\boldsymbol{a} = \boldsymbol{0}$ のとき, かつそのときに限る.

$|\boldsymbol{a}| = \sqrt{(\boldsymbol{a}, \boldsymbol{a})}$ はベクトル $\boldsymbol{a}$ の**長さ**(大きさ)を与える. $|\boldsymbol{a} - \boldsymbol{b}|$ は位置ベクトル $\boldsymbol{a}, \boldsymbol{b}$ を持つ点の間のユークリッド距離を表す.
中線定理(パップスの定理):
$$|\boldsymbol{a} + \boldsymbol{b}|^2 + |\boldsymbol{a} - \boldsymbol{b}|^2 = 2(|\boldsymbol{a}|^2 + |\boldsymbol{b}|^2). \tag{6.1}$$

要項 6.1.2 複素 n 次元ユークリッド空間 $\boldsymbol{C}^n$ のベクトル $\boldsymbol{a}, \boldsymbol{b}$ に対し, これらの**エルミート内積**を $(\boldsymbol{a}, \boldsymbol{b}) = \boldsymbol{a}^T \overline{\boldsymbol{b}} = a_1 \overline{b_1} + \cdots + a_n \overline{b_n}$ と定める[1]。
エルミート内積は次の性質を持つ:

(1) $(\boldsymbol{a}, \boldsymbol{b})$ は $1\frac{1}{2}$-線形(セスキリニア), すなわち $\forall \boldsymbol{a}, \boldsymbol{b}$ について
$$(\lambda \boldsymbol{a} + \mu \boldsymbol{b}, \boldsymbol{c}) = \lambda(\boldsymbol{a}, \boldsymbol{c}) + \mu(\boldsymbol{b}, \boldsymbol{c}), \quad (\boldsymbol{a}, \lambda \boldsymbol{b} + \mu \boldsymbol{c}) = \overline{\lambda}(\boldsymbol{a}, \boldsymbol{b}) + \overline{\mu}(\boldsymbol{a}, \boldsymbol{c}).$$

(2) $(\boldsymbol{a}, \boldsymbol{b})$ はエルミート対称, すなわち $\forall \boldsymbol{a}, \boldsymbol{b}$ について $(\boldsymbol{b}, \boldsymbol{a}) = \overline{(\boldsymbol{a}, \boldsymbol{b})}$.

(3) 内積は正定値である.

要項 6.1.3 $\boldsymbol{R}^n$ の基底 $[\boldsymbol{p}_1, \ldots, \boldsymbol{p}_n]$ が**正規直交基底**である, あるいは**完全正規直交系**を成すとは, $(\boldsymbol{p}_i, \boldsymbol{p}_j) = \delta_{ij}$, すなわち, 長さ 1 で互いに直交していることを言う.

---

[1] 理論物理学などでは, 複素共役を取るのが内積の第1成分となっている方が普通である.

C^n の完全正規直交系が，エルミート内積により同様に定義される．
普通の基底 $[\boldsymbol{a}_1,\ldots,\boldsymbol{a}_n]$ を正規直交基底 $[\boldsymbol{p}_1,\ldots,\boldsymbol{p}_n]$ に作り替えるのに，**グラム-シュミットの直交化法**が用いられる：

$$\boldsymbol{p}_1 = \frac{1}{|\boldsymbol{a}_1|}\boldsymbol{a}_1,$$
$$\boldsymbol{a}'_2 = \boldsymbol{a}_2 - (\boldsymbol{a}_2, \boldsymbol{p}_1)\boldsymbol{p}_1, \quad \boldsymbol{p}_2 = \frac{1}{|\boldsymbol{a}'_2|}\boldsymbol{a}'_2,$$
$$\cdots\cdots\cdots,$$
$$\boldsymbol{a}'_k = \boldsymbol{a}_k - (\boldsymbol{a}_k, \boldsymbol{p}_1)\boldsymbol{p}_1 - \cdots - (\boldsymbol{a}_k, \boldsymbol{p}_{k-1})\boldsymbol{p}_{k-1}, \quad \boldsymbol{p}_k = \frac{1}{|\boldsymbol{a}'_k|}\boldsymbol{a}'_k,$$
$$\cdots\cdots\cdots$$

長さで割ると普通は平方根を含む数の計算になる．それがいやなときは，長さを 1 に正規化するのを最後にまとめ，まず直交化だけを行うこともできる：

$$\boldsymbol{a}'_1 = \boldsymbol{a}_1,$$
$$\boldsymbol{a}'_2 = \boldsymbol{a}_2 - \frac{(\boldsymbol{a}_2, \boldsymbol{a}'_1)}{(\boldsymbol{a}'_1, \boldsymbol{a}'_1)}\boldsymbol{a}'_1,$$
$$\cdots\cdots\cdots,$$
$$\boldsymbol{a}'_k = \boldsymbol{a}_k - \frac{(\boldsymbol{a}_k, \boldsymbol{a}'_1)}{(\boldsymbol{a}'_1, \boldsymbol{a}'_1)}\boldsymbol{a}'_1 - \cdots - \frac{(\boldsymbol{a}_k, \boldsymbol{a}'_{k-1})}{(\boldsymbol{a}'_{k-1}, \boldsymbol{a}'_{k-1})}\boldsymbol{a}'_{k-1},$$
$$\cdots\cdots\cdots,$$
$$\boldsymbol{p}_1 = \frac{1}{|\boldsymbol{a}'_1|}\boldsymbol{a}'_1, \ \boldsymbol{p}_2 = \frac{1}{|\boldsymbol{a}'_2|}\boldsymbol{a}'_2, \ \ldots, \ \boldsymbol{p}_k = \frac{1}{|\boldsymbol{a}'_k|}\boldsymbol{a}'_k, \ \ldots.$$

要項 6.1.4 $\boldsymbol{R}^n$ の線形部分空間 W に対し，$W^\perp$ を W のすべての元と直交するベクトルの集合とすれば，これは W の $\boldsymbol{R}^n$ における直和補空間の一つとなり，**直交補空間**と呼ばれる．直和補空間は無数に存在するが直交補空間は一つに定まり，その基底は W の任意の直和補空間の基底をグラム-シュミットの方法により W に予め用意した直交基底の各々と直交するように取り替えれば得られる．この概念は $W \subset V \subset \boldsymbol{R}^n$ の V における直交補空間に一般化される．

要項 6.1.5 実正方行列 P が $P^T P = E$ を満たすとき，**直交行列**と呼ぶ．

$$P \text{ が直交行列} \iff PP^T = E \iff P^T = P^{-1}$$
$$\iff P \text{ の列ベクトル } \boldsymbol{p}_1, \ldots, \boldsymbol{p}_n \text{ が完全正規直交系を成す}$$
$$\iff P \text{ の行ベクトルが完全正規直交系を成す}$$
$$\iff P \text{ は内積を変えない}：(P\boldsymbol{a}, P\boldsymbol{b}) = (\boldsymbol{a}, \boldsymbol{b})$$
$$\iff P \text{ はベクトルの長さを変えない（等長変換）}：|P\boldsymbol{a}| = |\boldsymbol{a}|.$$

要項 6.1.6 複素正方行列 U が $\overline{U}^T U = E$ を満たすとき，**ユニタリ行列**と呼ばれる．$\overline{U}^T$ は複素共役の転置で U の**エルミート共役**と呼ばれるが，数学では U^*，物理や工学では $U^\dagger$ と略記される．

U がユニタリ行列 $\iff UU^* = E \iff U^* = U^{-1}$
$\iff U$ の列ベクトル $\boldsymbol{p}_1, \ldots, \boldsymbol{p}_n$ が完全正規直交系を成す
$\iff U$ の行ベクトルが完全正規直交系を成す
$\iff U$ は内積を変えない：$(U\boldsymbol{a}, U\boldsymbol{b}) = (\boldsymbol{a}, \boldsymbol{b})$
$\iff U$ はベクトルの長さを変えない：$|U\boldsymbol{a}| = |\boldsymbol{a}|$.

要項 6.1.7 R 上の線形空間 V における一般の**内積**が $V \times V$ 上の実数値関数で要項 6.1.1 の (1)〜(3) の性質（**内積の公理**）を満たすものとして定義される．これと区別するため，今までの内積を**標準内積**と呼ぶことがある．同様に，C 上の線形空間の一般の**エルミート内積**が要項 6.1.2 の (1)〜(3) を満たすものとして定義される．上に述べられた（エルミート）内積に関連した諸概念と諸性質はこれら一般の（エルミート）内積に対しても有効である．

要項 6.1.8 n 次の直交行列，ユニタリ行列の集合はそれぞれ行列の積と逆行列をとる操作で閉じており，それぞれ**直交群** $O(n)$, **ユニタリ群** $U(n)$ と呼ばれる群を成す．

例題 6.1-1 ──────────────────── 正規直交基底の計算 ──

例題 3.3-2 で扱った線形部分空間 $V, W \subset \boldsymbol{R}^4$ について以下の問いに答えよ：
(1) $V \cap W$ の正規直交基底を求めよ．
(2) (1) のものを含む V, W の正規直交基底をそれぞれ求めよ．
(3) (1) のものを含む $V + W$ の正規直交基底を求めよ．

[解答] 同例題の解答から，$V \cap W$ の基底 $\boldsymbol{u}_1 = (1,1,1,1)^T$, $\boldsymbol{u}_2 = (0,2,5,0)^T$, V の基底で上を延長する新しい元 $\boldsymbol{u}_3 = (1,0,-1,0)^T$, W の基底で上を延長する新しい元 $\boldsymbol{u}_4 = (0,1,0,0)^T$ が計算されているので，これに対してグラム-シュミットの手法を適用する．
(1) 一つ目を活かし，正規化して $\boldsymbol{p}_1 = \left(\frac{1}{2}, \frac{1}{2}, \frac{1}{2}, \frac{1}{2}\right)^T$ とし，二つ目を直交化すると

$$\boldsymbol{u}_2' = \boldsymbol{u}_2 - (\boldsymbol{u}_2, \boldsymbol{p}_1)\boldsymbol{p}_1 = \begin{pmatrix} 0 \\ 2 \\ 5 \\ 0 \end{pmatrix} - \frac{7}{2}\begin{pmatrix} 1/2 \\ 1/2 \\ 1/2 \\ 1/2 \end{pmatrix} = \begin{pmatrix} -7/4 \\ 1/4 \\ 13/4 \\ -7/4 \end{pmatrix}.$$

$|\boldsymbol{u}_2'|^2 = \frac{49}{16} + \frac{1}{16} + \frac{169}{16} + \frac{49}{16} = \frac{67}{4}$ なので，

$$\boldsymbol{p}_2 = \frac{2}{\sqrt{67}}\boldsymbol{u}_2' = \left(-\frac{7}{2\sqrt{67}}, \frac{1}{2\sqrt{67}}, \frac{13}{2\sqrt{67}}, -\frac{7}{2\sqrt{67}}\right)^T.$$

(2) V の第 3 の基底を $\boldsymbol{p}_1, \boldsymbol{p}_2$ に対して直交化すると

$$\boldsymbol{u}_3' = \boldsymbol{u}_3 - (\boldsymbol{u}_3, \boldsymbol{p}_1)\boldsymbol{p}_1 - (\boldsymbol{u}_3, \boldsymbol{p}_2)\boldsymbol{p}_2$$

$$= \begin{pmatrix} 1 \\ 0 \\ -1 \\ 0 \end{pmatrix} - 0 \begin{pmatrix} 1/2 \\ 1/2 \\ 1/2 \\ 1/2 \end{pmatrix} + \frac{10}{\sqrt{67}} \begin{pmatrix} -7/2\sqrt{67} \\ 1/2\sqrt{67} \\ 13/2\sqrt{67} \\ -7/2\sqrt{67} \end{pmatrix} = \begin{pmatrix} 32/67 \\ 5/67 \\ -2/67 \\ -35/67 \end{pmatrix}.$$

$|\boldsymbol{u}_3'|^2 = \dfrac{1024}{67^2} + \dfrac{25}{67^2} + \dfrac{4}{67^2} + \dfrac{1225}{67^2} = \dfrac{34}{67}$ なので,

$$\boldsymbol{p}_3 = \left(\frac{32}{\sqrt{2278}}, \frac{5}{\sqrt{2278}}, -\frac{2}{\sqrt{2278}}, -\frac{35}{\sqrt{2278}}\right)^T.$$

同様に W の第 3 の基底を直交化すると

$$\boldsymbol{u}_4' = \boldsymbol{u}_4 - (\boldsymbol{u}_4, \boldsymbol{p}_1)\boldsymbol{p}_1 - (\boldsymbol{u}_4, \boldsymbol{p}_2)\boldsymbol{p}_2$$

$$= \begin{pmatrix} 0 \\ 1 \\ 0 \\ 0 \end{pmatrix} - \frac{1}{2} \begin{pmatrix} 1/2 \\ 1/2 \\ 1/2 \\ 1/2 \end{pmatrix} - \frac{1}{2\sqrt{67}} \begin{pmatrix} -7/2\sqrt{67} \\ 1/2\sqrt{67} \\ 13/2\sqrt{67} \\ -7/2\sqrt{67} \end{pmatrix} = \begin{pmatrix} -15/67 \\ 50/67 \\ -20/67 \\ -15/67 \end{pmatrix}.$$

$|\boldsymbol{u}_4'|^2 = \dfrac{225}{67^2} + \dfrac{2500}{67^2} + \dfrac{400}{67^2} + \dfrac{225}{67^2} = \dfrac{50}{67}$ なので,

$$\boldsymbol{p}_4 = \left(-\frac{3}{\sqrt{134}}, \frac{10}{\sqrt{134}}, -\frac{4}{\sqrt{134}}, -\frac{3}{\sqrt{134}}\right)^T.$$

最後に $\boldsymbol{p}_3, \boldsymbol{p}_4$ は残念ながら直交していない（これは V, W が $V \cap W$ に沿って垂直に交わっていないことによる）ので, $V + W$ の正規直交基底にするにはどちらかを取り替えねばならない. 例えば $\boldsymbol{p}_4$ を取り替えると,

$$\boldsymbol{p}_4' = \boldsymbol{p}_4 - (\boldsymbol{p}_4, \boldsymbol{p}_3)\boldsymbol{p}_3 = \begin{pmatrix} -3/\sqrt{134} \\ 10/\sqrt{134} \\ -4/\sqrt{134} \\ -3/\sqrt{134} \end{pmatrix} - \frac{1}{2\sqrt{17}} \begin{pmatrix} 32/\sqrt{2278} \\ 5/\sqrt{2278} \\ -2/\sqrt{2278} \\ -35/\sqrt{2278} \end{pmatrix}$$

$$= \begin{pmatrix} -3/\sqrt{134} \\ 10/\sqrt{134} \\ -4/\sqrt{134} \\ -3/\sqrt{134} \end{pmatrix} - \begin{pmatrix} 16/17\sqrt{134} \\ 5/34\sqrt{134} \\ -1/17\sqrt{134} \\ -35/34\sqrt{134} \end{pmatrix} = \begin{pmatrix} -67/17\sqrt{134} \\ 335/34\sqrt{134} \\ -67/17\sqrt{134} \\ -67/34\sqrt{134} \end{pmatrix} = \begin{pmatrix} -\sqrt{67}/17\sqrt{2} \\ 5\sqrt{67}/34\sqrt{2} \\ -\sqrt{67}/17\sqrt{2} \\ -\sqrt{67}/34\sqrt{2} \end{pmatrix}.$$

$(\boldsymbol{p}_4', \boldsymbol{p}_4') = \dfrac{\sqrt{67}}{2\sqrt{17}}$ なので, $\widetilde{\boldsymbol{p}_4} = \dfrac{2\sqrt{17}}{\sqrt{67}}\boldsymbol{p}_4' = \left(-\dfrac{\sqrt{2}}{\sqrt{17}}, \dfrac{5}{\sqrt{34}}, \dfrac{\sqrt{2}}{\sqrt{17}}, \dfrac{1}{\sqrt{34}}\right)^T$ を取ると, これはもはや W には属さないが, $V + W$ には属し, $\boldsymbol{p}_1, \boldsymbol{p}_2, \boldsymbol{p}_3, \widetilde{\boldsymbol{p}_4}$ は $V + W$ の正規直交基底となる. ∎

🐭 今は $V + W = \boldsymbol{R}^4$ なので, $\boldsymbol{p}_4$ は必ずしも W から取る必要はないが, こうしておけば $V + W$ が全空間ではない一般にも通用するアルゴリズムとなる.

例題 6.1-2 ─────────────────── 直交行列の固有値

(1) 直交行列の行列式は ± 1 のいずれかであることを示せ．またユニタリ行列の行列式はどんな値になるか？

(2) 直交行列，ユニタリ行列の固有値は絶対値 1 の複素数となることを示せ．

解答 (1) $P^T P = E$ の両辺の行列式を取ると，$1 = \det E = \det(P^T P) = \det P^T \det P = (\det P)^2$．ここで $\det P$ は実数であるから，$\det P = \pm 1$ となる．ユニタリ行列の場合は，$U^* U = E$ より同様に $1 = \det E = \det U^* \det U = \overline{\det U} \det U = |\det U|^2$．ここで，$\det \overline{U} = \overline{\det U}$ となることは，例えば行列式の要項の展開公式 (4.1) の両辺の複素共役を取ってみれば分かる．よって $\det U$ は絶対値が 1 の複素数となる．(こちらは実数とは限らない．例えば，$U = \begin{pmatrix} e^{i\theta_1} & 0 \\ 0 & e^{i\theta_2} \end{pmatrix}$ はユニタリ行列である．)

(2) ユニタリ行列の場合を考える．(実直交行列はユニタリ行列に含まれ，固有値は虚数になり得るので，以下の議論が当てはまる．) $U\boldsymbol{v} = \lambda \boldsymbol{v}$ とせよ．U はエルミート内積に関する長さを保存するので，$|\boldsymbol{v}| = |U\boldsymbol{v}| = |\lambda \boldsymbol{v}| = |\lambda||\boldsymbol{v}|$．よって $|\lambda| = 1$． ∎

問 題

6.1.1 例題 3.3-1 の部分空間 W の基底を正規直交化せよ．また，W の直交補空間を求めよ．

6.1.2 次のような部分空間の対について，例題 6.1-1 と同様の問題を解け：
$$V = \left\langle\!\!\!\left\langle \begin{pmatrix} 2 \\ 0 \\ 0 \\ -1 \end{pmatrix}, \begin{pmatrix} 0 \\ 3 \\ 0 \\ 1 \end{pmatrix}, \begin{pmatrix} 1 \\ 0 \\ 1 \\ -1 \end{pmatrix} \right\rangle\!\!\!\right\rangle, \quad W = \left\langle\!\!\!\left\langle \begin{pmatrix} 2 \\ 1 \\ 0 \\ -1 \end{pmatrix}, \begin{pmatrix} 1 \\ 0 \\ 1 \\ -1 \end{pmatrix} \right\rangle\!\!\!\right\rangle.$$

6.1.3 $\boldsymbol{a} \neq \boldsymbol{b}$ のとき $\left|\dfrac{\boldsymbol{a}+\boldsymbol{b}}{2}\right| < \max\{|\boldsymbol{a}|, |\boldsymbol{b}|\}$ を示せ．[ヒント：中線定理を使え．]

6.1.4 任意の実正則行列 A は直交行列と対角成分が正の上三角行列の積に一意的に分解される．(これを **QR 分解** と呼ぶ．) これを計算法とともに示せ．また，それを用いて次の行列の QR 分解を求めよ．[ヒント：グラム-シュミットの直交化法を用いよ．なお QR 分解という言葉は A が (3) のように縦長の最大階数の行列の場合にも使われることがある．]

(1) $\begin{pmatrix} 1 & 2 & 1 \\ 2 & 2 & 1 \\ 0 & -1 & 3 \end{pmatrix}$ (2) $\begin{pmatrix} 2 & 0 & 1 & 1 \\ 1 & 1 & 0 & -1 \\ 0 & -3 & 2 & 1 \\ 1 & 2 & 1 & 0 \end{pmatrix}$ (3) $\begin{pmatrix} 2 & 0 \\ 1 & 1 \\ 0 & -3 \\ 1 & 2 \end{pmatrix}$

6.2 対称行列の固有値と固有ベクトル

要項 6.2.1 $A^T = A$ を満たす行列を**対称行列**と呼ぶ．実対称行列 A は次の性質を持つ．

(1) A の固有値はすべて実となる．

(2) 異なる固有値に対応する固有ベクトルは標準ユークリッド内積に関して互いに直交する．

(3) 任意の固有値は重複度と同じ個数の 1 次独立な固有ベクトルを持つ．それらはグラム-シュミットの直交化法により互いに直交するもので取れる．

従って，これらを正規化したベクトルは空間の正規直交基底となり，これらを列ベクトルとする直交行列 P により $P^T A P$ は対角行列となる．

要項 6.2.2 複素行列 A が $A^* = A$ を満たすとき，**エルミート行列**と呼ばれる．エルミート行列の固有値は実数で，固有ベクトルはエルミート内積に関する直交系に取れる．それらを正規化して並べたユニタリ行列 U により，$U^* A U$ は対角型となる．

―― 例題 6.2-1 ――――――――――――――――――――――― 対称行列の対角化 ――

次の対称行列 A の固有値を求めよ．また対応する固有ベクトルの正規直交系を求めて A を対角化せよ．

(1) $\begin{pmatrix} 1 & 0 & 0 \\ 0 & 0 & 1 \\ 0 & 1 & 0 \end{pmatrix}$ (2) $\begin{pmatrix} -1 & -2 & 1 \\ -2 & 2 & -2 \\ 1 & -2 & -1 \end{pmatrix}$ (3) $\begin{pmatrix} 0 & 0 & 0 & 1 \\ 0 & 0 & 1 & 0 \\ 0 & 1 & 0 & 0 \\ 1 & 0 & 0 & 0 \end{pmatrix}$

解答 (1) まず固有値を求めると，

$$\begin{vmatrix} 1-\lambda & 0 & 0 \\ 0 & -\lambda & 1 \\ 0 & 1 & -\lambda \end{vmatrix} = (1-\lambda) \begin{vmatrix} -\lambda & 1 \\ 1 & -\lambda \end{vmatrix} = (1-\lambda)(\lambda^2-1) = -(\lambda-1)^2(\lambda+1).$$

よって固有値は 1 (2 重)，-1．前者に対する固有ベクトルを求めると，$\begin{pmatrix} 0 & 0 & 0 \\ 0 & -1 & 1 \\ 0 & 1 & -1 \end{pmatrix} \to \begin{pmatrix} 0 & 0 & 0 \\ 0 & 0 & 0 \\ 0 & 1 & -1 \end{pmatrix}$．これより固有ベクトル $(1,0,0)^T$, $(0,1,1)^T$ が求まる．後者に対する固有ベクトルは，$\begin{pmatrix} 2 & 0 & 0 \\ 0 & 1 & 1 \\ 0 & 1 & 1 \end{pmatrix} \to \begin{pmatrix} 2 & 0 & 0 \\ 0 & 1 & 1 \\ 0 & 0 & 0 \end{pmatrix}$ より $(0,1,-1)^T$ と求まる．これらの

6.2 対称行列の固有値と固有ベクトル

長さを 1 に正規化して並べた $P = \begin{pmatrix} 1 & 0 & 0 \\ 0 & 1/\sqrt{2} & 1/\sqrt{2} \\ 0 & 1/\sqrt{2} & -1/\sqrt{2} \end{pmatrix}$ が求める直交行列で, $P^T A P = \mathrm{diag}(1, 1, -1)$ となる.

(2) 固有値を求めると, $\begin{vmatrix} -1-\lambda & -2 & 1 \\ -2 & 2-\lambda & -2 \\ 1 & -2 & -1-\lambda \end{vmatrix} \underset{\text{引く}}{\overset{\text{第 1 列を}}{\underset{\text{第 3 列から}}{=}}} \begin{vmatrix} -1-\lambda & -2 & \lambda+2 \\ -2 & 2-\lambda & 0 \\ 1 & -2 & -2-\lambda \end{vmatrix}$

$\underset{\text{括り出す}}{\overset{\text{第 3 列から}}{\underset{\lambda+2 \text{ を}}{=}}} (\lambda+2) \begin{vmatrix} -1-\lambda & -2 & 1 \\ -2 & 2-\lambda & 0 \\ 1 & -2 & -1 \end{vmatrix} \underset{\text{加える}}{\overset{\text{第 3 行を}}{\underset{\text{第 1 行に}}{=}}} (\lambda+2) \begin{vmatrix} -\lambda & -4 & 0 \\ -2 & 2-\lambda & 0 \\ 1 & -2 & -1 \end{vmatrix} \overset{\text{第 3 列}}{\underset{\text{で展開}}{=}}$

$-(\lambda+2) \begin{vmatrix} -\lambda & -4 \\ -2 & 2-\lambda \end{vmatrix} \underset{1\text{ 行に加える}}{\overset{\text{第 2 行を第}}{=}} -(\lambda+2) \begin{vmatrix} -2-\lambda & -2-\lambda \\ -2 & 2-\lambda \end{vmatrix} = (\lambda+2)^2 \begin{vmatrix} 1 & 1 \\ -2 & 2-\lambda \end{vmatrix}$

$= -(\lambda+2)^2(\lambda-4)$. よって固有値は -2 (2 重), 4.

前者に対する固有ベクトルは一般論により 2 本求まるが, 実際 $\begin{pmatrix} 1 & -2 & 1 \\ -2 & 4 & -2 \\ 1 & -2 & 1 \end{pmatrix} \to \begin{pmatrix} 1 & -2 & 1 \\ 0 & 0 & 0 \\ 0 & 0 & 0 \end{pmatrix}$. よって $\boldsymbol{a}_1 = \begin{pmatrix} 1 \\ 0 \\ -1 \end{pmatrix}, \boldsymbol{a}_2 = \begin{pmatrix} 2 \\ 1 \\ 0 \end{pmatrix}$ は 1 次独立な解となるが, これは自分で直交化しなければならない. まず前者はそのまま使うこととし, 後者がこれと直交するように修正すると

$$\boldsymbol{a}_2 - \frac{(\boldsymbol{a}_2, \boldsymbol{a}_1)}{(\boldsymbol{a}_1, \boldsymbol{a}_1)} \boldsymbol{a}_1 = \begin{pmatrix} 2 \\ 1 \\ 0 \end{pmatrix} - \frac{2}{2} \begin{pmatrix} 1 \\ 0 \\ -1 \end{pmatrix} = \begin{pmatrix} 1 \\ 1 \\ 1 \end{pmatrix}.$$

最後に固有値 4 に対する固有ベクトルを求めると $\begin{pmatrix} -5 & -2 & 1 \\ -2 & -2 & -2 \\ 1 & -2 & -5 \end{pmatrix} \to \begin{pmatrix} 1 & 0 & -1 \\ 0 & 1 & 2 \\ 0 & 0 & 0 \end{pmatrix}$.

よって $(1, -2, 1)^T$ が取れる. 以上の直交する 3 本を長さ 1 に正規化して並べたものが求める直交行列 $P = \begin{pmatrix} 1/\sqrt{2} & 1/\sqrt{3} & 1/\sqrt{6} \\ 0 & 1/\sqrt{3} & -2/\sqrt{6} \\ -1/\sqrt{2} & 1/\sqrt{3} & 1/\sqrt{6} \end{pmatrix}$ であり, これを用いて $P^T A P = \mathrm{diag}(-2, -2, 4)$ と対角化される.

(3) 固有方程式は $(\lambda-1)^2(\lambda+1)^2 = 0$ となり, 固有値は ± 1 (いずれも 2 重). 固有ベクトルを求めると $(A-E)\boldsymbol{v} = \boldsymbol{0}$ より $\boldsymbol{v}_1 = (1, 0, 0, 1)^T$, $\boldsymbol{v}_2 = (0, 1, 1, 0)^T$. $(A+E)\boldsymbol{v} = \boldsymbol{0}$ より $\boldsymbol{v}_3 = (1, 0, 0, -1)^T$, $\boldsymbol{v}_4 = (0, 1, -1, 0)^T$. これらを正規化して並べた $P = \begin{pmatrix} 1/\sqrt{2} & 0 & 1/\sqrt{2} & 0 \\ 0 & 1/\sqrt{2} & 0 & 1/\sqrt{2} \\ 0 & 1/\sqrt{2} & 0 & -1/\sqrt{2} \\ 1/\sqrt{2} & 0 & -1/\sqrt{2} & 0 \end{pmatrix}$ により $P^T A P = \mathrm{diag}(1, 1, -1, -1)$.

別解 平面の $\frac{\pi}{4}$ 回転で $\begin{pmatrix} 1/\sqrt{2} & -1/\sqrt{2} \\ 1/\sqrt{2} & 1/\sqrt{2} \end{pmatrix}^T \begin{pmatrix} 0 & 1 \\ 1 & 0 \end{pmatrix} \begin{pmatrix} 1/\sqrt{2} & -1/\sqrt{2} \\ 1/\sqrt{2} & 1/\sqrt{2} \end{pmatrix} = \begin{pmatrix} 1 & 0 \\ 0 & -1 \end{pmatrix}$ と変換される. これを第 1, 4 座標, 第 2, 3 座標に適用すると, 結局

$$P = \begin{pmatrix} 1/\sqrt{2} & 0 & 0 & -1/\sqrt{2} \\ 0 & 1/\sqrt{2} & -1/\sqrt{2} & 0 \\ 0 & 1/\sqrt{2} & 1/\sqrt{2} & 0 \\ 1/\sqrt{2} & 0 & 0 & 1/\sqrt{2} \end{pmatrix}$$ で $P^T A P = \mathrm{diag}(1,1,-1,-1)$ となる. ∎

1. 一般論としては長さを 1 に正規化しながら進む方が分かりやすいが, 正規化により大概は平方根の記号が出てしまうので, 小さなサイズの行列の場合は上のように長さを 1 に揃えるのを最後に一斉にやる方が書く量を少なくできる.

2. 重複固有値が有ると対角化を与える直交行列の答は対応する固有空間の回転の分だけ (無数に) 存在する. $(2,1,0)^T$ の方を $\boldsymbol{a}_1$ として計算すると P がもう少し複雑になる.

例題 6.2-2 ─────────────────────── 階数落ち対称行列の利用 ─

次の対称行列 A を直交行列により対角化せよ. ただし $a_n \neq 0$ とせよ.

$$A = \begin{pmatrix} a_1^2+1 & a_1 a_2 & \cdots & \cdots & a_1 a_n \\ a_2 a_1 & a_2^2+1 & a_2 a_3 & \cdots & a_2 a_n \\ \vdots & & \ddots & & \vdots \\ a_n a_1 & a_n a_2 & & \ddots & a_{n-1} a_n \\ a_n a_1 & a_n a_2 & \cdots & a_n a_{n-1} & a_n^2+1 \end{pmatrix}$$

[解答] 本問の行列は例題 5.2-3 の特別な場合である.

$$B = \begin{pmatrix} a_1^2 & a_1 a_2 & \cdots & \cdots & a_1 a_n \\ a_2 a_1 & a_2^2 & a_2 a_3 & \cdots & a_2 a_n \\ \vdots & & \ddots & & \vdots \\ a_{n-1} a_1 & a_{n-1} a_2 & & \cdots & a_{n-1} a_n \\ a_n a_1 & a_n a_2 & \cdots & a_n a_{n-1} & a_n^2 \end{pmatrix} = \begin{pmatrix} a_1 \\ a_2 \\ \vdots \\ a_n \end{pmatrix} (a_1, a_2, \ldots, a_n)$$

は階数 1 の対称行列であるから, 固有値 0 が $n-1$ 重している. 残りの一つの固有値はトレース $a_1^2 + \cdots + a_n^2$ に等しい. 問題の行列は $A = B + E$ の形をしており, この固有値は $\det(A - \lambda E) = \det\{B - (\lambda - 1) E\} = 0$ より, B の固有値に 1 を加えたものとなる. よって求める固有値は 1 ($n-1$ 重), $a_1^2 + \cdots + a_n^2 + 1$ である.

例題 5.2-3 で示したように, 最後の固有値に対する固有ベクトルとして $\boldsymbol{u}_n := (a_1, a_2, \ldots, a_n)^T$ が取れる. よって残りの固有ベクトルは, このベクトルに垂直な超平面内に正規直交基底を選べばよい. 仮定により $a_n \neq 0$ なので, まず $\boldsymbol{u}_n$ に垂直な $n-1$ 本のベクトルとして

$$\boldsymbol{u}_1 = \begin{pmatrix} a_n \\ 0 \\ \vdots \\ 0 \\ -a_1 \end{pmatrix}, \boldsymbol{u}_2 = \begin{pmatrix} 0 \\ a_n \\ 0 \\ \vdots \\ 0 \\ -a_2 \end{pmatrix}, \ldots, \boldsymbol{u}_{n-1} = \begin{pmatrix} 0 \\ \vdots \\ 0 \\ a_n \\ -a_{n-1} \end{pmatrix}$$

6.2 対称行列の固有値と固有ベクトル

が取れる．これらをグラム-シュミットの直交化法を用いて互いに直交するように修正すればよい．(1 次結合で u_n との直交性は保たれる．) u_1 はそのままとし，u_2 以下を修正すると

$$u'_2 = u_2 - \frac{(u_2, u_1)}{|u_1|^2}u_1 = \left(-\frac{a_1 a_2 a_n}{a_1^2 + a_n^2}, a_n, 0, \ldots, 0, \frac{a_1^2 a_2}{a_1^2 + a_n^2} - a_2\right)^T$$

$$= \frac{a_n}{a_1^2 + a_n^2}(-a_1 a_2, a_1^2 + a_n^2, 0, \ldots, 0, -a_2 a_n)^T.$$

そこでスカラー倍を調整して $u'_2 = (-a_1 a_2, a_1^2 + a_n^2, 0, \ldots, 0, -a_2 a_n)^T$ に取り直す．

$$u'_3 = u_3 - \frac{(u_3, u_1)}{|u_1|^2}u_1 - \frac{(u_3, u'_2)}{|u'_2|^2}u'_2$$

$$= \begin{pmatrix} 0 \\ 0 \\ a_n \\ 0 \\ \vdots \\ 0 \\ -a_3 \end{pmatrix} - \frac{a_1 a_3}{a_1^2 + a_n^2}\begin{pmatrix} a_n \\ 0 \\ \vdots \\ 0 \\ -a_1 \end{pmatrix} - \frac{a_2 a_3 a_n}{(a_1^2 + a_n^2)(a_1^2 + a_2^2 + a_n^2)}\begin{pmatrix} -a_1 a_2 \\ a_1^2 + a_n^2 \\ 0 \\ \vdots \\ 0 \\ -a_2 a_n \end{pmatrix}$$

$$= \frac{a_n}{a_1^2 + a_2^2 + a_n^2}(-a_1 a_3, -a_2 a_3, a_1^2 + a_2^2 + a_n^2, 0, \ldots, 0, -a_3 a_n)^T.$$

再びスカラー倍を調整して $u'_3 = (-a_1 a_3, -a_2 a_3, a_1^2 + a_2^2 + a_n^2, 0, \ldots, 0, -a_3 a_n)^T$ に取り直す．以下同様に

$$u'_{n-1} = (-a_1 a_{n-1}, -a_2 a_{n-1}, \ldots, -a_{n-2} a_{n-1}, a_1^2 + \cdots + a_{n-2}^2 + a_n^2, -a_{n-1} a_n)^T$$

まで得られるので，これらの長さを 1 にしたものが答である：

$$v_1 = \frac{1}{\sqrt{a_1^2 + a_n^2}}(a_n, 0, \ldots, 0, -a_1)^T,$$

$$v_2 = \frac{1}{\sqrt{(a_1^2 + a_n^2)(a_1^2 + a_2^2 + a_n^2)}}(-a_1 a_2, a_1^2 + a_n^2, 0, \ldots, 0, -a_2 a_n)^T,$$

$$v_3 = \frac{1}{\sqrt{(a_1^2 + a_2^2 + a_n^2)(a_1^2 + a_2^2 + a_3^2 + a_n^2)}}$$
$$\times (-a_1 a_3, -a_2 a_3, a_1^2 + a_2^2 + a_n^2, 0, \ldots, 0, -a_3 a_n)^T,$$

$$\cdots\cdots\cdots,$$

$$v_{n-1} = \frac{1}{\sqrt{(a_1^2 + \cdots + a_{n-2}^2 + a_n^2)(a_1^2 + \cdots + a_n^2)}}$$
$$\times (-a_1 a_{n-1}, \ldots, -a_{n-2} a_{n-1}, a_1^2 + \cdots + a_{n-2}^2 + a_n^2, -a_{n-1} a_n)^T,$$

$$v_n = \frac{1}{\sqrt{a_1^2 + a_2^2 + \cdots + a_n^2}}(a_1, a_2, \ldots, a_n)^T. \quad \blacksquare$$

例題 6.2-3 ─────────────────── 固有値の挟み込み ─
(1) n 次対称行列 A は左上の $n-1$ 次主小行列 $A' = (a_{ij})_{i,j=1,2,\ldots,n-1}$ が $c_1 > c_2 > \cdots > c_{n-1}$ を固有値に持つとする．このとき A 自身は $\lambda_1 > c_1 > \lambda_2 > c_2 > \cdots > \lambda_{n-1} > c_{n-1} > \lambda_n$ を満たすような固有値 λ_i を持つことを示せ．
(2) c_i がすべて正，かつ $\det A > 0$ ならば，A の最後の固有値は $0 < \lambda_n < c_{n-1}$ を満たすことを示せ．
(3) c_i の中に重複固有値があるときはどうなるか？

[解答] (1) A' を対角化する $n-1$ 次直交行列 P' を取れば，n 次直交行列 $\begin{pmatrix} P' & \mathbf{0} \\ \mathbf{0}^T & 1 \end{pmatrix}$ により，固有値を変えずに

$$\begin{pmatrix} c_1 & 0 & \cdots & 0 & a'_{1n} \\ 0 & c_2 & \ddots & \vdots & a'_{2n} \\ \vdots & \ddots & \ddots & 0 & \vdots \\ 0 & \cdots & 0 & c_{n-1} & a'_{n-1,n} \\ a'_{n1} & \cdots & \cdots & a'_{n,n-1} & a'_{nn} \end{pmatrix}$$

の形にできる．よって最初から A をこの形と仮定し，成分のダッシュも略す．この固有多項式 $f(x) := \det(A - xE)$ は例題 4.1-3 より（$a_{ni} = a_{in}$ に注意して）

$$f(x) = (c_1 - x)(c_2 - x)\cdots(c_{n-1} - x)(a_{nn} - x) - \sum_{i=1}^{n-1} a_{ni}^2 \prod_{j \neq i}(c_j - x)$$

となる．この多項式の符号 $\operatorname{sign} f(x)$ の変化を見よう．

$$\operatorname{sign} f(c_i) = -\operatorname{sign}\left\{ a_{ni}^2 \prod_{j \neq i}(c_j - c_i) \right\} = -(-1)^{n-i-1} = (-1)^{n-i}$$

より，次のような表が得られる：

x	$-\infty$	c_{n-1}	c_{n-2}	$\cdots$	c_2	c_1	$+\infty$
$\operatorname{sign} f(x)$	$+1$	-1	$+1$	$\cdots$	$(-1)^{n-2}$	$(-1)^{n-1}$	$(-1)^n$

よってこの根である A の固有値はこれらに挟まれた区間に存在する．全体で n 個求まったから，すべて単根である．

(2) この場合は $f(-\infty)$ の代わりに $f(0) = \det A > 0$ が最小根の限界となる．あるいは，$n-1$ 個の固有値が $> c_{n-1} > 0$ なることが分かっており，これに最後の固有値を掛けたものが $\det A > 0$ となることからも $\lambda_n > 0$ が分かる．

6.2 対称行列の固有値と固有ベクトル

(3) c_i と c_{i+k} を近づけてくっつければ，この間に有った固有値 $\lambda_{i+1}, \ldots, \lambda_{i+k}$ は連続性により同じ値に収束する（$\longrightarrow$ 例題 7.6-2）．従ってこの場合はこの共通の値が A の k 重固有値となる．あるいは c_i が A' の $k+1$ 重の固有値ならば，$f(x)$ が c_i を k 重根に持つことを $f(c_i) = f'(c_i) = \cdots = f^{(k-1)}(c_i) = 0$ により直接確認することができ，それからも同じ主張が得られる． ∎

問 題

6.2.1 次の対称行列を直交行列により対角化せよ．

(1) $\begin{pmatrix} 1 & 1 & -1 \\ 1 & 2 & 0 \\ -1 & 0 & 0 \end{pmatrix}$ (2) $\begin{pmatrix} 1 & 1 & -1 \\ 1 & 3 & 1 \\ -1 & 1 & 3 \end{pmatrix}$ (3) $\begin{pmatrix} 1 & -1 & 1 \\ -1 & 7 & 1 \\ 1 & 1 & 5 \end{pmatrix}$ (4) $\begin{pmatrix} 1 & 1 & 1 \\ 1 & 2 & 0 \\ 1 & 0 & 0 \end{pmatrix}$

(5) $\begin{pmatrix} 2 & 1 & 2 \\ 1 & 2 & 2 \\ 2 & 2 & 1 \end{pmatrix}$ (6) $\begin{pmatrix} 2 & 1 & 1 \\ 1 & 2 & 1 \\ 1 & 1 & 2 \end{pmatrix}$ (7) $\begin{pmatrix} 2 & 1 & 2 \\ 1 & 3 & 1 \\ 2 & 1 & 2 \end{pmatrix}$ (8) $\begin{pmatrix} 2 & 1 & 1 \\ 1 & 4 & 1 \\ 1 & 1 & 2 \end{pmatrix}$

(9) $\begin{pmatrix} 1 & -1 & -1 \\ -1 & 1 & -1 \\ -1 & -1 & 1 \end{pmatrix}$ (10) $\begin{pmatrix} 9 & \sqrt{6} & \sqrt{3} \\ \sqrt{6} & 4 & 5\sqrt{2} \\ \sqrt{3} & 5\sqrt{2} & -1 \end{pmatrix}$ (11) $\begin{pmatrix} 1 & \sqrt{6} & \sqrt{3} \\ \sqrt{6} & 2 & -\sqrt{2} \\ \sqrt{3} & -\sqrt{2} & 3 \end{pmatrix}$

6.2.2 実対称行列 $A = \begin{pmatrix} 0 & 1 & 2 \\ 1 & 0 & 2 \\ 2 & 2 & 3 \end{pmatrix}$ について以下の問に答えよ．

(1) 固有値と固有ベクトルを求めよ．
(2) A を対角化する直交行列 P を求めよ．
(3) $\mathbf{R}^3$ の標準基底 $\boldsymbol{e}_1, \boldsymbol{e}_2, \boldsymbol{e}_3$ で張られる立方体の A による像の体積を求めよ．

6.2.3 対称行列 A の固有値はすべて非負とする．（このような行列を半正定値という $\longrightarrow$ 要項 6.3.4.）このとき，半正定値の**平方根**，すなわち $\sqrt{A}^2 = A$ を満たす対称行列 $\sqrt{A}$ で固有値がすべて非負のものが一意に定まることを示せ．またその求め方を与えよ．更に，それを用いて以下の行列の平方根を求めよ．

(1) $\begin{pmatrix} 2 & 1 & 1 \\ 1 & 2 & 1 \\ 1 & 1 & 2 \end{pmatrix}$（問題 6.2.1 (6)） (2) $\begin{pmatrix} 1 & 1 & -1 \\ 1 & 3 & 1 \\ -1 & 1 & 3 \end{pmatrix}$（問題 6.2.1 (2)）

6.2.4 次のエルミート行列をユニタリ行列で対角化せよ．ここに，$i = \sqrt{-1}$ である．

(1) $\begin{pmatrix} 2 & -i \\ i & 2 \end{pmatrix}$ (2) $\begin{pmatrix} 1 & -i & 1 \\ i & 2 & 3i \\ 1 & -3i & 2 \end{pmatrix}$ (3) $\begin{pmatrix} 1 & -i & 1-i \\ i & 2 & 2+i \\ 1+i & 2-i & 3 \end{pmatrix}$

6.3 2 次 形 式

要項 6.3.1　A を対称行列とするとき，$(A\boldsymbol{x}, \boldsymbol{x}) = \boldsymbol{x}^T A \boldsymbol{x}$ の形の多項式を **2 次形式**と言う．これは $\boldsymbol{x}$ の成分 $x_1, \ldots, x_n$ の 2 次同次式である．A はこの 2 次形式の**係数行列**と呼ばれる．

要項 6.3.2　座標変換 $\boldsymbol{x} = S\boldsymbol{y}$ により，$\boldsymbol{x}^T A \boldsymbol{x} = \boldsymbol{y}^T S^T A S \boldsymbol{y}$，従って 2 次形式の係数行列は $A \mapsto S^T A S$ と変化する．この変換は固有値を保存しないが，その符号は変えない．従って正固有値の個数 p，負固有値の個数 q，零固有値の個数 r の組 (p, q, r) は座標変換で不変な 2 次形式に固有の量となる（**シルベスタの慣性律**）．この量，あるいは (p, q) を 2 次形式の**符号数**と呼ぶ[2]．また q はその**慣性指数（インデックス）**と呼ばれ，解析学への応用で重要な不変量である[3]．

特別な場合として S が直交行列の場合には，座標変換により A は相似変換され，固有値は変わらない．これはユークリッド幾何における 2 次曲線や 2 次曲面の標準形を求めるのに使われる（$\longrightarrow$ 6.4 節）．

要項 6.3.3　2 次形式の符号数は多変数関数の極大極小の判定に必要となる．これは固有値を求めてそれらの符号を見れば可能だが，通常はより簡単な計算法として，平方完成法が使われる（$\longrightarrow$ 例題 6.3-1）．

要項 6.3.4　対称行列 A あるいは 2 次形式 $\boldsymbol{x}^T A \boldsymbol{x}$ が**正定値** (positive definite)[4] とは，$\boldsymbol{x} \neq \boldsymbol{0}$ のとき常に $\boldsymbol{x}^T A \boldsymbol{x} > 0$ となることを言う．これは A のすべての固有値が正であること，すなわち符号数が $(n, 0, 0)$ であることと同値になる．

対称行列 A が**半正定値** (positive semidefinite) とは，常に $\boldsymbol{x}^T A \boldsymbol{x} \geq 0$ となることを言う．これは A のすべての固有値が非負，すなわち符号数が $(p, 0, r)$ の形であることと同値になる．これらの言い換えは直交行列による対角化から明らかである．

正負を交換し，不等号の向きを逆にして，**負定値**と**半負定値**が同様に定義される．

要項 6.3.5　実対称行列 A が正定値（半正定値）のとき，A の任意の主小行列 $A_{i_1, \ldots, i_k} = (a_{ij})_{i,j = i_1, \ldots, i_k}$ は正定値（半正定値）となる．従って特に対角成分と

---

[2]　変数の個数 n が既知なら $r = n - p - q$ と求まるので，これは省略されることが多い．本書でも特に $r = 0$ のとき（**非退化な 2 次形式**という）には原則として省略する．

[3]　数学辞典は $p - q$ を慣性指数と呼んでいる．p, q を慣性指数と呼ぶ文献もある．歴史的にはその方が正しそうだが，解析学への応用では q が大切である．

[4]　数学では正値 (positive) と略称することも多いが，こちらはすべての成分が正の意味で使う分野も有る（本書の 8.4 節でもそのような行列を扱う）ので，本書では「定」の字を略さないことにする．

行列式は正（非負）である．
逆に，左上角から始まる n 個の主小行列 $(a_{ij})_{1\leq i,j\leq k}$, が $k=1,2,\ldots,n$ に対して正の行列式を持つならば，A は正定値である．これは右下からの n 個の主小行列，あるいは主小行列の任意の n 個の増大列でもよい．なお，正を非負に変えると半正定値を結論できないが，すべての主小行列式を非負と仮定すれば，A は半正定値となる．

🐚　例えば $\begin{pmatrix} 0 & 0 & 1 \\ 0 & 0 & 0 \\ 1 & 0 & 2 \end{pmatrix}$ は左上または右下からの主小行列の増大列の行列式がすべて非負だが，半正定値ではない．なお，一般の対称行列では，全体が正則でも，主小行列が正則とさえ限らない．例えば $\begin{pmatrix} 0 & 1 \\ 1 & 0 \end{pmatrix}$ など．

―― 例題 6.3-1 ――――――――――――――――――――――― 符号数の計算 ――

次の 2 次形式の符号数を示せ．
(1) $x_1^2 + 2x_2^2 - 2x_1x_2 - 2x_1x_3 + 4x_2x_3$　（3 変数）
(2) $x_1x_2 + x_3x_4$　（4 変数）
(3) $x_1x_2 + x_2x_3 + x_3x_4$　（4 変数）

解答　(1) x_1 を含む項から順に平方完成してゆくと，
$$= x_1^2 - 2x_1x_2 - 2x_1x_3 + 2x_2^2 + 4x_2x_3$$
$$= (x_1 - x_2 - x_3)^2 - x_2^2 - x_3^2 - 2x_2x_3 + 2x_2^2 + 4x_2x_3$$
$$= (x_1 - x_2 - x_3)^2 + x_2^2 + 2x_2x_3 - x_3^2 = (x_1 - x_2 - x_3)^2 + (x_2 + x_3)^2 - 2x_3^2.$$
よって符号数は $(2,1)$．

(2) この形は平方完成できないので平方差で表すと
$$= \frac{1}{4}(x_1 + x_2)^2 - \frac{1}{4}(x_1 - x_2)^2 + \frac{1}{4}(x_3 + x_4)^2 - \frac{1}{4}(x_3 - x_4)^2.$$
ここで，$x_1+x_2, x_1-x_2, x_3+x_4, x_3-x_4$ は $\boldsymbol{R}^4$ の座標系に成り得る．よって符号数は $(2,2)$．

(3) 今度は変数に重なりがあるので，そのまま同じような計算をすると独立な座標にならない．そこでまず変数をまとめて分離する．
$$= x_2(x_1 + x_3) + x_3x_4$$
$$= \frac{1}{4}(x_1 + x_2 + x_3)^2 - \frac{1}{4}(x_1 - x_2 + x_3)^2 + \frac{1}{4}(x_3 + x_4)^2 - \frac{1}{4}(x_3 - x_4)^2.$$
この括弧内の 4 個の 1 次式は $\boldsymbol{R}^4$ の座標系になり得るので，符号数は $(2,2)$．　■

🐚　結果に自信が無ければ，$y_1 = x_1+x_2+x_3, y_2 = x_1-x_2+x_3, y_3 = x_3+x_4, y_4 = x_3-x_4$ と置き，逆に解いてみて，変数変換になっていることを確かめればよい．

―― 例題 6.3-2 ――――――――――――――――――――――― 正定値の判定条件

要項 6.3.5 に書かれたことを示せ.

[解答] 前半：(半) 正定値の必要条件の証明　$\widetilde{\boldsymbol{x}}$ で k 変数 $x_{i_1}, \ldots, x_{i_k}$ のベクトルを表す．$\boldsymbol{x}$ をこれらの成分以外を 0 と置いたサイズ n の数ベクトルとすれば，

$$\boldsymbol{x}^T A \boldsymbol{x} = \widetilde{\boldsymbol{x}}^T A_{i_1, \ldots, i_k} \widetilde{\boldsymbol{x}}$$

であり，これは仮定により ≥ 0，かつ A が正定値のときは x_i のどれかが 0 でないならば > 0 となる．よって $A_{i_1, \ldots, i_k}$ は正定値（半正定値）である．

前半：正定値の十分条件の証明　逆の主張を行列のサイズ n に関する帰納法で示そう．$n = 1$ のときは自明である．$n-1$ 次までは正しいとすると，帰納法の仮定により A の左上の $n-1$ 次主小行列 A' は正定値となる．（以下，ダッシュを付けたときは $n-1$ 次の行列を表すこととする．）A の第 n 列の上側 $n-1$ 成分より成るベクトルを $\boldsymbol{a}'_n$ で表すとき，行列 $S = \begin{pmatrix} E' & -A'^{-1} \boldsymbol{a}'_n \\ \boldsymbol{0}'^T & 1 \end{pmatrix}$ を A に右から掛けると，

$$AS = \begin{pmatrix} A' & \boldsymbol{a}'_n \\ \boldsymbol{a}'^T_n & a_{nn} \end{pmatrix} \begin{pmatrix} E' & -A'^{-1} \boldsymbol{a}'_n \\ \boldsymbol{0}'^T & 1 \end{pmatrix} = \begin{pmatrix} A' & \boldsymbol{0}' \\ \boldsymbol{a}'^T_n & d_{nn} \end{pmatrix}$$

と，第 n 列の上 $n-1$ 成分を消去する列基本変形を実現できる．（ここに $d_{nn} = a_{nn} - \boldsymbol{a}'^T A' \boldsymbol{a}'$.）$S^T$ を左から掛けると，同様に第 n 行の左 $n-1$ 成分を消去する行基本変形が実現できる：

$$S^T A S = \begin{pmatrix} E' & \boldsymbol{0}' \\ -\boldsymbol{a}'^T_n A'^{-1} & 1 \end{pmatrix} \begin{pmatrix} A' & \boldsymbol{0}' \\ \boldsymbol{a}'^T_n & d_{nn} \end{pmatrix} = \begin{pmatrix} A' & \boldsymbol{0}' \\ \boldsymbol{0}'^T & d_{nn} \end{pmatrix}.$$

ここで $\det S = 1$ なので $\det A' \times d_{nn} = \det A > 0$. 従って $d_{nn} > 0$ である．故に変形後の行列の固有値はすべて正となる．よってシルベスターの慣性律により A の符号数は $S^T A S$ の符号数に等しく，A は正定値となる．

🐰　固有値が行列成分に対して連続的に動くこと（⟶ 例題 7.6-2）を仮定すれば，上記の変換行列 S を単位行列と $S(t)$ という正則行列の族で結ぶことにより，固有値の符号が変換で変わらないことをシルベスターの慣性律に依らず直接示すことができる．実はより一般にシルベスターの慣性律自身が例題 7.6-1 を用いて同様の方法で解析的に証明できる．

前半：十分条件の別証　同じく帰納法により，A の右上の $n-1$ 次の主小行列 A' の固有値はすべて正と仮定し，かつ $\det A > 0$ とする．例題 6.2-3 により，このとき A の固有値もすべて正となり，帰納法が完成した．

後半： 主小行列式がすべて非負のとき，A は半正定値となることを示そう．A が負

の固有値を持たないことを言えばよいが，これは $\lambda > 0$ のとき $\det(A + \lambda E) \neq 0$ なることと同値である．$\det(A + \lambda E)$ を展開したときの λ^{n-k} の係数 c_k は A の k 次の主小行列式の総和となる．(このことは，(5.1) で述べた固有多項式の係数の記述から分かるが，$\det(A + \lambda E)$ に展開公式 (4.1) を適用したとき，λ^{n-k} の項は主対角線から λ を $n - k$ 個選び，残りの因子はこれらを含む行と列を消した残りである $A + \lambda E$ の k 次の主小行列において $\lambda = 0$ と置いたものから出ることで直接検証できる．) 仮定によりこれらはすべて非負なので，展開項はすべて非負，かつ少なくとも一つの項 λ^n は正なので，$\det(A + \lambda E)$ は零にはならない．■

例題 6.3-3 ──────────────── 対称行列のトレースの不等式 ──

A, B が半正定値対称行列のとき，$\operatorname{tr} AB \leq \operatorname{tr} A \operatorname{tr} B$ となることを示せ．

[解答] $P^T A P$ が対角型 $L = \operatorname{diag}(\lambda_1, \ldots, \lambda_n)$ となる直交行列 P を取ると，
$$\operatorname{tr} AB = \operatorname{tr}(PP^T AB) = \operatorname{tr}(P^T ABP) = \operatorname{tr}(P^T APP^T BP) = \operatorname{tr}(LP^T BP)$$
$$= \lambda_1 (P^T BP)_{11} + \cdots + \lambda_n (P^T BP)_{nn}.$$

ここで，対角行列 L の左からの積は，その対角成分を順に $P^T BP$ の各行に掛ける効果を持つことを用いた．$(P^T BP)_{jj}$ は行列 $P^T BP$ の第 jj 対角成分を表し，B とともに $P^T BP$ も半正定値なので，これらは非負である．よって上より

$$\operatorname{tr} AB \leq \max_{1 \leq i \leq n} \lambda_i \{ (P^T BP)_{11} + \cdots + \lambda_n (P^T BP)_{nn} \}$$
$$= \max_{1 \leq i \leq n} \lambda_i \operatorname{tr}(P^T BP) \leq (\lambda_1 + \cdots + \lambda_n) \operatorname{tr} B = \operatorname{tr} A \operatorname{tr} B \quad ■$$

～～ **問　題** ～～～～～～～～～～～～～～～～～～～～～～～～～～～～

6.3.1 次の 2 次形式の符号数を示せ．変数は式に現れているものだけとする．
(1) $x^2 + y^2 + 2xy - 2xz$　　　(2) $x_1 x_2 + x_1 x_3 + 2x_2^2 + x_3^2 - 2x_2 x_4 + x_4^2$

6.3.2 H を正定値な対称行列とする．$V = \boldsymbol{R}^n$ に対し
$$V \times V \ni \boldsymbol{u}, \boldsymbol{v} \quad \mapsto \quad (\boldsymbol{u}, \boldsymbol{v})_H := (H\boldsymbol{u}, \boldsymbol{v})$$
で定めた $V \times V$ 上の関数は要項 6.1.7 の内積の公理を満たすことを確かめよ．またこの内積に関する直交行列，対称行列を，行列の普通の言葉で特徴付けよ．

6.3.3 A は半正定値対称行列とする．$\boldsymbol{x}^T A \boldsymbol{x} = 0$ なら $\boldsymbol{x}$ は A の 0-固有空間に属することを示せ．また A が半定値ではないときは反例があることを示せ．

6.3.4 対称行列 A を係数行列とする 2 次形式 $\boldsymbol{x}^T A \boldsymbol{x}$ の制約条件 $\boldsymbol{x}^T \boldsymbol{x} = 1$ の下での最大値，最小値はそれぞれ A の固有値の最大，最小のものとなることを示せ．またそれらを与える $\boldsymbol{x}$ を特徴付けよ．

6.4 2次曲線

要項6.4.1 平面の **2次曲線**の一般形は，a, b, c, f, g, h を定数の係数として

$$ax^2 + 2hxy + by^2 + 2fx + 2gy + c = 0, \qquad (6.2)$$

すなわち $\quad (x, y) \begin{pmatrix} a & h \\ h & b \end{pmatrix} \begin{pmatrix} x \\ y \end{pmatrix} + 2(f, g) \begin{pmatrix} x \\ y \end{pmatrix} + c = 0$

と書ける[5]．射影座標に起原を持つ次のような表現も使われる：

$$(x, y, 1) \begin{pmatrix} a & h & f \\ h & b & g \\ f & g & c \end{pmatrix} \begin{pmatrix} x \\ y \\ 1 \end{pmatrix} = 0.$$

曲線の種類は主に2次同次部分の（2次形式としての）符号数で判定される：
(1) $(2, 0)$ のとき，**楕円**（円を含む），標準形は $\dfrac{x^2}{a^2} + \dfrac{y^2}{b^2} = 1$（$a = b$ のとき円）
　　ただし退化した場合として1点または空集合がある．
(2) $(1, -1)$ のとき，**双曲線**，標準形は $\dfrac{x^2}{a^2} - \dfrac{y^2}{b^2} = 1$．退化した場合として交わる2
　　直線があり，これと定数のみが異なる方程式を持つ双曲線に対して**漸近線**となる．
(3) $(1, 0)$ のとき，**放物線**，標準形は $y^2 = 4px$ [6]．退化した場合に重複2直線がある．

直交座標変換で2次形式を対角化し xy の項を消すことにより形を変えずに線対称軸を座標軸に平行にできる．これを**主軸変換**と呼ぶ．これと平行移動を合わせた**合同変換**あるいは**ユークリッド変換**により，2次曲線は上述の標準形に帰着される．

2次曲線のうち，点対称の中心がただ一つに定まるものを**有心2次曲線**と呼ぶ．点対称の中心は単に**中心**と呼ばれる．これは方程式 (6.2) を x，および y で偏微分したものを零と置いた連立1次方程式を解いて求められる．

2次曲線の種別の判定は1次の項まで込めて平方完成して各項の符号を見るのが最も速い（$\longrightarrow$ 例題6.4-1）．これは（直交と限らぬ）線形変換と平行移動による標準形を求めることに相当し，このような座標変換は**アフィン変換**と呼ばれる．この変換は曲線の形を変えるが，その種類は変えない．特に，楕円と円を互いに移し合うが，円はもともと2次の項が $x^2 + y^2$ の定数倍なので楕円と区別できる．また平方完成された各項を零と置くことにより，偏微分を使わなくても中心を求めることができる．

---
　[5] 2次形式の部分は係数行列が対称行列なので，交叉項には自然に2倍がかかるが，1次の部分にかかる2は平方完成の便のためである．射影座標表現では両者の区別は無くなる．
　[6] 放物線の標準形は $y = ax^2$ の方が馴染み深いだろうが，2次曲線論を扱った解析幾何学の伝統に従いこの形にしている．

―― 例題 6.4-1 ――――――――――――――――――――――――― 2次曲線の種別 ――
次の2次方程式により定まる幾何図形の種別を判定せよ．双曲線の場合は漸近線の方程式を示せ．
(1) $x^2 - 2xy + 3y^2 - 2x - 2y + 1 = 0$
(2) $3x^2 + 4xy - 2x - 4y + 2 = 0$
(3) $4x^2 - 4xy + y^2 + 4x + 1 = 0$
(4) $x^2 + y^2 - 2x - 2y + 2 = 0$

解答 (1) 2次同次部分は
$$x^2 - 2xy + 3y^2 = (x-y)^2 + 2y^2$$
と平方完成され，符号数 (2,0) なのでほぼ楕円であるが，これだけでは定数項との兼ね合いで 1 点あるいは空集合の可能性が残る．そこで与式の左辺を
$$= (x-y-1)^2 + 2(y-1)^2 - 2$$
と定数項も込めて平方完成すれば，確かに楕円であることが確定する．
(2) 同様に与式の左辺に 3 を掛けておいて平方完成すると，
$$= (3x + 2y - 1)^2 - 4(y+1)^2 + 9$$
となるので，双曲線である．漸近線はこの形で定数項 9 を捨てた $(3x+2y-1)^2 - 4(y+1)^2 = 0$, 平方根を取って $3x + 2y - 1 = \pm 2(y+1)$, すなわち $3x - 3 = 0$, $3x + 4y + 1 = 0$ という 2 直線である．ちなみにこれは y について解くと鉛直な漸近線を持つ高校数学でおなじみの方程式となる．
(3) 同様に与式の左辺を平方完成すると $= (2x - y + 1)^2 + 2y = 0$ となり，放物線である．
(4) これは円っぽいが，左辺を平方完成してみると $= (x-1)^2 + (y-1)^2$ となるので，1 点 $(1,1)$ である． ∎

―― 例題 6.4-2 ――――――――――――――――――――――――― 2次曲線の標準形 ――
前例題のうちで 2 次曲線となるものについて，合同変換による標準形を求めよ．

解答 (1) 方程式を x, y で偏微分すると

$$\begin{cases} \dfrac{\partial f}{\partial x} = 2x - 2y - 2 = 0, \\ \dfrac{\partial f}{\partial y} = -2x + 6y - 2 = 0. \end{cases} \quad \text{すなわち} \quad \begin{cases} x - y = 1, \\ x - 3y = -1. \end{cases}$$

これを解いて $(2,1)$ が中心と分かる．$x-2=X, y-1=Y$ なる平行移動で 1 次の項が消え，方程式は $X^2 - 2XY + 3Y^2 = 2$ となる[7]．この定数項はもとの方程式の x,y に中心の座標を代入すれば求まる[8]．行列 $\begin{pmatrix} 1 & -1 \\ -1 & 3 \end{pmatrix}$ の固有値を $(1-\lambda)(3-\lambda) - 1 = \lambda^2 - 4\lambda + 2 = 0$ を解いて $\lambda = 2 \mp \sqrt{2} = \dfrac{2}{2 \pm \sqrt{2}}$ と求め，対応する固有ベクトルを $\begin{pmatrix} -1 \pm \sqrt{2} & -1 \\ -1 & 1 \pm \sqrt{2} \end{pmatrix} \begin{pmatrix} x \\ y \end{pmatrix} = \begin{pmatrix} 0 \\ 0 \end{pmatrix}$ から $\begin{pmatrix} 1 \\ -1 \pm \sqrt{2} \end{pmatrix}$ と求めて，この長さ $\sqrt{4 \mp 2\sqrt{2}} = \dfrac{2}{\sqrt{2 \pm \sqrt{2}}}$ で割って正規化したものを行列式が 1 になるように符号を変えて回転の直交行列とし

$$\begin{pmatrix} X \\ Y \end{pmatrix} = \begin{pmatrix} \dfrac{\sqrt{2+\sqrt{2}}}{2} & -\dfrac{\sqrt{2-\sqrt{2}}}{2} \\ \dfrac{\sqrt{\sqrt{2}-1}}{\sqrt{2\sqrt{2}}} & \dfrac{\sqrt{\sqrt{2}+1}}{\sqrt{2\sqrt{2}}} \end{pmatrix} \begin{pmatrix} \xi \\ \eta \end{pmatrix}$$

と主軸変換すれば，標準形 $\dfrac{\xi^2}{2+\sqrt{2}} + \dfrac{\eta^2}{2-\sqrt{2}} = 1$ が得られ，主軸の長さは $\sqrt{2 \pm \sqrt{2}}$ となる．

🐰 主軸変換の直交行列は伝統的に回転としてきたので，上の計算でもそうなるように軸の方向を調節した．楕円の標準形も横の方を長軸（長い方の軸）となるようにするのが伝統なので，固有値は小さい方から順に並べることになる．

(2) 方程式を x,y で偏微分して $6x + 4y - 2 = 0, 4x - 4 = 0$．これより $x=1, y=-1$ となるから，$X = x-1, Y = y+1$ なる平行移動で $3X^2 + 4XY = -3$ となる．行列 $\begin{pmatrix} 3 & 2 \\ 2 & 0 \end{pmatrix}$ の固有値を $(3-\lambda)(-\lambda) - 4 = 0$ で求めると $\lambda = 4, -1$．$\begin{pmatrix} 4 & 2 \\ 2 & 1 \end{pmatrix} \begin{pmatrix} x \\ y \end{pmatrix} = \begin{pmatrix} 0 \\ 0 \end{pmatrix}$ を解いて $\begin{pmatrix} 1 \\ -2 \end{pmatrix}$，$\begin{pmatrix} -1 & 2 \\ 2 & -4 \end{pmatrix} \begin{pmatrix} x \\ y \end{pmatrix} = \begin{pmatrix} 0 \\ 0 \end{pmatrix}$ を解いて $\begin{pmatrix} 2 \\ 1 \end{pmatrix}$ を得るから，これらを正規化した $\begin{pmatrix} \frac{1}{\sqrt{5}} & \frac{2}{\sqrt{5}} \\ -\frac{2}{\sqrt{5}} & \frac{1}{\sqrt{5}} \end{pmatrix} \begin{pmatrix} X \\ Y \end{pmatrix} = \begin{pmatrix} \xi \\ \eta \end{pmatrix}$ なる変換で方程式は $-\xi^2 + 4\eta^2 + 1 = 0$, すなわち $\xi^2 - 4\eta^2 = 1$ という標準形になる．主軸は $1, \dfrac{1}{2}$．

(3) 既に放物線であることが分かっているので中心は無いが，最初からやるものとして偏微分すると $8x - 4y + 4 = 0, -4x + 2y = 0$ となり，方程式が矛盾して解が無いことか

---

[7] 平行移動を後回しにすると平方根を含んだ計算になりややこしいので，このように先に中心に平行移動してしまうのがコツである．

[8] 前問の解答を流用して良ければ，中心の座標は平方完成したときの項の中身 $x-y-1$, $y-1$ を零と置いたものからより簡単に求まる．定数項もそこで求めたものに等しい．

ら，有心2次曲線ではないことが分かる．この場合は最初に主軸変換を行う．2次形式は $\begin{pmatrix} 4 & -2 \\ -2 & 1 \end{pmatrix}$ なので $(4-\lambda)(1-\lambda)-4=0$ を解くと $\lambda=0,5$. $\begin{pmatrix} 4 & -2 \\ -2 & 1 \end{pmatrix}\begin{pmatrix} x \\ y \end{pmatrix}=\begin{pmatrix} 0 \\ 0 \end{pmatrix}$ より $\begin{pmatrix} 1 \\ 2 \end{pmatrix}$, $\begin{pmatrix} -1 & -2 \\ -2 & -4 \end{pmatrix}\begin{pmatrix} x \\ y \end{pmatrix}=\begin{pmatrix} 0 \\ 0 \end{pmatrix}$ より $\begin{pmatrix} 2 \\ -1 \end{pmatrix}$ を得る．よって直交行列が回転を表すように符号を調節した[9] $\begin{pmatrix} x \\ y \end{pmatrix} = \begin{pmatrix} -\frac{1}{\sqrt{5}} & \frac{2}{\sqrt{5}} \\ -\frac{2}{\sqrt{5}} & -\frac{1}{\sqrt{5}} \end{pmatrix}\begin{pmatrix} X \\ Y \end{pmatrix}$ という変換で方程式は $5Y^2 + 4\left(-\frac{1}{\sqrt{5}}X + \frac{2}{\sqrt{5}}Y\right) + 1 = 0$ に変換される．これを Y について平方完成すれば $5\left(Y + \frac{4}{5\sqrt{5}}\right)^2 - \frac{4}{\sqrt{5}}X + \frac{9}{25} = 0$ となるので，最後に $\xi = X - \frac{9}{20\sqrt{5}}$, $\eta = Y + \frac{4}{5\sqrt{5}}$ と平行移動すれば，方程式は $5\eta^2 = \frac{4}{\sqrt{5}}\xi$, すなわち $\eta^2 = 4\frac{1}{5\sqrt{5}}\xi$ という標準形になる． ∎

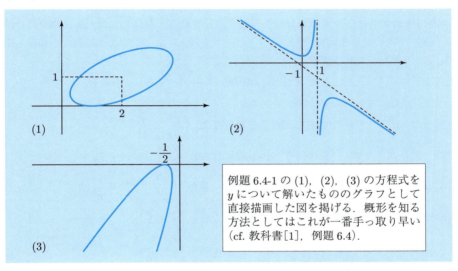

例題 6.4-1 の (1), (2), (3) の方程式を y について解いたもののグラフとして直接描画した図を掲げる．概形を知る方法としてはこれが一番手っ取り早い (cf. 教科書[1], 例題 6.4).

問 題

6.4.1 次の方程式は何を表すか？ 双曲線ならば漸近線を示せ．
(1) $2x^2 + 3y^2 - 4xy - 8x + 14y + 14 = 0$
(2) $x^2 + y^2 + 4xy + 2x + 10y - 4 = 0$
(3) $x^2 + y^2 + 2xy + 4x + 2y + 5 = 0$

6.4.2 上の方程式のうち2次曲線となるものについて標準形への変換を与えよ．

---

[9] ここの符号の選び方は不自然に見えるかもしれないが，すなおに選ぶと $y^2 = -4px$ の形になってしまう．そうなったら最後に全体を更に 180 度回転させればよい (x 軸の符号を変えるのは平面の向きを変えてしまうので好ましくない) のだが，ここではそれを見越した符号の選び方をしている．

6.5 2次曲面

要項 6.5.1 3次元空間の2次曲面の一般形は,

$$(x,y,z)\begin{pmatrix} a & f & h \\ f & b & g \\ h & g & c \end{pmatrix}\begin{pmatrix} x \\ y \\ z \end{pmatrix} + 2(p,q,r)\begin{pmatrix} x \\ y \\ z \end{pmatrix} + d = 0$$

と書ける. 射影座標的表現では

$$(x,y,z,1)\begin{pmatrix} a & f & h & p \\ f & b & g & q \\ h & g & c & r \\ p & q & r & d \end{pmatrix}\begin{pmatrix} x \\ y \\ z \\ 1 \end{pmatrix} = 0.$$

曲面の種類も主に2次同次部分の符号数で判定される. 具体的には, 2次曲線の分類と同様, 1次の項も含めた平方完成 (アフィン変換) により次のように判定される (括弧内は合同変換による標準形):

(1) $x^2 + y^2 + z^2 = 1$ に帰着される**楕円面** $\left(\dfrac{x^2}{a^2} + \dfrac{y^2}{b^2} + \dfrac{z^2}{c^2} = 1\right)$

ただし球面の場合は最初から2次の部分がこの形なので区別できる.

(2) $x^2 + y^2 - z^2 = 1$ に帰着される**単葉双曲面** $\left(\dfrac{x^2}{a^2} + \dfrac{y^2}{b^2} - \dfrac{z^2}{c^2} = 1\right)$

(3) $x^2 + y^2 - z^2 = -1$ に帰着される**双葉双曲面** $\left(\dfrac{x^2}{a^2} + \dfrac{y^2}{b^2} - \dfrac{z^2}{c^2} = -1\right)$

(4) $x^2 + y^2 - z^2 = 0$ に帰着される**（楕円）錐面** $\left(\dfrac{x^2}{a^2} + \dfrac{y^2}{b^2} - \dfrac{z^2}{c^2} = 0\right)$

(5) $z = x^2 + y^2$ に帰着される**楕円放物面** $\left(z = \dfrac{x^2}{a^2} + \dfrac{y^2}{b^2}\right)$

(6) $z = x^2 - y^2$ に帰着される**双曲放物面** $\left(z = \dfrac{x^2}{a^2} - \dfrac{y^2}{b^2}\right)$

(1)〜(4) は**有心2次曲面**で, 点対称の中心が $\dfrac{\partial f}{\partial x} = \dfrac{\partial f}{\partial y} = \dfrac{\partial f}{\partial z} = 0$ から一意に定まり, 予めそこに原点を平行移動すれば1次の項を無くせる. この他に各種柱面や2平面などの退化した場合が有る. 詳細や図は ⟶ 教科書 [1], 6.4 節.

例題 6.5-1 ───────────────── **2次曲面の種別判定**

次の2次方程式は何を表すか？
(1) $x^2 + 2y^2 + 2xy - 2xz - 2x - 6y + 10z - 9 = 0$
(2) $x^2 + 3y^2 + 3z^2 + 2xy - 2xz + 2yz + 4z + 8 = 0$
(3) $x^2 + 7y^2 + 5z^2 - 2xy + 2xz + 2yz + 2x - 2y + 22z + 20 = 0$
(4) $x^2 + 2y^2 + 2xy + 2xz - 2x - 2y - 2z + 1 = 0$

解答 (1) 順に x から平方完成してみると,

$$\text{左辺} = (x+y-z-1)^2 + y^2 - 4y + 2yz - z^2 + 8z - 10$$
$$= (x+y-z-1)^2 + (y+z-2)^2 - 2z^2 + 12z - 14$$
$$= (x+y-z-1)^2 + (y+z-2)^2 - 2(z-3)^2 + 4 = 0.$$

従ってこの括弧内を順に新しい座標 x,y,z に当てはめてみると,これは $x^2+y^2-z^2 = -1$ 型で双葉双曲面を表す.

(2) 左辺 $= (x+y-z)^2 + 2y^2 + 4yz + 2z^2 + 4z + 8 = (x+y-z)^2 + 2(y+z)^2 + 4z + 8$ なので,楕円放物面である.

(3) 左辺 $= (x-y+z+1)^2 + 6y^2 + 4z^2 + 4yz + 20z + 19 = (x-y+z+1)^2 + 6\left(y+\frac{1}{3}z\right)^2 + \frac{10}{3}z^2 + 20z + 19 = (x-y+z+1)^2 + 6\left(y+\frac{1}{3}z\right)^2 + \frac{10}{3}(z+3)^2 - 11$ なので,楕円面である.

(4) 左辺 $= (x+y+z-1)^2 + y^2 - 2yz - z^2 = (x+y+z-1)^2 + (y-z)^2 - 2z^2 = 0$ なので錐面である. ∎

なお,以上の曲面の概形は <!-- icon -->.

例題 6.5-2 ─────────────── **2次曲面の標準形**

前例題の各曲面に対して,その合同変換による標準形を示せ.

解答 以下,各問とも方程式の左辺を $f(x,y,z)$ で表す.
(1) まず中心を求めてみる.最初から独立にやる場合は $\frac{\partial f}{\partial x} = 2x + 2y - 2z - 2 = 0$, $\frac{\partial f}{\partial y} = 2x + 4y - 6 = 0$, $\frac{\partial f}{\partial z} = -2x + 10 = 0$ を解く.前問で計算された平方完成を用いてよければ,中心はアフィン変換でずれないので,各平方項の中身を零と置いた

$$x+y-z-1 = 0, \quad y+z-2 = 0, \quad z-3 = 0$$

からも求められる.この問題では手間はほとんど変わらないが,一般にはこちらの方が必ず上三角型の係数行列を持つので,確実に後ろから順に解けて楽である.いずれにしても中心は $(5,-1,3)$ であり,原点をここに平行移動した後の方程式は,$X = x-5$, $Y = y+1$, $Z = z-3$ を変数として $X^2 + 2Y^2 + 2XY - 2XZ + 4 = 0$ となる.この定数項はもとの方程式に中心の座標を代入すれば得られるが,平方完成をしたときの定数項とも一致する.後はこの係数行列 $\begin{pmatrix} 1 & 1 & -1 \\ 1 & 2 & 0 \\ -1 & 0 & 0 \end{pmatrix}$ を直交行列で対角化すればよい.この計算は問題 6.2.1 (1) でやってあり,それを利用すると直交座標変換

$$\begin{pmatrix} X \\ Y \\ Z \end{pmatrix} = \begin{pmatrix} \frac{1}{\sqrt{3}} & \frac{1}{\sqrt{3}} & \frac{1}{\sqrt{3}} \\ -\frac{1}{\sqrt{3}} & \frac{\sqrt{3}+1}{2\sqrt{3}} & -\frac{\sqrt{3}-1}{2\sqrt{3}} \\ -\frac{1}{\sqrt{3}} & -\frac{\sqrt{3}-1}{2\sqrt{3}} & \frac{\sqrt{3}+1}{2\sqrt{3}} \end{pmatrix} \begin{pmatrix} \xi \\ \eta \\ \zeta \end{pmatrix}$$

により方程式は $\xi^2+(\sqrt{3}+1)\eta^2-(\sqrt{3}-1)\zeta^2 = -4$, すなわち $\frac{\xi^2}{4}+\frac{\eta^2}{2\sqrt{3}-2}-\frac{\zeta^2}{2\sqrt{3}+2} = -1$ に帰着する．主軸の長さは順に $2, \sqrt{2\sqrt{3}-2}, \sqrt{2\sqrt{3}+2}$ となる．

(2) 同じく偏微分で中心を求めると，

$\frac{1}{2}\frac{\partial f}{\partial x} = x+y-z = 0, \quad \frac{1}{2}\frac{\partial f}{\partial y} = x+3y+z = 0, \quad \frac{1}{2}\frac{\partial f}{\partial z} = -x+y+3z+2 = 0$

となり，方程式が矛盾していて解が無い．このことは平方完成の結果からも予想されたものである．この場合は直交変換から始めるしかない．2次形式の部分 $x^2+3y^2+3z^2+2xy-2xz+2yz$ の係数行列 $\begin{pmatrix} 1 & 1 & -1 \\ 1 & 3 & 1 \\ -1 & 1 & 3 \end{pmatrix}$ を対角化すると，この計算は問題 6.2.1 (2) でやってあり，固有値は $0, 3, 4$ であり（改めて計算するときは，平方完成の考察から固有値に 0 が含まれることを念頭に入れることができる），固有ベクトルから作った直交行列 $P = \begin{pmatrix} \frac{2}{\sqrt{6}} & \frac{1}{\sqrt{3}} & 0 \\ -\frac{1}{\sqrt{6}} & \frac{1}{\sqrt{3}} & \frac{1}{\sqrt{2}} \\ \frac{1}{\sqrt{6}} & -\frac{1}{\sqrt{3}} & \frac{1}{\sqrt{2}} \end{pmatrix}$ により $P^T A P = \begin{pmatrix} 0 & 0 & 0 \\ 0 & 3 & 0 \\ 0 & 0 & 4 \end{pmatrix}$ となる．ただし今の目的のためには，これを列の順序を変え，ベクトルを1本逆向きにした

$$\begin{pmatrix} x \\ y \\ z \end{pmatrix} = \begin{pmatrix} \frac{1}{\sqrt{3}} & 0 & -\frac{2}{\sqrt{6}} \\ \frac{1}{\sqrt{3}} & \frac{1}{\sqrt{2}} & \frac{1}{\sqrt{6}} \\ -\frac{1}{\sqrt{3}} & \frac{1}{\sqrt{2}} & -\frac{1}{\sqrt{6}} \end{pmatrix} \begin{pmatrix} X \\ Y \\ Z \end{pmatrix}$$

で変換するとよい．この結果方程式は $3X^2+4Y^2+4\left(-\frac{1}{\sqrt{3}}X+\frac{1}{\sqrt{2}}Y-\frac{1}{\sqrt{6}}Z\right)+8 = 0$ となるので，X, Y を平方完成すれば $3\left(X-\frac{2}{3\sqrt{3}}\right)^2+4\left(Y+\frac{1}{2\sqrt{2}}\right)^2-\frac{4}{\sqrt{6}}Z+8-\frac{4}{9}-\frac{1}{2}$．よって $\xi = X-\frac{2}{3\sqrt{3}}, \eta = Y+\frac{1}{2\sqrt{2}}, \zeta = Z-\frac{127}{72}\sqrt{6}$ と変数を平行移動すれば $3\xi^2+4\eta^2 = \frac{4}{\sqrt{6}}\zeta$, あるいは $\zeta = \frac{3}{4}\sqrt{6}\xi^2+\sqrt{6}\eta^2$ という標準形になる．

(3) 中心を求めると

$\frac{1}{2}\frac{\partial f}{\partial x} = x-y+z+1 = 0, \quad \frac{1}{2}\frac{\partial f}{\partial y} = -x+7y+z-1 = 0, \quad \frac{1}{2}\frac{\partial f}{\partial z} = x+y+5z+11 = 0$

より $(3, 1, -3)$ である．（これは前例題の平方完成計算からも分かる．）$X = x-3, Y = y-1, Z = z+3$ と変換すると，方程式は $X^2+7Y^2+5Z^2-2XY+2XZ+2YZ-11 = 0$ に変換される．（この定数は与えられた方程式に中心の座標を入れれば得られるが，平方完成で求まっている定数項と一致する．）あとはこの2次形式を直交行列で対角化すればよい．この計算は問題 6.2.1 (3) でやってあり，$P =$

$$\begin{pmatrix} \frac{1}{\sqrt{11}} & \frac{2-\sqrt{3}}{\sqrt{12-2\sqrt{3}}} & \frac{2+\sqrt{3}}{\sqrt{12+2\sqrt{3}}} \\ -\frac{1}{\sqrt{11}} & -\frac{1+\sqrt{3}}{\sqrt{12-2\sqrt{3}}} & \frac{\sqrt{3}-1}{\sqrt{12+2\sqrt{3}}} \\ \frac{3}{\sqrt{11}} & -\frac{1}{\sqrt{12-2\sqrt{3}}} & -\frac{1}{\sqrt{12+2\sqrt{3}}} \end{pmatrix}$$
により $P^T A P = \begin{pmatrix} 5 & 0 & 0 \\ 0 & 4+2\sqrt{3} & 0 \\ 0 & 0 & 4-2\sqrt{3} \end{pmatrix}$ と

なる．軸の長い順に揃えるには固有値を小さい順に並べる必要があるが，$4-2\sqrt{3} < 5 < 4+2\sqrt{3}$ なので，第 3 列，第 1 列，第 2 列の順番に入れ替えると，現在値が 1 になっている行列式の符号も保たれるので，向きを保つ変換として

$$\begin{pmatrix} X \\ Y \\ Z \end{pmatrix} = \begin{pmatrix} \frac{2+\sqrt{3}}{\sqrt{12+2\sqrt{3}}} & \frac{1}{\sqrt{11}} & \frac{2-\sqrt{3}}{\sqrt{12-2\sqrt{3}}} \\ \frac{\sqrt{3}-1}{\sqrt{12+2\sqrt{3}}} & -\frac{1}{\sqrt{11}} & -\frac{1+\sqrt{3}}{\sqrt{12-2\sqrt{3}}} \\ -\frac{1}{\sqrt{12+2\sqrt{3}}} & \frac{3}{\sqrt{11}} & -\frac{1}{\sqrt{12-2\sqrt{3}}} \end{pmatrix} \begin{pmatrix} \xi \\ \eta \\ \zeta \end{pmatrix}$$

を採用すると，方程式は $(4-2\sqrt{3})\xi^2 + 5\eta^2 + (4+2\sqrt{3})\zeta^2 = 11$，あるいは $\frac{4-2\sqrt{3}}{11}\xi^2 + \frac{5}{11}\eta^2 + \frac{4+2\sqrt{3}}{11}\zeta^2 = 1$ という標準形になり，主軸の長さは $\frac{\sqrt{11}}{\sqrt{3}-1}$, $\frac{\sqrt{11}}{\sqrt{5}}$, $\frac{\sqrt{11}}{\sqrt{3}+1}$ となる．

(4) まず中心を求めると

$$\frac{1}{2}\frac{\partial f}{\partial x} = x+y+z-1 = 0, \quad \frac{1}{2}\frac{\partial f}{\partial y} = x+2y-1 = 0, \quad \frac{1}{2}\frac{\partial f}{\partial z} = x-1 = 0$$

より $(1,0,0)$．ここに平行移動すると $X^2 + 2Y^2 + 2XY + 2XZ = 0$ となる．この係数行列 $A = \begin{pmatrix} 1 & 1 & 1 \\ 1 & 2 & 0 \\ 1 & 0 & 0 \end{pmatrix}$ の直交行列による対角化は問題 6.2.1 (4) でやってあり，$P = \begin{pmatrix} \frac{1}{\sqrt{3}} & \frac{1}{\sqrt{3}} & -\frac{1}{\sqrt{3}} \\ -\frac{1}{\sqrt{3}} & \frac{\sqrt{3}+1}{2\sqrt{3}} & \frac{\sqrt{3}-1}{2\sqrt{3}} \\ \frac{1}{\sqrt{3}} & \frac{\sqrt{3}-1}{2\sqrt{3}} & \frac{\sqrt{3}+1}{2\sqrt{3}} \end{pmatrix}$ により $P^T A P = \begin{pmatrix} 1 & 0 & 0 \\ 0 & 1+\sqrt{3} & 0 \\ 0 & 0 & -(\sqrt{3}-1) \end{pmatrix}$ と

なる．よってこの行列で $(X,Y,Z)^T = P(\xi,\eta,\zeta)^T$ と変換することにより方程式は $\xi^2 + (\sqrt{3}+1)\eta^2 - (\sqrt{3}-1)\zeta^2 = 0$ に帰着する． ∎

問題

6.5.1 次の方程式は何を表すか？

(1) $2x^2 + 2y^2 + z^2 + 2xy + 4xz + 4yz - 10x - 6y - 4z + 1 = 0$

(2) $x^2 + y^2 + z^2 + xy + xz + yz + 2x - y - z + 1 = 0$

(3) $2x^2 + 3y^2 + 2z^2 + 2xy + 4xz + 2yz - 10y + z + 9 = 0$

(4) $x^2 + 2y^2 + z^2 + xy + xz + yz - 4x - 7y - 7z + 9 = 0$

(5) $x^2 + y^2 - z^2 - 2xy - 2xz - 2yz - 8x + 12y + 4z + 24 = 0$

6.5.2 前問の方程式で 2 次曲面を表すものの合同変換による標準形を与えよ．

6.6 同時対角化と正規行列

要項 6.6.1 複素行列 A がそのエルミート共役 A^* と可換なとき，**正規行列**と呼ばれる．実対称行列，エルミート行列，直交行列，ユニタリ行列，実歪対称行列，歪エルミート行列（$A^* = -A$ となるもの），およびこれらのスカラー倍は正規行列である．正規行列は各固有値の固有空間のみならず，その直交補空間を不変にする：V_λ を固有値 λ の固有空間，$V_\lambda^\perp$ をその直交補空間とすれば，$AV_\lambda \subset V_\lambda$, $AV_\lambda^\perp \subset V_\lambda^\perp$. これから，正規行列がユニタリ行列で対角化可能なことが分かる．

要項 6.6.2 A, B が可換な実対称行列とすれば，これらは同時に対角化できる：適当な直交行列 P が存在して $P^T A P, P^T B P$ が同時に対角行列となる．可換な二つのエルミート行列，より一般に正規行列も，ユニタリ行列で同時に対角化できる．A の λ-固有空間は B-不変でもある．

要項 6.6.3 直交行列の実標準形は対角線に ± 1, あるいは対角線に沿って2次の回転行列 $R_\theta = \begin{pmatrix} \cos\theta & -\sin\theta \\ \sin\theta & \cos\theta \end{pmatrix}$ が並ぶ形となる．この回転行列の部分は，絶対値 1 の複素共役な固有値が $\begin{pmatrix} e^{\theta\sqrt{-1}} & 0 \\ 0 & e^{-\theta\sqrt{-1}} \end{pmatrix}$ と並ぶ対角線部分を与える複素共役な固有ベクトル $[\boldsymbol{w}_\theta, \overline{\boldsymbol{w}_\theta}]$ を実の基底 $[\operatorname{Re}\boldsymbol{w}, -\operatorname{Im}\boldsymbol{w}]$ と取り替えることで実現される．

一般の実行列の虚固有値 $\lambda = a + \sqrt{-1}b$ にサイズ ν のジョルダンブロック

$$\begin{pmatrix} \lambda & 1 & & \\ & \lambda & 1 & \\ & & \ddots & \ddots \\ & & & \ddots & 1 \\ & & & & \lambda \end{pmatrix} \tag{6.3}$$

が有れば，その複素共役固有値 $\overline{\lambda} = a - \sqrt{-1}b$ にも同じサイズのジョルダンブロックが有り，一般固有ベクトルも前者のもの $[\boldsymbol{w}_1, \boldsymbol{w}_2, \ldots, \boldsymbol{w}_\nu]$ の複素共役に取れ，これらを合わせて $[\operatorname{Re}\boldsymbol{w}_1, -\operatorname{Im}\boldsymbol{w}_1, \operatorname{Re}\boldsymbol{w}_2, -\operatorname{Im}\boldsymbol{w}_2, \ldots, \operatorname{Re}\boldsymbol{w}_\nu, -\operatorname{Im}\boldsymbol{w}_\nu]$ という実の基底と取り替えれば，二つのブロックを一つの実ブロック

$$\begin{pmatrix} a & -b & 1 & 0 & & & & \\ b & a & 0 & 1 & & & & \\ & & a & -b & \ddots & & & \\ & & b & a & & \ddots & & \\ & & & & \ddots & & 1 & 0 \\ & & & & & \ddots & 0 & 1 \\ & & & & & & a & -b \\ & & & & & & b & a \end{pmatrix} \tag{6.4}$$

に変えることができる（(6.3), (6.4) とも書かれていないところは 0 とする）．

要項 6.6.4（ケイリー変換） エルミート行列 A と -1 を固有値に持たないユニタ

6.6 同時対角化と正規行列

リ行列 U が $U = (E - \sqrt{-1}A)(E + \sqrt{-1}A)^{-1}$, $A = -\sqrt{-1}(U - E)(U + E)^{-1}$ という互いに逆の変換で一対一に対応する.

例題 6.6-1 ━━━━━━━━━━━━━━━━━━━━━━ 正規行列の性質 ━━

要項 6.6.1 に書かれた正規行列に関する主張を証明せよ.

[解答] $\forall \boldsymbol{x} \in V_\lambda, \forall \boldsymbol{y} \in V_\lambda^\perp$ に対し, $(\boldsymbol{x}, A\boldsymbol{y}) = (A^*\boldsymbol{x}, \boldsymbol{y})$. ここで,
$$A(A^*\boldsymbol{x}) = A^*(A\boldsymbol{x}) = A^*(\lambda \boldsymbol{x}) = \lambda A^*\boldsymbol{x}$$
より, $A^*\boldsymbol{x} \in V_\lambda$ でもあるから $(A^*\boldsymbol{x}, \boldsymbol{y}) = 0$. よって $(\boldsymbol{x}, A\boldsymbol{y}) = 0$ となり, $\boldsymbol{x}$ が任意より $A\boldsymbol{y} \in V_\lambda^\perp$. すなわち $AV_\lambda^\perp \subset V_\lambda^\perp$ が示された. これより, A の固有空間への分解をより次元の低い空間 $V_\lambda^\perp \subset V$ に帰着できたので, V の次元に関する帰納法で V が A の固有空間だけの直和になることが証明される. すなわち A は固有ベクトルのみを持ち, 対角化可能である. ∎

例題 6.6-2 ━━━━━━━━━━━━━━━━━━━━━━ 直交行列の実標準形 ━━

次の直交行列を対角化せよ. また実の標準形を求めよ.
$$\begin{pmatrix} \frac{1}{\sqrt{2}} & \frac{1}{2} & \frac{1}{2} & 0 \\ -\frac{1}{2} & \frac{1}{\sqrt{2}} & 0 & \frac{1}{2} \\ -\frac{1}{2} & 0 & \frac{1}{\sqrt{2}} & -\frac{1}{2} \\ 0 & -\frac{1}{2} & \frac{1}{2} & \frac{1}{\sqrt{2}} \end{pmatrix}$$

[解答] まず固有値を求めると

$$\begin{vmatrix} \frac{1}{\sqrt{2}}-\lambda & \frac{1}{2} & \frac{1}{2} & 0 \\ -\frac{1}{2} & \frac{1}{\sqrt{2}}-\lambda & 0 & \frac{1}{2} \\ -\frac{1}{2} & 0 & \frac{1}{\sqrt{2}}-\lambda & -\frac{1}{2} \\ 0 & -\frac{1}{2} & \frac{1}{2} & \frac{1}{\sqrt{2}}-\lambda \end{vmatrix} \xrightarrow{\substack{\text{第3行から}\\\text{第2行を}\\\text{引く}}} \begin{vmatrix} \frac{1}{\sqrt{2}}-\lambda & \frac{1}{2} & \frac{1}{2} & 0 \\ -\frac{1}{2} & \frac{1}{\sqrt{2}}-\lambda & 0 & \frac{1}{2} \\ 0 & \lambda-\frac{1}{\sqrt{2}} & \frac{1}{\sqrt{2}}-\lambda & -1 \\ 0 & -\frac{1}{2} & \frac{1}{2} & \frac{1}{\sqrt{2}}-\lambda \end{vmatrix}$$

$$\xrightarrow{\substack{\text{第3列を}\\\text{第2列に}\\\text{加える}}} \begin{vmatrix} \frac{1}{\sqrt{2}}-\lambda & 1 & \frac{1}{2} & 0 \\ -\frac{1}{2} & \frac{1}{\sqrt{2}}-\lambda & 0 & \frac{1}{2} \\ 0 & 0 & \frac{1}{\sqrt{2}}-\lambda & -1 \\ 0 & 0 & \frac{1}{2} & \frac{1}{\sqrt{2}}-\lambda \end{vmatrix} = \begin{vmatrix} \frac{1}{\sqrt{2}}-\lambda & 1 \\ -\frac{1}{2} & \frac{1}{\sqrt{2}}-\lambda \end{vmatrix} \begin{vmatrix} \frac{1}{\sqrt{2}}-\lambda & -1 \\ \frac{1}{2} & \frac{1}{\sqrt{2}}-\lambda \end{vmatrix}$$

$= \{(\lambda - \frac{1}{\sqrt{2}})^2 + \frac{1}{2}\}^2$. (こういうのは途中で因子を見つけるのはかなり困難なので, とにかく展開してしまい, 例題 5.1-1 (6) の解答で示した方法で 2 次式の積への因数分解を試みる手もある.) よって固有値は $\frac{1 \pm i}{\sqrt{2}}$ (2 重). $\frac{1+i}{\sqrt{2}}$ に対する固有ベクトルは

$$\begin{pmatrix} -\frac{i}{\sqrt{2}} & \frac{1}{2} & \frac{1}{2} & 0 \\ -\frac{1}{2} & -\frac{i}{\sqrt{2}} & 0 & \frac{1}{2} \\ -\frac{1}{2} & 0 & -\frac{i}{\sqrt{2}} & -\frac{1}{2} \\ 0 & -\frac{1}{2} & \frac{1}{2} & -\frac{i}{\sqrt{2}} \end{pmatrix} \xrightarrow[\text{第 3 行を}]{\text{第 2 行から}} \begin{pmatrix} -\frac{i}{\sqrt{2}} & \frac{1}{2} & \frac{1}{2} & 0 \\ 0 & -\frac{i}{\sqrt{2}} & \frac{i}{\sqrt{2}} & 1 \\ -\frac{1}{2} & 0 & -\frac{i}{\sqrt{2}} & -\frac{1}{2} \\ 0 & -\frac{1}{2} & \frac{1}{2} & -\frac{i}{\sqrt{2}} \end{pmatrix} \xrightarrow[\text{第4行に加える}]{\text{第2行}\times \frac{i}{\sqrt{2}} \text{を}}$$

$$\begin{pmatrix} -\frac{i}{\sqrt{2}} & \frac{1}{2} & \frac{1}{2} & 0 \\ 0 & -\frac{i}{\sqrt{2}} & \frac{i}{\sqrt{2}} & 1 \\ -\frac{1}{2} & 0 & -\frac{i}{\sqrt{2}} & -\frac{1}{2} \\ 0 & 0 & 0 & 0 \end{pmatrix} \xrightarrow[\text{第 2 行に加える}]{\text{第 1 行の}\sqrt{2}i\text{倍を}} \begin{pmatrix} -\frac{i}{\sqrt{2}} & \frac{1}{2} & \frac{1}{2} & 0 \\ 1 & 0 & \sqrt{2}i & 1 \\ -\frac{1}{2} & 0 & -\frac{i}{\sqrt{2}} & -\frac{1}{2} \\ 0 & 0 & 0 & 0 \end{pmatrix} \xrightarrow[\text{第 1 行を2倍}]{\text{第 2 行の}\frac{1}{2}\text{を}\atop\text{第 3 行に加え}}$$

$$\begin{pmatrix} -\sqrt{2}i & 1 & 1 & 0 \\ 1 & 0 & \sqrt{2}i & 1 \\ 0 & 0 & 0 & 0 \\ 0 & 0 & 0 & 0 \end{pmatrix}.$$ よって第 1, 3 成分に $(1,0)$ と $(0,1)$ を当てて 2 本の解 $\boldsymbol{u}_1 = (1, \sqrt{2}i, 0, -1)^T$, $\boldsymbol{u}_2 = (0, -1, 1, -\sqrt{2}i)^T$ を得る．これらの長さはともに 2 であるが，直交はしていないので，2 本目をエルミート内積版のグラム-シュミット法で修正すると，$(\boldsymbol{u}_2, \boldsymbol{u}_1) = \boldsymbol{u}_2^T \overline{\boldsymbol{u}_1} = 2\sqrt{2}i$ 等を用いて

$$\boldsymbol{u}_2 - \frac{(\boldsymbol{u}_2, \boldsymbol{u}_1)}{(\boldsymbol{u}_1, \boldsymbol{u}_1)} \boldsymbol{u}_1 = \begin{pmatrix} 0 \\ -1 \\ 1 \\ -\sqrt{2}i \end{pmatrix} - \frac{2\sqrt{2}i}{4} \begin{pmatrix} 1 \\ \sqrt{2}i \\ 0 \\ -1 \end{pmatrix} = \begin{pmatrix} -\frac{i}{\sqrt{2}} \\ 0 \\ 1 \\ -\frac{i}{\sqrt{2}} \end{pmatrix}.$$

$\sqrt{2}$ 倍して $(-i, 0, \sqrt{2}, -i)^T$ にするとこの新しいベクトルの長さも 2 となる．固有値 $\frac{1-i}{\sqrt{2}}$ に対する固有ベクトルはこれらの複素共役 $\boldsymbol{v}_3 = (1, -\sqrt{2}i, 0, -1)^T$, $\boldsymbol{v}_4 = (i, 0, \sqrt{2}, i)^T$ でよく，長さは変わらない．以上得られたものを正規化して $U = [\boldsymbol{v}_1, \boldsymbol{v}_2, \boldsymbol{v}_3, \boldsymbol{v}_4] := \begin{pmatrix} \frac{1}{2} & -\frac{i}{2} & \frac{1}{2} & \frac{i}{2} \\ \frac{i}{\sqrt{2}} & 0 & -\frac{i}{\sqrt{2}} & 0 \\ 0 & \frac{1}{\sqrt{2}} & 0 & \frac{1}{\sqrt{2}} \\ -\frac{1}{2} & -\frac{i}{2} & -\frac{1}{2} & \frac{i}{2} \end{pmatrix}$ により $U^*AU = \begin{pmatrix} \frac{1+i}{\sqrt{2}} & 0 & 0 & 0 \\ 0 & \frac{1+i}{\sqrt{2}} & 0 & 0 \\ 0 & 0 & \frac{1-i}{\sqrt{2}} & 0 \\ 0 & 0 & 0 & \frac{1-i}{\sqrt{2}} \end{pmatrix}$ となる．

最後に実の標準形は一般論により $P = [\operatorname{Re}\boldsymbol{v}_1, -\operatorname{Im}\boldsymbol{v}_1, \operatorname{Re}\boldsymbol{v}_2, -\operatorname{Im}\boldsymbol{v}_2] = \begin{pmatrix} \frac{1}{2} & 0 & 0 & \frac{1}{2} \\ 0 & -\frac{1}{\sqrt{2}} & 0 & 0 \\ 0 & 0 & \frac{1}{\sqrt{2}} & 0 \\ -\frac{1}{2} & 0 & 0 & \frac{1}{2} \end{pmatrix}$ により $P^{-1}AP = \begin{pmatrix} \frac{1}{\sqrt{2}} & -\frac{1}{\sqrt{2}} & 0 & 0 \\ \frac{1}{\sqrt{2}} & \frac{1}{\sqrt{2}} & 0 & 0 \\ 0 & 0 & \frac{1}{\sqrt{2}} & -\frac{1}{\sqrt{2}} \\ 0 & 0 & \frac{1}{\sqrt{2}} & \frac{1}{\sqrt{2}} \end{pmatrix}$ となる． ∎

🐾 この例ではたまたま $\sqrt{2}P$ が実直交行列となるが，一般には固有ベクトルの実部と虚部は直交するとは限らないし，長さが実部と虚部に均等に配分されるとも限らないので，実標準形への変換には P^{-1} の代わりに P^T を使うことはできない．

6.6 同時対角化と正規行列

例題 6.6-3 ────────────────────────── 実行列の実標準形 ──

例題 5.2-1 (5) の行列の実標準形とそれを与える実変換行列を示せ.

[解答] 同例題により複素数の範囲でのジョルダン標準形 $\begin{pmatrix} 2+i & 1 & 0 & 0 \\ 0 & 2+i & 0 & 0 \\ 0 & 0 & 2-i & 1 \\ 0 & 0 & 0 & 2-i \end{pmatrix}$

とそれを与える変換行列 $\begin{pmatrix} 3-i & -3 & 3+i & -3 \\ -13+i & -2+i & -13-i & -2-i \\ -9+3i & -1 & -9-3i & -1 \\ 10 & 2 & 10 & 2 \end{pmatrix}$ が求められているので,

一般論によりこれを作り替えればよい. 第 1 列 ($2+i$ に対する固有ベクトル) を $\boldsymbol{w}_1$, 第 2 列 (同一般固有ベクトル) を $\boldsymbol{w}_2$ とすれば, $A\boldsymbol{w}_2 = (2+i)\boldsymbol{w}_2 + \boldsymbol{w}_1$, $A\boldsymbol{w}_1 = (2+i)\boldsymbol{w}_1$ であり, これらの実部, 虚部を取ると, 結局

$$S = [\operatorname{Re}\boldsymbol{w}_1, -\operatorname{Im}\boldsymbol{w}_1, \operatorname{Re}\boldsymbol{w}_2, -\operatorname{Im}\boldsymbol{w}_2] = \begin{pmatrix} 3 & 1 & -3 & 0 \\ -13 & -1 & -2 & -1 \\ -9 & -3 & -1 & 0 \\ 10 & 0 & 2 & 0 \end{pmatrix}$$

により $S^{-1}AS = \begin{pmatrix} 2 & -1 & 1 & 0 \\ 1 & 2 & 0 & 1 \\ 0 & 0 & 2 & -1 \\ 0 & 0 & 1 & 2 \end{pmatrix}$ という実標準形になる. ■

例題 6.6-4 ────────────────────────────── 同時対角化 ──

次は二つの可換な対称行列であることを確認し, これらを同時対角化せよ.
$$A = \begin{pmatrix} 1 & \sqrt{6} & \sqrt{3} \\ \sqrt{6} & 2 & -\sqrt{2} \\ \sqrt{3} & -\sqrt{2} & 3 \end{pmatrix}, \quad B = \begin{pmatrix} 9 & -\sqrt{6} & -\sqrt{3} \\ -\sqrt{6} & 12 & -3\sqrt{2} \\ -\sqrt{3} & -3\sqrt{2} & 15 \end{pmatrix}$$

[解答] 可換性の検証は単純計算なので省略する. 行列 A の対角化の計算は問題 6.2.1(11) で既にやってあり, 固有値は 4 (2重), -2, また直交する固有ベクトルは順に $\begin{pmatrix} 1 \\ 0 \\ \sqrt{3} \end{pmatrix}$, $\begin{pmatrix} \sqrt{3} \\ 2\sqrt{2} \\ -1 \end{pmatrix}$, $\begin{pmatrix} \sqrt{3} \\ -\sqrt{2} \\ -1 \end{pmatrix}$ と求まっており,

$$P = (\boldsymbol{u}_1, \boldsymbol{u}_2, \boldsymbol{u}_3) := \begin{pmatrix} \frac{1}{2} & \frac{1}{2} & \frac{1}{\sqrt{2}} \\ 0 & \frac{\sqrt{2}}{\sqrt{3}} & -\frac{1}{\sqrt{3}} \\ \frac{\sqrt{3}}{2} & -\frac{1}{2\sqrt{3}} & -\frac{1}{\sqrt{6}} \end{pmatrix} \quad \text{により} \quad P^T A P = \begin{pmatrix} 4 & 0 & 0 \\ 0 & 4 & 0 \\ 0 & 0 & -2 \end{pmatrix}$$

となることが分かっている. しかし $P^T B P = \begin{pmatrix} 12 & -6 & 0 \\ -6 & 12 & 0 \\ 0 & 0 & 12 \end{pmatrix}$ となり, こちらは対角化されていない. これは A の重複固有値の固有空間は A と可換な B で不変にはなるが, B がその中で異なる固有値を持つ場合は, 任意に選んだ A の固有ベクトル

がそれらに対応しているとは限らないからである．そこで
$$B(a\boldsymbol{u}_1 + b\boldsymbol{u}_2) = \lambda(a\boldsymbol{u}_1 + b\boldsymbol{u}_2), \text{ すなわち,} \begin{pmatrix} 12 & -6 \\ -6 & 12 \end{pmatrix}\begin{pmatrix} a \\ b \end{pmatrix} = \lambda \begin{pmatrix} a \\ b \end{pmatrix}$$
という小サイズの固有値問題を解く．$\begin{vmatrix} 12-\lambda & -6 \\ -6 & 12-\lambda \end{vmatrix} = (\lambda-12)^2 - 36 = 0$ より固有値は $18, 6$．それぞれに対応する固有ベクトルは $\begin{pmatrix} -6 & -6 \\ -6 & -6 \end{pmatrix}$ から $(1,-1)^T$，および $\begin{pmatrix} 6 & -6 \\ -6 & 6 \end{pmatrix}$ から $(1,1)^T$．これを正規化して，作り替えられた固有空間の正規直交基底として

$$\boldsymbol{u}_1' = \frac{1}{\sqrt{2}}\boldsymbol{u}_1 - \frac{1}{\sqrt{2}}\boldsymbol{u}_2 = \begin{pmatrix} 0 \\ -\frac{1}{\sqrt{3}} \\ \frac{\sqrt{2}}{\sqrt{3}} \end{pmatrix}, \quad \boldsymbol{u}_2' = \frac{1}{\sqrt{2}}\boldsymbol{u}_1 + \frac{1}{\sqrt{2}}\boldsymbol{u}_2 = \begin{pmatrix} \frac{1}{\sqrt{2}} \\ \frac{1}{\sqrt{3}} \\ \frac{1}{\sqrt{6}} \end{pmatrix}$$

を取り，変換行列を $Q = [\boldsymbol{u}_1', \boldsymbol{u}_2', \boldsymbol{u}_3] = \begin{pmatrix} 0 & \frac{1}{\sqrt{2}} & \frac{1}{\sqrt{2}} \\ -\frac{1}{\sqrt{3}} & \frac{1}{\sqrt{3}} & -\frac{1}{\sqrt{3}} \\ \frac{\sqrt{2}}{\sqrt{3}} & \frac{1}{\sqrt{6}} & -\frac{1}{\sqrt{6}} \end{pmatrix}$ に変えれば，$Q^TBQ = \begin{pmatrix} 18 & 0 & 0 \\ 0 & 6 & 0 \\ 0 & 0 & 12 \end{pmatrix}$ と対角化されるのみならず，$Q^TAQ = \begin{pmatrix} 4 & 0 & 0 \\ 0 & 4 & 0 \\ 0 & 0 & -2 \end{pmatrix}$ も保たれる． ■

問題

6.6.1 次は二つの可換な対称行列であることを確認し，これらを同時対角化せよ．
$$A = \begin{pmatrix} 9 & \sqrt{6} & \sqrt{3} \\ \sqrt{6} & 4 & 5\sqrt{2} \\ \sqrt{3} & 5\sqrt{2} & -1 \end{pmatrix}, \quad B = \begin{pmatrix} 9 & -\sqrt{6} & -\sqrt{3} \\ -\sqrt{6} & 8 & \sqrt{2} \\ -\sqrt{3} & \sqrt{2} & 7 \end{pmatrix}$$

6.6.2 A が歪対称行列なら，任意の行列 S について S^TAS もまた歪対称行列となることを示せ．

6.6.3 実正方行列 A が正規であるためには $A = B + C$ と対称行列 B と歪対称行列 C の和に分解（⟶ 問題 3.3.5）したときの分解成分 B, C 同士が可換となることが必要十分であることを示せ．また複素正規行列について類似の主張を示せ．

6.6.4 偶数次（奇数次）の歪対称行列 A の固有多項式 $\varphi(\lambda)$ は λ の偶数冪（奇数冪）の項のみから成ることを示せ．

6.6.5 偶数次の歪対称行列 A の行列式は A の成分のある多項式 $\mathrm{Pf}(A)$ の平方となることを次数に関する帰納法で示せ．（この多項式を A のパッフィアンと呼ぶ．）

6.6.6 次はいずれも正規行列であることを確かめ，ユニタリ行列で対角化せよ．

(1) $\begin{pmatrix} \sqrt{2} & \sqrt{3} & 1 \\ \sqrt{2} & 0 & -2 \\ \sqrt{2} & -\sqrt{3} & 1 \end{pmatrix}$ \qquad (2) $\begin{pmatrix} 0 & 1 & 1 & 1 \\ -1 & 0 & 2 & 1 \\ -1 & -2 & 0 & 3 \\ -1 & -1 & -3 & 0 \end{pmatrix}$

6.6.7 A が実歪対称行列なら，$\sqrt{-1}A$ はエルミート行列となることを示せ．

7 行列の解析的取扱い

この章では解析の知識を行列の取扱いに応用する手法や，行列の知識が必要とされる解析の問題を扱う．n は点列や級数の一般項の添え字に使うため，ベクトルや行列のサイズを表すのには N を用いる．また，単位行列を表すのに I を用いる．

7.1 行列のノルムと内積

7.1.1 ノルムの定義と例

要項 7.1.1 $\boldsymbol{R}$ 上の線形空間 V のノルムとは，V 上の関数 $\|\boldsymbol{x}\|$ で
(1) $\forall \boldsymbol{x} \in V$ に対し $\|\boldsymbol{x}\| \geq 0$, また $\|\boldsymbol{x}\| = 0 \iff \boldsymbol{x} = \boldsymbol{0}$
(2) $\forall \boldsymbol{x}, \boldsymbol{y} \in V$ に対し $\|\boldsymbol{x} + \boldsymbol{y}\| \leq \|\boldsymbol{x}\| + \|\boldsymbol{y}\|$
(3) $\forall \boldsymbol{x} \in V, \forall \lambda \in \boldsymbol{R}$ に対し $\|\lambda \boldsymbol{x}\| = |\lambda|\|\boldsymbol{x}\|$

の3条件を満たすもののことを言う．$\boldsymbol{R}^N$ 上の標準内積から定まるユークリッドノルムがその典型例であるが，それを一般化した L_p ノルム

$$\boldsymbol{x} = (x_1, \ldots, x_N)^T \quad \text{に対し} \quad \|\boldsymbol{x}\|_p = (|x_1|^p + \cdots + |x_N|^p)^{1/p}$$

もよく使われる．ただし $1 \leq p \leq \infty$ であり[1]，$p = \infty$ のときは右辺は $\max_{1 \leq i \leq N} |x_i|$ と解釈する．

$\boldsymbol{R}^N$ のノルムは皆同値である．すなわち，任意の二つのノルム $\|\cdot\|, \|\!|\cdot|\!\|$ に対し，定数 $0 < c \leq C$ が存在して $\forall \boldsymbol{x} \in \boldsymbol{R}^N$ に対し $c\|\boldsymbol{x}\| \leq \|\!|\boldsymbol{x}|\!\| \leq C\|\boldsymbol{x}\|$ が成り立つ．
$\boldsymbol{R}^N$ の点列 $\boldsymbol{x}_n$ が $n \to \infty$ のときある極限 $\boldsymbol{a}$ に収束するとは，各成分 x_{ni} が対応する成分 a_i に収束することである．これは任意に選んだノルム $\|\cdot\|$ について $\|\boldsymbol{x}_n - \boldsymbol{a}\| \to 0$ となることと同値である．
同様に $\boldsymbol{R}^N$ の点列 $\boldsymbol{x}_n$ がコーシー列とは，各成分 x_{ni} が実数のコーシー列となることを言い，これは $m, n \to \infty$ のとき $\|\boldsymbol{x}_m - \boldsymbol{x}_n\| \to 0$ となることと同値である．
以上の記述は，複素数体 $\boldsymbol{C}$ 上の線形空間や複素ユークリッド空間 $\boldsymbol{C}^N$ でも絶対値の記号を複素数のそれと解釈すれば通用する．

要項 7.1.2 L_2 ノルムは内積から誘導される特別なノルムであるが，より一般に，

---

[1] $p = 2$ がユークリッドノルムに相当する．なお，工学系の一部では $0 < p < 1$ のときも L_p ノルムと呼んで使っているが，この範囲では上の性質のうち (2) は成り立たない．本書では真のノルムのみを扱う．

要項 6.1.7 の一般の内積からも，$\|\boldsymbol{v}\| = \sqrt{(\boldsymbol{v},\boldsymbol{v})}$ でノルムが定義される．

要項 7.1.3 (M,N) 型行列の全体は成分を 1 列に並べることで $\boldsymbol{R}^{MN}$ と同一視できるので，上により行列のノルムを考えることができる．特に，L_2 ノルムは，内積 $(A,B) := \operatorname{tr}(A^T B)$ により $\|A\|_2 = \sqrt{(A,A)}$ と表される（例題 7.1-1 参照）．

要項 7.1.4 正方行列のノルムが**乗法的**とは，$\|AB\| \leq \|A\|\|B\|$ が成り立つことである．これから特に $\|A^n\| \leq \|A\|^n$ となるので，行列の級数の一般項の評価に役立つ．行列のユークリッドノルムは乗法的であるが $\|I\|_2 = \sqrt{N}$ となる点が不都合である．

―― 例題 7.1-1 ――――――――――――――――――― 行列のユークリッドノルム ――

(1) 二つの (M,N) 型行列 A, B に対し $\operatorname{tr}(A^T B)$, $\operatorname{tr}(B^T A)$, $\operatorname{tr}(BA^T)$, $\operatorname{tr}(AB^T)$ はいずれも $\boldsymbol{R}^{MN}$ の標準内積を与えることを示せ．
(2) 行列のユークリッドノルムに対して，その乗法性を確かめよ．

[解答] (1) $A = (a_{ij})_{1 \leq i \leq M, 1 \leq j \leq N}$, $B = (b_{ij})_{1 \leq i \leq M, 1 \leq j \leq N}$ とすれば，
$$\operatorname{tr}(A^T B) = \operatorname{tr}\Big(\sum_{k=1}^{M} a_{ki} b_{kj}\Big)_{1 \leq i \leq N, 1 \leq j \leq N} = \sum_{i=1}^{N}\Big(\sum_{k=1}^{M} a_{ki} b_{ki}\Big)$$
となり，$\boldsymbol{R}^{MN}$ の標準内積と一致する．他の表現がこれと同じ値に帰着することも直接確かめられるが，トレース等の公式（要項 2.2.3, 2.2.4 と例題 2.2-1）からも分かる：
$$\operatorname{tr}(AB^T) = \operatorname{tr}(B^T A) = \operatorname{tr}(B^T A)^T = \operatorname{tr}(A^T B) = \operatorname{tr}(BA^T).$$

(2) ユークリッドノルムの乗法性は直接成分による計算で確かめることもできるが，少々ややこしい．(1) で示したトレースを用いた内積の表現とその性質を用いると
$$\|AB\|^2 = (AB, AB) = \operatorname{tr}\{(AB)^T (AB)\} = \operatorname{tr}(B^T A^T AB) = \operatorname{tr}(A^T ABB^T).$$
ここで $A^T A$ と BB^T はともに N 次の半正定値対称行列だから，例題 6.3-3 により
$$\operatorname{tr}(A^T ABB^T) \leq \operatorname{tr}(A^T A)\operatorname{tr}(BB^T) = \operatorname{tr}(A^T A)\operatorname{tr}(B^T B) = \|A\|^2 \|B\|^2.$$
よって $\|AB\| \leq \|A\|\|B\|$ が示された． ∎

―― 問 題 ――

7.1.1 P を N 次直交行列とするとき，$\boldsymbol{R}^{N^2}$ のユークリッドノルムについて $\|PA\| = \|AP\| = \|A\|$ を示せ．これより $A \mapsto PA$, および $A \mapsto AP$ がいずれも $\boldsymbol{R}^{N^2}$ の等長変換となることを示せ．

7.1.2 A が N 次実対称行列のとき，その固有値を $\lambda_1, \ldots, \lambda_N$ とすれば，行列のユークリッドノルムは $\|A\| = \sqrt{\lambda_1^2 + \cdots + \lambda_N^2}$ となることを示せ．

7.1.2 行列の作用素ノルム

要項 7.1.5 R^N の任意のノルム[2] $\|\cdot\|$ から,
$$\|A\| = \sup_{\boldsymbol{x} \neq \boldsymbol{0}} \frac{\|A\boldsymbol{x}\|}{\|x\|} = \max_{\|x\|=1} \|A\boldsymbol{x}\|$$
で定まる**作用素ノルム**は,下の例題で示されるように乗法的であり,かつ定義から明らかに $\|I\| = 1$ となるので,行列の解析的取扱いではこれが普通に用いられる.

要項 7.1.6 行列 A の固有値の集合を $\sigma(A)$ と書くとき,その絶対値の最大値 $\rho(A) = \max_{\lambda \in \sigma(A)} |\lambda|$ を A の**スペクトル半径**と呼ぶ.これは A の作用素ノルムと密接な関係を持つ($\longrightarrow$ 例題 7.1-3).

例題 7.1-2 ────────────────────── 作用素ノルムの乗法性 ─

行列の作用素ノルムに対して,その乗法性を確かめよ.

[解答] 作用素ノルムの定義から,任意の $\boldsymbol{x} \neq \boldsymbol{0}$ に対し
$$\|AB\boldsymbol{x}\| \leq \|A\|\|B\boldsymbol{x}\| \leq \|A\|\|B\|\|\boldsymbol{x}\|.$$
従って,両辺を $\|\boldsymbol{x}\|$ で割り,$\boldsymbol{x}$ について上限を取れば $\|AB\| \leq \|A\|\|B\|$ が得られる.(この証明では $\|\boldsymbol{x}\|$ はどんなノルムでもよい.) ■

例題 7.1-3 ────────────────────────── 固有値の評価 ─

$\|\cdot\|$ を行列の(任意の)作用素ノルム[3]とするとき,次の不等式を示せ:
$$\rho(A) \leq \|A\| \tag{7.1}$$

[解答] $\forall \lambda \in \sigma(A)$ に同伴する固有ベクトルの一つを $\boldsymbol{x}$ として
$$\|A\boldsymbol{x}\| = \|\lambda\boldsymbol{x}\| = |\lambda|\|\boldsymbol{x}\|, \quad \|A\boldsymbol{x}\| \leq \|A\|\|\boldsymbol{x}\|$$
より
$$|\lambda|\|\boldsymbol{x}\| \leq \|A\|\|\boldsymbol{x}\|.$$
よって,$\|\boldsymbol{x}\| \neq 0$ で割り算して
$$|\lambda| \leq \|A\| \quad \therefore \quad \rho(A) = \max_{\lambda \in \sigma(A)} |\lambda| \leq \|A\|. \quad ■$$

---

[2] 問題に応じて適当なものを選べる.何を使ったかを区別したいときは,例えば L_p-作用素ノルムのように表現する.

[3] 使うのは $\|A\boldsymbol{x}\| \leq \|A\|\|\boldsymbol{x}\|$ の向きの不等式だけなので,単に乗法的なノルムというだけでよい.その場合は $\|\boldsymbol{x}\| := \|(\boldsymbol{x}, \boldsymbol{0}, \ldots, \boldsymbol{0})\|$ とする.

── 例題 7.1-4 ── ノルム評価の例 ──

n 次正方行列 A の異なる固有値を $\lambda_1, \ldots, \lambda_s$ とする．このとき，これらすべてと異なる λ について

$$\|(A - \lambda I)^{-1}\| \leq \frac{C}{\min_{1 \leq i \leq s} \min\{|\lambda - \lambda_i|, |\lambda - \lambda_i|^{\nu_i}\}}$$

という評価を示せ．ここに ν_i は λ_i に属するジョルダンブロックの最大サイズを表し，C は A から定まる定数である．

[解答] A をジョルダン標準形 J に変換する行列 S を選ぶと，$S^{-1}(A - \lambda I)S = J - \lambda I$ は対角線に $\lambda_i - \lambda, i = 1, \ldots, s$ が並んだ J と同じ型のブロック行列となる．よってその逆行列はブロック毎に計算したものを並べれば得られる．固有値 λ_i に属するサイズ ν_i のブロックの逆行列は例題 2.6-3 等により

$$\begin{pmatrix} \frac{1}{\lambda_i - \lambda} & -\frac{1}{(\lambda_i - \lambda)^2} & \frac{1}{(\lambda_i - \lambda)^3} & \cdots & \frac{(-1)^{\nu_i - 1}}{(\lambda_i - \lambda)^{\nu_i}} \\ 0 & \frac{1}{\lambda_i - \lambda} & -\frac{1}{(\lambda_i - \lambda)^2} & \cdots & \frac{(-1)^{\nu_i - 2}}{(\lambda_i - \lambda)^{\nu_i - 1}} \\ \vdots & \ddots & \ddots & \cdots & \vdots \\ \vdots & & \ddots & \frac{1}{\lambda_i - \lambda} & -\frac{1}{(\lambda_i - \lambda)^2} \\ 0 & \cdots & \cdots & 0 & \frac{1}{\lambda_i - \lambda} \end{pmatrix}$$

となる．この部分の作用素ノルムは，$\boldsymbol{x} \in \boldsymbol{R}^N$ に L_1 ノルム $\|\boldsymbol{x}\|_1$ を用いたとき，$\boldsymbol{x}$ に作用させた後のこのブロックの各行の絶対値が

$$\max\left\{\frac{1}{\lambda_i - \lambda}, \ldots, \frac{1}{(\lambda_i - \lambda)^{\nu_i}}\right\} \|\boldsymbol{x}\|_1 = \max\left\{\frac{1}{\lambda_i - \lambda}, \frac{1}{(\lambda_i - \lambda)^{\nu_i}}\right\} \|\boldsymbol{x}\|_1$$

で抑えられる．(途中の冪はこのどちらかで抑えられる．) これらを加えれば全体として

$$\|(J - \lambda I)^{-1} \boldsymbol{x}\|_1 \leq N \max_{1 \leq i \leq s} \max\left\{\frac{1}{\lambda_i - \lambda}, \frac{1}{(\lambda_i - \lambda)^{\nu_i}}\right\} \|\boldsymbol{x}\|_1$$

で抑えられる．$(A - \lambda I)^{-1} = S(J - \lambda I)^{-1} S^{-1}$ と書け，ノルムは乗法的なので，

$$\|(A - \lambda I)^{-1}\| \leq \|S\| \|(J - \lambda I)^{-1}\| \|S^{-1}\| \leq C \max_{1 \leq i \leq s} \max\left\{\frac{1}{\lambda_i - \lambda}, \frac{1}{(\lambda_i - \lambda)^{\nu_i}}\right\}$$

となる．これを書き直せば求められた評価になる． ■

問 題

7.1.3 $A \mapsto \|A\|$ を任意の乗法的な行列ノルムとするとき，正則行列 S を用いて $A \mapsto \|S^{-1}AS\|$ で定まる関数は再び乗法的なノルムとなることを示せ．

7.1.4 A が実対称行列のとき L_2-作用素ノルムに関して (7.1) は等式となることを示せ．また次のそれぞれにつき (7.1) が真の不等式となる例を挙げよ：
(1) A が対角化可能だが対称でないとき
(2) A が実対称だが L_1-作用素ノルムを用いたとき

7.2 行列の無限級数

7.2.1 一般論と指数関数

要項 7.2.1 行列の無限級数

$$f(A) = a_0 I + a_1 A + a_2 A^2 + \cdots + a_n A^n + \cdots \tag{7.2}$$

は，対応するスカラーの冪級数

$$f(x) = a_0 + a_1 x + a_2 x^2 + \cdots + a_n x^n + \cdots \tag{7.3}$$

が，A のある乗法的なノルムの値 $x = \|A\|$ を入れたとき絶対収束すれば，収束する．特に (7.3) の収束半径が r で，A のスペクトル半径 $\rho(A) < r$ のとき収束する．
(7.2) を具体的に計算するには，$S^{-1} A^n S = (S^{-1} A S)^n$ に注意し，A のジョルダン標準形 $J = S^{-1} A S$ に対して (7.2) を計算し，その結果を $f(A) = S f(J) S^{-1}$ と戻すのが標準的なやり方である．

要項 7.2.2 最も良く使われる例は行列の指数関数

$$e^A = I + A + \frac{1}{2} A^2 + \cdots + \frac{1}{n!} A^n + \cdots \tag{7.4}$$

であり，任意の A について収束する．これは

$$e^{tA} = I + tA + \frac{t}{2} A^2 + \cdots + \frac{t^n}{n!} A^n + \cdots \tag{7.5}$$

の形で用いられ，線形微分方程式系の理論で重要である．
e^{A+B} と $e^A e^B$ は一般には異なるが，A, B が可換なら等しくなる．特に，サイズ ν のジョルダンブロックに対する指数関数は

$$
\begin{aligned}
\exp t &\begin{pmatrix} \lambda & 1 & 0 & \cdots & 0 \\ 0 & \lambda & 1 & \ddots & \vdots \\ \vdots & \ddots & \ddots & \ddots & 0 \\ & & & \lambda & 1 \\ 0 & \cdots & \cdots & 0 & \lambda \end{pmatrix} = \exp \left\{ t\lambda E + t \begin{pmatrix} 0 & 1 & 0 & \cdots & 0 \\ 0 & 0 & 1 & \ddots & \vdots \\ \vdots & \ddots & \ddots & \ddots & 0 \\ & & & 0 & 1 \\ 0 & \cdots & \cdots & 0 & 0 \end{pmatrix} \right\} \\
&= e^{\lambda t} \exp \begin{pmatrix} 0 & t & 0 & \cdots & 0 \\ 0 & 0 & t & \ddots & \vdots \\ \vdots & \ddots & \ddots & \ddots & 0 \\ & & & 0 & t \\ 0 & \cdots & \cdots & 0 & 0 \end{pmatrix} = \begin{pmatrix} e^{\lambda t} & te^{\lambda t} & \frac{t^2}{2} e^{\lambda t} & \cdots & \frac{t^{\nu-1}}{(\nu-1)!} e^{\lambda t} \\ 0 & e^{\lambda t} & te^{\lambda t} & \ddots & \vdots \\ \vdots & \ddots & \ddots & \ddots & \frac{t^2}{2} e^{\lambda t} \\ \vdots & & \ddots & e^{\lambda t} & te^{\lambda t} \\ 0 & \cdots & \cdots & 0 & e^{\lambda t} \end{pmatrix}
\end{aligned} \tag{7.6}
$$

となることが (7.4) から直接確かめられ，これをブロック毎に並べたものを S と S^{-1} で挟むことにより指数関数が具体的に計算できる．

要項 7.2.3 無限級数で定義された行列関数 $f(A)$ に対しては**スペクトル写像定理**が

成り立つことが，計算の仕方から分かる．特に e^A の固有値は A の固有値の指数関数となり，
$$\det e^A = e^{\operatorname{tr} A}. \tag{7.7}$$

🐰 A が冪零行列のときは，任意の形式的冪級数 (7.2) は有限級数となり意味を持つ．

―― 例題 7.2-1 ――――――――――――――――――――― 行列級数の収束判定 ――
要項 7.2.1 の主張を証明せよ．

[解答] 前半の主張は
$$\left\| \sum_{k=n}^{n+p} a_k A^k \right\| \leq \sum_{k=n}^{n+p} |a_k| \|A\|^k$$
により，(7.2) がコーシーの条件を満たすことから分かる．（$\sum_{n=0}^{\infty} |a_n| \|A\|^n$ がいわゆる優級数となる．）
後半は，例題 5.2-5 により，A を適当な正則行列 S で $S^{-1}AS = D+J$，ここに D は A の固有値を並べた対角型行列で，J は対角線の一つ上だけに絶対値が高々 ε の成分 ε_i を持つ，というジョルダン標準形の変種に相似変換できることを用いる：
$$\|S^{-1}AS\| = \|D+J\| \leq \|D\| + \|J\|$$
であり，今 $\|\boldsymbol{x}\|$ として簡単のため $\boldsymbol{R}^N$ の L_1 ノルムを用いれば，仮定により $\exists \rho < r$ について A のすべての固有値は $|\lambda_i| \leq \rho$ を満たすので，
$$\|D\boldsymbol{x}\| = |\lambda_1 x_1 + \cdots + \lambda_N x_N| \leq \rho(|x_1| + \cdots + |x_N|) = \rho\|\boldsymbol{x}\|,$$
また，$\quad \|J\boldsymbol{x}\| = |\varepsilon_1 x_2 + \cdots + \varepsilon_{N-1} x_N| \leq \varepsilon\|\boldsymbol{x}\|.$

よって $\varepsilon > 0$ を $\rho+\varepsilon < r$ となるように十分小さく選んでおけば，$\|S^{-1}AS\boldsymbol{x}\| \leq (\rho+\varepsilon)\|\boldsymbol{x}\|$，すなわち，$\|S^{-1}AS\| \leq \rho+\varepsilon < r$ となる．よって行列の無限級数はこの"変形作用素ノルム" $\|A\|_S := \|S^{-1}AS\|$ で収束する． ∎

―― 例題 7.2-2 ――――――――――――――――――――― 行列の指数関数の計算 ――
次の行列 A に対してパラメータ t を含む指数関数 e^{tA} を計算せよ．括弧内は以前に同じ行列を扱った例題番号である．

(1) $\begin{pmatrix} 1 & -1 & 1 \\ 2 & -2 & 1 \\ 2 & -1 & 0 \end{pmatrix}$ （例題 5.1-1(1)
例題 5.4-1(1)）
(2) $\begin{pmatrix} 2 & 1 & 1 \\ 1 & 4 & 3 \\ 2 & -2 & 1 \end{pmatrix}$ （例題 5.1-1(3)
例題 5.4-1(3)）

(3) $\begin{pmatrix} 4 & -3 & 8 \\ -1 & 5 & -7 \\ -2 & 3 & -6 \end{pmatrix}$ （例題 5.2-1(1)
例題 5.4-2(1)）
(4) $\begin{pmatrix} 6 & 2 & 4 & 5 \\ -4 & -3 & 0 & -4 \\ -3 & -3 & 1 & -3 \\ -1 & 2 & -4 & 0 \end{pmatrix}$ （例題 5.2-1(3)
例題 5.4-2(3)）

7.2 行列の無限級数

[解答] (1) 引用された例題で対角化 L, 変換行列 S, およびその逆 S^{-1} が

$$L = \begin{pmatrix} -1 & 0 & 0 \\ 0 & -1 & 0 \\ 0 & 0 & 1 \end{pmatrix}, \ S = \begin{pmatrix} 1 & 0 & 1 \\ 2 & 1 & 1 \\ 0 & 1 & 1 \end{pmatrix}, \ S^{-1} = \begin{pmatrix} 0 & \frac{1}{2} & -\frac{1}{2} \\ -1 & \frac{1}{2} & \frac{1}{2} \\ 1 & -\frac{1}{2} & \frac{1}{2} \end{pmatrix}$$

であることが示されているので,

$$e^{tA} = Se^{tL}S^{-1} = \begin{pmatrix} 1 & 0 & 1 \\ 2 & 1 & 1 \\ 0 & 1 & 1 \end{pmatrix} \begin{pmatrix} e^{-t} & 0 & 0 \\ 0 & e^{-t} & 0 \\ 0 & 0 & e^t \end{pmatrix} \begin{pmatrix} 0 & \frac{1}{2} & -\frac{1}{2} \\ -1 & \frac{1}{2} & \frac{1}{2} \\ 1 & -\frac{1}{2} & \frac{1}{2} \end{pmatrix}$$

$$= \begin{pmatrix} e^t & -\frac{1}{2}(e^t - e^{-t}) & \frac{1}{2}(e^t - e^{-t}) \\ e^t - e^{-t} & \frac{1}{2}(3e^{-t} - e^t) & \frac{1}{2}(e^t - e^{-t}) \\ e^t - e^{-t} & -\frac{1}{2}(e^t - e^{-t}) & \frac{1}{2}(e^t + e^{-t}) \end{pmatrix}.$$

別解 例題 5.4-1(1) で A^n が n 偶数のとき E, 奇数のとき A となることが示されているので,これらを指数関数の級数に代入して

$$e^{tA} = \sum_{n=0}^{\infty} \frac{t^{2n}}{(2n)!} E + \sum_{n=0}^{\infty} \frac{t^{2n+1}}{(2n+1)!} A = (\cosh t)E + (\sinh t)A.$$

この E, A に具体的な行列データを与えれば上と同じ解が得られることが暗算でも確かめられるであろう.

(2) $\sqrt{-1} = i$ と記す.引用された例題で対角化 L, 変換行列 S とその逆 S^{-1} が

$$L = \begin{pmatrix} 3 & 0 & 0 \\ 0 & 2+i & 0 \\ 0 & 0 & 2-i \end{pmatrix}, \ S = \begin{pmatrix} 1 & 1 & 1 \\ 2 & 2+i & 2-i \\ -1 & -2 & -2 \end{pmatrix}, \ S^{-1} = \begin{pmatrix} 2 & 0 & 1 \\ -\frac{1}{2}+i & -\frac{1}{2}i & -\frac{1}{2} \\ -\frac{1}{2}-i & \frac{1}{2}i & -\frac{1}{2} \end{pmatrix}$$

と求められているので, $e^{tA} = S \begin{pmatrix} e^{3t} & 0 & 0 \\ 0 & e^{(2+i)t} & 0 \\ 0 & 0 & e^{(2-i)t} \end{pmatrix} S^{-1}$ を計算すればよい.途中計算は長くなって紙幅に収まらないので 💻.ここでは代表として $(1,1)$ 成分を見ると,オイラーの関係式 $e^{i\theta} = \cos\theta + i\sin\theta$ を用いて

$$(-\tfrac{1}{2}+i)e^{(2+i)t} + (-\tfrac{1}{2}-i)e^{(2-i)t} = 2\,\mathrm{Re}\{(-\tfrac{1}{2}+i)e^{(2+i)t}\}$$
$$= e^{2t}\,\mathrm{Re}\{(-1+2i)(\cos t + i\sin t)\} = -e^{2t}(\cos t + 2\sin t)$$

となる等に注意すると

$$\begin{pmatrix} 2e^{3t} - e^{2t}(\cos t + 2\sin t) & e^{2t}\sin t & e^{3t} - e^{2t}\cos t \\ 4e^{3t} - e^{2t}(4\cos t + 3\sin t) & e^{2t}(\cos t + 2\sin t) & 2e^{3t} + e^{2t}(-2\cos t + \sin t) \\ -2e^{3t} + 2e^{2t}(\cos t + 2\sin t) & -2e^{2t}\sin t & -e^{3t} + 2e^{2t}\cos t \end{pmatrix}$$

が得られる.

別解 例題 5.4-1 (3) で A^n が計算されているので,これを用いると,

$$e^{tA} = \sum_{n=0}^{\infty} \frac{t^n}{n!} \begin{pmatrix} 2\cdot 3^n - \operatorname{Im}(2+i)^{n+1} & \operatorname{Im}(2+i)^n & 3^n - \operatorname{Re}(2+i)^n \\ 4\cdot 3^n - \operatorname{Im}(2+i)^{n+2} & \operatorname{Im}(2+i)^{n+1} & 2\cdot 3^n - \operatorname{Re}(2+i)^{n+1} \\ -2\cdot 3^n + 2\operatorname{Im}(2+i)^{n+1} & -2\operatorname{Im}(2+i)^n & -3^n + 2\operatorname{Re}(2+i)^n \end{pmatrix}.$$

これを成分ごとに，例えば $(2,1)$ 成分の中身では

$$\sum_{n=0}^{\infty} \frac{t^n}{n!} \operatorname{Im}(2+i)^{n+2} = \operatorname{Im}[(2+i)^2 \sum_{n=0}^{\infty} \frac{1}{n!}\{(2+i)t\}^n]$$
$$= \operatorname{Im}\{(3+4i)e^{(2+i)t}\} = e^{2t}(4\cos t + 3\sin t)$$

等を用いて級数の和を計算すると，上と同じ答を得る．

(3) 引用された例題でジョルダン標準形 J, 変換行列 S, その逆行列 S^{-1} が

$$J = \begin{pmatrix} 2 & 1 & 0 \\ 0 & 2 & 0 \\ 0 & 0 & -1 \end{pmatrix}, \quad S = \begin{pmatrix} -1 & 1 & 1 \\ 2 & 1 & -1 \\ 1 & 0 & -1 \end{pmatrix}, \quad S^{-1} = \begin{pmatrix} -1 & 1 & -2 \\ 1 & 0 & 1 \\ -1 & 1 & -3 \end{pmatrix}$$

であることが示されているので，

$$e^{tA} = Se^{tJ}S^{-1} = \begin{pmatrix} -1 & 1 & 1 \\ 2 & 1 & -1 \\ 1 & 0 & -1 \end{pmatrix} \begin{pmatrix} e^{2t} & te^{2t} & 0 \\ 0 & e^{2t} & 0 \\ 0 & 0 & e^{-t} \end{pmatrix} \begin{pmatrix} -1 & 1 & -2 \\ 1 & 0 & 1 \\ -1 & 1 & -3 \end{pmatrix}$$
$$= \begin{pmatrix} (2-t)e^{2t} - e^{-t} & -e^{2t} + e^{-t} & (3-t)e^{2t} - 3e^{-t} \\ (2t-1)e^{2t} + e^{-t} & 2e^{2t} - e^{-t} & (2t-3)e^{2t} + 3e^{-t} \\ (t-1)e^{2t} + e^{-t} & e^{2t} - e^{-t} & (t-2)e^{2t} + 3e^{-t} \end{pmatrix}.$$

(4) 引用された例題でジョルダン標準形 J, 変換行列 S, その逆 S^{-1} が

$$J = \begin{pmatrix} 1 & 1 & 0 & 0 \\ 0 & 1 & 0 & 0 \\ 0 & 0 & 1 & 1 \\ 0 & 0 & 0 & 1 \end{pmatrix}, \quad S = \begin{pmatrix} 1 & 0 & 0 & -2 \\ 0 & 1 & 4 & 1 \\ 0 & 1 & 3 & 2 \\ -1 & -1 & -4 & 0 \end{pmatrix}, \quad S^{-1} = \begin{pmatrix} -1 & -2 & 0 & -2 \\ 5 & 2 & 4 & 5 \\ -1 & 0 & -1 & -1 \\ -1 & -1 & 0 & -1 \end{pmatrix}$$

と求められているので，

$$e^{tA} = Se^{tJ}S^{-1} = \begin{pmatrix} 1 & 0 & 0 & -2 \\ 0 & 1 & 4 & 1 \\ 0 & 1 & 3 & 2 \\ -1 & -1 & -4 & 0 \end{pmatrix} \begin{pmatrix} e^t & te^t & 0 & 0 \\ 0 & e^t & 0 & 0 \\ 0 & 0 & e^t & te^t \\ 0 & 0 & 0 & e^t \end{pmatrix} \begin{pmatrix} -1 & -2 & 0 & -2 \\ 5 & 2 & 4 & 5 \\ -1 & 0 & -1 & -1 \\ -1 & -1 & 0 & -1 \end{pmatrix}$$
$$= \begin{pmatrix} (5t+1)e^t & 2te^t & 4te^t & 5te^t \\ -4te^t & -(4t-1)e^t & 0 & -4te^t \\ -3te^t & -3te^t & e^t & -3te^t \\ -te^t & 2te^t & -4te^t & -(t-1)e^t \end{pmatrix}.$$

別解 例題 5.4-2(3) で $A^n = nA - (n-1)E$ が求まっているので，

$$e^{tA} = \sum_{n=0}^{\infty} \frac{t^n}{n!} nA - \sum_{n=0}^{\infty} \frac{t^n}{n!}(n-1)E$$
$$= \sum_{n=1}^{\infty} \frac{t^n}{(n-1)!} A - \sum_{n=0}^{\infty} \left\{\frac{t^n}{(n-1)!} - \frac{t^n}{n!}\right\} E$$
$$= te^t A - te^t E + e^t E = te^t A - (t-1)e^t E.$$

7.2 行列の無限級数

これに A, E を代入すれば，暗算で上と同じ結果が得られる． ■

例題 7.2-3 ───────────────── キャンベル-ハウスドルフの公式 ─

$e^{tA}e^{tB} = \exp \sum_{n=0}^{\infty} c_n t^n$ と書けることを示せ．ここに

$$c_1 = A+B, \quad c_2 = [A,B], \quad c_3 = \frac{1}{12}([[A,B],B] - [[A,B],A])$$

であり，$[A,B] = AB - BA$ はいわゆる**交換子**である．

[解答] t を十分小さいとし，

$$e^{tA}e^{tB} = \left(I + tA + \frac{t^2}{2}A^2 + \frac{t^3}{6}A^3 + \cdots\right)\left(I + tB + \frac{t^2}{2}B^2 + \frac{t^3}{6}B^3 + \cdots\right)$$

$$= I + t(A+B) + \frac{t^2}{2}(A^2+2AB+B^2) + \frac{t^3}{6}(A^3+3A^2B+3AB^2+B^3)$$

$$+ \cdots$$

の対数を取ると，$\log(1+x)$ の級数の x にこの 2 項目以下の t を含む部分を代入し漸近展開を計算すれば，問題の級数が形式的に得られる．特に t^3 の項までは

$$t(A+B) + \frac{t^2}{2}(A^2+2AB+B^2) + \frac{t^3}{6}(A^3+3A^2B+3AB^2+B^3)$$

$$- \frac{1}{2}\left\{t(A+B) + \frac{t^2}{2}(A^2+2AB+B^2) + \frac{t^3}{6}(A^3+3A^2B+3AB^2+B^3)\right\}^2$$

$$+ \frac{1}{3}\left\{t(A+B) + \frac{t^2}{2}(A^2+2AB+B^2) + \frac{t^3}{6}(A^3+3A^2B+3AB^2+B^3)\right\}^3$$

$$= t(A+B) + t^2\left\{\frac{1}{2}(A^2+2AB+B^2) - \frac{1}{2}(A+B)^2\right\}$$

$$+ t^3\left\{\frac{1}{6}(A^3+3A^2B+3AB^2+B^3)\right.$$

$$\left. - \frac{1}{4}\{(A+B)(A^2+2AB+B^2) + (A^2+2AB+B^2)(A+B)\} + \frac{1}{3}(A+B)^3\right\}$$

$$+ \cdots.$$

これより $c_1 = A+B$, $c_2 = AB - \frac{1}{2}(AB+BA) = \frac{1}{2}(AB-BA) = \frac{1}{2}[A,B]$, また

$$c_3 = \frac{1}{12}\{2(A^3+3A^2B+3AB^2+B^3) - 3(A+B)(A^2+2AB+B^2)$$

$$- 3(A^2+2AB+B^2)(A+B) + 4(A+B)^3\}$$

$$= \frac{1}{12}(A^2B + AB^2 + BA^2 + B^2A - 2ABA - 2BAB)$$

$$= \frac{1}{12}(A^2B - ABA + AB^2 - BAB + BA^2 - ABA + B^2A - BAB)$$

$$= \frac{1}{12}\{A(AB-BA) + (AB-BA)B + (BA-AB)A + B(BA-AB)\}$$
$$= \frac{1}{12}\{A[A,B] + [A,B]B - [A,B]A - B[A,B]\}$$
$$= \frac{1}{12}\{[[A,B],B] - [[A,B],A]\}. \quad \blacksquare$$

🐸 括弧の括り方が上の解答と異なった人は交換子の定義から自明な性質 $[X,Y] = -[Y,X]$ を用いて調整してみよ．なお，一般項 c_n の表現はベルヌーイ数を用いたややこしい漸化式になるので省略する．💻

問題

7.2.1 次の行列 A に対して指数関数 e^{ta} を計算せよ．

(1) $\begin{pmatrix} 3 & 4 & -4 \\ -6 & -7 & 6 \\ -3 & -3 & 2 \end{pmatrix}$ $\begin{pmatrix} 例題\ 5.1\text{-}1(2) \\ 例題\ 5.4\text{-}1(2) \end{pmatrix}$ (2) $\begin{pmatrix} 3 & -3 & 2 & 1 \\ 2 & -3 & 3 & 1 \\ 2 & -5 & 5 & 1 \\ 0 & 1 & -1 & 1 \end{pmatrix}$ $\begin{pmatrix} 例題\ 5.1\text{-}1(5) \\ 例題\ 5.4\text{-}1(4) \end{pmatrix}$

(3) $\begin{pmatrix} 4 & -1 & -2 \\ 6 & -1 & -4 \\ 2 & -1 & 0 \end{pmatrix}$ $\begin{pmatrix} 問題\ 5.1.1(2) \\ 問題\ 5.4.1(1) \end{pmatrix}$ (4) $\begin{pmatrix} -5 & 0 & 6 \\ 1 & -2 & -1 \\ -3 & 0 & 4 \end{pmatrix}$ $\begin{pmatrix} 問題\ 5.2.1(3) \\ 問題\ 5.4.2(1) \end{pmatrix}$

(5) $\begin{pmatrix} 1 & -4 & 5 & 1 \\ 0 & 5 & -4 & -4 \\ 0 & 3 & -2 & -3 \\ 1 & -4 & 6 & 0 \end{pmatrix}$ $\begin{pmatrix} 例題\ 5.2\text{-}1(2) \\ 例題\ 5.4\text{-}2(2) \end{pmatrix}$

7.2.2 A を N 次正方行列，$\|\cdot\|$ を行列の（任意の）作用素ノルムとする．適当な変換行列 S により $\|S^{-1}AS\| < r$ とできるためには，$\rho(A) < r$ が必要十分であることを示せ．

7.2.3 行列 A は 1 を固有値として持つが，この部分は半単純，すなわち 1 の固有空間の次元は重複度に等しいとする．もし他の固有値の絶対値がすべて 1 より小ならば，A^n は $n \to \infty$ のとき $\mathrm{Ker}(A-I)$ への射影作用素に収束することを示せ．

7.2.4 (7.3) の収束級数 $f(x)$ にジョルダンブロック $J = \begin{pmatrix} \lambda & 1 & 0 & \cdots & 0 \\ 0 & \lambda & 1 & \ddots & \vdots \\ \vdots & \ddots & \ddots & \ddots & 0 \\ \vdots & & \ddots & \lambda & 1 \\ 0 & \cdots & \cdots & 0 & \lambda \end{pmatrix}$ の t 倍を代入したものは
$$f(tJ) = \begin{pmatrix} f(t\lambda) & tf'(t\lambda) & \frac{t^2}{2}f''(t\lambda) & \cdots & \frac{t^{\nu-1}}{(\nu-1)!}f^{(\nu-1)}(t\lambda) \\ 0 & f(t\lambda) & tf'(t\lambda) & \ddots & \vdots \\ \vdots & \ddots & \ddots & \ddots & \frac{t^2}{2}f''(t\lambda) \\ \vdots & & \ddots & f(t\lambda) & tf'(t\lambda) \\ 0 & \cdots & \cdots & 0 & f(t\lambda) \end{pmatrix}$$
となることを示せ．ここに J のサイズは ν とした．

7.2.2 ノイマン級数

要項 7.2.4 行列の無限級数

$$I + A + A^2 + \cdots + A^n + \cdots \tag{7.8}$$

をノイマン級数[4]と呼ぶ．これは数に対する無限等比級数の類似であり，A の固有値がすべて 1 より小さいとき収束し，$(I-A)^{-1}$ を与える（$\longrightarrow$ 例題 7.2-4）．

例題 7.2-4 ───────────────── ノイマン級数 ─

ある乗法的な行列ノルムについて $\|A\| < 1$ となるならば，ノイマン級数 (7.8) は収束し，和は $(I-A)^{-1}$ を与えることを示せ．

[解答] まず，有限等比級数 $I + A + A^2 + \cdots + A^n$ に対しては

$$(I-A)(I + A + A^2 + \cdots + A^n) = I - A^{n+1}$$

が簡単な計算で分かる．ノルムが乗法的なことから $\|A^{n+1}\| \leq \|A\|^{n+1}$ となるので，仮定 $\|A\| < 1$ よりこの剰余項は $n \to \infty$ のとき零行列に収束する．同じ評価で $I + A + A^2 + \cdots + A^n$ が行列の空間 $\mathbf{R}^{N^2}$ においてコーシー列となることも分かるので，これはある行列に収束する．よって上の等式の極限を取れば

$$(I-A)(I + A + A^2 + \cdots + A^n + \cdots) = I$$

が得られる．■

例題 7.2-5 ───────────────── 対角優位行列 ─

(1) 行列 A の L_∞-作用素ノルムは，A の各行の L_1 ノルムのうちで最大のものに等しいことを示せ．
(2) 正方行列 A がどの行も

$$\text{対角成分の絶対値} > \text{その他の成分の絶対値の和} \tag{7.9}$$

を満たしているとき，**対角優位**と言う．このような行列は正則なことを示せ．

[解答] (1) $\|\boldsymbol{x}\|_\infty = \max\limits_{1 \leq i \leq N} |x_i|$，またそれに関する作用素ノルムは $\|A\|_\infty = \max\limits_{\|\boldsymbol{x}\|_\infty = 1} \|A\boldsymbol{x}\|_\infty$ であるが，ここで

---

[4] このノイマンは von Neumann ではなく，19 世紀の数学者 Carl Neumann である．

$$\|A\boldsymbol{x}\|_\infty = \max_{1\leq i\leq N}\Big|\sum_{j=1}^N a_{ij}x_j\Big| \leq \max_{1\leq i\leq N}\sum_{j=1}^N |a_{ij}|\max_{j=1}^N|x_j| = \max_{1\leq i\leq N}\sum_{j=1}^N |a_{ij}|\|\boldsymbol{x}\|_\infty.$$

よって $\|A\|_\infty \leq \max_{1\leq i\leq N}\sum_{j=1}^N |a_{ij}|$ となるが，逆にこの最大値を達成する行番号を i とすれば，$\boldsymbol{x} = (x_1, x_2, \ldots, x_N)^T$ を各 j に対して x_j をその絶対値が 1 でかつ $a_{ij}x_j = |a_{ij}|$ となるようにその符号（複素数の場合は偏角）を選べば，この $\boldsymbol{x}$ について上の値が達成される．よってこれが A の L_∞-作用素ノルムである．

(2) A の対角成分を取り出した対角行列を $D = \operatorname{diag}(d_1, d_2, \ldots, d_N)$，$B = A - D$ と置く．仮定により D の対角成分は 0 ではないから D は可逆である．

$$A = D + B = D(I + D^{-1}B)$$

と書けるが，ここで B の第 i 行を $(b_{i1}, \ldots, b_{iN})$ とすれば ($b_{ii} = 0$ に注意せよ)，$D^{-1}B$ の第 i 行は $\frac{1}{d_i}(b_{i1}, \ldots, b_{iN})$ である．この L_1 ノルムは仮定 (7.9) により

$$r_i := \Big\|\frac{1}{d_i}(b_{i1}, \ldots, b_{iN})\Big\|_1 = \frac{1}{|d_i|}\sum_{j=1}^N |b_{ij}| = \frac{1}{|a_{ii}|}\sum_{j\neq i}|a_{ij}| < 1$$

を満たす．(1) で示したように，これから

$$\|D^{-1}B\|_\infty = \max_{1\leq i\leq N} r_i < 1$$

となる．よって例題 7.2-4 により $-D^{-1}B$ のノイマン級数

$$(I + D^{-1}B)^{-1} = I - D^{-1}B + (D^{-1}B)^2 - + \cdots$$

はこのノルムで収束し，和は $I + D^{-1}B$ の逆を与える．故に $A = D(I + D^{-1}B)$ も可逆である． ∎

例題 7.2-6 ────────────── ノイマン級数の応用 ─

例題 6.2-2 の行列 A の逆行列をノイマン級数を用いて求めよ．

解答 （例題 6.2-2 では行列のサイズを n としていたが，この章の記号に合わせて以下 N に変える．）

$$A = I + B, \qquad B = \begin{pmatrix} a_1 \\ a_2 \\ \vdots \\ a_N \end{pmatrix}(a_1, a_2, \ldots, a_N)$$

の形をしている．よって $a_1, \ldots, a_N$ が 0 に十分近ければ，ノイマン級数

$$(I + B)^{-1} = I - B + B^2 - + \cdots$$

7.2 行列の無限級数

は収束する．ここで

$$B^2 = \begin{pmatrix} a_1 \\ a_2 \\ \vdots \\ a_N \end{pmatrix} (a_1, a_2, \ldots, a_N) \begin{pmatrix} a_1 \\ a_2 \\ \vdots \\ a_N \end{pmatrix} (a_1, a_2, \ldots, a_N)$$

$$= \begin{pmatrix} a_1 \\ a_2 \\ \vdots \\ a_N \end{pmatrix} (a_1^2 + a_2^2 + \cdots + a_N^2)(a_1, a_2, \ldots, a_N) = (a_1^2 + a_2^2 + \cdots + a_N^2)B$$

であり，以下同様に $B^n = (a_1^2 + a_2^2 + \cdots + a_N^2)^{n-1} B$ となるから，上の級数は

$$I - \sum_{n=0}^{\infty} (-1)^n (a_1^2 + a_2^2 + \cdots + a_N^2)^n B = I - \frac{1}{1 + a_1^2 + a_2^2 + \cdots + a_N^2} B$$

$$= \frac{1}{1 + a_1^2 + a_2^2 + \cdots + a_N^2} \{(1 + a_1^2 + a_2^2 + \cdots + a_N^2)I - B\}$$

となる．以上は $a_1, a_2, \ldots, a_N$ が十分小さいとして導いたが，問題の行列 A の逆行列の成分は要項 4.3.2 により A の行列式を共通分母に持つ $a_1, a_2, \ldots, a_N$ の有理式になる．よって実は任意の $a_1, a_2, \ldots, a_n$ についても等号が成り立つ．（例題 6.2-2 により A の行列式は $1 + a_1^2 + a_2^2 + \cdots + a_N^2$ に等しいことが分かっているので，分母を払えば $a_1, a_2, \ldots, a_N$ の多項式の等式となり，より理解しやすいであろう．） ∎

例題 7.2-7 ──────────────────────── スペクトル半径の公式 ──

次の極限が存在して等式が成り立つことを示せ（ゲルファントの公式）：

$$\rho(A) = \lim_{n \to \infty} \sqrt[n]{\|A^n\|} \tag{7.10}$$

[解答] $\rho = \rho(A)$ と略記する．まず $r = \overline{\lim}_{n \to \infty} \sqrt[n]{\|A^n\|}$ と置くとき，$\rho \leq r$ を示す．μ を $|\mu| > r$ を満たす複素数とするとき，μ が固有値にならないこと，すなわち，$\mu I - A$ が可逆なことを言えばよい．$(\mu I - A)^{-1} = \frac{1}{\mu}\left(I - \frac{1}{\mu}A\right)^{-1}$ と変形したとき，$\frac{1}{\mu}A$ に対するノイマン級数が収束することを示せばよい．上極限の性質（例えば [2], 補題 5.8）により $\forall \varepsilon > 0$ に対して n_ε を十分大きく取れば，$n \geq n_\varepsilon$ のとき $\sqrt[n]{\|A^n\|} \leq r + \varepsilon$ となるので，$|\mu| > r + \varepsilon$ となるように ε を選んでおけば，このような n について，一般項のノルムが

$$\left\|\left(\frac{1}{\mu}A\right)^n\right\| \leq \left(\frac{r + \varepsilon}{|\mu|}\right)^n$$

と，収束する無限等比級数の対応する項で抑えられるので，収束が証明された．

逆向きの不等式を示すため，$S^{-1}AS$ がジョルダン標準形となるようにする．例題 7.2-5 と同様，最大値ノルムに対する行列の作用素ノルムを用いるとき，$\|(S^{-1}AS)^n\|$ はジョルダン標準形の各ブロックの n 乗の行ベクトルの L_1 ノルムの最大のもので抑えられ，従って絶対値最大の固有値の最大サイズのブロックからの寄与 $n^{\nu-1}\rho^n$ の定数倍で確実に抑えられる（⟶ (5.10)）．この n 乗根は $n \to \infty$ のとき ρ に近づくので，

$$\sqrt[n]{\|A^n\|} = \sqrt[n]{\|S(S^{-1}AS)^n S^{-1}\|} \leq \sqrt[n]{\|S\|\|(S^{-1}AS)^n\|\|S^{-1}\|}$$
$$= \sqrt[n]{\|S\|} \sqrt[n]{\|(S^{-1}AS)^n\|} \sqrt[n]{\|S^{-1}\|} \to \rho$$

が得られる．よって $r \leq \rho$ が示され，$r = \rho$ が分かった．

最後に，上極限が実は極限で置き換えられることを示す．絶対値最大の固有値 μ に同伴する単位長の固有ベクトルを $\boldsymbol{a}$ とすれば，$\forall n$ について

$$\|A^n\| = \max_{\|\boldsymbol{x}\|=1} \|A^n \boldsymbol{x}\| \geq \|A^n \boldsymbol{a}\| = |\mu|^n \|\boldsymbol{a}\| = \rho^n$$

なので，$\varliminf_{n \to \infty} \sqrt[n]{\|A^n\|} \geq \rho = r$, 従って r の定義を $\lim_{n \to \infty} \sqrt[n]{\|A^n\|}$ に変えることができる．

以上の証明では途中で最大値ノルムによる行列の作用素ノルムを用いたが，行列ノルムはすべて同値なので，他の任意の行列ノルム $\interleave \cdot \interleave$ を取れば，$c\|A^n\| \leq \interleave A^n \interleave \leq C\|A^n\|$ から n 乗根を取って極限に行けば

$$r = \lim_{n \to \infty} \sqrt[n]{\|A^n\|} \leq \varliminf_{n \to \infty} \sqrt[n]{\interleave A^n \interleave}$$
$$\leq \varlimsup_{n \to \infty} \sqrt[n]{\interleave A^n \interleave} \leq \lim_{n \to \infty} \sqrt[n]{\|A^n\|} = r$$

を得る．よって結局（作用素ノルムでも乗法的でもなくてよい，$\boldsymbol{R}^{N^2}$ の）どんなノルムについても (7.10) は成り立つ．■

問題

7.2.5 例題 2.6-3 等で取り上げた次の行列の逆行列を，ノイマン級数を用いて求めよ．ただし行列のサイズは n とせよ．

$$A = \begin{pmatrix} \lambda & 1 & 0 & \ldots & 0 \\ 0 & \lambda & 1 & \ddots & \vdots \\ \vdots & \ddots & \ddots & \ddots & 0 \\ \vdots & & \ddots & \lambda & 1 \\ 0 & \ldots & \ldots & 0 & \lambda \end{pmatrix}$$

7.2.6 行列 A の (1) L_1-作用素ノルム，(2) L_2-作用素ノルム，をそれぞれ $A = (\boldsymbol{a}_1, \ldots, \boldsymbol{a}_N) = (a_{ij})$ のデータを用いて表せ．

7.3 行列の微分

7.3.1 1パラメータに関する微分とその応用

要項 7.3.1 (M, N) 型行列 $A = (a_{ij})$ の各成分 a_{ij} が 1 変数 t の関数のとき，A の t に関する微分は，MN 次元ベクトル値関数の微分の意味となり，成分毎に微分したものを並べて得られる同じ型の行列 $\frac{dA}{dt} = (a'_{ij}(t))$ となる．行列 $(a_{ij}(t))$ を $A(t)$ と略記すれば，次が成り立つ：

$$A(t+\Delta t) = A(t) + \frac{dA}{dt}\Delta t + o(\Delta t).$$

A の成分が多変数の関数のときも，その一つの変数に関する偏微分については全く同様に計算できる．

要項 7.3.2 パラメータ t に依存する係数を持つ行列 $A(t)$ の無限級数は，収束円内で項別微分できるが，$A(t)$ と $A'(t)$ が一般には可換でないので，結果はややこしい式になる（$\longrightarrow$ 例題 7.3-1）：

$$\begin{aligned}
\frac{d}{dt}&\{a_0 I + a_1 A(t) + a_2 A(t)^2 + \cdots + a_n A(t)^n + \cdots\} \\
&= a_1 A'(t) + a_2\{A'(t)A(t) + A(t)A'(t)\} + \cdots \\
&\quad + a_n \sum_{k=0}^{n-1} A(t)^k A'(t) A(t)^{n-k-1} + \cdots.
\end{aligned} \quad (7.11)$$

$A(t)$ と $A'(t)$ が可換なときは，通常の式が得られる．特に，行列の級数 (7.2) の A を tA に変えたもの $f(tA)$ については，$\frac{d}{dt}f(tA) = Af'(tA) = f'(tA)A$ となる．その代表例 e^{tA} については，

$$\frac{d}{dt}e^{tA} = Ae^{tA} = e^{tA}A \quad (7.12)$$

となり，$\boldsymbol{y}(t) = e^{tA}\boldsymbol{c}$ が定数係数線形常微分方程式系 $\boldsymbol{y}' = A\boldsymbol{y}$ の初期条件 $\boldsymbol{y}(0) = \boldsymbol{c}$ を満たす解となることが分かる．

例題 7.3-1 ──────────────── 冪乗の微分 ──

$\frac{d}{dt}A(t)^n = \sum_{k=0}^{n-1} A(t)^k A'(t) A(t)^{n-k-1}$ を確かめよ．

[解答] $A(t+\Delta t)^n = \{A(t) + A'(t)\Delta t + o(\Delta t)\}^n$ の Δt の係数を取り出せばよいので，$A'(t)\Delta t$ を一度だけ選択した項の和

$$\sum_{k=0}^{n-1} A(t)^k A'(t) \Delta t A(t)^{n-k-1} = \sum_{k=0}^{n-1} A(t)^k A'(t) A(t)^{n-k-1} \Delta t$$

となる．（Δt はスカラーなので移動できるが，$A'(t)$ は移動できないことに注意．）よってこの係数が微分となる．■

例題 7.3-2 ──────────────────────────── 線形微分方程式系の解 ──

次のような線形微分方程式系の初期値問題の解を求めよ．ただし，これらの系の係数行列は例題 7.2-2 で扱ったものである．

$$(1) \begin{cases} x' = x - y + z, \\ y' = 2x - 2y + z, \\ z' = 2x - y \end{cases} \quad (2) \begin{cases} x_1' = 6x_1 + 2x_2 + 4x_3 + 5x_4, \\ x_2' = -4x_1 - 3x_2 - 4x_4, \\ x_3' = -3x_1 - 3x_2 + x_3 - 3x_4, \\ x_4' = -x_1 + 2x_2 - 4x_3 \end{cases}$$

[解答] (1) 例題 7.2-2 (1) で計算した e^{tA} を用いると，初期値ベクトルを $(a, b, c)^T$ として

$$\begin{pmatrix} x \\ y \\ z \end{pmatrix} = e^{tA} \begin{pmatrix} a \\ b \\ c \end{pmatrix} = \begin{pmatrix} e^t & -\frac{1}{2}(e^t - e^{-t}) & \frac{1}{2}(e^t - e^{-t}) \\ e^t - e^{-t} & \frac{1}{2}(3e^{-t} - e^t) & \frac{1}{2}(e^t - e^{-t}) \\ e^t - e^{-t} & -\frac{1}{2}(e^t - e^{-t}) & \frac{1}{2}(e^t + e^{-t}) \end{pmatrix} \begin{pmatrix} a \\ b \\ c \end{pmatrix}$$

$$= \begin{pmatrix} (\frac{1}{2}b - \frac{1}{2}c)e^{-t} + (a - \frac{1}{2}b + \frac{1}{2}c)e^t \\ (-a + \frac{3}{2}b - \frac{1}{2}c)e^{-t} + (a - \frac{1}{2}b + \frac{1}{2}c)e^t \\ (-a + \frac{1}{2}b + \frac{1}{2}c)e^{-t} + (a - \frac{1}{2}b + \frac{1}{2}c)e^t \end{pmatrix}.$$

(2) 同様に例題 7.2-2 (4) の計算結果を用いると，初期値ベクトルを $(c_1, c_2, c_3, c_4)^T$ として

$$\begin{pmatrix} x_1 \\ x_2 \\ x_3 \\ x_4 \end{pmatrix} = e^{tA} \begin{pmatrix} c_1 \\ c_2 \\ c_3 \\ c_4 \end{pmatrix} = \begin{pmatrix} (5t+1)e^t & 2te^t & 4te^t & 5te^t \\ -4te^t & -(4t-1)e^t & 0 & -4te^t \\ -3te^t & -3te^t & e^t & -3te^t \\ -te^t & 2te^t & -4te^t & -(t-1)e^t \end{pmatrix} \begin{pmatrix} c_1 \\ c_2 \\ c_3 \\ c_4 \end{pmatrix}$$

$$= \begin{pmatrix} \{(5c_1 + 2c_2 + 4c_3 + 5c_4)t + c_1\}e^t \\ \{(-4c_1 - 4c_2 - 4c_4)t + c_2\}e^t \\ \{(-3c_1 - 3c_2 - 3c_4)t + c_3\}e^t \\ \{(-c_1 + 2c_2 - 4c_3 - c_4)t + c_4\}e^t \end{pmatrix}. \quad ■$$

🐙 定数係数 1 階連立常微分方程式の最も楽な解法は消去法である．（[5], 4.4 節などを見よ．）実はそれで指数関数のみならず，係数行列のジョルダン標準形や変換行列まで分かってしまう．なので，ここに示した例は仕組みを理解するのが目的で，微分方程式の解法練習としての意味はあまり無い．（ただし初期値が自然に実現される点はこの解法の長所である．）

7.3 行列の微分

例題 7.3-3 ─────────────────── 2階微分方程式系の解 ─

A を N 次正方行列とするとき，定数係数2階線形微分方程式系

$$y'' + A^2 y = 0 \tag{7.13}$$

の初期条件 $y(0) = c_0, y'(0) = Ac_1$ を満たす解は

$$y = \cos(tA) c_0 + \sin(tA) c_1$$

と書ける．この表現に意味を与えよ．

解答

$$\cos(tA) = I - \frac{t^2}{2} A^2 + \frac{t^4}{4!} A^4 - + \cdots + (-1)^n \frac{t^{2n}}{(2n)!} A^{2n} + \cdots,$$

$$\sin(tA) = tA - \frac{t^3}{3!} A^3 + \frac{t^5}{5!} A^5 - + \cdots + (-1)^n \frac{t^{2n+1}}{(2n+1)!} A^{2n+1} + \cdots$$

は，e^{tA} の級数と同様，任意の A について収束する．項別微分で，通常の三角関数と同様，

$$\frac{d}{dt} \cos(tA) = -A \sin(tA) = -\sin(tA) A,$$

$$\frac{d}{dt} \sin(tA) = A \cos(tA) = \cos(tA) A$$

が確認できる．従ってこれらは微分方程式 (7.13) を満たす．初期条件が満たされることも容易に分かる．■

問題

7.3.1 $\dfrac{d^n}{dt^n} (I - tA)^{-1}$ を求めよ．得られた公式はどんな範囲で有効か？

7.3.2 $\log(I + tA)$ の意味を説明し，その微分を求めよ．

7.3.3 例題 7.3-3 の微分方程式 (7.13) は，未知変数を2倍にして1階連立化するのに

(1) $\begin{cases} y' = -Az, \\ z' = Ay, \end{cases}$ すなわち $\begin{pmatrix} y \\ z \end{pmatrix}' = \begin{pmatrix} 0 & -A \\ A & O \end{pmatrix} \begin{pmatrix} y \\ z \end{pmatrix}$ と

(2) $\begin{cases} y' = -z, \\ z' = A^2 y, \end{cases}$ すなわち $\begin{pmatrix} y \\ z \end{pmatrix}' = \begin{pmatrix} 0 & -I \\ A^2 & O \end{pmatrix} \begin{pmatrix} y \\ z \end{pmatrix}$

の二つの方法が有る．これらの正当化と両者の優劣を論ぜよ．

7.3.2 行列の全微分

要項 7.3.3 一般に $\boldsymbol{R}^N$ から $\boldsymbol{R}^M$ への写像 $\boldsymbol{y} = F(\boldsymbol{x}) = (F_1(\boldsymbol{x}), \ldots, F_M(\boldsymbol{x}))^T$ の点 $\boldsymbol{x}$ における微分は，数学では F のこの点における 1 次近似，すなわち[5]，

$$F(\boldsymbol{x} + \delta\boldsymbol{x}) = F(\boldsymbol{x}) + A\delta\boldsymbol{x} + o(\|\delta\boldsymbol{x}\|)$$

を満たす (M, N) 型行列 A のことである．通常の微分計算から，微分の結果の数学での表現として，いわゆる**ヤコビ行列**が得られる：

$$A = \begin{pmatrix} \frac{\partial F_1}{\partial x_1} & \frac{\partial F_1}{\partial x_2} & \cdots & \frac{\partial F_1}{\partial x_N} \\ \frac{\partial F_2}{\partial x_1} & \frac{\partial F_2}{\partial x_2} & \cdots & \frac{\partial F_2}{\partial x_N} \\ \vdots & \vdots & & \vdots \\ \frac{\partial F_M}{\partial x_1} & \frac{\partial F_M}{\partial x_2} & \cdots & \frac{\partial F_M}{\partial x_N} \end{pmatrix}. \tag{7.14}$$

要項 7.3.4 正方行列 A を 1 変数関数 $F(x)$ に代入した表現 $F(A)$ の微分は，これを $\boldsymbol{R}^{N^2}$ からそれ自身への写像と見て上の意味で微分計算したものである．微分の結果 $\delta F(A)$ は $F(A + \delta A) - F(A)$ の δA に関する 1 次部分で，A を固定する毎に $\delta A \mapsto \delta F(A)$ は $\boldsymbol{R}^{N^2}$ からそれ自身への線形写像となる[6]．N 次正方行列 A の逆行列 A^{-1} の A に関する（全）微分は，このような微分の典型例である．（微分結果は次の例題 7.3-4 参照．）

また，A のある特定の成分について微分すれば，この節の冒頭に述べたベクトル値関数の（偏）微分の例となる．更に，A の成分が他の変数 t の関数のときは，$F(A)$ を t で微分するのに合成関数の微分公式が使える．

例題 7.3-4 ――――――――――――――――――――― 逆行列の微分 ―

逆行列 A^{-1} の上の意味での A に関する微分は，N 次正方行列 δA に対して

$$\delta A \mapsto -A^{-1} \delta A A^{-1} \tag{7.15}$$

により N 次正方行列を対応させる線形写像となることを示せ．

[解答] $(AB)^{-1} = B^{-1}A^{-1}$ に注意して

---
[5] 以下，多変数の場合の微小増分には $\Delta \boldsymbol{x}$ の代わりに $\delta \boldsymbol{x}$ を用いることとする．数学でもこの記号は変分法で用いられる．

[6] この表現を行列 $DF(A)$ による左からの積と解釈すると，微分のヤコビ行列 $DF(A)$ を (N^2, N^2) 型の行列で表現しなければならなくなるが，それはしばしば面倒になるので，これが δA に対するどのような線形写像かが分かる，より簡明な形での表現に止めておくのが普通である．次の例題でそのような表現の例を確認されたい．

7.3 行列の微分

$$(A+\delta A)^{-1} = \{A(I+A^{-1}\delta A)\}^{-1} = (I+A^{-1}\delta A)^{-1}A^{-1}.$$

ここで，行列 $B = A^{-1}\delta A$ のすべての成分が 0 に十分近いとき，$I+B$ は逆行列を持ち，それはノイマン級数で与えられることを思い出そう．（例題 7.2-4 において $A = -B$ と置けばよい．）すると

$$(A+\delta A)^{-1} = \{I - A^{-1}\delta A + O(\|\delta A\|^2)\}A^{-1} = A^{-1} - A^{-1}\delta A A^{-1} + o(\|\delta A\|)$$

となるので，A^{-1} の微分は，この右辺の δA に関する 1 次の項を取り出した

$$\delta A \mapsto -A^{-1}\delta A A^{-1}$$

という線形写像であることが分かる．

別解 $A \cdot A^{-1} = I$ の両辺を微分すると，

$$\delta A A^{-1} + A \cdot \delta(A^{-1}) = O, \quad \therefore \quad \delta(A^{-1}) = -A^{-1}\delta A A^{-1}.$$

この式を解釈すれば上と同じ結論を得る． ∎

🐰 上の結果は $\frac{1}{x}$ の微分が $-\frac{1}{x^2}$ であることの行列への一般化であるが，行列の積が非可換ゆえ，少しややこしい表現となっている．

例題 7.3-5 ──────────────────────── 逆行列の偏微分 ─

逆行列 A^{-1} の a_{ij} に関する偏微分は

$$-\frac{1}{|A|^2}(\widetilde{a_{i1}}, \ldots, \widetilde{a_{iN}})^T (\widetilde{a_{1j}}, \ldots, \widetilde{a_{Nj}}) \tag{7.16}$$

という行列になることを示せ．ここに $\widetilde{a_{ij}}$ は a_{ij} の余因子を表す．

[解答] 偏微分は普通の N 次正方行列となるが，これは前例題の結果において δa_{ij} の係数を求めれば得られ，従って

$$-A^{-1}E_{ij}A^{-1}$$

となる．ここに E_{ij} は第 ij 成分が 1 でそれ以外の成分がすべて 0 であるような行列を表す．これを具体的に計算するため，A の余因子行列 $\widetilde{A}$ による A^{-1} の表現 (4.8) を思い出すと

$$A^{-1} = \frac{1}{|A|}\widetilde{A} = \frac{1}{|A|}\begin{pmatrix} \widetilde{a_{11}} & \widetilde{a_{21}} & \cdots & \widetilde{a_{N1}} \\ \vdots & \vdots & \cdots & \vdots \\ \widetilde{a_{1N}} & \widetilde{a_{2N}} & \cdots & \widetilde{a_{NN}} \end{pmatrix}.$$

よって

$$-A^{-1}E_{ij}A^{-1} = -\frac{1}{|A|}(\mathbf{0},\ldots,\mathbf{0},\begin{pmatrix}\overset{j}{\widetilde{a_{i1}}}\\ \vdots\\ \widetilde{a_{iN}}\end{pmatrix},\mathbf{0},\ldots,\mathbf{0})A^{-1}$$

$$= -\frac{1}{|A|^2}\begin{pmatrix}\widetilde{a_{i1}}\widetilde{a_{1j}} & \widetilde{a_{i1}}\widetilde{a_{2j}} & \cdots & \widetilde{a_{i1}}\widetilde{a_{Nj}}\\ \widetilde{a_{i2}}\widetilde{a_{1j}} & \widetilde{a_{i2}}\widetilde{a_{2j}} & \cdots & \widetilde{a_{i2}}\widetilde{a_{Nj}}\\ \vdots & \vdots & \cdots & \vdots\\ \widetilde{a_{iN}}\widetilde{a_{1j}} & \widetilde{a_{iN}}\widetilde{a_{2j}} & \cdots & \widetilde{a_{iN}}\widetilde{a_{Nj}}\end{pmatrix}$$

$$= -\frac{1}{|A|^2}\begin{pmatrix}\widetilde{a_{i1}}\\ \vdots\\ \widetilde{a_{iN}}\end{pmatrix}(\widetilde{a_{1j}},\ldots,\widetilde{a_{Nj}})$$

と計算される． ■

例題 7.3-6 ─────────────────────────── XX^T の微分 ───

X を (M,N) 型行列とするとき，X に M 次正方行列 XX^T を対応させる写像の微分を求めよ．

解答

$$(X+\delta X)(X+\delta X)^T = XX^T + X\delta X^T + \delta X X^T + O(\|\delta X\|^2)$$

であるから，求める微分は次のような線形写像となる：

$$\delta X \mapsto X\delta X^T + \delta X X^T. \quad ■$$

問題

7.3.4 X を (M,N) 型行列とするとき，X に N 次正方行列 $X^T X$ を対応させる写像の微分を求めよ．

7.3.5 X を N 次正方行列とするとき，X に X^n を対応させる写像の微分を求めよ．ただし n は正整数とする．

7.3.6 X を正則な N 次正方行列とするとき，X に X^{-n} を対応させる写像の微分を求めよ．ただし n は正整数とする．

7.3.7 $\exp(A)$ の A に関する微分を計算せよ．またこれを $\exp(tA)$ の t に関する微分と比較せよ．

7.3.8 $\log(I+A)$ の A に関する微分を計算せよ．ただし A は固有値の絶対値がすべて 1 より小さいものとする．

7.3.9 A, B を N 次正方行列とする．$A+tB$ が正則なところで $(A+tB)^{-1}$ の t に関する微分を計算せよ．

7.4 行列式の微分

7.4.1 行列変数のスカラー関数の微分と偏微分

要項 7.4.1 写像の微分の特別な場合として，(7.14) において $M = 1$ のときは，N 変数スカラー値関数 $f(\boldsymbol{x})$ の（全）微分となる．これは普通，勾配ベクトル $(\nabla f)(\boldsymbol{x}) = \left(\dfrac{\partial f}{\partial x_1}(\boldsymbol{x}), \ldots, \dfrac{\partial f}{\partial x_N}(\boldsymbol{x})\right)$ で表される：

$$f(\boldsymbol{x} + \delta\boldsymbol{x}) = f(\boldsymbol{x}) + \delta f(x) + o(|\delta\boldsymbol{x}|), \quad \text{ここに } \delta f(\boldsymbol{x}) := (\nabla f)(\boldsymbol{x})\delta\boldsymbol{x}. \quad (7.17)$$

∇f はヤコビ行列の例としては $(1, N)$ 型行列，すなわち横ベクトルであるが，工学では普通これをもとの $\boldsymbol{x}$ と同じ空間の元とみなすため転置した縦ベクトルのこととし，$\nabla f \delta\boldsymbol{x}$ を内積と解釈して $\nabla f^T \delta\boldsymbol{x}$ と書く．以下本書でも原則としてそのようにする．以上の考察は (M, N) 型行列 X のスカラー値関数 $f(X)$ についても，行列を $\boldsymbol{R}^{MN}$ を動く変数とみなして適用される．この場合は $\delta f(X)$ における勾配ベクトルに相当する行列と，微小増分ベクトルを表す行列 δX の内積をトレースで表現し

$$f(X + \delta X) = f(X) + \text{tr}(A^T \delta X) + o(\|\delta X\|) \quad (7.18)$$

を満たす行列 A を微分の結果とする．

N 次正方行列 X の行列式 $\det X$ を N^2 変数の関数とみなしたときの微分は最も重要な例である．ただし合成関数 $\log \det X$ の微分の方が応用ではよく現れる．

要項 7.4.2 行列変数のスカラー値関数の行列成分に関する偏微分は通常のスカラーとなる．更に，行列成分が他の変数の関数となっているとき，そのような変数に関する微分や偏微分は合成関数の微分公式で計算できる．

例題 7.4-1 ───────────────────────── $\boldsymbol{x}^T A \boldsymbol{y}$ の微分

$\boldsymbol{x}^T A \boldsymbol{y}$ の A に関する微分とその成分 a_{ij} に関する偏微分を求めよ．

解答 この行列変数の関数の微分は，微分の定義により

$$\delta(\boldsymbol{x}^T A \boldsymbol{y}) = \boldsymbol{x}^T \delta A \boldsymbol{y}, \quad \text{従って} \quad \delta A \mapsto \boldsymbol{x}^T \delta A \boldsymbol{y}$$

というスカラー 1 次式になる．この答を行列として与えるには上を (7.18) の内積の形に持ってゆく必要がある．このための定番の技法として，スカラーにわざと tr の記号をかぶせてから，トレースが行列積の順序変更に関して不変であることを用いる：

$$\boldsymbol{x}^T \delta A \boldsymbol{y} = \text{tr}(\boldsymbol{x}^T \delta A \boldsymbol{y}) = \text{tr}(\boldsymbol{y}\boldsymbol{x}^T \delta A) = \text{tr}\{(\boldsymbol{x}\boldsymbol{y}^T)^T \delta A\}.$$

よって，求める微分は $\boldsymbol{x}\boldsymbol{y}^T$ という行列である．

a_{ij} に関する偏微分はスカラーとなるが，それは δA のところに $\delta a_{ij} E_{ij}$ を代入したものの δa_{ij} の係数として得られるから，結局

$$\mathrm{tr}(\boldsymbol{y}\boldsymbol{x}^T E_{ij}) = \mathrm{tr}(\boldsymbol{x}^T E_{ij}\boldsymbol{y}) = \boldsymbol{x}^T E_{ij}\boldsymbol{y} = x_i y_j$$

となる．これは上で求めた微分の行列の第 ij 成分に他ならない． ■

例題 7.4-2 ─────────────────────── $\boldsymbol{x}^T A^{-1} \boldsymbol{y}$ の微分 ─

行列を引数とする関数
$$A \mapsto F(A) := \boldsymbol{x}^T A^{-1} \boldsymbol{y} \tag{7.19}$$
の微分は，
$$\frac{\partial}{\partial A}\boldsymbol{x}^T A^{-1}\boldsymbol{y} = -A^{-1}\boldsymbol{x}\boldsymbol{y}^T A^{-1} \tag{7.20}$$
という行列となることを示せ．

[解答] 行列変数の関数 $F(A)$ の微分は，微分の定義と例題 7.3-4 の結果により

$$\delta A \mapsto \delta F(A) = \boldsymbol{x}^T \delta(A^{-1})\boldsymbol{y} = -\boldsymbol{x}^T A^{-1}\delta A A^{-1}\boldsymbol{y}$$

というスカラー 1 次式になる．この答を前例題の解答で用いた技法により変形すると

$$-\boldsymbol{x}^T A^{-1}\delta A A^{-1}\boldsymbol{y} = -\mathrm{tr}(\boldsymbol{x}^T A^{-1}\delta A A^{-1}\boldsymbol{y}) = -\mathrm{tr}(A^{-1}\boldsymbol{y}\boldsymbol{x}^T A^{-1}\delta A)$$
$$= \mathrm{tr}[\{-(A^{-1})^T \boldsymbol{x}\boldsymbol{y}^T (A^{-1})^T\}^T \delta A]$$

となる．よって求める微分は $-(A^{-1})^T \boldsymbol{x}\boldsymbol{y}^T (A^{-1})^T$ となる．

別解 A の成分 a_{ij} に関する偏微分は，例題 7.3-5 と同様

$$-\boldsymbol{x}^T A^{-1} E_{ij} A^{-1}\boldsymbol{y} = -\frac{1}{|A|^2}\boldsymbol{x}^T \begin{pmatrix} \widetilde{a_{i1}} \\ \vdots \\ \widetilde{a_{iN}} \end{pmatrix} (\widetilde{a_{1j}}, \ldots, \widetilde{a_{Nj}})\boldsymbol{y}$$

というスカラー量になる．これは内積の形をした二つのスカラーの積となっているので，それぞれを転置すると

$$= -\frac{1}{|A|^2}(\widetilde{a_{i1}}, \ldots, \widetilde{a_{iN}})\boldsymbol{x}\boldsymbol{y}^T \begin{pmatrix} \widetilde{a_{1j}} \\ \vdots \\ \widetilde{a_{Nj}} \end{pmatrix}$$

と書き直せる．更に，この量を第 ij 成分に持つ行列を作ってみると，それは前例題のときと同様，行列変数の関数 (7.19) の全微分（写像としての微分）となるはずである．（ただしヤコビ行列 (7.14) の転置になる．）しかし，そのまま並べても行列の形を想像するのは難しいので，2 ステップに分解してこの行列を作ろう．まず，第 1 ス

7.4 行列式の微分

テップとして $i=1,\ldots,N$ を動かして縦に並べ，求める行列の1列分を作ると，

$$-\frac{1}{|A|^2}\widetilde{A}^T\boldsymbol{x}\boldsymbol{y}^T\begin{pmatrix}\widetilde{a_{1j}}\\ \vdots \\ \widetilde{a_{Nj}}\end{pmatrix}$$

を得る．次いで第2ステップとして $j=1,\ldots,N$ を動かして，これらの列を横に並べて行列にすれば，最終的に

$$\frac{\partial}{\partial A}(\boldsymbol{x}^T A^{-1}\boldsymbol{y}) = -\frac{1}{|A|^2}\widetilde{A}^T\boldsymbol{x}\boldsymbol{y}^T\widetilde{A}^T \tag{7.21}$$

が得られる．（線形代数では，余因子行列は第 ij 成分が a_{ji} の余因子であるようなものとされるが，上で出てくる行列は第 ij 成分が a_{ij} の余因子なので，余因子行列の記号 $\widetilde{A}$ に転置を付けて表したのである．）要項 4.3.2 に注意すれば，最後の表現は $-(A^{-1})^T\boldsymbol{x}\boldsymbol{y}^T(A^{-1})^T$ と書き直され，これは最初に導いた表現と一致する．■

例題 7.4-3 ─────────────────── トレースの微分 ──
行列の関数 $\mathrm{tr}(A^{-1}B)$ の A に関する微分は $-(A^T)^{-1}B^T(A^T)^{-1}$ となることを示せ．

解答 微分は線形演算なので，tr や定数行列による積と可換なので，

$$\frac{\partial}{\partial A}\mathrm{tr}(A^{-1}B) = \mathrm{tr}\Big\{\frac{\partial}{\partial A}(A^{-1}B)\Big\} = \mathrm{tr}\Big\{\Big(\frac{\partial}{\partial A}A^{-1}\Big)B\Big\}$$

となる．よって例題 7.3-4 の結果より，微分は δA に $\mathrm{tr}(-A^{-1}\delta A A^{-1}B)$ を対応させる関数となるはずだが，最後の結果の行列を用いた解釈はけっこう難しいので，不安なら $A+\delta A$ を代入して最初から計算をやり直せばよい．

トレースの中身の因子を巡回的に動かせば

$$\mathrm{tr}(-A^{-1}\delta A A^{-1}B) = \mathrm{tr}(-A^{-1}BA^{-1}\delta A) = \mathrm{tr}[\{-(A^{-1})^T B^T (A^{-1})^T\}^T \delta A]$$

となるので，微分の結果は $-(A^{-1})^T B^T (A^{-1})^T$ という行列であると言える．■

問題

7.4.1 $\boldsymbol{x}$ の2次式 $(\boldsymbol{x}-\boldsymbol{b})^T A(\boldsymbol{x}-\boldsymbol{b})$ の $\boldsymbol{x}$ に関する微分とその成分 x_i に関する偏微分を求めよ．ただし A は対称行列とする．

7.4.2 行列 A の第 ij 成分を a_{ij} とするとき，次の量を求めよ．
(1) $\dfrac{\partial^2}{\partial a_{ij}^2}\det A$ (2) $\dfrac{\partial^N}{\partial a_{11}\partial a_{22}\cdots\partial a_{NN}}\det A$

7.4.3 $\mathrm{tr}\,A$ の微分を求めよ．

7.4.2 行列式とその関数の微分

例題 7.4-4 ───────────────────── 行列式の微分と偏微分 ─

行列 $A = (a_{ij})$ の行列式 $|A|$ の成分 a_{ij} に関する偏微分は

$$\frac{\partial}{\partial a_{ij}}|A| = \widetilde{a_{ij}}, \tag{7.22}$$

また要項 7.4.1 の意味での微分（全微分）は

$$\frac{\partial |A|}{\partial A} = \widetilde{A}^T \tag{7.23}$$

となることを示せ. (これはすなわち, 微分が $\mathbf{R}^{N^2}$ 上の線形関数として, 増分ベクトル δA に対し内積を通して

$$\delta A \mapsto \mathrm{tr}\left\{\left(\frac{\partial |A|}{\partial A}\right)^T \delta A\right\} = \mathrm{tr}\{(\widetilde{A}^T)^T \delta A\} = \mathrm{tr}\{\widetilde{A}\,\delta A\}$$

として働くことを意味する.)

[解答] 行列式の定義により, $\det A$ は A の各行, あるいは各列について線形（すなわち多重線形）である. a_{ij} を含む行と列を除いて得られる $n-1$ 次の行列の行列式に符号 $(-1)^{i+j}$ を掛けたものは A の第 ij 余因子と呼ばれるのであった. これを $\widetilde{a_{ij}}$ と記すと, 例えば第 i 行に関する展開は

$$\det A = |A| = \widetilde{a_{i1}}a_{i1} + \cdots + \widetilde{a_{ij}}a_{ij} + \cdots + \widetilde{a_{iN}}a_{iN} \tag{7.24}$$

となる. a_{ij} はこの中程に 1 回現れるだけで, 余因子の方には含まれないので,

$$\frac{\partial}{\partial a_{ij}}\det A = \widetilde{a_{ij}}.$$

この偏微分を並べて全微分, すなわち, 写像 $\det : M(N, \mathbf{R}) \simeq \mathbf{R}^{N^2} \to \mathbf{R}$ の微分を作ると, 上の値 $\widetilde{a_{ij}}$ を第 ij 成分に持つ N 次正方行列となる. 数学における全微分は

$$d|A| = \sum_{ij}\frac{\partial |A|}{\partial a_{ij}}da_{ij} = \sum_{ij}\widetilde{a_{ij}}da_{ij}$$

のことであるから, これは $dA := (da_{ij})$ という増分行列を用いると, 形式的に

$$= \mathrm{tr}(\widetilde{A}\,dA)$$

と書くことができる. ここで, $\widetilde{A}$ は行列 A の余因子行列を表すが, 線形代数においてはこれは第 ij 成分が A の第 ji 余因子であるようなものと定義されているので, $\widetilde{A}$ には転置の記号が必要無い. よって先に注意したように, 工学的な意味の微分の解

釈は，これを転置した $\widetilde{A}^T$ となる． ■

例題 7.4-5 ──────────────────── 行列式の対数の微分 ──

$\log|A|$ の微分は
$$\frac{\partial}{\partial A}\log|A| = (A^{-1})^T \tag{7.25}$$
となることを示せ．

[解答] 合成関数の微分公式により，
$$\frac{\partial}{\partial A}\log|A| = \frac{\partial \log|A|}{\partial |A|}\frac{\partial |A|}{\partial A}$$
であり，ここで第 1 因子は普通の微分計算で $\frac{1}{|A|}$ となる．これと前例題から，上は
$$= \frac{1}{|A|}\widetilde{A}^T$$
となる．ここで，余因子行列と逆行列の関係 (4.8) の $A^{-1} = \frac{1}{|A|}\widetilde{A}$ という公式を用いると，上は $(A^{-1})^T$ に変形される．

別解 δA を A に対する N^2 次元微小増分ベクトルとする．（先に dA と書いたものを工学的な，あるいは変分法的な記号にしたが，本質は変わらない．）行列式の乗法性から
$$\log|A+\delta A| = \log|A(I + A^{-1}\delta A)| = \log|A| + \log|I + A^{-1}\delta A|$$
となるので，最後の量の δA に関する 1 次の項を求めればよい．行列の指数関数の意味で
$$I + A^{-1}\delta A = \exp(A^{-1}\delta A) + o(\delta A) = \exp(A^{-1}\delta A)(I + o(\delta A))$$
となるので，(7.7) の公式 $|\exp(A)| = \exp(\mathrm{tr}\,A)$ を用いると
$$\begin{aligned}\log|I + A^{-1}\delta A| &= \log\{|\exp(A^{-1}\delta A)||I + o(\delta A)|\}\\ &= \log\exp\mathrm{tr}(A^{-1}\delta A) + \log\{1 + o(\|\delta A\|)\}\\ &= \mathrm{tr}(A^{-1}\delta A) + o(\|\delta A\|)\end{aligned}$$
となる．よって求める微分は $(A^{-1})^T$ となる． ■

問題

7.4.4 上の例題 7.4-5 の別解を利用して，$|A|$ の微分を成分を用いずに導け．

7.4.5 次のような行列 A の関数の微分を計算せよ：
$$k\log|A| + (\boldsymbol{x}-\boldsymbol{b})^T A^{-1}(\boldsymbol{x}-\boldsymbol{b})$$

7.4.6 $\det A$ の第 j 列 $\boldsymbol{a}_j$ に関する勾配 $\nabla_{\boldsymbol{a}_j}\det A$ を計算せよ．

7.5 行列を含む積分計算

積分は基本的にスカラーに対する演算なので，ベクトルや行列の積分は成分毎に行えば済むが，変数に行列が含まれると線形代数的処理が必要となる．この節では，多次元正規分布に関連してよく出てくるスカラー値関数の積分の処理法を扱う．1次元の積分に帰着させるための計算を中心とし，確率論的な意味も省略する．

要項 7.5.1 （**1次元正規分布の正規化定数**[7]） $a > 0$ はパラメータとする．

$$\int_{-\infty}^{\infty} e^{-x^2} dx = \sqrt{\pi}, \quad 変換 x \mapsto \sqrt{a}x \text{ で} \quad \int_{-\infty}^{\infty} e^{-ax^2} dx = \sqrt{\frac{\pi}{a}}. \quad (7.26)$$

（平均と分散の計算に使う積分） 左は対称性から，右は上を a で微分して導く：

$$\int_{-\infty}^{\infty} xe^{-ax^2} dx = 0, \quad \int_{-\infty}^{\infty} x^2 e^{-ax^2} dx = \frac{1}{2}\frac{\sqrt{\pi}}{a^{3/2}}. \quad (7.27)$$

例題 7.5 ──────────────────────────── 指数関数の積分 ─

A を N 次正定値対称行列とするとき，次を示せ．ここに $d\boldsymbol{x} = dx_1 \cdots dx_N$ の略記とする．

(1) $\displaystyle\int_{\boldsymbol{R}^N} e^{-\boldsymbol{x}^T A \boldsymbol{x}} d\boldsymbol{x} = \frac{\pi^{N/2}}{\sqrt{|A|}}$

(2) $\displaystyle\int_{\boldsymbol{R}^N} x_i e^{-\boldsymbol{x}^T A \boldsymbol{x}} d\boldsymbol{x} = 0, \quad i = 1, 2, \ldots, N$

(3) $\displaystyle\int_{\boldsymbol{R}^N} x_i x_j e^{-\boldsymbol{x}^T A \boldsymbol{x}} d\boldsymbol{x} = \frac{\pi^{N/2}}{2\sqrt{|A|}} (A^{-1})_{ij}, \quad i, j = 1, 2, \ldots, N$

ここに $(A^{-1})_{ij}$ は A^{-1} の第 ij 成分を表す．

[解答] (1) $P^T A P = \mathrm{diag}(\lambda_1, \ldots, \lambda_N)$ となるような直交行列 P を取り，$\boldsymbol{x} = P\boldsymbol{y}$ と変数変換すれば，$d\boldsymbol{x} = |\det P| d\boldsymbol{y} = d\boldsymbol{y}$ に注意して

$$\int_{\boldsymbol{R}^N} e^{-\boldsymbol{x}^T A \boldsymbol{x}} d\boldsymbol{x} = \int_{\boldsymbol{R}^N} e^{-\boldsymbol{y}^T P^T A P \boldsymbol{y}} d\boldsymbol{y} = \int_{\boldsymbol{R}^N} e^{-\boldsymbol{y}^T \mathrm{diag}(\lambda_1, \ldots, \lambda_n) \boldsymbol{y}} d\boldsymbol{y}$$

$$= \int_{\boldsymbol{R}^N} e^{\{-(\lambda_1 y_1^2 + \cdots + \lambda_n y_n^2)\}} d\boldsymbol{y} = \int_{-\infty}^{\infty} e^{-\lambda_1 y_1^2} dy_1 \cdots \int_{-\infty}^{\infty} e^{-\lambda_N y_N^2} dy_N$$

$$= \sqrt{\frac{\pi}{\lambda_1}} \cdots \sqrt{\frac{\pi}{\lambda_N}} = \frac{\pi^{N/2}}{\sqrt{\lambda_1 \cdots \lambda_N}} = \frac{\pi^{N/2}}{\sqrt{|A|}}.$$

---

[7] この値の導出法は微積分の適当な参考書，例えば [3], 7.4 節を見よ．

ここで (7.26) を N 回適用した.

(2) $\boldsymbol{x} \mapsto -\boldsymbol{x}$ という変数変換を施すと，同じものの符号を変えたものが出てくることから分かる．(上と同様に対角化して，各変数に (7.27) の左の式を用いてもよい．)

(3) $\boldsymbol{x}\boldsymbol{x}^T$ は $x_i x_j$ を第 ij 成分に持つ行列となる．行列の積分は成分毎の積分の意味と解釈されるので，一度に確かめられる．上と同じ変数変換により

$$\int_{\boldsymbol{R}^N} \boldsymbol{x}\boldsymbol{x}^T e^{-\boldsymbol{x}^T A \boldsymbol{x}} d\boldsymbol{x} = \int_{\boldsymbol{R}^N} P\boldsymbol{y}\boldsymbol{y}^T P^T e^{-\boldsymbol{y}^T P^T A P \boldsymbol{y}} d\boldsymbol{y}$$
$$= P \int_{\boldsymbol{R}^N} \boldsymbol{y}\boldsymbol{y}^T e^{-\lambda_1 y_1^2 - \cdots - \lambda_N y_N^2} d\boldsymbol{y} P^T.$$

($d\boldsymbol{y}$ はスカラーなので P^T と交換できることに注意．) ここで，$i \neq j$ のときは

$$\int_{\boldsymbol{R}^N} y_i y_j e^{-\lambda_1 y_1^2 - \cdots - \lambda_N y_N^2} d\boldsymbol{y} = \int_{-\infty}^{\infty} y_i e^{-\lambda_i y_i^2} dy_i \times \int_{\boldsymbol{R}^{N-1}} \cdots \prod_{k \neq i} dy_k$$

(ここで $\cdots$ は y_i を含まぬ因子を表す) において，最後の辺の先頭の因子は (7.27) の左の式により零となる．$i = j$ のときは，(7.26) と (7.27) の右の式により

$$\int y_i^2 e^{-\lambda_1 y_1^2 - \cdots - \lambda_N y_N^2} d\boldsymbol{y} = \int y_i^2 e^{-\lambda_i y_i^2} dy_i \times \prod_{k \neq i} \int e^{-\lambda_k y_k^2} dy_k$$
$$= \frac{1}{2} \frac{\sqrt{\pi}}{\lambda_i^{3/2}} \times \prod_{k \neq i} \frac{\sqrt{\pi}}{\lambda_k^{1/2}} = \frac{1}{2\lambda_i} \frac{\sqrt{\pi}^N}{\sqrt{\lambda_1 \cdots \lambda_N}} = \frac{1}{2\lambda_i} \frac{\pi^{N/2}}{\sqrt{|A|}}.$$

以上により $\boldsymbol{y}$ に関する積分は $\frac{\pi^{N/2}}{2\sqrt{|A|}} \operatorname{diag}(\lambda_1, \ldots, \lambda_N)^{-1}$ という行列になるので，

$$\frac{\pi^{N/2}}{2\sqrt{|A|}} P \operatorname{diag}(\lambda_1, \ldots, \lambda_N)^{-1} P^T = \frac{\pi^{N/2}}{2\sqrt{|A|}} A^{-1}$$

がもとの積分である．よって求める答はこの行列の第 ij 成分である． ∎

問 題

7.5.1 Σ_1, Σ_2 を正定値対称行列とするとき，次の積分を計算せよ：
$$\int \exp\left\{-\frac{1}{2}(\boldsymbol{x}-\boldsymbol{\mu}_1)^T \Sigma_1^{-1}(\boldsymbol{x}-\boldsymbol{\mu}_1)\right\}\left\{\frac{1}{2}(\boldsymbol{x}-\boldsymbol{\mu}_2)^T \Sigma_2^{-1}(\boldsymbol{x}-\boldsymbol{\mu}_2)\right\} d\boldsymbol{x}$$

7.5.2 正方行列 A に対し定積分 $\int_0^T e^{tA} dt$ を求めよ．

7.5.3 (複素関数論の既習者向け参考問題) λ_1 を正方行列 A の固有値とし，これを正の向きに一周する複素積分路 C を，その内部および周上には λ_1 以外の固有値が無いように十分小さく選ぶ．このとき以下の問いに答えよ：

(1) $\frac{1}{2\pi i} \oint_C (zI - A)^{-1} dz$ は A の λ_1-一般固有空間への射影作用素となることを示せ．

(2) λ_1 が単純固有値のとき λ_1 を複素線積分で表す式を求め，それから単純固有値が局所的に行列成分の正則関数となることを示せ．

7.6 行列と位相

要項 7.6.1　N 次正方行列上定義された行列式 $\det$ は $\mathbf{R}^{N^2}$ 上の実数値連続関数である．正則な N 次実正方行列の全体 $GL(N, \mathbf{R})$ は $\mathbf{R}^{N^2}$ の開集合[8]を成す．その中で行列式が正のもの $GL^+(N, \mathbf{R})$ と行列式が負のもの $GL^-(N, \mathbf{R})$ は異なる連結成分を成し，$\det$ による，$\mathbf{R}$ の連結開集合 $\{x > 0\}$, $\{x < 0\}$ の逆像となっている．
正方行列の固有値 $\sigma(A)$ は集合として行列の要素に連続に依存する（⟶ 例題 7.6-2）．

要項 7.6.2　$\mathbf{R}^N$ の部分集合 Γ が凸とは，Γ の任意の 2 点を結ぶ線分が Γ に含まれること，すなわち，$\mathbf{x}, \mathbf{y} \in \Gamma, 0 < \lambda < 1 \implies (1-\lambda)\mathbf{x} + \lambda \mathbf{y} \in \Gamma$ が成り立つことをいう．また Γ が錐であるとは，$\forall \mathbf{x} \in \Gamma$ を通る動径方向の半直線が Γ に含まれること，すなわち，$\mathbf{x} \in \Gamma, \lambda > 0 \implies \lambda \mathbf{x} \in \Gamma$ となることを言う．Γ が凸錐となる条件は $\mathbf{x}, \mathbf{y} \in \Gamma, \lambda, \mu > 0 \implies \lambda \mathbf{x} + \mu \mathbf{y} \in \Gamma$ とまとめられる．直線を含まぬ凸錐 $\Gamma \ni \mathbf{0}$ は $\mathbf{R}^N$ に $\mathbf{x} \leq \mathbf{y} \iff \mathbf{y} - \mathbf{x} \in \Gamma$ により順序関係を定める．Γ はこの順序の**正錐**と呼ばれる．$\mathbf{R}^N$ の閉第 1 象限は正錐として用いられる典型例である．
N 次正定値対称行列の集合 $Sym^+(N, \mathbf{R})$ は，対称行列の集合 $\mathbf{R}^{N(N+1)/2}$ 内の開凸錐を成す．半正定値対称行列の集合 $\overline{Sym^+(N, \mathbf{R})}$ はその閉包で，閉凸錐となる．

例題 7.6-1 ──────────────── $GL^+(N, \mathbf{R})$ の弧状連結性 ─

$GL^+(N, \mathbf{R})$ が弧状連結であること，すなわち，$\forall A_0, A_1 \in GL^+(N, \mathbf{R})$ に対し，閉区間 $[0,1]$ から $GL^+(N, \mathbf{R})$ への連続写像（すなわち，連続曲線弧）$A(t)$ で，$A(0) = A_0, A(1) = A_1$ となるものが存在することを示せ．

[解答]　任意の $A \in GL^+(N, \mathbf{R})$ を単位行列 $I \in GL^+(N, \mathbf{R})$ と連続曲線弧で結ぶことができれば，$GL^+(N, \mathbf{R})$ の一般の二つの元は I を経由して連続曲線弧でつなげる．よって以下これを示す．正則行列 A は行基本変形だけで I に帰着できた（⟶ 消去法による逆行列の計算）．行基本変形のうちである行に他の行の λ 倍を加える操作は，要項 2.4.1 で示した行列 $E_{j+i \times \lambda}$ を左から A に掛けることで実現される．この行列は行列式 1 で $GL^+(N, \mathbf{R})$ の元であり，λ を $t\lambda$ に変えれば $0 \leq t \leq 1$ を連続的に動かすとき，単位行列 I と連続につなげられる．ある行を λ 倍する操作は，要項 2.4.1 の $E_{i \times \lambda}$ を左から掛けることで実現されるが，これは $\lambda > 0$ のときにのみ $GL^+(N, \mathbf{R})$ の元となり，λ を λ^t で置き換えれば，$0 \leq t \leq 1$ と動かすとき，I と連続につなげられる．2 行の交換は，同じく行列 $E_{i \leftrightarrow j}$ を左から掛けることで実現され

---

[8] 以下で用いる位相に関する知識は微積分の範囲（[3], 7.6 節程度）で十分である．

るが，これは行列式の符号を反転させてしまうので，対角線からはずれた位置にあるどちらかの 1，例えば上の方を -1 で置き換えれば行列式は 1 で $GL^+(N, \boldsymbol{R})$ の元となる．これは関連する成分の $\begin{pmatrix} \cos\frac{\pi}{2}t & -\sin\frac{\pi}{2}t \\ \sin\frac{\pi}{2}t & \cos\frac{\pi}{2}t \end{pmatrix}$ という行列で $0 \leq t \leq 1$ と動かすとき I と連続につながる．基本変形に以上のような制約があると，変形の結果は一般には単位行列にはならず，対角成分に 1 か -1 が残る．しかし，もともと行列式の値は正だったので，-1 の個数は偶数個である．対角線の -1 を二つ組み合わせたものは $\begin{pmatrix} \cos\pi t & -\sin\pi t \\ \sin\pi t & \cos\pi t \end{pmatrix}$ という行列で $0 \leq t \leq 1$ と動かすと単位行列と連続的に結べるので，結局単位行列にできる．以上に用いた基本変形の行列に指示したようなパラメータ t を入れたもののすべての積を $S(t)$ と置けば，$A(t) := S(t)A, 0 \leq t \leq 1$ は単位行列と与えられた行列をつなぐ $GL^+(N, \boldsymbol{R})$ 内の連続曲線弧となる． ∎

例題 7.6-2 ───────────────────── **固有値の連続性** ───

A の固有値の集合を $\sigma(A)$ とするとき，$\forall \varepsilon > 0$ に対して，$\delta > 0$ を十分小さく選んで，$\|B - A\| < \delta$ なら，B の固有値はすべて集合 $\sigma(A)$ の ε-近傍 $\sigma(A)_\varepsilon$ 内に存在するようにできることを示せ．

[解答] $\lambda \notin \sigma(A)_\varepsilon$ なら $B - \lambda I$ が可逆になることを言えばよい．$A - \lambda I$ は固有値が $|\lambda_i - \lambda| \geq \varepsilon$ を満たすので可逆であり，従って

$$B - \lambda I = B - A + A - \lambda I = (A - \lambda I)\{I + (A - \lambda I)^{-1}(B - A)\} \quad (7.28)$$

と変形されるが，ここで A のジョルダンブロックの最大サイズを $\nu \leq N$，また $\varepsilon < 1$ と仮定すれば，例題 7.1-4 により，

$$\|(A - \lambda I)^{-1}\| \leq \frac{C}{\min\{\varepsilon, \varepsilon^\nu\}} \leq \frac{C}{\varepsilon^\nu}$$

が成り立つ．よって

$$\|(A - \lambda I)^{-1}(B - A))\| \leq \frac{C\delta}{\varepsilon^\nu}$$

となるから，$\delta < \frac{1}{C}\varepsilon^\nu$ に取れば，ノイマン級数が収束し，(7.28) の第 2 因子も可逆であることが分かる．よって δ をこのように選べば $\|B - A\| < \delta$ のとき B の固有値は $\sigma(A)$ の ε-近傍に含まれることが分かる． ∎

1. 最後の結論において $c = (2C)^{1/\nu}$ と置き，$\delta = c^{-\nu}\varepsilon^\nu$ と取れば，逆に $\|B - A\| < \delta$ から B の固有値と A の固有値の差が $< c\delta^{1/\nu}$ であることが分かる．この値を A の異なる固有値の間の距離より小さく取っておけば，個々の固有値の変化が行列の成分に対して高々これぐらいの動きとなる．これはいわゆる $\frac{1}{\nu}$-ヘルダー連続性である．ν は当該固有値の重複度以下，従って行列のサイズ以下である．特に A が単純固有値しか持たないときは $\nu = 1$ で，固有値は行列成分に対していわゆるリプシッツ連続となる．(実はこの場合は固有値は行列成分に対して解析関数になる (⟶ 問題 7.5.3)．)

2. N 次の代数方程式は例題 5.1-3 の行列 A の固有方程式となるので，ここで得られた固有値の連続性は代数方程式の根の係数に対するヘルダー連続性も意味する．なお定数 C は A に依存するが，問題 5.2.3，例題 7.1-3 により A のノルムと A の異なる固有値の差の逆冪だけで表されることが分かる．

例題 7.6-3 ───────────────── ベルヌーイ法 ─

N 次正方行列 A のスペクトル半径を ρ とし，絶対値が ρ に等しい固有値 λ_1 はただ一つで単純とする．このとき $\|\cdot\|$ を任意のノルムとし $\|x_1\|=1$ なる x_1 を勝手に選び，$x_{n+1} = \dfrac{Ax_n}{\|Ax_n\|}$ なる漸化式で x_n を定めると，x_1 のほとんどの選び方に対して $\dfrac{(Ax_n)_{\mathrm{kmax}}}{(x_n)_{\mathrm{kmax}}}$ は λ_1 に収束し，また $\dfrac{1}{(x_n)_{\mathrm{kmax}}} x_n$ は λ_1 に対応する固有ベクトルに収束することを示せ．（これを**ベルヌーイ法**と呼ぶ．）ここに kmax は x_n の（その時点での）絶対値最大の成分の位置（の最小値）を表す．

[解答] A の一般固有空間への直和分解に応じて $x_1 = \sum_{i=1}^{s} a_i$ と表現し，ここで a_1 は上記固有値 λ_1 の固有ベクトルとする．（長さ 1 のベクトルの一様分布の意味で確率 1 で $a_1 \neq 0$ である．）A をジョルダン標準型にする変換行列 S を任意に選ぶとき，固有値 λ_i に属するジョルダンブロックの一つは $S^{-1}A^n S$ の表現において

$$\begin{pmatrix} \lambda_i^n & n\lambda_i^{n-1} & \cdots & {}_nC_{\nu-1}\lambda_i^{n-\nu+1} \\ 0 & \ddots & \ddots & \vdots \\ \vdots & \ddots & \ddots & n\lambda_i^{n-1} \\ 0 & \cdots & 0 & \lambda_i^n \end{pmatrix}$$

の形を持ち，従って $i \geq 2$ については $|\lambda_i| \leq \rho' < \rho$ なので，ρ^n で割ると $n \to \infty$ のときブロックの全成分が $O\bigl(n^{\nu-1}(\frac{\rho'}{\rho})^n\bigr)$ の速さで 0 に近づく．よって ν をジョルダンブロックの最大サイズとすれば，$A^n x_1 = \lambda_1^n \{a_1 + O(n^{\nu-1}(\frac{\rho'}{\rho})^n)\}$ となるから，$\|Ax_n\| = \dfrac{\|A^2 x_{n-1}\|}{\|Ax_{n-1}\|} = \cdots = \dfrac{\|A^n x_1\|}{\|A^{n-1} x_1\|} = \rho + O(n^{\nu-1}(\frac{\rho'}{\rho})^n)$ となり，この極限として $\rho = |\lambda_1|$ が求まる．更に，Ax_n と x_n の比は λ_1 に近づくので，成分が零でない適当な位置（誤差を抑えるため絶対値最大のものとし，複数有れば一意に決めるため先頭を選ぶ）で成分の比を取れば，λ_1 も求まる．x_n のその成分の値を一定値に調節すれば，その極限として対応する固有ベクトルも得られる． ■

問　題

7.6.1 行列式が負の正則行列の集合 $GL^-(N, \boldsymbol{R})$ も弧状連結なことを示せ．

7.6.2 行列式の値が 1 の N 次実直交行列の集合（特殊直交群）$SO(N)$ は弧状連結なことを示せ．

7.6.3 要項 7.6.2 の（半）正定値対称行列に関する主張を確かめよ．

8　工学への応用

　この章では，工学系の応用の場面でよく使われる行列の進んだ概念や，行列の深い理解が有効に働く問題を取り上げる．線形代数の演習としても，やや毛色の変わった問題は面白いだろう．なおこの章では行列サイズを表す変数を n に戻した．

8.1　行列が関わる最大・最小問題

　工学では，行列が関わる量（**目的関数**）の最大値や最小値を求める問題にしばしば遭遇する．応用方面の文献ではこれをラグランジュの未定乗数法などの多変数微積分の手段（いわゆる advanced calculus）で求めているのが普通だが，その中には線形代数的な考察を援用すると1変数の微積分の範囲で簡単に求められるものも結構有る．ここでそのような例を取り上げる．

要項 8.1.1　（**主成分分析 (PCA) の基本定理**）　A を n 次（半）正定値対称行列，Y を (n, m) 型行列とする（$m \leq n$）．このとき，**制約条件** $Y^T Y = I_m$ の下での $\mathrm{tr}\{Y^T A Y\}$ の最大値は行列 A の固有値の大きな方から m 個の和で与えられ，それは Y としてこれらに対応する正規直交化固有ベクトルを取ったときに達成される．

例題 8.1-1　　　　　　　　　　　　　　　　　　　　　　　　PCA の基本定理

PCA の基本定理を証明せよ．

解答　A を対角化することで示す：直交行列 P を $P^T A P$ が対角型行列

$$L = \mathrm{diag}(\lambda_1, \lambda_2, \ldots, \lambda_n), \quad \text{ここに } \lambda_1 \geq \lambda_2 \geq \cdots \geq \lambda_n,$$

となるように取れば，$V := P^T Y$，すなわち $Y = PV$ と置いて

$$\mathrm{tr}(Y^T A Y) = \mathrm{tr}(V^T P^T A P V) = \mathrm{tr}(V^T L V)$$

ここで $V = (v_{ij})$，$1 \leq i \leq n$，$1 \leq j \leq m$ と置けば，上の量は

$$= \sum_{j=1}^{m} (V^T L V)_{jj} = \sum_{j=1}^{m} \sum_{i=1}^{n} v_{ij} \lambda_i v_{ij} = \sum_{i=1}^{n} \lambda_i \sum_{j=1}^{m} v_{ij}^2. \tag{8.1}$$

V は (n, m) 型の行列であるが，仮定より $I_m = Y^T Y = V^T P^T P V = V^T V$ なので，V はある n 次直交行列の最初の m 列と考えられる．直交行列は転置しても直交行列なので，直交行列の行ベクトルもまた正規直交系を成すことに注意すると，最後

の j に関する和は，その行ベクトルの成分の 2 乗和の一部だけを取ったものなので，すべて ≤ 1 である．しかも，

$$\sum_{i=1}^{n}\sum_{j=1}^{m} v_{ij}^2 = \sum_{j=1}^{m}\sum_{i=1}^{n} v_{ij}^2 = \sum_{j=1}^{m} 1 = m$$

なので，各 $\sum_{j=1}^{m} v_{ij}^2$ に分配できる量は 1 以下のものを総計で m ということになる．この場合，(8.1) の最後の和を最も大きくする選択は，係数 λ_i の大きい方から順に 1 を m 個割り振るものである．すなわち，

$$\mathrm{tr}(V^T L V) \leq \lambda_1 + \cdots + \lambda_m$$

であり，等号は V が基本単位ベクトルの最初の m 個 $\boldsymbol{e}_1, \ldots, \boldsymbol{e}_m$ のときに達成されるが，このとき $Y = PV$ は P の最初の m 列，すなわち，上記の固有値に対応する固有ベクトルより成る．

なお，同じ値は Y に m 次の直交行列 Q を右から掛けた YQ でも達成される．Y を YQ に変えても目的関数と制約条件は不変なことに注意せよ． ∎

例題 8.1-2 — 行列関数の最小値

S を n 次正定値対称な定行列とするとき，A を n 次正定値対称行列の範囲で動かしたときの行列関数

$$A \mapsto \log |A| + \mathrm{tr}(A^{-1} S) \tag{8.2}$$

の最小値は $A = S$ のときの値 $\log |S| + n$ で与えられることを示せ．

解答 まず，$A^{-1} S$ の固有値はすべて正であることに注意せよ（⟶ 問題 8.1.3）．すると，例題 5.5-1 のトレースと行列式の大小関係により，問題の行列関数は

$$f(A) := \log |A| + \mathrm{tr}(A^{-1} S)$$
$$\geq \log |A| + n |A^{-1} S|^{1/n} = \log |A| + n |S|^{1/n} |A|^{-1/n} \tag{8.3}$$

と下から抑えられる．そこで，$t > 0$ の 1 変数関数 $g(t) = \log t + n |S|^{1/n} t^{-1/n}$ を考えると，これは $t \to 0, t \to +\infty$ のときいずれも $+\infty$ に向かうので，最小値を持つ．それは微分計算で

$$g'(t) = \frac{1}{t} - \frac{1}{n} n |S|^{1/n} t^{-1/n-1} = 0$$

より唯一の点 $t = |S|$ で達成され，最小値は $\log |S| + n$ である．以上により，問題の関数も常に $\geq \log |S| + n$ であることが分かったが，$A = S$ では実際にこの値を取ることは明らかである．よって証明された．

別解 例題 7.4-5 と例題 7.4-3 から

$$\frac{\partial}{\partial A}\{\log|A| + \operatorname{tr}(A^{-1}\mathbf{S})\} = (A^T)^{-1} - (A^T)^{-1}S(A^T)^{-1}.$$

よってこれを零行列に等しいと置いたものが A に対称の条件を付けない場合の極値の候補である．この等式から $(A^T)^{-1}$ を一つ外すと

$$(A^T)^{-1}S = I.$$

これから $A = S^T = S$ が得られる．固有値の一つが零に近づいたり，無限に大きくなったりすると，問題の関数はいくらでも大きくなるので，これは A を固有値がすべて正という範囲で動かしたときの最小値の点と考えられる．それがたまたま対称行列となったので A の範囲を対称に制限したときの最小値でもある．■

例題 8.1-3 ───────────────────────── 一般化逆 ─

(m,n) 型行列 A に対し

$$\mathcal{N}_A(\boldsymbol{y}) := \{\boldsymbol{x} \in \boldsymbol{R}^n\,;\,\|A\boldsymbol{x} - \boldsymbol{y}\| = \operatorname{dis}(\boldsymbol{y}, \operatorname{Image} A)\}$$

と置く．ここに $\|\cdot\|$ は L_2 ノルム（ユークリッドノルム）であり，$\operatorname{dis}(\boldsymbol{y}, K) = \inf\{\|\boldsymbol{y} - \boldsymbol{u}\|\,;\,\boldsymbol{u} \in K\}$ は点と集合の距離を表す．更に

$$A^\dagger \boldsymbol{y} := \operatorname{argmin}\{\|\boldsymbol{x}\|\,;\,\boldsymbol{x} \in \mathcal{N}_A(\boldsymbol{y})\}$$

と置く．ここで $\operatorname{argmin} f(x)$ は $f(x)$ の最小値 $\min f(x)$ を達成する x を表す記号で，応用方面でよく使われている．

(1) $\mathcal{N}_A(\boldsymbol{y})$ は存在し，$\operatorname{Ker} A$ を平行移動した構造を持つことを示せ．
(2) $A^\dagger \boldsymbol{y}$ がただ一つに確定することを示せ．
(3) $\boldsymbol{y} \in \operatorname{Image} A$ のとき，$A^\dagger \boldsymbol{y}$ は $A\boldsymbol{x} = \boldsymbol{y}$ を満たす $\boldsymbol{y}$ のうちで L_2 ノルムが最小のものを与え，$\boldsymbol{y} \in (\operatorname{Image} A)^\perp$ のとき $A^\dagger \boldsymbol{y} = \boldsymbol{0}$ となることを示せ．
($A^\dagger$ は A のムーア-ペンローズの一般化逆，または擬逆と呼ばれる．)

解答 (1) $\boldsymbol{y}_0 \in \operatorname{Image} A$ を任意に固定し，$B = B(\boldsymbol{y}, \|\boldsymbol{y}_0 - \boldsymbol{y}\|)$ を点 $\boldsymbol{y}$ を中心とする半径 $\|\boldsymbol{y}_0 - \boldsymbol{y}\|$ の $\boldsymbol{R}^m$ 内の閉球体とする．このとき $\operatorname{Image} A \cap B$ は $\boldsymbol{R}^m$ 内の有界凸閉集合となり，かつ $\boldsymbol{y}_0$ を含むので空ではない．よって $\boldsymbol{y}$ からこの集合への最短距離の点 $\tilde{\boldsymbol{y}}$ がただ一つ存在する（後の 参照）．このとき $\tilde{\boldsymbol{y}} = A\tilde{\boldsymbol{x}}$ なる点 $\tilde{\boldsymbol{x}} \in \boldsymbol{R}^n$ が存在し，$\tilde{\boldsymbol{x}} \in \mathcal{N}_A(\boldsymbol{y})$ である．このような点が二つ有れば，差は $\operatorname{Ker} A$ に含まれることは明らかである．よって $\mathcal{N}_A(\boldsymbol{y}) = \tilde{\boldsymbol{x}} + \operatorname{Ker} A$ の形となる．
(2) 同様に，$\mathcal{N}_A(\boldsymbol{y}) \cap B(\boldsymbol{0}, \|\tilde{\boldsymbol{x}}\|)$ を考えると，これは $\boldsymbol{R}^n$ 内の有界凸閉集合で，かつ

$\widetilde{x}$ を含むので空でない．よって原点からこの集合に最短距離の点がただ一つ存在する．これが求める $A^\dagger y$ である．

(3) $y \in \text{Image}\, A$ のとき，$\|Ax - y\|$ の最小値は 0 なので，$\mathcal{N}_A(y) = A^{-1}y = \{x \in \mathbf{R}^n\,;\, Ax = y\}$ となり，このとき $x = A^\dagger y$ は $Ax = y$ のノルム最小の解となる．また，$y \in (\text{Image}\, A)^\perp$ のとき，y から $\text{Image}\, A$ への最短距離は $\mathbf{0} \in \text{Image}\, A$ で与えられることはピタゴラスの定理から明らかなので，$\mathcal{N}_A(y) = \text{Ker}\, A$ となる．この集合の元でノルム最小なものは零ベクトルだから，$A^\dagger y = \mathbf{0}$ となる． ∎

🐰　$\mathbf{R}^n$ の有界凸閉集合 K と 1 点 y の間の距離 $d = \inf\{\|z-y\|\,;\, z \in K\}$ を実現する点 $\widetilde{y}$ が K 内にただ一つ存在することは半分は微積分の問題だが，証明を記しておく．距離の定義に現れる $z \mapsto \|z - y\|$ は連続関数なので，有界閉集合 K で最小値に到達する点 $z = \widetilde{y}$ が存在する．すなわち下限の値を達成するので，$\|\widetilde{y} - y\| = d$ である．もしこのような点 $\widetilde{y}'$ が他にも有ったとすると，中線定理から（⟶ 問題 6.1.3）$\left|\frac{1}{2}(\widetilde{y} + \widetilde{y}') - y\right| = \left|\frac{1}{2}\{(\widetilde{y}-y) + (\widetilde{y}' - y)\}\right| < \max\{|\widetilde{y} - y|, |\widetilde{y}' - y|\} = d$ となるが，K は凸なので $\frac{1}{2}(\widetilde{y} + \widetilde{y}') \in K$ であり，これは $d = \text{dis}(y, K)$ であったことに反する．

例題 8.1-4 ──────────────────── トレースの最大値と最小値

$\lambda_1 \geq \cdots \geq \lambda_n > 0$ とし，A を正定値対称行列とする．直交行列 P の関数

$$f(P) = \text{tr}\{\text{diag}(\lambda_1, \ldots, \lambda_n) P^T A P\} = \lambda_1 (P^T A P)_{11} + \cdots + \lambda_n (P^T A P)_{nn}$$

の値は，P が A を固有値の大きい方から順に対角化するものに選んだとき最大となり，その逆順に対角化するものに選んだとき最小となる．

[解答]　$Q^T A Q = \text{diag}(\mu_1, \ldots, \mu_n)$, $\mu_1 \geq \cdots \geq \mu_n$ なる直交行列 Q を取れば

$f(P)$
$= \lambda_1 (P^T Q \,\text{diag}(\mu_1, \ldots, \mu_n) Q^T P)_{11} + \cdots + \lambda_n (P^T Q \,\text{diag}(\mu_1, \ldots, \mu_n) Q^T P)_{nn}$

であり，$Q^T P$ も直交行列全体を動くので，結局 $A = \text{diag}(\mu_1, \ldots, \mu_n)$ のときに調べればよい．このとき $P = (p_{ij})$ とすれば，

$$\text{diag}(\lambda_1, \ldots, \lambda_n) P^T = \begin{pmatrix} \lambda_1 p_{11} & \cdots & \lambda_1 p_{n1} \\ \vdots & & \vdots \\ \lambda_n p_{1n} & \cdots & \lambda_n p_{nn} \end{pmatrix},$$

$$AP = \text{diag}(\mu_1, \ldots, \mu_n) P = \begin{pmatrix} \mu_1 p_{11} & \cdots & \mu_1 p_{1n} \\ \vdots & & \vdots \\ \mu_n p_{n1} & \cdots & \mu_n p_{nn} \end{pmatrix}.$$

8.1 行列が関わる最大・最小問題

従って

$$\mathrm{tr}\{\mathrm{diag}(\lambda_1,\ldots,\lambda_n)P^T\mathrm{diag}(\mu_1,\ldots,\mu_n)P\}$$
$$=\lambda_1(\mu_1 p_{11}^2+\cdots+\mu_n p_{n1}^2)+\cdots+\lambda_n(\mu_1 p_{1n}^2+\cdots+\mu_n p_{nn}^2).$$

ここで直交行列の性質により λ_j の係数は

$$\mu_1 p_{1j}^2+\cdots+\mu_n p_{nj}^2 \leq \mu_1(p_{1j}^2+\cdots+p_{nj}^2)=\mu_1,$$
$$\mu_1 p_{1j}^2+\cdots+\mu_n p_{nj}^2 \geq \mu_n(p_{1j}^2+\cdots+p_{nj}^2)=\mu_n$$

を満たし,かつこれらを j について総和すると,$\mu_1+\cdots+\mu_n$ が得られる.故に問題の量は λ_1 の係数に μ_1 を,…,λ_n の係数に μ_n を配ったときが最大で,その逆順に配ったときが最小となる.これはそれぞれ

$$(P^TAP)_{11}=\mu_1,\quad\ldots,\quad(P^TAP)_{nn}=\mu_n$$

等を意味し,P を例題の記述のように取った場合に相当する. ■

── 例題 8.1-5 ──────────────── 制限付き最小値-1 ──

例題 8.1-2 において,A の範囲を "固有値が σ^2 以上" の対称行列に制限したときの最小値を求めよ.

[解答] 今度は下限 (8.3) の最右辺の表現において,$|A|\geq\sigma^{2n}$ という制約が付くので,必ずしも $A=S$ には取れない.1 変数関数としての最小値は $|S|\geq\sigma^{2n}$ なら例題 8.1-2 と同じ,また $|S|<\sigma^{2n}$ なら,端 $|A|=\sigma^{2n}$ における値となるが,(8.3) の一つ目の不等号(相加相乗平均)でのギャップもなるべく小さくしないと全体の最小値にならないので,もう少し精密な評価が必要である.

そこで,まず S を対角型と仮定しても一般性を失わないことを示そう.$P^TSP=\mathrm{diag}(\lambda_1,\ldots,\lambda_n)$ を対角成分が大きい方から順に並ぶような直交行列による対角化とすれば

$$\log|A|+\mathrm{tr}(A^{-1}S)=\log|A|+\mathrm{tr}\{A^{-1}P\,\mathrm{diag}(\lambda_1,\ldots,\lambda_n)P^T\}$$
$$=\log|P^TAP|+\mathrm{tr}\{P^TA^{-1}P\,\mathrm{diag}(\lambda_1,\ldots,\lambda_n)\}$$

となるが,ここで P^TAP も A と同じ性質を持つ正定値対称行列で $P^TA^{-1}P=(P^TAP)^{-1}$ なので,P^TAP を A とみなせば S が対角化されていることになる.この仮定の下で,まず $A=\mathrm{diag}(x_1,\ldots,x_n)$ が対角行列の場合を考えると,

$$f(A) = \log x_1 \cdots x_n + \operatorname{tr} \operatorname{diag}\left(\frac{\lambda_1}{x_1}, \ldots, \frac{\lambda_n}{x_n}\right)$$
$$= \log x_1 + \cdots + \log x_n + \frac{\lambda_1}{x_1} + \cdots + \frac{\lambda_n}{x_n}$$
$$= \left(\log x_1 + \frac{\lambda_1}{x_1}\right) + \cdots + \left(\log x_n + \frac{\lambda_n}{x_n}\right)$$

となる．ここで
$$\lambda_1 \geq \cdots \geq \lambda_k \geq \sigma^2 > \lambda_{k+1} \geq \cdots \geq \lambda_n$$
であるとすれば，$1 \leq i \leq k$ については，例題 8.1-2 の微分計算より各項毎に
$$\log x_i + \frac{\lambda_i}{x_i} \geq \log \lambda_i + 1, \quad \text{等号は } x_i = \lambda_i \text{ のとき}$$
が成り立ち，また $k+1 \leq j \leq n$ については，同じく
$$\log x_j + \frac{\lambda_j}{x_j} \geq \log \sigma_j^2 + \frac{\lambda_j}{\sigma^2}, \quad \text{等号は } x_j = \sigma^2 \text{ のとき}$$
となる．よってこの形の場合の最小値は
$$x_1 = \lambda_1, \ldots, x_k = \lambda_k, x_{k+1} = \cdots = x_n = \sigma^2$$
における
$$f(A) = \log \lambda_1 \cdots \lambda_k + k + (n-k) \log \sigma^2 + \frac{\lambda_{k+1} + \cdots + \lambda_n}{\sigma^2} \tag{8.4}$$
という値で，これはもとの S に戻ると $P^T S P = \operatorname{diag}(\lambda_1, \ldots, \lambda_n)$ であったので
$$A = P \operatorname{diag}(\lambda_1, \ldots, \lambda_k, \sigma^2, \ldots, \sigma^2) P^T = \sum_{i=1}^k \lambda_i \boldsymbol{p}_i \boldsymbol{p}_i^T + \sigma^2 \sum_{j=k+1}^n \boldsymbol{p}_j \boldsymbol{p}_j^T \tag{8.5}$$
を取れば達成されることになる．ここに $\boldsymbol{p}_i$ は P の第 i 列を表す．A が固有値 $\geq \sigma^2$ を満たす一般の正定値対称行列のときは，再び $S = \operatorname{diag}(\lambda_1, \ldots, \lambda_n)$ と仮定して $A = Q \operatorname{diag}(x_1, \ldots, x_n) Q^T$ と置けば，

$\log |A| + \operatorname{tr}(A^{-1} S)$
$= \log |Q \operatorname{diag}(x_1, \ldots, x_n) Q^T| + \operatorname{tr}\{Q \operatorname{diag}(x_1, \ldots, x_n)^{-1} Q^T \operatorname{diag}(\lambda_1, \ldots, \lambda_n)\}$
$= \log |\operatorname{diag}(x_1, \ldots, x_n)| + \operatorname{tr}\left\{Q \operatorname{diag}\left(\frac{1}{x_1}, \ldots, \frac{1}{x_n}\right) Q^T \operatorname{diag}(\lambda_1, \ldots, \lambda_n)\right\}.$

ここで Q を動かすとき，第 1 項の行列式は不変であり，第 2 項は例題 8.1-4 により Q として $\frac{1}{x_1}, \ldots, \frac{1}{x_n}$ を小さい順に，従って $x_1, \ldots, x_n$ を大きい順に並べるような対角化を実現する直交行列を取ったときが最小となる．故に問題の関数 (8.2) の最小

値は最初に調べた，A が S と同時対角化される場合の最小値 (8.4) と一致する．それを達成する A もそこの (8.5) に示したものとなる． ■

この証明は，$\sigma^2 = 0$ とすれば，例題 8.1-2 の別証となる．対角化の扱いが少しややこしいが，微分計算はこの方が簡単である．

例題 8.1-6 ──────────────────── 制限付き最小値-2 ─

X は (n,m) 型の行列 $(m \leq n)$, $\alpha, \beta > 0$ で $K = \alpha X X^T + \beta^{-1} I$ とし，X の関数 $F(X) = \gamma \log |K| + \mathrm{tr}(K^{-1} S)$ を考える．ここに S は $\lambda_1 \geq \cdots \geq \lambda_n > 0$ を固有値に持つ対称な定数行列とする．この関数の最小値は，k を $\lambda_k \geq \dfrac{\gamma}{\beta}$ を満たす最小の添え字，$k' = \min\{k, m\}$ とするとき

$$\gamma \log \frac{\lambda_1 \cdots \lambda_{k'}}{\gamma^{k'} \beta^{n-k'}} + \gamma k' + \beta(\lambda_{k'+1} + \cdots + \lambda_n)$$

となることを示せ．またこれを達成する X を決定せよ．

[解答] K は正定値対称なので，その範囲で上を K の関数と見たときは，例題 8.1-2 により，$K = \dfrac{1}{\gamma} S$ のときに最小値 $\gamma \log |S| - \gamma n \log \gamma + \gamma n$ を得る（定数因子の調節が必要だが，その詳細は ⟶ 問題 8.1.2）．よって X に関する方程式

$$\alpha X X^T + \beta^{-1} I = K = \frac{1}{\gamma} S, \quad \text{すなわち} \quad X X^T = \frac{1}{\alpha}\left(\frac{1}{\gamma} S - \frac{1}{\beta} I\right)$$

に解が有れば，これが最小値となり，その X がそれを与える．これは $m = n$ で $\dfrac{1}{\gamma} S - \dfrac{1}{\beta} I$ が半正定値なら可能である．実際，$P^T S P = L$ が対角型 $\mathrm{diag}(\lambda_1, \ldots, \lambda_n)$ となるような直交行列 P を選べば，

$$P^T X X^T P = \frac{1}{\gamma \alpha} L - \frac{1}{\alpha \beta} I,$$

従って

$$P^T X = \mathrm{diag}\left(\sqrt{\frac{\lambda_1}{\gamma \alpha} - \frac{1}{\alpha \beta}}, \ldots, \sqrt{\frac{\lambda_n}{\gamma \alpha} - \frac{1}{\alpha \beta}}\right),$$

すなわち

$$X = P \, \mathrm{diag}\left(\sqrt{\frac{\lambda_1}{\gamma \alpha} - \frac{1}{\alpha \beta}}, \ldots, \sqrt{\frac{\lambda_n}{\gamma \alpha} - \frac{1}{\alpha \beta}}\right)$$

に選べば上の等式が満たされる．しかし，$m < n$ だと XX^T の階数は $\leq m < n$ となり，右辺が正定値のときはこれを実現できない．また S に $\dfrac{\gamma}{\beta}$ より小さな固有値が有ったりすると，右辺は負の固有値を含み，$m = n$ であっても半正定値の左辺でこれを忠実には実現できない．よってこの問題は，$\sigma = \dfrac{1}{\sqrt{\beta}}$ とみなして例題 8.1-5 を

適用しなければならない．$P^T SP = \mathrm{diag}(\lambda_1, \ldots, \lambda_n)$ とし，問題文中で定義した k を用いて

$$\frac{\lambda_1}{\gamma} \geq \cdots \geq \frac{\lambda_k}{\gamma} \geq \frac{1}{\beta} > \frac{\lambda_{k+1}}{\gamma} \geq \cdots \geq \frac{\lambda_n}{\gamma}$$

とすれば，(8.4) 〜 (8.5) より

$$K = P\,\mathrm{diag}\Big(\frac{\lambda_1}{\gamma}, \ldots, \frac{\lambda_k}{\gamma}, \frac{1}{\beta}, \ldots, \frac{1}{\beta}\Big)P^T$$

のとき最小値

$$\gamma \log \frac{\lambda_1 \cdots \lambda_k}{\gamma^k \beta^{n-k}} + \gamma k + \beta(\lambda_{k+1} + \cdots + \lambda_n)$$

を取る．上の K を実現する X は，もし $m \geq k$ なら

$$\alpha X X^T = P\,\mathrm{diag}\Big(\frac{\lambda_1}{\gamma} - \frac{1}{\beta}, \ldots, \frac{\lambda_k}{\gamma} - \frac{1}{\beta}, 0, \ldots, 0\Big)P^T$$

すなわち，$\quad \alpha P^T X X^T P = \mathrm{diag}\Big(\frac{\lambda_1}{\gamma} - \frac{1}{\beta}, \ldots, \frac{\lambda_k}{\gamma} - \frac{1}{\beta}, 0, \ldots, 0\Big)$

を満たすようなものであり，これは

$$P^T X = \frac{1}{\sqrt{\alpha}} \begin{pmatrix} \mathrm{diag}(\sqrt{\frac{\lambda_1}{\gamma} - \frac{1}{\beta}}, \ldots, \sqrt{\frac{\lambda_k}{\gamma} - \frac{1}{\beta}}) & O_{k,m-k} \\ O_{n-k,k} & O_{n-k,m-k} \end{pmatrix}$$

あるいは $\quad X = P \begin{pmatrix} \mathrm{diag}(\sqrt{\frac{\lambda_1}{\gamma\alpha} - \frac{1}{\alpha\beta}}, \ldots, \sqrt{\frac{\lambda_k}{\gamma\alpha} - \frac{1}{\alpha\beta}}) & O_{k,m-k} \\ O_{n-k,k} & O_{n-k,m-k} \end{pmatrix}$

すなわち $\quad X = \Big(\sqrt{\frac{\lambda_1}{\gamma\alpha} - \frac{1}{\alpha\beta}}\,\boldsymbol{p}_1, \ldots, \sqrt{\frac{\lambda_k}{\gamma\alpha} - \frac{1}{\alpha\beta}}\,\boldsymbol{p}_k, \boldsymbol{0}, \ldots, \boldsymbol{0}\Big)$

で達成できる．ここに $\boldsymbol{p}_j$ は P の第 j 列を表し，最後の零ベクトルはサイズ n のもの $m-k$ 個の並びである．以上は $m < k$ のときには，k の代わりに m を取らねばならず，最小値もそのように修正しなければならない．また，この X に右から m 次の直交行列を掛けたものも同じ方程式を満たすので，X には不定性がある． ∎

問題

8.1.1 $P = (\boldsymbol{p}, \boldsymbol{q})$ を正規直交する列を持つ $(3,2)$ 型行列として，問題 6.2.3 (1), (2) の半正定値対称行列 A のそれぞれにつき，$\mathrm{tr}(P^T AP)$ の最大値を求めよ．

8.1.2 例題 8.1-2 と同じ条件の下で，行列関数 $A \mapsto \gamma \log|A| + \mathrm{tr}(A^{-1}S)$ の最小値 $\gamma \log|S| - \gamma n \log \gamma + \gamma n$ が $A = \frac{1}{\gamma}S$ で達成されることを示せ．ただし γ は正の定数とする．

8.1.3 A, B が正定値対称行列のとき，AB の固有値はすべて正となることを示せ．

8.2 特異値分解と一般化逆

要項 8.2.1　$V = \boldsymbol{R}^n$ から $W = \boldsymbol{R}^m$ への線形写像を表す (m, n) 型行列 A は，両空間の一般の座標変換 T, S を使えば $T^{-1}AS$ を標準形 (2.5) に帰着でき，対角線上の 1 の個数が唯一の不変量である階数を表したが，座標変換を直交行列 Q, P に限った場合は，$\Sigma = Q^T A P$ で対角線に**特異値**と呼ばれる非負の数が大きい順に並ぶ構造が標準形となる．$A = Q \Sigma P^T$ の形に変換することを行列の**特異値分解**と呼ぶ．

$$\begin{pmatrix} \sigma_1 & 0 & \ldots & 0 \\ 0 & \sigma_2 & \ddots & \vdots \\ \vdots & \ddots & \ddots & 0 \\ 0 & \ldots & 0 & \sigma_n \\ 0 & \ldots & \ldots & 0 \\ \vdots & & & \vdots \\ 0 & \ldots & \ldots & 0 \end{pmatrix} \qquad \begin{pmatrix} \sigma_1 & 0 & \ldots & 0 & 0 & 0 & \ldots & 0 \\ 0 & \sigma_2 & \ddots & \vdots & \vdots & \vdots & & \vdots \\ \vdots & \ddots & \ddots & 0 & 0 & 0 & \ldots & 0 \\ 0 & \ldots & 0 & \sigma_n & 0 & \ldots & 0 \end{pmatrix}$$

$m > n$ の場合　　　　　　　　　　　　　$m < n$ の場合

特異値は n 次正方行列 $A^T A$ の固有値 λ_i を計算し，その平方根 $\sigma_i = \sqrt{\lambda_i}$ として求められる．また，この固有値に対応する $\boldsymbol{R}^n$ の正規直交基底 $\boldsymbol{u}_1, \ldots, \boldsymbol{u}_n$ を並べた行列が P，$\boldsymbol{v}_1 = \frac{1}{\sigma_1} A \boldsymbol{u}_1, \ldots, \boldsymbol{v}_m = \frac{1}{\sigma_m} A \boldsymbol{u}_m$ を並べた行列が Q となる．ただし $\sigma_i > 0$ に対応するものだけを採用し，それで m 個に達しない場合は適当に選んで直交基底に延長する．（追加するベクトルは $\mathrm{Image}\, A$ の直交補空間の基底となる．）
$\boldsymbol{x} = c_1 \boldsymbol{u}_1 + \cdots + c_n \boldsymbol{u}_n$ に対しては $A\boldsymbol{x} = c_1 \sigma_1 \boldsymbol{v}_1 + \cdots + c_n \sigma_n \boldsymbol{v}_n$ となる．（ただし $m < n$ のときは和は m までとする．余計な σ_i は自動的に零になる．）よって

$$A\boldsymbol{x} = \sum_{i=1}^n (\sigma_i \boldsymbol{v}_i \boldsymbol{u}_i^T) \boldsymbol{x}, \quad \text{従って} \quad A = \sum_{i=1}^n \sigma_i \boldsymbol{v}_i \boldsymbol{u}_i^T \tag{8.6}$$

という特異値分解の別表現が得られる．
特異値の大きな方からいくつかを残して他を 0 で置き換えることにより，A を低次元の空間で効率的に近似することができるので，特異値分解は次元削減（低ランク近似）の手段の一つとして用いられる（$\longrightarrow$ 例題 8.2-2）．

要項 8.2.2　特異値分解はムーア-ペンローズの一般化逆の計算（$\longrightarrow$ 例題 8.2-3）や，小さな固有値を含む行列の逆行列を数値的に安定に求める**正則化法**の一つとしても利用される．（例えば適当なしきい値 $\sigma > 0$ を定め，これより小さい特異値 σ_i については $\frac{1}{\sigma_i}$ の代わりに $\frac{1}{\sigma}$ などを用いる．）

例題 8.2-1 ──────────────────────────────── 特異値分解 ─

要項 8.2.1 に書かれた v_i が行き先の空間で正規直交系を成すことを確かめ，特異値分解の式 (8.6) を証明せよ．

[解答] V, W の内積を区別のため $(\ ,\ )_V, (\ ,\ )_W$ と記す．$\sigma_i > 0$ なら $v_i = \frac{1}{\sigma_i} A u_i$ なので，そのような i, j については

$$(v_i, v_j)_W = \left(\frac{1}{\sigma_i} A u_i, \frac{1}{\sigma_j} A u_j\right)_W$$

$$= \frac{1}{\sigma_i \sigma_j}(u_i, A^T A u_j)_V = \frac{1}{\sigma_i \sigma_j}(u_i, \lambda_j u_j)_V = \frac{\lambda_j}{\sigma_i \sigma_j}(u_i, u_j)_V.$$

ここで，$i \neq j$ なら $(u_i, u_j) = 0$．また $i = j$ なら $(u_i, u_i) = 1$ で，かつ $\lambda_i = \sigma_i^2$ だから，上は 1 となる．よって $\sigma_i > 0$ に対応する v_i は正規直交系を成す．

次に，$x \in V$ を $x = c_1 u_1 + \cdots + c_n u_n$ と表すとき，$c_i = (x, u_i) = u_i^T x$ なので，

$$Ax = \sum_{i=1}^{n} c_i A u_i = \sum_{i=1}^{n} c_i \sigma_i v_i = \sum_{i=1}^{n} \sigma_i v_i u_i^T x$$

となる．ただし $\sigma_i = 0$ となるものについては省くものとする．■

例題 8.2-2 ──────────────────────── 特異値分解の計算 ─

次のような行列 A の特異値分解を計算せよ．またそれを用いて A の階数 1 の近似を求めよ．

$$\begin{pmatrix} 1 & 0 & 0 & 0 & 1 \\ -1 & 0 & 1 & 0 & 0 \\ 0 & -1 & -1 & 1 & 1 \end{pmatrix}$$

[解答] $A^T A = \begin{pmatrix} 2 & 0 & -1 & 0 & 1 \\ 0 & 1 & 1 & -1 & -1 \\ -1 & 1 & 2 & -1 & -1 \\ 0 & -1 & -1 & 1 & 1 \\ 1 & -1 & -1 & 1 & 2 \end{pmatrix}$ の固有値を求めてみると $|A - \lambda I| =$

$\begin{vmatrix} 2-\lambda & 0 & -1 & 0 & 1 \\ 0 & 1-\lambda & 1 & -1 & -1 \\ -1 & 1 & 2-\lambda & -1 & -1 \\ 0 & -1 & -1 & 1-\lambda & 1 \\ 1 & -1 & -1 & 1 & 2-\lambda \end{vmatrix} = -\lambda^5 + 8\lambda^4 - 17\lambda^3 + 10\lambda^2$ となり，0（2 重）が

固有値に含まれる．（0 の重複度が少なくとも 2 有ることは計算する前に行列 A のサイズから分かる．）上は更に $\lambda = 5, 2, 1$ という単根を持つので，特異値は $\sqrt{5}, \sqrt{2}, 1$, 0（2 個）となる．

特異値分解を求めるため $A^T A$ の各固有値に対応する固有ベクトルを探す．まず 5

8.2 特異値分解と一般化逆

に対しては（以下基本変形は一意に定まる階段型の最終結果のみ示す．詳細は 💻 ）．

$$A^T A - 5E = \begin{pmatrix} -3 & 0 & -1 & 0 & 1 \\ 0 & -4 & 1 & -1 & -1 \\ -1 & 1 & -3 & -1 & -1 \\ 0 & -1 & -1 & -4 & 1 \\ 1 & -1 & -1 & 1 & -3 \end{pmatrix} \to \begin{pmatrix} -3 & 0 & 0 & 0 & 2 \\ 0 & 3 & 0 & 0 & 2 \\ 0 & 0 & 1 & 0 & 1 \\ 0 & 0 & 0 & -3 & 2 \\ 0 & 0 & 0 & 0 & 0 \end{pmatrix}$$

となるから，$(2, -2, -3, 2, 3)^T$ と求まる．

次に 2 に対しては

$$A^T A - 2E = \begin{pmatrix} 0 & 0 & -1 & 0 & 1 \\ 0 & -1 & 1 & -1 & -1 \\ -1 & 1 & 0 & -1 & -1 \\ 0 & -1 & -1 & -1 & 1 \\ 1 & -1 & -1 & 1 & 0 \end{pmatrix} \to \begin{pmatrix} 1 & 0 & 0 & 2 & 0 \\ 0 & 1 & 0 & 1 & 0 \\ 0 & 0 & 1 & 0 & 0 \\ 0 & 0 & 0 & 0 & 1 \\ 0 & 0 & 0 & 0 & 0 \end{pmatrix}$$

となるから $(2, 1, 0, -1, 0)^T$ が解として取れる．次に 1 に対しては

$$A^T A - E = \begin{pmatrix} 1 & 0 & -1 & 0 & 1 \\ 0 & 0 & 1 & -1 & -1 \\ -1 & 1 & 1 & -1 & -1 \\ 0 & -1 & -1 & 0 & 1 \\ 1 & -1 & -1 & 1 & 1 \end{pmatrix} \to \begin{pmatrix} 1 & 0 & 0 & 0 & 0 \\ 0 & 1 & 0 & 0 & 0 \\ 0 & 0 & 1 & 0 & -1 \\ 0 & 0 & 0 & 1 & 0 \\ 0 & 0 & 0 & 0 & 0 \end{pmatrix}$$

なので $(0, 0, 1, 0, 1)^T$ が取れる．最後に 0 に対しては

$$A^T A = \begin{pmatrix} 2 & 0 & -1 & 0 & 1 \\ 0 & 1 & 1 & -1 & -1 \\ -1 & 1 & 2 & -1 & -1 \\ 0 & -1 & -1 & 1 & 1 \\ 1 & -1 & -1 & 1 & 2 \end{pmatrix} \to \begin{pmatrix} 1 & 0 & 0 & 0 & 1 \\ 0 & 1 & 0 & -1 & -2 \\ 0 & 0 & 1 & 0 & 1 \\ 0 & 0 & 0 & 0 & 0 \\ 0 & 0 & 0 & 0 & 0 \end{pmatrix}$$

なので，$(1, -2, 1, 0, -1)^T$, $(0, 1, 0, 1, 0)^T$ の二つが取れる．この二つは直交していないので，複雑な方をグラム-シュミット法で

$$\begin{pmatrix} 1 \\ -2 \\ 1 \\ 0 \\ -1 \end{pmatrix} - \frac{-2}{2} \begin{pmatrix} 0 \\ 1 \\ 0 \\ 1 \\ 0 \end{pmatrix} = \begin{pmatrix} 1 \\ -1 \\ 1 \\ 1 \\ -1 \end{pmatrix}$$

と取り替える．以上を長さ 1 に正規化して

$$P = \begin{pmatrix} \frac{2}{\sqrt{30}} & \frac{2}{\sqrt{6}} & 0 & \frac{1}{\sqrt{5}} & 0 \\ -\frac{2}{\sqrt{30}} & \frac{1}{\sqrt{6}} & 0 & -\frac{1}{\sqrt{5}} & \frac{1}{\sqrt{2}} \\ -\frac{3}{\sqrt{30}} & 0 & \frac{1}{\sqrt{2}} & \frac{1}{\sqrt{5}} & 0 \\ \frac{2}{\sqrt{30}} & -\frac{1}{\sqrt{6}} & 0 & \frac{1}{\sqrt{5}} & \frac{1}{\sqrt{2}} \\ \frac{3}{\sqrt{30}} & 0 & \frac{1}{\sqrt{2}} & -\frac{1}{\sqrt{5}} & 0 \end{pmatrix}$$

が得られる．この列ベクトルが $V = \boldsymbol{R}^5$ の正規直交基底である．

$$AP = \begin{pmatrix} \frac{5}{\sqrt{30}} & \frac{2}{\sqrt{6}} & \frac{1}{\sqrt{2}} & 0 & 0 \\ -\frac{5}{\sqrt{30}} & -\frac{2}{\sqrt{6}} & \frac{1}{\sqrt{2}} & 0 & 0 \\ \frac{10}{\sqrt{30}} & -\frac{2}{\sqrt{6}} & 0 & 0 & 0 \end{pmatrix}$$

なので，一般論によりこの最初の 3 列を順に $\sqrt{5}, \sqrt{2}, 1$ で割ったもの

$$Q = \begin{pmatrix} \frac{1}{\sqrt{6}} & \frac{1}{\sqrt{3}} & \frac{1}{\sqrt{2}} \\ -\frac{1}{\sqrt{6}} & -\frac{1}{\sqrt{3}} & \frac{1}{\sqrt{2}} \\ \frac{2}{\sqrt{6}} & -\frac{1}{\sqrt{3}} & 0 \end{pmatrix}$$

の列ベクトルが $W = \mathbf{R}^3$ の正規直交基底となる．これらを用いると A の特異値分解は

$$A = Q \begin{pmatrix} \sqrt{5} & 0 & 0 & 0 & 0 \\ 0 & \sqrt{2} & 0 & 0 & 0 \\ 0 & 0 & 1 & 0 & 0 \end{pmatrix} P^T.$$

最後に A の階数 1 の近似は

$$Q \begin{pmatrix} \sqrt{5} & 0 & 0 & 0 & 0 \\ 0 & 0 & 0 & 0 & 0 \\ 0 & 0 & 0 & 0 & 0 \end{pmatrix} P^T = \begin{pmatrix} \frac{1}{3} & -\frac{1}{3} & -\frac{1}{2} & \frac{1}{3} & \frac{1}{2} \\ -\frac{1}{3} & \frac{1}{3} & \frac{1}{2} & -\frac{1}{3} & -\frac{1}{2} \\ \frac{2}{3} & -\frac{2}{3} & -1 & \frac{2}{3} & 1 \end{pmatrix}.$$

このように低ランク近似では 0 成分が減少するという特徴がある． ■

🐰 特異値分解が実際に使われるのは巨大行列なので，専用のソフトを使うのが普通でこういう計算を自分でやることは無いが，原理が分かっていれば結果の検討もしやすく，思わぬ勘違いを防げるかもしれないので，多少の練習には意味があるだろう．

─── 例題 8.2-3 ───────────────────

A を (m,n) 型行列とし，その非零特異値を $\sigma_1, \ldots, \sigma_r$ とする．また $P = (\boldsymbol{u}_1, \ldots, \boldsymbol{u}_n)$, $Q = (\boldsymbol{v}_1, \ldots, \boldsymbol{v}_m)$ を A の特異値分解を与える直交行列とする．

(1) $A^+ := P \operatorname{diag}(\frac{1}{\sigma_1}, \ldots, \frac{1}{\sigma_r}, 0, \ldots, 0) Q^T$ は，例題 8.1-3 で定義した A のムーア-ペンローズの一般化逆 $A^\dagger$ と一致することを示せ．

(2) このことを用いて前例題の行列 A の一般化逆を求め，"逆" の意味を調べよ．

[解答] (1) $V = \langle\!\langle \boldsymbol{u}_1, \ldots, \boldsymbol{u}_n \rangle\!\rangle$, $W = \langle\!\langle \boldsymbol{v}_1, \ldots, \boldsymbol{v}_m \rangle\!\rangle$ は次のように直和分解されている：

$$V = (\operatorname{Ker} A)^\perp \dotplus \operatorname{Ker} A, \quad W = \operatorname{Image} A \dotplus (\operatorname{Image} A)^\perp,$$

ここに $(\operatorname{Ker} A)^\perp = \langle\!\langle \boldsymbol{u}_1, \ldots, \boldsymbol{u}_r \rangle\!\rangle$, $\operatorname{Ker} A = \langle\!\langle \boldsymbol{u}_{r+1}, \ldots, \boldsymbol{u}_n \rangle\!\rangle$,

$\operatorname{Image} A = \langle\!\langle \boldsymbol{v}_1, \ldots, \boldsymbol{v}_r \rangle\!\rangle$, $(\operatorname{Image} A)^\perp = \langle\!\langle \boldsymbol{v}_{r+1}, \ldots, \boldsymbol{v}_m \rangle\!\rangle$.

8.2 特異値分解と一般化逆

$y \in \text{Image}\, A$ のとき,$y = c_1 v_1 + \cdots + c_r v_r$ とすれば,$y = Ax$ となる x の一つが

$$\frac{1}{\sigma_1} c_1 u_1 + \cdots + \frac{1}{\sigma_r} c_r u_r = A^+ y$$

で与えられることは見やすい.$y = Ax$ となる x の一般形はこれに $c_{r+1} u_{r+1} + \cdots + c_n u_n$ の形の元を加えたものなので,ノルムはこれが $\mathbf{0}$ のときが最小である.よってこの場合は $A^+ y = A^{\dagger} y$ となっている.次に $y \in (\text{Image}\, A)^{\perp}$ のときは,$A^+ y$ も $A^{\dagger} y$ もともに $\mathbf{0}$ となり,やはり両者は一致する.

(2) 前例題で計算した特異値分解を用いると,

$$A^{\dagger} = P \begin{pmatrix} \frac{1}{\sqrt{5}} & 0 & 0 \\ 0 & \frac{1}{\sqrt{2}} & 0 \\ 0 & 0 & 1 \\ 0 & 0 & 0 \\ 0 & 0 & 0 \end{pmatrix} Q^T = \frac{1}{10} \begin{pmatrix} 4 & -4 & -2 \\ 1 & -1 & -3 \\ 4 & 6 & -2 \\ -1 & 1 & 3 \\ 6 & 4 & 2 \end{pmatrix}$$

となり,これは

$$A A^{\dagger} = \begin{pmatrix} 1 & 0 & 0 \\ 0 & 1 & 0 \\ 0 & 0 & 1 \end{pmatrix}$$

を満たし,A の右逆となっている.他方

$$A^{\dagger} A = \frac{1}{10} \begin{pmatrix} 8 & 2 & -2 & -2 & 2 \\ 2 & 3 & 2 & -3 & -2 \\ -2 & 2 & 8 & -2 & 2 \\ -2 & -3 & -2 & 3 & 2 \\ 2 & -2 & 2 & 2 & 8 \end{pmatrix}$$

の方はちょっと見にくいが,$\text{Ker}\, A$ の直交補空間への射影作用素になっていることが確かめられる.(このことは抽象的には A^+ の定義から明らかである.) ∎

問題

8.2.1 次の行列の特異値分解と一般化逆を求めよ.

(1) $\begin{pmatrix} 1 & 1 & 1 & -1 \\ -1 & 1 & 0 & 1 \\ 1 & -4 & 1 & 1 \end{pmatrix}$
(2) $\begin{pmatrix} 1 & 0 & 2 & 0 & -1 \\ -1 & 0 & 1 & 0 & 0 \\ 0 & 1 & -1 & 1 & 1 \end{pmatrix}$

8.2.2 次の行列の特異値分解と階数 2 の低ランク近似を小数点以下 3 桁で近似計算せよ.

$$\begin{pmatrix} 2 & 3 & 0 & 0 & 0 \\ 2 & 0 & 2 & 0 & 0 \\ 0 & 0 & 0 & 2 & 2 \\ 0 & 0 & 0 & 3 & 1 \end{pmatrix}$$

8.3 離散畳み込みと離散フーリエ変換

要項 8.3.1 $\boldsymbol{x} = (x_0, x_1, \ldots, x_{n-1})^T$ を周期型離散データとする．（すなわち，x_n を x_0 と同一視する．）周期型離散データ $\boldsymbol{c} = (c_0, c_1, \ldots, c_{n-1})^T$ による**離散畳み込み**を

$$\boldsymbol{y} = (y_0, y_1, \ldots, y_{n-1})^T, \quad y_i = \sum_{j=0}^{n-1} c_{i-j} x_j, \quad i = 0, 1, \ldots, n-1 \tag{8.7}$$

により定める．ただし添え字は $0, 1, \ldots, n-1$ の範囲を越えたときは $\bmod n$ でこれに収めるものとする．畳み込みの演算を $\boldsymbol{y} = \boldsymbol{c} \ast \boldsymbol{x}$ で表す．これはベクトル表記では

$$\begin{pmatrix} y_0 \\ y_1 \\ y_2 \\ \vdots \\ y_{n-2} \\ y_{n-1} \end{pmatrix} = \begin{pmatrix} c_0 & c_{n-1} & c_{n-2} & \cdots & c_2 & c_1 \\ c_1 & c_0 & c_{n-1} & c_{n-2} & \cdots & c_2 \\ \vdots & \ddots & \ddots & \ddots & \ddots & \vdots \\ & & & \ddots & \ddots & c_{n-2} \\ c_{n-2} & & & \ddots & c_0 & c_{n-1} \\ c_{n-1} & c_{n-2} & \cdots & & c_1 & c_0 \end{pmatrix} \begin{pmatrix} x_0 \\ x_1 \\ x_2 \\ \vdots \\ x_{n-2} \\ x_{n-1} \end{pmatrix} \tag{8.8}$$

というテプリッツ型の係数行列を持つ．この形をした行列を**巡回行列**と呼ぶ．
離散畳み込みは，信号 $\boldsymbol{x}$ から特徴的な量を取り出すためのフィルターとしてよく用いられる．

要項 8.3.2 $\zeta = e^{2\pi\sqrt{-1}/n}$ を 1 の原始 n 乗根とする．周期型離散データ $\boldsymbol{x} = (x_0, x_1, \ldots, x_{n-1})^T$ の**離散フーリエ変換**を

$$\boldsymbol{\xi} = (\xi_0, \xi_1, \ldots, \xi_{n-1})^T, \quad \xi_i = \sum_{j=0}^{n-1} \zeta^{-ij} x_j \tag{8.9}$$

で定義する．ベクトル表記では

$$\begin{pmatrix} \xi_0 \\ \xi_1 \\ \vdots \\ \xi_{n-2} \\ \xi_{n-1} \end{pmatrix} = \begin{pmatrix} 1 & 1 & 1 & \cdots & 1 & 1 \\ 1 & \zeta^{-1} & \zeta^{-2} & \cdots & \zeta^{-(n-2)} & \zeta^{-(n-1)} \\ \vdots & \vdots & \vdots & & \vdots & \vdots \\ 1 & \zeta^{-(n-2)} & \zeta^{-(n-2)2} & \cdots & \zeta^{-(n-2)^2} & \zeta^{-(n-2)(n-1)} \\ 1 & \zeta^{-(n-1)} & \zeta^{-(n-1)2} & \cdots & \zeta^{-(n-2)(n-1)} & \zeta^{-(n-1)^2} \end{pmatrix} \begin{pmatrix} x_0 \\ x_1 \\ \vdots \\ x_{n-2} \\ x_{n-1} \end{pmatrix}$$

となる．係数行列 $\mathcal{F}$ はヴァンデルモンド行列の一種である．
この逆変換 $\mathcal{F}^{-1}$ は**離散逆フーリエ変換**と呼ばれ

$$\boldsymbol{y} = (y_0, y_1, \ldots, y_{n-1})^T, \quad y_i = \frac{1}{n} \sum_{j=0}^{n-1} \zeta^{ij} \xi_j \tag{8.10}$$

で与えられる．この係数行列の因子 $\frac{1}{n}$ を省いた部分は $\overline{\mathcal{F}}$ で表され，$\mathcal{F}$ とよく似た

性質を持つ. ($\overline{\zeta} = \zeta^{-1}$ なので, $\overline{\mathcal{F}}$ は $\mathcal{F}$ の各成分の複素共役を取ったものとなっている.)

🐰 離散フーリエ変換は離散データの周期成分を特徴量として取り出す等の目的で使われる. 画像などへの応用ではデータ長 n が大きいので, 直接行列の掛け算をすると $O(n^2)$ の計算量が重く, 通常は高速フーリエ変換という技法が用いられる. これは一種の 2 分法で掛け算の再利用を図り計算量を $O(n \log n)$ に減らすものである.

例題 8.3-1 ─────────────────────── 畳み込みとフーリエ変換 ─

(1) 離散フーリエ変換の表現行列 $\mathcal{F}$ と (8.8) の巡回行列 $\mathcal{C}$ の積 $\mathcal{F}\mathcal{C}$ を計算せよ.
(2) (8.8) の巡回行列の行列式が $\prod_{i=0}^{n-1}\{c_0 + c_1\zeta^{-i} + c_2\zeta^{-2i} + \cdots + c_{n-1}\zeta^{-(n-1)i}\}$ となることを示せ.
(3) $\boldsymbol{y} = \boldsymbol{c} * \boldsymbol{x}$ のとき, $\boldsymbol{x}, \boldsymbol{y}$ のフーリエ変換 $\boldsymbol{\xi}, \boldsymbol{\eta}$ の間の関係を示せ.
(4) $\mathcal{F}(\boldsymbol{a} * \boldsymbol{b}) = \mathcal{F}\boldsymbol{a} \mathcal{F}\boldsymbol{b}$ を示せ (右辺は成分毎の積 $\mathrm{diag}(\mathcal{F}\boldsymbol{a})\mathcal{F}\boldsymbol{b}$ の略記とする).

解答 行列を実際に書いて積を計算した方が分かりやすいが, スペースをやたらに取るのでシグマ記号を用いる. $\mathcal{F}$ の第 ik 成分は $\zeta^{-(i-1)(k-1)}$, また $\mathcal{C}$ の第 kj 成分は c_{k-j} と書けることに注意せよ. すると $\mathcal{F}\mathcal{C}$ の第 ij 成分は

$$\sum_{k=1}^{n} \zeta^{-(i-1)(k-1)} c_{k-j} = \sum_{l=j-1}^{j-n} \zeta^{-(i-1)(j+l-1)} c_l \quad (k-j=l \text{ と置いた})$$

$$= \zeta^{-(i-1)(j-1)} \sum_{l=1-j}^{n-j} \zeta^{-(i-1)l} c_l$$

となる. ここで $\zeta^{-(i-1)l}$ も c_l も周期条件を満たしているので, l を $1-j$ から $n-j$ まで動かす代わりに 0 から $n-1$ まで動かしても最後の和は変わらない. よって

$$Z_{i-1} := \sum_{l=0}^{n-1} \zeta^{-(i-1)l} c_l, \quad i=1,2,\ldots,n$$

は i だけに依存することになるので, 第 i 行の共通因子となる. これを取り去った残りは $\mathcal{F}$ である. よって

$$\mathcal{F}\mathcal{C} = \mathrm{diag}(Z_0, Z_1, \ldots, Z_{n-1})\mathcal{F} \tag{8.11}$$

が示された. 💻

(2) 上で得た等式の両辺の行列式を取れば, $\det \mathcal{F}$ が共通因子としてキャンセルし, $\det \mathcal{C} = Z_0 Z_1 \cdots Z_{n-1}$ が得られる. これは証明すべき式に他ならない.

(3) $\boldsymbol{y} = \mathcal{C}\boldsymbol{x}$ の両辺の離散フーリエ変換を取れば，(1) で得た等式 (8.11) から

$$\boldsymbol{\eta} = \mathcal{F}\boldsymbol{y} = \mathcal{F}\mathcal{C}\boldsymbol{x} = \mathrm{diag}(Z_0, Z_1, \ldots, Z_{n-1})\mathcal{F}\boldsymbol{x} = \mathrm{diag}(Z_0, Z_1, \ldots, Z_{n-1})\boldsymbol{\xi},$$

$$\therefore \quad \eta_i = Z_i \xi_i, \quad i = 0, 1, \ldots, n-1$$

となる．すなわち，離散フーリエ変換により離散畳み込みが対角化され，成分ごとの積演算になった．

(4) Z_i は $\mathcal{F}\boldsymbol{c}$ の第 i 成分なので，上の計算は $\mathcal{F}[\boldsymbol{c} \divideontimes \boldsymbol{x}] = \mathcal{F}\boldsymbol{c}\mathcal{F}\boldsymbol{x}$ を示す． ■

🐰 (3) の事実は高速フーリエ変換と合わせて，離散畳み込みの計算量を $O(n^2)$ から $O(n \log n)$ に減らすのに使われる．

例題 8.3-2 ──────────────────── フーリエの反転定理 ──
離散逆フーリエ変換 (8.10) が離散フーリエ変換 (8.9) の逆写像になっていることを確かめよ．

解答 $\overline{\mathcal{F}}$ の第 ik 成分は $\zeta^{(i-1)(k-1)}$，また $\mathcal{F}$ の第 kj 成分は $\zeta^{-(k-1)(j-1)}$ なので，$\overline{\mathcal{F}}\mathcal{F}$ の第 ij 成分は

$$\sum_{k=1}^{n} \zeta^{(i-1)(k-1)} \zeta^{-(k-1)(j-1)} = \sum_{k=1}^{n} \zeta^{(k-1)(i-j)}$$

$$= \begin{cases} \dfrac{\zeta^{(i-j)n} - 1}{\zeta^{i-j} - 1} = \dfrac{1-1}{\zeta^{i-j} - 1} = 0, & i \neq j \text{ のとき}, \\ n, & i = j \text{ のとき} \end{cases}$$

となる．離散逆フーリエ変換は $\dfrac{1}{n}\overline{\mathcal{F}}$ だったが，上の結果を n で割れば確かに単位行列の成分となる． ■

問 題

8.3.1 二つの巡回行列の積が可換であることを示せ．

8.3.2 $\boldsymbol{a} = (a_0, a_1, \ldots, a_{n-1})$, $\boldsymbol{b} = (b_0, b_1, \ldots, b_{n-1})$ のとき，$\boldsymbol{b} \divideontimes (\boldsymbol{a} \divideontimes \boldsymbol{x}) = (\boldsymbol{b} \divideontimes \boldsymbol{a}) \divideontimes \boldsymbol{x}$ を示せ．またこれを用いて二つの巡回行列 $\mathcal{B}$, $\mathcal{A}$ の積 $\mathcal{C}$ が再び巡回行列となることを示し，$\mathcal{C}$ の成分 c_i を前 2 者の成分で表せ．

8.3.3 $\boldsymbol{x}$ が実ベクトルのとき，$\mathcal{F}\boldsymbol{x}$ の実部，虚部を与える変換の表現行列を求めよ．同様に，$\boldsymbol{\xi}$ が実ベクトルのとき $\mathcal{F}^{-1}\boldsymbol{\xi}$ の実部，虚部を与えよ．（なお実部の行列による変換は**離散コサイン変換**と呼ばれ，画像処理でよく用いられる．）

8.3.4 実離散データの集合 $\boldsymbol{R}^n$ の離散フーリエ変換像は $\boldsymbol{R}$ 上 n 次元のはずである．従って $\mathrm{Re}\,\mathcal{F}\boldsymbol{x}$, $\mathrm{Im}\,\mathcal{F}\boldsymbol{x}$ には n 本の 1 次関係式がある．それを求めよ．

8.4 グラフと行列

要項 8.4.1 グラフとは頂点（ノード）を辺で結んだ図形である．辺に向きが付いているとき**有向グラフ**，そうでないとき**無向グラフ**，あるいは単にグラフと呼ぶ．グラフが**連結**とは任意の2頂点をつなぐ辺の連鎖（パス）が存在することを言う．有向グラフの連結性は普通は辺の向きを無視して考えるが，任意の2頂点間をどちらの方向にも辺の向きに逆らわずに辿れる**強連結**という概念も用いられる．以下はこれくらいの理解で記述する．より正確な記述はグラフ理論の教科書を参照されたい．

要項 8.4.2 頂点集合 $\mathcal{V} = \{v_1, v_2, \ldots, v_n\}$, 辺集合 $\mathcal{E} = \{e_1, e_2, \ldots, e_m\}$ のグラフにおいて, n 次正方行列 A を $a_{ij} =$ "v_i から v_j への辺の個数" を成分とするものと定め, **隣接行列** (adjacency matrix) と呼ぶ．（辺が有るか無いかを表すだけで 0, 1 のみとする定義も用いられる．）無向グラフのときは辺の向きを区別しないので, 対称行列となる．また (n, m) 型行列 C を, $c_{ij} =$ 頂点 v_i が辺 e_j の終点のとき 1, 始点のとき -1, それ以外のとき 0 で定め, **接続行列** (incidence matrix) と呼ぶ．無向グラフの場合は -1 を 1 とする．

要項 8.4.3 成分が非負で総和が 1 のベクトル $\boldsymbol{p}$ は**確率ベクトル**と呼ばれる．各行が確率ベクトルになっているような行列 A は**確率行列**と呼ばれる．このような行列は離散マルコフ過程の状態遷移行列として現れる．このとき $\boldsymbol{q}^T = \boldsymbol{p}^T A$ で再び確率ベクトル $\boldsymbol{q}$ が得られ, A は確率分布の（離散）時間的変化を表現している．

要項 8.4.4 （ペロンの定理） A が**正行列**, すなわち, 成分がすべて正ならば,
(1) A は固有値 $r > 0$ で, その固有ベクトルの全成分が正であるようなものを持つ.
(2) $r = \rho(A)$ が成り立つ. 従って r は絶対値最大の固有値である.
(3) r は単純固有値である. その他の固有値も込めて, 実（閉）第 1 象限に存在する A の固有ベクトルは r に同伴する 1 本だけである.
(4) A の他の固有値はすべて絶対値が r より小である.
r を**ペロン根**と呼ぶ. 定理の証明は $\longrightarrow$ 例題 8.4-3.
A が 0 成分を含む**非負行列**の場合は, これらは必ずしも成り立たない. (1)～(3) を保証する十分条件として次が有る（反例と証明は 💻 ）:
非負成分より成る行列 A が**既約**とは, 同じ番号の行と列の対の同時置換でブロック上三角型 $\begin{pmatrix} A_{11} & A_{12} \\ O & A_{22} \end{pmatrix}$ の形に変換できないことを言う. これは A の非零成分を 1 で置き換えたものを隣接行列とする有向グラフが強連結なことと同値である.
（**ペロン-フロベニウスの定理**） 非負成分を持つ行列 A が既約なら, ペロンの定理の (1)～(3) が成り立つ.

例題 8.4-1 ── キルヒホッフ行列の半定値性

対称行列 A は，$i \neq j$ のとき $a_{ij} \geq 0$，また各対角成分はそれが属する行の（従って列の）残りの成分の和の符号を変えたもの $a_{ii} = -\sum_{j \neq i} a_{ij}$ になっているとする．このような行列（**キルヒホッフ行列**と呼ばれる）は半負定値なことを示せ．

解答 ε を任意の正数とし，A の対角成分から ε を引いたもの $A - \varepsilon I$ を考えると，これは定義から明らかに対角優位行列となる．よって例題 7.2-5 により $A - \varepsilon I$ は正則である．これは A が正の固有値を持たないことを意味する．A は対称行列なので固有値はすべて実だから，それらはすべて 0 以下となる．■

例題 8.4-2 ── キルヒホッフ行列の階数

無向グラフ G に対して行列 $A = A[G]$ を以下のように定める：

(1) G の 2 頂点 v, w の間に辺が k 本有れば，A の (v, w) 成分と (w, v) 成分を k とする．

(2) G の頂点 v に対し，A の対角成分 (v, v) は v から出る辺の総数にマイナスをつけたものとする．

このとき，A のサイズ n，A の階数 r，G の連結成分の個数 s の間には，
$$n = r + s$$
なる関係が有ることを示せ．

解答 <u>$n \geq r + s$ の証明</u> $r \leq n - s$ を示す．G の頂点の並べ替えは，並べ替えを表現する置換行列を P とするとき A を $P^T A P$ に変えるだけなので，階数を変えない．よって頂点は $(v_1, v_2, \ldots, v_{n_1}), (v_{n_1+1}, \ldots, v_{n_2}), \ldots, (v_{n_{s-1}+1}, \ldots, v_{n_s})$ のように，連結成分毎にまとまって並んでいるとしても一般性を失わない．すると，異なる連結成分の頂点間には辺は存在しないので，行列は $n_1, n_2, \ldots, n_s$ 次の小行列が対角線に沿って並んだブロック対角型となる．行列 A の作り方より，A の行（同じことだが列）の総和は零ベクトルとなる．このことは各ブロックごとに行の総和が零ベクトルとなっていることを意味するので，各ブロック毎に階数は少なくともサイズより 1 小さくなっている．よって全体としては $r \leq n - s$ となる．

<u>$n \leq r + s$ の証明</u> $r \geq n - s$ を言えばよいが，それには各ブロック毎に階数がブロックサイズから 1 を引いたもの（以上）となっていることを言えばよい．よって頂点数 n の連結グラフについて行列 A の階数がちょうど $n - 1$ であることを示せばよい．グラフの頂点数，すなわち行列のサイズ n に関する帰納法で示す．

8.4 グラフと行列

$n = 1$ のときは $A = (0)$ なので自明．これだけでは帰納法の初段として心もとないだろうから，$n = 2$ のときを考える．このとき二つの頂点は $m \geq 1$ 本の辺で結ばれているので，$A = \begin{pmatrix} -m & m \\ m & -m \end{pmatrix}$ となり，確かに階数 $1 = n - 1$ である．頂点数 $n - 1$ までの連結グラフについては主張が正しいとし，頂点数 n のグラフ G を任意に取る．G の頂点で，それとそれから出るすべての辺を除いても，残った G' が連結になっているようなものが選べる．（これは直感的には明らかだろうが，自明でもないと思われる．純粋にグラフ理論の話なので証明を に載せておく．）この頂点を 1 番目としても一般性を失わない．G に対応する行列 A の第 2 行以下のすべての行を第 1 行に加えると，第 1 行は零ベクトルとなる．次いで，第 2 列以下のすべての列を第 1 列に加えると第 1 列も零ベクトルとなる．このときこれら第 1 行と第 1 列を A から除いて得られる $n - 1$ 次行列は，G' に対応する行列 $A' = A[G']$ から $\Delta' := \mathrm{diag}(a_{12}, \ldots, a_{1n})$ を引いた形をしている．ここに $(a_{12}, \ldots, a_{1n})$ は A の第 1 行の二つ目以降の成分であり，従って非負である．よって，帰納法を進めるには，$A' - \Delta'$ の階数が $n - 1$ であることを言えばよい．帰納法の仮定により $n - 1$ 次対称行列 A' の階数は $n - 2$ となっており，かつ例題 8.4-1 によれば，その固有値は非正である．従って A' の固有値 0 は単純で，残りの固有値は真に負となる．今，$\boldsymbol{x}' = (x_2, \ldots, x_n)^T$ を $n - 1$ 次元のベクトル変数とすれば，

$$\boldsymbol{x}'^T (A' - \Delta') \boldsymbol{x}' = \boldsymbol{x}'^T A' \boldsymbol{x}' - \boldsymbol{x}'^T \Delta' \boldsymbol{x}' \leq 0$$

であるが，右辺の各項はそれぞれ ≤ 0 なので，もしこれが 0 となるとすれば，

$$\boldsymbol{x}'^T A' \boldsymbol{x}' = 0, \quad -\boldsymbol{x}'^T \Delta' \boldsymbol{x}' = 0$$

でなければならない．前者から，$\boldsymbol{x}'$ は A' の固有値 0 の固有空間に属すことが結論される（証明は問題 6.3.3 参照）が，ここで $\boldsymbol{0}' = (0, \ldots, 0)^T, \boldsymbol{1}' = (1, \ldots, 1)^T \in \boldsymbol{R}^{n-1}$ という略記号を用いると，$A'\boldsymbol{1}' = \boldsymbol{0}'$ が分かっているので，0-固有空間はこのベクトルで張られ，従って $\boldsymbol{x}' = c\boldsymbol{1}'$ となる．これを後者に代入すると

$$0 = c^2 (1, \ldots, 1) \Delta' \begin{pmatrix} 1 \\ \vdots \\ 1 \end{pmatrix} = c^2 (a_{12} + \cdots + a_{1n})$$

となるが，$a_{1i} \geq 0$ であり，仮定により第 1 頂点は第 i 頂点 $2 \leq i \leq n$ のどれかとは繋がっているので，そのような $a_{1i} > 0$ であり，従って $a_{12} + \cdots + a_{1n} > 0$ であるから，$c = 0$, 従って $\boldsymbol{x}' = \boldsymbol{0}'$ となる．よって 2 次形式 $\boldsymbol{x}'^T (A' - \Delta') \boldsymbol{x}'$ は $\boldsymbol{x}' \neq \boldsymbol{0}'$ なら < 0 となるから，$A' - \Delta'$ は負定値であり，階数はサイズと同じ $n - 1$ に等しい．よって最初に述べたように A の階数も $n - 1$ となり，帰納法が完成した． ∎

―― 例題 8.4-3 ――――――――――――――――――――――――――ペロンの定理 ――
要項 8.4.4 のペロンの定理を証明せよ．

[解答] (1) $\rho = \rho(A)$ と置く．まず $\rho > 0$ に注意せよ．実際，もし $\rho = 0$ だと A は冪零になってしまうが，A^k は有限の k については成分はすべて正なので，これは有り得ない．$|\lambda| = \rho$ なる固有値 λ を一つ取る．これに対応する（複素）固有ベクトル $\boldsymbol{x} = (x_1, \ldots, x_n)$ を一つ取る．ここだけの記号として $|\boldsymbol{x}| := (|x_1|, \ldots, |x_n|)^T$ により成分をすべて絶対値に変えた非負のベクトルを表そう．A の成分がすべて正より

$$\rho |x_i| = |\lambda x_i| = |(A\boldsymbol{x})_i| \leq (A|\boldsymbol{x}|)_i, \quad i = 1, 2, \ldots, n \tag{8.12}$$

となる．今，もしある i について真の不等号 $<$ が成り立つとすると，$\forall j$ について

$$|(A^2\boldsymbol{x})_j| = |\{A(A\boldsymbol{x})\}_j| = \Big|\sum_{k=1}^n a_{jk}(A\boldsymbol{x})_k\Big|$$
$$< \sum_{k=1}^n a_{jk}(A|\boldsymbol{x}|)_k = \{A(A|\boldsymbol{x}|)\}_j = (A^2|\boldsymbol{x}|)_j$$

が成り立つ．（すべての k で対応する被和項 $\leq$ であり，特に $k = i$ のとき $<$ となっているから．）故に $0 < q < 1$ なる q を 1 に十分近く選べば，すべての j について $|(A^2\boldsymbol{x})_j| \leq q(A^2|\boldsymbol{x}|)_j$ が成り立つ．これを $|A^2\boldsymbol{x}| \leq qA^2|\boldsymbol{x}|$ と略記しよう．（成分ごとの比較，あるいは要項 7.6.2 の意味の順序と考える．）この不等式は $\boldsymbol{x}$ を $\lambda^k \boldsymbol{x} = A^k \boldsymbol{x}$ に代えても成り立つ．（両辺に同じ因子 $|\lambda|^k$ が掛かるだけである．）よって帰納法により

$$|A^4 \boldsymbol{x}| = |A^2(A^2 \boldsymbol{x})| \leq qA^2|A^2 \boldsymbol{x}| \leq qA^2(qA^2|\boldsymbol{x}|) = q^2 A^4 |\boldsymbol{x}|,$$
$$|A^{2k}\boldsymbol{x}| = |A^2(A^{2k-2}\boldsymbol{x})| \leq qA^2|A^{2k-2}\boldsymbol{x}| \leq qA^2(q^{k-1}A^{2k-2}|\boldsymbol{x}|) = q^k A^{2k}|\boldsymbol{x}|$$

が示されるから，$\boldsymbol{R}^n$ の適当なノルムと対応する作用素ノルムで

$$\rho^{2k}\|\boldsymbol{x}\| = \|\lambda^{2k}\boldsymbol{x}\| = \|A^{2k}\boldsymbol{x}\| \leq q^k \|A^{2k}|\boldsymbol{x}|\| \leq q^k \|A^{2k}\| \|\boldsymbol{x}\|$$

となる．両辺の $2k$ 乗根を取り $k \to \infty$ とすれば，ゲルファントの公式 (7.10) より $\rho \leq \sqrt{q}\rho$，従って $1 \leq q$ となる．これは q の選び方に反するから，(8.12) はすべて等号でなければならず，$|\boldsymbol{x}|$ が固有値 ρ に対応する非負成分の固有ベクトルであることが分かった．$A|\boldsymbol{x}|$ の成分はすべて正なので，実は $|\boldsymbol{x}| = \frac{1}{\rho}A|\boldsymbol{x}|$ の成分もすべて正である．よって $r = \rho$ は (1) を満たす．また以上で (2) も同時に示された．以下こうして見つかった固有ベクトル（の一つ）を $\boldsymbol{a}$ と記す．

(3) $\boldsymbol{a}$ とは 1 次独立でかつすべての成分が非負の固有ベクトル $\boldsymbol{b}$ を持つ非負固有値 $r' \leq r$ が存在したとせよ．$\varepsilon \geq 0$ を適当に選ぶと，$\boldsymbol{b} - \varepsilon \boldsymbol{a}$ は非負成分を持つ $\boldsymbol{0}$ と異なるベクトルで，かつ少なくとも一つの成分が零となるようにできる．（具体的には

$\varepsilon = \min_{1 \leq i \leq n} \frac{b_i}{a_i}$ でよい．）このとき，i をそのような成分の位置とすれば，
$$0 < \{A(\boldsymbol{b} - \varepsilon \boldsymbol{a})\}_i = r'b_i - \varepsilon r a_i \leq r(b_i - \varepsilon a_i) = 0$$
となり，不合理．よってこのような固有ベクトルはただ 1 本でペロン根 r に対応するもののみである．r のジョルダンブロックサイズが 1 なることは ⟶ 問題 8.4.4.

(4) $|\lambda| = \rho$ なる固有値とその固有ベクトル $\boldsymbol{x}$ については (8.12) がすべて等号となることが既に示されているので，$\left|\sum_{j=1}^n a_{ij} x_j\right| = \sum_{j=1}^n a_{ij} |x_j|$ が $\forall i$ について成り立つ．$\forall a_{ij} > 0$ なので，これは x_j がすべて同符号，すなわち $\boldsymbol{x} = |\boldsymbol{x}|$ か $\boldsymbol{x} = -|\boldsymbol{x}|$ のときしか成り立たず，従って $\lambda = \rho$ となる．故に ρ 以外の固有値の絶対値はそれより真に小でなければならない．∎

問題

8.4.1 次のグラフの隣接行列と接続行列を示せ．

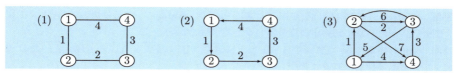

8.4.2 頂点数 n の有向グラフの連結成分の個数を s とすれば，接続行列 C の階数は $r = n - s$ となることを示せ．また無向グラフの場合はどうなるか？

8.4.3 A を確率行列とするとき，次を示せ．
 (1) スペクトル半径 $\rho(A) = 1$ である．
 (2) 1 は A の固有値となり，$\boldsymbol{1} = (1, \ldots, 1)^T$ がその固有ベクトルとなる．

8.4.4 ペロン根 r はサイズ ≥ 2 のジョルダンブロックを持たないことを示せ．
 [ヒント：一般固有ベクトルによる微小摂動を用いて (3) の証明と同様に論ぜよ．]

8.4.5 例題 8.4-3 において $\boldsymbol{x}$ を全成分が非負の任意のベクトルとすれば，$\frac{1}{r^k} A^k \boldsymbol{x}$ は $k \to \infty$ のとき r に対応する正固有ベクトル $\boldsymbol{a}$ の定数倍に収束すること，従って $\frac{1}{r^k} A^k$ は各列が $\boldsymbol{a}$ の定数倍であるような階数 1 の行列に収束することを示せ．

8.4.6 A が正成分の確率行列のとき以下を示せ．またその実用的な解釈を与えよ．
 (1) $\lambda = 1$ は A の（左）固有値（問題 5.1.2 参照）として単純であり，他の固有値はすべて $|\lambda| < 1$ を満たす．
 (2) 固有値 1 は全成分が正の確率ベクトル $\boldsymbol{q}$ の転置を左固有ベクトルに持つ．
 (3) このような左固有ベクトルを持つ固有値は 1 のみである．
 (4) $\boldsymbol{q}_1$ を任意の確率ベクトルとし，$k = 1, 2, \ldots$ に対し $\boldsymbol{q}_{k+1}^T = \boldsymbol{q}_k^T A$ により確率ベクトルの列 $\boldsymbol{q}_k$ を定めるとき，これは $k \to \infty$ で (2) の $\boldsymbol{q}$ に収束する．

問題解答

第 1 章の問題解答

1.1.1 右側にあるための条件は，ベクトル $\overrightarrow{PQ}$ と $\boldsymbol{a}$ が正の向きに並んでいること，すなわち，$\overrightarrow{PQ} \times \boldsymbol{a} > 0$ である．同様に，左側にあるための条件は $\overrightarrow{PQ} \times \boldsymbol{a} < 0$ となる．また ℓ 上にあるための条件は $\overrightarrow{PQ} \times \boldsymbol{a} = 0$ である．

1.1.2 線分の始点と終点が ℓ の反対の側にあることが必要かつ十分なので，$\overrightarrow{PQ} \times \boldsymbol{a}$ と $\overrightarrow{PR} \times \boldsymbol{a}$ の符号が異なること，従って $(\overrightarrow{PQ} \times \boldsymbol{a})(\overrightarrow{PR} \times \boldsymbol{a}) < 0$ が条件である．

1.1.3 点 P がベクトル $\overrightarrow{AB}, \overrightarrow{BC}, \overrightarrow{CA}$ に関して常に左側にあるか，常に右側に有ればよい．よって $\overrightarrow{AB} \times \overrightarrow{AP}, \overrightarrow{BC} \times \overrightarrow{BP}, \overrightarrow{CA} \times \overrightarrow{CP}$ が同符号となることが条件である．ちなみに，この符号は頂点 ABC がこの順に正の向き（すなわち，左回転）に並んでいれば正，負の向き（すなわち，右回転）に並んでいれば負に定まり，その逆は不可能なので，符号の一致だけ調べればよい．

別解 ベクトル $\overrightarrow{PA}, \overrightarrow{PB}, \overrightarrow{PC}$ が同じ向きに一回転していることが条件なので，$\overrightarrow{PA} \times \overrightarrow{PB}$, $\overrightarrow{PB} \times \overrightarrow{PC}, \overrightarrow{PC} \times \overrightarrow{PA}$ が一定の符号かどうか調べればよい．

なお，外積の性質により $\overrightarrow{PA} \times \overrightarrow{PB} = \overrightarrow{PA} \times (\overrightarrow{PA} + \overrightarrow{AB}) = \overrightarrow{PA} \times \overrightarrow{AB} = \overrightarrow{AB} \times \overrightarrow{AP}$ なので，二つの解答の条件式は同値である．

1.1.4 ベクトルの自身との内積はその長さの平方に等しいことを思い出すと $\overrightarrow{BC} = \overrightarrow{AC} - \overrightarrow{AB}$ のそれ自身との内積は

$$BC^2 = \overrightarrow{BC} \cdot \overrightarrow{BC} = (\overrightarrow{AC} - \overrightarrow{AB}) \cdot (\overrightarrow{AC} - \overrightarrow{AB}) = AC^2 + AB^2 - 2\overrightarrow{AB} \cdot \overrightarrow{AC}.$$

従って $\cos \angle A$ と内積の関係により $AB^2 + AC^2 - BC^2 = 2\overrightarrow{AB} \cdot \overrightarrow{AC} = 2AB \cdot AC \cos \angle A$．

1.1.5 $\overrightarrow{AD} = d\overrightarrow{AB}, \overrightarrow{DE} = p\overrightarrow{AC}, \overrightarrow{DF} = q\overrightarrow{AC}$ と置く．従って

$$\overrightarrow{AE} = d\overrightarrow{AB} + p\overrightarrow{AC} \dots ①, \qquad \overrightarrow{AF} = d\overrightarrow{AB} + q\overrightarrow{AC} \dots ②$$

となる．他方，$\overrightarrow{BM} = \frac{1}{3}\overrightarrow{BC} \dots ③$, $\overrightarrow{BN} = \frac{2}{3}\overrightarrow{BC} \dots ④$ である．E, F が線分 AM, AN 上にあるという条件は $\overrightarrow{AE} = r\overrightarrow{AM} \dots ⑤$, $\overrightarrow{AF} = s\overrightarrow{AN} \dots ⑥$ と書けるので，①, ③, ⑤ 及び②, ④, ⑥を組み合わせると，$\overrightarrow{AM} = \overrightarrow{AB} + \overrightarrow{BM}$ 等に注意して

$$d\overrightarrow{AB} + p\overrightarrow{AC} = r\overrightarrow{AB} + \frac{r}{3}\overrightarrow{BC}, \quad d\overrightarrow{AB} + q\overrightarrow{AC} = s\overrightarrow{AB} + \frac{2s}{3}\overrightarrow{BC}$$

が得られる．これらに $\overrightarrow{BC} = \overrightarrow{AC} - \overrightarrow{AB}$ を代入し整理すると

$$(d - \tfrac{2r}{3})\overrightarrow{AB} + (p - \tfrac{r}{3})\overrightarrow{AC} = \boldsymbol{0}, \quad (d - \tfrac{s}{3})\overrightarrow{AB} + (q - \tfrac{2s}{3})\overrightarrow{AC} = \boldsymbol{0}$$

となる．$\overrightarrow{AB}, \overrightarrow{AC}$ は異なる方向のベクトルなので，これらの係数はすべて 0 でなければならない．故に $\frac{2r}{3} = d = \frac{s}{3}$, 従って $s = 2r$．また $q = \frac{2s}{3} = \frac{4r}{3} = 4p$．すなわち $DF = 4DE$ が分かった．よって $EF = DF - DE = 3DE$．

1.2.1 逆側に作った正三角形の頂点や重心はダッシュを付けて表すことにすると，$P' = B + \frac{\sqrt{3}}{3}R_{-\pi/6}(A - B)$, $Q' = C + \frac{\sqrt{3}}{3}R_{-\pi/6}(B - C)$, $R' = A + \frac{\sqrt{3}}{3}R_{-\pi/6}(C - A)$ である．

よって以下回転角を負にするだけで例題と同じ議論ができる．まず，P'+Q'+R' = A+B+C より重心は一致．また，R'−Q'，P'−Q' の表現も回転を $R_{-\pi/6}$ に変えるだけでよく，最後の変形も $R_{-\pi/3}$ を掛ければ $R_{-\pi/3}(R'-Q') = P'-Q'$ が示されて，$\triangle P'Q'R'$ は正三角形であることが分かる．（この計算から最初の $\triangle PQR$ と $\triangle P'Q'R'$ の向きが逆なことも分かる．）最後に面積の関係であるが，一般に $\triangle ABC$ の面積（以下同じ記号 $\triangle ABC$ で表す）は辺ベクトルの外積の半分 $\frac{1}{2}(A-C) \times (B-C) = \frac{1}{2}(C-B) \times (A-B)$ で表せることに注意すると，(1.2)〜(1.3) の表現を用いて

$$\triangle PQR = \tfrac{1}{2}(R-Q) \times (P-Q)$$
$$= -\tfrac{1}{2}\tfrac{1}{3}R_{-\pi/6}(A-C) \times (R_{\pi/6} - R_{-\pi/6})(B-C) + \tfrac{1}{2}\tfrac{1}{3}R_{-\pi/6}(A-C) \times R_{\pi/6}(A-C)$$
$$+ \tfrac{1}{2}\tfrac{1}{3}R_{\pi/6}(B-C) \times (R_{\pi/6} - R_{-\pi/6})(B-C) - \tfrac{1}{2}\tfrac{1}{3}R_{\pi/6}(B-C) \times R_{\pi/6}(A-C)$$

ここで同じ向きの二つのベクトルの外積は零になること，二つのベクトルを同じ角だけ回転しても外積の値は変わらないことを用いると，上は

$$= -\tfrac{1}{2}\tfrac{1}{3}R_{-\pi/6}(A-C) \times R_{\pi/6}(B-C) + \tfrac{1}{2}\tfrac{1}{3}(A-C) \times (B-C)$$
$$+ \tfrac{1}{2}\tfrac{1}{3}R_{-\pi/6}(A-C) \times R_{\pi/6}(A-C) - \tfrac{1}{2}\tfrac{1}{3}R_{\pi/6}(B-C) \times R_{-\pi/6}(B-C)$$
$$- \tfrac{1}{2}\tfrac{1}{3}(B-C) \times (A-C)$$
$$= \tfrac{2}{3}\triangle ABC - \tfrac{1}{2}\tfrac{1}{3}(A-C) \times R_{\pi/3}(B-C)$$
$$+ \tfrac{1}{2}\tfrac{1}{3}(A-C) \times R_{\pi/3}(A-C) + \tfrac{1}{2}\tfrac{1}{3}(B-C) \times R_{\pi/3}(B-C)$$

となる．ここでもう一つの正三角形の面積を調べると，外積の符号に注意して

$$-\triangle P'Q'R' = \tfrac{1}{2}(R'-Q') \times (P'-Q')$$
$$= -\tfrac{1}{2}\tfrac{1}{3}R_{\pi/6}(A-C) \times (R_{-\pi/6} - R_{\pi/6})(B-C) + \tfrac{1}{2}\tfrac{1}{3}R_{\pi/6}(A-C) \times R_{-\pi/6}(A-C)$$
$$+ \tfrac{1}{2}\tfrac{1}{3}R_{-\pi/6}(B-C) \times (R_{-\pi/6} - R_{\pi/6})(B-C) - \tfrac{1}{2}\tfrac{1}{3}R_{-\pi/6}(B-C) \times R_{-\pi/6}(A-C)$$
$$= \tfrac{2}{3}\triangle ABC - \tfrac{1}{2}\tfrac{1}{3}(A-C) \times R_{-\pi/3}(B-C)$$
$$- \tfrac{1}{2}\tfrac{1}{3}(A-C) \times R_{\pi/3}(A-C) - \tfrac{1}{2}\tfrac{1}{3}(B-C) \times R_{\pi/3}(B-C).$$

よって

$$\triangle PQR - \triangle P'Q'R' = \tfrac{4}{3}\triangle ABC - \tfrac{1}{2}\tfrac{1}{3}(A-C) \times (R_{\pi/3} + R_{-\pi/3})(B-C)$$

となるが，$R_{\pi/3} + R_{-\pi/3} = \begin{pmatrix} 1/2 & -\sqrt{3}/2 \\ \sqrt{3}/2 & 1/2 \end{pmatrix} + \begin{pmatrix} 1/2 & \sqrt{3}/2 \\ -\sqrt{3}/2 & 1/2 \end{pmatrix} = E$ なので，最後の項は $-\tfrac{1}{2}\tfrac{1}{3}(A-C) \times (B-C) = -\tfrac{1}{3}\triangle ABC$ となる．よって上の量はもとの三角形の面積 $\triangle ABC$ 1 個分に帰着する．

🐰 キャンセルしたので解答には関係無いが $\tfrac{1}{2}(B-C) \times R_{\pi/3}(B-C)$ は辺長 BC の正三角形の面積である．

1.2.2 A から BC への垂線は $A + rR_{\pi/2}(B - C)$ と書ける．同様に他の垂線も $B + sR_{\pi/2}(C - A)$, $C + tR_{\pi/2}(A - B)$ と書ける．これらの三つが同じ値となるパラメータ r, s, t の値が存在することを言えばよい．この条件は二つの等式で表されるが，後の便のため全部の等式を書くと

$$\begin{aligned}
A - B + rR_{\pi/2}(B - C) - sR_{\pi/2}(C - A) &= \mathbf{0}, \\
B - C + sR_{\pi/2}(C - A) - tR_{\pi/2}(A - B) &= \mathbf{0}, \\
C - A + tR_{\pi/2}(A - B) - rR_{\pi/2}(B - C) &= \mathbf{0},
\end{aligned} \tag{A.1}$$

あるいは

$$\begin{aligned}
R_{-\pi/2}(A - B) &= -r(B - C) + s(C - A), \\
R_{-\pi/2}(B - C) &= -s(C - A) + t(A - B), \\
R_{-\pi/2}(C - A) &= -t(A - B) + r(B - C).
\end{aligned} \tag{A.2}$$

これらに $A - B, B - C, C - A$ を順に右から外積すると，左辺は辺長 AB, BC, CA の正方形の面積となり，右辺は適当に符号を調整するとどの項も $\triangle ABC$ の定数倍となって

$$AB^2 = 2(r+s)\triangle ABC, \quad BC^2 = 2(s+t)\triangle ABC, \quad CA^2 = 2(t+r)\triangle ABC$$

が得られる．最初の二つを加えたものから三つ目を引くと

$$AB^2 + BC^2 - CA^2 = 4s\triangle ABC.$$

従って $s = \dfrac{AB^2 + BC^2 - CA^2}{4\triangle ABC} = \dfrac{AB \cdot BC \cos \angle B}{2\triangle ABC} = \dfrac{(A - B) \cdot (C - B)}{2\triangle ABC}$ が得られる．（最後の書き換えは問題 1.1.4 による．）対称性から同様に

$$t = \frac{BC^2 + CA^2 - AB^2}{4\triangle ABC} = \frac{BC \cdot CA \cos \angle C}{2\triangle ABC} = \frac{(B - C) \cdot (A - C)}{2\triangle ABC},$$

$$r = \frac{CA^2 + AB^2 - BC^2}{4\triangle ABC} = \frac{CA \cdot AB \cos \angle A}{2\triangle ABC} = \frac{(C - A) \cdot (B - A)}{2\triangle ABC}$$

も得られる．パラメータ r, s, t が一意に決まったので1点に会しそうであるが，条件を縮小してきたので，もとの等式が成り立つかどうか確認してみる．(A.1) と (A.2) は同値なので，後者を確かめる．対称性により最初の式を調べれば十分である．これと $A - B$ との外積が成立するようにパラメータが選んであるので，$A - B$ との内積も成立していることを見れば，例題 1.1-2 により証明できる．内積を取ると左辺は零になるので，右辺との内積を見ると

$$\begin{aligned}
&\{-r(B - C) + s(C - A)\} \cdot (A - B) \\
&= -\frac{\{(C - A) \cdot (B - A)\}\{(B - C) \cdot (A - B)\}}{2\triangle ABC} \\
&\quad + \frac{\{(A - B) \cdot (C - B)\}\{(C - A) \cdot (A - B)\}}{2\triangle ABC} = 0.
\end{aligned}$$

🐛 一見して方程式が2個しかないのに三つのパラメータが決まってしまって変だと思われるかもしれないが，平面ベクトルに対する方程式なので実は4個の方程式が有り，従って方程式の方が数が多い，いわゆる過剰決定系になっているので，解が求まったのは稀有なことであり，そこが定理たる所以である．

1.3.1 基本的な外積 $\bm{i} \times \bm{j} = \bm{k}, \bm{j} \times \bm{k} = \bm{i}, \bm{k} \times \bm{i} = \bm{j}, \bm{i} \times \bm{i} = \bm{0}$ 等と外積の双線形性 (1)

および反対称性 (2) を用いると，$a = a_1 i + a_2 j + a_3 k, b = b_1 i + b_2 j + b_3 k$ に対し
$$a \times b = a_1 i \times (b_1 i + b_2 j + b_3 k) + a_2 j \times (b_1 i + b_2 j + b_3 k) + a_3 k \times (b_1 i + b_2 j + b_3 k)$$
$$= (a_1 b_2 k - a_1 b_3 j) + (-a_2 b_1 k + a_2 b_3 i) + (a_3 b_1 j - a_3 b_2 i)$$
$$= (a_2 b_3 - a_3 b_2) i + (a_3 b_1 - a_1 b_3) j + (a_1 b_2 - a_2 b_1) k.$$

1.3.2 満たさない．反例としては $(i \times i) \times j = 0 \times j = 0$，だが $i \times (i \times j) = i \times k = -k \times i = -j$ などを挙げればよい．

1.3.3 与えられた連立 1 次方程式を満たす点，すなわちこの交わりの直線上の点を一つ見つけると，目の子でも $(1, 1, -1)$ ぐらいが見つかるので，与えられた方程式を $(x-1) + (y-1) + 3(z+1) = 0, 2(x-1) - (y-1) = 0$ と変形し，これから $\dfrac{x-1}{1} = \dfrac{y-1}{2} = \dfrac{z-1}{-1}$ という直線の方程式の標準形を導けば，分母の数字を並べたベクトル $(1, 2, -1)$ がこの直線の方向を示す．この長さを 1 に正規化すれば $\left(\dfrac{1}{\sqrt{6}}, \dfrac{2}{\sqrt{6}}, -\dfrac{1}{\sqrt{6}}\right)$ が求めるものとなる．（この逆向きのベクトルも正解．）

別解 与えられた方程式の係数ベクトル $(1, 1, 3), (2, -1, 0)$ はこれらの方程式が表す平面の法線を与えるので，いずれも求める直線に垂直である．よってこれらの外積 $(1, 1, 3) \times (2, -1, 0) = (1 \cdot 0 - 3 \cdot (-1), 3 \cdot 2 - 1 \cdot 0, 1 \cdot (-1) - 1 \cdot 2) = (3, 6, -3)$ を公式 (1.4) により計算すれば求める方向のベクトルとなる．この長さを 1 にすれば上と同じ答を得る．

1.3.4 ベクトル $\overrightarrow{PQ}$ が三角形 ABC の中を貫くのは，ベクトルの系 $(\overrightarrow{PA}, \overrightarrow{PB}, \overrightarrow{PQ})$，$(\overrightarrow{PB}, \overrightarrow{PC}, \overrightarrow{PQ}), (\overrightarrow{PC}, \overrightarrow{PA}, \overrightarrow{PQ})$ がすべて同じ向きを持つときである．よって要項 1.3.4 により，$(\overrightarrow{PA} \times \overrightarrow{PB}) \cdot \overrightarrow{PQ}, (\overrightarrow{PB} \times \overrightarrow{PC}) \cdot \overrightarrow{PQ}, (\overrightarrow{PC} \times \overrightarrow{PA}) \cdot \overrightarrow{PQ}$ がすべて正，あるいはすべて負であることが必要かつ十分である．

1.3.5 ℓ を $Q + ta$ とパラメータ表示する．$\overrightarrow{PH}$ は α に垂直なので，a とも垂直である．$\overrightarrow{PQ} = \overrightarrow{PH} + \overrightarrow{HQ}$ なので，$a \cdot \overrightarrow{PQ} = a \cdot \overrightarrow{PH} + a \cdot \overrightarrow{HQ} = 0 + 0 = 0$. よって a，従って ℓ は $\overrightarrow{PQ}$ と垂直である．

1.3.6 $\overrightarrow{BD} = \overrightarrow{BC} + \overrightarrow{CD}, \overrightarrow{AD} = \overrightarrow{AC} + \overrightarrow{CD}$ なので与式の左辺の量は $= \overrightarrow{AB} \cdot \overrightarrow{CD} + \overrightarrow{BC} \cdot \overrightarrow{AC} + \overrightarrow{BC} \cdot \overrightarrow{CD} + \overrightarrow{BC} \cdot \overrightarrow{CA} + \overrightarrow{CD} \cdot \overrightarrow{CA} = (\overrightarrow{AB} + \overrightarrow{BC} + \overrightarrow{CA}) \cdot \overrightarrow{CD} = \mathbf{0} \cdot \overrightarrow{CD} = 0$.

1.3.7 簡単のため 1.2 節の例題の解答で用いたのと同様の記号法を採用する．四面体の重心 G は $G = \dfrac{1}{4}(A + B + C + D)$ で与えられる[1]．$P = (1-r)A + rD$，$Q = (1-s)B + sD$，$R = (1-t)C + tD \ldots$ ① と置く（各線分の重心座標）．G はこの 3 点で決まる平面上にあるので，$\triangle PQR$ の重心座標で $G = \lambda P + \mu Q + \nu R$ と書け，$\lambda + \mu + \nu = 1 \ldots$ ②．（ただし，G が三角形の外に有るような場合も考えられるので，$\lambda, \mu, \nu \geq 0$ は要求しない．）これに①を代入すると，
$$\frac{1}{4}(A + B + C + D) = \lambda\{(1-r)A + rD\} + \mu\{(1-s)B + sD\} + \nu\{(1-t)C + tD\}$$
$$= \lambda(1-r)A + \mu(1-s)B + \nu(1-t)C + (\lambda r + \mu s + \nu t)D.$$
これより重心座標の一意性から $\lambda(1-r) = \mu(1-s) = \mu(1-t) = \dfrac{1}{4}$ となる．（最後の

---

[1] 幾何学的には重心座標の中心であり，これが定義と思えばよい．密度一様な物質でできているときの物理的な重心と一致することは重積分の練習問題である．

$\lambda r + \mu s + \nu t = \frac{1}{4}$ はこれらと②から自動的に従う.) 故に
$$\frac{1}{1-r} + \frac{1}{1-s} + \frac{1}{1-t} = 4(\lambda + \mu + \nu) = 4.$$
両辺から 3 を引き, 左辺ではそれを 1 ずつ各項に配分すれば $\frac{r}{1-r} + \frac{s}{1-s} + \frac{t}{1-t} = 1$ が得られる. これは求める等式に他ならない.

第 2 章の問題解答

2.1.1 答だけ示す. (1) 零行列になる. (2) $\begin{pmatrix} 0 & 0 & -1 & 0 \\ 0 & 0 & 0 & 1 \\ 0 & 0 & 0 & 0 \\ 0 & 0 & 0 & 0 \end{pmatrix}$. (3) $\begin{pmatrix} 1 & 0 & 0 & 0 \\ 0 & 0 & 0 & 0 \\ 0 & 0 & 0 & 0 \\ 0 & 0 & 0 & -1 \end{pmatrix}$.

2.1.2 $= \{E - A + A^2 - \cdots + (-1)^n A^n\} + \{A - A^2 + \cdots + (-1)^{n-1} A^n + (-1)^n A^{n+1}\} = E + (-1)^n A^{n+1}$. なおこれは A を $-A$ に取り替え n をずらせば例題 2.1-2 の別解中で用いた因数分解に帰着する.

2.1.3 (1) $(A+B)(A-B) = A^2 - AB + BA - B^2$ と $A^2 - B^2$ の差を取ると $-AB + BA$ が残る. よってこの二つが等しくなるのは, この差が零行列となること, すなわち A, B が積に関して可換となるとき, かつそのときに限られる.
(2) 同様に $(A+B)^2 = A^2 + AB + BA + B^2$ なので, これが右辺と等しくなるのは $AB = BA$ のとき, かつそのときに限られる.

2.1.4 (1) $X = \begin{pmatrix} x_{11} & x_{12} \\ x_{21} & x_{22} \end{pmatrix}$ と置けば $X^2 = \begin{pmatrix} x_{11}^2 + x_{12}x_{21} & x_{11}x_{12} + x_{12}x_{22} \\ x_{21}x_{11} + x_{22}x_{21} & x_{21}x_{12} + x_{22}^2 \end{pmatrix}$ となるので, 与えられた等式から $x_{11}^2 + x_{12}x_{21} = -1 \ldots ①$, $x_{11}x_{12} + x_{12}x_{22} = 0 \ldots ②$, $x_{21}x_{11} + x_{22}x_{21} = 0 \ldots ③$, $x_{21}x_{12} + x_{22}^2 = -1 \ldots ④$ が得られる. ②から $x_{12} = 0$, または $x_{11} + x_{22} = 0$, ③から $x_{21} = 0$, または $x_{11} + x_{22} = 0$ が従うので, まず $x_{11} + x_{22} = 0$ のときは, ①, ④は同じ式に帰着し, $x_{11} = -x_{22} = a$ と置けば, $x_{12}x_{21} = -a^2 - 1$ が残る拘束条件となる. これは $x_{12} = b$ と置けば, $b \neq 0$ のとき $x_{21} = -\frac{a^2+1}{b}$ と解けるので, 結局二つの自由パラメータ a, b を含む解 $\begin{pmatrix} a & b \\ -\frac{a^2+1}{b} & -a \end{pmatrix} \ldots ⑤$ が得られる. また $b = 0$ のときは $a^2 = -1$ となり, これは実数では不成立. 次に $x_{11} + x_{22} \neq 0$ のときは, ②, ③から $x_{12} = x_{21} = 0$ となり, $x_{11}^2 = x_{22}^2 = -1$ となって実数では不成立. よって実数成分の場合は⑤が解のすべてとなる.
(2) 虚数を許すときは, 更に上でだめな場合が解を持ち, $a^2 = -1$ は $\pm\sqrt{-1}$ で満たされるので, このとき $x_{21} = c$ は何でもよく, $\begin{pmatrix} \pm\sqrt{-1} & 0 \\ c & \mp\sqrt{-1} \end{pmatrix}$ (複号同順) が新たに解となる. また, 最後の場合では $\begin{pmatrix} \pm\sqrt{-1} & 0 \\ 0 & \pm\sqrt{-1} \end{pmatrix}$ (複号同順) が上に含まれない解となる.

2.1.5
$$AD = \begin{pmatrix} d_1 a_{11} & d_2 a_{12} & \ldots & d_n a_{1n} \\ d_1 a_{21} & d_2 a_{22} & \ldots & d_n a_{2n} \\ \vdots & \vdots & & \vdots \\ d_1 a_{n1} & d_2 a_{n2} & \ldots & d_n a_{nn} \end{pmatrix}, \quad DA = \begin{pmatrix} d_1 a_{11} & d_1 a_{12} & \ldots & d_1 a_{1n} \\ d_2 a_{21} & d_2 a_{22} & \ldots & d_2 a_{2n} \\ \vdots & \vdots & & \vdots \\ d_n a_{n1} & d_n a_{n2} & \ldots & d_n a_{nn} \end{pmatrix}$$
であるから, これらの第 ij 成分が一致するためには, $d_i a_{ij} = d_j a_{ij}$ でなければならない. よって $d_i \neq d_j$ なら $a_{ij} = 0$ でなければならず, $d_i = d_j$ なら a_{ij} は何でもよい. 特に, す

べての d_i が異なるときは A も対角型でなければならない. その対極として, すべての d_i が一致すれば D はスカラー行列となり, A は何でもよい.

2.2.1 $A = (a_{ij}), 1 \leq i \leq m, 1 \leq j \leq n, \boldsymbol{x} = (x_1, \ldots, x_n)^T, \boldsymbol{y} = (y_1, \ldots, y_m)^T$ とするとき, $(A\boldsymbol{x}, \boldsymbol{y}) = \sum_{i=1}^{m}(A\boldsymbol{x})_i y_i = \sum_{i=1}^{m}\left(\sum_{j=1}^{n} a_{ij} x_j\right) y_i = \sum_{j=1}^{n}\left(\sum_{i=1}^{m} a_{ij} y_i\right) x_j = \sum_{j=1}^{n}(A^T \boldsymbol{y})_j x_j = (\boldsymbol{x}, A^T \boldsymbol{y})$.
もし B が任意の $\boldsymbol{x}, \boldsymbol{y}$ について $(A\boldsymbol{x}, \boldsymbol{y}) = (\boldsymbol{x}, B\boldsymbol{y})$ を満たせば, 上で示したことから $(\boldsymbol{x}, A^T \boldsymbol{y}) = (\boldsymbol{x}, B\boldsymbol{y})$, すなわち, $(\boldsymbol{x}, (A^T - B)\boldsymbol{y}) = 0$ が任意の $\boldsymbol{x}, \boldsymbol{y}$ について成り立つ. これから例題 2.2-2 により $(A^T - B)\boldsymbol{y} = \boldsymbol{0}$, 従って $A^T - B = O$ が従う.
最後の設問は $(AB\boldsymbol{x}, \boldsymbol{y}) = (\boldsymbol{x}, (AB)^T \boldsymbol{y})$ と $(AB\boldsymbol{x}, \boldsymbol{y}) = (B\boldsymbol{x}, A^T \boldsymbol{y}) = (\boldsymbol{x}, B^T A^T \boldsymbol{y})$ を比較すれば同様に示される.

2.2.2 $\boldsymbol{x}^T AB\boldsymbol{x}$ はスカラーなので, tr を付けても変わらない. よって $\boldsymbol{x}^T AB\boldsymbol{x} = \text{tr}(\boldsymbol{x}^T AB\boldsymbol{x}) = \text{tr}\{(\boldsymbol{x}^T A)(B\boldsymbol{x})\} = \text{tr}\{(B\boldsymbol{x})(\boldsymbol{x}^T A)\} = \text{tr}(B\boldsymbol{x}\boldsymbol{x}^T A)$.

2.2.3 (1) BC をまとめて一つの (n, m) 型行列とみなせば, 例題 2.2-1 が適用できる.
(2) 上と同じ論法で $\text{tr}(ABC) = \text{tr}(CAB), \text{tr}(BAC) = \text{tr}(CBA) = \text{tr}(ACB)$ である. しかしこれらの間に等しい関係を示唆する情報は何も無いので, 反例の構成を試みる. 例えば $A = \begin{pmatrix} 1 & 1 \\ 0 & 1 \end{pmatrix}, B = \begin{pmatrix} 1 & 0 \\ 1 & 1 \end{pmatrix}, C = \begin{pmatrix} 3 & 0 \\ 0 & 1 \end{pmatrix}$ とすれば, $AB = \begin{pmatrix} 2 & 1 \\ 1 & 1 \end{pmatrix}$, 従って $ABC = \begin{pmatrix} 6 & 1 \\ 3 & 1 \end{pmatrix}, \text{tr}(ABC) = 7$. 他方, $BA = \begin{pmatrix} 1 & 1 \\ 1 & 2 \end{pmatrix}$, 従って $BAC = \begin{pmatrix} 3 & 1 \\ 3 & 2 \end{pmatrix}$, $\text{tr}(BAC) = 5$ となり, 両者は等しくない.

2.2.4 $\boldsymbol{a}\boldsymbol{b}^T = \begin{pmatrix} a_1 b_1 & a_1 b_2 & \ldots & a_1 b_n \\ a_2 b_1 & a_2 b_2 & \ldots & a_2 b_n \\ \vdots & \vdots & & \vdots \\ a_n b_1 & a_n b_2 & \ldots & a_n b_n \end{pmatrix}$ となる. これから $\text{tr}\,\boldsymbol{a}\boldsymbol{b}^T = a_1 b_1 + a_2 b_2 + \cdots + a_n b_n = (\boldsymbol{a}, \boldsymbol{b})$ が分かる. **別解**として $\text{tr}(\boldsymbol{a}\boldsymbol{b}^T) = \text{tr}(\boldsymbol{b}^T \boldsymbol{a}) = \text{tr}\{(\boldsymbol{b}^T \boldsymbol{a})^T\} = \text{tr}(\boldsymbol{a}^T \boldsymbol{b}) = (\boldsymbol{a}, \boldsymbol{b})$.

2.3.1 以下で使っている基本変形説明の略記号の意味は「はしがき」の枠内の説明にある.

(1) $\xrightarrow[r4-=r1]{\substack{r2-=r1\times 2,\\r3-=r1,}} \begin{pmatrix} 1 & 2 & 3 & 0 & 1 \\ 0 & -2 & -5 & 3 & -3 \\ 0 & 1 & -2 & 3 & -3 \\ 0 & -4 & -2 & -2 & 2 \end{pmatrix} \xrightarrow[r4+=r3\times 4]{r2+=r3\times 2,} \begin{pmatrix} 1 & 2 & 3 & 0 & 1 \\ 0 & 0 & -9 & 9 & -9 \\ 0 & 1 & -2 & 3 & -3 \\ 0 & 0 & -10 & 10 & -10 \end{pmatrix}$

$\xrightarrow[r4\div=-10]{r2\div=-9,} \begin{pmatrix} 1 & 2 & 3 & 0 & 1 \\ 0 & 0 & 1 & -1 & 1 \\ 0 & 1 & -2 & 3 & -3 \\ 0 & 0 & 1 & -1 & 1 \end{pmatrix} \xrightarrow{r4-=r2} \begin{pmatrix} 1 & 2 & 3 & 0 & 1 \\ 0 & 0 & 1 & -1 & 1 \\ 0 & 1 & -2 & 3 & -3 \\ 0 & 0 & 0 & 0 & 0 \end{pmatrix} \xrightarrow{r2 \Leftrightarrow r3}$

$\begin{pmatrix} 1 & 2 & 3 & 0 & 1 \\ 0 & 1 & -2 & 3 & -3 \\ 0 & 0 & 1 & -1 & 1 \\ 0 & 0 & 0 & 0 & 0 \end{pmatrix}$. ここまでで階数 3 が分かるが, 更に続けると, $\xrightarrow[r1-=r3\times 3]{r2+=r3\times 2,}$

$\begin{pmatrix} 1 & 2 & 0 & 3 & -2 \\ 0 & 1 & 0 & 1 & -1 \\ 0 & 0 & 1 & -1 & 1 \\ 0 & 0 & 0 & 0 & 0 \end{pmatrix} \xrightarrow{r1-=r2\times 2} \begin{pmatrix} 1 & 0 & 0 & 1 & 0 \\ 0 & 1 & 0 & 1 & -1 \\ 0 & 0 & 1 & -1 & 1 \\ 0 & 0 & 0 & 0 & 0 \end{pmatrix}$. なお, どうせここまでやるのなら, 前半の変形で掃き出しを上方の行にも適用して 0 を増やしておく方が効率的である.

(2) $\xrightarrow[r4+=r2]{\substack{r1-=r2\times 3,\\r3-=r2,}} \begin{pmatrix} 0 & 1 & 3 & -1 & -1 \\ 1 & 1 & 0 & 1 & 2 \\ 0 & 2 & 6 & -2 & -2 \\ 0 & -1 & -3 & 1 & 1 \end{pmatrix} \xrightarrow{r3\div=2} \begin{pmatrix} 0 & 1 & 3 & -1 & -1 \\ 1 & 1 & 0 & 1 & 2 \\ 0 & 1 & 3 & -1 & -1 \\ 0 & -1 & -3 & 1 & 1 \end{pmatrix}$

$\xrightarrow[r4+=r1]{r3-=r1,}\begin{pmatrix}0&1&3&-1&-1\\1&1&0&1&2\\0&0&0&0&0\\0&0&0&0&0\end{pmatrix}\xrightarrow{r1\Leftrightarrow r2}\begin{pmatrix}1&1&0&1&2\\0&1&3&-1&-1\\0&0&0&0&0\\0&0&0&0&0\end{pmatrix}$. これで階数は 2 と分かる.
更に 2 行目の角の 1 を用いてその上を消すには(これは 2 段階前に一緒にやった方が効率的)
$\xrightarrow{r1-=r2}\begin{pmatrix}1&0&-3&2&3\\0&1&3&-1&-1\\0&0&0&0&0\\0&0&0&0&0\end{pmatrix}$.

🐰 (1), (2) の最初の操作はまとめてそれぞれ第 1 行,第 2 行で"掃き出す"($\longrightarrow$ 要項 2.5.1) のように略記することが多いが,ここでは後に問題 2.4.1 で使うため丁寧に書いている.

2.3.2 スペースの関係で結果だけ記す.答を一意にするため完全な階段型を示すが,解答としては階数が分かるところまで変形すれば十分である.

(1) 標準形 $\begin{pmatrix}1&0&-4&-5\\0&1&2&3\\0&0&0&0\end{pmatrix}$, 階数 2. (2) 標準形 $\begin{pmatrix}1&0&-1&-2&-1\\0&1&2&3&3\\0&0&0&0&0\\0&0&0&0&0\end{pmatrix}$, 階数 2.

(3) 標準形 $\begin{pmatrix}1&0&0&1&0&1\\0&1&0&3&2&2\\0&0&1&-3&2&-3\\0&0&0&0&0&0\end{pmatrix}$, 階数 3.

2.3.3 (1) $\xrightarrow[r3+=r1]{r2-=r1,}\begin{pmatrix}1&-1&b&a&-1\\0&2-a&2-b&1&2\\0&0&b+1&a&b-1\\0&2-a&2-b&a-1&b+3\end{pmatrix}\xrightarrow{r4-=r2}\begin{pmatrix}1&-1&b&a&-1\\0&2-a&2-b&1&2\\0&0&b+1&a&b-1\\0&0&0&a-2&b+1\end{pmatrix}$

$\xrightarrow{r3-=r4}\begin{pmatrix}1&-1&b&a&-1\\0&2-a&2-b&1&2\\0&0&b+1&2&-2\\0&0&0&a-2&b+1\end{pmatrix}\xrightarrow{r2+=r3}\begin{pmatrix}1&-1&b&a&-1\\0&2-a&3&3&0\\0&0&b+1&2&-2\\0&0&0&a-2&b+1\end{pmatrix}$. (最後

の二つの操作は,分類を簡明にするためである.) これより $a\ne 2, b\ne -1$ なら階数は 4. $a\ne 2, b=-1$ のときは,最後の 2 行の 0 成分を除いた右端が $\begin{pmatrix}2&-2\\a-2&0\end{pmatrix}$ という小行

列になり,$a\ne 2$ なので全体の階数は 4. $a=2$ のときは行列は $\begin{pmatrix}1&-1&b&a&-1\\0&0&3&3&0\\0&0&b+1&2&-2\\0&0&0&0&b+1\end{pmatrix}$ と

なり,$b=-1$ なら階数 3. $b=1$ のときも下 3 列が 1 次従属となって階数 3. これ以外のときは階数 4 と分かる. 以上をまとめると, $a=2, b=\pm 1$ のとき階数 3 で, それ以外のときは階数 4.

(2) 要点のみ記す. 行基本変形で $\begin{pmatrix}1&0&-1&-2&1\\0&1&2&3&b\\0&0&c-5&0&-2a+10\\0&0&0&0&a-2b-3\end{pmatrix}$. これより (i) $a=c=5$,

$b=1$ のとき階数 2, (ii) $\{c=5$ かつ $(b\ne 1$ または $a\ne 5)\}$, $\{c\ne 5$ かつ $a-2b=3\}$ のいずれかのとき階数 3, (iii) これ以外のとき階数 4.

2.3.4 この問題は例題 2.3-2 の (1), (2) を適用すればただちに解答できるが, 試験対策として最初から議論してみる.

例題 2.3-2 (1) により行列の積で階数は減少することは有っても増加はしないので, 結果は因子の階数の最小値以下となる. すなわち $\mathrm{rank}\,(BCF)\le \mathrm{rank}\,C=1$ である. この値が 0 のとき行列は零行列となるので $A=G$, 従って $\mathrm{rank}\,A=\mathrm{rank}\,G=3$ となる. この値が 1

のときは，この 1 本の列ベクトル $\boldsymbol{a}$ が G の 1 次独立な列ベクトルとは 1 次独立で，かつそれ以外の位置に足されれば，和によって 1 次独立な列が 4 に増える．（F の階数が 5 なので，サイズは 5 以上，従って可能な位置は少なくとも 5 箇所有る．）$\boldsymbol{a}$ が G の 1 次独立な列ベクトルのどれかと同じ位置を占めているときは，和によってそこが残りの二つに従属してしまい階数が 2 に減ることもあるし，1 次独立性が保存されて階数が変わらないこともある．以上により rank A の可能な値は 2, 3, 4 のどれかとなる．

2.3.5 (1) 誤り．非自明な（すなわち零でないものを含む係数を持つ）1 次関係式 $\lambda_1 \boldsymbol{a}_1 + \cdots + \lambda_r \boldsymbol{a}_r = \boldsymbol{0}$ が有れば，この左辺に $+\, 0\boldsymbol{b}$ を追加したものも非自明な 1 次関係式となるから，何を追加しても 1 次従属のままである．

(2) r が成分数より小さければ正しい．（要項 3.3.3 の基底の延長定理であるが，基本変形により初等的にも説明できる．）しかし r が成分数に等しいときはもはや何を追加しても全体は 1 次従属となるので，一般には誤り．

(3) 正しい．1 次従属関係 $\lambda_1 \boldsymbol{a}_1 + \cdots + \lambda_k \boldsymbol{a}_k = \boldsymbol{0}$ はすべての成分について $\lambda_1 a_{1i} + \cdots + \lambda_k a_{ki} = 0$ ということなので，i を一部に制限しても成り立つ．

(4) 正しい．直接同様に論じても良いが，これは (3) の対偶になっている．

(5) 正しい．全成分で (n, r) 型の行列 A を作ると，仮定はこの列ベクトルから rank $A = r$ と判定されると言っているので，行ベクトルで見ても階数は r, すなわち適当な r 行は 1 次独立である．これを再び列から見れば，対応する r 成分を取り出した部分ベクトルたちは 1 次独立ということになる．

2.3.6 A は階数 1 なので列ベクトルは $\boldsymbol{0}$ と異なるもの $\boldsymbol{a}$ を含み，かつ残りの列はこのスカラー倍となる．すなわち，$A = (b_1 \boldsymbol{a}, b_2 \boldsymbol{a}, \ldots, b_n \boldsymbol{a})$ と書け，ここで $\boldsymbol{b} = (b_1, b_2, \ldots, b_n)^T$ は $\boldsymbol{a}$ を取り出した位置の成分が 1 なので零ベクトルではない．よって $A = \boldsymbol{a} \boldsymbol{b}^T$ が求める表現となる．

2.3.7 A はちょうど k 本の 1 次独立な列ベクトルを持つ．その一つの選び方で (n, k) 型行列 A' を作ると，A の他の列はこれらの 1 次結合で表されるので，その係数を順に縦に並べて (k, n) 型行列 B を作る．（最初に選んだ列の位置にはその A' 内での位置に当たるところだけが 1 で他の成分が 0 の列ベクトルが入る．）これで $A = A'B$ となる．

2.4.1 (1) $\boxed{\begin{matrix} r2\text{-} = r1 \times 2, \\ r3\text{-} = r1, \\ r4\text{-} = r1 \\ \text{(第 1 行で掃き出す)} \end{matrix}} \iff \begin{pmatrix} 1 & 0 & 0 & 0 \\ -2 & 1 & 0 & 0 \\ -1 & 0 & 1 & 0 \\ -1 & 0 & 0 & 1 \end{pmatrix}$, $\boxed{\begin{matrix} r2\text{+} = r3 \times 2, \\ r4\text{+} = r3 \times 4 \\ \text{(第 3 行で} \\ \text{掃き出す)} \end{matrix}} \iff \begin{pmatrix} 1 & 0 & 0 & 0 \\ 0 & 1 & 2 & 0 \\ 0 & 0 & 1 & 0 \\ 0 & 0 & 4 & 1 \end{pmatrix}$,

$\boxed{\begin{matrix} r2 \div = -9, \\ r4 \div = -10 \end{matrix}} \iff \begin{pmatrix} 1 & 0 & 0 & 0 \\ 0 & -1/9 & 0 & 0 \\ 0 & 0 & 1 & 0 \\ 0 & 0 & 0 & -1/10 \end{pmatrix}$, $\boxed{r4\text{-} = r2} \iff \begin{pmatrix} 1 & 0 & 0 & 0 \\ 0 & 1 & 0 & 0 \\ 0 & 0 & 1 & 0 \\ 0 & -1 & 0 & 1 \end{pmatrix}$,

$\boxed{r2 \leftrightarrow r3} \iff \begin{pmatrix} 1 & 0 & 0 & 0 \\ 0 & 0 & 1 & 0 \\ 0 & 1 & 0 & 0 \\ 0 & 0 & 0 & 1 \end{pmatrix}$. これらを逆順に掛けると，合成変形行列として

$$T = \begin{pmatrix} 1 & 0 & 0 & 0 \\ -1 & 0 & 1 & 0 \\ 4/9 & -1/9 & -2/9 & 0 \\ 1/18 & 1/9 & -8/45 & -1/10 \end{pmatrix}$$

が得られる．更に角の 1 の上部も消すには

216 問題解答

$\boxed{\begin{array}{l}r2+ = r3\times 2,\\ r1- = r3\times 3\end{array}} \iff \begin{pmatrix} 1 & 0 & -3 & 0 \\ 0 & 1 & 2 & 0 \\ 0 & 0 & 1 & 0 \\ 0 & 0 & 0 & 1 \end{pmatrix}$, $\boxed{r1- = r2\times 2} \iff \begin{pmatrix} 1 & -2 & 0 & 0 \\ 0 & 1 & 0 & 0 \\ 0 & 0 & 1 & 0 \\ 0 & 0 & 0 & 1 \end{pmatrix}$. これらを T に左から掛けた最終的な形への変形の行列は $\begin{pmatrix} -1/9 & 7/9 & -4/9 & 0 \\ -1/9 & -2/9 & 5/9 & 0 \\ 4/9 & -1/9 & -2/9 & 0 \\ 1/18 & 1/9 & -8/45 & -1/10 \end{pmatrix}$ となる. (読者の解答の行基本変形は著者には見れないので, 問題の後半の解答は省略する. 得られた変換行列を問題の行列に左から掛けてみて, 行基本変形の結果と一致すればよい.)

(2) $\boxed{\begin{array}{l}r1- = r2\times 3,\\ r3- = r2,\\ r4+ = r2\\ \text{(第 2 行で掃き出す)}\end{array}} \iff \begin{pmatrix} 1 & -3 & 0 & 0 \\ 0 & 1 & 0 & 0 \\ 0 & -1 & 1 & 0 \\ 0 & 1 & 0 & 1 \end{pmatrix}$, $\boxed{r3\div = 2} \iff \begin{pmatrix} 1 & 0 & 0 & 0 \\ 0 & 1 & 0 & 0 \\ 0 & 0 & 1/2 & 0 \\ 0 & 0 & 0 & 1 \end{pmatrix}$,

$\boxed{\begin{array}{l}r3- = r1,\\ r4+ = r1\end{array}} \iff \begin{pmatrix} 1 & 0 & 0 & 0 \\ 0 & 1 & 0 & 0 \\ -1 & 0 & 1 & 0 \\ 1 & 0 & 0 & 1 \end{pmatrix}$, $\boxed{r1 \Leftrightarrow r2} \iff \begin{pmatrix} 0 & 1 & 0 & 0 \\ 1 & 0 & 0 & 0 \\ 0 & 0 & 1 & 0 \\ 0 & 0 & 0 & 1 \end{pmatrix}$. 以上の合成は

$T = \begin{pmatrix} 0 & 1 & 0 & 0 \\ 1 & -3 & 0 & 0 \\ -1 & 5/2 & 1/2 & 0 \\ 1 & -2 & 0 & 1 \end{pmatrix}$ で, これで最初の階段型になる. 続く変形は

$\boxed{r1- = r2} \iff \begin{pmatrix} 1 & -1 & 0 & 0 \\ 0 & 1 & 0 & 0 \\ 0 & 0 & 1 & 0 \\ 0 & 0 & 0 & 1 \end{pmatrix}$. これを T の左から掛けたもの $\begin{pmatrix} -1 & 4 & 0 & 0 \\ 1 & -3 & 0 & 0 \\ -1 & 5/2 & 1/2 & 0 \\ 1 & -2 & 0 & 1 \end{pmatrix}$ が最後の変形結果を与える.

2.4.2 (1) 例題 2.6-1 (1) で与えた基本変形を後から逆を取りながら並べればよい.

$\boxed{\begin{array}{l}\text{第 3 行の符号を変え}\\ \text{1,2 行を入れ替え}\end{array}} \to \boxed{\begin{array}{l}\text{第 2 行を第}\\ \text{3 行に加える}\end{array}} \to \boxed{\begin{array}{l}\text{第 1 行を第}\\ \text{2 行に加える}\end{array}} \to \boxed{\begin{array}{l}\text{第 3 行を第 1 行から引く}\\ \text{第 3 行を第 2 行に加える}\end{array}}$.

これらに対応する基本変形行列への分解は,

$\begin{pmatrix} 1 & 0 & -1 \\ 0 & 1 & 1 \\ 0 & 0 & 1 \end{pmatrix} \begin{pmatrix} 1 & 0 & 0 \\ 1 & 1 & 0 \\ 0 & 0 & 1 \end{pmatrix} \begin{pmatrix} 1 & 0 & 0 \\ 0 & 1 & 0 \\ 0 & 1 & 1 \end{pmatrix} \begin{pmatrix} 0 & 1 & 0 \\ 1 & 0 & 0 \\ 0 & 0 & -1 \end{pmatrix}$.

(2) 同じく (2) の変形を逆順に逆変形にして並べたものは, $\boxed{\begin{array}{l}\text{第 4 行 }\times 2\text{ を}\\ \text{第 1 行に加える}\end{array}} \to$

$\boxed{\begin{array}{l}\text{第 3 行 }\times 2\text{ を第 1 行から引く}\\ \text{第 3 行 }\times 2\text{ を第 2 行に加える}\\ \text{第 3 行 }\times 2\text{ を第 4 行から引く}\end{array}} \to \boxed{\begin{array}{l}\text{第 4 行 }\times 3\text{ を}\\ \text{第 3 行から引く}\end{array}} \to \boxed{\begin{array}{l}\text{第 2 行を第 1 行に加える}\\ \text{第 2 行 }\times 3\text{ を第 3 行から引き}\\ \text{第 2 行 }\times 2\text{ を第 4 行に加える}\end{array}} \to$

$\boxed{\begin{array}{l}\text{第 2 行と第}\\ \text{3 行を交換}\end{array}} \to \boxed{\begin{array}{l}\text{第 1 行 }\times 2\text{ を第 2 行に,}\\ \text{第 1 行を第 4 行に加える}\end{array}}$. 対応する基本変形行列の積への分解は,

$\begin{pmatrix} 1 & 0 & 0 & 0 \\ 2 & 1 & 0 & 0 \\ 0 & 0 & 1 & 0 \\ 1 & 0 & 0 & 1 \end{pmatrix} \begin{pmatrix} 1 & 0 & 0 & 0 \\ 0 & 0 & 1 & 0 \\ 0 & 1 & 0 & 0 \\ 0 & 0 & 0 & 1 \end{pmatrix} \begin{pmatrix} 1 & 1 & 0 & 0 \\ 0 & 1 & 0 & 0 \\ 0 & -3 & 1 & 0 \\ 0 & 2 & 0 & 1 \end{pmatrix} \begin{pmatrix} 1 & 0 & 0 & 0 \\ 0 & 1 & 0 & 0 \\ 0 & 0 & 1 & -3 \\ 0 & 0 & 0 & 1 \end{pmatrix} \begin{pmatrix} 1 & 0 & -2 & 0 \\ 0 & 1 & 2 & 0 \\ 0 & 0 & 1 & 0 \\ 0 & 0 & -2 & 1 \end{pmatrix} \begin{pmatrix} 1 & 0 & 0 & 2 \\ 0 & 1 & 0 & 0 \\ 0 & 0 & 1 & 0 \\ 0 & 0 & 0 & 1 \end{pmatrix}$.

🐙 自分で行基本変形を実行した場合は, 得られた変形列を単位行列に施してみた結果がもとの行列と一致すればよい.

2.5.1 (1) $\begin{pmatrix} 1 & 0 & 2 & -1 \\ 3 & 1 & 1 & 0 \\ -2 & -1 & 1 & -1 \end{pmatrix} \xrightarrow{\text{第 1 行で掃き出す}} \begin{pmatrix} 1 & 0 & 2 & -1 \\ 0 & 1 & -5 & 3 \\ 0 & -1 & 5 & -3 \end{pmatrix} \xrightarrow{r3+ = r2} \begin{pmatrix} 1 & 0 & 2 & -1 \\ 0 & 1 & -5 & 3 \\ 0 & 0 & 0 & 0 \end{pmatrix}$.

これより z, w は自由で, $y = 5z - 3w$, $x = -2z + w$ とそれらを用いて書ける. ベクトル

表記では $\begin{pmatrix} -2 \\ 5 \\ 1 \\ 0 \end{pmatrix} z + \begin{pmatrix} 1 \\ -3 \\ 0 \\ 1 \end{pmatrix} w$.

(2) $\begin{pmatrix} 1 & 1 & 1 & -1 & | & 2 \\ 1 & -1 & 1 & 0 & | & 1 \\ 1 & 0 & -1 & 1 & | & 1 \\ 3 & 0 & 1 & 0 & | & 4 \end{pmatrix} \xrightarrow[\text{掃き出す}]{\text{第1行で}} \begin{pmatrix} 1 & 1 & 1 & -1 & | & 2 \\ 0 & -2 & 0 & 1 & | & -1 \\ 0 & -1 & -2 & 2 & | & -1 \\ 0 & -3 & -2 & 3 & | & -2 \end{pmatrix} \xrightarrow[]{\text{第3行で}\atop\text{掃き出す}}$
$\begin{pmatrix} 1 & 1 & 1 & -1 & | & 2 \\ 0 & 0 & 4 & -3 & | & 1 \\ 0 & -1 & -2 & 2 & | & -1 \\ 0 & 0 & 4 & -3 & | & 1 \end{pmatrix} \xrightarrow{r4- = r2} \begin{pmatrix} 1 & 1 & 1 & -1 & | & 2 \\ 0 & 0 & 4 & -3 & | & 1 \\ 0 & -1 & -2 & 2 & | & -1 \\ 0 & 0 & 0 & 0 & | & 0 \end{pmatrix} \xrightarrow[r2 \Leftrightarrow r3]{r3\times = (-1),} \begin{pmatrix} 1 & 1 & 1 & -1 & | & 2 \\ 0 & 1 & 2 & -2 & | & 1 \\ 0 & 0 & 4 & -3 & | & 1 \\ 0 & 0 & 0 & 0 & | & 0 \end{pmatrix}$.

これより x_4 が自由で，それら用いて $x_3 = \frac{3}{4}x_4 + \frac{1}{4}$, $x_2 = -2x_3 + 2x_4 + 1 = \frac{1}{2}x_4 + \frac{1}{2}$, $x_1 = -x_2 - x_3 + x_4 + 2 = -\frac{1}{4}x_4 + \frac{5}{4}$ と表せる．これは $x_4 = 4t+1$ とパラメータを置き直せば, $x_1 = -t + 1, x_2 = 2t+1, x_3 = 3t+1$ と分数を避けることができる．ベクトル表記では $\begin{pmatrix} x_1 \\ x_2 \\ x_3 \\ x_4 \end{pmatrix} = \begin{pmatrix} -1 \\ 2 \\ 3 \\ 4 \end{pmatrix} t + \begin{pmatrix} 1 \\ 1 \\ 1 \\ 1 \end{pmatrix}$.

2.5.2 (1) $\begin{pmatrix} 1 & 2 & -1 & | & b \\ 3 & 1 & -a & | & b \\ a & a & 0 & | & 6 \end{pmatrix} \xrightarrow{r2- = r1 \times a} \begin{pmatrix} 1 & 2 & -1 & | & b \\ -a+3 & -2a+1 & 0 & | & -ab+b \\ a & a & 0 & | & 6 \end{pmatrix} \xrightarrow{r2+ = r3 \times 2}$
$\begin{pmatrix} 1 & 2 & -1 & | & b \\ a+3 & 1 & 0 & | & -ab+b+12 \\ a & a & 0 & | & 6 \end{pmatrix} \xrightarrow{r3- = r2 \times a} \begin{pmatrix} 1 & 2 & -1 & | & b \\ a+3 & 1 & 0 & | & -ab+b+12 \\ -a^2-2a & 0 & 0 & | & a^2b-ab-12a+6 \end{pmatrix}$. よって $a^2 + 2a \neq 0$ なら係数行列の階数は 3 で，方程式は一意な解 $x = -\frac{a^2b-ab-12a+6}{a^2+2a}$, $y = -ab+b+12 - (a+3)x = \frac{a^2b-ab-6a+18}{a^2+2a}$, $z = -b+x+2y = -\frac{3ab-30}{a^2+2a}$ を持つ．また $a^2 + 2a = 0$, すなわち $a = 0, -2$ のときは係数行列の階数は 2 となり，解が存在するためには $a^2b - ab - 12a + 6 = 0$ でなければならない．$a = 0$ をこれに代入すると $6 \neq 0$ となるので，この場合は b が何であっても解が無い．$a = -2$ を代入すると $6b + 30 = 0$ となり $b = -5$ のときは 1 次元の解 $x = t, y = -t - 3, z = -t - 1$ を持つが，それ以外のときは解が無い．

(2) $\begin{pmatrix} 1 & 1 & -2 & 1 & | & a \\ 1 & -1 & 0 & b & | & 2 \\ 1 & 0 & -1 & 1 & | & 1 \\ 1 & 1 & c & 0 & | & 1 \end{pmatrix} \xrightarrow[\text{掃き出す}]{\text{第3行で}} \begin{pmatrix} 0 & 1 & -1 & 0 & | & a-1 \\ 0 & -1 & 1 & b-1 & | & 1 \\ 1 & 0 & -1 & 1 & | & 1 \\ 0 & 1 & c+1 & -1 & | & 0 \end{pmatrix} \xrightarrow[\text{掃き出す}]{\text{第4行で}}$
$\begin{pmatrix} 0 & 0 & -c-2 & 1 & | & a-1 \\ 0 & 0 & c+2 & b-2 & | & 1 \\ 1 & 0 & -1 & 1 & | & 1 \\ 0 & 1 & c+1 & -1 & | & 0 \end{pmatrix} \xrightarrow{r1+ = r2} \begin{pmatrix} 0 & 0 & 0 & b-1 & | & a \\ 0 & 0 & c+2 & b-2 & | & 1 \\ 1 & 0 & -1 & 1 & | & 1 \\ 0 & 1 & c+1 & -1 & | & 0 \end{pmatrix} \xrightarrow[\text{並べ替え}]{\text{行を}}$
$\begin{pmatrix} 1 & 0 & -1 & 1 & | & 1 \\ 0 & 1 & c+1 & -1 & | & 0 \\ 0 & 0 & c+2 & b-2 & | & 1 \\ 0 & 0 & 0 & b-1 & | & a \end{pmatrix}$．ここから先は場合に分かれる．

(i) $b \neq 1$ のとき, $x_4 = \frac{a}{b-1}$ と一意に解ける．更に $c \neq -2$ なら $x_3 = -\frac{b-2}{c+2}x_4 + \frac{1}{c+2} = \frac{1}{c+2} - \frac{a(b-2)}{(b-1)(c+2)} = \frac{(b-1) - a(b-2)}{(b-1)(c+2)}$ と解け，以下 $x_2 = -(c+1)x_3 + x_4 = \frac{(c+1)(ba-b+1) - ac}{(b-1)(c+2)}$, $x_1 = x_3 - x_4 + 1 = \frac{(b-1)(c+3) - a(b+c)}{(c+2)(b-1)}$ とただ一つ

の解が求まる．$c = -2$ のときは $\dfrac{a(b-2)}{b-1} \neq 1$ なら解は無い．$\dfrac{a(b-2)}{b-1} = 1$ なら矛盾は無く，x_3 が自由パラメータとなって $x_2 = -(c+1)x_3 + x_4 = -(c+1)x_3 + \dfrac{a}{b-1}$，$x_1 = x_3 - x_4 + 1 = x_3 + 1 - \dfrac{a}{b-1}$ と 1 次元の解が求まる．

(ii) $b = 1$ のとき，$a \neq 0$ なら解は無い．$a = 0$ なら上記の変形拡大係数行列は
$\begin{pmatrix} 1 & 0 & -1 & 1 & | & 1 \\ 0 & 1 & c+1 & -1 & | & 0 \\ 0 & 0 & c+2 & -1 & | & 1 \\ 0 & 0 & 0 & 0 & | & 0 \end{pmatrix} \xrightarrow{\text{第 3 行で掃き出す}} \begin{pmatrix} 1 & 0 & c+1 & 0 & | & 2 \\ 0 & 1 & -1 & 0 & | & -1 \\ 0 & 0 & c+2 & -1 & | & 1 \\ 0 & 0 & 0 & 0 & | & 0 \end{pmatrix}$ となるので，x_3 を自由パラメータに取れば，これ以上分類の必要は無く，$x_1 = -(c+1)x_3 + 2$，$x_2 = x_3 - 1$，$x_4 = (c+2)x_3 - 1$ と 1 次元の解が求まる．

2.5.3 どのみちすべての場合を考えねばならないので，前問と同じようにまず拡大係数行列の行基本変形をやってみる．$\begin{pmatrix} 1 & -a & -2 & | & 2 \\ a & 1 & 4 & | & 4 \\ 2 & -a & -1 & | & 5 \end{pmatrix} \xrightarrow[r2+=r3\times 4]{r1-=r3\times 2,} \begin{pmatrix} -3 & a & 0 & | & -8 \\ a+8 & -4a+1 & 0 & | & 24 \\ 2 & -a & -1 & | & 5 \end{pmatrix} \xrightarrow[r3\times=3]{r2\times=3,}$
$\begin{pmatrix} -3 & a & 0 & | & -8 \\ 3a+24 & -12a+3 & 0 & | & 72 \\ 6 & -3a & -3 & | & 15 \end{pmatrix} \xrightarrow[r3+=r1\times 2]{r2+=r1\times(a+8),} \begin{pmatrix} -3 & a & 0 & | & -8 \\ 0 & a^2-4a+3 & 0 & | & -8a+8 \\ 0 & -a & -3 & | & -1 \end{pmatrix}$．

(1) 解が一意に定まる条件は最後の行列の係数部分が正則なこと，従って $a^2 - 4a + 3 = (a-3)(a-1) \neq 0$ である．すなわち $a \neq 1, 3$．

(2) 解が存在しないための条件は，最後の行列の係数部分と全体の階数が等しくないこと，従って $a^2 - 4a + 3 = 0$ かつ $-8a + 8 \neq 0$ となることである．これより $a = 3$ と定まる．

(3) 解が無限に存在する条件は，以上の補集合で $a = 1$．このとき上の表現から y は任意で，従って $y = t$ と置けば $z = \dfrac{1}{3}(1-t)$，$x = \dfrac{1}{3}(8+t)$ と求まる．

2.6.1 A が可逆 $\iff \exists B$ s.t. $AB = BA = E \iff \exists B$ s.t. $(AB)^T = (BA)^T = E$，すなわち $B^T A^T = A^T B^T = E \iff A^T$ は可逆．よって可逆性の同値なことが示された．またこの考察から $B^T = (A^T)^{-1}$ が分かるので $(A^{-1})^T = (A^T)^{-1}$．

2.6.2 (1) $\begin{pmatrix} 0 & 2 & 1 & | & 1 & 0 & 0 \\ 1 & 0 & 0 & | & 0 & 1 & 0 \\ 0 & 1 & 1 & | & 0 & 0 & 1 \end{pmatrix} \xrightarrow{r1-=r3} \begin{pmatrix} 0 & 1 & 0 & | & 1 & 0 & -1 \\ 1 & 0 & 0 & | & 0 & 1 & 0 \\ 0 & 1 & 1 & | & 0 & 0 & 1 \end{pmatrix} \xrightarrow{r3-=r1}$
$\begin{pmatrix} 0 & 1 & 0 & | & 1 & 0 & -1 \\ 1 & 0 & 0 & | & 0 & 1 & 0 \\ 0 & 0 & 1 & | & -1 & 0 & 2 \end{pmatrix} \xrightarrow{r1 \leftrightarrow r2} \begin{pmatrix} 1 & 0 & 0 & | & 0 & 1 & 0 \\ 0 & 1 & 0 & | & 1 & 0 & -1 \\ 0 & 0 & 1 & | & -1 & 0 & 2 \end{pmatrix}$．よって逆行列は $\begin{pmatrix} 0 & 1 & 0 \\ 1 & 0 & -1 \\ -1 & 0 & 2 \end{pmatrix}$．

(2) $\begin{pmatrix} 1 & 0 & 4 & | & 1 & 0 & 0 \\ -1 & 1 & -6 & | & 0 & 1 & 0 \\ 0 & 1 & -3 & | & 0 & 0 & 1 \end{pmatrix} \xrightarrow{r2+=r1} \begin{pmatrix} 1 & 0 & 4 & | & 1 & 0 & 0 \\ 0 & 1 & -2 & | & 1 & 1 & 0 \\ 0 & 1 & -3 & | & 0 & 0 & 1 \end{pmatrix} \xrightarrow{r2-=r3}$
$\begin{pmatrix} 1 & 0 & 4 & | & 1 & 0 & 0 \\ 0 & 0 & 1 & | & 1 & 1 & -1 \\ 0 & 1 & -3 & | & 0 & 0 & 1 \end{pmatrix} \xrightarrow{\text{第 2 行で掃き出す}} \begin{pmatrix} 1 & 0 & 0 & | & -3 & -4 & 4 \\ 0 & 0 & 1 & | & 1 & 1 & -1 \\ 0 & 1 & 0 & | & 3 & 3 & -2 \end{pmatrix} \xrightarrow{\text{行を並べ替え}}$
$\begin{pmatrix} 1 & 0 & 0 & | & -3 & -4 & 4 \\ 0 & 1 & 0 & | & 3 & 3 & -2 \\ 0 & 0 & 1 & | & 1 & 1 & -1 \end{pmatrix}$．よって逆行列は $\begin{pmatrix} -3 & -4 & 4 \\ 3 & 3 & -2 \\ 1 & 1 & -1 \end{pmatrix}$．

(3) $\begin{pmatrix} 1 & 0 & 1 & | & 1 & 0 & 0 \\ 2 & 1 & 1 & | & 0 & 1 & 0 \\ 0 & 1 & 1 & | & 0 & 0 & 1 \end{pmatrix} \xrightarrow{r2-=r1\times 2} \begin{pmatrix} 1 & 0 & 1 & | & 1 & 0 & 0 \\ 0 & 1 & -1 & | & -2 & 1 & 0 \\ 0 & 1 & 1 & | & 0 & 0 & 1 \end{pmatrix} \xrightarrow{r2-=r3}$

第 2 章の問題解答

$$\begin{pmatrix} 1 & 0 & 1 & | & 1 & 0 & 0 \\ 0 & 0 & -2 & | & -2 & 1 & -1 \\ 0 & 1 & 1 & | & 0 & 0 & 1 \end{pmatrix} \xrightarrow[\substack{r2\div=2,\\r1+=r2,\\r3+=r2}]{} \begin{pmatrix} 1 & 0 & 0 & | & 0 & \frac{1}{2} & -\frac{1}{2} \\ 0 & 0 & -1 & | & -1 & \frac{1}{2} & -\frac{1}{2} \\ 0 & 1 & 0 & | & -1 & \frac{1}{2} & \frac{1}{2} \end{pmatrix} \xrightarrow[\substack{r2\times=(-1),\\r2\Leftrightarrow r3}]{}$$

$$\begin{pmatrix} 1 & 0 & 0 & | & 0 & \frac{1}{2} & -\frac{1}{2} \\ 0 & 1 & 0 & | & -1 & \frac{1}{2} & \frac{1}{2} \\ 0 & 0 & 1 & | & 1 & -\frac{1}{2} & \frac{1}{2} \end{pmatrix}.\text{ 故に逆行列は } \begin{pmatrix} 0 & \frac{1}{2} & -\frac{1}{2} \\ -1 & \frac{1}{2} & \frac{1}{2} \\ 1 & -\frac{1}{2} & \frac{1}{2} \end{pmatrix}.$$

(4) $\begin{pmatrix} -1 & 1 & -2 & | & 1 & 0 & 0 \\ 1 & 0 & 1 & | & 0 & 1 & 0 \\ -1 & 1 & -3 & | & 0 & 0 & 1 \end{pmatrix} \xrightarrow{r3-=r1} \begin{pmatrix} -1 & 1 & -2 & | & 1 & 0 & 0 \\ 1 & 0 & 1 & | & 0 & 1 & 0 \\ 0 & 0 & -1 & | & -1 & 0 & 1 \end{pmatrix} \xrightarrow{r1+=r2}$

$\begin{pmatrix} 0 & 1 & -1 & | & 1 & 1 & 0 \\ 1 & 0 & 1 & | & 0 & 1 & 0 \\ 0 & 0 & -1 & | & -1 & 0 & 1 \end{pmatrix} \xrightarrow[\substack{r1-=r3,\\r2+=r3}]{} \begin{pmatrix} 0 & 1 & 0 & | & 2 & 1 & -1 \\ 1 & 0 & 0 & | & -1 & 1 & 1 \\ 0 & 0 & -1 & | & -1 & 0 & 1 \end{pmatrix} \xrightarrow[\substack{r1\Leftrightarrow r2,\\r3\times=(-1)}]{}$

$\begin{pmatrix} 1 & 0 & 0 & | & -1 & 1 & 1 \\ 0 & 1 & 0 & | & 2 & 1 & -1 \\ 0 & 0 & 1 & | & 1 & 0 & -1 \end{pmatrix}$. よって逆行列は $\begin{pmatrix} -1 & 1 & 1 \\ 2 & 1 & -1 \\ 1 & 0 & -1 \end{pmatrix}$.

(5) $\begin{pmatrix} -1 & 7 & 1 & | & 1 & 0 & 0 \\ 2 & 3 & -2 & | & 0 & 1 & 0 \\ 1 & 0 & -1 & | & 0 & 0 & 1 \end{pmatrix} \xrightarrow[\substack{r1+=r3,\\r2-=r3\times 2}]{} \begin{pmatrix} 0 & 7 & 0 & | & 1 & 0 & 1 \\ 0 & 3 & 0 & | & 0 & 1 & -2 \\ 1 & 0 & -1 & | & 0 & 0 & 1 \end{pmatrix}$. この段階で左側の行列の第 1, 2 行が 1 次従属となるので，この行列は逆を持たない．

(6) $\begin{pmatrix} 1 & 1 & 1 & | & 1 & 0 & 0 \\ 2 & 1 & 2 & | & 0 & 1 & 0 \\ 0 & 1 & 1 & | & 0 & 0 & 1 \end{pmatrix} \xrightarrow{r2-=r1\times 2} \begin{pmatrix} 1 & 1 & 1 & | & 1 & 0 & 0 \\ 0 & -1 & 0 & | & -2 & 1 & 0 \\ 0 & 1 & 1 & | & 0 & 0 & 1 \end{pmatrix} \xrightarrow[\substack{r1+=r2,\\r3+=r2}]{}$

$\begin{pmatrix} 1 & 0 & 1 & | & -1 & 1 & 0 \\ 0 & -1 & 0 & | & -2 & 1 & 0 \\ 0 & 0 & 1 & | & -2 & 1 & 1 \end{pmatrix} \xrightarrow[\substack{r1-=r3,\\r2\times=(-1)}]{} \begin{pmatrix} 1 & 0 & 0 & | & 1 & 0 & -1 \\ 0 & 1 & 0 & | & 2 & -1 & 0 \\ 0 & 0 & 1 & | & -2 & 1 & 1 \end{pmatrix}$. 故に逆行列は $\begin{pmatrix} 1 & 0 & -1 \\ 2 & -1 & 0 \\ -2 & 1 & 1 \end{pmatrix}$.

(7) $\begin{pmatrix} 1 & 2 & 1 & 0 & | & 1 & 0 & 0 & 0 \\ 1 & 1 & 0 & 1 & | & 0 & 1 & 0 & 0 \\ 1 & 0 & 0 & 1 & | & 0 & 0 & 1 & 0 \\ 0 & 1 & -2 & 1 & | & 0 & 0 & 0 & 1 \end{pmatrix} \xrightarrow[\substack{r1-=r3,\\r2-=r3}]{} \begin{pmatrix} 0 & 2 & 1 & -1 & | & 1 & 0 & -1 & 0 \\ 0 & 1 & 0 & 0 & | & 0 & 1 & -1 & 0 \\ 1 & 0 & 0 & 1 & | & 0 & 0 & 1 & 0 \\ 0 & 1 & -2 & 1 & | & 0 & 0 & 0 & 1 \end{pmatrix}$

$\xrightarrow[\substack{r1-=r2\times 2,\\r4-=r2}]{} \begin{pmatrix} 0 & 0 & 1 & -1 & | & 1 & -2 & 1 & 0 \\ 0 & 1 & 0 & 0 & | & 0 & 1 & -1 & 0 \\ 1 & 0 & 0 & 1 & | & 0 & 0 & 1 & 0 \\ 0 & 0 & -2 & 1 & | & 0 & -1 & 1 & 1 \end{pmatrix} \xrightarrow{r4+=r1\times 2}$

$\begin{pmatrix} 0 & 0 & 1 & -1 & | & 1 & -2 & 1 & 0 \\ 0 & 1 & 0 & 0 & | & 0 & 1 & -1 & 0 \\ 1 & 0 & 0 & 1 & | & 0 & 0 & 1 & 0 \\ 0 & 0 & 0 & -1 & | & 2 & -5 & 3 & 1 \end{pmatrix} \xrightarrow{\substack{\text{第}4\text{行で}\\\text{掃き出す}}} \begin{pmatrix} 0 & 0 & 1 & 0 & | & -1 & 3 & -2 & -1 \\ 0 & 1 & 0 & 0 & | & 0 & 1 & -1 & 0 \\ 1 & 0 & 0 & 0 & | & 2 & -5 & 4 & 1 \\ 0 & 0 & 0 & -1 & | & 2 & -5 & 3 & 1 \end{pmatrix}$

$\xrightarrow{\substack{\text{第}4\text{行の}\\\text{符号を変え}\\\text{並べ直す}}} \begin{pmatrix} 1 & 0 & 0 & 0 & | & 2 & -5 & 4 & 1 \\ 0 & 1 & 0 & 0 & | & 0 & 1 & -1 & 0 \\ 0 & 0 & 1 & 0 & | & -1 & 3 & -2 & -1 \\ 0 & 0 & 0 & 1 & | & -2 & 5 & -3 & -1 \end{pmatrix}$. よって逆行列は $\begin{pmatrix} 2 & -5 & 4 & 1 \\ 0 & 1 & -1 & 0 \\ -1 & 3 & -2 & -1 \\ -2 & 5 & -3 & -1 \end{pmatrix}$.

(8) $\begin{pmatrix} 1 & 0 & 1 & -2 & | & 1 & 0 & 0 & 0 \\ -4 & 0 & 0 & 1 & | & 0 & 1 & 0 & 0 \\ -3 & 0 & 0 & 1 & | & 0 & 0 & 1 & 0 \\ -1 & 1 & 0 & 0 & | & 0 & 0 & 0 & 1 \end{pmatrix} \xrightarrow{r3-=r2} \begin{pmatrix} 1 & 0 & 1 & -2 & | & 1 & 0 & 0 & 0 \\ -4 & 0 & 0 & 1 & | & 0 & 1 & 0 & 0 \\ 1 & 0 & 0 & 0 & | & 0 & -1 & 1 & 0 \\ -1 & 1 & 0 & 0 & | & 0 & 0 & 0 & 1 \end{pmatrix}$

$\xrightarrow{\substack{\text{第}3\text{行で}\\\text{掃き出す}}} \begin{pmatrix} 0 & 0 & 1 & -2 & | & 1 & 1 & -1 & 0 \\ 0 & 0 & 0 & 1 & | & 0 & -3 & 4 & 0 \\ 1 & 0 & 0 & 0 & | & 0 & -1 & 1 & 0 \\ 0 & 1 & 0 & 0 & | & 0 & -1 & 1 & 1 \end{pmatrix} \xrightarrow{r1+=r2\times 2} \begin{pmatrix} 0 & 0 & 1 & 0 & | & 1 & -5 & 7 & 0 \\ 0 & 0 & 0 & 1 & | & 0 & -3 & 4 & 0 \\ 1 & 0 & 0 & 0 & | & 0 & -1 & 1 & 0 \\ 0 & 1 & 0 & 0 & | & 0 & -1 & 1 & 1 \end{pmatrix}$

$\xrightarrow{\text{行を}\atop\text{並べ替え}}\begin{pmatrix}1&0&0&0&0&-1&1&0\\0&1&0&0&0&-1&1&1\\0&0&1&0&1&-5&7&0\\0&0&0&1&0&-3&4&0\end{pmatrix}$. よって答は $\begin{pmatrix}0&-1&1&0\\0&-1&1&1\\1&-5&7&0\\0&-3&4&0\end{pmatrix}$.

(9) $\begin{pmatrix}1&0&-1&0&1&0&0&0\\-4&0&0&1&0&1&0&0\\-3&0&0&1&0&0&1&0\\3&-1&0&-1&0&0&0&1\end{pmatrix}\xrightarrow{r3-=r2}\begin{pmatrix}1&0&-1&0&1&0&0&0\\-4&0&0&1&0&1&0&0\\1&0&0&0&0&-1&1&0\\3&-1&0&-1&0&0&0&1\end{pmatrix}$

$\xrightarrow{\text{第3行で}\atop\text{掃き出し}}\begin{pmatrix}0&0&-1&0&1&1&-1&0\\0&0&0&1&0&-3&4&0\\1&0&0&0&0&-1&1&0\\0&-1&0&-1&0&3&-3&1\end{pmatrix}\xrightarrow{r4+=r2}\begin{pmatrix}0&0&-1&0&1&1&-1&0\\0&0&0&1&0&5&-4&0\\1&0&0&0&0&-1&1&0\\0&-1&0&0&0&0&1&1\end{pmatrix}$

$\xrightarrow{\text{符号を変えて}\atop\text{並べ替える}}\begin{pmatrix}1&0&0&0&0&-1&1&0\\0&1&0&0&0&0&-1&-1\\0&0&1&0&-1&-1&1&0\\0&0&0&1&0&5&-4&0\end{pmatrix}$. よって答は $\begin{pmatrix}0&-1&1&0\\0&0&-1&-1\\-1&-1&1&0\\0&-3&4&0\end{pmatrix}$.

(10) $\begin{pmatrix}1&0&0&-2&1&0&0&0\\0&1&4&1&0&1&0&0\\0&1&3&2&0&0&1&0\\-1&-1&-4&0&0&0&0&1\end{pmatrix}\xrightarrow{r4+=r1}\begin{pmatrix}1&0&0&-2&1&0&0&0\\0&1&4&1&0&1&0&0\\0&1&3&2&0&0&1&0\\0&-1&-4&-2&1&0&0&1\end{pmatrix}\xrightarrow{r3-=r2,\atop r4+=r2}$

$\begin{pmatrix}1&0&0&-2&1&0&0&0\\0&1&4&1&0&1&0&0\\0&0&-1&1&0&-1&1&0\\0&0&0&-1&1&1&0&1\end{pmatrix}\xrightarrow{r2+=r4,\atop r3+=r4}\begin{pmatrix}1&0&0&-2&1&0&0&0\\0&1&4&0&1&2&0&1\\0&0&-1&0&1&0&1&1\\0&0&0&-1&1&1&0&1\end{pmatrix}\xrightarrow{r1-=r4\times 2,\atop r2+=r3\times 4}$

$\begin{pmatrix}1&0&0&0&-1&-2&0&-2\\0&1&0&0&5&2&4&5\\0&0&-1&0&1&0&1&1\\0&0&0&-1&1&1&0&1\end{pmatrix}\xrightarrow{\text{第3,4行}\atop\text{の符号を}\atop\text{変える}}\begin{pmatrix}1&0&0&0&-1&-2&0&-2\\0&1&0&0&5&2&4&5\\0&0&1&0&-1&0&-1&-1\\0&0&0&1&-1&-1&0&-1\end{pmatrix}$. 答は右側部分.

(11) $\begin{pmatrix}1&2&1&3&1&0&0&0\\1&0&0&-3&0&1&0&0\\0&1&0&2&0&0&1&0\\0&0&1&1&0&0&0&1\end{pmatrix}\xrightarrow{r1-=r2,\atop r1-=r3\times 2}\begin{pmatrix}0&0&1&2&1&-1&-2&0\\1&0&0&-3&0&1&0&0\\0&1&0&2&0&0&1&0\\0&0&1&1&0&0&0&1\end{pmatrix}\xrightarrow{r1-=r4\atop r1\text{を最下行へ}}$

$\begin{pmatrix}1&0&0&-3&0&1&0&0\\0&1&0&2&0&0&1&0\\0&0&1&1&0&0&0&1\\0&0&0&1&1&-1&-2&-1\end{pmatrix}\xrightarrow{r4\text{で}\atop\text{掃き出す}}\begin{pmatrix}1&0&0&0&3&-2&-6&-3\\0&1&0&0&-2&2&5&2\\0&0&1&0&-1&1&2&2\\0&0&0&1&1&-1&-2&-1\end{pmatrix}$. 答は右側部分.

(12) この問題は結果にかなり重い分数が現れるが，分数の計算が途中で現れるのを避ける計算法を示す. $\begin{pmatrix}1&-2&1&1&0&0\\2&2&3&0&1&0\\0&1&-2&0&0&1\end{pmatrix}\xrightarrow{r2-=r1\times 2}\begin{pmatrix}1&-2&1&1&0&0\\0&6&1&-2&1&0\\0&1&-2&0&0&1\end{pmatrix}\xrightarrow{r1+=r3\times 2,\atop r2-=r3\times 6}$

$\begin{pmatrix}1&0&-3&1&0&2\\0&0&13&-2&1&-6\\0&1&-2&0&0&1\end{pmatrix}\xrightarrow{r1\times=13,\atop r3\times=13}\begin{pmatrix}13&0&-39&13&0&26\\0&0&13&-2&1&-6\\0&13&-26&0&0&13\end{pmatrix}\xrightarrow{r1+=r2\times 3,\atop r3+=r2\times 2}$

$\begin{pmatrix}13&0&0&7&3&8\\0&0&13&-2&1&-6\\0&13&0&-4&2&1\end{pmatrix}\xrightarrow{\text{第2,3行を入れ替え}\atop\text{後全体を}13\text{で割る}}\begin{pmatrix}1&0&0&\frac{7}{13}&\frac{3}{13}&\frac{8}{13}\\0&1&0&-\frac{4}{13}&\frac{2}{13}&\frac{1}{13}\\0&0&1&-\frac{2}{13}&\frac{1}{13}&-\frac{6}{13}\end{pmatrix}$. 答は右側部分.

(13) この問題は複素行列であるが，計算法は実行列と変わりない. スペース節約のため $\sqrt{-1}$ を i と記す. $\begin{pmatrix}1&1&1&1&0&0\\2&2+i&2-i&0&1&0\\-1&-2&-2&0&0&1\end{pmatrix}\xrightarrow{r2-=r1\times 2,\atop r3+=r1}\begin{pmatrix}1&1&1&1&0&0\\0&i&-i&-2&1&0\\0&-1&-1&1&0&1\end{pmatrix}\xrightarrow{r1+=r3,\atop r2\times=(-i)}$

$$\begin{pmatrix} 1 & 0 & 0 & | & 2 & 0 & 1 \\ 0 & 1 & -1 & | & 2i & -i & 0 \\ 0 & -1 & -1 & | & 1 & 0 & 1 \end{pmatrix} \xrightarrow{r2- = r3} \begin{pmatrix} 1 & 0 & 0 & | & 2 & 0 & 1 \\ 0 & 2 & 0 & | & -1+2i & -i & -1 \\ 0 & -1 & -1 & | & 1 & 0 & 1 \end{pmatrix} \xrightarrow{\substack{r2 \div = 2, \\ r3 \times = (-1)}}$$

$$\begin{pmatrix} 1 & 0 & 0 & | & 2 & 0 & 1 \\ 0 & 1 & 0 & | & -\frac{1}{2}+i & -\frac{1}{2}i & -\frac{1}{2} \\ 0 & 1 & 1 & | & -1 & 0 & -1 \end{pmatrix} \xrightarrow{r3- = r2} \begin{pmatrix} 1 & 0 & 0 & | & 2 & 0 & 1 \\ 0 & 1 & 0 & | & -\frac{1}{2}+i & -\frac{1}{2}i & -\frac{1}{2} \\ 0 & 1 & 0 & | & -\frac{1}{2}-i & \frac{1}{2}i & -\frac{1}{2} \end{pmatrix}.$$ 答は右側部分.

2.6.3 (1) $\begin{pmatrix} 2 & 1 & 2 & | & 1 & 0 & 0 \\ a & 1 & 1 & | & 0 & 1 & 0 \\ 1 & -a & 1 & | & 0 & 0 & 1 \end{pmatrix} \xrightarrow{\substack{r1- = r3 \times 2, \\ r2- = r3 \times a}} \begin{pmatrix} 0 & 2a+1 & 0 & | & 1 & 0 & -2 \\ 0 & a^2+1 & 1-a & | & 0 & 1 & -a \\ 1 & -a & 1 & | & 0 & 0 & 1 \end{pmatrix} \xrightarrow{\substack{r2 \text{ を } 2 \text{ 倍後} \\ r3 \text{ を最上行へ}}}$

$\begin{pmatrix} 1 & -a & 1 & | & 0 & 0 & 1 \\ 0 & 2a+1 & 0 & | & 1 & 0 & -2 \\ 0 & 2a^2+2 & 2-2a & | & 0 & 2 & -2a \end{pmatrix} \xrightarrow{r3- = r2 \times a} \begin{pmatrix} 1 & -a & 1 & | & 0 & 0 & 1 \\ 0 & 2a+1 & 0 & | & 1 & 0 & -2 \\ 0 & 2-a & 2-2a & | & -a & 2 & 0 \end{pmatrix} \xrightarrow{\substack{r2+ = \\ r3 \times 2}}$

$\begin{pmatrix} 1 & -a & 1 & | & 0 & 0 & 1 \\ 0 & 5 & 4-4a & | & 1-2a & 4 & -2 \\ 0 & 2-a & 2-2a & | & -a & 2 & 0 \end{pmatrix} \xrightarrow{\text{第 } 2 \text{ 行で} \atop \text{掃き出す}} \begin{pmatrix} 1 & 0 & -\frac{4a^2-4a-5}{5} & | & -\frac{2a^2-a}{5} & \frac{4}{5}a & -\frac{2a-5}{5} \\ 0 & 5 & -4a+4 & | & -2a+1 & 4 & -2 \\ 0 & 0 & -\frac{4a^2-2a-2}{5} & | & -\frac{2a^2+2}{5} & \frac{4a+2}{5} & -\frac{2a-4}{5} \end{pmatrix}.$

ここで $4a^2-2a-2 = (a-1)(2a+1)$ なので, $a=1$ または $-\frac{1}{2}$ のときは可逆でない. それ以外のときは変形を続けることができ, 第 2 行を 5, 第 3 行を $-\frac{4a^2-2a-2}{5}$ で割った後, 第 3 行で掃き出せば, 左側が単位行列となり, 右側に求める逆行列 $\begin{pmatrix} -\frac{a+1}{2a^2-a-1} & \frac{1}{a-1} & \frac{1}{2a^2-a-1} \\ \frac{1}{2a+1} & 0 & -\frac{2}{2a+1} \\ \frac{a^2+1}{2a^2-a-1} & -\frac{1}{a-1} & \frac{a-2}{2a^2-a-1} \end{pmatrix}$
が得られる.

(2) $\begin{pmatrix} 0 & a & 1 & | & 1 & 0 & 0 \\ b & 2 & a & | & 0 & 1 & 0 \\ 3 & b & 0 & | & 0 & 0 & 1 \end{pmatrix} \xrightarrow{\substack{r2- = r1 \times a, \\ r2- = r3 \times \frac{b}{3}}} \begin{pmatrix} 0 & a & 1 & | & 1 & 0 & 0 \\ 0 & -\frac{3a^2+b^2-6}{3} & 0 & | & -a & 1 & -\frac{1}{3}b \\ 3 & b & 0 & | & 0 & 0 & 1 \end{pmatrix}.$ これより, 逆行列が存在するためには第 $(2,2)$ 成分の因子 $3a^2+b^2-6 \neq 0$ が必要十分であることが分かる. このときこの非零成分をピボットとして第 2 行で掃き出せば $\to$
$\begin{pmatrix} 0 & 0 & 1 & | & \frac{b^2-6}{3a^2+b^2-6} & \frac{3a}{3a^2+b^2-6} & -\frac{ab}{3a^2+b^2-6} \\ 0 & -\frac{3a^2+b^2-6}{3} & 0 & | & -a & 1 & -\frac{1}{3}b \\ 3 & 0 & 0 & | & -\frac{3ab}{3a^2+b^2-6} & \frac{3b}{3a^2+b^2-6} & \frac{3a^2-6}{3a^2+b^2-6} \end{pmatrix}.$ よって各行を先頭非零要素で
割れば, $\to \begin{pmatrix} 0 & 0 & 1 & | & \frac{b^2-6}{3a^2+b^2-6} & \frac{3a}{3a^2+b^2-6} & -\frac{ab}{3a^2+b^2-6} \\ 0 & 1 & 0 & | & \frac{3a}{3a^2+b^2-6} & -\frac{3}{3a^2+b^2-6} & \frac{b}{3a^2+b^2-6} \\ 1 & 0 & 0 & | & -\frac{ab}{3a^2+b^2-6} & \frac{b}{3a^2+b^2-6} & \frac{a^2-2}{3a^2+b^2-6} \end{pmatrix}$ となるから, 第 1, 3 行を入れ

替えれば, 右側に求める逆行列 $\begin{pmatrix} -\frac{ab}{3a^2+b^2-6} & \frac{b}{3a^2+b^2-6} & \frac{a^2-2}{3a^2+b^2-6} \\ \frac{3a}{3a^2+b^2-6} & -\frac{3}{3a^2+b^2-6} & \frac{b}{3a^2+b^2-6} \\ \frac{b^2-6}{3a^2+b^2-6} & \frac{3a}{3a^2+b^2-6} & -\frac{ab}{3a^2+b^2-6} \end{pmatrix}$ が得られる.

🐌 解き方によっては途中で更に $a \neq 0$ かどうかの分類が必要となるが, 最終結果は上の形にまとめられる. 途中で定めた分類が最終結果でも本当に必要かどうか吟味した方が良い.

2.6.4 A の逆行列を B とすれば $AB = BA = E$ が成り立つ. これらの式の転置を取れば, $B^T A = AB^T = E$. よって逆行列の一意性により $B^T = B$ となる.

2.6.5 このような行列は上下対称な位置にある行の入れ替えで, 普通の対称行列に変換

できる．この入れ替えに対応する行基本変形を表す行列は $S = \begin{pmatrix} 0 & \cdots & \cdots & 0 & 1 \\ \vdots & & & 1 & 0 \\ \vdots & & \cdots & & \vdots \\ 0 & 1 & & & \\ 1 & 0 & \cdots & \cdots & 0 \end{pmatrix}$ で

あり，従って $S^T = S^{-1} = S$ を満たし，$SA = (SA)^T = A^T S^T = A^T S$．故に $SA = A^T S$ がこの対称性の条件となる．前問により，$(SA)^{-1}$ も対称行列となるので $(SA)^{-1} = \{(SA)^{-1}\}^T = (A^{-1}S^{-1})^T = (S^{-1})^T(A^{-1})^T$．従って $A^{-1}S^{-1} = (S^{-1})^T(A^{-1})^T$，すなわち，$SA^{-1} = (A^{-1})^T S$．これは A^{-1} も A と同様の対称性を持つことを示す．

2.6.6 (1) スペース節約のため，縦棒の左右を別々に記す．第 $1 \sim n-1$ 行を第 n 行から引くと，棒の左側（もとの行列）は $\begin{pmatrix} 1 & 1 & 0 & \cdots & \cdots & 0 \\ 1 & 0 & 1 & 0 & \cdots & 0 \\ \vdots & \vdots & \ddots & \ddots & \ddots & \vdots \\ 1 & 0 & \cdots & 0 & 1 & 0 \\ 1 & 0 & \cdots & \cdots & 0 & 1 \\ 2-n & 0 & \cdots & \cdots & 0 & 0 \end{pmatrix}$ となり，右側は

$\begin{pmatrix} 1 & 0 & 0 & \cdots & 0 \\ 0 & 1 & 0 & \cdots & 0 \\ \vdots & \vdots & \ddots & \ddots & \vdots \\ 0 & \cdots & 0 & 1 & 0 \\ -1 & -1 & \cdots & -1 & 1 \end{pmatrix}$ となる．ここで第 n 行を $2-n$ で割り最上行に移動させると，棒

の左側は $\begin{pmatrix} 1 & 0 & \cdots & \cdots & 0 & 0 \\ 1 & 1 & 0 & \cdots & \cdots & 0 \\ 1 & 0 & 1 & 0 & \cdots & 0 \\ \vdots & \vdots & \ddots & \ddots & \ddots & \vdots \\ 1 & 0 & \cdots & 0 & 1 & 0 \\ 1 & 0 & \cdots & \cdots & 0 & 1 \end{pmatrix}$ となり，右側は $\begin{pmatrix} \frac{1}{n-2} & \frac{1}{n-2} & \cdots & \frac{1}{n-2} & -\frac{1}{n-2} \\ 1 & 0 & \cdots & \cdots & 0 \\ 0 & 1 & 0 & \cdots & 0 \\ \vdots & & \ddots & \ddots & \vdots \\ 0 & \cdots & 0 & 1 & 0 \end{pmatrix}$ となる．

よって第 1 行を第 $2 \sim n$ 行から引けば，棒の左側は単位行列となり，右側に求める逆行列 $\begin{pmatrix} \frac{1}{n-2} & \frac{1}{n-2} & \cdots & \frac{1}{n-2} & -\frac{1}{n-2} \\ \frac{n-3}{n-2} & -\frac{1}{n-2} & \cdots & -\frac{1}{n-2} & \frac{1}{n-2} \\ -\frac{1}{n-2} & \ddots & \ddots & & \frac{1}{n-2} \\ \vdots & \ddots & \ddots & -\frac{1}{n-2} & \vdots \\ -\frac{1}{n-2} & \cdots & -\frac{1}{n-2} & \frac{n-3}{n-2} & \frac{1}{n-2} \end{pmatrix}$ が得られる．

(2) 上と同様の記述法を用いる．第 $n-1$ 行の a 倍を第 n 行から引くと棒の左側は $\begin{pmatrix} 1 & a & a^2 & \cdots & a^{n-1} \\ a & 1 & a & \ddots & \vdots \\ \vdots & \ddots & \ddots & \ddots & a^2 \\ a^{n-2} & \cdots & a & 1 & a \\ 0 & 0 & \cdots & 0 & 1-a^2 \end{pmatrix}$ となり，右側は $\begin{pmatrix} 1 & 0 & 0 & \cdots & 0 \\ 0 & 1 & 0 & \cdots & 0 \\ \vdots & \vdots & \ddots & \ddots & \vdots \\ 0 & \cdots & 0 & 1 & 0 \\ 0 & \cdots & 0 & -a & 1 \end{pmatrix}$ となる．第 n 行を $1-a^2$

で割ると，左側は $\begin{pmatrix} 1 & a & a^2 & \cdots & a^{n-1} \\ a & \ddots & \ddots & \ddots & \vdots \\ \vdots & \ddots & 1 & a & a^2 \\ a^{n-2} & \cdots & a & 1 & a \\ 0 & 0 & \cdots & 0 & 1 \end{pmatrix}$，右側は $\begin{pmatrix} 1 & 0 & \cdots & 0 & 0 \\ 0 & 1 & \ddots & \vdots & 0 \\ \vdots & \vdots & \ddots & 0 & \vdots \\ 0 & \cdots & 0 & 1 & 0 \\ 0 & \cdots & 0 & \frac{a}{a^2-1} & \frac{1}{1-a^2} \end{pmatrix}$ となる．

第 n 行で掃き出すと左側は $\begin{pmatrix} 1 & a & \cdots & a^{n-2} & 0 \\ a & \ddots & \ddots & \ddots & \vdots \\ \vdots & \ddots & 1 & a & 0 \\ a^{n-2} & \cdots & a & 1 & 0 \\ 0 & \cdots & 0 & 1 \end{pmatrix}$, 右側は $\begin{pmatrix} 1 & 0 & \cdots & \frac{a^n}{1-a^2} & \frac{a^{n-1}}{a^2-1} \\ 0 & \ddots & \ddots & \vdots & \vdots \\ \vdots & \ddots & 1 & \frac{a^3}{1-a^2} & \frac{a^2}{a^2-1} \\ 0 & \cdots & 0 & \frac{1}{1-a^2} & \frac{a}{a^2-1} \\ 0 & 0 & \cdots & \frac{a}{a^2-1} & \frac{1}{1-a^2} \end{pmatrix}$

となる．右側は左上の $n-1$ 次部分が単位行列ではないのでそのまま帰納法は適用できないが, 第 $n-2$ 行の a 倍を第 $n-1$ 行から引いたところで $(n-1,n-1)$ 成分が $\frac{1}{1-a^2} - \frac{a^4}{1-a^2} = 1+a^2$ となり, 次に第 $n-1$ 行を $1-a^2$ で割ったときこれが $\frac{1+a^2}{1-a^2}$ に変わって, 以後は不変である. この状況は以後同じで, 対角線には $\frac{1+a^2}{1-a^2}$, その下には $\frac{a}{a^2-1}$ が並びそれより下の成分は 0 となる. ただし $(1,1)$ 成分は例外で, 上から引く物が無いので, 下から引いたときの値 $\frac{1}{1-a^2}$ がそのまま残り, 結果的に (n,n) 成分と同じになる. 対角線より上の計算は面倒だが, もとの行列が対称なので, 問題 2.6.4 により逆行列も対称, 従って今対角線以下で確定させた結果を対角線の上に折り返せば答 $\begin{pmatrix} \frac{1}{1-a^2} & \frac{a}{a^2-1} & 0 & \cdots & 0 \\ \frac{a}{a^2-1} & \frac{1+a^2}{1-a^2} & \ddots & \ddots & \vdots \\ 0 & \ddots & \ddots & \frac{a}{a^2-1} & 0 \\ \vdots & \ddots & \frac{a}{a^2-1} & \frac{1+a^2}{1-a^2} & \frac{a}{a^2-1} \\ 0 & \cdots & 0 & \frac{a}{a^2-1} & \frac{1}{1-a^2} \end{pmatrix}$

を得る. この形は問題 2.6.5 とも整合的である.

2.7.1 (1) は $\begin{pmatrix} E & -B \\ O & E \end{pmatrix}$, (2) は $\begin{pmatrix} E & O \\ -B & E \end{pmatrix}$, (3) は $\begin{pmatrix} O & B^{-1} \\ A^{-1} & O \end{pmatrix}$. これらは例題 2.7-2 の特別な場合ではあるが, 真の 2 次正方行列の場合から解の形を想像し, 実際にもとの行列と掛けてみて単位行列になることを確認するのが速い.

2.7.2 A が逆行列を持つので, これを用いて列基本変形をし, B の箇所を消去すると, $\begin{pmatrix} A & B \\ C & D \end{pmatrix} \begin{pmatrix} E & -A^{-1}B \\ O & E \end{pmatrix} = \begin{pmatrix} A & O \\ C & D-CA^{-1}B \end{pmatrix}$. 次に, 行基本変形を用いてこの C の部分を消すと $\begin{pmatrix} E & O \\ -CA^{-1} & E \end{pmatrix} \begin{pmatrix} A & O \\ C & D-CA^{-1}B \end{pmatrix} = \begin{pmatrix} A & O \\ O & D-CA^{-1}B \end{pmatrix}$. これらを繋げると, $\begin{pmatrix} A & B \\ C & D \end{pmatrix}^{-1} = \begin{pmatrix} E & -A^{-1}B \\ O & E \end{pmatrix} \begin{pmatrix} A & O \\ C & D-CA^{-1}B \end{pmatrix}^{-1}$
$= \begin{pmatrix} E & -A^{-1}B \\ O & E \end{pmatrix} \begin{pmatrix} A & O \\ O & D-CA^{-1}B \end{pmatrix}^{-1} \begin{pmatrix} E & O \\ -CA^{-1} & E \end{pmatrix}$
$= \begin{pmatrix} E & -A^{-1}B \\ O & E \end{pmatrix} \begin{pmatrix} A^{-1} & O \\ O & (D-CA^{-1}B)^{-1} \end{pmatrix} \begin{pmatrix} E & O \\ -CA^{-1} & E \end{pmatrix}$
$= \begin{pmatrix} A^{-1} & -A^{-1}BN \\ O & N \end{pmatrix} \begin{pmatrix} E & O \\ -CA^{-1} & E \end{pmatrix} = \begin{pmatrix} A^{-1}+A^{-1}BNCA^{-1} & -A^{-1}BN \\ -NCA^{-1} & N \end{pmatrix}$.

2.7.3 同例題の別解の式 (2.12), あるいはその逆行列を取る前の式から分かる. 問題 2.7.2 の方も, 上の解答中の下から 2 行目より, A^{-1} の存在仮定の下では, 与えられたブロック型行列の可逆性が $D-CA^{-1}B$ の可逆性と同値であることが分かる.

二つの逆行列は当然一致するはずだが実際にこれを示すのは良い計算練習である．

2.7.4 $\begin{pmatrix} 1 & 0 & 0 & 0 \\ 0 & 0 & 1 & 0 \\ 0 & 1 & 0 & 0 \\ 0 & 0 & 0 & 1 \end{pmatrix}$ などを挙げればよい．(このような行列も適当な行基本変形で例題 2.7-2

が適用可能な形に持ってゆくことはできる.)

第 3 章の問題解答

3.1.1 零ベクトルの性質 (3) と分配律 (7b) より. $\lambda \mathbf{0} = \lambda(\mathbf{0}+\mathbf{0}) = \lambda\mathbf{0} + \lambda\mathbf{0}$. この両辺に $-(\lambda\mathbf{0})$（加法の逆元）を加えて，右辺に結合律を用いると，$\mathbf{0} = -(\lambda\mathbf{0}) + \lambda\mathbf{0} = -(\lambda\mathbf{0}) + (\lambda\mathbf{0} + \lambda\mathbf{0}) = \{-(\lambda\mathbf{0}) + \lambda\mathbf{0}\} + \lambda\mathbf{0} = \mathbf{0} + \lambda\mathbf{0} = \lambda\mathbf{0}$.

3.1.2 $\lambda \neq 0$ とすると，逆数 λ^{-1} が存在するので，これを等式の両辺に掛けると，左辺は性質 (5)，次いで (6) を用いて $\lambda^{-1}(\lambda\boldsymbol{v}) = (\lambda^{-1}\lambda)\boldsymbol{v} = 1\boldsymbol{v} = \boldsymbol{v}$ となる．また右辺は前問により $\mathbf{0}$ となるので，$\boldsymbol{v} = \mathbf{0}$. 以上により $\lambda = 0$ か，さもなくば $\boldsymbol{v} = \mathbf{0}$ である．

3.2.1 (1) $(1,1), (1,-1)$ はともにこの集合に属すが，和の $(2,0)$ は属さないので，線形空間にならない．
(2) a, b は任意に取れるので，$a=1, b=0$ として $\sin x$, $a=1, b=\frac{\pi}{2}$ として $\cos x$ がこの集合に含まれる．一般の元は $a\sin(x+b) = a\sin x\cos b + a\cos x\sin b$ でこれら二つの1次結合で書けている．逆に $a\sin x + b\cos x = \sqrt{a^2+b^2}\sin(x+\alpha)$ と書ける．ここに α は $\cos\alpha = \frac{a}{\sqrt{a^2+b^2}}, \sin\alpha = \frac{b}{\sqrt{a^2+b^2}}$ で定まる．スカラー倍の方は自明だから，この集合は線形空間となる．基底は上に示した $\sin x, \cos x$ で次元は 2.
(3) $f(x) = ax^2+bx+c$ と表され，$a, b, c \in \boldsymbol{R}$ は任意で，指定された演算はこの係数に対して線形に作用する．よってこの集合は線形空間を成し，次元は 3 で基底の例は $\log x, x\log x, x^2\log x$.
(4) $F(x, y)$ は 6 個の自由パラメータ a, h, b, g, f, c を含む．$F(0, 0) = F(1, 0) = F(0, 1) = 0$ という条件は多項式の 1 次結合で保たれるので，これを満たす $F(x, y)$ の集合は線形空間になる．自由度はこの条件の個数分減り，次元は $6 - 3 = 3$ となる．基底を求めるため実際に条件を代入してみると，$c = 0, a+g+c = 0, b+f+c = 0$. これより $g = -a, f = -b$ で a, h, b が自由パラメータとして残り $F(x, y) = a(x^2-x) + hxy + b(y^2-y)$ と書けるので，基底として $x(x-1), y(y-1), xy$ が取れる．
別解 ① 1 変数多項式 $F(x, 0)$ は条件から $x = 0, 1$ で零となるので，因数定理により $x(x-1)$ で割り切れる．②同様に $F(0, y)$ は $y(y-1)$ で割り切れる．すると①からまず $F(x, y) = F(x, 0) + \{F(x, y) - F(x, 0)\} = px(x-1) + G(x, y)y$ と書ける．ここに p は定数，また G は 1 次多項式であるが，②を使うと $F(0, y) = G(0, y)y = qy(y-1)$. よって $G(x, y) = q(y-1) + rx$. 以上により $F(x, y) = \{q(y-1) + rx\}y + px(x-1) = px(x-1) + qy(y-1) + rxy$ の形と分かる．逆にこの形の多項式は明らかに条件を満たす．
(5) これは漸化式で定まる無限数列である．条件が付くのは $x_n, n \geq 5$ からなので，$x_1 = c_1, x_2 = c_2, x_3 = c_3, x_4 = c_4$ は任意であり，x_5 から先は c_3, c_4 の 1 次同次式として決まる．よってこの集合は実質的にこれら 4 個の任意パラメータが成す 4 次元の線形空間となる．基底はこれら 4 個のパラメータの成すベクトルに $\boldsymbol{R}^4$ の標準基底を割り当てたもので与えられ，これらは数列に書き直すと $(1, 0, 0, 0, 0, \dots), (0, 1, 0, 0, 0, \dots), (0, 0, 1, 0, b, ab, (a+1)b^2, \dots), (0, 0, 0, 1, a, a^2+b, a^3+2ab, \dots,)$ となり，後ろ二つの 3, 4 番目以降の一般項は 3 項漸化

式の解として得られる．ここではそれを答える必要は無いが，例題 5.6-1 で与えた一般解を用いて初項を調節すると，それぞれ $x_n = \frac{b}{\sqrt{a^2+4b}}\left\{\left(\frac{a+\sqrt{a^2+4b}}{2}\right)^{n-4} - \left(\frac{a-\sqrt{a^2+4b}}{2}\right)^{n-4}\right\}$,
および $x_n = \frac{1}{\sqrt{a^2+4b}}\left\{\left(\frac{a+\sqrt{a^2+4b}}{2}\right)^{n-3} - \left(\frac{a-\sqrt{a^2+4b}}{2}\right)^{n-3}\right\}$ $(n \geq 5)$ となる．

(6) 与えられた演算の定義を用いて線形空間の公理を確認すればよい．零ベクトルは $(1,0)$, (x,y) の加法の逆元は $(x,-y)$, 次元は 1 で，$(1,0)$ 以外の任意の元が基底となり得る．計算の詳細は 💻．なお，この集合の元は $(x,y) = \left(\frac{1-t^2}{1+t^2}, \frac{2t}{1+t^2}\right)$ という対応で，$t \in \mathbf{R}$ と一対一に対応し，ここの演算の定義は $\mathbf{R}$ の加法とスカラー倍を x,y で書き直したものになっている．よってこのことを確かめれば主張は自明になる．この例は線形空間かどうかの判断が集合だけでなく演算の定義にも依ることを示すものである．

3.3.1 両方のベクトル系を合わせて作った行列を行基本変形する．
$$\begin{pmatrix} 1 & 1 & 0 & | & 1 & 0 \\ 0 & 0 & 0 & | & 0 & 1 \\ 1 & -2 & 1 & | & 3 & 0 \end{pmatrix} \xrightarrow{r3-=r1} \begin{pmatrix} 1 & 1 & 0 & | & 1 & 0 \\ 0 & 0 & 0 & | & 0 & 1 \\ 0 & -3 & 1 & | & 2 & 0 \end{pmatrix} \xrightarrow{r2\Leftrightarrow r3} \begin{pmatrix} 1 & 1 & 0 & | & 1 & 0 \\ 0 & -3 & 1 & | & 2 & 0 \\ 0 & 0 & 0 & | & 0 & 1 \end{pmatrix}.$$

(1) W_1, W_2 がともに 2 次元であることが上の変形から分かる．

(2) Σ_2 の第 1 ベクトルは W_1 にも含まれ，これが 1 次元の $W_1 \cap W_2$ を生成することが同様に上から分かる．これを含む W_1 の基底としては，Σ_1 の任意の 1 本，例えば 1 本目を追加すればよい．また W_2 の基底としてはもとの Σ_2 をそのまま取ればよい．これらの 3 本を合わせたものが $W_1 + W_2$ の基底となり，3 次元なので実は全空間 $\mathbf{R}^3$ と一致する．

(3) W_1 の方は Σ_1 の 1 本目と Σ_2 の 1 本目を解に持つ方程式を作ればよい．これを $ax + by + cz = 0$ とし $\begin{pmatrix} x \\ y \\ z \end{pmatrix}$ に $\begin{pmatrix} 1 \\ 0 \\ 1 \end{pmatrix}, \begin{pmatrix} 1 \\ 0 \\ 3 \end{pmatrix}$ を代入して 0 となるようにすると $a + c = 0$, $a + 3c = 0$ となるので，これから $a = c = 0$. 従って求める方程式は $y = 0$（これでも方程式である！）．W_2 の方は Σ_2 の 2 本が解となるように $ax + by + cz = 0$ の係数を決めると，$a + 3c = 0, b = 0$. 従って例えば $a = 3, c = -1$ と選択できる．すなわち，$3x - z = 0$ でよい．$W_1 \cap W_2$ の方程式はこの二つを連立させたものである．なお，この方程式を求める計算は，一つ目で言えば $(a, b, c)\begin{pmatrix} 1 & 1 \\ 0 & 0 \\ 1 & 3 \end{pmatrix} = (0, 0)$ と行列表記されるので，これを機械的に解くのは列基本変形の方になる．上で用いた行基本変形の結果を用いると誤った結論が導かれるので注意せよ．（別の機械的計算法としては後出の例題 3.4-2 参照．）

別解 1 Σ_1, Σ_2 のそれぞれに列基本変形を用いると，
$$\Sigma_1 = \begin{pmatrix} 1 & 1 & 0 \\ 0 & 0 & 0 \\ 1 & -2 & 1 \end{pmatrix} \xrightarrow{c2-=c1} \begin{pmatrix} 1 & 0 & 0 \\ 0 & 0 & 0 \\ 1 & -3 & 1 \end{pmatrix} \xrightarrow[c2+=c3\times 3]{c1-=c3,} \begin{pmatrix} 1 & 0 & 0 \\ 0 & 0 & 0 \\ 0 & 0 & 1 \end{pmatrix}. \Sigma_2 = \begin{pmatrix} 1 & 0 \\ 0 & 1 \\ 3 & 0 \end{pmatrix}$$ はそのままで，この時点で $\dim W_1 = \dim W_2 = 2$, また Σ_2 の 1 本目 $\begin{pmatrix} 1 \\ 0 \\ 3 \end{pmatrix}$ が W_2 に含まれることが分かり，$\dim W_1 \cap W_2 = 1$. W_1 の基底は上に最後の変形結果の 1 本目または 3 本目を加えたもの，W_2 の基底は Σ_2 をそのまま取ればよい．W_1 を解空間とする 1 次方程式は変形結果から明らかに $y = 0$, W_2 の方は最初の解と同様．

別解 2 この問題は基本変形しなくても次のように解ける：W_1 が 2 次元であることは Σ_1 の形から容易に分かる．Σ_1, Σ_2 を見比べると，Σ_2 の第 2 のベクトルだけが零と異なる第 2 成

分を持つので，これは W_1 には属し得ない．よって W_1 は 3 次元ではない．1 次元でもないことも Σ_1 の元の見かけから容易に分かる．よって W_1 は 2 次元である．$W_1 \cap W_2$ は 2 次元ではないことが既に分かって居たから，$W_1 + W_2$ は 3 次元となり，従って次元公式から $W_1 \cap W_2$ は 1 次元である．Σ_2 の第 1 ベクトルが Σ_1 のベクトルの 1 次結合，例えば 1 本目+2×3 本目，で作れることが暗算で分かるので，後は上記の解と同様にやればよい．

3.3.2 二つのベクトルの集合を合わせて行列を作り，それを行基本変形すると，

$$\begin{pmatrix} 1 & 1 & | & 0 & 2 \\ 3 & 4 & | & -1 & -1 \\ 2 & 0 & | & -1 & 0 \\ 0 & -1 & | & 0 & 1 \end{pmatrix} \xrightarrow{\text{第1行で掃き出す}} \begin{pmatrix} 1 & 1 & | & 0 & 2 \\ 0 & 1 & | & -1 & -7 \\ 0 & -2 & | & -1 & -4 \\ 0 & -1 & | & 0 & 1 \end{pmatrix} \xrightarrow{\text{第4行で掃き出す}} \begin{pmatrix} 1 & 0 & | & 0 & 3 \\ 0 & 0 & | & -1 & -6 \\ 0 & 0 & | & -1 & -6 \\ 0 & -1 & | & 0 & 1 \end{pmatrix} \xrightarrow{r2-=r3,\ r2\leftrightarrow r4}$$

$$\begin{pmatrix} 1 & 0 & | & 0 & 3 \\ 0 & -1 & | & 0 & 1 \\ 0 & 0 & | & -1 & -6 \\ 0 & 0 & | & 0 & 0 \end{pmatrix} \xrightarrow{r2\times=(-1),\ r3\times=(-1)} \begin{pmatrix} 1 & 0 & | & 0 & 3 \\ 0 & 1 & | & 0 & -1 \\ 0 & 0 & | & 1 & 6 \\ 0 & 0 & | & 0 & 0 \end{pmatrix}.$$

(1) 最後の結果より $\boldsymbol{b}_2 = 3\boldsymbol{a}_1 - \boldsymbol{a}_2 + 6\boldsymbol{b}_1$ という 1 次関係式が看取できる．

(2) $V \cap W$ は 1 次元で，今求めた関係式から共通元として $3\boldsymbol{a}_1 - \boldsymbol{a}_2 = -6\boldsymbol{b}_1 + \boldsymbol{b}_2$ が取れることが分かり，これが基底となる．よって $V + W$ は 3 次元で，上で求めた元に例えば $\boldsymbol{a}_1$ と $\boldsymbol{b}_1$ を追加すればよいことが分かる．

別解 この問題は与えられたベクトルの形を有効利用すると，基本変形をしなくても解ける．すなわち，$\boldsymbol{b}_2$ の第 4 成分に着目すると，$\boldsymbol{b}_2$ を表すには $-\boldsymbol{a}_2$ という項が必要なことが分かる．これを $\boldsymbol{b}_2$ から引いた残りは $\boldsymbol{b}_2 + \boldsymbol{a}_2 = (3, 3, 0, 0)^T$ となり，これは $\boldsymbol{a}_1$ と $\boldsymbol{b}_1$ で表せなければならない．しかし第 3 成分が零なので，$\boldsymbol{a}_1 + 2\boldsymbol{b}_1 = (1, 1, 0, 0)^T$ のスカラー倍とならねばならない．このスカラーは 3 であることが見れば分かるので，結局 $\boldsymbol{b}_2 + \boldsymbol{a}_2 = 3(\boldsymbol{a}_1 + 2\boldsymbol{b}_1)$，すなわち $\boldsymbol{b}_2 = 3\boldsymbol{a}_1 - \boldsymbol{a}_2 + 6\boldsymbol{b}_1$ となる．以上の議論から，関係式はこれ一つで，これは最初の解法で示したように $3\boldsymbol{a}_1 - \boldsymbol{a}_2 = -6\boldsymbol{b}_1 + \boldsymbol{b}_2$ と変形できるので，$V \cap W$ は 1 次元でこれで張られる．V, W はそれぞれ 2 次元であることが，与えられたベクトルの第 3, 4 成分に注目すれば明らかであるので，次元公式より $V + W$ は 3 次元である．$\boldsymbol{a}_1, \boldsymbol{b}_1$ は明らかに共通元とは 1 次独立なので，これらを追加すれば $V + W$ の基底となる．

3.3.3 $\Longrightarrow$ の向きは自明なので $\Longleftarrow$ を示せばよい．いろんな説明法が有るが，例えば W の基底を取ると，その個数が $\dim W$ に等しいので，W の任意の元がそれらの 1 次結合で書けてしまうことから分かる．

3.3.4 $\Longrightarrow$ の向きは自明なので $\Longleftarrow$ を示す．次元公式により $\dim(W_1 \cap W_2) = \dim W_1 + \dim W_2 - \dim(W_1 + W_2) = \dim W_1 + \dim W_2 - \dim V = 0$．故に $W_1 \cap W_2 = \{\boldsymbol{0}\}$．

3.3.5 A, B が対称行列なら，スカラー $\lambda, \mu \in \boldsymbol{R}$ に対してこれらの 1 次結合も $(\lambda A + \mu B)^T = \lambda A^T + \mu B^T = \lambda A + \mu B$ より対称となる．歪対称の場合も同様で，これらは正方行列の空間の線形部分空間を成す．任意の正方行列 A に対し，$B = \frac{1}{2}(A + A^T)$，$C = \frac{1}{2}(A - A^T)$ と置けば，容易に分かるように $B^T = B, C^T = -C, B + C = A$ が成り立つので，和空間は全体となる．共通部分に含まれる行列 B は $B = B^T = -B$ を満たすので，$2B = O, B = O$ となり，上は直和であることが分かる．対称行列は対角線とその

上の成分で決定されるので，次元は $1+2+\cdots+n=\frac{n(n+1)}{2}$ となる．歪対称行列は対角成分がすべて零となるので，次元は $1+2+\cdots+(n-1)=\frac{n(n-1)}{2}$ となるが，これらを加えると n^2 になるので，問題 3.3.4 により以上の議論のどれか一つは省略できる．

3.4.1 (1) $W_1\cap W_2$ は二つの方程式を連立させたものの解空間である．これらの方程式は明らかに 1 次独立なので，$\dim W_1\cap W_2=3-2=1$．二つ目の方程式から一つ目の方程式を引くと $2y+6z=0, y=-3z$，二つ目の方程式から $x=y-z=-4z$．よって $z=-1$ と選んで解 $(x,y,z)^T=(4,3,-1)^T$ が得られ，これが $W_1\cap W_2$ の基底となる．
(2) W_1 の基底のもう 1 本は $x-3y-5z=0$ の解でこれとは 1 次独立なもの，例えば $(3,1,0)^T$ を選べばよい．同様に W_2 の基底のもう 1 本は $x-y+z=0$ から $(1,1,0)^T$ などが取れる．

3.4.2 ベクトル成分から作った行列 A を転置した $A^T=\begin{pmatrix}3&1&2&1\\1&0&1&2\\2&1&1&-1\\1&1&0&-3\end{pmatrix}$ を係数行列とし右辺を零ベクトルとする連立 1 次方程式の解を係数として作った 1 次式を並べたものが解となる．よってこの係数行列を行基本変形すると $\xrightarrow{\text{第2行で掃き出す}}\begin{pmatrix}0&1&-1&-5\\1&0&1&2\\0&1&-1&-5\\0&1&-1&-5\end{pmatrix}\xrightarrow{\text{第1行で掃き出す}}\begin{pmatrix}0&1&-1&-5\\1&0&1&2\\0&0&0&0\\0&0&0&0\end{pmatrix}$．よって方程式は実質的に 2 個となり，2 次元の解を持つ．最後の 2 成分を $(1,0), (0,1)$ に選んだものから，$(a,b,c,d)=(-1,1,1,0), (-2,5,0,1)$ を得るので，求める方程式は未知数に x,y,z,u を用いると $-x+y+z=0, -2x+5y+u=0$ となる．

別解 転置しないもとの行列に $(x,y,z,u)^T$ を追加した拡大係数行列を行基本変形すると
$\begin{pmatrix}3&1&2&1\\1&0&1&1\\2&1&1&0\\1&2&-1&-3\end{pmatrix}\begin{vmatrix}x\\y\\z\\u\end{vmatrix}\xrightarrow{\text{第2行で掃き出す}}\begin{pmatrix}0&1&-1&-2\\1&0&1&1\\0&1&-1&-2\\0&2&-2&-4\end{pmatrix}\begin{vmatrix}x-3y\\y\\z-2y\\u-y\end{vmatrix}\xrightarrow{\text{第1行で掃き出す}}$
$\begin{pmatrix}0&1&-1&-2\\1&0&1&1\\0&0&0&0\\0&0&0&0\end{pmatrix}\begin{vmatrix}x-3y\\y\\z-2y-(x-3y)\\u-y-2(x-3y)\end{vmatrix}$．よってこの方程式が解けるための右辺の条件は最後の 2 成分が 0 となることであり，計算すると $-x+y+z=0, -2x+5y+u=0$ となる．

3.4.3 二つの超平面の方程式を連立させたものの一般解は $x_3=3s, x_4=t$ で自由パラメータを導入すると，$x_1=1-4s, x_2=s-t$．これが交わりの (2 次元) 平面のパラメータ表示なので，後は例題 3.4-3 と同様にこの解と与えられた点の座標を代入すると零になる 1 次方程式 $a_1x_1+a_2x_2+a_3x_3+a_4x_4=c$ を求めればよい．今度は転置して係数ベクトル $(a_1,a_2,a_3,a_4,c)^T$ に関する普通の連立 1 次方程式で書くと，係数行列は $\begin{pmatrix}1&0&0&0&-1\\-4&1&3&0&0\\0&-1&0&1&0\\1&-1&3&6&-1\end{pmatrix}$ となり，基本変形して解けば $3x_1-3x_2+5x_3-3x_4=3$ を得る．

別解 この 2 枚の超平面の交わりを含む超平面の一般形は $k(x_1+x_2+x_3+x_4-1)+l(2x_1-x_2+3x_3-x_4-2)=0$ である．これに与えられた点の座標を代入して $8k+4l=0$．よって $(k,l)=(-1,2)$ と選べ，求める方程式は $-(x_1+x_2+x_3+x_4-1)+2(2x_1-x_2+3x_3-x_4-2)=3x_1-3x_2+5x_3-3x_4-3=0$ で上と同じものを得る．

3.5.1 まず表現行列を求めるため，例題 3.5-2 と同様，2 組のベクトル系を縦に積んだものを列基本変形して求めると，

$$\begin{pmatrix} 2 & 1 & 0 \\ 3 & -1 & 2 \\ 1 & 2 & -1 \\ \hline 6 & -5 & 6 \\ 6 & -1 & 3 \\ -6 & 9 & -9 \end{pmatrix} \xrightarrow[\text{第 1 列}]{\text{第 2 列の}} \begin{pmatrix} 0 & 1 & 0 \\ 5 & -1 & 2 \\ -3 & 2 & -1 \\ \hline 16 & -5 & 6 \\ 8 & -1 & 3 \\ -24 & 9 & -9 \end{pmatrix} \xrightarrow[\text{第 1 列}]{\text{第 3 列の}} \begin{pmatrix} 0 & 1 & 0 \\ 1 & -1 & 2 \\ -1 & 2 & -1 \\ \hline 4 & -5 & 6 \\ 2 & -1 & 3 \\ -6 & 9 & -9 \end{pmatrix} \xrightarrow[\text{から引く}]{\text{第 1 列を}}$$

$$\begin{pmatrix} 0 & 1 & 0 \\ 1 & -1 & 0 \\ -1 & 2 & 0 \\ \hline 4 & -5 & 2 \\ 2 & -1 & 1 \\ -6 & 9 & -3 \end{pmatrix} \xrightarrow[\text{第 2 列に}]{\text{第 3 列を}} \begin{pmatrix} 0 & 1 & 0 \\ 0 & 0 & 1 \\ -1 & 2 & 0 \\ \hline 2 & -3 & 2 \\ 1 & 0 & 1 \\ -3 & 6 & -3 \end{pmatrix} \xrightarrow[\text{第 2 列に}]{\text{第 1 列の}} \begin{pmatrix} 0 & 1 & 0 \\ 0 & 0 & 1 \\ -1 & 0 & 0 \\ \hline 2 & 1 & 2 \\ 1 & 2 & 1 \\ -3 & 0 & -3 \end{pmatrix} \xrightarrow[\text{最終列に}]{\text{第 1 列の}}$$

$$\begin{pmatrix} 1 & 0 & 0 \\ 0 & 1 & 0 \\ 0 & 0 & 1 \\ \hline 1 & 2 & -2 \\ 2 & 1 & -1 \\ 0 & -3 & 3 \end{pmatrix}.$$ これより F の表現行列は $\begin{pmatrix} 1 & 2 & -2 \\ 2 & 1 & -1 \\ 0 & -3 & 3 \end{pmatrix}$ となる．

3.5.2 (1) $x^2 - 1$ による掛け算は多項式に線形に作用する：$\{\lambda f(x) + \mu g(x)\}(x^2 - 1) = \lambda f(x)(x^2 - 1) + \mu g(x)(x^2 - 1)$. また $\mod (x^4 - 1)$ も多項式に線形に作用する：$\{\lambda f(x) + \mu g(x)\} \mod (x^4 - 1) = \lambda\{f(x) \mod (x^4 - 1)\} + \mu\{g(x) \mod (x^4 - 1)\}$. 故にこれらを合成したものも多項式に線形に働く．よって後は F が V の元をそれ自身に写すことを確認しさえすればよいが，それは F の定義から明らかである．
(2) $F(ax^3 + bx^2 + cx + d) = (ax^3 + bx^2 + cx + d)(x^2 - 1) \mod (x^4 - 1) = ax^5 + bx^4 + (c-a)x^3 + (d-b)x^2 - cx - d \mod (x^4 - 1) = (c-a)x^3 + (d-b)x^2 + (a-c)x + b - d$
となる．よって V の基底として $[x^3, x^2, x, 1]$ を取っておけば，F は $\begin{pmatrix} -1 & 0 & 1 & 0 \\ 0 & -1 & 0 & 1 \\ 1 & 0 & -1 & 0 \\ 0 & 1 & 0 & -1 \end{pmatrix}$
という行列で表現される．（なお，これを先に示せば (1) はやる必要が無い．）

3.5.3 (1) V の一般式の表現が $[1, x, \sqrt{x}, x\sqrt{x}]$ の 1 次結合の形をしているので，V がこれを基底とする 4 次元の線形空間となっていることはほぼ自明である．
(2) 微分も $\sqrt{x}$ による掛け算も線形演算なので，写像の線形性は明らか．$F([1, x, \sqrt{x}, x\sqrt{x}]) = 2\sqrt{x}\left[0, 1, \frac{1}{2\sqrt{x}}, \frac{3}{2}\sqrt{x}\right] = [0, 2\sqrt{x}, 1, 3x] = [1, x, \sqrt{x}, x\sqrt{x}] \begin{pmatrix} 0 & 0 & 1 & 0 \\ 0 & 0 & 0 & 3 \\ 0 & 2 & 0 & 0 \\ 0 & 0 & 0 & 0 \end{pmatrix}$ が確かめられるので，F は確かに V からそれ自身への写像となっており，最後の行列が表現行列である．

3.5.4 (1) $1, \sqrt{2}$ は $\boldsymbol{Q}$ 上 1 次独立なことが $\sqrt{2}$ が無理数であることから容易に示せる．V の任意の元はこれらの $\boldsymbol{Q}$ 上の 1 次結合で書けているので，V は $\boldsymbol{Q}$ 上 2 次元である．
(2) $(1 + \sqrt{2})(a + b\sqrt{2}) = a + 2b + (a+b)\sqrt{2}$ なので，この基底により写像は $\begin{pmatrix} a \\ b \end{pmatrix} \mapsto \begin{pmatrix} 1 & 2 \\ 1 & 1 \end{pmatrix} \begin{pmatrix} a \\ b \end{pmatrix}$ と表される．これよりこの写像がこの係数行列を表現行列に持つ線形写像であることが分かる．
(3) 写像としての逆写像は $\frac{1}{1+\sqrt{2}} = \sqrt{2} - 1$ による乗法であることは明らかである．これは $(\sqrt{2} - 1)(a + b\sqrt{2}) = -a + 2b + (a-b)\sqrt{2}$ より $\begin{pmatrix} -1 & 2 \\ 1 & -1 \end{pmatrix}$ を表現行列とする線形

写像となるが，この行列は当然ながら (2) で求めたものの逆行列となっていることが直接にも容易に確認できる.

3.5.5 (1) は前問と同様である．次元は 4 で基底は $[1, \sqrt{2}, \sqrt{3}, \sqrt{6}]$ を取るのが最も自然である．($\sqrt{6}$ は代数的には $\sqrt{2}$ と $\sqrt{3}$ から積で作れるが，線形演算としてはこれらは 1 次独立なことに注意せよ.)

(2) $\sqrt{2}[1, \sqrt{2}, \sqrt{3}, \sqrt{6}] = [\sqrt{2}, 2, \sqrt{6}, 2\sqrt{3}] = [1, \sqrt{2}, \sqrt{3}, \sqrt{6}] \begin{pmatrix} 0 & 2 & 0 & 0 \\ 1 & 0 & 0 & 0 \\ 0 & 0 & 0 & 2 \\ 0 & 0 & 1 & 0 \end{pmatrix}$ なので，この行列が表現行列である．

(3) 逆写像は当然ながら $\sqrt{2}$ で割るもので，これは $\frac{\sqrt{2}}{2}$ を掛けるのに等しいから，実はもとの写像の $\frac{1}{2}$ 倍に他ならない．

3.5.6 $\{x_n\}_{n=1}^{\infty}$ を最初の 4 成分で代表させ，ベクトル $(x_1, x_2, x_3, x_4)^T$ と同一視すると，$x_5 = ax_4 + bx_3$ だったので $S[(x_1, x_2, x_3, x_4)^T] = (x_2, x_3, x_4, x_5)^T = (x_2, x_3, x_4, ax_4 + bx_3)^T$ となる．これは行列で $\begin{pmatrix} 0 & 1 & 0 & 0 \\ 0 & 0 & 1 & 0 \\ 0 & 0 & 0 & 1 \\ 0 & 0 & b & a \end{pmatrix} \begin{pmatrix} x_1 \\ x_2 \\ x_3 \\ x_4 \end{pmatrix}$ と書ける．これから線形写像であることも分かる．

3.6.1 表現行列の行基本変形で解く．
$\begin{pmatrix} 1 & -4 & 2 \\ 0 & 1 & 2 \\ 1 & -3 & 4 \end{pmatrix} \xrightarrow{r3-=r1} \begin{pmatrix} 1 & -4 & 2 \\ 0 & 1 & 2 \\ 0 & 1 & 2 \end{pmatrix} \xrightarrow{r3-=r2} \begin{pmatrix} 1 & -4 & 2 \\ 0 & 1 & 2 \\ 0 & 0 & 0 \end{pmatrix}$．よって階数は 2, 従って像の次元は 2. 変形したものの最初の 2 列が 1 次独立なので，もとの行列に戻って最初の 2 列 $\begin{pmatrix} 1 \\ 0 \\ 1 \end{pmatrix}$, $\begin{pmatrix} -4 \\ 1 \\ -3 \end{pmatrix}$ が像の基底となる．核は $3 - 2 = 1$ 次元．基底は，変形したものを係数行列とする連立 1 次方程式を下から順に解いて，$z = -1, y = 2, x = 10$, すなわち $\begin{pmatrix} 10 \\ 2 \\ -1 \end{pmatrix}$.

3.6.2 $F\begin{pmatrix} x \\ y \\ z \end{pmatrix} = x\begin{pmatrix} 2 \\ -1 \\ -1 \end{pmatrix} + y\begin{pmatrix} 0 \\ 4 \\ 2 \end{pmatrix} + z\begin{pmatrix} 4 \\ 2 \\ 0 \end{pmatrix} = \begin{pmatrix} 2 & 0 & 4 \\ -1 & 4 & 2 \\ -1 & 2 & 0 \end{pmatrix} \begin{pmatrix} x \\ y \\ z \end{pmatrix}$ と書ける．この表現行列を行基本変形すると，$\begin{pmatrix} 2 & 0 & 4 \\ -1 & 4 & 2 \\ -1 & 2 & 0 \end{pmatrix} \xrightarrow[r2-=r3]{r1+=r3\times 2,} \begin{pmatrix} 0 & 4 & 4 \\ 0 & 2 & 2 \\ -1 & 2 & 0 \end{pmatrix} \xrightarrow[r2\div=2]{r1\div=4,}$
$\begin{pmatrix} 0 & 1 & 1 \\ 0 & 1 & 1 \\ -1 & 2 & 0 \end{pmatrix} \xrightarrow{r2-=r1} \begin{pmatrix} 0 & 1 & 1 \\ 0 & 0 & 0 \\ -1 & 2 & 0 \end{pmatrix}$．よって階数は 2, 従って像の次元は 2 と分かる．像の基底は，行基本変形の結果から例えば第 2, 3 列が 1 次独立なので，もとのベクトルの第 2, 3 番目をとればよいが，どちらも 2 を共通因子に持っているので，これで割り算した $\begin{pmatrix} 0 \\ 2 \\ 1 \end{pmatrix}$, $\begin{pmatrix} 2 \\ 1 \\ 0 \end{pmatrix}$ を答とした方がきれいである．(その他にもいろんな取り方が有る.) 核は行基本変形の結果から $z = -1$ と取れば $y = 1, x = 2$ と定まり，$\begin{pmatrix} 2 \\ 1 \\ -1 \end{pmatrix}$ を基底として取れる．

3.6.3 F の表現行列の第 2, 3 列は符号が異なるだけなので，階数が 2 であることが直ちに

見て取れる．よって像は 2 次元で，第 1, 2 列が基底となる．核の方は次元公式から $3-2=1$ 次元であり，表現行列の第 1, 3 行が 1 次独立なので，これを係数とする方程式を解けば基底が求まる．$z=1$ とすれば，第 3 行から $y=1$, よって第 1 行から $x=0$. すなわち，$\begin{pmatrix} 0 \\ 1 \\ 1 \end{pmatrix}$ が基底となる．

3.6.4 問題 3.5.2 の解答の計算から $F([x^3, x^2, x, 1]) = [-x^3+x, -x^2+1, x^3-x, x^2-1]$ となっていることが分かり，階数は 2 なので，まず F の核，すなわち零ベクトルに行く V の元 x^3+x, x^2+1 を目の子で求めると，2 次元でこれが核の基底となる．像は 2 次元で，例えば基底の像の最初の二つ $-x^3+x, -x^2+1$ で生成される．

別解 表現行列で求めた核と像の数ベクトルを係数として多項式を作れば同じ結果を得る．

3.6.5 先の計算で $F([1, x, \sqrt{x}, x\sqrt{x}]) = [0, 2\sqrt{x}, 1, 3x]$ が分かっているので，これより 1 が核の基底で 1 次元，像は 3 次元で，この後三つがその基底となる．もちろん，定数因子の 2 や 3 は省いて適当に並べ換えてもよい．

3.7.1 問題 3.6.4 において $F([x^3, x^2, x, 1]) = [-x^3+x, -x^2+1, x^3-x, x^2-1]$, および，$F$ の核が x^3+x, x^2+1 で張られることが示されているので，V の基底として最後の二つをこの核の基底で取り替えた $[x^3, x^2, x^3+x, x^2+1]$ を用い，F によるこの行き先の二つを適当に延長した $[-x^3+x, -x^2+1, x, 1]$ などを W の基底として取れば，F は $\begin{pmatrix} 1 & 0 & 0 & 0 \\ 0 & 1 & 0 & 0 \\ 0 & 0 & 0 & 0 \\ 0 & 0 & 0 & 0 \end{pmatrix}$ で表現される．

3.7.2 問題 3.6.5 の計算で $F([1, x, \sqrt{x}, x\sqrt{x}]) = [0, 2\sqrt{x}, 1, 3x]$ が示されているので，V の基底としては，核 1 を後に移した $[x, \sqrt{x}, x\sqrt{x}, 1]$ を，W の基底としては，この最初の三つの行き先を先頭にし，それと 1 次独立なものを後に追加した $[2\sqrt{x}, 1, 3x, x\sqrt{x}]$ などを取れば，表現行列は $\begin{pmatrix} 1 & 0 & 0 & 0 \\ 0 & 1 & 0 & 0 \\ 0 & 0 & 1 & 0 \\ 0 & 0 & 0 & 0 \end{pmatrix}$ という標準形になる．

3.7.3 この行列を行基本変形すると $\xrightarrow[r3-=r2\times 3]{r1-=r2\times 2,} \begin{pmatrix} 0 & 1 & -1 & 4 & -3 \\ 1 & 0 & 1 & -1 & 2 \\ 0 & 2 & -2 & 4 & -5 \\ 0 & -1 & 1 & 0 & 2 \end{pmatrix} \xrightarrow[r4+=r1]{r3-=r1\times 2,}$

$\begin{pmatrix} 0 & 1 & -1 & 4 & -3 \\ 1 & 0 & 1 & -1 & 2 \\ 0 & 0 & 0 & -4 & 1 \\ 0 & 0 & 0 & 4 & -1 \end{pmatrix} \xrightarrow[r4+=r3]{r1\Leftrightarrow r2,} \begin{pmatrix} 1 & 0 & 1 & -1 & 2 \\ 0 & 1 & -1 & 4 & -3 \\ 0 & 0 & 0 & -4 & 1 \\ 0 & 0 & 0 & 0 & 0 \end{pmatrix} \xrightarrow[r2+=r3\times 3]{r1-=r3\times 2,} \begin{pmatrix} 1 & 0 & 1 & 0 & 7/... & 0 \\ 0 & 1 & -1 & 0 & -8 & 0 \\ 0 & 0 & 0 & -4 & 1 & \\ 0 & 0 & 0 & 0 & 0 & \end{pmatrix} \cdots ①.$

ここからは列基本変形を用いる．$\xrightarrow[\text{移動}]{\text{第 5 列を} \atop \text{3 番目に}} \begin{pmatrix} 1 & 0 & 0 & 1 & 7 \\ 0 & 1 & 0 & -1 & -8 \\ 0 & 0 & 1 & 0 & -4 \\ 0 & 0 & 0 & 0 & 0 \end{pmatrix} \xrightarrow[{c5-=c1\times 7, \atop c5+=c2\times 8, \atop c5+=c3\times 4}]{c4-=c1, \atop c4+=c2,} \begin{pmatrix} 1 & 0 & 0 & 0 & 0 \\ 0 & 1 & 0 & 0 & 0 \\ 0 & 0 & 1 & 0 & 0 \\ 0 & 0 & 0 & 0 & 0 \end{pmatrix}.$

列基本変形の方は対応する基本変形行列をそのまま順に掛けると

$$S = \begin{pmatrix} 1 & 0 & 0 & 0 & 0 \\ 0 & 1 & 0 & 0 & 0 \\ 0 & 0 & 0 & 1 & 0 \\ 0 & 0 & 0 & 0 & 1 \\ 0 & 0 & 1 & 0 & 0 \end{pmatrix} \begin{pmatrix} 1 & 0 & 0 & -1 & -7 \\ 0 & 1 & 0 & 1 & 8 \\ 0 & 0 & 1 & 0 & 4 \\ 0 & 0 & 0 & 1 & 0 \\ 0 & 0 & 0 & 0 & 1 \end{pmatrix} = \begin{pmatrix} 1 & 0 & 0 & -1 & -7 \\ 0 & 1 & 0 & 1 & 8 \\ 0 & 0 & 0 & 1 & 0 \\ 0 & 0 & 0 & 0 & 1 \\ 0 & 0 & 1 & 0 & 4 \end{pmatrix}.$$

T の方は逆操作に対応する基本変形行列を前から順に掛けて

$$T = \begin{pmatrix} 1 & 2 & 0 & 0 \\ 0 & 1 & 0 & 0 \\ 0 & 3 & 1 & 0 \\ 0 & 0 & 0 & 1 \end{pmatrix} \begin{pmatrix} 1 & 0 & 0 & 0 \\ 0 & 1 & 0 & 0 \\ 2 & 0 & 1 & 0 \\ -1 & 0 & 0 & 1 \end{pmatrix} \begin{pmatrix} 0 & 1 & 0 & 0 \\ 1 & 0 & 0 & 0 \\ 0 & 0 & 1 & 0 \\ 0 & 0 & -1 & 1 \end{pmatrix} \begin{pmatrix} 1 & 0 & 2 & 0 \\ 0 & 1 & -3 & 0 \\ 0 & 0 & 1 & 0 \\ 0 & 0 & 0 & 1 \end{pmatrix} = \begin{pmatrix} 2 & 1 & 1 & 0 \\ 1 & 0 & 2 & 0 \\ 3 & 2 & 1 & 0 \\ 0 & -1 & 2 & 1 \end{pmatrix}.$$

別解 上の計算で行基本変形を終えた①から、列ベクトルの a_1, a_2, a_5 は 1 次独立で、a_3 は a_1-a_2 と表され、また a_4 は $7a_1-8a_2-4a_5$ と表されることが分かる。よってもとの空間 R^5 の基底を $[e_1, e_2, e_5, e_3-e_1+e_2, e_4-7e_1+8e_2+4e_5]$ に取っておけば、この像は $[a_1, a_2, a_5, 0, 0]$ となる。従って行き先の空間 R^4 の基底としては b を適当に選んで $[a_1, a_2, a_5, b]$ を取れば、この線形写像の表現行列は $\begin{pmatrix} 1 & 0 & 0 & 0 & 0 \\ 0 & 1 & 0 & 0 & 0 \\ 0 & 0 & 1 & 0 & 0 \\ 0 & 0 & 0 & 0 & 0 \end{pmatrix}$ という標準形になる。この基底の変更は、もとの空間

では $[e_1, e_2, e_5, e_3-e_1+e_2, e_4-7e_1+8e_2+4e_5] = [e_1, e_2, e_3, e_4, e_5]\begin{pmatrix} 1 & 0 & 0 & -1 & -7 \\ 0 & 1 & 0 & 1 & 8 \\ 0 & 0 & 0 & 1 & 0 \\ 0 & 0 & 0 & 0 & 1 \\ 0 & 0 & 1 & 0 & 4 \end{pmatrix}$

であり、行き先の空間では $[a_1, a_2, a_5, b] = [e_1, e_2, e_3, e_4]\begin{pmatrix} 2 & 1 & 1 & b_1 \\ 1 & 0 & 2 & b_2 \\ 3 & 2 & 1 & b_3 \\ 0 & -1 & 2 & b_4 \end{pmatrix}$ で、これを眺め

ると、例えば $b = (1, 0, 0, 0)^T$ と取れば正則行列にできることが分かるが、ちょっとした暗算が必要である。これをどうしても目の子で求められなければ、①の座標で $(0, 0, 0, 1)^T$ が明らかに第 4 基底ベクトルとして取れるので、これから行基本変形を逆に辿ったものを b とすればよい。これは最初の解答の $(0, 0, 0, 1)^T$ となることが分かるが、暗算の量は増える。

3.7.4 先の計算から $F([1, \sqrt{2}, \sqrt{3}, \sqrt{6}]) = [\sqrt{2}, 2, \sqrt{6}, 2\sqrt{3}]$ となることが分かっているので、V の基底はもとのまま、W の基底をその像 $[\sqrt{2}, 2, \sqrt{6}, 2\sqrt{3}]$ に取れば、F の表現行列は 4 次の単位行列となる。

第 4 章の問題解答

4.1.1 まずどの行列式も展開公式 (4.1) を適用したとき整数因子を持つ項しか出てこないことに注意せよ。

(1) 第 2 列からは 17 しか選べないので、展開項にはこの 17 を因子に持つものしか残らない。よって全体は 17 で割りきれる。

(2) 行列式を 17 で割った余りは、行列式の各成分を 17 で割った余りと取り替えても変わらない。よって $\begin{vmatrix} 0 & -1 & 1 \\ 1 & 0 & -1 \\ -2 & 2 & 0 \end{vmatrix}$ を調べればよいが、この行列の列の総和は零ベクトルとなるので、行列式の値は零である。よってもとの行列式は 17 で割りきれる。

(3) 同様に各成分を 17 で割った余りで置き換えると、$\begin{vmatrix} 1 & 1 & 1 \\ 1 & 1 & 1 \\ 11 & 2 & 13 \end{vmatrix}$ を調べればよい。この行列は階数落ちしているので、行列式の値は零となる。故にもとの行列式は 17 で割りきれる。

4.1.2 各列からなるべく x の冪が大きいものを選ぶと、明らかに下の (A.3) の左側のような選択が唯一である。これらの成分が存在する行番号は $(4, 2, 1, 3)$ となりこの順列は $\to (4, 1, 2, 3) \to (1, 4, 2, 3) \to (1, 2, 4, 3) \to (1, 2, 3, 4)$ と 4 回の移動で整列できるので、その符号は $+$ である。よって答は $x^2 \times x^2 \times x^2 \times x^3 = x^9$. 同様に、すべての列で定数を

選択する方法は (A.3) 右のものしか無く，この順列 $(1,3,2,4)$ は 1 回の入れ替えで整列できるので，定数項は $-1 \times 1 \times 1 \times 2 \times 3 = -6$ となる．

$$\begin{vmatrix} 1 & x & \boxed{x^2} & 3 \\ x & \boxed{x^2} & 2 & x \\ 1 & 1 & x & \boxed{x^3} \\ \boxed{x^2} & x^2 & x & 3 \end{vmatrix} \quad \begin{vmatrix} \boxed{1} & x & x^2 & 3 \\ x & x^2 & \boxed{2} & x \\ 1 & \boxed{1} & x & x^3 \\ x^2 & x^2 & x & \boxed{3} \end{vmatrix} \tag{A.3}$$

4.1.3 $\det A = \det A^T = \det(-A)$ であるが，$\det(-A)$ は各列から -1 を括り出すと $(-1)^n \det A$ となる．よって問題の二つが等しいとすると $\det A = (-1)^n \det A$．ここで n が奇数なら，$\det A = -\det A$ となり，これより $\det A = 0$ が従う．

4.1.4 後半の n 行を前半と交換すれば，$\begin{pmatrix} C & D \\ O & B \end{pmatrix}$ となり，この行列式は例題 4.1-2 (2) で示したように $\det C \det B$ である．この行の入れ替えは n 回の行の互換で達成され符号が $(-1)^n$ に変わるので，結局もとの行列式は $(-1)^n \det B \det C$ となる．

4.1.5 三つのベクトル $\overrightarrow{DA} = (2,1,3)^T$, $\overrightarrow{DB} = (0,2,1)^T$, $\overrightarrow{DC} = (0,1,1)^T$ で張られる平行六面体の体積は $\begin{vmatrix} 2 & 0 & 0 \\ 1 & 2 & 1 \\ 3 & 1 & 1 \end{vmatrix} = 2 \times \begin{vmatrix} 2 & 1 \\ 1 & 1 \end{vmatrix} = 2$ である．四面体の体積はその $\frac{1}{6}$ なので，$\frac{1}{3}$ となる．（錐の体積は底面積 $\times$ 高さ $\times \frac{1}{3}$ であり，底面積が平行四辺形の半分だから．）なお，行列式の値が負のときは符号を変えれば良い．具体的な値が計算できない状況のときは絶対値を付けておけばよい．

4.1.6 $\begin{vmatrix} x_1 & x_2-1 & x_3-1 & x_4-2 \\ 1 & -1 & -2 & 0 \\ 2 & 1 & 1 & 3 \\ 0 & 2 & 1 & 1 \end{vmatrix} = 0$ が要件を満たすことが容易に分かる．これを展開すると $-8x_1 - 2x_2 - 3x_3 + 7x_4 - 9 = 0$ となる（cf. 例題 3.4-3）．

4.1.7 行列の積が対応していることは単純な計算でも分かるが，この行列を 2 次のブロック行列に分けて積を計算するか，あるいは更に 2 次行列と複素数との対応 $\begin{pmatrix} a & -b \\ b & a \end{pmatrix} \leftrightarrow a+ib$ を利用して，$\begin{pmatrix} x_1-ix_2 & x_3-ix_4 \\ -x_3-ix_4 & x_1+ix_2 \end{pmatrix} \begin{pmatrix} y_1-iy_2 & y_3-iy_4 \\ -y_3-iy_4 & y_1+iy_2 \end{pmatrix} = \begin{pmatrix} z_{11} & z_{12} \\ z_{21} & z_{22} \end{pmatrix}$, ここに

$z_{11} = x_1y_1 - x_2y_2 - x_3y_3 - x_4y_4 - i(x_1y_2 + x_2y_1 x_3y_4 - x_4y_3)$,
$z_{12} = x_1y_3 - x_2y_4 + x_3y_1 + x_4y_2 - i(-x_1y_4 + x_2y_3 - x_3y_2 + x_4y_1)$,
$z_{21} = -x_3y_1 - x_4y_2 - x_1y_3 - x_2y_2 + i(x_3y_2 - x_4y_1 + x_1y_4 + x_2y_1)$,
$z_{22} = -x_3y_3 - x_4y_4 + x_1y_1 - x_2y_2 + i(x_3y_4 - x_4y_3 - x_1y_2 + x_2y_1)$

を 2 次ブロック行列に戻せばもう少し簡単に確かめられる．これから行列式の乗法性と問題 4.4.1(1) の結果から得られる等式の平方根を取れば問題の等式が得られる．

4.2.1 答だけ示すと (1) -24, (2) 10, (3) 38, (4) -78. 詳しい計算例は 💻．

4.2.2 (1) $\underline{\underline{\begin{matrix} r2-=r4, \\ r3-=r4 \end{matrix}}} \begin{vmatrix} 0 & 1 & 1 & 1 \\ 0 & -y^2 & z^2-x^2 & y^2 \\ 0 & z^2-y^2 & -x^2 & x^2 \\ 1 & y^2 & x^2 & 0 \end{vmatrix} \underline{\underline{\begin{matrix} 第1列 \\ で展開 \end{matrix}}} - \begin{vmatrix} 1 & 1 & 1 \\ -y^2 & z^2-x^2 & y^2 \\ z^2-y^2 & -x^2 & x^2 \end{vmatrix} \underline{\underline{\begin{matrix} c2-=c1, \\ c3-=c1 \end{matrix}}}$

$- \begin{vmatrix} 1 & 0 & 0 \\ -y^2 & z^2-x^2+y^2 & 2y^2 \\ z^2-y^2 & -x^2+y^2-z^2 & x^2+y^2-z^2 \end{vmatrix} \underline{\underline{\begin{matrix} 第1行 \\ で展開 \end{matrix}}} - \begin{vmatrix} z^2-x^2+y^2 & 2y^2 \\ -x^2+y^2-z^2 & x^2+y^2-z^2 \end{vmatrix}$

第 4 章の問題解答   **233**

$\underline{\underline{c1-=c2}} - \begin{vmatrix} z^2-x^2-y^2 & 2y^2 \\ -2x^2 & x^2+y^2-z^2 \end{vmatrix} = (x^2+y^2-z^2)^2 - 4x^2y^2$

$= (x^2+y^2-z^2+2xy)(x^2+y^2-z^2-2xy) = (x+y+z)(x+y-z)(x-y+z)(x-y-z)$.

(2) $\begin{vmatrix} a & b & c \\ b & a & b \\ c & b & a \end{vmatrix} \underline{\underline{c1-=c3}} \begin{vmatrix} a-c & b & c \\ 0 & a & b \\ c-a & b & a \end{vmatrix} \underline{\underline{(a-c)\leftarrow c1}} (a-c) \begin{vmatrix} 1 & b & c \\ 0 & a & b \\ -1 & b & a \end{vmatrix} \underline{\underline{r3+=r1}}$

$(a-c) \begin{vmatrix} 1 & b & c \\ 0 & a & b \\ 0 & 2b & a+c \end{vmatrix} = (a-c) \begin{vmatrix} a & b \\ 2b & a+c \end{vmatrix} = (a-c)\{a(a+c) - 2b^2\}$.

(3) $\underline{\underline{c2-=c3 \times \frac{a}{d}}} \begin{vmatrix} 0 & 0 & d & f \\ -a & -\frac{ab}{d} & b & e \\ -d & -b & 0 & c \\ -f & \frac{ac-de}{d} & -c & 0 \end{vmatrix} \underline{\underline{c2-=c1 \times \frac{b}{d}}} \begin{vmatrix} 0 & 0 & d & f \\ -a & 0 & b & e \\ -d & 0 & 0 & c \\ -f & \frac{ac-de+bf}{d} & -c & 0 \end{vmatrix} \underline{\underline{r2-=r3 \times \frac{a}{d}}}$

$\begin{vmatrix} 0 & 0 & d & f \\ 0 & 0 & b & \frac{de-ac}{d} \\ -d & 0 & 0 & c \\ -f & \frac{ac-de+bf}{d} & -c & 0 \end{vmatrix} = \begin{vmatrix} d & f \\ b & \frac{de-ac}{d} \end{vmatrix} \begin{vmatrix} -d & 0 \\ -f & \frac{ac-de+bf}{d} \end{vmatrix}$

$= (de-ac-bf)(de-ac-bf) = (ac+bf-de)^2$. ここで，ブロック型行列式の展開には問題 4.1.4 の結果を用いた．なお，もっと汎用的な解法は $\longrightarrow$ 問題 6.6.5.

(4) $\begin{vmatrix} 1 & 0 & 1 & 0 \\ a & 1 & b & 1 \\ a^2 & 2a & b^2 & 2b \\ a^3 & 3a^2 & b^3 & 3b^2 \end{vmatrix} \underline{\underline{\substack{c1-=c3, \\ c2-=c4}}} \begin{vmatrix} 0 & 0 & 1 & 0 \\ a-b & 0 & b & 1 \\ a^2-b^2 & 2(a-b) & b^2 & 2b \\ a^3-b^3 & 3(a^2-b^2) & b^3 & 3b^2 \end{vmatrix} \underline{\underline{\substack{第 1,2 列から\\a-b を出す}}}$

$(a-b)^2 \begin{vmatrix} 0 & 0 & 1 & 0 \\ 1 & 0 & b & 1 \\ a+b & 2 & b^2 & 2b \\ a^2+ab+b^2 & 3(a+b) & b^3 & 3b^2 \end{vmatrix} \underline{\underline{\substack{第1行\\で展開}}} (a-b)^2 \begin{vmatrix} 1 & 0 & 1 \\ a+b & 2 & 2b \\ a^2+ab+b^2 & 3(a+b) & 3b^2 \end{vmatrix}$

$\underline{\underline{c1-=c3}} (a-b)^2 \begin{vmatrix} 0 & 0 & 1 \\ a-b & 2 & 2b \\ a^2+ab-2b^2 & 3(a+b) & 3b^2 \end{vmatrix} \underline{\underline{\substack{第1行\\で展開}}} (a-b)^2 \begin{vmatrix} a-b & 2 \\ a^2+ab-2b^2 & 3(a+b) \end{vmatrix} =$

$(a-b)^2\{3(a^2-b^2) - 2(a^2+ab-2b^2)\} = (a-b)^2(a^2-2ab+b^2) = (a-b)^4$.

🐌 この問題の一般化が問題 5.2.3 にある．

4.2.3 (1) 第 $2, 3, \ldots, n$ 列を第 1 列から順に引くと，$\begin{vmatrix} 0 & 1 & 0 & \ldots & \ldots & 0 \\ 0 & 0 & 1 & 0 & \ldots & 0 \\ \vdots & \vdots & & \ddots & & \vdots \\ 0 & 0 & \ldots & 0 & 1 & 0 \\ 0 & 0 & \ldots & \ldots & 0 & 1 \\ 2-n & 1 & \ldots & \ldots & 1 & 1 \end{vmatrix}$ となる．これ

は第 1 列で展開すると最後の成分に対応する項だけ残り，$(-1)^{n-1}(2-n)|E_{n-1}|$ となる．（分かりにくければ第 1 列を最後の列に移動させれば下三角型となる．）よって答は $(-1)^n(n-2)$.

(2) $i = 2, 3, \ldots, n$ に対して第 i 列の $\frac{1}{a}$ 倍を第 1 列から引くと，行列は上三角型となり，$(1,1)$ 成分が $a - \frac{n-1}{a}$ に変わるので，求める行列式は $\left(a - \frac{n-1}{a}\right) \times a^{n-1} = a^n - (n-1)a^{n-2}$. この結果は $a = 0$ でも通用する．

(3) 求める値を D_n と置く．第 $n-1$ 行の a 倍を第 n 行（最終行）から引くと，$D_n = $

$$\begin{vmatrix} 1 & a & \cdots & a^{n-2} & a^{n-1} \\ a & 1 & a & & a^{n-2} \\ \vdots & \ddots & \ddots & \ddots & \vdots \\ a^{n-2} & \cdots & a & 1 & a \\ 0 & \cdots & 0 & 0 & 1-a^2 \end{vmatrix},$$ 従って第 n 行で展開すると $D_n = (1-a^2)D_{n-1}$ となるから, $D_n = (1-a^2)^{n-1}D_1 = (1-a^2)^{n-1}$.

4.3.1 (1) 求める値を D_n と置く. 第 1 列で展開すると
$$D_n = D_{n-1} + (-1)^{n-1}\begin{vmatrix} a & 0 & \cdots & \cdots & 0 \\ 1 & a & \ddots & & \vdots \\ 0 & \ddots & \ddots & \ddots & 0 \\ \vdots & \ddots & 1 & a & 0 \\ 0 & \cdots & 0 & 1 & a \end{vmatrix} = D_{n-1} + (-1)^{n-1}a^{n-1}.$$
n を順に減らして逐次代入すれば $D_n = \sum_{k=2}^{n-1}(-1)^k a^k + D_2$. ここで $D_2 = \begin{vmatrix} 1 & a \\ 1 & 1 \end{vmatrix} = 1-a$ なので, 結局 $D_n = \sum_{k=0}^{n-1}(-1)^k a^k$. これは $a \neq -1$ のとき $= \dfrac{1-(-a)^n}{1+a}$, $a = -1$ のとき n となる.

(2) 求める値を D_n と置く. 第 1 行で展開すると, まず $a \neq -1$ とし, 前問の結果を用いて $D_n = aD_{n-1} + (-1)^{n-1}\begin{vmatrix} 1 & a & 0 & \cdots & 0 \\ 0 & \ddots & \ddots & \ddots & \vdots \\ \vdots & \ddots & 1 & a & 0 \\ 0 & \cdots & 0 & 1 & a \\ 1 & 1 & \cdots & 1 & 1 \end{vmatrix} = aD_{n-1} + (-1)^{n-1}\dfrac{1-(-a)^{n-1}}{1+a} = aD_{n-1} + \dfrac{(-1)^{n-1}-a^{n-1}}{1+a}$. n を下げて逐次代入を繰り返すと, $D_2 = \begin{vmatrix} a & 1 \\ 1 & a \end{vmatrix} = a^2-1$ に注意して $D_n = a^2 D_{n-2} + a\dfrac{(-1)^{n-2}-a^{n-2}}{1+a} + \dfrac{(-1)^{n-1}-a^{n-1}}{1+a} = \cdots = a^{n-2}D_2 + \dfrac{(-1)^{n-1}}{1+a}\sum_{k=0}^{n-3}(-1)^k a^k - (n-2)\dfrac{a^{n-1}}{1+a} = a^{n-2}(a^2-1) + \dfrac{(-1)^{n-1}}{1+a}\dfrac{1-(-a)^{n-2}}{1+a} - (n-2)\dfrac{a^{n-1}}{1+a} = a^n - a^{n-2} - \dfrac{(-1)^n - a^n}{(1+a)^2} + \dfrac{a^{n-2}-a^n}{(1+a)^2} + 2\dfrac{a^{n-1}}{1+a} - \dfrac{na^{n-1}}{1+a} = a^n - \dfrac{(-1)^n - a^n}{(1+a)^2} - \dfrac{na^{n-1}}{1+a} = a^n + \dfrac{d}{da}\dfrac{(-1)^n - a^n}{1+a}$. なお $a=-1$ のときは $D_n = -D_{n-1} + (-1)^{n-1}(n-1)$ となり, 反復代入して $D_2 = \begin{vmatrix} -1 & 1 \\ 1 & -1 \end{vmatrix} = 0$ を用いると $= (-1)^{n-2}D_2 + (-1)^{n-1}\sum_{k=2}^{n-1}k = (-1)^{n-1}\left(\sum_{k=1}^{n-1}k - 1\right) = (-1)^{n-1}\left\{\dfrac{n(n-1)}{2} - 1\right\} = (-1)^{n-1}\dfrac{(n+1)(n-2)}{2}$.

4.3.2 (1) 求める値を D_{2n} と置く. これを第 1 行で展開すると,
$$= (-1)^{n-1}\begin{vmatrix} 0 & \cdots & 1 & 0 & 1 & \cdots & 0 \\ \vdots & \ddots & & & & \ddots & \vdots \\ 1 & 0 & \cdots & & \cdots & 0 & 1 \\ 1 & 0 & \cdots & & \cdots & 0 & -1 \\ \vdots & \ddots & & & & \ddots & \vdots \\ 0 & \cdots & 1 & 0 & -1 & \cdots & 0 \\ 0 & \cdots & 0 & -1 & 0 & \cdots & 0 \end{vmatrix} + (-1)^n \begin{vmatrix} 0 & \cdots & 1 & 0 & 1 & \cdots & 0 \\ \vdots & \ddots & & & & \ddots & \vdots \\ 1 & 0 & \cdots & & \cdots & 0 & 1 \\ 1 & 0 & \cdots & & \cdots & 0 & -1 \\ \vdots & \ddots & & & & \ddots & \vdots \\ 0 & \cdots & 1 & 0 & -1 & \cdots & 0 \\ 0 & \cdots & 0 & 1 & 0 & \cdots & 0 \end{vmatrix}$$

となる. この二つの $2n-1$ 次行列式は, 最下行で展開すると, それぞれ $(-1)^{n-1}(-1)$, $(-1)^{n-1}$ が出た後はともに D_{2n-2} が残るので, 結局 $D_{2n} = -2D_{2n-2}$ という漸化式が得

られる．$D_4 = \begin{vmatrix} 0 & 1 & 1 & 0 \\ 1 & 0 & 0 & 1 \\ 1 & 0 & 0 & -1 \\ 0 & 1 & -1 & 0 \end{vmatrix} = 4$ なので，これから $D_{2n} = (-2)^{n-2}D_4 = (-2)^n$ となる．

(2) 求める値を D_{2n+1} と置き，全く同様に論ずると，第 1 行で展開して

$$D_{2n+1} = \begin{vmatrix} 1 & 0 & \ldots & 0 & 1 & 0 \\ 0 & \ddots & & & & \vdots \\ \vdots & 0 & 1 & 0 & \ldots & 0 \\ 0 & \cdots & 0 & -1 & \ddots & \vdots \\ 1 & 0 & & & \ddots & 0 \\ 0 & \ldots & & & 0 & -1 \end{vmatrix} + \begin{vmatrix} 0 & 1 & 0 & \ldots & \ldots & 0 & 1 \\ 0 & 0 & 1 & & \ldots & 0 & 1 & 0 \\ \vdots & 0 & & & & & & \vdots \\ & & 0 & 1 & 0 & & & \\ & & 1 & 0 & -1 & & \ddots & \\ \vdots & \ddots & & & & \ddots & 0 \\ 0 & 1 & 0 & & & \ldots & 0 & -1 \\ 1 & 0 & \ldots & & & \ldots & 0 & 0 \end{vmatrix}.$$

この右辺の第 1 の行列式は最下行で展開すると $-D_{2n-1}$ になる．第 2 の行列式も第 1 列で展開すると同じく $-D_{2n-1}$ になる．よって (1) と同じ形の漸化式 $D_{2n+1} = -2D_{2n-1}$ が得られた．$D_3 = \begin{vmatrix} 1 & 0 & 1 \\ 0 & 1 & 0 \\ 1 & 0 & -1 \end{vmatrix} = -2$ なので，$D_{2n+1} = (-2)^{n-1}D_3 = (-2)^n$ となる．

4.3.3 (1) $\begin{vmatrix} 2 & 1 & 3 \\ 1 & 0 & 2 \\ 1 & 1 & 7 \end{vmatrix} = -6$, $\begin{vmatrix} 1 & 1 & 3 \\ 1 & 0 & 2 \\ 1 & 1 & 7 \end{vmatrix} = -4$, $\begin{vmatrix} 2 & 1 & 3 \\ 1 & 1 & 2 \\ 1 & 1 & 7 \end{vmatrix} = 5$, $\begin{vmatrix} 2 & 1 & 1 \\ 1 & 0 & 1 \\ 1 & 1 & 1 \end{vmatrix} = -1$, よって $x = \frac{-4}{-6} = \frac{2}{3}, y = \frac{5}{-6} = -\frac{5}{6}, z = \frac{-1}{-6} = \frac{1}{6}$.

(2) $\begin{vmatrix} 1 & 5 & -1 \\ 2 & -3 & 1 \\ -1 & 6 & 2 \end{vmatrix} = -46$, $\begin{vmatrix} 2 & 5 & -1 \\ 1 & -3 & 1 \\ 3 & 6 & 2 \end{vmatrix} = -34$, $\begin{vmatrix} 1 & 2 & -1 \\ 2 & 1 & 1 \\ -1 & 3 & 2 \end{vmatrix} = -18$, $\begin{vmatrix} 1 & 5 & 2 \\ 2 & -3 & 1 \\ -1 & 6 & 3 \end{vmatrix} = -32$,
よって $x = \frac{-34}{-46} = \frac{17}{23}, y = \frac{-18}{-46} = \frac{9}{23}, z = \frac{-32}{-46} = \frac{16}{23}$.

4.3.4 $\det A = \lambda^n$ は明らかである．A から第 i 行，第 j 列を取り除くと，$i = j$, すなわち対角線上の場合は，サイズが $n-1$ の同じ型の行列になるので，行列式は λ^{n-1}, 従って ij 余因子もこれに等しい．$i < j$ のときは，主対角線の i 番目から j 番目までに挟まれた λ が一つ上に移動し，消えたところに下から 0 が $j - i$ 個上がってくるので，行列式は 0 になる．よって ij 余因子も 0 である．最後に，$i > j$ のときは，主対角線の i 番目から j 番目までに挟まれた λ が一つ下に移動し，消えたところに上から 1 が $i - j$ 個降りてくる．従ってこの部分だけが下三角型となり，上下にはもとの上三角型の断片が残る．従って全体は 3 個のブロック対角型となり，行列式は $\lambda^{n-1-i+j}$ となる．$(-1)^{i+j} = (-1)^{i-j}$ なので，ij 余因子は $(-1)^{i-j}\lambda^{n-1-i+j}$, すなわち主対角線から離れる毎に λ の冪が一つずつ下がり符号を交代する．余因子行列はこれを転置の位置に置いたもので，それを $\det A = \lambda^n$ で割れば逆行列となる．よって

$$A^{-1} = \begin{pmatrix} 1/\lambda & -1/\lambda^2 & 1/\lambda^3 & \ldots & (-1)^{n-1}/\lambda^n \\ 0 & 1/\lambda & -1/\lambda^2 & \ldots & (-1)^{n-2}/\lambda^{n-1} \\ \vdots & \ddots & \ddots & \ddots & \vdots \\ \vdots & & \ddots & 1/\lambda & -1/\lambda^2 \\ 0 & \ldots & \ldots & 0 & 1/\lambda \end{pmatrix}.$$

4.3.5 (1) 第 3 列で展開すればよい．
(2) (1) の行列式の第 3 列を $\boldsymbol{a}$ または $\boldsymbol{b}$ に変えると零になるから．

(3) 同じく第 3 列に d を代入すると $|d|^2$ が得られるが，これは a, b, d で張られた平行六面体の体積で，その底面積は a, b で張られた平行四辺形の面積，高さは $|d|$ のはずだから．

4.4.1 (1) 第 1, 2 行で展開すると $= \begin{vmatrix} a & b \\ c & d \end{vmatrix}\begin{vmatrix} c & d \\ c & d \end{vmatrix} - \begin{vmatrix} a & a \\ c & -c \end{vmatrix}\begin{vmatrix} b & d \\ -b & d \end{vmatrix} + \begin{vmatrix} a & b \\ c & -d \end{vmatrix}\begin{vmatrix} b & c \\ -b & c \end{vmatrix} + \begin{vmatrix} b & a \\ d & -c \end{vmatrix}\begin{vmatrix} a & d \\ -a & d \end{vmatrix} - \begin{vmatrix} b & b \\ d & -d \end{vmatrix}\begin{vmatrix} a & c \\ -a & c \end{vmatrix} + \begin{vmatrix} a & b \\ -c & -d \end{vmatrix}\begin{vmatrix} a & b \\ -a & -b \end{vmatrix} = (ad-bc)0 + 4abcd - 2(ad+bc)bc - 2(ad+bc)ad + 4abcd - (ad-bc)0 = 4abcd - 2b^2c^2 - 2a^2d^2 = -2(ad-bc)^2$.

(2) 同じく第 1, 2 行で展開すると $= (ad-bc)(-ad+bc) - 0 + (ad-bc)(-ad+bc) + (-ad+bc)(-ad-bc) - 0(2cd) + (ad-bc)(ad+bc) = (ad-bc)(-ad+bc-ad+bc+ad+bc+ad+bc) = 4bc(ad-bc)$.

(3) 第 1, 2 行で展開すると $= (-2a^2b^2)(-2abcd) - 0 + (-2a^2bd)(2bc^2d) + (2ab^2c)(-2acd^2) - 0 + (-2abcd)(-2c^2d^2) = 4abcd(a^2b^2 - abcd - abcd + c^2d^2) = 4abcd(ab-cd)^2$.

(4) 第 1, 3 行で展開すると, $= - \begin{vmatrix} a & b \\ c & b \end{vmatrix}\begin{vmatrix} b & c \\ b & a \end{vmatrix} + \begin{vmatrix} a & c \\ c & a \end{vmatrix}\begin{vmatrix} a & c \\ c & a \end{vmatrix} - \begin{vmatrix} a & d \\ c & b \end{vmatrix}\begin{vmatrix} a & b \\ c & b \end{vmatrix} - \begin{vmatrix} b & c \\ b & a \end{vmatrix}\begin{vmatrix} b & c \\ d & a \end{vmatrix} + \begin{vmatrix} b & d \\ b & b \end{vmatrix}\begin{vmatrix} b & b \\ d & b \end{vmatrix} - \begin{vmatrix} c & d \\ a & b \end{vmatrix}\begin{vmatrix} b & a \\ d & c \end{vmatrix} = -(ab-bc)^2 + (a^2-c^2)^2 - (ab-bc)(ab-cd) - (ab-cd)(ab-bc) + (b^2-bd)^2 - (ad-bc)^2 = (a^2-c^2)^2 + (b^2-bd)^2 - (ab-bc)^2 - (ad-bc)^2 - 2(ab-bc)(ab-cd) = (a^2-c^2-b^2+bd)^2 - (ab-bc+ad-bc)^2 = \{a^2-c^2-a(b+d)-b^2+b(2c+d)\}\{a^2-c^2+a(b+d)-b^2+b(-2c+d)\}$.

(5) 第 1, 2 行で展開すると, $= \begin{vmatrix} a & -c \\ b & d \end{vmatrix}\begin{vmatrix} c & a \\ d & b \end{vmatrix} - \begin{vmatrix} a & c \\ b & -d \end{vmatrix}\begin{vmatrix} a & a \\ b & b \end{vmatrix} + \begin{vmatrix} a & a \\ b & b \end{vmatrix}\begin{vmatrix} a & c \\ b & d \end{vmatrix} + \begin{vmatrix} -c & c \\ d & -d \end{vmatrix}\begin{vmatrix} c & a \\ d & b \end{vmatrix} - \begin{vmatrix} -c & a \\ d & d \end{vmatrix}\begin{vmatrix} c & c \\ d & d \end{vmatrix} + \begin{vmatrix} c & a \\ -d & b \end{vmatrix}\begin{vmatrix} c & a \\ d & b \end{vmatrix} = (ad+bc)(bc-ad) + (bc+ad)(bc-ad) = 2(ad+bc)(ad-bc)$.

(6) 第 2, 3 行で展開すると, $= \begin{vmatrix} -b & a \\ -c & d \end{vmatrix}\begin{vmatrix} c & b \\ b & d \end{vmatrix} - \begin{vmatrix} -b & -d \\ -c & a \end{vmatrix}\begin{vmatrix} b & b \\ -c & d \end{vmatrix} + \begin{vmatrix} -b & c \\ -c & -b \end{vmatrix}\begin{vmatrix} b & c \\ -c & b \end{vmatrix} + \begin{vmatrix} a & -d \\ d & a \end{vmatrix}\begin{vmatrix} a & b \\ -d & d \end{vmatrix} - \begin{vmatrix} a & c \\ d & -b \end{vmatrix}\begin{vmatrix} a & c \\ -d & b \end{vmatrix} + \begin{vmatrix} -d & c \\ a & -b \end{vmatrix}\begin{vmatrix} a & b \\ -d & -c \end{vmatrix} = (ac-bd)(cd-b^2) - (-ab-cd)(bc+bd) + (b^2+c^2)^2 + (a^2+d^2)(ad+bd) - (-ab-cd)(ab+cd) + (-ac+bd)(-ac+bd) = (b^2+c^2)(ad+bd) + (b^2+c^2)^2 + (a^2+d^2)(ad+bd) + (a^2+d^2)(b^2+c^2) = (ad+b^2+bd+c^2)(a^2+b^2+c^2+d^2)$.

4.5.1 例題 4.5-2 により (1) から $\mathrm{rank}\, A \geq r$ が分かる．更に同例題の逆向きの主張により，もし $\mathrm{rank}\, A \geq r+1$ なら，$r+1$ 次の小行列式の中にも 0 でないものが有ることになり (2) の仮定に反する．よって $\mathrm{rank}\, A = r$ でなければならない．

4.5.2 線形写像は原点を動かさず，また頂点を頂点に移すので，A, B, C の間の置換を引き起こす．従って 6 通り有る．これを具体的に表現するため，まず標準単位ベクトル e_1, e_2, e_3 を $\overrightarrow{OA}, \overrightarrow{OB}, \overrightarrow{OC}$ に写す線形写像が $S = \begin{pmatrix} 2 & 3 & -1 \\ 1 & 2 & -2 \\ 1 & 0 & 5 \end{pmatrix}$ であることに注意し，この逆写像 S^{-1} を経由して問題を $[e_1, e_2, e_3]$ を $[\overrightarrow{OA}, \overrightarrow{OB}, \overrightarrow{OC}]$ の順列に写す線形写像 T の選択問題に帰着させると，6 個の解は

$$\begin{pmatrix} 2 & 3 & -1 \\ 1 & 2 & -2 \\ 1 & 0 & 5 \end{pmatrix}, \begin{pmatrix} 3 & -1 & 2 \\ 2 & -2 & 1 \\ 0 & 5 & 1 \end{pmatrix}, \begin{pmatrix} -1 & 2 & 3 \\ -2 & 1 & 2 \\ 5 & 1 & 0 \end{pmatrix}, \begin{pmatrix} 2 & -1 & 3 \\ 1 & -2 & 2 \\ 1 & 5 & 0 \end{pmatrix}, \begin{pmatrix} 3 & 2 & -1 \\ 2 & 1 & -2 \\ 0 & 1 & 5 \end{pmatrix}, \begin{pmatrix} -1 & 3 & 2 \\ -2 & 2 & 1 \\ 5 & 0 & 1 \end{pmatrix}$$

の各々に $S^{-1} = \begin{pmatrix} 10 & -15 & -4 \\ -7 & 11 & 3 \\ -2 & 3 & 1 \end{pmatrix}$ を右から掛けた

$\begin{pmatrix} 1 & 0 & 0 \\ 0 & 1 & 0 \\ 0 & 0 & 1 \end{pmatrix}, \begin{pmatrix} 33 & -50 & -13 \\ 32 & -49 & -13 \\ -37 & 58 & 16 \end{pmatrix}, \begin{pmatrix} -30 & 46 & 13 \\ -31 & 47 & 13 \\ 43 & -64 & -17 \end{pmatrix},$

$\begin{pmatrix} 21 & -32 & -8 \\ 20 & -31 & -8 \\ -25 & 40 & 11 \end{pmatrix}, \begin{pmatrix} 18 & -26 & -7 \\ 17 & -25 & -7 \\ -17 & 26 & 8 \end{pmatrix}, \begin{pmatrix} -35 & 54 & 15 \\ -36 & 55 & 15 \\ 48 & -72 & -19 \end{pmatrix}$

となる. 行列式は最初の 3 個が 1, 後の 3 個が -1 であることは, これらの写像が明らかに体積 (の絶対値) を保存することと, 空間の向きを保つかどうかが $\det S > 0$ と T の列ベクトルの並び順で判定できることから分かる.

4.6.1 (1) 交代式なので差積 $(a-b)(a-c)(b-c)$ で割れる. 次数が 3 で一致するので, 定数因子を決めればよい. $a^2 b$ を含む項は行列式では対角線からしか現れず, 係数は 1 で, これは差積の展開係数と一致する. よって定数因子は 1 で上記の差積が答となる.
(2) 同様に差積 $(a-b)(a-c)(b-c)$ で割れ, これと行列式の展開項で ab^2 の係数を比較すると, 差積からは -1, 行列式では対角線からのみ現れ 1. よって答は $-(a-b)(a-c)(b-c)$.
(3) 差積 $(a-b)(a-c)(b-c)$ で割った残りは $6-3=3$ 次の対称式となる. 3 次対称式はいろいろ種類があるが, 行列式の展開項で c の冪が最も高いのは, 対角線から現れる $c^3 a^2 b$ なので, 差積から現れる c の最高冪の項が c^2 であることから, 残る対称式の因子は c について 1 次でなければならない. 対称式なので, a, b についても 1 次であることを要し, 結局 abc の定数倍しか可能性が無い. $abc(a-b)(a-c)(b-c)$ の展開項 $c^3 a^2 b$ と上に示した項が一致するので, これが答である.
(4) 同様に論ずると $-(a-b)(a-c)(a-d)(b-c)(b-d)(c-d)$.
(5) 同様に論ずると 0. 実はこの行列式は第 4 行について和に分けて

$\begin{vmatrix} 1 & 1 & 1 & 1 \\ a & b & c & d \\ a^2 & b^2 & c^2 & d^2 \\ a^3 & b^3 & c^3 & d^3 \end{vmatrix} + \begin{vmatrix} 1 & 1 & 1 & 1 \\ a & b & c & d \\ a^2 & b^2 & c^2 & d^2 \\ bcd & cda & dab & abc \end{vmatrix}$ とでき, 一つ目がヴァンデルモンド行列式, 二つ目が

前問で, 二つは打ち消しあうことが分かる.

4.6.2 (1) 各列から $e^{x_1}, \ldots, e^{x_n}$ を括り出すと, 残りはこれらのヴァンデルモンド行列式になっているので, 要項 4.6.1 により差積の記号 (4.13) を用いて答は $(-1)^{n(n-1)/2} e^{x_1 + \cdots + x_n} \Delta(e^{x_1}, \ldots, e^{x_n})$ と書ける.
(2) $\cos nx$ は $\cos x$ の n 次多項式で表され, その最高次は $2^{n-1} \cos^n x$ になることが $\cos nx = 2\cos(n-1)x \cos x - \cos(n-2)x$ という漸化式から容易に確かめられる. 故にこの行列式は行基本変形で $\cos x_1, \ldots, \cos x_n$ のヴァンデルモンド行列式の $\prod_{k=0}^{n-2} 2^k = 2^{(n-1)(n-2)/2}$ 倍に帰着され, 差積の記号を用いると求める値は $(-1)^{n(n-1)/2} 2^{(n-1)(n-2)/2} \Delta(\cos x_1, \ldots, \cos x_n)$ となる.
(3) $\cos x_i$ の差積で割り切れるが, 前問と異なり対称式因子が必要でその決定が面倒なので, 前問の結果 $F_n(x_1, \ldots, x_n)$ を利用し, n を一つ増やして変数 x_{n+1} の列を最後に追加し, $x_{n+1} = \frac{k\pi}{n+1}, k = 0, 1, \ldots, n$ としたものの総和を取ると, 最終列が $(n+1, 0, \ldots, 0)^T$ となることに

注意し，この列で展開すると，求める答として $\frac{(-1)^n}{n+1} \sum_{k=0}^n F_{n+1}\left(x_1, \ldots, x_n, \frac{k\pi}{n+1}\right) =$
$(-1)^{n(n-1)/2} \Delta(\cos x_1, \ldots, \cos x_n) \frac{2^{n(n-1)/2}}{n+1} \sum_{k=0}^n \prod_{i=1}^n \left(\cos x_i - \cos \frac{k\pi}{n+1}\right)$ を得る．
これを解答としておくが，対称式因子の部分は $\cos x_1, \ldots, \cos x_n$ の基本対称式 s_n, s_{n-2},
$\ldots, s_{n-2\lfloor n/2 \rfloor}$ の整係数 1 次結合として書ける．その表現と導出の詳細は ．

4.6.3 ヒントにある行列式はヴァンデルモンド行列式で，その値は x を含む因子を括り出せば $\prod_{j=1}^n (x - a_j) \prod_{i>j}(a_i - a_j)$ となる．これを展開したときの x^k の係数は，根と係数の関係により $(-1)^{n-k} s_{n-k}(a_1, \ldots, a_n) \prod_{i>j}(a_i - a_j)$ となる．他方，ヒントの行列式を第 $n+1$ 列で展開したときの x^k の係数は，問題の行列式に $(-1)^{n-k}$ を掛けたものとなる．よって係数比較により求める行列式の値は $s_{n-k}(a_1, \ldots, a_n) \prod_{i>j}(a_i - a_j) = (-1)^{n(n-1)/2} s_{n-k}(a_1, \ldots, a_n) \Delta(a_1, \ldots, a_n)$ となる．

4.6.4 コーシーの行列式において $x_i = i$, $a_i = -(i-1)$, $i = 1, 2, \ldots, n$ と置けば，例題 4.6-2 の結果から，$f(x_i) = i(i+1)\cdots(i+n-1) = \dfrac{(i+n-1)!}{(i-1)!}$
に注意して，求める値は $(-1)^{n(n-1)/2} \prod_{i<j}(i-j)(j-i) \prod_{i=1}^n \dfrac{(i-1)!}{(i+n-1)!} =$
$\dfrac{\{(n-1)!(n-2)!\cdots 1!\}^2 1! 2! \cdots (n-1)!}{n!(n+1)! \cdots (2n-1)!} = \dfrac{\{1! 2! \cdots (n-1)!\}^3}{n!(n+1)! \cdots (2n-1)!}$．

■ 第 5 章の問題解答

5.1.1 (1) まず固有値を求めると，
$\begin{vmatrix} 5-\lambda & 6 & 0 \\ -1 & -\lambda & 0 \\ 1 & 2 & 2-\lambda \end{vmatrix} = (2-\lambda) \begin{vmatrix} 5-\lambda & 6 \\ -1 & -\lambda \end{vmatrix} = (2-\lambda)(\lambda^2 - 5\lambda + 6) = -(\lambda-2)^2(\lambda-3)$.

よって 2 (2 重), 3．

前者に対する固有ベクトルを求めると $\begin{pmatrix} 3 & 6 & 0 \\ -1 & -2 & 0 \\ 1 & 2 & 0 \end{pmatrix} \to \begin{pmatrix} 0 & 0 & 0 \\ 0 & 0 & 0 \\ 1 & 2 & 0 \end{pmatrix}$. この階数は 1 なので，

解は $3-1=2$ 次元．よって対角化可能である．固有ベクトルは例えば $\begin{pmatrix} 2 \\ -1 \\ 0 \end{pmatrix}$, $\begin{pmatrix} 0 \\ 0 \\ 1 \end{pmatrix}$.

後者については $\begin{pmatrix} 2 & 6 & 0 \\ -1 & -3 & 0 \\ 1 & 2 & -1 \end{pmatrix} \to \begin{pmatrix} 0 & 0 & 0 \\ -1 & -3 & 0 \\ 0 & -1 & -1 \end{pmatrix}$. よって解は $\begin{pmatrix} 3 \\ -1 \\ 1 \end{pmatrix}$. 故に $S = \begin{pmatrix} 2 & 0 & 3 \\ -1 & 0 & -1 \\ 0 & 1 & 1 \end{pmatrix}$ で $S^{-1}AS = \begin{pmatrix} 2 & 0 & 0 \\ 0 & 2 & 0 \\ 0 & 0 & 3 \end{pmatrix}$ となる．

(2) 固有値は $\begin{vmatrix} 4-\lambda & -1 & -2 \\ 6 & -1-\lambda & -4 \\ 2 & -1 & -\lambda \end{vmatrix} \underline{\underline{r1- = r3}} \begin{vmatrix} 2-\lambda & 0 & -2+\lambda \\ 6 & -1-\lambda & -4 \\ 2 & -1 & -\lambda \end{vmatrix} \underline{\underline{(2-\lambda) \leftarrow r1}}$

$(2-\lambda) \begin{vmatrix} 1 & 0 & -1 \\ 6 & -1-\lambda & -4 \\ 2 & -1 & -\lambda \end{vmatrix} \underline{\underline{c3+ = c1}} (2-\lambda) \begin{vmatrix} 1 & 0 & 0 \\ 6 & -1-\lambda & 2 \\ 2 & -1 & 2-\lambda \end{vmatrix} \underline{\underline{\text{第 1 行で展開}}}$

$(2-\lambda) \begin{vmatrix} -1-\lambda & 2 \\ -1 & 2-\lambda \end{vmatrix} \underline{\underline{r1- = r2}} (2-\lambda) \begin{vmatrix} -\lambda & \lambda \\ -1 & 2-\lambda \end{vmatrix} \underline{\underline{\lambda \leftarrow r1}} \lambda(2-\lambda) \begin{vmatrix} -1 & 1 \\ -1 & 2-\lambda \end{vmatrix}$

$= \lambda(2-\lambda)(\lambda-1)$. よって固有値は 0, 1, 2 とすべて単純なので対角化可能．これらに対

応する固有ベクトルを求めると，2 に対しては $\begin{pmatrix} 2 & -1 & -2 \\ 6 & -3 & -4 \\ 2 & -1 & -2 \end{pmatrix} \to \begin{pmatrix} 2 & -1 & -2 \\ 0 & 0 & 2 \\ 0 & 0 & 0 \end{pmatrix}$ より $\begin{pmatrix} 1 \\ 2 \\ 0 \end{pmatrix}$．
次に 1 に対しては $\begin{pmatrix} 3 & -1 & -2 \\ 6 & -2 & -4 \\ 2 & -1 & -1 \end{pmatrix} \to \begin{pmatrix} 3 & -1 & -2 \\ 0 & 0 & 0 \\ 2 & -1 & -1 \end{pmatrix} \to \begin{pmatrix} 1 & 0 & -1 \\ 0 & 0 & 0 \\ 2 & -1 & -1 \end{pmatrix}$ より $\begin{pmatrix} 1 \\ 1 \\ 1 \end{pmatrix}$ が取れる．
最後に 0 に対しては，$\begin{pmatrix} 4 & -1 & -2 \\ 6 & -1 & -4 \\ 2 & -1 & 0 \end{pmatrix} \to \begin{pmatrix} 4 & -1 & -2 \\ -2 & 1 & 0 \\ 2 & -1 & 0 \end{pmatrix} \to \begin{pmatrix} 0 & 1 & -2 \\ 0 & 0 & 0 \\ 2 & -1 & 0 \end{pmatrix}$．よって $\begin{pmatrix} 1 \\ 2 \\ 1 \end{pmatrix}$
が取れる．以上より，$S = \begin{pmatrix} 1 & 1 & 1 \\ 2 & 1 & 2 \\ 0 & 1 & 1 \end{pmatrix}$ により $S^{-1}AS = \begin{pmatrix} 2 & 0 & 0 \\ 0 & 1 & 0 \\ 0 & 0 & 0 \end{pmatrix}$ となる．

(3) 固有値を求めると

$\begin{vmatrix} -5-\lambda & 0 & 6 \\ 1 & -2-\lambda & -1 \\ -3 & 0 & 4-\lambda \end{vmatrix} \xrightarrow{c1+=c3} \begin{vmatrix} 1-\lambda & 0 & 6 \\ 0 & -2-\lambda & -1 \\ 1-\lambda & 0 & 4-\lambda \end{vmatrix} \xrightarrow{\substack{(1-\lambda) \leftarrow c1, \\ r3-=r1}}$

$(1-\lambda) \begin{vmatrix} 1 & 0 & 6 \\ 0 & -2-\lambda & -1 \\ 0 & 0 & -2-\lambda \end{vmatrix} \xrightarrow{\substack{第1列 \\ で展開}} (1-\lambda) \begin{vmatrix} -2-\lambda & -1 \\ 0 & -2-\lambda \end{vmatrix} = (1-\lambda)(\lambda+2)^2$．よって固有値は -2 (2重), 1．前者に対する固有ベクトルを求めると，$A-(-2)E = \begin{pmatrix} -3 & 0 & 6 \\ 1 & 0 & -1 \\ -3 & 0 & 6 \end{pmatrix} \xrightarrow{r3-=r1} \begin{pmatrix} -3 & 0 & 6 \\ 1 & 0 & -1 \\ 0 & 0 & 0 \end{pmatrix} \xrightarrow{\substack{第2行で \\ 掃き出す}} \begin{pmatrix} 0 & 0 & 3 \\ 1 & 0 & -1 \\ 0 & 0 & 0 \end{pmatrix}$．よって解は 1 本だけで $\begin{pmatrix} 0 \\ 1 \\ 0 \end{pmatrix}$ となるから，対角化可能でない．後者に対する固有ベクトルは $A - E = \begin{pmatrix} -6 & 0 & 6 \\ 1 & -3 & -1 \\ -3 & 0 & 3 \end{pmatrix} \to \begin{pmatrix} -1 & 0 & 1 \\ 1 & -3 & -1 \\ 0 & 0 & 0 \end{pmatrix} \to \begin{pmatrix} -1 & 0 & 1 \\ 0 & -3 & 0 \\ 0 & 0 & 0 \end{pmatrix}$ で，解は $\begin{pmatrix} 1 \\ 0 \\ 1 \end{pmatrix}$ となる．

(4) 固有多項式を計算すると $\begin{vmatrix} 3-\lambda & -3 & 2 \\ -1 & 3-\lambda & 0 \\ -6 & 10 & -2-\lambda \end{vmatrix} \xrightarrow{c2+=c1} \begin{vmatrix} 3-\lambda & -\lambda & 2 \\ -1 & 2-\lambda & 0 \\ -6 & 4 & -2-\lambda \end{vmatrix}$

$\xrightarrow{c2+=c3} \begin{vmatrix} 3-\lambda & 2-\lambda & 2 \\ -1 & 2-\lambda & 0 \\ -6 & 2-\lambda & -2-\lambda \end{vmatrix} \xrightarrow{(2-\lambda) \leftarrow c2} (2-\lambda) \begin{vmatrix} 3-\lambda & 1 & 2 \\ -1 & 1 & 0 \\ -6 & 1 & -2-\lambda \end{vmatrix} \xrightarrow{c1+=c2}$

$(2-\lambda) \begin{vmatrix} 4-\lambda & 1 & 2 \\ 0 & 1 & 0 \\ -5 & 1 & -2-\lambda \end{vmatrix} \xrightarrow{\substack{第2行 \\ で展開}} (2-\lambda) \begin{vmatrix} 4-\lambda & 2 \\ -5 & -2-\lambda \end{vmatrix} = (2-\lambda)(\lambda^2 - 2\lambda + 2)$．よって固有値は $2, 1 \pm \sqrt{-1}$ で対角化可能．ただし複素数が必要．2 に対する固有ベクトルは $\begin{pmatrix} 1 & -3 & 2 \\ -1 & 1 & 0 \\ -6 & 10 & -4 \end{pmatrix} \xrightarrow{\substack{r1+=r2, \\ r3-=r2 \times 6}} \begin{pmatrix} 0 & -2 & 2 \\ -1 & 1 & 0 \\ 0 & 4 & -4 \end{pmatrix} \xrightarrow{\substack{r3+=r1 \times 2, \\ r1 \div =2}} \begin{pmatrix} 0 & -1 & 1 \\ -1 & 1 & 0 \\ 0 & 0 & 0 \end{pmatrix}$．よって固有ベクトル $\begin{pmatrix} 1 \\ 1 \\ 1 \end{pmatrix}$ を得る．以下 $\sqrt{-1}$ を i で表すと，固有値 $1+i$ に対する固有ベクトルは $\begin{pmatrix} 2-i & -3 & 2 \\ -1 & 2-i & 0 \\ -6 & 10 & -3-i \end{pmatrix} \xrightarrow{\substack{r1+=r2 \times (2-i), \\ r3-=r2 \times 6}} \begin{pmatrix} 0 & -4i & 2 \\ -1 & 2-i & 0 \\ 0 & -2+6i & -3-i \end{pmatrix} \xrightarrow{\substack{r1\times = \frac{i}{2}, \\ r3\times = (1+3i)}}$

$\begin{pmatrix} 0 & 2 & i \\ -1 & 2-i & 0 \\ 0 & -20 & -10i \end{pmatrix} \xrightarrow{r3+=r1 \times 10} \begin{pmatrix} 0 & 2 & i \\ -1 & 2-i & 0 \\ 0 & 0 & 0 \end{pmatrix}$．よって解 $\begin{pmatrix} 1+2i \\ i \\ -2 \end{pmatrix}$ を得る．$2-i$ に対する固有ベクトルはこの複素共役で良く，結局 $S = \begin{pmatrix} 1 & 1+2i & 1-2i \\ 1 & i & -i \\ 1 & -2 & -2 \end{pmatrix}$ により $S^{-1}AS =$

$\begin{pmatrix} 2 & 0 & 0 \\ 0 & 2+i & 0 \\ 0 & 0 & 2-i \end{pmatrix}$ と対角化される.

(5) 固有値を求めると

$\begin{vmatrix} -1-\lambda & 3 & 6 & 3 \\ 3 & -1-\lambda & -6 & -3 \\ -2 & 2 & 6-\lambda & 2 \\ -1 & 1 & 2 & 3-\lambda \end{vmatrix} \xrightarrow{\substack{c2+=c1,\\c4+=c1}} \begin{vmatrix} -1-\lambda & 2-\lambda & 6 & 2-\lambda \\ 3 & 2-\lambda & -6 & 0 \\ -2 & 0 & 6-\lambda & 0 \\ -1 & 0 & 2 & 2-\lambda \end{vmatrix} \xrightarrow{(2-\lambda)\leftarrow c2,c4}$

$(\lambda-2)^2 \begin{vmatrix} -1-\lambda & 1 & 6 & 1 \\ 3 & 1 & -6 & 0 \\ -2 & 0 & 6-\lambda & 0 \\ -1 & 0 & 2 & 1 \end{vmatrix} \xrightarrow{r1-=r4} (\lambda-2)^2 \begin{vmatrix} -\lambda & 1 & 4 & 0 \\ 3 & 1 & -6 & 0 \\ -2 & 0 & 6-\lambda & 0 \\ -1 & 0 & 2 & 1 \end{vmatrix} \xrightarrow{\substack{第4列\\で展開}}$

$(\lambda-2)^2 \begin{vmatrix} -\lambda & 1 & 4 \\ 3 & 1 & -6 \\ -2 & 0 & 6-\lambda \end{vmatrix} \xrightarrow{r1-=r2} (\lambda-2)^2 \begin{vmatrix} -3-\lambda & 0 & 10 \\ 3 & 1 & -6 \\ -2 & 0 & 6-\lambda \end{vmatrix} \xrightarrow{\substack{第2列\\で展開}}$

$(\lambda-2)^2 \begin{vmatrix} -3-\lambda & 10 \\ -2 & 6-\lambda \end{vmatrix} = (\lambda-2)^2(\lambda^2-3\lambda+2) = (\lambda-2)^3(\lambda-1)$ より 2 (3 重),

1. まず 2 に対する固有ベクトルは $\begin{pmatrix} -3 & 3 & 6 & 3 \\ 3 & -3 & -6 & -3 \\ -2 & 2 & 4 & 2 \\ -1 & 1 & 2 & 1 \end{pmatrix} \rightarrow \begin{pmatrix} 0 & 0 & 0 & 0 \\ 0 & 0 & 0 & 0 \\ 0 & 0 & 0 & 0 \\ -1 & 1 & 2 & 1 \end{pmatrix}$ より $\begin{pmatrix} 1 \\ 1 \\ 0 \\ 0 \end{pmatrix}$,

$\begin{pmatrix} 2 \\ 0 \\ 1 \\ 0 \end{pmatrix}$, $\begin{pmatrix} 1 \\ 0 \\ 0 \\ 1 \end{pmatrix}$ の 3 本が取れる. よってこの行列は対角化可能である. 次に 1 に対しては

$\begin{pmatrix} -2 & 3 & 6 & 3 \\ 3 & -2 & -6 & -3 \\ -2 & 2 & 5 & 2 \\ -1 & 1 & 2 & 2 \end{pmatrix} \xrightarrow{\substack{第4行で\\掃き出す}} \begin{pmatrix} 0 & 1 & 2 & -1 \\ 0 & 1 & 0 & 3 \\ 0 & 0 & 1 & -2 \\ -1 & 1 & 2 & 2 \end{pmatrix} \xrightarrow{\substack{第2行,\\第3行で\\掃き出す}} \begin{pmatrix} 0 & 0 & 0 & 0 \\ 0 & 1 & 0 & 3 \\ 0 & 0 & 1 & -2 \\ -1 & 0 & 0 & 3 \end{pmatrix}$ より $\begin{pmatrix} 3 \\ -3 \\ 2 \\ 1 \end{pmatrix}$

が取れる. 以上をまとめて $S = \begin{pmatrix} 1 & 2 & 1 & 3 \\ 1 & 0 & 0 & -3 \\ 0 & 1 & 0 & 2 \\ 0 & 0 & 1 & 1 \end{pmatrix}$ により $S^{-1}AS = \begin{pmatrix} 2 & 0 & 0 & 0 \\ 0 & 2 & 0 & 0 \\ 0 & 0 & 2 & 0 \\ 0 & 0 & 0 & 1 \end{pmatrix}$ となる.

(6) 固有多項式を求めると，これは因子が簡単には求まらないので，まずは展開計算してみる.

$\begin{vmatrix} 2-\lambda & -2 & 1 & 1 \\ 2 & -1-\lambda & 1 & 1 \\ 6 & -5 & -2-\lambda & -2 \\ 0 & 1 & 1 & -1-\lambda \end{vmatrix} \xrightarrow{r3-=r2\times 3} \begin{vmatrix} 2-\lambda & -2 & 1 & 1 \\ 2 & -1-\lambda & 1 & 1 \\ 0 & -2+3\lambda & -5-\lambda & -5 \\ 0 & 1 & 1 & -1-\lambda \end{vmatrix} \xrightarrow{\substack{0を増やす\\ため\\c3-=c4}}$

$\begin{vmatrix} 2-\lambda & -2 & 0 & 1 \\ 2 & -1-\lambda & 0 & 1 \\ 0 & -2+3\lambda & -\lambda & -5 \\ 0 & 1 & 2+\lambda & -1-\lambda \end{vmatrix} \xrightarrow{\substack{第1列\\で展開}} (2-\lambda) \begin{vmatrix} -1-\lambda & 0 & 1 \\ -2+3\lambda & -\lambda & -5 \\ 1 & 2+\lambda & -1-\lambda \end{vmatrix}$

$-2 \begin{vmatrix} -2 & 0 & 1 \\ -2+3\lambda & -\lambda & -5 \\ 1 & 2+\lambda & -1-\lambda \end{vmatrix} \xrightarrow{\substack{それぞれを\\サラスで展開}} (2-\lambda)\{-\lambda(\lambda+1)^2 + (3\lambda-2)(\lambda+2) - 5(\lambda+2)(\lambda+1) + \lambda\} - 2\{(3\lambda-2)(\lambda+2) - 2\lambda(\lambda+1) - 10(\lambda+2) + \lambda\} = (\lambda-2)(\lambda^3+4\lambda^2+11\lambda+14) - 2(\lambda^2-7\lambda-24) = \lambda^4+2\lambda^3+\lambda^2+6\lambda+20$. こ
れはグラフを描いてみると実根は無さそうである. そこで例題 5.1-1(6) と同様，未定係数法により 2 次因子を探す. $(\lambda^2+a\lambda+b)(\lambda^2+c\lambda+d)$ となったとして，$a+c=2\ldots$①, $ac+b+d=1\ldots$②, $ad+bc=6\ldots$③, $bd=20\ldots$④となる. ④より b,d は同符号で，整数なら $(b,d)=\pm(20,1), \pm(10,2), \pm(5,4)$ のみが可能である. しかし b,d がともに負だと，②から $ac>0$, すなわち a,c は同符号となり①からともに正でなければな

らないが，これは③に矛盾する．よって b, d ともに正の三つの場合を調べればよい．②から $(a-c)^2 = (a+c)^2 - 4ac = 4 - 4(1-b-d) = 4(b+d)$ は完全平方数でなければならない．この条件を満たすのは $(b,d) = (5,4)$ のみである．これを③に代入して $4a + 5c = 6$，よって①と連立させて $c = -2, a = 4$ と定まる．以上により固有多項式は $(\lambda^2 + 4\lambda + 5)(\lambda^2 - 2\lambda + 4)$ と因数分解された．以下スペース節約のため $\sqrt{-1}$ を i と記す．(添え字の i は現れないので混乱は生じない．) よって固有値は $-2 \pm i, 1 \pm \sqrt{3}i$ となり，すべて異なるので対角化可能である．$-2+i$ に対する固有ベクトルの方程式の係数行列を行基本変形すると
$\begin{pmatrix} 4-i & -2 & 1 & 1 \\ 2 & 1-i & 1 & 1 \\ 6 & -5 & -i & -2 \\ 0 & 1 & 1 & 1-i \end{pmatrix} \xrightarrow{r1- = r2} \begin{pmatrix} 2-i & -3+i & 0 & 0 \\ 2 & 1-i & 1 & 1 \\ 6 & -5 & -i & -2 \\ 0 & 1 & 1 & 1-i \end{pmatrix}$

$\xrightarrow[r2- = r4]{r1\times = (2+i),} \begin{pmatrix} 5 & -7-i & 0 & 0 \\ 2 & -i & 0 & i \\ 6 & -5 & -i & -2 \\ 0 & 1 & 1 & 1-i \end{pmatrix} \xrightarrow{\text{第2,3行に}\\ \text{5を掛ける}} \begin{pmatrix} 5 & -7-i & 0 & 0 \\ 10 & -5i & 0 & 5i \\ 30 & -25 & -5i & -10 \\ 0 & 1 & 1 & 1-i \end{pmatrix} \xrightarrow{r2- = r1 \times 2,\\ r3- = r1 \times 6}$

$\begin{pmatrix} 5 & -7-i & 0 & 0 \\ 0 & 14-3i & 0 & 5i \\ 0 & 17+6i & -5i & -10 \\ 0 & 1 & 1 & 1-i \end{pmatrix} \xrightarrow{r2\times = (14+3i),\\ r3\times = (17-6i)} \begin{pmatrix} 5 & -7-i & 0 & 0 \\ 0 & 205 & 0 & -15+70i \\ 0 & 325 & -30-85i & -170+60i \\ 0 & 1 & 1 & 1-i \end{pmatrix} \xrightarrow{\text{第2,3行を}\\ \text{5で割る}}$

$\begin{pmatrix} 5 & -7-i & 0 & 0 \\ 0 & 41 & 0 & -3+14i \\ 0 & 65 & -6-17i & -34+12i \\ 0 & 1 & 1 & 1-i \end{pmatrix} \xrightarrow{r3- = r2} \begin{pmatrix} 5 & -7-i & 0 & 0 \\ 0 & 41 & 0 & -3+14i \\ 0 & 24 & -6-17i & -31-2i \\ 0 & 1 & 1 & 1-i \end{pmatrix} \xrightarrow{r3- =\\ r4\times 24}$

$\begin{pmatrix} 5 & -7-i & 0 & 0 \\ 0 & 41 & 0 & -3+14i \\ 0 & 0 & -30-17i & -55+22i \\ 0 & 1 & 1 & 1-i \end{pmatrix} \xrightarrow{r3\times = (-30+17i),\\ r4\times = 41\\ r4(\text{new})- = r2} \begin{pmatrix} 5 & -7-i & 0 & 0 \\ 0 & 41 & 0 & -3+14i \\ 0 & 0 & 1189 & 1276-1595i \\ 0 & 0 & 41 & 44-55i \end{pmatrix}$

$\xrightarrow{r3- = r4 \times 29} \begin{pmatrix} 5 & -7-i & 0 & 0 \\ 0 & 41 & 0 & -3+14i \\ 0 & 0 & 0 & 0 \\ 0 & 0 & 41 & 44-55i \end{pmatrix}$. よって固有ベクトル $\begin{pmatrix} 7-19i \\ 3-14i \\ -44+55i \\ 41 \end{pmatrix}$ を得る．

$-2-\sqrt{-1}$ に対する固有ベクトルはこの複素共役を取ったものでよい．同様に $1+\sqrt{3}i$ に対しては，計算過程を記すのを少し略すと $\begin{pmatrix} 1-\sqrt{3}i & -2 & 1 & 1 \\ 2 & -2-\sqrt{3}i & 1 & 1 \\ 6 & -5 & -3-\sqrt{3}i & -2 \\ 0 & 1 & 1 & -2-\sqrt{3}i \end{pmatrix}$

$\xrightarrow[r3- = r2 \times 3]{r1- = r2,} \begin{pmatrix} -1-\sqrt{3}i & \sqrt{3}i & 0 & 0 \\ 2 & -2-\sqrt{3}i & 1 & 1 \\ 0 & 1+3\sqrt{3}i & -6-\sqrt{3}i & -5 \\ 0 & 1 & 1 & -2-\sqrt{3}i \end{pmatrix} \xrightarrow{r1\times = (-1+\sqrt{3}i),\\ r3\times = (1-3\sqrt{3}i)}$

$\begin{pmatrix} 4 & -3-\sqrt{3}i & 0 & 0 \\ 2 & -2-\sqrt{3}i & 1 & 1 \\ 0 & 28 & -15+17\sqrt{3}i & -5+15\sqrt{3}i \\ 0 & 1 & 1 & -2-\sqrt{3}i \end{pmatrix} \xrightarrow{r2\times = 2,\\ r2(\text{new})- = r1}$

$\begin{pmatrix} 4 & -3-\sqrt{3}i & 0 & 0 \\ 0 & -1-\sqrt{3}i & 2 & 2 \\ 0 & 28 & -15+17\sqrt{3}i & -5+15\sqrt{3}i \\ 0 & 1 & 1 & -2-\sqrt{3}i \end{pmatrix} \xrightarrow{r2\times = \frac{-1+\sqrt{3}i}{2}}$

$$\begin{pmatrix} 4 & -3-\sqrt{3}i & 0 & 0 \\ 0 & 2 & -1+\sqrt{3} & -1+\sqrt{3} \\ 0 & 28 & -15+17\sqrt{3}i & -5+15\sqrt{3}i \\ 0 & 1 & 1 & -2-\sqrt{3}i \end{pmatrix} \xrightarrow[r2 \times 14]{r3- =} \begin{pmatrix} 4 & -3-\sqrt{3}i & 0 & 0 \\ 0 & 2 & -1+\sqrt{3} & -1+\sqrt{3} \\ 0 & 0 & -1+3\sqrt{3}i & 9+\sqrt{3}i \\ 0 & 1 & 1 & -2-\sqrt{3}i \end{pmatrix}$$

$$\xrightarrow[r2- = r4\times 2]{\substack{r3\times = \\ (1+3\sqrt{3}i),}} \begin{pmatrix} 4 & -3-\sqrt{3}i & 0 & 0 \\ 0 & 0 & -3+\sqrt{3}i & 3+3\sqrt{3}i \\ 0 & 0 & -28 & 28\sqrt{3}i \\ 0 & 1 & 1 & -2-\sqrt{3}i \end{pmatrix} \xrightarrow[r3\div = 28]{\substack{r2\times = \\ (3+\sqrt{3}i),}} \begin{pmatrix} 4 & -3-\sqrt{3}i & 0 & 0 \\ 0 & 0 & -12 & 12\sqrt{3}i \\ 0 & 0 & -1 & \sqrt{3}i \\ 0 & 1 & 1 & -2-\sqrt{3}i \end{pmatrix}$$

$$\xrightarrow[r4+ = r3]{r2\div = 12,} \begin{pmatrix} 4 & -3-\sqrt{3}i & 0 & 0 \\ 0 & 0 & -1 & \sqrt{3}i \\ 0 & 0 & -1 & \sqrt{3}i \\ 0 & 1 & 0 & -2 \end{pmatrix} \to \begin{pmatrix} 4 & -3-\sqrt{3}i & 0 & 0 \\ 0 & 0 & -1 & \sqrt{3}i \\ 0 & 0 & 0 & 0 \\ 0 & 1 & 0 & -2 \end{pmatrix}. これより固有ベクト$$

ル $\begin{pmatrix} 3+\sqrt{3}i \\ 4 \\ 2\sqrt{3}i \\ 2 \end{pmatrix}$ を得る. 同様に $1-\sqrt{3}i$ に対する固有ベクトルはこの複素共役でよい.

以上を総合すると, 変換行列 $S = \begin{pmatrix} 7-19i & 7+19i & 3+\sqrt{3}i & 3-\sqrt{3}i \\ 3-14i & 3+14i & 4 & 4 \\ -44+55i & -44-55i & 2\sqrt{3}i & -2\sqrt{3}i \\ 41 & 41 & 2 & 2 \end{pmatrix}$ により

$S^{-1}AS = \begin{pmatrix} -2+i & 0 & 0 & 0 \\ 0 & -2-i & 0 & 0 \\ 0 & 0 & 1+\sqrt{3}i & 0 \\ 0 & 0 & 0 & 1-\sqrt{3}i \end{pmatrix}$ となる.

5.1.2 (1) 要項 4.1.5 により $\det(A-\lambda E) = \det(A^T - \lambda E)$ が成り立つことから分かる.
(2) A の左固有値, 左固有ベクトル (を縦にしたもの) は A^T の通常の意味の固有値, 固有ベクトルに他ならない. 従って (1) により固有値については左右の区別は無いが, 固有ベクトルは A が対称でないと (縦に揃えても) 一般には左右で異なる.

5.2.1 (1) この行列は例題 5.1-1 (4) で固有値 3 (2 重), 0 と固有ベクトル $(1,2,1)^T$, $(2,1,-1)^T$ まで求めてあり, 対角化できないことが分かっていたので, ジョルダン標準形は $\begin{pmatrix} 3 & 1 & 0 \\ 0 & 3 & 0 \\ 0 & 0 & 0 \end{pmatrix}$ と分かる. よって固有値 3 に対する一般固有ベクトルさえ求めれば変換行列も求まる. $\begin{pmatrix} -1 & -1 & 3 & | & 1 \\ 0 & -1 & 2 & | & 2 \\ 1 & 0 & -1 & | & 1 \end{pmatrix} \to \begin{pmatrix} 0 & -1 & 2 & | & 2 \\ 0 & -1 & 2 & | & 2 \\ 1 & 0 & -1 & | & 1 \end{pmatrix} \to \begin{pmatrix} 0 & 0 & 0 & | & 0 \\ 0 & -1 & 2 & | & 2 \\ 1 & 0 & -1 & | & 1 \end{pmatrix}$. よって $\begin{pmatrix} 2 \\ 0 \\ 1 \end{pmatrix}$ が解として取れる. 故に $S = \begin{pmatrix} 1 & 2 & 2 \\ 2 & 0 & 1 \\ 1 & 1 & -1 \end{pmatrix}$.

(2) 固有値が 1 (3 重) であることは見ただけで分かる. $A-E = \begin{pmatrix} 0 & 0 & 1 \\ 0 & 0 & 1 \\ 0 & 0 & 0 \end{pmatrix}$ は階数 1 なので, 固有ベクトルは $3-1=2$ 本存在する. よってジョルダン標準形はこの時点で $\begin{pmatrix} 1 & 1 & 0 \\ 0 & 1 & 0 \\ 0 & 0 & 1 \end{pmatrix}$ と確定する. 固有空間は $(1,0,0)^T$ と $(0,1,0)^T$ で張られる. これらの 1 次結合を右辺に置いた $\begin{pmatrix} 0 & 0 & 1 \\ 0 & 0 & 1 \\ 0 & 0 & 0 \end{pmatrix} \begin{pmatrix} x \\ y \\ z \end{pmatrix} = \begin{pmatrix} a \\ b \\ 0 \end{pmatrix}$ は, $a=b$ のときに限り解けるので, 固有空間の基底を $\begin{pmatrix} 1 \\ 1 \\ 0 \end{pmatrix}$

と $\begin{pmatrix} 0 \\ 1 \\ 0 \end{pmatrix}$ に変え,前者に対する一般固有ベクトル $\begin{pmatrix} 0 \\ 0 \\ 1 \end{pmatrix}$ を求めて $S = \begin{pmatrix} 1 & 0 & 0 \\ 1 & 0 & 1 \\ 0 & 1 & 0 \end{pmatrix}$ と置けば,$S^{-1}AS$ が上述の標準形となる.

(3) この行列は既に問題 5.1.1 (3) で固有値が (-2) (2 重), 1, 固有ベクトルがそれぞれ $(0,1,0)^T, (1,0,1)^T$ と 1 本ずつしかないことが分かっているので,ジョルダン標準形は $\begin{pmatrix} -2 & 1 & 0 \\ 0 & -2 & 0 \\ 0 & 0 & 1 \end{pmatrix}$ に確定する.よって前者に対する一般固有ベクトルを求めることだけが残っている.$\{A-(-2)E\}\boldsymbol{x} = \begin{pmatrix} -3 & 0 & 6 \\ 1 & 0 & -1 \\ -3 & 0 & 6 \end{pmatrix}\begin{pmatrix} x_1 \\ x_2 \\ x_3 \end{pmatrix} = \begin{pmatrix} 0 \\ 1 \\ 0 \end{pmatrix}$ は以前に計算した基本変形を使わなくても目の子で解け,$\begin{pmatrix} 2 \\ 0 \\ 1 \end{pmatrix}$ が求まる.よって変換行列は $S = \begin{pmatrix} 0 & 2 & 1 \\ 1 & 0 & 0 \\ 0 & 1 & 1 \end{pmatrix}$ と取れる.

5.2.2 例題 5.1-4 (4) の計算で,固有値 λ, μ が 2 重,かつ固有ベクトルが $\begin{pmatrix} \boldsymbol{a} \\ \boldsymbol{0} \end{pmatrix}, \begin{pmatrix} \boldsymbol{b} \\ \boldsymbol{0} \end{pmatrix}$ 1 本ずつしか無いことが分かっているので,ジョルダン標準形は $\begin{pmatrix} \lambda & 1 & 0 & 0 \\ 0 & \lambda & 0 & 0 \\ 0 & 0 & \mu & 1 \\ 0 & 0 & 0 & \mu \end{pmatrix}$ と確定する.λ に対する一般固有ベクトルは,$\begin{pmatrix} A-\lambda E & E \\ O & A-\lambda E \end{pmatrix}\begin{pmatrix} \boldsymbol{x} \\ \boldsymbol{y} \end{pmatrix} = \begin{pmatrix} \boldsymbol{a} \\ \boldsymbol{0} \end{pmatrix}$,すなわち,$(A-\lambda E)\boldsymbol{x}+\boldsymbol{y} = \boldsymbol{a}$,$(A-\lambda E)\boldsymbol{y} = \boldsymbol{0}$ を解いて $\boldsymbol{y} = k\boldsymbol{a}$,$(A-\lambda E)\boldsymbol{x} = \boldsymbol{a}-\boldsymbol{y} = (1-k)\boldsymbol{a}$.$\boldsymbol{a}$ は A の単純固有値 λ に同伴する固有ベクトルなので,$(A-\lambda E)$ の像には入らないから,$k=1$ でなければならない.よって $\boldsymbol{x} = c\boldsymbol{a}$.従って解は $\begin{pmatrix} \boldsymbol{x} \\ \boldsymbol{y} \end{pmatrix} = \begin{pmatrix} c\boldsymbol{a} \\ \boldsymbol{a} \end{pmatrix}$ であるが,一般固有ベクトルは固有ベクトルで調節できるから,$c=0$ に選べ,$\begin{pmatrix} \boldsymbol{0} \\ \boldsymbol{a} \end{pmatrix}$ を取れる.同様に,固有値 μ に対応する一般固有ベクトルは $\begin{pmatrix} \boldsymbol{0} \\ \boldsymbol{b} \end{pmatrix}$ に取れる.以上により変換行列は $S = \begin{pmatrix} \boldsymbol{a} & \boldsymbol{0} & \boldsymbol{b} & \boldsymbol{0} \\ \boldsymbol{0} & \boldsymbol{a} & \boldsymbol{0} & \boldsymbol{b} \end{pmatrix}$.

5.2.3 S の λ_i を含む列は,λ_i が λ_{ik}, $k=1,2,\ldots,\nu_i$ という別々の変数であったヴァンデルモンド行列において,列の引き算をしてはこれらを λ_i に一体化したとき零になる $\dfrac{\nu_i(\nu_i-1)}{2}$ 次の因子 $(\lambda_{i2}-\lambda_{i1})\cdots(\lambda_{i\nu_i}-\lambda_{i1})\cdots(\lambda_{i,\nu_i}-\lambda_{i,\nu_i-1})$ で割り算して極限を取った残りより成る.よって求める行列式はヴァンデルモンド行列式からこれらの因子を除いた残りの,グループ相互間の差の積 $\prod_{1\leq i<j\leq s}\prod_{k=1}^{\nu_i}\prod_{l=1}^{\nu_j}(\lambda_{jk}-\lambda_{il})$ において λ_{ik} を λ_i に,λ_{jl} を λ_j に変えたものとなる.これは $\prod_{1\leq i<j\leq s}(\lambda_j-\lambda_i)^{\nu_i\nu_j}$ という $\lambda_1,\ldots,\lambda_s$ の同次多項式となり,その次数は

$$\sum_{1\leq i<j\leq s}\nu_i\nu_j = \frac{1}{2}\sum_{i,j=1}^s \nu_i\nu_j - \frac{1}{2}\sum_{i=1}^s \nu_i^2 = \frac{1}{2}\Big(\sum_i^s \nu_i\Big)^2 - \frac{1}{2}\sum_{i=1}^s \nu_i^2 = \frac{1}{2}n^2 - \frac{1}{2}\sum_{i=1}^s \nu_i^2$$

である.(ちなみに除いた因子の分を加えると $\sum_{i=1}^s \dfrac{\nu_i(\nu_i-1)}{2} + \dfrac{1}{2}n^2 - \dfrac{1}{2}\sum_{i=1}^s \nu_i^2 = \dfrac{1}{2}n^2 - \dfrac{1}{2}\sum_{i=1}^s \nu_i = \dfrac{n^2}{2} - \dfrac{n}{2} = \dfrac{n(n-1)}{2}$ となり,つじつまが合っている.)

5.2.4 A のジョルダン標準形は $\det(A-\lambda E)$ の根 λ_i と,その各々について $\operatorname{rank}(A-\lambda_i E)^k$, $k=1,2,\ldots$ から推定され,これらの量が転置しても変わらないことから分かる.

5.2.5 (1) は (b).肩の数は零以外何にでもできるので,標準形は変わらない.
(2) は (c).$\operatorname{rank}(A-2E)=1$ となるのはこれだけ.

(3) は (d). $\mathrm{rank}\,(A-2E) = 2$ だが $(A-2E)^2 = O$ となることが暗算で何とか確かめられるので (b) が否定される.

(4) は (b). $\mathrm{rank}\,(A-2E) = 2$ を見るのは容易だが $\mathrm{rank}\,(A-2E)^2 > 0$ を見るには, $(0,1,1,1)$ と $(1,1,1,0)^T$ の積が零にならないことだけ確かめればよい.

(5) は (a). $\mathrm{rank}\,(A-2E) = 3$ だから.

(6) は (c). 前問により転置してもジョルダン標準形は変わらず, また, ブロックは移動可能だから.

(7) は (d). ジョルダン標準形はブロック毎に作れる.

(8) は (b). $\mathrm{rank}\,(A-2E) = 2$ は自明で, $\mathrm{rank}\,(A-2E)^2 > 0$ が $(0,0,0,1)$ と $(0,1,0,1)^T$ の積 $\neq 0$ より分かるから.

5.2.6 以下スペースの都合で結果だけを記す. 計算の詳細は 💻.

(1) 固有値は $1, -1$ (ともに 2 重). 前者は固有ベクトルを 1 本のみ持ち, 標準形
$\begin{pmatrix} 1 & 1 & 0 & 0 \\ 0 & 1 & 0 & 0 \\ 0 & 0 & -1 & 0 \\ 0 & 0 & 0 & -1 \end{pmatrix}$ と決定される. 変換行列は $S = \begin{pmatrix} 1 & 0 & 1 & 0 \\ -4 & 0 & -1 & 2 \\ -3 & 0 & -1 & 1 \\ 1 & -1 & 0 & -2 \end{pmatrix}$ などが取れる.

(2) 固有値は $1, -1$ (ともに 2 重). ともに固有ベクトルを 1 本のみ持ち, 変換行列 $S = \begin{pmatrix} 1 & 0 & 2 & 1 \\ 4 & 1 & 7 & 5 \\ 2 & 1 & 4 & 2 \\ 2 & 1 & 4 & 3 \end{pmatrix}$ により標準形 $\begin{pmatrix} 1 & 1 & 0 & 0 \\ 0 & 1 & 0 & 0 \\ 0 & 0 & -1 & 1 \\ 0 & 0 & 0 & -1 \end{pmatrix}$ に変換される.

(3) 固有値は 1 (4 重). 固有ベクトルが 2 本有る. それらを右辺として一般固有ベクトルを求める方程式の解がそれぞれ求まるので, 標準形は $\begin{pmatrix} 1 & 1 & 0 & 0 \\ 0 & 1 & 0 & 0 \\ 0 & 0 & 1 & 1 \\ 0 & 0 & 0 & 1 \end{pmatrix}$ と決定される. 変換行列はこのような固有ベクトルを第 1, 3 列に, それらを右辺として求めた一般固有ベクトルを第 2, 4 列に置いて $\begin{pmatrix} 1 & 1 & 2 & 1 \\ 1 & 0 & 1 & 1 \\ 0 & 1 & 1 & -1 \\ 3 & -2 & 0 & 4 \end{pmatrix}$ などが取れる.

(4) 固有値は 1 (4 重). 固有ベクトルが 1 本しか無いので, 標準形は $\begin{pmatrix} 1 & 1 & 0 & 0 \\ 0 & 1 & 1 & 0 \\ 0 & 0 & 1 & 1 \\ 0 & 0 & 0 & 1 \end{pmatrix}$ に決まる. 変換行列はこの 1 本を右辺に置いて一般固有ベクトルを 3 回解き上がって求めたものを並べた $\begin{pmatrix} 1 & 0 & 1 & -3 \\ 2 & 0 & -3 & 3 \\ 2 & -1 & -4 & 7 \\ 1 & 0 & 0 & -1 \end{pmatrix}$ などが取れる.

(5) 固有値は 1 (4 重). 固有ベクトルが 2 本有るが, それらを右辺とする一般固有ベクトルの方程式が解けるのは 1 本のみで, その解を再び調整して右辺に置きもう一度解き, 以上を並べたものに固有ベクトルの残りの 1 本を加えた変換行列 $\begin{pmatrix} 3 & -1 & 0 & 1 \\ 1 & 0 & 1 & -1 \\ 1 & 1 & 0 & 0 \\ 1 & 1 & 1 & -1 \end{pmatrix}$ で標準形 $\begin{pmatrix} 1 & 1 & 0 & 0 \\ 0 & 1 & 1 & 0 \\ 0 & 0 & 1 & 0 \\ 0 & 0 & 0 & 1 \end{pmatrix}$ を得る.

(6) 固有値は 1（4 重）．固有ベクトルが 3 本有り，そのうち右辺に置いて一般固有ベクトルが求まるのは 1 本に決まるので，標準形は $\begin{pmatrix} 1 & 1 & 0 & 0 \\ 0 & 1 & 0 & 0 \\ 0 & 0 & 1 & 0 \\ 0 & 0 & 0 & 1 \end{pmatrix}$ となり，変換行列はこのペアを並べた後に残りの 2 本の固有ベクトルを並べて $\begin{pmatrix} 2 & -1 & 1 & 1 \\ 4 & 0 & -1 & 0 \\ -4 & 0 & 0 & 1 \\ 5 & 0 & 0 & 0 \end{pmatrix}$ などが取れる．

5.3.1 (1) $\lambda(\lambda-3)^2$（固有多項式に同じ）．　(2) $(\lambda-1)^2$．(3) $(\lambda-1)(\lambda+2)^2$（固有多項式に同じ）．

5.3.2 先に計算したジョルダン標準形の場合分けに従って順に判定すればよい．
(i) $a\neq 0, b\neq 0, c\neq 0$ のとき $(\lambda-1)^4$．
(ii) a, b, c のどれか一つだけ 0 のとき，$a=0$ または $c=0$ なら $(\lambda-1)^3$，$b=0$ なら $(\lambda-1)^2$．
(iii) a, b, c のどれか一つだけが 0 でないとき $(\lambda-1)^2$．
(iv) $a=b=c=0$ のとき $\lambda-1$．

5.3.3 例題 5.2-1 の (2)　同例題の解答で $J=\begin{pmatrix} 1 & 1 & 0 & 0 \\ 0 & 1 & 1 & 0 \\ 0 & 0 & 1 & 1 \\ 0 & 0 & 0 & 1 \end{pmatrix}$ が分かっているが，この問題では実は J の対角成分は単位行列 E となっているので，S, S^{-1} を使う必要は無く，$D=SES^{-1}=E$，従って $N=A-D=A-E=\begin{pmatrix} 0 & -4 & 5 & 1 \\ 0 & 4 & -4 & -4 \\ 0 & 3 & -3 & -3 \\ 1 & -4 & 6 & -1 \end{pmatrix}$ と計算できてしまう．また，全空間が固有値 1 の一般固有空間になっているので，$E=E_1$ であり，これを与える A の多項式は定数項 1 のみとなる．

(3), (4) についても全く同様であり，$D=E, N=A-E, E_1=E$ である．

(5) は固有値が虚数になるので，ジョルダン分解も射影作用素も $\boldsymbol{C}$ 上で計算することになるが，ジョルダン分解は結果的に実になる．例題 5.2-1 (5) の解答の結果を用いて
$N=S\begin{pmatrix} 0 & 1 & 0 & 0 \\ 0 & 0 & 0 & 0 \\ 0 & 0 & 0 & 1 \\ 0 & 0 & 0 & 0 \end{pmatrix}S^{-1}=\begin{pmatrix} -1 & -1 & 0 & -1 \\ 4 & 1 & 1 & 1 \\ 3 & 3 & 0 & 3 \\ -3 & 0 & -1 & 0 \end{pmatrix}$, $D=A-N=\begin{pmatrix} 2 & -3 & 2 & -2 \\ -1 & 0 & -4 & -6 \\ -1 & -1 & -1 & -4 \\ 1 & 2 & 3 & 7 \end{pmatrix}$.

部分分数分解 $\frac{1}{\varphi(\lambda)}=\frac{1}{(\lambda-2-i)^2(\lambda-2+i)^2}=-\frac{1}{4}\frac{1-i(x-2+i)}{(x-2+i)^2}-\frac{1}{4}\frac{1+i(x-2-i)}{(x-2-i)^2}$,
1 の分解 $1=-\frac{i}{4}(\lambda-2-2i)(\lambda-2+i)^2+\frac{i}{4}(\lambda-2+2i)(\lambda-2-i)^2$ より射影作用素

$E_{2+i}=-\frac{i}{4}\{A-(2+2i)E\}\{A-(2-i)E\}^2=\begin{pmatrix} 1/2 & 3i/2 & -i & i \\ i/2 & 1/2+i & 2i & 3i \\ i/2 & i/2 & (1+3i)/2 & 2i \\ -i/2 & -i & -3i/2 & (1-5i)/2 \end{pmatrix}$,

$E_{2-i}=\frac{i}{4}\{A-(2-2i)E\}\{A-(2+i)E\}^2=\begin{pmatrix} 1/2 & -3i/2 & i & -i \\ -i/2 & 1/2-i & -2i & -3i \\ -i/2 & -i/2 & (1-3i)/2 & -2i \\ i/2 & i & 3i/2 & (1+5i)/2 \end{pmatrix}$.

これらを使うとジョルダン分解も $D=(2+i)E_{2+i}+(2-i)E_{2-i}, N=A-D$ で得られる．

問題 5.2.1 の (1) 同解答より $S = \begin{pmatrix} 1 & 2 & 2 \\ 2 & 0 & 1 \\ 1 & 1 & -1 \end{pmatrix}$ として $D_A = S\begin{pmatrix} 3 & 0 & 0 \\ 0 & 3 & 0 \\ 0 & 0 & 0 \end{pmatrix} S^{-1} =$
$\frac{1}{3}\begin{pmatrix} 5 & -2 & 8 \\ -2 & 8 & 4 \\ 2 & 1 & 5 \end{pmatrix}$, $N_A = S\begin{pmatrix} 0 & 1 & 0 \\ 0 & 0 & 0 \\ 0 & 0 & 0 \end{pmatrix} S^{-1} = \frac{1}{3}\begin{pmatrix} 1 & -1 & 1 \\ 2 & -2 & 2 \\ 1 & -1 & 1 \end{pmatrix}$ がジョルダン分解, $E_0 =$
$S\begin{pmatrix} 0 & 0 & 0 \\ 0 & 0 & 0 \\ 0 & 0 & 1 \end{pmatrix} S^{-1} = \frac{1}{9}\begin{pmatrix} 4 & 2 & -8 \\ 2 & 1 & -4 \\ -2 & -1 & 4 \end{pmatrix}$, $E_3 = S\begin{pmatrix} 1 & 0 & 0 \\ 0 & 1 & 0 \\ 0 & 0 & 0 \end{pmatrix} S^{-1} = \frac{1}{9}\begin{pmatrix} 5 & -2 & 8 \\ -2 & 8 & 4 \\ 2 & 1 & 5 \end{pmatrix} =$
$\frac{1}{3}D_A$ がそれぞれ 0-固有空間および 3-一般固有空間への射影である. また $\varphi_A(\lambda) = \lambda(\lambda-3)^2$
を用いて $\frac{1}{\varphi_A(\lambda)} = \frac{1}{9\lambda} - \frac{\lambda-6}{9(\lambda-3)^2}$ より $1 = \frac{1}{9}(\lambda-3)^2 - \frac{1}{9}\lambda(\lambda-6)$. 従って $E_0 = \frac{1}{9}(A-E)^2$,
$E_3 = -\frac{1}{9}A(A-6E)$, $D_A = 0E_0 + 3E_3 = -\frac{1}{3}A(A-6E)$, $N_A = A - D_A = -\frac{1}{3}A^2 + 3A$
が A の多項式としてのこれらの表現である.

(2) 同解答より $S = \begin{pmatrix} 1 & 0 & 0 \\ 1 & 0 & 1 \\ 0 & 1 & 0 \end{pmatrix}$ として $D_A = S\begin{pmatrix} 1 & 0 & 0 \\ 0 & 1 & 0 \\ 0 & 0 & 1 \end{pmatrix} S^{-1} = E$, $N_A =$
$S\begin{pmatrix} 0 & 1 & 0 \\ 0 & 0 & 0 \\ 0 & 0 & 0 \end{pmatrix} S^{-1} = \begin{pmatrix} 0 & 0 & 1 \\ 0 & 0 & 1 \\ 0 & 0 & 0 \end{pmatrix}$ がジョルダン分解である. A の多項式としてのこれらの
表現は $D_A = E$, $N_A = A - E$ となる. また $E_1 = E$.

(3) 同解答より $S = \begin{pmatrix} 0 & 2 & 1 \\ 1 & 0 & 0 \\ 0 & 1 & 1 \end{pmatrix}$ として, $D_A = S\begin{pmatrix} -2 & 0 & 0 \\ 0 & -2 & 0 \\ 0 & 0 & 1 \end{pmatrix} S^{-1} = \begin{pmatrix} -5 & 0 & 6 \\ 0 & -2 & 0 \\ -3 & 0 & 4 \end{pmatrix}$,
$N_A = S\begin{pmatrix} 0 & 1 & 0 \\ 0 & 0 & 0 \\ 0 & 0 & 0 \end{pmatrix} S^{-1} = \begin{pmatrix} 0 & 0 & 0 \\ 1 & 0 & -1 \\ 0 & 0 & 0 \end{pmatrix}$ がジョルダン分解, $E_1 = S\begin{pmatrix} 0 & 0 & 0 \\ 0 & 0 & 0 \\ 0 & 0 & 1 \end{pmatrix} S^{-1} =$
$\begin{pmatrix} -1 & 0 & 2 \\ 0 & 0 & 0 \\ -1 & 0 & 2 \end{pmatrix}$, $E_{-2} = S\begin{pmatrix} 1 & 0 & 0 \\ 0 & 1 & 0 \\ 0 & 0 & 0 \end{pmatrix} S^{-1} = \begin{pmatrix} 2 & 0 & -2 \\ 0 & 1 & 0 \\ 1 & 0 & -1 \end{pmatrix}$ がそれぞれ 1-固有空間, および
(-2)-一般固有空間への射影である. $\varphi_A(\lambda) = (\lambda-1)(\lambda+2)^2$ を用いて, $\frac{1}{\varphi_A(\lambda)} =$
$\frac{1}{9(\lambda-1)} - \frac{\lambda+5}{9(\lambda+2)^2}$ より $1 = \frac{1}{9}(\lambda+2)^2 - \frac{1}{9}(\lambda-1)(\lambda+2)^2$. これを用いて $E_1 = \frac{1}{9}(A+2E)^2$,
$E_{-2} = -\frac{1}{9}(A-E)(A+5E)$, $D_A = E_1 - 2E_{-2} = \frac{1}{9}(A+2E)^2 + \frac{2}{9}(A-E)(A+5E) =$
$\frac{1}{3}A^2 + \frac{4}{3}A - \frac{2}{3}E$, $N_A = A - D_A = -\frac{1}{3}A^2 - \frac{1}{3}A + \frac{2}{3}E$ が A の多項式による表現となる.

5.3.4 (1) $\boldsymbol{x} \in \text{Image}\, A$ なら, $\exists \boldsymbol{y}$ s.t. $\boldsymbol{x} = A\boldsymbol{y}$ となる. すると仮定により $A\boldsymbol{x} = A^2\boldsymbol{y} = A\boldsymbol{y} = \boldsymbol{x}$.

(2) $(E-A)^2 = E^2 - 2A + A^2 = E - 2A + A = E - A$.

(3) $E = A + (E-A)$ より $\boldsymbol{R}^n = \text{Image}\, A + \text{Image}(E-A)$ はいつでも言える. 仮定により $A^2 = A$ なので $A(E-A) = A - A^2 = O$. これから $\text{Image}(E-A) \subset \text{Ker}\, A$. 逆に $\boldsymbol{x} \in \text{Ker}\, A$ なら, $(E-A)\boldsymbol{x} = \boldsymbol{x}$ より $\boldsymbol{x} \in \text{Image}(E-A)$. よって $\text{Ker}\, A = \text{Image}(E-A)$ となる. 最後に $\boldsymbol{x} \in \text{Image}\, A \cap \text{Image}(E-A)$ とすれば, $\boldsymbol{x} \in \text{Image}\, A$ より (1) から $A\boldsymbol{x} = \boldsymbol{x}$. 他方 $\boldsymbol{x} \in \text{Image}(E-A) = \text{Ker}\, A$ より $A\boldsymbol{x} = \boldsymbol{0}$, 故に $\boldsymbol{x} = \boldsymbol{0}$ となるから, $\text{Image}\, A + \text{Image}(E-A)$ は直和である.

5.4.1 (1) 先に問題 5.1.1 (2) で求めた変換行列 $S = \begin{pmatrix} 1 & 1 & 1 \\ 2 & 1 & 2 \\ 0 & 1 & 1 \end{pmatrix}$ と対角化の結果 $\begin{pmatrix} 2 & 0 & 0 \\ 0 & 1 & 0 \\ 0 & 0 & 0 \end{pmatrix}$
より, $A^n = S\begin{pmatrix} 2^n & 0 & 0 \\ 0 & 1 & 0 \\ 0 & 0 & 0 \end{pmatrix} S^{-1}$. 故に $S^{-1} = \begin{pmatrix} 1 & 0 & -1 \\ 2 & -1 & 0 \\ -2 & 1 & 1 \end{pmatrix}$ を計算 ($\longrightarrow$ 問題 2.6.2 (6))

して上を具体的に求めると，簡単な計算の後に $A^n = \begin{pmatrix} 2^n+2 & -1 & -2^n \\ 2^{n+1}+2 & -1 & -2^{n+1} \\ 2 & -1 & 0 \end{pmatrix}$ を得る．

別解 変換行列を S とすれば，$S^{-1}AS = \begin{pmatrix} 2 & 0 & 0 \\ 0 & 1 & 0 \\ 0 & 0 & 0 \end{pmatrix} = E+K$，ここに $K = \begin{pmatrix} 1 & 0 & 0 \\ 0 & 0 & 0 \\ 0 & 0 & -1 \end{pmatrix}$ となる．この両辺を n 乗すると，$S^{-1}A^n S = (E+K)^n = \sum_{k=0}^{n} {}_n C_k E^{n-k} K^k = \sum_{k=0}^{n} {}_n C_k K^k$ となるが，ここで k が奇数のときは $K^k = K$，また k が偶数のときは $K^k = K^2$（ただし $K^0 = E$ は例外）なので，上は $= E + \sum_{l=1}^{\lfloor n/2 \rfloor} {}_n C_{2l} K^2 + \sum_{l=0}^{\lfloor (n-1)/2 \rfloor} {}_n C_{2l+1} K = E - K^2 + \sum_{l=0}^{\lfloor n/2 \rfloor} {}_n C_{2l} K^2 + \sum_{l=0}^{\lfloor (n-1)/2 \rfloor} {}_n C_{2l+1} K$ となる．ここに $\lfloor \ \rfloor$ は整数への切り捨てを表す．この係数に現れた二つの和 c_0, c_1 は，高校数学でもお馴染みで，$2^n = (1+1)^n = c_0 + c_1$, $0 = (1-1)^n = c_0 - c_1$ から $c_0 = c_1 = 2^{n-1}$ と求まる．よって $A^n = E - SK^2 S^{-1} + 2^{n-1}(SK^2 S^{-1} + SKS^{-1})$．ここで $SKS^{-1} = S(E+K)S^{-1} - SES^{-1} = A - E$．また $S^{-1}(A-E)^2 S = \{S^{-1}(A-E)S\}^2 = K^2$ から $SK^2 S^{-1} = (A-E)^2$ なので，結局 $A^n = E - (A-E)^2 + 2^{n-1}\{(A-E)^2 + A - E\} = A - A(A-E) + 2^{n-1}(A-E)A = A + (2^{n-1} - 1)A(A-E)$ となる．（ただし $A^0 = E$ は例外．）結果を具体的に記すには行列の積 $A(A-E) = \begin{pmatrix} 2 & 0 & -2 \\ 4 & 0 & -4 \\ 0 & 0 & 0 \end{pmatrix}$ を 1 個計算する必要があるが，S と S^{-1} を求める計算よりはかなり軽いだろう．結果はもちろん一致する．

(2) 問題 5.1.1 の (5) で $S = \begin{pmatrix} 1 & 2 & 1 & 3 \\ 1 & 0 & 0 & -3 \\ 0 & 1 & 0 & 2 \\ 0 & 0 & 1 & 1 \end{pmatrix}$ により $S^{-1}AS = \begin{pmatrix} 2 & 0 & 0 & 0 \\ 0 & 2 & 0 & 0 \\ 0 & 0 & 2 & 0 \\ 0 & 0 & 0 & 1 \end{pmatrix}$ と対角化されることが示されているので，$S^{-1} = \begin{pmatrix} 3 & -2 & -6 & -3 \\ -2 & 2 & 5 & 2 \\ -1 & 1 & 2 & 2 \\ 1 & -1 & -2 & -1 \end{pmatrix}$ を求めておけば（この計算の詳細は $\longrightarrow$ 問題 2.6.2(11)），$A^n = \begin{pmatrix} -2^{n+1}+3 & 3(2^n-1) & 6(2^n-1) & 3(2^n-1) \\ 3(2^n-1) & -2^{n+1}+3 & -6(2^n-1) & -3(2^n-1) \\ -2(2^n-1) & 2(2^n-1) & 5\cdot 2^n-4 & 2(2^n-1) \\ -2^n+1 & 2^n-1 & 2(2^n-1) & 2^{n+1}-1 \end{pmatrix}$ と計算できる．

別解 この行列の対角化された形は $E+K$，ここに $K = \begin{pmatrix} 1 & 0 & 0 & 0 \\ 0 & 1 & 0 & 0 \\ 0 & 0 & 1 & 0 \\ 0 & 0 & 0 & 0 \end{pmatrix}$ という形であり，E も K も冪等なので，$L^n = (E+K)^n = \sum_{k=0}^{n} {}_n C_k K^k = E + \sum_{k=1}^{n} {}_n C_k K = E + (2^n - 1)K = (2^n - 1)L - (2^n - 2)E$ となる．よって $A^n = S\{(2^n - 1)L - (2^n - 2)E\}S^{-1} = (2^n - 1)A - (2^n - 2)E$．これは最初の答と一致することが暗算でも確かめられる．

5.4.2 (1) 問題 5.2.1 (3) によりジョルダン標準形 $J = \begin{pmatrix} -2 & 1 & 0 \\ 0 & -2 & 0 \\ 0 & 0 & 1 \end{pmatrix}$ と変換行列 $S = \begin{pmatrix} 0 & 2 & 1 \\ 1 & 0 & 0 \\ 0 & 1 & 1 \end{pmatrix}$ が求められている．S の逆行列は容易に求まり（$\longrightarrow$ 問題 2.6.2 (1)），$S^{-1} = \begin{pmatrix} 0 & 1 & 0 \\ 1 & 0 & -1 \\ -1 & 0 & 2 \end{pmatrix}$．故に $A^n = SJ^n S^{-1} = \begin{pmatrix} -(-2)^{n+1}-1 & 0 & (-2)^{n+1}+2 \\ n(-2)^{n-1} & (-2)^n & -n(-2)^{n-1} \\ (-2)^n-1 & 0 & -(-2)^n+2 \end{pmatrix}$.

(2) この行列のジョルダン標準形 $J = \begin{pmatrix} 1 & 1 & 0 & 0 \\ 0 & 1 & 1 & 0 \\ 0 & 0 & 1 & 0 \\ 0 & 0 & 0 & 1 \end{pmatrix}$ と変換行列 $S = \begin{pmatrix} 1 & 0 & -1 & 0 \\ -4 & 0 & 0 & 1 \\ -3 & 0 & 0 & 1 \\ 3 & -1 & 0 & -1 \end{pmatrix}$
は例題 5.2-1 (4) で, $S^{-1} = \begin{pmatrix} 0 & -1 & 1 & 0 \\ 0 & 0 & -1 & -1 \\ -1 & -1 & 1 & 0 \\ 0 & -3 & 4 & 0 \end{pmatrix}$ は問題 2.6.2 (9) で計算されているので,

$A^n = S \begin{pmatrix} 1 & n & \frac{n(n-1)}{2} & 0 \\ 0 & 1 & n & 0 \\ 0 & 0 & 1 & 0 \\ 0 & 0 & 0 & 1 \end{pmatrix} S^{-1} = \begin{pmatrix} -\frac{n^2-n-2}{2} & -\frac{n(n-1)}{2} & \frac{n(n-3)}{2} & -n \\ 2n(n-1) & 2n^2-2n+1 & -2n(n-3) & 4n \\ \frac{3n(n-1)}{2} & \frac{3n(n-1)}{2} & -\frac{3n^2-9n-2}{2} & 3n \\ -\frac{n(3n-5)}{2} & -\frac{n(3n-5)}{2} & \frac{n(3n-11)}{2} & -3n+1 \end{pmatrix}$.

別解 $J = E + N$, ここに $N = \begin{pmatrix} 0 & 1 & 0 & 0 \\ 0 & 0 & 1 & 0 \\ 0 & 0 & 0 & 0 \\ 0 & 0 & 0 & 0 \end{pmatrix}$ と書け, $N^3 = O$ なので, $J^n = (E+N)^n = E + nN + \frac{n(n-1)}{2}N^2$. ここで $(E+N)^2 = E + 2N + N^2$ なので, $N^2 = (E+N)^2 - E - 2N$. 更に, $N = (E+N) - E$ だから, $J^n = \frac{n(n-1)}{2}(E+N)^2 - n(n-1)N - \frac{n(n-1)}{2}E + nN + E = \frac{n(n-1)}{2}(E+N)^2 - n(n-2)(E+N) + \{n(n-2) - \frac{n(n-1)}{2} + 1\}E = \frac{n(n-1)}{2}(E+N)^2 - n(n-2)(E+N) + \frac{(n-1)(n-2)}{2}E$. よって $A^n = SJ^nS^{-1} = \frac{n(n-1)}{2}S(E+N)^2S^{-1} - n(n-2)S(E+N)S^{-1} + \frac{(n-1)(n-2)}{2}E = \frac{n(n-1)}{2}A^2 - n(n-2)A + \frac{(n-1)(n-2)}{2}E$. これは A^2 の計算がやや重い他は軽い計算で済む.

5.5.1 A の階数は明らかに 2 である. よって零以外の固有値は 2 個だけであり, 固有多項式は $\lambda^{2n+1} - c_1\lambda^{2n} + c_2\lambda^{2n-1}$ の形となる. ここで (5.1) により $c_1 = \operatorname{tr} A = 2n + 1$, c_2 は 2 次の主小行列式の総和であるが, これには $\begin{vmatrix} 1 & 0 \\ 0 & 1 \end{vmatrix} = 1$ 型のものと $\begin{vmatrix} 1 & 1 \\ 1 & 1 \end{vmatrix} = 0$ 型のもの 2 種類が有り, 前者の個数は対角線上の 1 の下にある 0 の個数の総和で $n + n + (n-1) + (n-1) + \cdots + 1 + 1 = n(n+1)$ となるから, $c_2 = n(n+1)$. よって固有多項式は $\lambda^{2n+1} - (2n+1)\lambda^{2n} + n(n+1)\lambda^{2n-1} = \lambda^{2n-1}(\lambda - n)(\lambda - n - 1)$ となるから, 固有値は $n+1, n, 0$ ($2n-1$ 重). 最初の二つに対する固有ベクトルは, 行列をじっと睨むとそれぞれ $(1, 0, 1, 0, \ldots, 0, 1)^T$, $(0, 1, 0, 1, \ldots, 1, 0)^T$ であることが分かる. 固有値 0 に対する固有ベクトルは, 行列の最初の 2 行に対応する連立 1 次方程式の解で, $(1, 0, 0, 0, \ldots, 0, 0, -1)^T, (0, 1, 0, 0, \ldots, 0, -1, 0)^T, (0, 0, 1, 0, \ldots, 0, 0, -1)^T, \ldots, (0, 0, 0, 0, \ldots, 1, 0, -1)^T$ の $2n-1$ 本が取れる.

5.5.2 (1) $A = H(E + xH^{-1}\mathbf{1})$ と変形すると, 例題 5.5-2 における議論と同様, $xH^{-1}\mathbf{1}$ は階数 1 の行列となり, その固有値は 0 以外は $\operatorname{tr}(xH^{-1}\mathbf{1})$ に等しい. $H^{-1}\mathbf{1}$ は第 i 行に H^{-1} の第 i 行の総和 $\sum_{j=1}^n (H^{-1})_{ij}$ が並んだ行列となるので, $\operatorname{tr}(xH^{-1}\mathbf{1})$ は H^{-1} の全成分の総和 $a := \sum_{i,j=1}^n (H^{-1})_{ij}$ に x を掛けたもの xa に等しい. よって $a \neq 0$ のとき $E + xH^{-1}\mathbf{1}$ を対角化する行列を S とすれば, $E + xH^{-1}\mathbf{1} = S(E + \operatorname{diag}(0, \ldots, 0, xa))S^{-1} = S\operatorname{diag}(1, \ldots, 1, 1+xa)S^{-1}$ となるから, $A^{-1} = S\operatorname{diag}\left(1, \ldots, 1, \frac{1}{1+xa}\right)S^{-1}H^{-1} = $

第 5 章の問題解答   **249**

$\{E + S \operatorname{diag}(0,\ldots,0, -\frac{xa}{1+xa})S^{-1}\}H^{-1} = \{E - \frac{1}{1+xa}S\operatorname{diag}(0,\ldots,0,xa)S^{-1}\}H^{-1}$
$= \{E - \frac{1}{1+xa}xH^{-1}\mathbf{1}\}H^{-1} = H^{-1} - \frac{x}{1+xa}H^{-1}\mathbf{1}H^{-1}$ となる. この計算は $1 + xa \neq 0$ のとき, かつそのときに限り正当であり, これが A^{-1} の存在条件となる. $a = 0$ の場合の議論の修正法は例題と同様なので略す.

(2) 全く同様に, $A^{-1} = H^{-1} - \frac{1}{1+\operatorname{tr}(H^{-1}C)}H^{-1}CH^{-1}$ が答となる. この公式は $1 + \operatorname{tr}(H^{-1}C) \neq 0$ のとき, かつそのときに限り有効である.

(3) $C = \boldsymbol{a}\boldsymbol{b}^T$ と書かれているとき, $\operatorname{tr}(H^{-1}\boldsymbol{a}\boldsymbol{b}^T) = \operatorname{tr}(\boldsymbol{b}^T H^{-1}\boldsymbol{a}) = \boldsymbol{b}^T H^{-1}\boldsymbol{a}$ となることに注意すれば, 上の公式から $A^{-1} = H^{-1} - \frac{1}{1+\boldsymbol{b}^T H^{-1}\boldsymbol{a}}H^{-1}\boldsymbol{a}\boldsymbol{b}^T H^{-1}$ を得る. この公式は $1 + \boldsymbol{b}^T H^{-1}\boldsymbol{a} \neq 0$ のとき, かつそのときに限り成り立つ.

5.6.1 (1) 特性方程式は $\lambda^3 = -\lambda^2 + \lambda + 1$, すなわち, $\lambda^3 + \lambda^2 = \lambda + 1$, $\lambda^2(\lambda+1) = \lambda+1$. よって $\lambda = -1$ または $\lambda^2 = 1$. 後者から $\lambda = \pm 1$ なので, 結局特性根は -1 (2 重), 1. 従って一般解は $(an+b)(-1)^n + c$ と書ける. 初期値を当てはめて $-(a+b) + c = c_1$, $2a+b+c = c_2$, $-(3a+b)+c = c_3$ から $2a = c_1 - c_3$, $3a+2b = c_2 - c_1$ より $a = \frac{c_1-c_3}{2}$, $b = \frac{1}{2}(c_2 - c_1 - \frac{3c_1-3c_3}{2}) = \frac{-5c_1+2c_2+3c_3}{4}$, $c = c_1 + \frac{c_1-c_3}{2} + \frac{-5c_1+2c_2+3c_3}{4} = \frac{c_1+2c_2+c_3}{4}$. よって解は $\left(\frac{c_1-c_3}{2}n + \frac{-5c_1+2c_2+3c_3}{4}\right)(-1)^n + \frac{c_1+2c_2+c_3}{4}$.

(2) 特性方程式は $\lambda^2 = \lambda - 1$. この解はいわゆる 1 の原始 3 乗根 $\omega = \frac{-1+\sqrt{-3}}{2}$ を用いて $-\omega, -\omega^2$ と表せるので, 一般解は $a(-\omega)^n + b(-\omega^2)^n$. 初期値を当てはめて $-a\omega - b\omega^2 = c_1$, $a\omega^2 + b\omega^4 = c_2$. $\omega^4 = \omega$, $\omega + \omega^2 = -1$, $\omega^2 - \omega = -\sqrt{-3}$ に注意して $a + b = c_1 - c_2$, $(\omega^2 - \omega)(a-b) = c_1 + c_2$, すなわち $a - b = -\frac{1}{\sqrt{-3}}(c_1 + c_2)$. これより $a = \frac{-1+\sqrt{-3}}{2\sqrt{-3}}c_1 + \frac{-1-\sqrt{-3}}{2\sqrt{-3}}c_2 = \frac{\omega}{\sqrt{-3}}c_1 + \frac{\omega^2}{\sqrt{-3}}c_2$. また $b = \frac{1+\sqrt{-3}}{2\sqrt{-3}}c_1 + \frac{1-\sqrt{-3}}{2\sqrt{-3}}c_2 = -\frac{\omega^2}{\sqrt{-3}}c_1 - \frac{\omega}{\sqrt{-3}}c_2$. よって解は $\left(\frac{\omega}{\sqrt{-3}}c_1 + \frac{\omega^2}{\sqrt{-3}}c_2\right)(-\omega)^n - \left(\frac{\omega^2}{\sqrt{-3}}c_1 + \frac{\omega}{\sqrt{-3}}c_2\right)(-\omega^2)^n$. ここで $\omega^2 = \frac{1}{\omega} = \overline{\omega}$ 等を用いると, これは $= \frac{-(-\omega)^{n+1} + \overline{(-\omega^2)^{n+1}}}{\sqrt{-3}}c_1 + \frac{-(-\omega)^{n-1} + \overline{(-\omega^2)^{n-1}}}{\sqrt{-3}}c_2 = -\frac{(-\omega)^{n+1} - \overline{(-\omega)^{n+1}}}{\sqrt{-3}}c_1 - \frac{(-\omega)^{n-1} - \overline{(-\omega)^{n-1}}}{\sqrt{-3}}c_2$ と書き直され, 初期値が実数のとき実となることが分かる. 更に $-\omega = e^{-\pi\sqrt{-1}/3}$ とオイラーの関係式を用いると, $= -\frac{2\operatorname{Im}e^{(n+1)\pi\sqrt{-1}/3}}{\sqrt{3}}c_1 - \frac{2\operatorname{Im}e^{(n-1)\pi\sqrt{-1}/3}}{\sqrt{3}}c_2 = \frac{2}{\sqrt{3}}c_1 \sin\frac{(n+1)\pi}{3} + \frac{2}{\sqrt{3}}c_2 \sin\frac{(n-1)\pi}{3}$ と書ける.

別解 1 例題 5.6-1 の解答中 (5.17) により, 最初から $x_n = a\cos\frac{n\pi}{3} + b\sin\frac{n\pi}{3}$ と置いて初期値を当てはめると, $c_1 = \frac{a}{2} + \frac{\sqrt{3}b}{2}$, $c_2 = -\frac{a}{2} + \frac{\sqrt{3}b}{2}$ から $a = c_1 - c_2$, $b = \frac{c_1+c_2}{\sqrt{3}}$, 従って $x_n = (c_1 - c_2)\cos\frac{n\pi}{3} + \frac{c_1+c_2}{\sqrt{3}}\sin\frac{n\pi}{3}$ を得る.

別解 2 $\begin{pmatrix} x_{n+1} \\ x_{n+2} \end{pmatrix} = \begin{pmatrix} 0 & 1 \\ -1 & 1 \end{pmatrix}\begin{pmatrix} x_n \\ x_{n+1} \end{pmatrix} =: A\begin{pmatrix} x_n \\ x_{n+1} \end{pmatrix}$ と行列表現すると, $\begin{pmatrix} x_{n+1} \\ x_{n+2} \end{pmatrix} = \begin{pmatrix} 0 & 1 \\ -1 & 1 \end{pmatrix}^n \begin{pmatrix} c_1 \\ c_2 \end{pmatrix}$. ここで, $A^2 = \begin{pmatrix} 0 & 1 \\ -1 & 1 \end{pmatrix}^2 = \begin{pmatrix} -1 & 1 \\ -1 & 0 \end{pmatrix}$, $A^3 = \begin{pmatrix} 0 & 1 \\ -1 & 1 \end{pmatrix}^3 =$

$\begin{pmatrix} -1 & 0 \\ 0 & -1 \end{pmatrix} = -E$. 従って以下 $A^4 = -A, A^5 = -A^2, A^6 = E$ となるから、

$$x_n = \text{``}A^{n-1}\begin{pmatrix} c_1 \\ c_2 \end{pmatrix} \text{の第 1 成分''} = \begin{cases} c_1 & n = 6k+1 \text{ のとき,} \\ c_2 & n = 6k+2 \text{ のとき,} \\ -c_1 + c_2 & n = 6k+3 \text{ のとき,} \\ -c_1 & n = 6k+4 \text{ のとき,} \\ -c_2 & n = 6k+5 \text{ のとき,} \\ c_1 - c_2 & n = 6k+6 \text{ のとき} \end{cases}$$

となる.これは実際,最初の二つの解においてこれらの n を代入して三角関数の値を計算したものと一致する.この形の解は行列を使わなくても数学的実験と帰納法で得られるだろう.

5.6.2 (1) 求める値を D_n とする.最下行で展開すると,

$$D_n = (-1)^{n-1}\begin{vmatrix} 1 & 0 & \dots & \dots & 0 \\ a & 1 & 0 & \dots & 0 \\ 0 & \ddots & \ddots & \ddots & \vdots \\ \vdots & \ddots & \ddots & 1 & 0 \\ 0 & \dots & 0 & a & 1 \end{vmatrix} + a\begin{vmatrix} a & 1 & 0 & \dots & 0 \\ 1 & a & 1 & \ddots & \vdots \\ 0 & \ddots & \ddots & \ddots & 0 \\ \vdots & \ddots & \ddots & a & 1 \\ 1 & 0 & \dots & 0 & a \end{vmatrix} = (-1)^{n-1} + aD_{n-1}.$$

得られた漸化式の n を一つずらすと $D_{n-1} = (-1)^{n-2} + aD_{n-2}$.この二つを加えると $D_n + D_{n-1} = aD_{n-1} + aD_{n-2}$,すなわち $D_n = (a-1)D_{n-1} + aD_{n-2}$ と普通の定数係数 3 項漸化式が得られる.この特性方程式は $\lambda^2 = (a-1)\lambda + a$.これは $\lambda = -1, a$ を根に持つので, $D_n = c_1(-1)^n + c_2 a^n$. $D_2 = \begin{vmatrix} a & 1 \\ 1 & a \end{vmatrix} = a^2 - 1$, $D_3 = \begin{vmatrix} a & 1 & 0 \\ 1 & a & 1 \\ 1 & 0 & a \end{vmatrix} = a^3 - a + 1$ を用いて係数を決めると, $c_1 + c_2 a^2 = a^2 - 1$, $-c_1 + c_2 a^3 = a^3 - a + 1$ より, $c_2 = \frac{a^3 + a^2 - a}{a^3 + a^2} = \frac{a^2 + a - 1}{a^2 + a}$, $c_1 = -\frac{1}{a+1}$. よって $D_n = \frac{(-1)^{n+1}}{a+1} + \frac{(a^2 + a - 1)}{a+1}a^{n-1}$.

(2) 展開計算は非常にスペースを取るので方針と結果だけ示す.詳細は 📙.求める行列式を D_n と記す.第 1 列で展開すると aD_{n-1} と第 $(3,1)$ 余因子の和になる.後者は 第 1 行が $(1,2)$ 成分 1 だけなので直ちに次数を下げられ,得られた $n-2$ 次行列を再び第 1 列で展開すると, $(-1)(aD_{n-3} - D_{n-4})$ となる.よって $D_n = aD_{n-1} - aD_{n-3} + D_{n-4}$ という漸化式が得られる.この特性方程式は $\lambda^4 - a\lambda^3 + a\lambda - 1 = (\lambda - 1)(\lambda + 1)(\lambda^2 - a\lambda + 1) = 0$ と因数分解でき,漸化式の一般解として $c_1 + c_2(-1)^n + c_3\left(\frac{a+\sqrt{a^2-4}}{2}\right)^n + c_4\left(\frac{a-\sqrt{a^2-4}}{2}\right)^n$ が得られる.初期値として $D_1 = a, D_2 = a^2, D_3 = a^3 - a, D_4 = a^4 - 2a^2 + 1$ を与えると, $c_1 = -\frac{1}{2(a-2)}, c_2 = \frac{1}{2(a+2)}, c_3 = \frac{a^2 - 2 + a\sqrt{a^2-4}}{2(a^2-4)}, c_4 = \frac{a^2 - 2 - a\sqrt{a^2-4}}{2(a^2-4)}$ となるので,最終的に $D_n = -\frac{1}{2(a-2)} + (-1)^n\frac{1}{2(a+2)} + \frac{a^2 - 2 + a\sqrt{a^2-4}}{2(a^2-4)}\left(\frac{a+\sqrt{a^2-4}}{2}\right)^n + \frac{a^2 - 2 - a\sqrt{a^2-4}}{2(a^2-4)}\left(\frac{a-\sqrt{a^2-4}}{2}\right)^n = -\frac{1}{2(a-2)} + \frac{(-1)^n}{2(a+2)} + \frac{(a+\sqrt{a^2-4})^{n+2} + (a-\sqrt{a^2-4})^{n+2}}{2^{n+2}(a^2-4)}$ を得る.最後の項の分子を展開すると根号は打ち消し合い,全体を通分すると常に多項式になる.

■ 第 6 章の問題解答

6.1.1 同例題の解答より, W は $\boldsymbol{w}_1 = \begin{pmatrix} 1 \\ 0 \\ -2 \end{pmatrix}, \boldsymbol{w}_2 = \begin{pmatrix} 0 \\ 1 \\ 3 \end{pmatrix}$ で張られるので,これを正

規直交化すればよい．1本目はそのままにして，2本目がこれと直交するように修正すると，
$$\boldsymbol{w}_2' = \boldsymbol{w}_2 - \frac{(\boldsymbol{w}_2, \boldsymbol{w}_1)}{(\boldsymbol{w}_1, \boldsymbol{w}_1)}\boldsymbol{w}_1 = \begin{pmatrix} 0 \\ 1 \\ 3 \end{pmatrix} - \frac{-6}{5}\begin{pmatrix} 1 \\ 0 \\ -2 \end{pmatrix} = \begin{pmatrix} 6/5 \\ 1 \\ 3/5 \end{pmatrix}.$$ 全体を 5 倍し $\begin{pmatrix} 6 \\ 5 \\ 3 \end{pmatrix}$ を 2 本目として採用し，これらを正規化すると，W の正規直交基底として $\left[\begin{pmatrix} 1/\sqrt{5} \\ 0 \\ -2/\sqrt{5} \end{pmatrix}, \begin{pmatrix} 6/\sqrt{70} \\ 5/\sqrt{70} \\ 3/\sqrt{70} \end{pmatrix}\right]$ が得られる．最後に直交補空間はこれらと直交する 1 本のベクトルで生成されるので，まずは直交性を無視して W に入らないベクトル，例えば $\begin{pmatrix} 0 \\ 1 \\ 0 \end{pmatrix}$ を選び，直交するように修正する．1本目にはもう直交しているので，2本目と直交するようにすると $\begin{pmatrix} 0 \\ 1 \\ 0 \end{pmatrix} - \frac{5}{\sqrt{70}}\begin{pmatrix} 6/\sqrt{70} \\ 5/\sqrt{70} \\ 3/\sqrt{70} \end{pmatrix} = \begin{pmatrix} -3/7 \\ 9/14 \\ -3/14 \end{pmatrix}$．因子 $\frac{3}{14}$ を調節して $\begin{pmatrix} -2 \\ 3 \\ -1 \end{pmatrix}$．これを正規化して，直交補空間の正規直交基底として $\left[\left(-\frac{2}{\sqrt{14}}, \frac{3}{\sqrt{14}}, -\frac{1}{\sqrt{14}}\right)^T\right]$ が取れる．

6.1.2 最後のベクトルが $V \cap W$ に属することは明らかだが，共通部分がこの 1 次元だけなことは，W の先頭のベクトルが V に属し得ないことが暗算で確かめられることから分かる．
(1) はこの共通ベクトルを正規化するだけで $\left[\left(\frac{1}{\sqrt{3}}, 0, \frac{1}{\sqrt{3}}, -\frac{1}{\sqrt{3}}\right)^T\right]$．
(2) は，まず V の方は先頭の二つを共通ベクトルに直交させると
$$\begin{pmatrix} 2 \\ 0 \\ 0 \\ -1 \end{pmatrix} - \frac{3}{3}\begin{pmatrix} 1 \\ 0 \\ 1 \\ -1 \end{pmatrix} = \begin{pmatrix} 1 \\ 0 \\ -1 \\ 0 \end{pmatrix}; \quad \begin{pmatrix} 0 \\ 3 \\ 0 \\ 1 \end{pmatrix} - \frac{-1}{3}\begin{pmatrix} 1 \\ 0 \\ 1 \\ -1 \end{pmatrix} - \frac{0}{2}\begin{pmatrix} 1 \\ 0 \\ -1 \\ 0 \end{pmatrix} = \begin{pmatrix} 1/3 \\ 3 \\ 1/3 \\ 2/3 \end{pmatrix}.$$
二つ目は分母を払って $(1,9,1,2)^T$．以上の長さを正規化し V の正規直交基底として
$\left[\begin{pmatrix} 1/\sqrt{3} \\ 0 \\ 1/\sqrt{3} \\ -1/\sqrt{3} \end{pmatrix}, \begin{pmatrix} 1/\sqrt{2} \\ 0 \\ -1/\sqrt{2} \\ 0 \end{pmatrix}, \begin{pmatrix} 1/\sqrt{87} \\ 9/\sqrt{87} \\ 1/\sqrt{87} \\ 2/\sqrt{87} \end{pmatrix}\right]$．$W$ の方は，1本目を2本目に直交させたものを追加すると $\begin{pmatrix} 2 \\ 1 \\ 0 \\ -1 \end{pmatrix} - \frac{3}{3}\begin{pmatrix} 1 \\ 0 \\ 1 \\ -1 \end{pmatrix} = \begin{pmatrix} 1 \\ 1 \\ -1 \\ 0 \end{pmatrix}$ なので $\left[\begin{pmatrix} 1/\sqrt{3} \\ 0 \\ 1/\sqrt{3} \\ -1/\sqrt{3} \end{pmatrix}, \begin{pmatrix} 1/\sqrt{3} \\ 1/\sqrt{3} \\ -1/\sqrt{3} \\ 0 \end{pmatrix}\right]$．

(3) $V + W = \boldsymbol{R}^4$ の正規直交基底としては，V の正規直交基底に W のそれの 2 本目を追加する．ただし後者は V の 2 本目以降とは直交していないので，これを取り替える．(その結果はもはや W から飛び出す．) 正規化前のもので計算すると $\begin{pmatrix} 1 \\ 1 \\ -1 \\ 0 \end{pmatrix} - \frac{2}{2}\begin{pmatrix} 1 \\ 0 \\ -1 \\ 0 \end{pmatrix} - \frac{9}{87}\begin{pmatrix} 1 \\ 9 \\ 1 \\ 2 \end{pmatrix} = \begin{pmatrix} -3/29 \\ 2/29 \\ -3/29 \\ -6/29 \end{pmatrix}$，分母を払って $\begin{pmatrix} -3 \\ 2 \\ -3 \\ -6 \end{pmatrix}$．よって $V + W$ の正規直交基底の最後の 1 本はこれを正規化した $\left(-\frac{3}{\sqrt{58}}, \frac{2}{\sqrt{58}}, -\frac{3}{\sqrt{58}}, -\frac{6}{\sqrt{58}}\right)^T$．

6.1.3 中線定理と仮定により $\frac{1}{2}(|\boldsymbol{a}| + |\boldsymbol{b}|) = \left|\frac{\boldsymbol{a}+\boldsymbol{b}}{2}\right| + \left|\frac{\boldsymbol{a}-\boldsymbol{b}}{2}\right| > \left|\frac{\boldsymbol{a}+\boldsymbol{b}}{2}\right|$．よって

$|\frac{\boldsymbol{a}+\boldsymbol{b}}{2}| < \frac{1}{2}(|\boldsymbol{a}|+|\boldsymbol{b}|) \leq \frac{1}{2} 2\max\{|\boldsymbol{a}|,|\boldsymbol{b}|\} = \max\{|\boldsymbol{a}|,|\boldsymbol{b}|\}$.

6.1.4 行列 A の列ベクトルにグラム-シュミットの直交化法を適用すると,この列基本変形操作を表現する行列を R として $AR = Q$ が直交行列となる.実際,$\boldsymbol{a}_j$ をその時点での $\boldsymbol{a}_1,\ldots,\boldsymbol{a}_{j-1}$ と直交化させる操作では,$\boldsymbol{a}_j$ にこれらの 1 次結合を加えるだけなので,変形を表す行列 R_j は対角成分が 1 の上三角型行列になる.その後正規化のために非零のスカラーを掛けるが,これを正の値に選べば R_j の対角成分も正となる.R はこれらの積なので,やはり対角成分が正の上三角型となる.もしこの条件を満たす分解が $A = Q_1 R_1 = Q_2 R_2$ と二つ有ったならば,$Q_1^{-1} Q_2 = R_1 R_2^{-1}$ は上三角型の直交行列となり,そのようなものは対角型でなければならないことが直交性から容易に分かる💻.さらに対角成分が正なので,それはすべて 1 となる.よって $Q_1^{-1} Q_2 = R_1 R_2^{-1}$ は単位行列となり,一意性が従う.

(1) 与えられた行列の列ベクトルをグラム-シュミット法で直交化すると
$\boldsymbol{u}_1 = \begin{pmatrix} 1 \\ 2 \\ 0 \end{pmatrix}$ はそのまま,$\boldsymbol{u}_2 = \begin{pmatrix} 2 \\ 2 \\ -1 \end{pmatrix} - \frac{6}{5}\begin{pmatrix} 1 \\ 2 \\ 0 \end{pmatrix} = \begin{pmatrix} 4/5 \\ -2/5 \\ -1 \end{pmatrix}$,
$\boldsymbol{u}_3 = \begin{pmatrix} 1 \\ 1 \\ 3 \end{pmatrix} - \frac{3}{5}\begin{pmatrix} 1 \\ 2 \\ 0 \end{pmatrix} - \frac{1}{9}\begin{pmatrix} 2 \\ 2 \\ -1 \end{pmatrix} = \begin{pmatrix} 8/45 \\ -19/45 \\ 28/9 \end{pmatrix}$.

この段階で $(\boldsymbol{u}_1,\boldsymbol{u}_2,\boldsymbol{u}_3) = A\begin{pmatrix} 1 & -6/5 & -3/5 \\ 0 & 1 & -1/9 \\ 0 & 0 & 1 \end{pmatrix}$ となっている.

最後に左辺を正規化するため両辺に右から $\mathrm{diag}(\frac{1}{\sqrt{5}}, \frac{\sqrt{5}}{3}, \frac{3}{\sqrt{89}})$ を掛けると
$P = \begin{pmatrix} \frac{1}{\sqrt{5}} & \frac{4}{3\sqrt{5}} & \frac{8}{15\sqrt{89}} \\ \frac{2}{\sqrt{5}} & -\frac{2}{3\sqrt{5}} & -\frac{19}{15\sqrt{89}} \\ 0 & -\frac{\sqrt{5}}{3} & \frac{28}{3\sqrt{89}} \end{pmatrix} = A\begin{pmatrix} \frac{1}{\sqrt{5}} & -\frac{2}{5\sqrt{5}} & -\frac{9}{5\sqrt{89}} \\ 0 & \frac{\sqrt{5}}{3} & -\frac{1}{3\sqrt{89}} \\ 0 & 0 & \frac{1}{3\sqrt{89}} \end{pmatrix}$. この上三角型行列の逆行列を

右から掛けると,最終的に求める QR 分解 $A = P\begin{pmatrix} \frac{1}{89\sqrt{5}} & \frac{6}{445\sqrt{5}} & \frac{11}{1335\sqrt{5}} \\ 0 & \frac{3}{445\sqrt{5}} & \frac{1}{1335\sqrt{5}} \\ 0 & 0 & \frac{1}{15\sqrt{89}} \end{pmatrix}$ を得る.

(2) 同様に(ただしスペースの関係で与えられた行列の列ベクトルを $\boldsymbol{a}_i$ と略記する),$\boldsymbol{u}_1 = \boldsymbol{a}_1$,
$\boldsymbol{u}_2 = \boldsymbol{a}_2 - \frac{(\boldsymbol{a}_2,\boldsymbol{a}_1)}{(\boldsymbol{a}_1,\boldsymbol{a}_1)}\boldsymbol{a}_1 = \boldsymbol{a}_2 - \frac{3}{6}\boldsymbol{a}_1 = (-1, \frac{1}{2}, -3, \frac{3}{2})^T$,同様に
$\boldsymbol{u}_3 = \boldsymbol{a}_3 - \frac{1}{6}\boldsymbol{a}_1 - \frac{-4}{14}\boldsymbol{a}_2 = (0, -\frac{3}{14}, \frac{8}{7}, \frac{15}{14})^T$,
$\boldsymbol{u}_4 = \boldsymbol{a}_4 - \frac{1}{6}\boldsymbol{a}_1 - \frac{-4}{14}\boldsymbol{a}_2 - \frac{3}{6}\boldsymbol{a}_3 = (\frac{1}{6}, -\frac{37}{42}, -\frac{6}{7}, -\frac{2}{21})$.

以上より $(\boldsymbol{u}_1,\boldsymbol{u}_2,\boldsymbol{u}_3,\boldsymbol{u}_4) = A\begin{pmatrix} 1 & -\frac{1}{2} & -\frac{1}{6} & -\frac{1}{6} \\ 0 & 1 & \frac{2}{7} & \frac{2}{7} \\ 0 & 0 & 1 & -\frac{1}{2} \\ 0 & 0 & 0 & 1 \end{pmatrix}$. $\boldsymbol{u}_i$ 等をその長さ $\sqrt{6}, \frac{5}{\sqrt{2}}, \frac{\sqrt{5}}{\sqrt{2}}, \frac{\sqrt{65}}{\sqrt{42}}$ で

割ると,$P := \begin{pmatrix} \frac{2}{\sqrt{6}} & -\frac{\sqrt{2}}{5} & 0 & \frac{\sqrt{7}}{\sqrt{390}} \\ \frac{1}{\sqrt{6}} & \frac{1}{5\sqrt{2}} & -\frac{3}{7\sqrt{10}} & -\frac{37}{\sqrt{2730}} \\ 0 & -\frac{3\sqrt{2}}{5} & \frac{8\sqrt{2}}{7\sqrt{5}} & -\frac{6\sqrt{6}}{\sqrt{455}} \\ \frac{1}{\sqrt{6}} & \frac{3}{5\sqrt{2}} & \frac{3\sqrt{5}}{7\sqrt{2}} & -\frac{2\sqrt{6}}{3\sqrt{455}} \end{pmatrix} = A\begin{pmatrix} \frac{1}{\sqrt{6}} & -\frac{1}{5\sqrt{2}} & -\frac{1}{\sqrt{10}} & -\frac{\sqrt{7}}{\sqrt{390}} \\ 0 & \frac{\sqrt{2}}{5} & \frac{2\sqrt{2}}{7\sqrt{5}} & \frac{2\sqrt{6}}{\sqrt{455}} \\ 0 & 0 & \frac{\sqrt{2}}{\sqrt{5}} & -\frac{\sqrt{21}}{\sqrt{130}} \\ 0 & 0 & 0 & \frac{\sqrt{42}}{\sqrt{65}} \end{pmatrix}$.

よって最終的に $A = P \begin{pmatrix} \sqrt{6} & \frac{\sqrt{3}}{\sqrt{2}} & \frac{5\sqrt{3}}{7\sqrt{2}} & \frac{17}{14\sqrt{6}} \\ 0 & \frac{5}{\sqrt{2}} & -\frac{5\sqrt{2}}{7} & -\frac{15}{7\sqrt{2}} \\ 0 & 0 & \frac{\sqrt{5}}{\sqrt{2}} & \frac{\sqrt{5}}{2\sqrt{2}} \\ 0 & 0 & 0 & \frac{\sqrt{65}}{\sqrt{42}} \end{pmatrix}$.

(3) (2) の計算の最初の 2 列を取り出せば $\begin{pmatrix} 2 & 0 \\ 1 & 1 \\ 0 & -3 \\ 1 & 2 \end{pmatrix} = \begin{pmatrix} \frac{2}{\sqrt{6}} & -\frac{\sqrt{2}}{5} \\ \frac{1}{\sqrt{6}} & \frac{1}{5\sqrt{2}} \\ 0 & -\frac{3}{5}\sqrt{2} \\ \frac{1}{\sqrt{6}} & \frac{3}{5\sqrt{2}} \end{pmatrix} \begin{pmatrix} \sqrt{6} & \frac{\sqrt{3}}{\sqrt{2}} \\ 0 & \frac{5}{\sqrt{2}} \end{pmatrix}$.

6.2.1 (1) 固有値は $\begin{vmatrix} 1-\lambda & 1 & -1 \\ 1 & 2-\lambda & 0 \\ -1 & 0 & -\lambda \end{vmatrix} \xrightarrow{r2+=r3} \begin{vmatrix} 1-\lambda & 1 & -1 \\ 0 & 2-\lambda & -\lambda \\ -1 & 0 & -\lambda \end{vmatrix} \xrightarrow{r2-=r1}$

$\begin{vmatrix} 1-\lambda & 1 & -1 \\ \lambda-1 & 1-\lambda & 1-\lambda \\ -1 & 0 & -\lambda \end{vmatrix} \xrightarrow{(\lambda-1) \leftarrow r2} (\lambda-1) \begin{vmatrix} 1-\lambda & 1 & -1 \\ 1 & -1 & -1 \\ -1 & 0 & -\lambda \end{vmatrix} \xrightarrow[c3-=c2]{c1+=c2,} (\lambda-1) \begin{vmatrix} 2-\lambda & 1 & -2 \\ 0 & -1 & 0 \\ -1 & 0 & -\lambda \end{vmatrix}$

$= -(\lambda-1) \begin{vmatrix} 2-\lambda & -2 \\ -1 & -\lambda \end{vmatrix} = -(\lambda-1)(\lambda^2 - 2\lambda - 2)$ より $1, 1 \pm \sqrt{3}$ である. 1 に対する固有ベクトルは,

$\begin{pmatrix} 0 & 1 & -1 \\ 1 & 1 & 0 \\ -1 & 0 & -1 \end{pmatrix} \xrightarrow{r1-=r2} \begin{pmatrix} -1 & 0 & -1 \\ 1 & 1 & 0 \\ -1 & 0 & -1 \end{pmatrix} \xrightarrow{r3-=r1} \begin{pmatrix} -1 & 0 & -1 \\ 1 & 1 & 0 \\ 0 & 0 & 0 \end{pmatrix}$ より $\begin{pmatrix} 1 \\ -1 \\ -1 \end{pmatrix}$. $1+\sqrt{3}$ に

対する固有ベクトルは

$\begin{pmatrix} -\sqrt{3} & 1 & -1 \\ 1 & 1-\sqrt{3} & 0 \\ -1 & 0 & -1-\sqrt{3} \end{pmatrix} \xrightarrow[r1+=r2\times \sqrt{3}]{r3+=r2,} \begin{pmatrix} 0 & \sqrt{3}-2 & -1 \\ 1 & 1-\sqrt{3} & 0 \\ 0 & 1-\sqrt{3} & -1-\sqrt{3} \end{pmatrix} \xrightarrow{r3\times = \frac{\sqrt{3}-1}{2}}$

$\begin{pmatrix} 0 & \sqrt{3}-2 & -1 \\ 1 & 1-\sqrt{3} & 0 \\ 0 & \sqrt{3}-2 & -1 \end{pmatrix} \xrightarrow{r3-=r1} \begin{pmatrix} 0 & \sqrt{3}-2 & -1 \\ 1 & 1-\sqrt{3} & 0 \\ 0 & 0 & 0 \end{pmatrix}$ より $\begin{pmatrix} 1-\sqrt{3} \\ -1 \\ 2-\sqrt{3} \end{pmatrix}$ であり, この長さは

$\sqrt{12-6\sqrt{3}} = 3 - \sqrt{3}$. 最後に $1 - \sqrt{3}$ に対する固有ベクトルはここで $\sqrt{3}$ を $-\sqrt{3}$ に替えれば得られ, $(1+\sqrt{3}, -1, 2+\sqrt{3})^T$. この長さは同様に $3+\sqrt{3}$ となる. 以上により直交行列 $P = \begin{pmatrix} \frac{1}{\sqrt{3}} & \frac{1}{\sqrt{3}} & \frac{1}{\sqrt{3}} \\ -\frac{1}{\sqrt{3}} & \frac{\sqrt{3}+1}{2\sqrt{3}} & -\frac{\sqrt{3}-1}{2\sqrt{3}} \\ -\frac{1}{\sqrt{3}} & -\frac{\sqrt{3}-1}{2\sqrt{3}} & \frac{\sqrt{3}+1}{2\sqrt{3}} \end{pmatrix}$ により $P^T A P = \begin{pmatrix} 1 & 0 & 0 \\ 0 & \sqrt{3}+1 & 0 \\ 0 & 0 & -\sqrt{3}+1 \end{pmatrix}$ となる. (第 2 列の符号を変えて行列式が 1 となるようにした.)

(2) まず固有値を求めると $\begin{vmatrix} 1-\lambda & 1 & -1 \\ 1 & 3-\lambda & 1 \\ -1 & 1 & 3-\lambda \end{vmatrix} \xrightarrow{r2+=r3} \begin{vmatrix} 1-\lambda & 1 & -1 \\ 0 & 4-\lambda & 4-\lambda \\ -1 & 1 & 3-\lambda \end{vmatrix} \xrightarrow{(4-\lambda) \leftarrow r2}$

$(4-\lambda) \begin{vmatrix} 1-\lambda & 1 & -1 \\ 0 & 1 & 1 \\ -1 & 1 & 3-\lambda \end{vmatrix} \xrightarrow{c3-=c2} (4-\lambda) \begin{vmatrix} 1-\lambda & 1 & -2 \\ 0 & 1 & 0 \\ -1 & 1 & 2-\lambda \end{vmatrix} \xrightarrow[\text{で展開}]{第 2 行} (4-\lambda) \begin{vmatrix} 1-\lambda & -2 \\ -1 & 2-\lambda \end{vmatrix} =$

$(4-\lambda)(\lambda^2 - 3\lambda)$. これより固有値は $0, 3, 4$ となる. 0 に対する固有ベクトルは,

$\begin{pmatrix} 1 & 1 & -1 \\ 1 & 3 & 1 \\ -1 & 1 & 3 \end{pmatrix} \xrightarrow[r2+=r3]{r1+=r3,} \begin{pmatrix} 0 & 2 & 2 \\ 0 & 4 & 4 \\ -1 & 1 & 3 \end{pmatrix} \xrightarrow[r1\div =2]{r2-=r1,} \begin{pmatrix} 0 & 1 & 1 \\ 0 & 0 & 0 \\ -1 & 1 & 3 \end{pmatrix}$ より $\begin{pmatrix} 2 \\ -1 \\ 1 \end{pmatrix}$ を得る. 3 に

対する固有ベクトルは, $\begin{pmatrix} -2 & 1 & -1 \\ 1 & 0 & 1 \\ -1 & 1 & 0 \end{pmatrix} \xrightarrow{r1+=r2} \begin{pmatrix} -1 & 1 & 0 \\ 1 & 0 & 1 \\ -1 & 1 & 0 \end{pmatrix} \xrightarrow{r3-=r1} \begin{pmatrix} -1 & 1 & 0 \\ 1 & 0 & 1 \\ 0 & 0 & 0 \end{pmatrix}$ より

$\begin{pmatrix} 1 \\ 1 \\ -1 \end{pmatrix}$. 最後に 4 に対しては $\begin{pmatrix} -3 & 1 & -1 \\ 1 & -1 & 1 \\ -1 & 1 & -1 \end{pmatrix} \xrightarrow[r3+=r2]{r1+=r2,} \begin{pmatrix} -2 & 0 & 0 \\ 1 & -1 & 1 \\ 0 & 0 & 0 \end{pmatrix}$ より $\begin{pmatrix} 0 \\ 1 \\ 1 \end{pmatrix}$. 以上

を長さ 1 に正規化して $P = \begin{pmatrix} \frac{2}{\sqrt{6}} & \frac{1}{\sqrt{3}} & 0 \\ -\frac{1}{\sqrt{6}} & \frac{1}{\sqrt{3}} & \frac{1}{\sqrt{2}} \\ \frac{1}{\sqrt{6}} & -\frac{1}{\sqrt{3}} & \frac{1}{\sqrt{2}} \end{pmatrix}$ により $P^T A P = \begin{pmatrix} 0 & 0 & 0 \\ 0 & 3 & 0 \\ 0 & 0 & 4 \end{pmatrix}$ となる.

(3) 固有値を求めると $\begin{vmatrix} 1-\lambda & -1 & 1 \\ -1 & 7-\lambda & 1 \\ 1 & 1 & 5-\lambda \end{vmatrix} \xrightarrow{c1-=c2} \begin{vmatrix} 2-\lambda & -1 & 1 \\ \lambda-8 & 7-\lambda & 1 \\ 0 & 1 & 5-\lambda \end{vmatrix} \xrightarrow{r1-=r2}$

$\begin{vmatrix} 10-2\lambda & \lambda-8 & 0 \\ \lambda-8 & 7-\lambda & 1 \\ 0 & 1 & 5-\lambda \end{vmatrix} \xrightarrow{r1+=r3\times 3} \begin{vmatrix} 10-2\lambda & \lambda-5 & 3(5-\lambda) \\ \lambda-8 & 7-\lambda & 1 \\ 0 & 1 & 5-\lambda \end{vmatrix} \xrightarrow{(\lambda-5)\leftarrow r1}$

$(\lambda-5)\begin{vmatrix} -2 & 1 & -3 \\ \lambda-8 & 7-\lambda & 1 \\ 0 & 1 & 5-\lambda \end{vmatrix} \xrightarrow[c3+=c2\times 3]{c1+=c2\times 2,} (\lambda-5)\begin{vmatrix} 0 & 1 & 0 \\ -\lambda+6 & 7-\lambda & 22-3\lambda \\ 2 & 1 & 8-\lambda \end{vmatrix} \xrightarrow{\text{第1行で展開}}$

$-(\lambda-5)\begin{vmatrix} -\lambda+6 & 22-3\lambda \\ 2 & 8-\lambda \end{vmatrix} \xrightarrow{r1-=r2\times 3} -(\lambda-5)\begin{vmatrix} -\lambda & -2 \\ 2 & 8-\lambda \end{vmatrix} =$

$-(\lambda-5)(\lambda^2-8\lambda+4)$ より $5, 4\pm 2\sqrt{3}$ である. 5 に対する固有ベクトルは

$\begin{pmatrix} -4 & -1 & 1 \\ -1 & 2 & 1 \\ 1 & 1 & 0 \end{pmatrix} \xrightarrow[r2+=r3]{r1+=r3\times 4,} \begin{pmatrix} 0 & 3 & 1 \\ 0 & 3 & 1 \\ 1 & 1 & 0 \end{pmatrix} \xrightarrow{r2-=r1} \begin{pmatrix} 0 & 3 & 1 \\ 0 & 0 & 0 \\ 1 & 1 & 0 \end{pmatrix}$ より $\begin{pmatrix} 1 \\ -1 \\ 3 \end{pmatrix}$. また $4+2\sqrt{3}$

に対する固有ベクトルは $\begin{pmatrix} -3-2\sqrt{3} & -1 & 1 \\ -1 & 3-2\sqrt{3} & 1 \\ 1 & 1 & 1-2\sqrt{3} \end{pmatrix} \xrightarrow[r2+=r3]{r1+=r3,}$

$\begin{pmatrix} -2-2\sqrt{3} & 0 & 2-2\sqrt{3} \\ 0 & 4-2\sqrt{3} & 2-2\sqrt{3} \\ 1 & 1 & 1-2\sqrt{3} \end{pmatrix} \xrightarrow[r2\times = \frac{2+\sqrt{3}}{2}]{r1\times = \frac{1-\sqrt{3}}{4}} \begin{pmatrix} 1 & 0 & 2-\sqrt{3} \\ 0 & 1 & -\sqrt{3}-1 \\ 1 & 1 & 1-2\sqrt{3} \end{pmatrix} \xrightarrow[r3-=r2]{r3-=r1,} \begin{pmatrix} 1 & 0 & 2-\sqrt{3} \\ 0 & 1 & -\sqrt{3}-1 \\ 0 & 0 & 0 \end{pmatrix}$

より $(2-\sqrt{3}, -1-\sqrt{3}, -1)^T$ を得る. この長さは $\sqrt{12-2\sqrt{3}}$ である. 固有値 $4-2\sqrt{3}$ に対する固有ベクトルはこの $\sqrt{3}$ を $-\sqrt{3}$ に変えたものでよく, 長さは $\sqrt{12+2\sqrt{3}}$ となる. 以上により直交行列 $P = \begin{pmatrix} \frac{1}{\sqrt{11}} & \frac{2-\sqrt{3}}{\sqrt{12-2\sqrt{3}}} & \frac{2+\sqrt{3}}{\sqrt{12+2\sqrt{3}}} \\ -\frac{1}{\sqrt{11}} & -\frac{1+\sqrt{3}}{\sqrt{12-2\sqrt{3}}} & \frac{\sqrt{3}-1}{\sqrt{12+2\sqrt{3}}} \\ \frac{3}{\sqrt{11}} & -\frac{1}{\sqrt{12-2\sqrt{3}}} & -\frac{1}{\sqrt{12+2\sqrt{3}}} \end{pmatrix}$ により $P^T A P =$

$\begin{pmatrix} 5 & 0 & 0 \\ 0 & 4+2\sqrt{3} & 0 \\ 0 & 0 & 4-2\sqrt{3} \end{pmatrix}$ と変換される.

(4) 固有値は $\begin{vmatrix} 1-\lambda & 1 & 1 \\ 1 & 2-\lambda & 0 \\ 1 & 0 & -\lambda \end{vmatrix} \xrightarrow{r2-=r3} \begin{vmatrix} 1-\lambda & 1 & 1 \\ 0 & 2-\lambda & \lambda \\ 1 & 0 & -\lambda \end{vmatrix} \xrightarrow{c3-=c2} \begin{vmatrix} 1-\lambda & 1 & 0 \\ 0 & 2-\lambda & 2\lambda-2 \\ 1 & 0 & -\lambda \end{vmatrix}$

$\xrightarrow{c3+=c1} \begin{vmatrix} 1-\lambda & 1 & 1-\lambda \\ 0 & 2-\lambda & 2\lambda-2 \\ 1 & 0 & 1-\lambda \end{vmatrix} \xrightarrow{(\lambda-1)\leftarrow c3} (\lambda-1)\begin{vmatrix} 1-\lambda & 1 & -1 \\ 0 & 2-\lambda & 2 \\ 1 & 0 & -1 \end{vmatrix} \xrightarrow{c3+=c1}$

$(\lambda-1)\begin{vmatrix} 1-\lambda & 1 & -\lambda \\ 0 & 2-\lambda & 2 \\ 1 & 0 & 0 \end{vmatrix} \xrightarrow{\text{第 3 行}\atop\text{で展開}} (\lambda-1)\begin{vmatrix} 1 & -\lambda \\ 2-\lambda & 2 \end{vmatrix} = (\lambda-1)(-\lambda^2+2\lambda+2)$ より 1,

$1\pm\sqrt{3}$ となる. 1 に対する固有ベクトルは $\begin{pmatrix} 0 & 1 & 1 \\ 1 & 1 & 0 \\ 1 & 0 & -1 \end{pmatrix} \xrightarrow{r1-=r2} \begin{pmatrix} -1 & 0 & 1 \\ 1 & 1 & 0 \\ 1 & 0 & -1 \end{pmatrix} \xrightarrow{r3+=r1}$

$\begin{pmatrix} -1 & 0 & 1 \\ 1 & 1 & 0 \\ 0 & 0 & 0 \end{pmatrix}$ より $\begin{pmatrix} 1 \\ -1 \\ 1 \end{pmatrix}$. $1+\sqrt{3}$ に対する固有ベクトルは $\begin{pmatrix} -\sqrt{3} & 1 & 1 \\ 1 & 1-\sqrt{3} & 0 \\ 1 & 0 & -1-\sqrt{3} \end{pmatrix}$

$\xrightarrow[r3\times=(\sqrt{3}-1)]{r2\times=(\sqrt{3}+1),} \begin{pmatrix} -\sqrt{3} & 1 & 1 \\ \sqrt{3}+1 & -2 & 0 \\ \sqrt{3}-1 & 0 & -2 \end{pmatrix} \xrightarrow[r1+=r3\times\frac{1}{2}]{r1+=r2\times\frac{1}{2},} \begin{pmatrix} 0 & 0 & 0 \\ \sqrt{3}+1 & -2 & 0 \\ \sqrt{3}-1 & 0 & -2 \end{pmatrix}$ より $\begin{pmatrix} 2 \\ \sqrt{3}+1 \\ \sqrt{3}-1 \end{pmatrix}$.

この長さは $2\sqrt{3}$ になる. $1-\sqrt{3}$ に対する固有ベクトルはこれの $\sqrt{3}$ を $-\sqrt{3}$ に変えればよいが, そのまま並べると行列式が負になるので, このベクトルの向きを変える. 長さは同じく $2\sqrt{3}$ である. 以上により $P = \begin{pmatrix} \frac{1}{\sqrt{3}} & \frac{1}{\sqrt{3}} & -\frac{1}{\sqrt{3}} \\ -\frac{1}{\sqrt{3}} & \frac{\sqrt{3}+1}{2\sqrt{3}} & \frac{\sqrt{3}-1}{2\sqrt{3}} \\ \frac{1}{\sqrt{3}} & \frac{\sqrt{3}-1}{2\sqrt{3}} & \frac{\sqrt{3}+1}{2\sqrt{3}} \end{pmatrix}$ と取れば $P^T AP = \begin{pmatrix} 1 & 0 & 0 \\ 0 & 1+\sqrt{3} & 0 \\ 0 & 0 & -(\sqrt{3}-1) \end{pmatrix}$

と変換される.

(5) 固有多項式は $-\begin{vmatrix} 2-\lambda & 1 & 2 \\ 1 & 2-\lambda & 2 \\ 2 & 2 & 1-\lambda \end{vmatrix} = (\lambda-5)(\lambda-1)(\lambda+1)$, 固有値は $5, 1, -1$.

5 に対する固有ベクトルは $\begin{pmatrix} -3 & 1 & 2 \\ 1 & -3 & 2 \\ 2 & 2 & -4 \end{pmatrix} \to \begin{pmatrix} -1 & 0 & 1 \\ 0 & -1 & 1 \\ 0 & 0 & 0 \end{pmatrix}$ より $(1,1,1)^T$. 1 に対する固有ベクトルは $\begin{pmatrix} 1 & 1 & 2 \\ 1 & 1 & 2 \\ 2 & 2 & 0 \end{pmatrix} \to \begin{pmatrix} 1 & 1 & 0 \\ 0 & 0 & 1 \\ 0 & 0 & 0 \end{pmatrix}$ より $(1,-1,0)^T$. -1 に対する固有ベクトル

は $\begin{pmatrix} 3 & 1 & 2 \\ 1 & 3 & 2 \\ 2 & 2 & 2 \end{pmatrix} \to \begin{pmatrix} 2 & 0 & 1 \\ 0 & 2 & 1 \\ 0 & 0 & 0 \end{pmatrix}$ より $(1,1,-2)^T$. よって $P = \begin{pmatrix} \frac{1}{\sqrt{3}} & \frac{1}{\sqrt{2}} & \frac{1}{\sqrt{6}} \\ \frac{1}{\sqrt{3}} & -\frac{1}{\sqrt{2}} & \frac{1}{\sqrt{6}} \\ \frac{1}{\sqrt{3}} & 0 & -\frac{2}{\sqrt{6}} \end{pmatrix}$ により

$P^T AP = \begin{pmatrix} 5 & 0 & 0 \\ 0 & 1 & 0 \\ 0 & 0 & -1 \end{pmatrix}$ となる. (以下省略された基本変形の詳細は 💻.)

(6) 固有多項式は $-\begin{vmatrix} 2-\lambda & 1 & 1 \\ 1 & 2-\lambda & 1 \\ 1 & 1 & 2-\lambda \end{vmatrix} = (\lambda-4)(\lambda-1)^2$, 固有値は 4, 1 (2 重). 4 に

対する固有ベクトルは $\begin{pmatrix} -2 & 1 & 1 \\ 1 & -2 & 1 \\ 1 & 1 & -2 \end{pmatrix} \to \begin{pmatrix} -1 & 0 & 1 \\ 0 & -1 & 1 \\ 0 & 0 & 0 \end{pmatrix}$ より $\begin{pmatrix} 1 \\ 1 \\ 1 \end{pmatrix}$. 1 に対する固有ベク

トルは $\begin{pmatrix} 1 & 1 & 1 \\ 1 & 1 & 1 \\ 1 & 1 & 1 \end{pmatrix}$ より, 2 本が直交するように選んで $\begin{pmatrix} 2 \\ -1 \\ -1 \end{pmatrix}$ と $\begin{pmatrix} 0 \\ 1 \\ -1 \end{pmatrix}$. 以上を用いて

$P = \begin{pmatrix} \frac{1}{\sqrt{3}} & \frac{2}{\sqrt{6}} & 0 \\ \frac{1}{\sqrt{3}} & -\frac{1}{\sqrt{6}} & \frac{1}{\sqrt{2}} \\ \frac{1}{\sqrt{3}} & -\frac{1}{\sqrt{6}} & -\frac{1}{\sqrt{2}} \end{pmatrix}$ により $P^T AP = \begin{pmatrix} 4 & 0 & 0 \\ 0 & 1 & 0 \\ 0 & 0 & 1 \end{pmatrix}$ となる.

(7) 固有多項式は $-\begin{vmatrix} 2-\lambda & 1 & 2 \\ 1 & 3-\lambda & 1 \\ 2 & 1 & 2-\lambda \end{vmatrix} = \lambda(\lambda-5)(\lambda-2)$, 固有値は $5, 2, 0$. 5 に対する固有ベクトルは $\begin{pmatrix} -3 & 1 & 2 \\ 1 & -2 & 1 \\ 2 & 1 & -3 \end{pmatrix} \to \begin{pmatrix} -1 & 0 & 1 \\ 0 & -1 & 1 \\ 0 & 0 & 0 \end{pmatrix}$ より $(1,1,1)^T$ が取れる. 2 に対する固有ベクトルは $\begin{pmatrix} 0 & 1 & 2 \\ 1 & 1 & 1 \\ 2 & 1 & 0 \end{pmatrix} \to \begin{pmatrix} 1 & 0 & -1 \\ 0 & 1 & 2 \\ 0 & 0 & 0 \end{pmatrix}$ より $(1,-2,1)^T$ が取れる. 最後に 0 に対する固有ベクトルは $\begin{pmatrix} 2 & 1 & 2 \\ 1 & 3 & 1 \\ 2 & 1 & 2 \end{pmatrix} \to \begin{pmatrix} 1 & 0 & 1 \\ 0 & 1 & 0 \\ 0 & 0 & 0 \end{pmatrix}$ より $(1,0,-1)^T$ が取れる. 以上を用いて $P = \begin{pmatrix} \frac{1}{\sqrt{3}} & \frac{1}{\sqrt{6}} & \frac{1}{\sqrt{2}} \\ \frac{1}{\sqrt{3}} & -\frac{2}{\sqrt{6}} & 0 \\ \frac{1}{\sqrt{3}} & \frac{1}{\sqrt{6}} & -\frac{1}{\sqrt{2}} \end{pmatrix}$ により $P^T A P = \begin{pmatrix} 5 & 0 & 0 \\ 0 & 2 & 0 \\ 0 & 0 & 0 \end{pmatrix}$ となる.

(8) 固有多項式は $-\begin{vmatrix} 2-\lambda & 1 & 1 \\ 1 & 4-\lambda & 1 \\ 1 & 1 & 2-\lambda \end{vmatrix} = (\lambda-5)(\lambda-2)(\lambda-1)$, 固有値は $5, 2, 1$. 5 に対する固有ベクトルは $\begin{pmatrix} -3 & 1 & 1 \\ 1 & -1 & 1 \\ 1 & 1 & -3 \end{pmatrix} \to \begin{pmatrix} -1 & 0 & 1 \\ 0 & -1 & 2 \\ 0 & 0 & 0 \end{pmatrix}$ より $\begin{pmatrix} 1 \\ 2 \\ 1 \end{pmatrix}$. 2 に対する固有ベクトルは $\begin{pmatrix} 0 & 1 & 1 \\ 1 & 2 & 1 \\ 1 & 1 & 0 \end{pmatrix} \to \begin{pmatrix} 1 & 0 & -1 \\ 0 & 1 & 1 \\ 0 & 0 & 0 \end{pmatrix}$ より $\begin{pmatrix} 1 \\ -1 \\ 1 \end{pmatrix}$. 最後に 1 に対する固有ベクトルは $\begin{pmatrix} 1 & 1 & 1 \\ 1 & 3 & 1 \\ 1 & 1 & 1 \end{pmatrix} \to \begin{pmatrix} 1 & 1 & 0 \\ 0 & 1 & 0 \\ 0 & 0 & 0 \end{pmatrix}$ より $\begin{pmatrix} 1 \\ 0 \\ -1 \end{pmatrix}$. 以上より $P = \begin{pmatrix} \frac{1}{\sqrt{6}} & \frac{1}{\sqrt{3}} & \frac{1}{\sqrt{2}} \\ \frac{2}{\sqrt{6}} & -\frac{1}{\sqrt{3}} & 0 \\ \frac{1}{\sqrt{6}} & \frac{1}{\sqrt{3}} & -\frac{1}{\sqrt{2}} \end{pmatrix}$ により $P^T A P = \begin{pmatrix} 5 & 0 & 0 \\ 0 & 2 & 0 \\ 0 & 0 & 1 \end{pmatrix}$ となる.

(9) 固有値を求めると $\begin{vmatrix} 1-\lambda & -1 & -1 \\ -1 & 1-\lambda & -1 \\ -1 & -1 & -1-\lambda \end{vmatrix} = -(\lambda-2)(\lambda-1)(\lambda+2)$ より $2, 1, -2$. 2 に対する固有ベクトルは $\begin{pmatrix} -1 & -1 & -1 \\ -1 & -1 & -1 \\ -1 & -1 & -3 \end{pmatrix} \to \begin{pmatrix} 1 & 1 & 0 \\ 0 & 0 & 1 \\ 0 & 0 & 0 \end{pmatrix}$ より $\begin{pmatrix} 1 \\ -1 \\ 0 \end{pmatrix}$. 1 に対する固有ベクトルは $\begin{pmatrix} 0 & -1 & -1 \\ -1 & 0 & -1 \\ -1 & -1 & -2 \end{pmatrix} \to \begin{pmatrix} 1 & 0 & 1 \\ 0 & 1 & 1 \\ 0 & 0 & 0 \end{pmatrix}$ より $\begin{pmatrix} 1 \\ 1 \\ -1 \end{pmatrix}$. 最後に -2 に対する固有ベクトルは $\begin{pmatrix} 3 & -1 & -1 \\ -1 & 3 & -1 \\ -1 & -1 & 1 \end{pmatrix} \to \begin{pmatrix} 2 & 0 & -1 \\ 0 & 2 & -1 \\ 0 & 0 & 0 \end{pmatrix}$ より $\begin{pmatrix} 1 \\ 1 \\ 2 \end{pmatrix}$. 以上をまとめて $P = \begin{pmatrix} \frac{1}{\sqrt{2}} & \frac{1}{\sqrt{3}} & \frac{1}{\sqrt{6}} \\ -\frac{1}{\sqrt{2}} & \frac{1}{\sqrt{3}} & \frac{1}{\sqrt{6}} \\ 0 & -\frac{1}{\sqrt{3}} & \frac{2}{\sqrt{6}} \end{pmatrix}$ により $P^T A P = \begin{pmatrix} 2 & 0 & 0 \\ 0 & 1 & 0 \\ 0 & 0 & -2 \end{pmatrix}$ となる.

(10) 固有値は $\begin{vmatrix} 9-\lambda & \sqrt{6} & \sqrt{3} \\ \sqrt{6} & 4-\lambda & 5\sqrt{2} \\ \sqrt{3} & 5\sqrt{2} & -1-\lambda \end{vmatrix} \xrightarrow{r2-=r3\times\sqrt{2}} \begin{vmatrix} 9-\lambda & \sqrt{6} & \sqrt{3} \\ 0 & -6-\lambda & \sqrt{2}(\lambda+6) \\ \sqrt{3} & 5\sqrt{2} & -1-\lambda \end{vmatrix} \xrightarrow{(\lambda+6)\leftarrow r2}$

$(\lambda+6)\begin{vmatrix} 9-\lambda & \sqrt{6} & \sqrt{3} \\ 0 & -1 & \sqrt{2} \\ \sqrt{3} & 5\sqrt{2} & -1-\lambda \end{vmatrix} \xrightarrow[\text{第3列に加える}]{\text{第2列}\times\sqrt{2}\text{を}} (\lambda+6)\begin{vmatrix} 9-\lambda & \sqrt{6} & 3\sqrt{3} \\ 0 & -1 & 0 \\ \sqrt{3} & 5\sqrt{2} & 9-\lambda \end{vmatrix} \xrightarrow[\text{で展開}]{\text{第2行}}$

$-(\lambda+6)\{(\lambda-9)^2-9\} = -(\lambda+6)(\lambda-12)(\lambda-6) = 0$ より $12, 6, -6$ である。12 に対する

固有ベクトルは $\begin{pmatrix} -3 & \sqrt{6} & \sqrt{3} \\ \sqrt{6} & -8 & 5\sqrt{2} \\ \sqrt{3} & 5\sqrt{2} & -13 \end{pmatrix} \xrightarrow[r2- = r3\times\sqrt{2}]{r1+ = r3\times\sqrt{3},} \begin{pmatrix} 0 & 6\sqrt{6} & -12\sqrt{3} \\ 0 & -18 & 18\sqrt{2} \\ \sqrt{3} & 5\sqrt{2} & -13 \end{pmatrix} \xrightarrow[18 \leftarrow r2]{6\sqrt{6} \leftarrow r1,}$

$\begin{pmatrix} 0 & 1 & -\sqrt{2} \\ 0 & -1 & \sqrt{2} \\ \sqrt{3} & 5\sqrt{2} & -13 \end{pmatrix} \xrightarrow[r3+ = r2'\times 5\sqrt{2}]{r1+ = r2,} \begin{pmatrix} 0 & 0 & 0 \\ 0 & -1 & \sqrt{2} \\ \sqrt{3} & 0 & -3 \end{pmatrix}$ より $\begin{pmatrix} \sqrt{3} \\ \sqrt{2} \\ 1 \end{pmatrix}$ が取れる。6 に対する

固有ベクトルは $\begin{pmatrix} 3 & \sqrt{6} & \sqrt{3} \\ \sqrt{6} & -2 & 5\sqrt{2} \\ \sqrt{3} & 5\sqrt{2} & -7 \end{pmatrix} \xrightarrow[r2- = r3\times\sqrt{2}]{r1- = r3\times\sqrt{3},} \begin{pmatrix} 0 & -4\sqrt{6} & 8\sqrt{3} \\ 0 & -12 & 12\sqrt{2} \\ \sqrt{3} & 5\sqrt{2} & -7 \end{pmatrix} \xrightarrow[12 \leftarrow r2]{-4\sqrt{6} \leftarrow r1,}$

$\begin{pmatrix} 0 & 1 & -\sqrt{2} \\ 0 & -1 & \sqrt{2} \\ \sqrt{3} & 5\sqrt{2} & -7 \end{pmatrix} \xrightarrow[r3+ = r2'\times 5\sqrt{2}]{r1+ = r2,} \begin{pmatrix} 0 & 0 & 0 \\ 0 & -1 & \sqrt{2} \\ \sqrt{3} & 0 & 3 \end{pmatrix}$ より $\begin{pmatrix} \sqrt{3} \\ -\sqrt{2} \\ -1 \end{pmatrix}$ が取れる。最後

に -6 に対する固有ベクトルは $\begin{pmatrix} 15 & \sqrt{6} & \sqrt{3} \\ \sqrt{6} & 10 & 5\sqrt{2} \\ \sqrt{3} & 5\sqrt{2} & 5 \end{pmatrix} \xrightarrow[r1- = r3\times\sqrt{3}/5]{r2- = r3\times\sqrt{2},} \begin{pmatrix} \frac{72}{5} & 0 & 0 \\ 0 & 0 & 0 \\ \sqrt{3} & 5\sqrt{2} & 5 \end{pmatrix}$

より $\begin{pmatrix} 0 \\ 1 \\ -\sqrt{2} \end{pmatrix}$ が取れる。以上を正規化して並べた $P = \begin{pmatrix} \frac{1}{\sqrt{2}} & \frac{1}{\sqrt{2}} & 0 \\ \frac{1}{\sqrt{3}} & -\frac{1}{\sqrt{3}} & \frac{1}{\sqrt{3}} \\ \frac{1}{\sqrt{6}} & -\frac{1}{\sqrt{6}} & -\frac{\sqrt{2}}{\sqrt{3}} \end{pmatrix}$ により

$P^T AP = \begin{pmatrix} 18 & 0 & 0 \\ 0 & 6 & 0 \\ 0 & 0 & -6 \end{pmatrix}$ となる。

(11) まず固有値を求めると

$\begin{vmatrix} 1-\lambda & \sqrt{6} & \sqrt{3} \\ \sqrt{6} & 2-\lambda & -\sqrt{2} \\ \sqrt{3} & -\sqrt{2} & 3-\lambda \end{vmatrix} \xrightarrow[r2- = r3\times\sqrt{2}]{r1+ = r3\times\sqrt{3},} \begin{vmatrix} 4-\lambda & 0 & \sqrt{3}(4-\lambda) \\ 0 & 4-\lambda & \sqrt{2}(4-\lambda) \\ \sqrt{3} & -\sqrt{2} & 3-\lambda \end{vmatrix} \xrightarrow[(\lambda-4) \leftarrow r2]{(\lambda-4) \leftarrow r1,}$

$(\lambda-4)^2 \begin{vmatrix} -1 & 0 & -\sqrt{3} \\ 0 & -1 & \sqrt{2} \\ \sqrt{3} & -\sqrt{2} & 3-\lambda \end{vmatrix} \xrightarrow[\text{で展開}]{\text{サラス}} (\lambda-4)^2(3-\lambda-2-3) = -(\lambda-4)^2(\lambda+2)$ より 4 (2重),

-2. 固有値 4 に対する固有ベクトルは $\begin{pmatrix} -3 & \sqrt{6} & \sqrt{3} \\ \sqrt{6} & -2 & -\sqrt{2} \\ \sqrt{3} & -\sqrt{2} & -1 \end{pmatrix} \xrightarrow[r2\div = \sqrt{2}]{r1\div = \sqrt{3},} \begin{pmatrix} -\sqrt{3} & \sqrt{2} & 1 \\ \sqrt{3} & -\sqrt{2} & -1 \\ \sqrt{3} & -\sqrt{2} & -1 \end{pmatrix}$

$\to \begin{pmatrix} -\sqrt{3} & \sqrt{2} & 1 \\ 0 & 0 & 0 \\ 0 & 0 & 0 \end{pmatrix}$. よって $\begin{pmatrix} 1 \\ 0 \\ \sqrt{3} \end{pmatrix}$ と $\begin{pmatrix} 0 \\ 1 \\ -\sqrt{2} \end{pmatrix}$ が取れる。これらは直交していないので、

直交化するために二つ目を取り替えると $\begin{pmatrix} 0 \\ 1 \\ -\sqrt{2} \end{pmatrix} - \frac{-\sqrt{6}}{4} \begin{pmatrix} 1 \\ 0 \\ \sqrt{3} \end{pmatrix} = \begin{pmatrix} \sqrt{6}/4 \\ 1 \\ -\sqrt{2}/4 \end{pmatrix}$, $2\sqrt{2}$ 倍し

て $\begin{pmatrix} \sqrt{3} \\ 2\sqrt{2} \\ -1 \end{pmatrix}$. -2 に対する固有ベクトルは $\begin{pmatrix} 3 & \sqrt{6} & \sqrt{3} \\ \sqrt{6} & 4 & -\sqrt{2} \\ \sqrt{3} & -\sqrt{2} & 5 \end{pmatrix} \xrightarrow[r2\div=\sqrt{2}]{r1\div=\sqrt{3}} \begin{pmatrix} \sqrt{3} & \sqrt{2} & 1 \\ \sqrt{3} & 2\sqrt{2} & -1 \\ \sqrt{3} & -\sqrt{2} & 5 \end{pmatrix}$

$\xrightarrow{r2-=r1} \begin{pmatrix} \sqrt{3} & \sqrt{2} & 1 \\ 0 & \sqrt{2} & -2 \\ \sqrt{3} & -\sqrt{2} & 5 \end{pmatrix} \xrightarrow{r3+=r2} \begin{pmatrix} \sqrt{3} & \sqrt{2} & 1 \\ 0 & \sqrt{2} & -2 \\ \sqrt{3} & 0 & 3 \end{pmatrix} \xrightarrow{r1-=r3} \begin{pmatrix} 0 & \sqrt{2} & -2 \\ 0 & \sqrt{2} & -2 \\ \sqrt{3} & 0 & 3 \end{pmatrix}$

$\xrightarrow{r2-=r1} \begin{pmatrix} 0 & \sqrt{2} & -2 \\ 0 & 0 & 0 \\ \sqrt{3} & 0 & 3 \end{pmatrix} \to \begin{pmatrix} 0 & 1 & -\sqrt{2} \\ 0 & 0 & 0 \\ 1 & 0 & \sqrt{3} \end{pmatrix}$ より $\begin{pmatrix} \sqrt{3} \\ -\sqrt{2} \\ -1 \end{pmatrix}$ が取れる．以上を正規化して

$P = (\boldsymbol{u}_1, \boldsymbol{u}_2, \boldsymbol{u}_3) := \begin{pmatrix} \frac{1}{2} & \frac{1}{2} & \frac{1}{\sqrt{2}} \\ 0 & \frac{\sqrt{2}}{\sqrt{3}} & -\frac{1}{\sqrt{3}} \\ \frac{\sqrt{3}}{2} & -\frac{1}{2\sqrt{3}} & -\frac{1}{\sqrt{6}} \end{pmatrix}$ により $P^T A P = \begin{pmatrix} 4 & 0 & 0 \\ 0 & 4 & 0 \\ 0 & 0 & -2 \end{pmatrix}$ となる．

6.2.2 (1) 固有値は $\begin{vmatrix} -\lambda & 1 & 2 \\ 1 & -\lambda & 2 \\ 2 & 2 & 3-\lambda \end{vmatrix} \xrightarrow{r1-=r2} \begin{vmatrix} -1-\lambda & 1+\lambda & 0 \\ 1 & -\lambda & 2 \\ 2 & 2 & 3-\lambda \end{vmatrix} \xrightarrow{(\lambda+1)\leftarrow r1}$

$(\lambda+1) \begin{vmatrix} -1 & 1 & 0 \\ 1 & -\lambda & 2 \\ 2 & 2 & 3-\lambda \end{vmatrix} \xrightarrow{c2+=c1} (\lambda+1) \begin{vmatrix} -1 & 0 & 0 \\ 1 & 1-\lambda & 2 \\ 2 & 4 & 3-\lambda \end{vmatrix} \xrightarrow[で展開]{第1行}$

$-(\lambda+1) \begin{vmatrix} 1-\lambda & 2 \\ 4 & 3-\lambda \end{vmatrix} \xrightarrow{r1+=r2} -(\lambda+1) \begin{vmatrix} 5-\lambda & 5-\lambda \\ 4 & 3-\lambda \end{vmatrix} \xrightarrow{(5-\lambda)\leftarrow r1}$

$(\lambda+1)(\lambda-5) \begin{vmatrix} 1 & 1 \\ 4 & 3-\lambda \end{vmatrix} = -(\lambda+1)^2(\lambda-5) = 0$ より -1 (2重), 5 である．前者に対する

固有ベクトルは $\begin{pmatrix} 1 & 1 & 2 \\ 1 & 1 & 2 \\ 2 & 2 & 4 \end{pmatrix} \xrightarrow[掃き出す]{第1行で} \begin{pmatrix} 1 & 1 & 2 \\ 0 & 0 & 0 \\ 0 & 0 & 0 \end{pmatrix}$. よって固有ベクトルは，例えば $\begin{pmatrix} 1 \\ -1 \\ 0 \end{pmatrix}$,

$\begin{pmatrix} 1 \\ 1 \\ -1 \end{pmatrix}$ が取れる．後者に対しては $\begin{pmatrix} -5 & 1 & 2 \\ 1 & -5 & 2 \\ 2 & 2 & -2 \end{pmatrix} \xrightarrow[r2+=r3]{r1+=r3,} \begin{pmatrix} -3 & 3 & 0 \\ 3 & -3 & 0 \\ 2 & 2 & -2 \end{pmatrix}$

$\xrightarrow[後第1行で掃き出す]{共通因子を括り出した} \begin{pmatrix} -1 & 1 & 0 \\ 0 & 0 & 0 \\ 0 & 2 & -1 \end{pmatrix}$. よって解は $\begin{pmatrix} 1 \\ 1 \\ 2 \end{pmatrix}$.

(2) 最初に求めた2本はもう直交している．(もし2本目に $(0, 2, -1)^T$ などを選んでしまった場合はグラム-シュミット法で1本目と直交するように取り替えなければならない．) 以上を長さを1に正規化して $P = \begin{pmatrix} \frac{1}{\sqrt{2}} & \frac{1}{\sqrt{3}} & \frac{1}{\sqrt{6}} \\ -\frac{1}{\sqrt{2}} & \frac{1}{\sqrt{3}} & \frac{1}{\sqrt{6}} \\ 0 & -\frac{1}{\sqrt{3}} & -\frac{2}{\sqrt{6}} \end{pmatrix}$ が求まり，$P^T A P = \begin{pmatrix} -1 & 0 & 0 \\ 0 & -1 & 0 \\ 0 & 0 & 5 \end{pmatrix}$

となる．

(3) 体積の拡大率は線形写像の表現行列 A の行列式（の絶対値）で与えられる．A の固有値が既に求まっているので，行列式の値はそれらの積で5となる．もとの立方体の体積は1なので，像の体積は5．(この場合は，もとの立方体の像が A の列ベクトルを稜とする平行六面体だから答は $\det A$, と説明してもよい．)

6.2.3 $\sqrt{A}$ が存在したとして，それを $\operatorname{diag}(\mu_1, \ldots, \mu_n)$ に対角化する直交行列を P とすれば，$P^T A P = P^T \sqrt{A}^2 P = P^T \sqrt{A} P P^T \sqrt{A} P = \operatorname{diag}(\mu_1, \ldots, \mu_n)^2 = \operatorname{diag}(\mu_1^2, \ldots, \mu_n^2)$.

これは A の対角化に他ならないので，結局，A を $\mathrm{diag}(\lambda_1,\dots,\lambda_n)$ に対角化する直交行列 P を取り $\sqrt{A} := P\,\mathrm{diag}(\sqrt{\lambda_1},\dots,\sqrt{\lambda_n})P^T$ と戻したものが唯一の解となる．

(1) 同問題の解答より，そこで求められた直交行列 P を用いて $P^T A P = \mathrm{diag}(4,1,1)$ となるので，$\sqrt{A} = P\,\mathrm{diag}(2,1,1)P^T = \dfrac{1}{3}\begin{pmatrix} 4 & 1 & 1 \\ 1 & 4 & 1 \\ 1 & 1 & 4 \end{pmatrix}$．

(2) 同問題の解答から，そこで求まった P により $P^T A P = \mathrm{diag}(0,3,4)$ となるので，
$$\sqrt{A} = P\,\mathrm{diag}(0,\sqrt{3},2)P^T = \begin{pmatrix} \frac{1}{\sqrt{3}} & \frac{1}{\sqrt{3}} & -\frac{1}{\sqrt{3}} \\ \frac{1}{\sqrt{3}} & \frac{1}{\sqrt{3}}+1 & -\frac{1}{\sqrt{3}}+1 \\ -\frac{1}{\sqrt{3}} & -\frac{1}{\sqrt{3}}+1 & \frac{1}{\sqrt{3}}+1 \end{pmatrix}.$$

6.2.4 (1) 固有値は $\begin{vmatrix} 2-\lambda & -i \\ i & 2-\lambda \end{vmatrix} = (\lambda-2)^2 - 1 = 0$ より $1, 3$ である．1 に対する固有ベクトルは $\begin{pmatrix} 1 & -i \\ i & 1 \end{pmatrix}$ より $\begin{pmatrix} i \\ 1 \end{pmatrix}$，$3$ に対する固有ベクトルは $\begin{pmatrix} -1 & -i \\ i & -1 \end{pmatrix}$ より $\begin{pmatrix} -i \\ 1 \end{pmatrix}$．これらをエルミート正規化して並べたユニタリ行列 $U = \begin{pmatrix} \frac{i}{\sqrt{2}} & -\frac{i}{\sqrt{2}} \\ \frac{1}{\sqrt{2}} & \frac{1}{\sqrt{2}} \end{pmatrix}$ により $U^*AU = \begin{pmatrix} 1 & 0 \\ 0 & 3 \end{pmatrix}$ と対角化される．

(2) 固有値は $\begin{vmatrix} 1-\lambda & -i & 1 \\ i & 2-\lambda & 3i \\ 1 & -3i & 2-\lambda \end{vmatrix} = -\lambda^3 + 5\lambda^2 + 3\lambda - 3 = -(\lambda+1)(\lambda^2 - 6\lambda + 3)$ より $-1, 3\pm\sqrt{6}$．-1 に対する固有ベクトルは $\begin{pmatrix} 2 & -i & 1 \\ i & 3 & 3i \\ 1 & -3i & 3 \end{pmatrix} \to \begin{pmatrix} 1 & 0 & 0 \\ 0 & 1 & i \\ 0 & 0 & 0 \end{pmatrix}$ より $\begin{pmatrix} 0 \\ i \\ -1 \end{pmatrix}$．$3+\sqrt{6}$ に対する固有ベクトルは $\begin{pmatrix} -\sqrt{6}-2 & -i & 1 \\ i & -\sqrt{6}-1 & 3i \\ 1 & -3i & -\sqrt{6}-1 \end{pmatrix} \to \begin{pmatrix} 1 & 0 & -\sqrt{6}+2 \\ 0 & 1 & -i \\ 0 & 0 & 0 \end{pmatrix}$ より $\begin{pmatrix} \sqrt{6}-2 \\ i \\ 1 \end{pmatrix}$．最後に $3-\sqrt{6}$ に対する固有ベクトルは $\sqrt{6}$ を $-\sqrt{6}$ に変えた $\begin{pmatrix} -\sqrt{6}-2 \\ i \\ 1 \end{pmatrix}$ でよい．これらの長さを 1 に正規化して並べたユニタリ行列 $U = \begin{pmatrix} 0 & \frac{\sqrt{6}-2}{2\sqrt{3-\sqrt{6}}} & -\frac{\sqrt{6}+2}{2\sqrt{3+\sqrt{6}}} \\ \frac{i}{\sqrt{2}} & \frac{i}{2\sqrt{3-\sqrt{6}}} & \frac{i}{2\sqrt{3+\sqrt{6}}} \\ -\frac{1}{\sqrt{2}} & \frac{1}{2\sqrt{3-\sqrt{6}}} & \frac{1}{2\sqrt{3+\sqrt{6}}} \end{pmatrix}$ により $U^*AU = \begin{pmatrix} -1 & 0 & 0 \\ 0 & 3+\sqrt{6} & 0 \\ 0 & 0 & 3-\sqrt{6} \end{pmatrix}$ となる．

(3) 固有値は $\begin{vmatrix} 1-\lambda & -i & 1+i \\ i & 2-\lambda & 2+i \\ 1+i & 2-i & 3-\lambda \end{vmatrix} = -\lambda^3 + 6\lambda^2 - 3\lambda = -\lambda(\lambda^2 - 6\lambda + 3)$ より $0, 3\pm\sqrt{6}$．0 に対する固有ベクトルは $A \to \begin{pmatrix} 1 & 0 & 1 \\ 0 & 1 & 1 \\ 0 & 0 & 0 \end{pmatrix}$ より $\begin{pmatrix} 1 \\ 1 \\ -1 \end{pmatrix}$．$3+\sqrt{6}$ に対する固有ベクトルは $\begin{pmatrix} -\sqrt{6}-2 & -i & 1-i \\ i & -\sqrt{6}-1 & 2+i \\ 1+i & 2-i & -\sqrt{6} \end{pmatrix} \to \begin{pmatrix} 1-2i & 0 & \sqrt{6}-2+i \\ 0 & 1-2i & 1-\sqrt{6}+i \\ 0 & 0 & 0 \end{pmatrix}$ より

$\begin{pmatrix} 2-\sqrt{6}-i \\ \sqrt{6}-1-i \\ 1-2i \end{pmatrix}$. 最後に $3-\sqrt{6}$ に対する固有ベクトルは，ここで $\sqrt{6}$ を $-\sqrt{6}$ に替えて $\begin{pmatrix} 2+\sqrt{6}-i \\ -\sqrt{6}-1-i \\ 1-2i \end{pmatrix}$. これらを長さ 1 に正規化して並べた $U = \begin{pmatrix} \frac{1}{\sqrt{3}} & \frac{2-\sqrt{6}-i}{\sqrt{24-6\sqrt{6}}} & \frac{2+\sqrt{6}-i}{\sqrt{24+6\sqrt{6}}} \\ \frac{1}{\sqrt{3}} & \frac{\sqrt{6}-1-i}{\sqrt{24-6\sqrt{6}}} & -\frac{\sqrt{6}+1+i}{\sqrt{24+6\sqrt{6}}} \\ -\frac{1}{\sqrt{3}} & \frac{1-2i}{\sqrt{24-6\sqrt{6}}} & \frac{1-2i}{\sqrt{24+6\sqrt{6}}} \end{pmatrix}$

により $U^*AU = \begin{pmatrix} 0 & 0 & 0 \\ 0 & 3+\sqrt{6} & 0 \\ 0 & 0 & 3-\sqrt{6} \end{pmatrix}$ と対角化される．

6.3.1 (1) $= (x+y-z)^2 + 2yz - z^2 = (x+y-z)^2 - (y-z)^2 + y^2$ より $(2,1)$.
(2) $= (x_4-x_2)^2 + x_2^2 + x_1x_2 + x_1x_3 + x_3^2 = (x_4-x_2)^2 + \left(x_2 + \frac{1}{2}x_1\right)^2 - \frac{1}{4}x_1^2 + x_1x_3 + x_3^2 = (x_4-x_2)^2 + \left(x_2 + \frac{1}{2}x_1\right)^2 + \left(x_3 + \frac{1}{2}x_1\right)^2 - \frac{1}{2}x_1^2$ より $(3,1)$.

6.3.2 (1) の双線形性は H の線形性と標準内積の双線形性から明らか．(2) の対称性は H の対称性から直ちに従う．(3) の内積の正定値性は H の正定値性の仮定そのものである．
直交条件 $(\boldsymbol{p}_i, \boldsymbol{p}_j)_H = \delta_{ij}$ は標準内積では $(H\boldsymbol{p}_i, \boldsymbol{p}_j) = \boldsymbol{p}_i^T H \boldsymbol{p}_j = \delta_{ij}$ と書き直せるので，この内積での直交行列 $\iff P^T H P = E$ となる．これは $\sqrt{H}P$ が通常の直交行列というのと同値である．($\sqrt{H}$ については $\longrightarrow$ 問題 6.2.3.) 対称性については，$(A\boldsymbol{x}, \boldsymbol{y})_H = (\boldsymbol{x}, A\boldsymbol{y})_H$ $\iff (HA\boldsymbol{x}, \boldsymbol{y}) = (H\boldsymbol{x}, A\boldsymbol{y}) = (A^T H\boldsymbol{x}, \boldsymbol{y})$ より $HA = A^T H$ が条件となる．これは HA が通常の対称行列というのと同値である．

6.3.3 前半の証明：半正定値行列 A の固有値を $\lambda_1, \ldots, \lambda_k > 0, \lambda_{k+1}, \ldots, \lambda_n = 0$ とし，対応する固有ベクトルを $\boldsymbol{p}_i, i = 1, \ldots, n$ とする．これらは正規直交系を成しているものとすると，$\boldsymbol{x} = c_1\boldsymbol{p}_1 + \cdots + c_k\boldsymbol{p}_k + c_{k+1}\boldsymbol{p}_{k+1} + \cdots + c_n\boldsymbol{p}_n$ と書け，直交性により

$$\boldsymbol{x}^T A \boldsymbol{x} = (c_1\boldsymbol{p}_1 + \cdots + c_n\boldsymbol{p}_n)^T A (c_1\boldsymbol{p}_1 + \cdots + c_n\boldsymbol{p}_n)$$
$$= (c_1\boldsymbol{p}_1 + \cdots + c_n\boldsymbol{p}_n)^T (\lambda_1 c_1 \boldsymbol{p}_1 + \cdots + \lambda_k c_k \boldsymbol{p}_k) = \lambda_1 c_1^2 + \cdots + \lambda_k c_k^2.$$

従って $c_1, \ldots, c_k$ の中に一つでも 0 でないものが有れば，2 次形式の値は正となってしまうので，この値が 0 のときは $c_1 = \cdots = c_k = 0$ でなければならない．よって $\boldsymbol{x}$ は 0-固有空間に属する．

後半の反例：正負の固有値が混ざっているときの反例は，対角型の $A = \begin{pmatrix} 1 & 0 & 0 \\ 0 & -1 & 0 \\ 0 & 0 & 0 \end{pmatrix}$ で与えられる．実際，0-固有空間はベクトル $\begin{pmatrix} 0 \\ 0 \\ 1 \end{pmatrix}$ のみで張られるが，ベクトル $\boldsymbol{x} = \begin{pmatrix} 1 \\ -1 \\ 0 \end{pmatrix}$ はそれに含まれないにも拘らず $\boldsymbol{x}^T A \boldsymbol{x} = (1, -1, 0) \begin{pmatrix} 1 \\ 1 \\ 0 \end{pmatrix} = 0$ となる．

6.3.4 $P^T A P$ を対角型にする直交行列により $\boldsymbol{x} = P\boldsymbol{y}$ と座標変換すれば，制約条件は $\boldsymbol{x}^T \boldsymbol{x} = \boldsymbol{y}^T P^T P \boldsymbol{y} = \boldsymbol{y}^T \boldsymbol{y} = 1$ で変わらず，2 次形式は $\boldsymbol{y}^T P^T A P \boldsymbol{y} = \lambda_1 y_1^2 + \cdots + \lambda_n y_n^2$ と対角化される．よって $\boldsymbol{y} = (1, 0, \ldots, 0)^T$ のときの λ_1 が最大値，$\boldsymbol{y} = (0, \ldots, 0, 1)^T$ のときの λ_n が最小値となる．これらの $\boldsymbol{y}$ に対応するのはもとの座標では $\boldsymbol{p}_1, \boldsymbol{p}_n$ で，それぞれ λ_1, λ_n に同伴する正規化固有ベクトルである．

6.4.1 (1) $= 2(x-y-2)^2 + y^2 + 6y + 6 = 2(x-y-2)^2 + (y+3)^2 - 3$ より楕円.
(2) $= (x+2y+1)^2 - 3y^2 + 6y - 5 = (x+2y+1)^2 - 3(y-1)^2 - 2$ より双曲線. 漸近線は $(x+2y+1)^2 - 3(y-1)^2 = x^2 + y^2 + 4xy + 2x + 10y - 2 = 0$.
(3) $= (x+y+2)^2 - 2y + 1$ より放物線.
なお以上の概形は .

6.4.2 (1) 中心を求めると $(-1,-3)$ なので, 原点をそこに移動すると $2X^2 - 4XY + 3Y^2 - 3 = 0$ となる. 行列 $\begin{pmatrix} 2 & -2 \\ -2 & 3 \end{pmatrix}$ の固有値は $\begin{vmatrix} 2-\lambda & -2 \\ -2 & 3-\lambda \end{vmatrix} = \lambda^2 - 5\lambda + 2 = 0$ を解いて $\lambda = \frac{1}{2}(5 \pm \sqrt{17})$. $\frac{1}{2}(5-\sqrt{17})$ に対する固有ベクトルを求めると $\begin{pmatrix} \frac{1}{2}(\sqrt{17}-1) & -2 \\ -2 & \frac{1}{2}(\sqrt{17}+1) \end{pmatrix}$ の 2 行は平行なはずだから, 1 行目から解 $(4, \sqrt{17}-1)^T$ を得る. この長さは $\sqrt{34 - 2\sqrt{17}}$ である. $\frac{1}{2}(5+\sqrt{17})$ に対する固有ベクトルはここで $\sqrt{17}$ の符号を変えたものでよく, 長さは同じ修正で $\sqrt{34 + 2\sqrt{17}}$ となる. これらを正規化して並べた直交行列を行列式 1 (回転) にするため, 2 本目全体に -1 を掛ければ, 結局 $P = \begin{pmatrix} \frac{4}{\sqrt{34-2\sqrt{17}}} & -\frac{4}{\sqrt{34+2\sqrt{17}}} \\ \frac{\sqrt{17}-1}{\sqrt{34-2\sqrt{17}}} & \frac{\sqrt{17}+1}{\sqrt{34+2\sqrt{17}}} \end{pmatrix}$ により $\begin{pmatrix} X \\ Y \end{pmatrix} = P \begin{pmatrix} \xi \\ \eta \end{pmatrix}$ なる変換で $\frac{1}{2}(5-\sqrt{17})\xi^2 + \frac{1}{2}(5+\sqrt{17})\eta^2 = 3$, あるいは $\frac{1}{6}(5-\sqrt{17})\xi^2 + \frac{1}{6}(5+\sqrt{17})\eta^2 = 1$ に帰着し, 主軸の長さは $a = \frac{\sqrt{6}}{\sqrt{5-\sqrt{17}}}, b = \frac{\sqrt{6}}{\sqrt{5+\sqrt{17}}}$ となる.

(2) まず中心を求めると $(-3, 1)$. 原点をここに平行移動すると方程式は $X^2 + 4XY + Y^2 - 2 = 0$ となる. 係数行列 $\begin{pmatrix} 1 & 2 \\ 2 & 1 \end{pmatrix}$ は $(\lambda - 1)^2 - 4 = 0$ より固有値 $3, -1$ を持つ. 固有ベクトルは $\begin{pmatrix} -2 & 2 \\ 2 & -2 \end{pmatrix}$ より前者は $(1, 1)$, $\begin{pmatrix} 2 & 2 \\ 2 & 2 \end{pmatrix}$ より後者は $(-1, 1)$. これらを正規化して並べた $P = \begin{pmatrix} \frac{1}{\sqrt{2}} & -\frac{1}{\sqrt{2}} \\ \frac{1}{\sqrt{2}} & \frac{1}{\sqrt{2}} \end{pmatrix}$ により, $\begin{pmatrix} X \\ Y \end{pmatrix} = P \begin{pmatrix} \xi \\ \eta \end{pmatrix}$ と変換すれば, 標準形 $3\xi^2 - \eta^2 = 2$, あるいは $\frac{3}{2}\xi^2 - \frac{1}{2}\eta^2 = 1$ に帰着する.

(3) 中心を求める方程式は $\frac{1}{2}\frac{\partial f}{\partial x} = x + y + 4 = 0$, $\frac{1}{2}\frac{\partial f}{\partial y} = x + y + 2 = 0$ と矛盾するので, 先に回転を実行する. 係数行列 $\begin{pmatrix} 1 & 1 \\ 1 & 1 \end{pmatrix}$ の固有値は $\begin{vmatrix} 1-\lambda & 1 \\ 1 & 1-\lambda \end{vmatrix} = (\lambda-1)^2 - 1 = 0$ より, $2, 0$. 0 に対する固有ベクトルはもとの行列の 1 行目から $(1, -1)$. 2 に対する固有ベクトルは $\begin{pmatrix} -1 & 1 \\ 1 & -1 \end{pmatrix}$ の 1 行目から $(1, 1)^T$. これらを正規化し, かつ両方の向きを反対にして並べた $P = \begin{pmatrix} -\frac{1}{\sqrt{2}} & -\frac{1}{\sqrt{2}} \\ \frac{1}{\sqrt{2}} & -\frac{1}{\sqrt{2}} \end{pmatrix}$ による変換 $\begin{pmatrix} x \\ y \end{pmatrix} = P \begin{pmatrix} X \\ Y \end{pmatrix}$ で方程式は $-\sqrt{2}X + 2Y^2 - 3\sqrt{2}Y + 5 = 0$, あるいは $2(Y - \frac{3}{2\sqrt{2}})^2 - \sqrt{2}X + \frac{11}{4} = 0$ となるので, 最後に原点を $(\frac{11}{4\sqrt{2}}, \frac{3}{2\sqrt{2}})$ に移動すれば, 方程式は標準形 $2\eta^2 = \sqrt{2}\xi$, あるいは $\eta^2 = 4\frac{\sqrt{2}}{8}\xi$ となる. ($y = ax^2$ の形に持ってゆく場合はもっと自然な変換 $P = \begin{pmatrix} \frac{1}{\sqrt{2}} & -\frac{1}{\sqrt{2}} \\ \frac{1}{\sqrt{2}} & \frac{1}{\sqrt{2}} \end{pmatrix}$ が使える.)

6.5.1 (1) $= 2(x^2+\frac{1}{2}y+z-\frac{5}{2})^2 + \frac{3}{2}y^2 + 2yz - y - z^2 + 6z - \frac{23}{2} = 2(x^2+\frac{1}{2}y+z-\frac{5}{2})^2 + \frac{3}{2}(y+\frac{2}{3}z-\frac{1}{3})^2 - \frac{5}{3}z^2 + \frac{20}{3}z - \frac{35}{3} = 2(x^2+\frac{1}{2}y+z-\frac{5}{2})^2 + \frac{3}{2}(y+\frac{2}{3}z-\frac{1}{3})^2 - \frac{5}{3}(z-2)^2 - 5$ より単葉双曲面. ちなみに中心は平方項の中身を後から順に零と置いて $(1,-1,2)$.

(2) $= (x+\frac{1}{2}y+\frac{1}{2}z+1)^2 + \frac{3}{4}y^2 + \frac{1}{2}yz - 2y + \frac{3}{4}z^2 - 2z = (x+\frac{1}{2}y+\frac{1}{2}z+1)^2 + \frac{3}{4}(y+\frac{1}{3}z-\frac{4}{3})^2 + \frac{2}{3}z^2 - \frac{4}{3}z - \frac{4}{3} = (x+\frac{1}{2}y+\frac{1}{2}z+1)^2 + \frac{3}{4}(y+\frac{1}{3}z-\frac{4}{3})^2 + \frac{2}{3}(z-1)^2 - 2$ より楕円面. ちなみに中心は $(-2,1,1)$.

(3) $= 2(x+\frac{1}{2}y+z)^2 + \frac{5}{2}y^2 - 10y + z + 9 = 2(x+\frac{1}{2}y+z)^2 + \frac{5}{2}(y-2)^2 + z - 1 = 0$ より楕円放物面.

(4) $= (x+\frac{1}{2}y+\frac{1}{2}z-2)^2 + \frac{7}{4}y^2 + \frac{1}{2}yz - 5y + \frac{3}{4}z^2 - 5z + 5 = (x+\frac{1}{2}y+\frac{1}{2}z-2)^2 + \frac{7}{4}(y+\frac{1}{7}z-\frac{10}{7})^2 + \frac{5}{7}z^2 - \frac{30}{7}z + \frac{10}{7} = (x+\frac{1}{2}y+\frac{1}{2}z-2)^2 + \frac{7}{4}(y+\frac{1}{7}z-\frac{10}{7})^2 + \frac{5}{7}(z-3)^2 - 5$ より楕円面. ちなみに中心は $(0,1,3)$.

(5) $= (x-y-z-4)^2 - 4yz + 4y - 2z^2 - 4z + 8 = (x-y-z-4)^2 - 2(z+y+1)^2 + 2y^2 + 8y + 10 = (x-y-z-4)^2 - 2(z+y+1)^2 + 2(y+2)^2 + 2$. (このように 2 乗の項が有る変数を先に処理すると機械的にできる.) 双葉双曲面. ちなみに中心は $(3,-2,1)$. 以上の曲面の概形は .

6.5.2 (1) 中心は $(1,-1,2)$. $X=x-1, Y=y+1, Z=z-2$ で原点をここに移動すると方程式は $2X^2+2Y^2+Z^2+2XY+4XZ+4YZ=5$ となる. この 2 次形式の係数行列の対角化は問題 6.2.1 (5) でやってあり, その結果を用いると $\begin{pmatrix} X \\ Y \\ Z \end{pmatrix} = \begin{pmatrix} \frac{1}{\sqrt{3}} & \frac{1}{\sqrt{2}} & \frac{1}{\sqrt{6}} \\ \frac{1}{\sqrt{3}} & -\frac{1}{\sqrt{2}} & \frac{1}{\sqrt{6}} \\ \frac{1}{\sqrt{3}} & 0 & -\frac{2}{\sqrt{6}} \end{pmatrix} \begin{pmatrix} \xi \\ \eta \\ \zeta \end{pmatrix}$ により $5\xi^2+\eta^2-\zeta^2=5$ あるいは $\xi^2+\frac{\eta^2}{5}-\frac{\zeta^2}{5}=1$ となる.

(2) 中心は $(-2,1,1)$. $X=x+2, Y=y-1, Z=z-1$ で原点をここに移動し全体を 2 倍すると $2X^2+2Y^2+2Z^2+2XY+2XZ+2YZ=4$ となる. 2 次形式の係数行列の対角化は問題 6.2.1 (6) でやってあり, その結果を用いると $\begin{pmatrix} X \\ Y \\ Z \end{pmatrix} = \begin{pmatrix} \frac{1}{\sqrt{3}} & \frac{2}{\sqrt{6}} & 0 \\ \frac{1}{\sqrt{3}} & -\frac{1}{\sqrt{6}} & \frac{1}{\sqrt{2}} \\ \frac{1}{\sqrt{3}} & -\frac{1}{\sqrt{6}} & -\frac{1}{\sqrt{2}} \end{pmatrix} \begin{pmatrix} \xi \\ \eta \\ \zeta \end{pmatrix}$ により $4\xi^2+\eta^2+\zeta^2=4$ あるいは $\xi^2+\frac{\eta^2}{4}+\frac{\zeta^2}{4}=1$ となる.

(3) 中心が存在しないので, まず 2 次形式の部分の対角化を行う. この計算は問題 6.2.1 (7) でやってあり, その結果を利用すると $\begin{pmatrix} x \\ y \\ z \end{pmatrix} = \begin{pmatrix} \frac{1}{\sqrt{3}} & \frac{1}{\sqrt{6}} & \frac{1}{\sqrt{2}} \\ \frac{1}{\sqrt{3}} & -\frac{2}{\sqrt{6}} & 0 \\ \frac{1}{\sqrt{3}} & \frac{1}{\sqrt{6}} & -\frac{1}{\sqrt{2}} \end{pmatrix} \begin{pmatrix} X \\ Y \\ Z \end{pmatrix}$ という変換により $5X^2+2Y^2-10(\frac{1}{\sqrt{3}}X-\frac{2}{\sqrt{6}}Y)+(\frac{1}{\sqrt{3}}X+\frac{1}{\sqrt{6}}Y-\frac{1}{\sqrt{2}}Z)+9=0$ になる. 1 次の部分を計算すると $-3\sqrt{3}X+\frac{21}{\sqrt{6}}Y-\frac{1}{\sqrt{2}}Z$ となるので, $\xi=X-\frac{3}{10}\sqrt{3}, \eta=Y+\frac{21}{4\sqrt{6}}, \zeta=Z-9\sqrt{2}$ と平行移動すれば, $5\xi^2+2\eta^2=\frac{1}{\sqrt{2}}\zeta$, あるいは $\zeta=5\sqrt{2}\xi^2+2\sqrt{2}\eta^2$ となる.

(4) 中心は $(0,1,3)$. $X=x, Y=y-1, Z=z-3$ で原点をここに移動し全体を 2 倍する

と $2X^2 + 4Y^2 + 2Z^2 + 2XY + 2XZ + 2YZ = 10$ となる. 2次形式の係数行列の対角化は問題 6.2.1 (8) でやってあり, その結果を用いると $\begin{pmatrix} X \\ Y \\ Z \end{pmatrix} = \begin{pmatrix} \frac{1}{\sqrt{6}} & \frac{1}{\sqrt{3}} & \frac{1}{\sqrt{2}} \\ \frac{2}{\sqrt{6}} & -\frac{1}{\sqrt{3}} & 0 \\ \frac{1}{\sqrt{6}} & \frac{1}{\sqrt{3}} & -\frac{1}{\sqrt{2}} \end{pmatrix} \begin{pmatrix} \xi \\ \eta \\ \zeta \end{pmatrix}$ により $5\xi^2 + 2\eta^2 + \zeta^2 = 10$ あるいは $\frac{\xi^2}{2} + \frac{\eta^2}{5} + \frac{\zeta^2}{10} = 1$ となる.

(5) 中心は $(3, -2, 1)$. $X = x - 3, Y = y + 2, Z = z - 1$ で原点をここに移動すると方程式は $X^2 + Y^2 - Z^2 - 2XY - 2XZ - 2YZ = -2$ となる. この2次形式の係数行列の対角化は問題 6.2.1 (9) でやってあり, その結果を用いると $\begin{pmatrix} X \\ Y \\ Z \end{pmatrix} = \begin{pmatrix} \frac{1}{\sqrt{2}} & \frac{1}{\sqrt{3}} & \frac{1}{\sqrt{6}} \\ -\frac{1}{\sqrt{2}} & \frac{1}{\sqrt{3}} & \frac{1}{\sqrt{6}} \\ 0 & -\frac{1}{\sqrt{3}} & \frac{2}{\sqrt{6}} \end{pmatrix} \begin{pmatrix} \xi \\ \eta \\ \zeta \end{pmatrix}$ により $2\xi^2 + \eta^2 - 2\zeta^2 = -2$ あるいは $\xi^2 + \frac{\eta^2}{2} - \zeta^2 = -1$ となる.

6.6.1 可換性の検証は計算するだけなので省略する. 行列 A の対角化の計算は問題 6.2.1(10) でやってあり, $P = \begin{pmatrix} \frac{1}{\sqrt{2}} & \frac{1}{\sqrt{2}} & 0 \\ \frac{1}{\sqrt{3}} & -\frac{1}{\sqrt{3}} & \frac{1}{\sqrt{3}} \\ \frac{1}{\sqrt{6}} & -\frac{1}{\sqrt{6}} & -\frac{2}{\sqrt{3}} \end{pmatrix}$ により $P^T A P = \begin{pmatrix} 18 & 0 & 0 \\ 0 & 6 & 0 \\ 0 & 0 & -6 \end{pmatrix}$ となる. このとき $P^T B P = \begin{pmatrix} 12 & 0 & 0 \\ 0 & 6 & 0 \\ 0 & 0 & 6 \end{pmatrix}$ と対角化されている. これは A の各固有空間が B-不変なことから当然であるが, B の方は重複固有値を持っているので, この例と例題 6.6-4 を比べると, 固有値の重複が少ない方から先に対角化してゆく方がアルゴリズム的には簡単なことが分かる.

6.6.2 $(S^T A S)^T = S^T A^T S = S^T (-A) S = -S^T A S$ より分かる.

6.6.3 A が正規である条件は $(B+C)(B+C)^T - (B+C)^T(B+C) = (B+C)(B-C) - (B-C)(B+C) = 2(CB - BC) = O$ となることで, これは B, C が積について可換なことに他ならない. 複素行列のときは, エルミート行列と歪エルミート行列の和への分解の仕方も正規性の判定も ^{T} を * に替えるだけで同様にできる.

6.6.4 偶数次のときは $\varphi(\lambda) = \det(\lambda E - A) = \det((\lambda E - A)^T) = \det(\lambda E + A) = \det(-\lambda E - A) = \varphi(-\lambda)$, 奇数次のときは同様に $\varphi(\lambda) = \det(\lambda E - A) = \det((\lambda E - A)^T) = \det(\lambda E + A) = -\det(-\lambda E - A) = -\varphi(-\lambda)$ となる. よって φ はそれぞれ偶関数, あるいは奇関数となる. 奇数次の歪対称行列の行列式が 0 となるのは, 奇関数の原点における値だからと解釈される.

6.6.5 2次の歪対称行列の行列式 $\begin{vmatrix} 0 & a_{12} \\ -a_{12} & 0 \end{vmatrix} = a_{12}^2$ は確かに成分の完全平方式である. $2(n-1)$ 次まで正しいとして $2n$ 次の歪対称行列 A の成分を a_{ij} と記す. ここに $a_{ji} = -a_{ij}$, 従って $a_{ii} = 0$ である. 基本変形により第 $(1, 2)$ 成分 a_{12} を用いて第 1 行の第 3 成分以降を消す列基本変形は $\begin{pmatrix} 1 & 0 & \cdots & \cdots & 0 \\ 0 & 1 & -\frac{a_{13}}{a_{12}} & \cdots & -\frac{a_{1n}}{a_{12}} \\ \vdots & \ddots & 1 & 0 & \cdots & 0 \\ \vdots & & \ddots & \ddots & & \vdots \\ & & & \ddots & \ddots & 0 \\ 0 & \cdots & \cdots & & 0 & 1 \end{pmatrix}$ という行列を右から掛けるのに相当する. 同様に, 第 $(2, 1)$ 成分 $a_{21} = -a_{12}$ を用いて第 2 行の第 3 成分以降を消すの

は $\begin{pmatrix} 1 & 0 & \frac{a_{23}}{a_{12}} & \cdots & \frac{a_{2n}}{a_{12}} \\ 0 & 1 & 0 & \cdots & 0 \\ \vdots & \ddots & \ddots & & \vdots \\ & & & \ddots & 0 \\ 0 & \cdots & \cdots & 0 & 1 \end{pmatrix}$ という行列を右から掛けるのに相当する．これらは一つの行列

$S = \begin{pmatrix} 1 & 0 & \frac{a_{23}}{a_{12}} & \cdots & \cdots & \frac{a_{2n}}{a_{12}} \\ 0 & 1 & -\frac{a_{13}}{a_{12}} & \cdots & \cdots & -\frac{a_{1n}}{a_{12}} \\ \vdots & \ddots & 1 & 0 & \cdots & 0 \\ & & \ddots & & & \vdots \\ & & & \ddots & & 0 \\ 0 & \cdots & \cdots & \cdots & 0 & 1 \end{pmatrix}$ にまとめられる．S^T を左から掛けると，A の同じ

成分を用いて第 1, 2 列の第 3 成分以降を消すことができる．$S^T A S$ も歪対称行列であるが，これは $\begin{pmatrix} 0 & a_{12} \\ -a_{12} & 0 \end{pmatrix}$ と $2n-2$ 次の歪対称行列 A' が対角線に並んだブロック対角型の行列になっている．よって $\det A = \frac{1}{\det S^T} \begin{vmatrix} 0 & a_{12} \\ -a_{12} & 0 \end{vmatrix} \det A' \frac{1}{\det S} = a_{12}^2 \det A'$ となる．帰納法の仮定により $\det A'$ は成分の多項式 $\mathrm{Pf}(A')$ の完全平方式である．よって $\det A$ は $\mathrm{Pf}(A) := a_{12} \mathrm{Pf}(A')$ の平方となる．A' の成分はもとの A の成分の有理式となっているので，$\mathrm{Pf}(A)$ は一応有理式であるが，$\det A$ は最終的に A の成分の多項式になるので，$\mathrm{Pf}(A)$ は約分されて多項式となり分母は残らない．

6.6.6 (1) 各列は互いに直交し長さが $\sqrt{6}$ なので，この値で割れば直交行列となるから，これは正規行列である．固有方程式は $\begin{vmatrix} \sqrt{2}-\lambda & \sqrt{3} & 1 \\ \sqrt{2} & -\lambda & -2 \\ \sqrt{2} & -\sqrt{3} & 1-\lambda \end{vmatrix} = -\lambda^3 + (\sqrt{2}+1)\lambda^2 + (\sqrt{6}+2\sqrt{3})\lambda - 6\sqrt{6} = 0$ となるが，3 次の直交行列は ± 1 いずれかを固有値に持つので，これは $\pm\sqrt{6}$ のいずれかを根に持つはずである．試してみると $-\sqrt{6}$ が根になっているので，$\lambda + \sqrt{6}$ で割ると（符号を変えて）$\lambda^2 - (\sqrt{6}+\sqrt{2}+1)\lambda + 6$ が残る．判別式 $D = (\sqrt{6}+\sqrt{2}+1)^2 - 24$ が負だが，それを調べるまでもなく一般論により $\pm\sqrt{6}$ でなければ共役複素根となるので，$d = \sqrt{-D}$ と置けば，2 根は $\frac{1}{2}(\sqrt{6}+\sqrt{2}+1 \pm di)$ と表される．$-\sqrt{6}$ に対する固有ベクトルは，$\begin{pmatrix} \sqrt{2}+\sqrt{6} & \sqrt{3} & 1 \\ \sqrt{2} & \sqrt{6} & -2 \\ \sqrt{2} & -\sqrt{3} & 1+\sqrt{6} \end{pmatrix} \to$

$\begin{pmatrix} \sqrt{3}+1 & 0 & \sqrt{6}-\sqrt{3}-\sqrt{2}+3 \\ 0 & -\sqrt{3}+2\sqrt{2}+1 & -\sqrt{3}-1 \\ 0 & 0 & 0 \end{pmatrix}$ より，$\begin{pmatrix} \sqrt{6}-2\sqrt{3}-2\sqrt{2}+3 \\ \sqrt{6}-\sqrt{3}-\sqrt{2}+2 \\ 1 \end{pmatrix}$ が

取れる．この長さは $\sqrt{20\sqrt{6}-28\sqrt{3}-34\sqrt{2}+51}$ である．次に，$\frac{1}{2}(\sqrt{6}+\sqrt{2}+1+di)$ に対する固有ベクトルは $\begin{pmatrix} \sqrt{2}-\frac{\sqrt{6}+\sqrt{2}+1+di}{2} & \sqrt{3} & 1 \\ \sqrt{2} & -\frac{\sqrt{6}+\sqrt{2}+1+di}{2} & -2 \\ \sqrt{2} & -\sqrt{3} & 1-\frac{\sqrt{6}+\sqrt{2}+1+di}{2} \end{pmatrix} \to$

$\begin{pmatrix} -di-\sqrt{6}+3\sqrt{2}-1 & 0 & -di-\sqrt{6}-\sqrt{2}+3 \\ 2\sqrt{2} & -di-\sqrt{6}-\sqrt{2}-1 & -4 \\ 0 & di+\sqrt{6}-2\sqrt{3}+\sqrt{2}+1 & -di-\sqrt{6}-\sqrt{2}+5 \end{pmatrix} \to$

$$\begin{pmatrix} 10 & 0 & (-2\sqrt{6}-2\sqrt{3}-4\sqrt{2}-3)di-\sqrt{6}-2\sqrt{3}+\sqrt{2}+1 \\ 2\sqrt{2} & -di-\sqrt{6}-\sqrt{2}-1 & -4 \\ 0 & 10 & -(\sqrt{6}+\sqrt{3}+2\sqrt{2}+4)di+2\sqrt{6}-\sqrt{3}+3\sqrt{2}-2 \end{pmatrix}$$

より (どうせ階数は 2 なので基本変形せずとも第 1, 3 行から) $((2\sqrt{6}+2\sqrt{3}+4\sqrt{2}+3)di+\sqrt{6}+2\sqrt{3}-\sqrt{2}-1, (\sqrt{6}+\sqrt{3}+2\sqrt{2}+4)di-2\sqrt{6}+\sqrt{3}-3\sqrt{2}+2, 10)^T$ が求まる. この長さは $\sqrt{320-20\sqrt{6}+40\sqrt{3}-20\sqrt{2}}$ である. $\frac{1}{2}(\sqrt{6}+\sqrt{2}+1-di)$ に対応する固有ベクトルは di を $-di$ で置き換えればよい. 以上により $U=(\boldsymbol{u}_1,\boldsymbol{u}_2,\boldsymbol{u}_3)$, ここに

$$\boldsymbol{u}_1 = \begin{pmatrix} \frac{\sqrt{6}-2\sqrt{3}-2\sqrt{2}+3}{\sqrt{20\sqrt{6}-28\sqrt{3}-34\sqrt{2}+51}} \\ \frac{\sqrt{6}-\sqrt{3}-\sqrt{2}+2}{\sqrt{20\sqrt{6}-28\sqrt{3}-34\sqrt{2}+51}} \\ \frac{1}{\sqrt{20\sqrt{6}-28\sqrt{3}-34\sqrt{2}+51}} \end{pmatrix}, \quad \boldsymbol{u}_2 = \begin{pmatrix} \frac{(2\sqrt{6}+2\sqrt{3}+4\sqrt{2}+3)di+\sqrt{6}+2\sqrt{3}-\sqrt{2}-1}{\sqrt{320-20\sqrt{6}+40\sqrt{3}-20\sqrt{2}}} \\ \frac{(\sqrt{6}+\sqrt{3}+2\sqrt{2}+4)di-2\sqrt{6}+\sqrt{3}-3\sqrt{2}+2}{\sqrt{320-20\sqrt{6}+40\sqrt{3}-20\sqrt{2}}} \\ \frac{10}{\sqrt{320-20\sqrt{6}+40\sqrt{3}-20\sqrt{2}}} \end{pmatrix},$$

$$\boldsymbol{u}_3 = \begin{pmatrix} \frac{-(2\sqrt{6}+2\sqrt{3}+4\sqrt{2}+3)di+\sqrt{6}+2\sqrt{3}-\sqrt{2}-1}{\sqrt{320-20\sqrt{6}+40\sqrt{3}-20\sqrt{2}}} \\ \frac{-(\sqrt{6}+\sqrt{3}+2\sqrt{2}+4)di-2\sqrt{6}+\sqrt{3}-3\sqrt{2}+2}{\sqrt{320-20\sqrt{6}+40\sqrt{3}-20\sqrt{2}}} \\ \frac{10}{\sqrt{320-20\sqrt{6}+40\sqrt{3}-20\sqrt{2}}} \end{pmatrix},$$

により $U^*AU = \mathrm{diag}\left(-\sqrt{6}, \frac{\sqrt{6}+\sqrt{2}+1+di}{2}, \frac{\sqrt{6}+\sqrt{2}+1-di}{2}\right)$ となる.

(2) これは実歪対称行列なので正規である. 固有値を求めると,

$$\begin{vmatrix} -\lambda & 1 & 1 & 1 \\ -1 & -\lambda & 2 & 1 \\ -1 & -2 & -\lambda & 3 \\ -1 & -1 & -3 & -\lambda \end{vmatrix} \xrightarrow[c4+=c1]{\substack{c2-=c1\times\lambda, \\ c3+=c1\times 2,}} \begin{vmatrix} -\lambda & \lambda^2+1 & 1-2\lambda & 1-\lambda \\ -1 & 0 & 0 & 0 \\ -1 & \lambda & -2-\lambda & 2 \\ -1 & \lambda-1 & -5 & -\lambda-1 \end{vmatrix} \xrightarrow[\text{で展開}]{\text{第 2 行}}$$

$$\begin{vmatrix} \lambda^2+1 & 1-2\lambda & 1-\lambda \\ \lambda & -2-\lambda & 2 \\ \lambda-1 & -5 & -\lambda-1 \end{vmatrix} \xrightarrow{r3-=r2} \begin{vmatrix} \lambda^2+1 & 1-2\lambda & 1-\lambda \\ \lambda & -2-\lambda & 2 \\ 1 & \lambda-3 & -\lambda-3 \end{vmatrix} \xrightarrow[r2-=r3\times(\lambda-2)]{r1-=r3\times(\lambda^2+1),}$$

$$\begin{vmatrix} 0 & -\lambda^3+3\lambda^2-3\lambda+4 & \lambda^3+3\lambda^2+4 \\ 0 & -\lambda^2+4\lambda-8 & \lambda^2+\lambda-4 \\ 1 & \lambda-3 & -\lambda-3 \end{vmatrix} \xrightarrow{r1-=r2\times\lambda} \begin{vmatrix} 0 & -\lambda^2+5\lambda+4 & 2\lambda^2+4\lambda+4 \\ 0 & -\lambda^2+4\lambda-8 & \lambda^2+\lambda-4 \\ 1 & \lambda-3 & -\lambda-3 \end{vmatrix}$$

$\xrightarrow[\text{で展開}]{\text{第 1 列}}$ $\lambda^4+17\lambda^2+16 = (\lambda^2+1)(\lambda^2+16)$ より, $\pm i, \pm 4i$. (固有多項式が λ の複 2 次式となることは一般論で知られている $\longrightarrow$ 問題 6.6.4.) 次にこれらに対応する固有ベクトルを求める. i に対しては

$$\begin{pmatrix} -i & 1 & 1 & 1 \\ -1 & -i & 2 & 1 \\ -1 & -2 & -i & 3 \\ -1 & -1 & -3 & -i \end{pmatrix} \xrightarrow[\text{掃き出す}]{\text{第 4 行で}} \begin{pmatrix} 0 & 1+i & 1+3i & 0 \\ 0 & 1-i & 5 & 1+i \\ 0 & -1 & 3-i & 3+i \\ -1 & -1 & -3 & -i \end{pmatrix} \xrightarrow[\text{を掛ける}]{\text{第 1 行に }\frac{1-i}{2}}$$

$$\begin{pmatrix} 0 & 1 & 2+i & 0 \\ 0 & 1-i & 5 & 1+i \\ 0 & -1 & 3-i & 3+i \\ -1 & -1 & -3 & -i \end{pmatrix} \xrightarrow[\text{掃き出す}]{\text{第 1 行で}} \begin{pmatrix} 0 & 0 & 2+i & 1+i \\ 0 & 0 & 2i & 1+i \\ 0 & 0 & 5 & 3+i \\ -1 & 0 & -1+i & -i \end{pmatrix} \xrightarrow{r2\times=(2-i)}$$

$$\begin{pmatrix} 0 & 1 & 2+i & 0 \\ 0 & 0 & 5 & 3+i \\ 0 & 0 & 5 & 3+i \\ -1 & 0 & -1+i & -i \end{pmatrix} \xrightarrow{r3-=r2} \begin{pmatrix} 0 & 1 & 2+i & 0 \\ 0 & 0 & 5 & 3+i \\ 0 & 0 & 0 & 0 \\ -1 & 0 & -1+i & -i \end{pmatrix}$$ より $\begin{pmatrix} 4-7i \\ 5+5i \\ -3-i \\ 5 \end{pmatrix}$ が取れる. この

長さは $5\sqrt{6}$ である.

$-i$ に対する固有ベクトルはこれを複素共役にした $(4+7i, 5-5i, -3+i, 5)^T$ で良い. 次に $4i$

に対する固有ベクトルは $\begin{pmatrix} -4i & 1 & 1 & 1 \\ -1 & -4i & 2 & 1 \\ -1 & -2 & -4i & 3 \\ -1 & -1 & -3 & -4i \end{pmatrix} \xrightarrow{\text{第4行で掃き出す}} \begin{pmatrix} 0 & 1+4i & 1+12i & -15 \\ 0 & 1-4i & 5 & 1+4i \\ 0 & -1 & 3-4i & 3+4i \\ -1 & -1 & -3 & -4i \end{pmatrix}$

$\xrightarrow{\text{第3行で掃き出す}} \begin{pmatrix} 0 & 0 & 20+20i & -28+16i \\ 0 & 0 & -8-16i & 20-4i \\ 0 & -1 & 3-4i & 3+4i \\ -1 & -1 & -3 & -4i \end{pmatrix} \begin{matrix} r1\times=\frac{1-i}{4}, \\ r2\times=\frac{1-2i}{4} \end{matrix} \to \begin{pmatrix} 0 & 0 & 10 & -3+11i \\ 0 & 0 & -10 & 3-11i \\ 0 & -1 & 3-4i & 3+4i \\ -1 & -1 & -3 & -4i \end{pmatrix}$

$\to \begin{pmatrix} 0 & 0 & 10 & -3+11i \\ 0 & 0 & 0 & 0 \\ 0 & -1 & 3-4i & 3+4i \\ -1 & -1 & -3 & -4i \end{pmatrix}$ より $\begin{pmatrix} -4-2i \\ -5-5i \\ 3-11i \\ 10 \end{pmatrix}$ と求まる. この長さは $10\sqrt{3}$ である. $-4i$ に対する固有ベクトルは複素共役の $(-4+2i, -5+5i, 3+11i, 10)^T$ でよい. 以上を正規化して並べた $U = \begin{pmatrix} \frac{4-7i}{5\sqrt{6}} & \frac{4+7i}{5\sqrt{3}} & -\frac{2+i}{5\sqrt{3}} & \frac{2-i}{5\sqrt{3}} \\ \frac{1+i}{5\sqrt{6}} & \frac{1-i}{5\sqrt{3}} & -\frac{1-i}{5\sqrt{3}} & \frac{1-i}{5\sqrt{3}} \\ \frac{1}{\sqrt{6}} & \frac{1}{\sqrt{6}} & -\frac{2\sqrt{3}}{2\sqrt{3}} & -\frac{2\sqrt{3}}{2\sqrt{3}} \\ \frac{-3-i}{5\sqrt{6}} & \frac{-3+i}{5\sqrt{6}} & \frac{3-11i}{10\sqrt{3}} & \frac{3+11i}{10\sqrt{3}} \\ \frac{1}{\sqrt{6}} & \frac{1}{\sqrt{6}} & \frac{1}{\sqrt{3}} & \frac{1}{\sqrt{3}} \end{pmatrix}$ により $U^*AU = \begin{pmatrix} i & 0 & 0 & 0 \\ 0 & -i & 0 & 0 \\ 0 & 0 & 4i & 0 \\ 0 & 0 & 0 & -4i \end{pmatrix}$ と対角化される.

6.6.7 $(\sqrt{-1}A)^* = -\sqrt{-1}A^T = \sqrt{-1}A$ より分かる.

第7章の問題解答

7.1.1 直交行列の定義 $P^TP = I$ から $(PA)^T(PA) = A^TP^TPA = A^TA$ となるので, 要項 7.1.3 に与えた行列のユークリッドノルムの公式を用いて $\|PA\|_2^2 = \mathrm{tr}\{(PA)^T(PA)\} = \mathrm{tr}(A^TA) = \|A\|_2^2$. これから $A \mapsto PA$ はベクトルの長さを変えない等長変換となる. 後者の方は $\mathrm{tr}(A^TA) = \mathrm{tr}(AA^T)$ に注意すると, $PP^T = I$ を用いて同様にできる.

7.1.2 要項 7.1.3 の公式により $\|A\|_2^2 = \mathrm{tr}(A^TA) = \mathrm{tr}(A^2)$. ここでスペクトル写像定理により A^2 は固有値 $\lambda_1^2, \ldots, \lambda_N^2$ を持つので, そのトレースはこれらの和に等しい. よって平方根を取れば問題の等式が得られる.

7.1.3 $\|S^{-1}ABS\| = \|S^{-1}ASS^{-1}BS\| \leq \|S^{-1}AS\|\|S^{-1}BS\|$ より乗法的なことが分かる. ノルムの他の性質は, $\|A\|_S = 0$ から $A = O$ を言うのに S が正則なことを使う他は S の線形性から明らか.

7.1.4 A が実対称のとき, 実直交行列 P で $P^TAP = \mathrm{diag}(\lambda_1, \ldots, \lambda_N)$ とできる. ここで $|\lambda_1| = \rho(A)$ に選んでおくと, 直交行列が L_2 ノルムを保存することから $\forall \boldsymbol{x} \neq \boldsymbol{0}$ に対して $\|\boldsymbol{x}\| = 1$ のとき $\boldsymbol{y} = P^T\boldsymbol{x}$ も $\|\boldsymbol{y}\| = 1$ を満たし, $\|A\boldsymbol{x}\|^2 = \|P^TAPP^T\boldsymbol{x}\|^2 = |\lambda_1|^2 y_1^2 + \cdots + |\lambda_N|^2 y_N^2 \leq |\lambda_1|^2 (y_1^2 + \cdots + y_n^2) = |\lambda_1|^2$ であり, $\boldsymbol{y} = (1, 0, \ldots, 0)^T$ のとき等号が成り立つ. よって $\|A\| = \max_{\|\boldsymbol{x}\|=1} \|A\boldsymbol{x}\| = |\lambda_1| = \rho(A)$ となる.

(1) $A = \begin{pmatrix} 3 & 1 \\ 4 & 3 \end{pmatrix}$ は固有値 5, 1 を持つので対角化可能だが, $\|A\begin{pmatrix} x \\ y \end{pmatrix}\|^2 = (3x+y)^2 + (4x+3y)^2 = 25x^2 + 30xy + 10y^2$ となり, この2次形式はその最大固有値 $\frac{5}{2}(7 + 3\sqrt{5})$ の固有ベクトル方向 $\boldsymbol{x} = (x, y)^T = (\sqrt{5}+1, 2)^T$ に対して $110\sqrt{5} + 250$ という値を取り, これは $\boldsymbol{x}$ の長さの2乗 $2\sqrt{5} + 10$ にもとの行列の最大固有値の平方 $5^2 = 25$ を掛けたものより真に大きい. すなわち, $\lambda_1^2 \|\boldsymbol{x}\|_2^2 < \|A\|_2^2 \|\boldsymbol{x}\|_2^2$ となっている.

(2) $A = \begin{pmatrix} 9 & 4 \\ 4 & 3 \end{pmatrix}$ は対称で, 固有値 11, 1 を持つが, $A\begin{pmatrix} x \\ y \end{pmatrix}$ の L_1 ノルムは $F =$

$|9x+4y|+|4x+3y|$ であり, $(x,y)^T$ の L_1 ノルム $|x|+|y|=1$ の条件で x, y を動かしたとき, 第1象限では絶対値がはずせ $F = 13x + 7y$ となるので, $(x,y)^T = (1,0)^T$ で値 13 を取るが, これは最大固有値 11 よりも大きい.

7.2.1 (1) 例題 5.4-1(2) によれば, この行列の対角化 $L = \begin{pmatrix} -1 & 0 & 0 \\ 0 & -1 & 0 \\ 0 & 0 & 0 \end{pmatrix}$, 変換行列 $S = \begin{pmatrix} 1 & 0 & 4 \\ -1 & 1 & -6 \\ 0 & 1 & -3 \end{pmatrix}$, その逆 $S^{-1} = \begin{pmatrix} -3 & -4 & 4 \\ 3 & 3 & -2 \\ 1 & 1 & -1 \end{pmatrix}$ なので, $e^{tA} = Se^{tL}S^{-1} =$
$\begin{pmatrix} 1 & 0 & 4 \\ -1 & 1 & -6 \\ 0 & 1 & -3 \end{pmatrix} \begin{pmatrix} e^{-t} & 0 & 0 \\ 0 & e^{-t} & 0 \\ 0 & 0 & 1 \end{pmatrix} \begin{pmatrix} -3 & -4 & 4 \\ 3 & 3 & -2 \\ 1 & 1 & -1 \end{pmatrix} = \begin{pmatrix} -3e^{-t}+4 & -4e^{-t}+4 & 4e^{-t}-4 \\ 6e^{-t}-6 & 7e^{-t}-6 & -6e^{-t}+6 \\ 3e^{-t}-3 & 3e^{-t}-3 & -2e^{-t}+3 \end{pmatrix}$.

別解 A^n が n 奇数のとき A, 偶数のときは $-A$, ただし $A^0 = E$, と求められているので, $e^{tA} = E - \sum_{n=1}^{\infty} \frac{t^{2n}}{(2n)!} A + \sum_{n=0}^{\infty} \frac{t^{2n+1}}{(2n+1)!} A = E + A - \sum_{n=0}^{\infty} \frac{(-1)^n t^n}{n!} A = E + (1 - e^{-t})A$. これに E, A の具体的な値を代入すれば暗算で上と同じ解が得られる.

(2) 引用された例題で対角化 $L = \begin{pmatrix} 2 & 0 & 0 & 0 \\ 0 & 2 & 0 & 0 \\ 0 & 0 & 1 & 0 \\ 0 & 0 & 0 & 1 \end{pmatrix}$, 変換行列 $S = \begin{pmatrix} 1 & 2 & 1 & 0 \\ 1 & 1 & 0 & 1 \\ 1 & 0 & 0 & 1 \\ 0 & 1 & -2 & 1 \end{pmatrix}$, およびその逆 $S^{-1} = \begin{pmatrix} 2 & -5 & 4 & 1 \\ 0 & 1 & -1 & 0 \\ -1 & 3 & -2 & -1 \\ -2 & 5 & -3 & -1 \end{pmatrix}$ が求められているので

$e^{tA} = Se^{tL}S^{-1} = \begin{pmatrix} 1 & 2 & 1 & 0 \\ 1 & 1 & 0 & 1 \\ 1 & 0 & 0 & 1 \\ 0 & 1 & -2 & 1 \end{pmatrix} \begin{pmatrix} e^{2t} & 0 & 0 & 0 \\ 0 & e^{2t} & 0 & 0 \\ 0 & 0 & e^t & 0 \\ 0 & 0 & 0 & e^t \end{pmatrix} \begin{pmatrix} 2 & -5 & 4 & 1 \\ 0 & 1 & -1 & 0 \\ -1 & 3 & -2 & -1 \\ -2 & 5 & -3 & -1 \end{pmatrix}$

$= \begin{pmatrix} 2e^{2t} - e^t & -3(e^{2t} - e^t) & 2(e^{2t} - e^t) & e^{2t} - e^t \\ 2(e^{2t} - e^t) & -4e^{2t} + 5e^t & 3(e^{2t} - e^t) & e^{2t} - e^t \\ 2(e^{2t} - 2e^t) & -5(e^{2t} - e^t) & 4e^{2t} - 3e^t & e^{2t} - e^t \\ 0 & e^{2t} - e^t & -(e^{2t} - e^t) & e^t \end{pmatrix}$.

別解 例題 5.4-1(4) で $A^n = -(2^n - 2)E + (2^n - 1)A$ と計算されているので,
$e^{tA} = -\sum_{n=0}^{\infty} \frac{2^n t^n}{n!} E + 2\sum_{n=0}^{\infty} \frac{t^n}{n!} E + \sum_{n=0}^{\infty} \frac{2^n t^n}{n!} A - \sum_{n=0}^{\infty} \frac{t^n}{n!} A = -(e^{2t} - 2e^t)E + (e^{2t} - e^t)A$.
この E, A に具体的な行列データを与えれば上と同じ解が得られることが暗算でも確かめられるであろう.

(3) 問題 5.4.1(1) で対角化 $L = \begin{pmatrix} 2 & 0 & 0 \\ 0 & 1 & 0 \\ 0 & 0 & 0 \end{pmatrix}$, 変換行列 $S = \begin{pmatrix} 1 & 1 & 1 \\ 2 & 1 & 2 \\ 0 & 1 & 1 \end{pmatrix}$, その逆 $S^{-1} = \begin{pmatrix} 1 & 0 & -1 \\ 2 & -1 & 0 \\ -2 & 1 & 1 \end{pmatrix}$ が示されているので, $A^n = Se^{tL}S^{-1}$

$= \begin{pmatrix} 1 & 1 & 1 \\ 2 & 1 & 2 \\ 0 & 1 & 1 \end{pmatrix} \begin{pmatrix} e^{2t} & 0 & 0 \\ 0 & e^t & 0 \\ 0 & 0 & 1 \end{pmatrix} \begin{pmatrix} 1 & 0 & -1 \\ 2 & -1 & 0 \\ -2 & 1 & 1 \end{pmatrix} = \begin{pmatrix} e^{2t}+2e^t-2 & -e^t+1 & -e^{2t}+1 \\ 2e^{2t}+2e^t-4 & -e^t+2 & -2e^{2t}+2 \\ 2e^t-2 & -e^t+1 & 1 \end{pmatrix}$.

別解 問題 5.4.1(1) により $A^n = A + (2^{n-1} - 1)A(A - E)$, ただし $A^0 = E$, が知られているので, $e^{tA} = E + \sum_{n=1}^{\infty} \frac{t^n}{n!} \{A + (2^{n-1} - 1)A(A - E)\} = E + (e^t - 1)A +$

$(\frac{1}{2}e^{2t} - \frac{1}{2} - e^t + 1)A(A - E) = E + (e^t - 1)A + (\frac{1}{2}e^{2t} - e^t + \frac{1}{2})A(A - E).$

(4) 問題 5.4.2(1) においてジョルダン標準形 $J = \begin{pmatrix} -2 & 1 & 0 \\ 0 & -2 & 0 \\ 0 & 0 & 1 \end{pmatrix}$, 変換行列 $S = \begin{pmatrix} 0 & 2 & 1 \\ 1 & 0 & 0 \\ 0 & 1 & 1 \end{pmatrix}$, およびその逆 $S^{-1} = \begin{pmatrix} 0 & 1 & 0 \\ 1 & 0 & -1 \\ -1 & 0 & 2 \end{pmatrix}$ が求められているので, $e^{tA} = Se^{tJ}S^{-1} =$

$\begin{pmatrix} 0 & 2 & 1 \\ 1 & 0 & 0 \\ 0 & 1 & 1 \end{pmatrix} \begin{pmatrix} e^{-2t} & te^{-2t} & 0 \\ 0 & e^{-2t} & 0 \\ 0 & 0 & e^t \end{pmatrix} \begin{pmatrix} 0 & 1 & 0 \\ 1 & 0 & -1 \\ -1 & 0 & 2 \end{pmatrix} = \begin{pmatrix} -e^t + 2e^{-2t} & 0 & 2e^t - 2e^{-2t} \\ te^{-2t} & e^{-2t} & -te^{-2t} \\ -e^t + e^{-2t} & 0 & 2e^t - e^{-2t} \end{pmatrix}.$

(5) 例題 5.4-2(2) においてジョルダン標準形 $J = \begin{pmatrix} 1 & 1 & 0 & 0 \\ 0 & 1 & 1 & 0 \\ 0 & 0 & 1 & 1 \\ 0 & 0 & 0 & 1 \end{pmatrix}$, 変換行列 $S = \begin{pmatrix} 1 & 0 & 1 & -2 \\ -4 & 0 & 0 & 1 \\ -3 & 0 & 0 & 1 \\ -1 & 1 & 0 & 0 \end{pmatrix}$, およびその逆 $S^{-1} = \begin{pmatrix} 0 & -1 & 1 & 0 \\ 0 & -1 & 1 & 1 \\ 1 & -5 & 7 & 0 \\ 0 & -3 & 4 & 0 \end{pmatrix}$ が求めてあるので,

$e^{tA} = Se^{tJ}S^{-1} = \begin{pmatrix} 1 & 0 & 1 & -2 \\ -4 & 0 & 0 & 1 \\ -3 & 0 & 0 & 1 \\ -1 & 1 & 0 & 0 \end{pmatrix} \begin{pmatrix} e^t & te^t & \frac{t^2}{2}e^t & \frac{t^3}{6}e^t \\ 0 & e^t & te^t & \frac{t^2}{2}e^t \\ 0 & 0 & e^t & te^t \\ 0 & 0 & 0 & e^t \end{pmatrix} \begin{pmatrix} 0 & -1 & 1 & 0 \\ 0 & -1 & 1 & 1 \\ 1 & -5 & 7 & 0 \\ 0 & -3 & 4 & 0 \end{pmatrix}$

$= \begin{pmatrix} (\frac{t^2}{2}+1)e^t & -\frac{1}{2}(t^2+5t+8)te^t & (\frac{2}{3}t^2 + \frac{7}{2}t + 5)te^t & te^t \\ -2t^2 e^t & (2t^3 + 10t^2 + 4t + 1)e^t & -(\frac{8}{3}t^2 + 14t + 4)te^t & -4te^t \\ -\frac{3}{2}t^2 e^t & (\frac{3}{2}t^2 + \frac{15}{2}t + 3)te^t & -(2t^3 + \frac{21}{2}t^2 + 3t - 1)e^t & -3te^t \\ -(\frac{1}{2}t - 1)te^t & (\frac{1}{2}t^2 + t - 4)te^t & -(\frac{2}{3}t^2 + \frac{3}{2}t - 6)te^t & -(t-1)e^t \end{pmatrix}.$

別解 例題 5.4-2(2) によれば
$A^n = E + n(A - E) + \frac{n(n-1)}{2}(A - E)^2 + \frac{n(n-1)(n-2)}{6}(A - E)^3$ なので,
$e^{tA} = \sum_{n=0}^{\infty} \frac{t^n}{n!}\{E + n(A - E) + \frac{n(n-1)}{2}(A - E)^2 + \frac{n(n-1)(n-2)}{6}(A - E)^3\}$
$= e^t E + te^t(A - E) + \frac{t^2}{2}(A - E)^2 + \frac{t^3}{6}(A - E)^3$ となる. この表現が役に立つ場合もあるかもしれない.

7.2.2 十分性は例題 7.2-1 で示されているので, 必要性を示す. λ_i を A の任意の固有値とすれば, これは $S^{-1}AS$ の固有値でもあるので, 例題 7.1-3 の不等式により $|\lambda_i| \leq \|S^{-1}AS\| < r$. よって $\rho(A) < r$ となる. (例題 7.1-3 を引用しない場合は, λ_i に同伴する $S^{-1}AS$ の固有ベクトル $\boldsymbol{x}$ を取って同例題の証明を繰り返せばよい.)

7.2.3 $V = \boldsymbol{R}^N$ を固有値 1 の固有空間 V_1 とそれ以外の固有値の一般固有空間の直和 V_2 の直和で表す. V_1, V_2 はともに A-不変であるが, V_2 上では A の固有値はすべて絶対値が 1 より小さいので, A^n は V_2 上では $n \to 0$ のとき O に収束する. 他方, V_1 上では A, 従って A^n は恒等写像として働く. よって $n \to \infty$ のとき A^n は V_1 への射影作用素 E_1 に収束し, その核は V_2 となる. $V_1 = \mathrm{Ker}(A - I)$ だからこれで証明された.

7.2.4 $J = \lambda E + N$ と記す. (7.3) に $x = tJ$ を代入すると $f(tA) = \sum_{n=0}^{\infty} a_n t^n J^n$. これに $J^n = (\lambda E + N)^n = \sum_{k=0}^{\min\{n,\nu-1\}} {}_n C_k \lambda^{n-k} N^k$ を代入し和の順序を交換すると
$f(tA) = \sum_{n=0}^{\infty} a_n t^n \sum_{k=0}^{\min\{n,\nu-1\}} \frac{n(n-1)\cdots(n-k+1)}{k!} \lambda^{n-k} N^k$

$= \sum_{k=0}^{\nu-1} \frac{t^k}{k!} N^k \sum_{n=k}^{\infty} a_n n(n-1)\cdots(n-k+1) t^{n-k} \lambda^{n-k} = \sum_{k=0}^{\nu-1} \frac{t^k}{k!} N^k f^{(k)}(t\lambda)$.
N^k に (5.11) で $j \mapsto k$ としたものを代入し成分を具体的に書けば求める表現となる．

7.2.5 $N = \begin{pmatrix} 0 & 1 & 0 & \cdots & 0 \\ 0 & 0 & 1 & \ddots & \vdots \\ \vdots & \ddots & \ddots & \ddots & 0 \\ \vdots & & \ddots & 0 & 1 \\ 0 & \cdots & \cdots & 0 & 0 \end{pmatrix}$ と置けば，$A = \lambda E + N = \lambda(E + \frac{1}{\lambda}N)$ と書けるので，形式的に $A^{-1} = \frac{1}{\lambda}\left(E + \frac{1}{\lambda}N\right)^{-1} = \frac{1}{\lambda}\left\{E - \frac{1}{\lambda}N + \frac{1}{\lambda^2}N^2 - + \cdots + (-1)^{n-1}\frac{1}{\lambda^{n-1}}N^{n-1} + \cdots\right\}$
と展開される．しかし，この場合は $N^n = O$ となるので，$+\cdots$ の部分は実は存在しない．よって収束の問題は生じず，上をここで打ち切った

$$A^{-1} = \frac{1}{\lambda}E - \frac{1}{\lambda^2}N + \frac{1}{\lambda^3}N^2 - + \cdots + (-1)^{n-1}\frac{1}{\lambda^n}N^{n-1}$$

が逆行列を与えることが，もとの行列 $\lambda E + N$ をこの有限級数に掛けてみることで直接確かめられる．N^k は 1 の並びが右上にずれた (5.11) のような（ただし $j \mapsto k$ とした）行列となる．従って上の有限級数の和は，先に例題 2.6-3 等で求めたものと一致する．

7.2.6 (1) $\|A\|_1 = \max_{\|\boldsymbol{x}\|_1=1} \|A\boldsymbol{x}\|_1$ であるが，ここで $\|A\boldsymbol{x}\|_1 = \sum_{i=1}^{N}\left|\sum_{j=1}^{N} a_{ij}x_j\right| \le \sum_{i=1}^{N}\sum_{j=1}^{N}|a_{ij}||x_j| = \sum_{j=1}^{N}\left(\sum_{i=1}^{N}|a_{ij}|\right)|x_j| \le \max_{1\le j\le N}\sum_{i=1}^{N}|a_{ij}|\sum_{j=1}^{N}|x_j| = \max_{1\le j\le N}\sum_{i=1}^{N}|a_{ij}|\|\boldsymbol{x}\|_1$. よって $\|A\|_1 \le \max_{1\le j\le N}\sum_{i=1}^{N}|a_{ij}| = \max_{1\le j\le N}\|\boldsymbol{a}_j\|_1$ となる．ここに $\boldsymbol{a}_j$ は A の第 j 列である．逆にもしこの max が j で達成されていれば，$\boldsymbol{x}$ として第 j 成分だけが 1 で残りは 0 であるベクトルを取れば，$A\boldsymbol{x} = \boldsymbol{a}_j$ となるので $\|A\boldsymbol{x}\|_1 = \|\boldsymbol{a}_j\|_1$ が上の値を達成する．よってこれが A の L_1-作用素ノルムである．

(2) $\|A\|_2 = \max_{\|\boldsymbol{x}\|_2=1} \|A\boldsymbol{x}\|_2$ であるが，ここで $\|A\boldsymbol{x}\|_2^2 = \sum_{i=1}^{N}\left|\sum_{j=1}^{N}a_{ij}x_j\right|^2 = \sum_{i=1}^{N}\sum_{j,k=1}^{N}a_{ij}a_{ik}x_jx_k = \sum_{j,k=1}^{N}\left(\sum_{i=1}^{N}a_{ij}a_{ik}\right)x_jx_k$ であり，これは $(\boldsymbol{a}_j, \boldsymbol{a}_k)$ を係数とする 2 次形式で，従って係数行列は $A^T A$ なので，制約条件 $\|\boldsymbol{x}\|_2 = 1$ の下でのその最大値は行列 $A^T A$ の最大固有値である（$\longrightarrow$ 問題 6.3.4）．$\|A\|_2$ はその平方根に等しい．

7.3.1 要項 7.3.2 の一般公式により $\frac{d}{dt}(I - tA)^{-1} = -(I - tA)^{-2}(-A) = A(I - tA)^{-2}$. これを繰り返せば，$\frac{d^n}{dt^n}(I - tA)^{-1} = n! A^n (I - tA)^{-n-1}$ となる．この公式は t が小さいところでは等比級数の項別微分で得られるが，結果が意味を持つところ，すなわち $\frac{1}{t}$ が A の固有値にならないところでは，意味を持つ．このことは微分計算を直接やってみれば分かる：固有値から離れているので，$\{I - (t + \Delta t)A\}^{-1} = \{(I - tA) - \Delta tA\}^{-1} = [\{I - \Delta tA(I - tA)^{-1}\}(I - tA)]^{-1} = (I - tA)^{-1}\{I - \Delta tA(I - tA)^{-1}\}^{-1}$ は Δt が十分小さいとき許される．ここで最後の辺の第 2 因子は Δt が十分小さいときノイマン級数に展開され，$I + \Delta t A(I - tA)^{-1} + O(\Delta t)^2$ となるので，上の量の Δt の係数，すなわち微分は $(I - tA)^{-1} \times A(I - tA)^{-1} = A(I - tA)^{-2}$ となる．

7.3.2 t が十分小さいとき $\log(1 + x)$ のテイラー級数に $x = tA$ を代入したもの $tA - \frac{t^2}{2}A^2 + \frac{t^3}{3}A^3 - + \cdots + (-1)^{n-1}\frac{t^n}{n}A^n + \cdots$ が意味を持つ．項別微分により

$\frac{d}{dt}\log(I+tA) = A - tA^2 + t^2A^3 - + \cdots + (-1)^{n-1}t^{n-1}A^n + \cdots = A\{I - tA + t^2A^2 - + \cdots + (-1)^{n-1}t^{n-1}A^{n-1} + \cdots\} = A(I+tA)^{-1}$ が分かる．

♧ 複素関数論を使うとこの計算は $-\frac{1}{t}$ が A の固有値でないところで意味が付けられるが，もとの $\log(I+tA)$ の方は t のそのような除外点の回りで多価になる．

7.3.3 (1), (2) の解のうち $\boldsymbol{y}$ の方が (7.13) を満たすことは初期値も込めて容易に確かめられる．逆に (7.13) の解が有ったとき, (2) を満たす $\boldsymbol{z}$ はいつでも定義できるが, (1) を満たす $\boldsymbol{z}$ は A が可逆でないと定義できない．従って一般には (2) の方が汎用的だが，実用上は (1) の方が 1 階連立の場合とそう変わらない手間の指数関数で解が計算できる．(実行すると例題 7.3-3 の $\sin(tA), \cos(tA)$ が出てくる．実は同例題における初期値の与え方はこの (1) の初期値 $\begin{pmatrix} \boldsymbol{y}(0) \\ \boldsymbol{z}(0) \end{pmatrix}$ に相当しており，通常の 2 階常微分方程式のように $\boldsymbol{y}(0), \boldsymbol{y}'(0)$ を指定するためには，例題の解法でも A の可逆性が必要となる．)

7.3.4 例題 7.3-6 と同様にやればよい．$\delta(X^TX) = (\delta X)^TX + X^T\delta X$, すなわち，$\delta X \mapsto (\delta X)^TX + X^T\delta X$ という $\boldsymbol{R}^{MN}$ から $\boldsymbol{R}^{N^2}$ への線形写像が X^TX の微分となる．これは X^TX の二つの X を $X + \delta X$ で置き換えたものを展開し，δX に関する 1 次の項を取り出したものである．

7.3.5 例題 7.3-1 と同様の考えで $\delta(X^n) = (\delta X)X^{n-1} + X(\delta X)X^{n-2} + \cdots + X^{n-1}\delta X$, すなわち $\delta X \mapsto \sum_{i=0}^{n-1} X^i(\delta X)X^{n-i-1}$ という線形写像が微分となる．

7.3.6 $\delta(X^{-n}) = \sum_{i=0}^{n-1} X^{-i}\delta(X^{-1})X^{-n+i+1} = \sum_{i=0}^{n-1} X^{-i}(-X^{-1}\delta X X^{-1})X^{-n+i+1} = -\sum_{i=0}^{n-1} X^{-i-1}\delta X X^{-n+i}$.

別解 $X^{-n}X^n = I$ の両辺を微分すると $\delta(X^{-n})X^n + X^{-n}\delta(X^n) = O$. よって前問の結果を用いると $\delta(X^{-n}) = -X^{-n}\delta(X^n)X^{-n} = -\sum_{i=0}^{n-1} X^{-n+i}(\delta X)X^{-i-1}$. 動く添え字を i から $n-i-1$ に変えれば，同じ結果を得る．

7.3.7 指数関数の無限級数を項別微分して $\delta(\exp(A)) = \sum_{n=0}^{\infty} \frac{1}{n!}\delta(A^n) = \sum_{n=0}^{\infty} \frac{1}{n!}\sum_{i=0}^{n-1} A^i\delta A A^{n-i-1}$. よって $\exp A$ の A における微分は，N 次正方行列 δA にこの無限和で定まる N 次正方行列を対応させる線形写像である．
ここで A のところに tA が入り，A は定数行列とすれば，$\delta(tA) = (\delta t)A$ となり，これは A と可換なので，同類項をまとめることができ $\sum_{n=0}^{\infty} \frac{1}{n!}ntn^{n-1}\delta tA^n = A\delta t\sum_{n=1}^{\infty} \frac{1}{(n-1)!}t^{n-1}A^{n-1} = Ae^{tA}\delta t$ となり，δt の係数が常微分 $\frac{d}{dt}e^{tA}$ となる．

7.3.8 これは $\log(1+x)$ のテイラー展開に $x = A$ を代入したもので定義され，$\delta\{\log(I+A)\} = \delta A - \frac{1}{2}\delta(A^2) + -\cdots + (-1)^{n-1}\frac{1}{n}\delta(A^n) + \cdots = \sum_{n=1}^{\infty} \frac{(-1)^{n-1}}{n}\sum_{i=0}^{n-1} A^i\delta A A^{n-i-1}$. よって A における微分は δA にこの行列を対応させる線形写像となる．

7.3.9 $\{A+(t+\Delta t)B\}^{-1} = (A+tB+\Delta tB)^{-1} = [(A+tB)\{I+(A+tB)^{-1}B\Delta t\}]^{-1} = \{I+(A+tB)^{-1}B\Delta t\}^{-1}(A+tB)^{-1} = \{I-(A+tB)^{-1}B\Delta t + o(\Delta t)\}(A+tB)^{-1} = (A+tB)^{-1} - (A+tB)^{-1}B(A+tB)^{-1}\Delta t + o(\Delta t)$. ここで第 1 因子にはノイマン級数を用いた．これより，微分は $-(A+tB)^{-1}B(A+tB)^{-1}$ であることが分かる．

別解 A^{-1} の A に関する微分と，A のところに入っている $(A+tB)$ の t に関する微分 B の合成関数の微分と見ると，例題 7.3-4 の δA のところに B が入ったものが答であることが分かる．

7.4.1 これは N 変数 $\boldsymbol{x}$ の関数なので，微分はサイズ N のベクトルとなる．同様の考え方で，次の表現を展開したときの $\delta \boldsymbol{x}$ の 1 次の項の係数が求める答となる：
$$(\boldsymbol{x}+\delta\boldsymbol{x}-\boldsymbol{b})^T A(\boldsymbol{x}+\delta\boldsymbol{x}-\boldsymbol{b}) = (\boldsymbol{x}-\boldsymbol{b})^T A(\boldsymbol{x}-\boldsymbol{b}) + \delta\boldsymbol{x}^T A(\boldsymbol{x}-\boldsymbol{b}) + (\boldsymbol{x}-\boldsymbol{b})^T A\delta\boldsymbol{x} + O(\|\delta\boldsymbol{x}\|^2).$$
よって 1 次の部分は
$$\delta\boldsymbol{x}^T A(\boldsymbol{x}-\boldsymbol{b}) + (\boldsymbol{x}-\boldsymbol{b})^T A\delta\boldsymbol{x} = (\boldsymbol{x}-\boldsymbol{b})^T A\delta\boldsymbol{x} + (\boldsymbol{x}-\boldsymbol{b})^T A\delta\boldsymbol{x} = 2(\boldsymbol{x}-\boldsymbol{b})^T A\delta\boldsymbol{x}.$$
ここで，スカラーは転置しても変わらないことと A が対称であることを用いた．よって求める微分は $2(\boldsymbol{x}-\boldsymbol{b})^T A$，工学的に縦ベクトルに直せば $2A(\boldsymbol{x}-\boldsymbol{b})$ となる．x_i に関する偏微分はスカラーで，この第 i 成分に他ならないから，$2\times(A$ の第 i 行$)\times(\boldsymbol{x}-\boldsymbol{b})$ であるが，A が対称なことに注意すれば，その第 i 列ベクトルを $\boldsymbol{a}_i$ として $2\boldsymbol{a}_i^T(\boldsymbol{x}-\boldsymbol{b})$ となる．

7.4.2 (1) 行列式は各成分について 1 次式なので，同じ成分で 2 度微分すれば 0 となる．(2) 行列式の展開公式 (4.1) において，$a_{11}, a_{22}, \ldots, a_{NN}$ のすべてを含む項は $a_{11}a_{22}\cdots a_{NN}$ ただ一つなので，この項以外の微分は 0 となり，従って答は 1．

7.4.3 $\delta(\operatorname{tr} A) = \operatorname{tr}\delta A = \operatorname{tr}(I^T \delta A)$ とみなせるので，微分は単位行列 I である．

7.4.4 $|A| = \exp\log|A|$ であるから，合成関数の微分公式により
$$\frac{\partial |A|}{\partial A} = \frac{\partial}{\partial A}\exp\log|A| = \exp\log|A| \times \frac{\partial}{\partial A}\log|A| = |A| \times (A^{-1})^T = \widetilde{A}^T.$$
ここで，余因子行列と逆行列の関係 (4.8) を用いた．

7.4.5 例題 7.4-5 により，1 項目の微分は $k(A^{-1})^T$ である．2 項目の微分は，例題 7.3-4 により $\delta A \mapsto -(\boldsymbol{x}-\boldsymbol{b})^T A^{-1}\delta A A^{-1}(\boldsymbol{x}-\boldsymbol{b})$ という線形関数である．ここでスカラーにわざとトレース記号をかぶせる技法を用いると，$(\boldsymbol{x}-\boldsymbol{b})^T A^{-1}\delta A A^{-1}(\boldsymbol{x}-\boldsymbol{b}) = \operatorname{tr}\{-(\boldsymbol{x}-\boldsymbol{b})^T A^{-1}\delta A A^{-1}(\boldsymbol{x}-\boldsymbol{b})\} = \operatorname{tr}\{-A^{-1}(\boldsymbol{x}-\boldsymbol{b})(\boldsymbol{x}-\boldsymbol{b})^T A^{-1}\delta A\}$ となる．よって微分の解釈により，第 2 項の微分は $-\{A^{-1}(\boldsymbol{x}-\boldsymbol{b})(\boldsymbol{x}-\boldsymbol{b})^T A^{-1}\}^T = -(A^{-1})^T(\boldsymbol{x}-\boldsymbol{b})(\boldsymbol{x}-\boldsymbol{b})^T(A^{-1})^T$ となる．（あるいは，例題 7.4-2 の答において $\boldsymbol{x}, \boldsymbol{y}$ に $\boldsymbol{x}-\boldsymbol{b}$ を代入してもよい．）故に答は $k(A^{-1})^T - (A^{-1})^T(\boldsymbol{x}-\boldsymbol{b})(\boldsymbol{x}-\boldsymbol{b})^T(A^{-1})^T = (A^{-1})^T\{kI - (\boldsymbol{x}-\boldsymbol{b})(\boldsymbol{x}-\boldsymbol{b})^T\}(A^{-1})^T = (A^{-1})^T\{kA^T - (\boldsymbol{x}-\boldsymbol{b})(\boldsymbol{x}-\boldsymbol{b})^T\}(A^{-1})^T$．

7.4.6 例題 7.4-4 で求めた $\det A$ の a_{ij} に関する偏微分 (7.22) を $i=1,2,\ldots,n$ について並べて縦ベクトルを作れば，$(\widetilde{a_{1j}}, \ldots, \widetilde{a_{nj}})^T$ が得られる．

別解 $\det(\boldsymbol{a}_1, \ldots, \boldsymbol{a}_j, \ldots, \boldsymbol{a}_n)$ の $\boldsymbol{a}_j$ に $\boldsymbol{a}_j + \delta\boldsymbol{a}_j$ を代入し，$\delta\boldsymbol{a}_j$ の 1 次の項を取り出せば $\det(\boldsymbol{a}_1, \ldots, \delta\boldsymbol{a}_j, \ldots, \boldsymbol{a}_n)$．これを第 j 列について展開すれば $(\widetilde{a_{1j}}, \ldots, \widetilde{a_{nj}})\delta\boldsymbol{a}_j$ となり，この $\delta\boldsymbol{a}_j$ の係数（ただし工学的に縦に直したもの）として上と同じ結果を得る．

7.5.1 $\frac{1}{\sqrt{2}}\Sigma_1^{-1/2}(\boldsymbol{x}-\boldsymbol{\mu}_1) = \boldsymbol{y}$ と変数変換すると，問題の積分は
$$= \int \exp(-\boldsymbol{y}^T\boldsymbol{y})\{\sqrt{2}\Sigma_1^{1/2}\boldsymbol{y}+\boldsymbol{\mu}_1-\boldsymbol{\mu}_2\}^T\Sigma_2^{-1}(\sqrt{2}\Sigma_1^{1/2}\boldsymbol{y}+\boldsymbol{\mu}_1-\boldsymbol{\mu}_2)\}2^{N/2}|\Sigma_1|^{1/2}d\boldsymbol{y}$$
$$= 2^{N/2}|\Sigma_1|^{1/2}\int \exp(-\boldsymbol{y}^T\boldsymbol{y})\{(\boldsymbol{y}^T\sqrt{2}\Sigma_1^{1/2}+(\boldsymbol{\mu}_1-\boldsymbol{\mu}_2)^T)\Sigma_2^{-1}(\sqrt{2}\Sigma_1^{1/2}\boldsymbol{y}+\boldsymbol{\mu}_1-\boldsymbol{\mu}_2)\}d\boldsymbol{y}$$
$$= 2^{N/2}|\Sigma_1|^{1/2}\int \exp(-\boldsymbol{y}^T\boldsymbol{y})\{\boldsymbol{y}^T 2\Sigma_1^{1/2}\Sigma_2^{-1}\Sigma_1^{1/2}\boldsymbol{y} + 2\sqrt{2}\boldsymbol{y}^T\Sigma_1^{1/2}\Sigma_2^{-1}(\boldsymbol{\mu}_1-\boldsymbol{\mu}_2)$$

$+ (\boldsymbol{\mu}_1 - \boldsymbol{\mu}_2)^T \Sigma_2^{-1}(\boldsymbol{\mu}_1 - \boldsymbol{\mu}_2)\} d\boldsymbol{y}$. （スカラーが転置で不変なことを用い同類項をまとめた.）
ここで例題 7.5 を用いると，指数関数にかかる多項式が 1 次のものは積分が 0 となり，上は
$2^{N/2}|\Sigma_1|^{1/2}\int \exp(-\boldsymbol{y}^T\boldsymbol{y})\boldsymbol{y}^T 2\Sigma_1^{1/2}\Sigma_2^{-1}\Sigma_1^{1/2}\boldsymbol{y}d\boldsymbol{y} + \sqrt{2\pi}^N |\Sigma_1|^{1/2}(\boldsymbol{\mu}_1 - \boldsymbol{\mu}_2)^T \Sigma_2^{-1}(\boldsymbol{\mu}_1 - \boldsymbol{\mu}_2)$
となる．この最後に残った積分は，種類の異なる 1 次因子の積に対する積分が同じ理由で 0 となることから（あるいは例題 7.5 (3) で $A = E$ とすれば，対角成分以外は消えることから）

$$\int \exp(-\boldsymbol{y}^T\boldsymbol{y})\boldsymbol{y}^T 2\Sigma_1^{1/2}\Sigma_2^{-1}\Sigma_1^{1/2}\boldsymbol{y}d\boldsymbol{y} = \int \exp(-\boldsymbol{y}^T\boldsymbol{y})\sum_{i=1}^N \boldsymbol{y}_i^2 (2\Sigma_1^{1/2}\Sigma_2^{-1}\Sigma_1^{1/2})_{ii} d\boldsymbol{y}$$
$$= \sqrt{\pi}^N \sum_{i=1}^N (\Sigma_1^{1/2}\Sigma_2^{-1}\Sigma_1^{1/2})_{ii} = \sqrt{\pi}^{N/2} \operatorname{tr} \Sigma_1^{1/2}\Sigma_2^{-1}\Sigma_1^{1/2} = \sqrt{\pi}^N \operatorname{tr} \Sigma_2^{-1}\Sigma_1$$

と計算できる．以上を合わせると積分の値として次が得られる：
$$\sqrt{2\pi}^N |\Sigma_1|^{1/2}\{\operatorname{tr}\Sigma_2^{-1}\Sigma_1 + (\boldsymbol{\mu}_1 - \boldsymbol{\mu}_2)^T \Sigma_2^{-1}(\boldsymbol{\mu}_1 - \boldsymbol{\mu}_2)\}.$$

7.5.2 $\frac{d}{dt}e^{tA} = Ae^{tA}$ なので，$\int_0^T Ae^{tA}dt = \left[e^{tA}\right]_0^T = e^{TA} - I$. よって答は $A^{-1}(e^{TA} - I)$ と書きたいところだが，A は正則と限らないのでこの表現は微妙である．厳密には $f(x) = \frac{e^x - 1}{x}$ を用いて $Tf(TA)$ とするべきだろう．

別解 1 e^{tA} の無限級数 (7.4) の $[0, T]$ 上の定積分を項別に計算すれば $= TI + \frac{T^2}{2}A + \frac{T^3}{3!}A^2 + \cdots + \frac{T^n}{n!}A^{n-1} + \cdots$ を得る．

別解 2 A をジョルダン標準形にする行列 S を用いて問題の積分を $= S\int_0^T S^{-1}e^{tA}SdtS^{-1}$ と変形すれば，(7.6) により成分毎に具体的に積分が計算可能な上三角型行列が被積分関数のところに得られるので，成分毎の積分を遂行すれば上と同じ答を得る．

7.5.3 $(A - zI)^{-1}$ はジョルダン標準形に変換するとブロック毎に計算でき，各ブロックでは例題 2.6-3 で λ を $\lambda - z$ に置き換えた形となる．これから線積分が具体的に計算できる．単純固有値の表現式は $\lambda_i = \frac{1}{2\pi i}\oint_C \operatorname{tr}\{A(zI - A)^{-1}\}dz$ である．この解答の詳細は .

7.6.1 単位行列の対角成分の一つだけを -1 に変えたもの I^- を $A \in GL^-(N, \boldsymbol{R})$ に掛けた I^-A は $GL^+(N, \boldsymbol{R})$ の元となる．よってこれと単位行列をつなぐ $GL^+(N, \boldsymbol{R})$ 内の連続曲線弧 $A(t)$ が例題 7.6-1 により存在する．このとき $I^-A(t)$ は I^- と A を $GL^-(N, \boldsymbol{R})$ 内でつなぐ連続曲線弧となる．よって $GL^-(N, \boldsymbol{R})$ の任意の 2 元は I^- を経由して連続曲線弧でつながる．

7.6.2 例題 7.6-1 により $P, Q \in SO(N)$ をつなぐ $GL^+(N, \boldsymbol{R})$ 内の連続曲線弧 $A(t)$，$0 \le t \le 1$ が存在する．問題 6.1.4 により各 t について $A(t) = P(t)R(t)$ と QR 分解する．このとき $R(t)$ の対角成分を正に取っておけば，行列式の符号を考えると $P(t) \in SO(N)$ であり，分解の一意性により $P(0) = P, P(1) = Q$ となるが，更に $P(t)$ は連続である．実際，$SO(N)$ は $\boldsymbol{R}^{N^2}$ の有界閉集合なので，任意の収束点列 $t_n \to t_\infty$ に対し，$P(t_n)$ は収束部分列 $P(t_{n_k}) \to P_\infty$ を含むが，このとき $R(t_{n_k}) = P(t_{n_k})^{-1}A(t_{n_k})$ もある上三角型行列 R_∞ に収束し，極限は $P_\infty R_\infty = A(t_\infty)$ を満たす．よって分解の一意性により $P_\infty = P(t_\infty)$ でなければならない．すなわち任意の収束部分列の極限がこの一定の値になるので，微積分のよく知られた結果（例えば [2], 例題 5.3 参照）により実は全体が $P(t_n) \to P(t_\infty)$ と収束す

8章の問題解答   273

る．よって $P(t)$ は求める連続曲線弧である．

7.6.3 固有値の連続依存性から，ある正定値対称行列の十分近くの対称行列は固有値がすべて正，従って正定値となるので，$Sym^+(N, \boldsymbol{R})$ は開集合である．更に A, B を（半）正定値とすれば，$\forall \lambda > 0, \mu > 0$ に対し $\boldsymbol{x}^T(\lambda A + \mu B)\boldsymbol{x} = \lambda \boldsymbol{x}^T A \boldsymbol{x} + \mu \boldsymbol{x}^T B \boldsymbol{x} \geq 0$，かつどちらか一方が正定値なら $\boldsymbol{x} \neq \boldsymbol{0}$ のとき上は真に正となるので，$Sym^+(N, \boldsymbol{R})$, $\overline{Sym^+(N, \boldsymbol{R})}$ はともに錐を成していることが分かる．更に A を半正定値，B を正定値とすれば $A + \varepsilon B \in Sym^+(N, \boldsymbol{R})$ も分かるので，$\varepsilon \to 0$ とすれば，A が $Sym^+(N, \boldsymbol{R})$ の閉包に含まれることが分かる．

■ 第 8 章の問題解答 ■

8.1.1 (1) 問題 6.2.1 (6) により，固有値 $4, 1, 1$ が分かっているので，PCA の原理によりこれらに対応する正規化固有ベクトル $\boldsymbol{p} = (\frac{1}{\sqrt{3}}, \frac{1}{\sqrt{3}}, \frac{1}{\sqrt{3}})^T$, $\boldsymbol{q} = (\frac{2}{\sqrt{6}}, -\frac{1}{\sqrt{6}}, -\frac{1}{\sqrt{6}})^T$ により最大値 $4 + 1 = 5$ を得る．なお 1 は重複しているので $\boldsymbol{q}$ には任意性が有る．
(2) 同じく問題 6.2.1 (2) により，固有値 $4, 3, 0$ が既知なので，最初の二つに対する正規化固有ベクトル $\boldsymbol{p} = (0, \frac{1}{\sqrt{2}}, \frac{1}{\sqrt{2}})^T$, $\boldsymbol{q} = (\frac{1}{\sqrt{3}}, \frac{1}{\sqrt{3}}, -\frac{1}{\sqrt{3}})^T$ により最大値 $4 + 3 = 7$ を得る．

8.1.2 例題 8.1-2 の真似をして最初からやり直してもよいが，
$$\gamma \log|A| + \mathrm{tr}(A^{-1}S) = \gamma\{\log|A| + \mathrm{tr}(A^{-1}\tfrac{1}{\gamma}S)\}$$
と変形してみれば，$\{\ \}$ 内に例題 8.1-2 の結果が適用でき，この部分は $A = \frac{1}{\gamma}S$ のときに最小値 $\log(\frac{1}{\gamma^n}|S|) + n = \log|S| - n\log\gamma + n$ を取ることが分かる．よってもとの関数は，同じ A について最小値 $\gamma\log|S| - \gamma n\log\gamma + \gamma n$ を取る．

8.1.3 $\forall \lambda \geq 0$ に対して $AB + \lambda E$ が正則になることを言えばよい．$AB + \lambda E = A(B + \lambda A^{-1})$ であり，A は正則，かつ括弧内は正定値対称行列と（半）正定値対称行列の和なので正定値，従って正則である．よって全体も正則となる．

8.2.1 (1) $A^T A = \begin{pmatrix} 3 & 1 & 2 & -1 \\ 1 & 3 & 2 & 1 \\ 2 & 2 & 2 & 0 \\ -1 & 1 & 0 & 3 \end{pmatrix}$ となる．この固有方程式は $|A^T A - \lambda I| = \lambda^4 - 11\lambda^3 + 34\lambda^2 - 24\lambda = \lambda(\lambda - 1)(\lambda - 4)(\lambda - 6)$ となるので，固有値は $6, 4, 1, 0$，従って A の特異値は $\sqrt{6}, 2, 1, 0$ である．6 に対する $A^T A$ の固有ベクトルを求めると，

$A^T A - 6E = \begin{pmatrix} -3 & 1 & 2 & -1 \\ 1 & -3 & 2 & 1 \\ 2 & 2 & -4 & 0 \\ -1 & 1 & 0 & -3 \end{pmatrix} \to \begin{pmatrix} 1 & 0 & -1 & 0 \\ 0 & 1 & -1 & 0 \\ 0 & 0 & 0 & 1 \\ 0 & 0 & 0 & 0 \end{pmatrix}$ より $\begin{pmatrix} 1 \\ 1 \\ 1 \\ 0 \end{pmatrix}$ となる．次に 4 に対する固有ベクトルは $A^T A - 4E = \begin{pmatrix} -1 & 1 & 2 & -1 \\ 1 & -1 & 2 & 1 \\ 2 & 2 & -2 & 0 \\ -1 & 1 & 0 & -1 \end{pmatrix} \to \begin{pmatrix} 2 & 0 & 0 & 1 \\ 0 & 2 & 0 & -1 \\ 0 & 0 & 1 & 0 \\ 0 & 0 & 0 & 0 \end{pmatrix}$ より $\begin{pmatrix} 1 \\ -1 \\ 0 \\ -2 \end{pmatrix}$. 次に

1 に対する固有ベクトルは $A^T A - E = \begin{pmatrix} 2 & 1 & 2 & -1 \\ 1 & 2 & 2 & 1 \\ 2 & 2 & 1 & 0 \\ -1 & 1 & 0 & 2 \end{pmatrix} \to \begin{pmatrix} 1 & 0 & 0 & -1 \\ 0 & 1 & 0 & 1 \\ 0 & 0 & 1 & 0 \\ 0 & 0 & 0 & 0 \end{pmatrix}$ より $\begin{pmatrix} 1 \\ -1 \\ 0 \\ 1 \end{pmatrix}$.

最後に 0 に対する固有ベクトルは $A^T A = \begin{pmatrix} 3 & 1 & 2 & -1 \\ 1 & 3 & 2 & 1 \\ 2 & 2 & 2 & 0 \\ -1 & 1 & 0 & 3 \end{pmatrix} \to \begin{pmatrix} 2 & 0 & 1 & 0 \\ 0 & 2 & 1 & 0 \\ 0 & 0 & 0 & 1 \\ 0 & 0 & 0 & 0 \end{pmatrix}$ より $\begin{pmatrix} 1 \\ 1 \\ -2 \\ 0 \end{pmatrix}$

となる．これらを正規化して並べると $P = \begin{pmatrix} \frac{1}{\sqrt{3}} & \frac{1}{\sqrt{6}} & -\frac{1}{\sqrt{3}} & \frac{1}{\sqrt{6}} \\ \frac{1}{\sqrt{3}} & -\frac{1}{\sqrt{6}} & 0 & \frac{1}{\sqrt{6}} \\ \frac{1}{\sqrt{3}} & 0 & 0 & -\frac{2}{\sqrt{6}} \\ 0 & -\frac{2}{\sqrt{6}} & \frac{1}{\sqrt{3}} & 0 \end{pmatrix}$ が得られる．$AP =$
$\begin{pmatrix} \sqrt{3} & \frac{\sqrt{2}}{\sqrt{3}} & -\frac{1}{\sqrt{3}} & 0 \\ 0 & -\frac{2\sqrt{2}}{\sqrt{3}} & -\frac{1}{\sqrt{3}} & 0 \\ \sqrt{3} & -\frac{\sqrt{2}}{\sqrt{3}} & \frac{1}{\sqrt{3}} & 0 \end{pmatrix}$，最初の 3 列を対応する特異値で割って $Q = \begin{pmatrix} \frac{1}{\sqrt{2}} & \frac{1}{\sqrt{6}} & -\frac{1}{\sqrt{3}} \\ 0 & -\frac{\sqrt{2}}{\sqrt{3}} & -\frac{1}{\sqrt{3}} \\ \frac{1}{\sqrt{2}} & -\frac{1}{\sqrt{6}} & \frac{1}{\sqrt{3}} \end{pmatrix}$
を得る．もとの空間 $V = \mathbf{R}^4$，行き先の空間 $W = \mathbf{R}^3$ の正規直交基底はそれぞれ P, Q の列ベクトルで与えられ，A の特異値分解は $A = Q \begin{pmatrix} \sqrt{6} & 0 & 0 & 0 \\ 0 & 2 & 0 & 0 \\ 0 & 0 & 1 & 0 \end{pmatrix} P^T$ となる．

(2) $A^T A = \begin{pmatrix} 2 & 0 & 1 & 0 & -1 \\ 0 & 1 & -1 & 1 & 1 \\ 1 & -1 & 6 & -1 & -3 \\ 0 & 1 & -1 & 1 & 1 \\ -1 & 1 & -3 & 1 & 2 \end{pmatrix}$ となる．この固有多項式は $|A^T A - \lambda I| = -\lambda^5 + 12\lambda^4 - 33\lambda^3 + 26\lambda^2 = -\lambda^2(\lambda - 2)(\lambda^2 - 10\lambda + 13)$．従って固有値は $5 + 2\sqrt{3} > 2 > 5 - 2\sqrt{3}, 0$ (2 重)，特異値はこれらの平方根である．2 に対応する固有ベクトルは $A^T A - 2I = \begin{pmatrix} 0 & 0 & 1 & 0 & -1 \\ 0 & -1 & -1 & 1 & 1 \\ 1 & -1 & 4 & -1 & -3 \\ 0 & 1 & -1 & -1 & 1 \\ -1 & 1 & -3 & 1 & 0 \end{pmatrix} \to \begin{pmatrix} 1 & 0 & 0 & -2 & 0 \\ 0 & -1 & 0 & 1 & 0 \\ 0 & 0 & 1 & 0 & 0 \\ 0 & 0 & 0 & 0 & 1 \\ 0 & 0 & 0 & 0 & 0 \end{pmatrix}$ となるので $\begin{pmatrix} 2 \\ 1 \\ 0 \\ 1 \\ 0 \end{pmatrix}$
が解となる．$5 \pm 2\sqrt{3}$ に対しては（以下複号同順とする）$A^T A - (5 \pm 2\sqrt{3})I =$
$\begin{pmatrix} -3 \mp 2\sqrt{3} & 0 & 1 & 0 & -1 \\ 0 & -4 \mp 2\sqrt{3} & -1 & 1 & 1 \\ 1 & -1 & 1 \mp 2\sqrt{3} & -1 & -3 \\ 0 & 1 & -1 & -4 \mp 2\sqrt{3} & 1 \\ -1 & 1 & -3 & 1 & -3 \mp 2\sqrt{3} \end{pmatrix} \to \begin{pmatrix} 1 & 0 & 0 & 0 & 1 \mp \frac{1}{\sqrt{3}} \\ 0 & 1 & 0 & 0 & \pm \frac{1}{\sqrt{3}} - 1 \\ 0 & 0 & 1 & 0 & \pm \sqrt{3} \\ 0 & 0 & 0 & 1 & \pm \frac{1}{\sqrt{3}} - 1 \\ 0 & 0 & 0 & 0 & 0 \end{pmatrix}$
となるので，$(\pm \frac{1}{\sqrt{3}} - 1, 1 \mp \frac{1}{\sqrt{3}}, \mp \sqrt{3}, 1 \mp \frac{1}{\sqrt{3}}, 1)^T$ が取れる．この長さは $\sqrt{8 \mp 2\sqrt{3}}$ になる．最後に固有値 0 の分は $A^T A = \begin{pmatrix} 2 & 0 & 1 & 0 & -1 \\ 0 & 1 & -1 & 1 & 1 \\ 1 & -1 & 6 & -1 & -3 \\ 0 & 1 & -1 & 1 & 1 \\ -1 & 1 & -3 & 1 & 2 \end{pmatrix} \to \begin{pmatrix} 3 & 0 & 0 & 0 & -1 \\ 0 & 3 & 0 & 3 & 2 \\ 0 & 0 & 3 & 0 & -1 \\ 0 & 0 & 0 & 0 & 0 \\ 0 & 0 & 0 & 0 & 0 \end{pmatrix}$．よって $(1, -1, 1, -1, 3)^T$, $(0, 1, 0, -1, 0)^T$ が解として取れる．これらは直交している．以上に求めた基底の長さを 1 に正規化して固有値の大きさの順に並べると $P =$
$\begin{pmatrix} -\frac{\sqrt{3}-1}{\sqrt{24-6\sqrt{3}}} & \frac{2}{\sqrt{6}} & -\frac{\sqrt{3}+1}{\sqrt{24+6\sqrt{3}}} & \frac{1}{\sqrt{13}} & 0 \\ \frac{\sqrt{3}-1}{\sqrt{24-6\sqrt{3}}} & \frac{1}{\sqrt{6}} & \frac{\sqrt{3}+1}{\sqrt{24+6\sqrt{3}}} & -\frac{1}{\sqrt{13}} & \frac{1}{\sqrt{2}} \\ -\frac{\sqrt{3}}{\sqrt{8-2\sqrt{3}}} & 0 & \frac{\sqrt{3}}{\sqrt{8+2\sqrt{3}}} & \frac{1}{\sqrt{13}} & 0 \\ \frac{\sqrt{3}-1}{\sqrt{24-6\sqrt{3}}} & \frac{1}{\sqrt{6}} & \frac{\sqrt{3}+1}{\sqrt{24+6\sqrt{3}}} & -\frac{1}{\sqrt{13}} & -\frac{1}{\sqrt{2}} \\ \frac{1}{\sqrt{8-2\sqrt{3}}} & 0 & \frac{1}{\sqrt{8+2\sqrt{3}}} & \frac{3}{\sqrt{13}} & 0 \end{pmatrix}$ となり，この列ベクトルを $V = \mathbf{R}^5$ の正規直交基底とする．次に

$$AP = \begin{pmatrix} -\frac{2\sqrt{3}+5}{\sqrt{24-6\sqrt{3}}} & \frac{2}{\sqrt{6}} & \frac{-2\sqrt{3}+5}{\sqrt{24+6\sqrt{3}}} & 0 & 0 \\ \frac{\sqrt{3}-4}{\sqrt{24-6\sqrt{3}}} & -\frac{2}{\sqrt{6}} & \frac{\sqrt{3}+4}{\sqrt{24+6\sqrt{3}}} & 0 & 0 \\ \frac{3\sqrt{3}+1}{\sqrt{24-6\sqrt{3}}} & \frac{2}{\sqrt{6}} & \frac{3\sqrt{3}-1}{\sqrt{24+6\sqrt{3}}} & 0 & 0 \end{pmatrix}$$ より $Q = \begin{pmatrix} -\frac{\sqrt{3}+1}{2\sqrt{3}} & \frac{1}{\sqrt{3}} & \frac{\sqrt{3}-1}{2\sqrt{3}} \\ -\frac{\sqrt{3}-1}{2\sqrt{3}} & -\frac{1}{\sqrt{3}} & \frac{\sqrt{3}+1}{2\sqrt{3}} \\ \frac{1}{\sqrt{3}} & \frac{1}{\sqrt{3}} & \frac{1}{\sqrt{3}} \end{pmatrix}$ が最初

の3列を順に特異値 $\sqrt{5+2\sqrt{3}}, \sqrt{2}, \sqrt{5-2\sqrt{3}}$ で割ることにより得られ,この列ベクトルとして $W = \mathbf{R}^3$ の正規直交基底が,また $A = Q \begin{pmatrix} \sqrt{5+2\sqrt{3}} & 0 & 0 & 0 & 0 \\ 0 & \sqrt{2} & 0 & 0 & 0 \\ 0 & 0 & \sqrt{5-2\sqrt{3}} & 0 & 0 \end{pmatrix} P^T$

で A の特異値分解が得られる. Q の計算の詳細は 💻.

8.2.2 $A^T A = \begin{pmatrix} 8 & 6 & 4 & 0 & 0 \\ 6 & 9 & 0 & 0 & 0 \\ 4 & 0 & 4 & 0 & 0 \\ 0 & 0 & 0 & 13 & 7 \\ 0 & 0 & 0 & 7 & 5 \end{pmatrix}$ の固有多項式を計算すると, $|A^T A - \lambda E| = -\lambda^5 + 39\lambda^4 - 482\lambda^3 + 1920\lambda^2 - 1408\lambda = -\lambda(\lambda^2 - 21\lambda + 88)(\lambda^2 - 18\lambda + 16)$ となり,固有値は $\frac{21 \pm \sqrt{89}}{2}, 9 \pm \sqrt{65}, 0$. これを大きい方から順に数値化すると 17.062, 15.217, 5.783, 0.938, 0. よって平方根を取って特異値 4.131, 3.901, 2.405, 0.968, 0 を得る. 直交基底を近似計算すると(省スペースのため 6.000 と書くべきところを 6 としている), $A^T A - 17.062E = \begin{pmatrix} -9.062 & 6 & 4 & 0 & 0 \\ 6 & -8.062 & 0 & 0 & 0 \\ 4 & 0 & -13.062 & 0 & 0 \\ 0 & 0 & 0 & -4.062 & 7 \\ 0 & 0 & 0 & 7 & -12.062 \end{pmatrix} \to$
$\begin{pmatrix} -9.062 & 6 & 4 & 0 & 0 \\ 0 & -4.090 & 2.648 & 0 & 0 \\ 0 & 0 & -9.582 & 0 & 0 \\ 0 & 0 & 0 & -4.062 & 7 \\ 0 & 0 & 0 & 0 & 0 \end{pmatrix}$ より 解 $\begin{pmatrix} 0 \\ 0 \\ 0 \\ 7 \\ 4.062 \end{pmatrix}$. (近似計算では非常に小さな非零成分が現れるが,0で置き換えずに計算を続けると階数が狂いひどい結果になるので注意せよ.) 以下同様に, $A^T A - 15.217E$ の核から $(2.804, 2.706, 1, 0, 0)^T$, $A^T A - 5.783E$ の核から $(0.446, -0.831, 1, 0, 0)^T$, $A^T A - 0.938E$ の核から $(0, 0, 0, 1, -1.72318)^T$, $A^T A$ の核から $(3, -2, -3, 0, 0)^T$ を得る. これらを長さ 1 に正規化して並べると $P = \begin{pmatrix} 0 & 0.697 & 0.324 & 0 & 0.640 \\ 0 & 0.673 & -0.605 & 0 & -0.426 \\ 0 & 0.249 & 0.727 & 0 & -0.640 \\ 0.865 & 0 & 0 & 0.502 & 0 \\ 0.502 & 0 & 0 & -0.865 & 0 \end{pmatrix}$, また $AP = \begin{pmatrix} 0 & 3.412 & -1.166 & 0 & 0 \\ 0 & 1.891 & 2.103 & 0 & 0 \\ 2.734 & 0 & 0 & -0.726 & 0 \\ 3.097 & 0 & 0 & 0.641 & 0 \end{pmatrix}$

の前4列を順に非零の特異値で割り算した $Q = \begin{pmatrix} 0 & 0.875 & -0.485 & 0 \\ 0 & 0.485 & 0.875 & 0 \\ 0.662 & 0 & 0 & -0.750 \\ 0.750 & 0 & 0 & 0.662 \end{pmatrix}$ により,

特異値分解 $A = Q \begin{pmatrix} 4.131 & 0 & 0 & 0 & 0 \\ 0 & 3.901 & 0 & 0 & 0 \\ 0 & 0 & 2.405 & 0 & 0 \\ 0 & 0 & 0 & 0.968 & 0 \end{pmatrix} P^T$ が得られる. 最後に階数 2 の低ランク近似は $Q \begin{pmatrix} 4.131 & 0 & 0 & 0 & 0 \\ 0 & 3.901 & 0 & 0 & 0 \\ 0 & 0 & 0 & 0 & 0 \\ 0 & 0 & 0 & 0 & 0 \end{pmatrix} P^T = \begin{pmatrix} 2.378 & 2.295 & 0.848 & 0 & 0 \\ 1.318 & 1.272 & 0.470 & 0 & 0 \\ 0 & 0 & 0 & 2.364 & 1.372 \\ 0 & 0 & 0 & 2.678 & 1.554 \end{pmatrix}$.

8.3.1 直接計算で確かめることができる: $(\mathcal{AB})_{ij} = \sum_{k=1}^n \mathcal{A}_{ik} \mathcal{B}_{kj} = \sum_{k=1}^n a_{i-k} b_{k-j}$.

ここで $k = i+j-l$ と置けば,巡回性を用いてこれは $= \sum_{l=i+j-n}^{i+j-n} a_{l-j} b_{i-l} = \sum_{l=1}^{n} b_{i-l} a_{l-j} = (\mathcal{BA})_{ij}$ となる.

別解 例題 8.3-1 の証明中の式 (8.11) より巡回行列はどれも一定の行列により対角行列に相似変換されるので,積は可換となる.

8.3.2 左辺の成分 $y_i = \sum_{k=0}^{n-1} b_{i-k} \sum_{j=0}^{n-1} a_{k-j} x_j = \sum_{j=0}^{n-1} x_j \sum_{k=0}^{n-1} b_{i-k} a_{k-j}$. ここで周期性を用いると,中側の k に関する和は $k-j=l$ に関する和 $\sum_{k=0}^{n-1} b_{i-j-l} a_l = (\boldsymbol{b} \times \boldsymbol{a})_{i-j}$ で置き換えられる.よって $\boldsymbol{c} = \boldsymbol{b} \times \boldsymbol{a}$ と置けば,上は $\boldsymbol{c} \times \boldsymbol{x}$ となる.これらを対応する巡回行列の作用で書けば $\mathcal{B}(\mathcal{A}\boldsymbol{x}) = (\mathcal{BA})\boldsymbol{x} = \mathcal{C}\boldsymbol{x}$ となるから,$\boldsymbol{c}$ から作られる巡回行列 $\mathcal{C}$ は $\mathcal{BA}$ に他ならない.なお問題 8.3.1 で示された積の可換性により,$\mathcal{A}, \mathcal{B}$ の順序はどうでもよい.

別解 与えられた等式の両辺を離散フーリエ変換すれば,例題 8.3-1 (4) により $\mathcal{F}\boldsymbol{b}(\mathcal{F}\boldsymbol{a}\mathcal{F}\boldsymbol{x}) = (\mathcal{F}\boldsymbol{b}\mathcal{F}\boldsymbol{a})\mathcal{F}\boldsymbol{x}$ となるが,これらの積はベクトルの成分毎のものなので,明らかに可換であり,両辺とも同じ三つのベクトルのこの意味での積に帰着して等号が自明に成り立っている.$\boldsymbol{c} \times \boldsymbol{x} = \mathcal{F}^{-1}(\mathcal{F}\boldsymbol{a}\mathcal{F}\boldsymbol{b}) \times \boldsymbol{x}$ なので,$\boldsymbol{c} = \mathcal{F}^{-1}(\mathcal{F}\boldsymbol{a}\mathcal{F}\boldsymbol{b})$ が $\boldsymbol{c}$ の別表現となる.

8.3.3 オイラーの等式により $\mathrm{Re}\, \zeta^{-(i-1)(j-1)} = \cos \frac{2\pi\sqrt{-1}}{n}(i-1)(j-1)$, $-\mathrm{Im}\, \zeta^{-(i-1)(j-1)} = \sin \frac{2\pi\sqrt{-1}}{n}(i-1)(j-1)$ なので,これらを第 ij 成分とする行列をそれぞれ $\mathcal{C}, \mathcal{S}$ と書けば,実ベクトル $\boldsymbol{x}$ に対して $\boldsymbol{\xi} := \mathrm{Re}\, \mathcal{F}\boldsymbol{x} = \mathcal{C}\boldsymbol{x}$, $\boldsymbol{\eta} := \mathrm{Im}\, \mathcal{F}\boldsymbol{x} = -\mathcal{S}\boldsymbol{x}$ となる.同様に,$\mathcal{F}^{-1}\boldsymbol{\xi} = \frac{1}{n}\overline{\mathcal{F}}\boldsymbol{\xi} = \frac{1}{n}\mathcal{C}\boldsymbol{\xi} + \sqrt{-1}\frac{1}{n}\mathcal{S}\boldsymbol{\xi}$ となり,この実部,虚部が逆変換の方の答である.

8.3.4 $\boldsymbol{x}$ が実ベクトルのとき,$\mathcal{F}\boldsymbol{x} = \boldsymbol{\xi}+i\boldsymbol{\eta}$ と置けば,前問により $\boldsymbol{x} = \mathcal{F}^{-1}(\boldsymbol{\xi}+\sqrt{-1}\boldsymbol{\eta}) = \frac{1}{n}\{\mathcal{C}\boldsymbol{\xi} - \mathcal{S}\boldsymbol{\eta}\} + \sqrt{-1}\frac{1}{n}\{\mathcal{S}\boldsymbol{\xi} + \mathcal{C}\boldsymbol{\eta}\}$ となる.よって最後の辺の虚部は消えなければならず,$\mathcal{S}\boldsymbol{\xi} + \mathcal{C}\boldsymbol{\eta} = 0$ という関係式が得られる.もとの $\mathcal{F}$ が $\boldsymbol{C}$ 上階数 n なので,行列 $\begin{pmatrix} \mathcal{C} \\ \mathcal{S} \end{pmatrix}$ は $\boldsymbol{R}$ 上階数 n である.(もし核が自明でない元を持てば,それは $\mathcal{F}$ の核に含まれてしまうから.) よって関係式は n 本有り,従ってこれが必要十分条件である.(なお,$\mathcal{C}, \mathcal{S}$ は単独では階数落ちしているので,上の関係式を実部あるいは虚部について解くことはできない.)

8.4.1 (1) 隣接行列は $\begin{pmatrix} 0 & 1 & 0 & 1 \\ 1 & 0 & 1 & 0 \\ 0 & 1 & 0 & 1 \\ 1 & 0 & 1 & 0 \end{pmatrix}$, 接続行列は $\begin{pmatrix} 1 & 0 & 0 & 1 \\ 1 & 1 & 0 & 0 \\ 0 & 1 & 1 & 0 \\ 0 & 0 & 1 & 1 \end{pmatrix}$.

(2) 隣接行列は $\begin{pmatrix} 0 & 1 & 0 & 0 \\ 0 & 0 & 1 & 0 \\ 0 & 0 & 0 & 1 \\ 1 & 0 & 0 & 0 \end{pmatrix}$, 接続行列は $\begin{pmatrix} -1 & 0 & 0 & 1 \\ 1 & -1 & 0 & 0 \\ 0 & 1 & -1 & 0 \\ 0 & 0 & 1 & -1 \end{pmatrix}$.

(3) 隣接行列は $\begin{pmatrix} 0 & 1 & 0 & 1 \\ 0 & 0 & 1 & 1 \\ 1 & 1 & 0 & 0 \\ 0 & 0 & 1 & 0 \end{pmatrix}$, 接続行列は $\begin{pmatrix} -1 & 0 & 0 & -1 & 1 & 0 & 0 \\ 1 & -1 & 0 & 0 & 0 & -1 & -1 \\ 0 & 1 & 1 & 0 & -1 & 0 & 1 \\ 0 & 0 & -1 & 1 & 0 & 1 & 0 \end{pmatrix}$.

8.4.2 異なる連結成分は異なる頂点と辺の集合を持つので,接続行列は行に関しても列に関しても完全にブロックに分解される.よって一つの連結成分について見ればよいので全体が連結とし,その接続行列の階数が $n-1$ となることを示す.

任意の辺は始点と終点を一つずつ持つので,任意の列はある行で 1 他のある行で -1 の値を持ち,それ以外の成分は 0 である.従ってすべての行を加えれば 0 となるので,これが非自明な 1 次関係式となり,階数は $n-1$ 以下である.逆を証明するために行と列の基本変形を行う.第 1 の頂点 v_1 からはいくつかの辺が出ているので,そのうちの一つを選び相手の頂

点が v_2 の位置になるように行の交換を行う．次にこれら以外の頂点で v_1, v_2 のいずれかと辺で結ばれるものが必ず有るので，その一つを選んでその頂点が v_3，その辺が e_2 となるように行と列の交換を行う．以下この操作を繰り返すと，接続行列は次のような階段型に変換される：$\begin{pmatrix} -1 & * & \cdots & & \\ 1 & * & \cdots & & \\ 0 & 1 & * & \cdots & \\ \vdots & \ddots & \ddots & \ddots & * \\ 0 & \cdots & 0 & 1 & * \end{pmatrix}$．ここで $*$ には ± 1 か 0 が入る．なお記述を簡明にするため，辺はすべて下向きとしているが，逆向きならその列の ± 1 を交換するだけなので階数には影響しない．よって階数は少なくとも $n-1$ である．

なお無向グラフでも後半の基本変形は同様にできるが，$*$ の内容によってはそこで階数が 1 稼げて n となることが有る．（例えば問題 8.4.1 (3) のグラフを無向にしたものの接続行列は階数 4 となる．）従ってこのようなグラフを並べれば非連結でも接続行列が最大階数となる．

8.4.3 (1) $z \in \mathbb{C}$ を $|z| > 1$ とするとき，$A - zI$ は $|z - a_{ii}| \geq |z| - a_{ii} > 1 - a_{ii} = \sum_{j \neq i} a_{ij}$ より対角優位となるので，例題 7.2-5 により可逆となる．（L_1 ノルムの意味を複素数の絶対値で考えれば，成分が複素数でもこの主張は正しい．）よって $\rho(A) \leq 1$ である．

(2) 確率行列の性質から $A\mathbf{1} = \mathbf{1}$ なので，1 が固有値，$\mathbf{1}$ が対応する固有ベクトルとなる．

8.4.4 固有値 r に一般固有ベクトルが存在すると仮定し，$(A - rE)\mathbf{a}' = \mathbf{a}$ なるものを取る．A も r も実なので $\mathbf{a}'$ も実に取れる．よって $\varepsilon > 0$ を十分小さく選んで $\mathbf{a} - \varepsilon \mathbf{a}'$ が正成分を持つようにできる．すると $A^k(\mathbf{a} - \varepsilon \mathbf{a}') = r^k \mathbf{a} - \varepsilon A^k \mathbf{a}'$ は常に正の成分を持つはずである．しかし $A^k \mathbf{a}' = \{(A - rE) + rE\}^k \mathbf{a}' = kr^{k-1}(A - rE)\mathbf{a}' + r^k \mathbf{a}' = kr^{k-1}\mathbf{a} + r^k \mathbf{a}'$ なので，上は $r^k \{(1 - \frac{\varepsilon}{r}k)\mathbf{a} - \varepsilon \mathbf{a}'\}$ となり，k が大きくなると全成分が負となってしまい，不合理である．よって背理法により証明された．

8.4.5 $\mathbf{x}$ を（一般）固有ベクトルの和で表すと，ベルヌーイ法（例題 7.6-3）の証明と全く同様に $\frac{1}{r^k} A^k \mathbf{x}$ が $k \to \infty$ のときペロン根 r に同伴する固有ベクトルの項 $c\mathbf{a}$ 以外は $\mathbf{0}$ に収束することが分かる．特に $\mathbf{x}$ として基本単位ベクトル $\mathbf{e}_i$ を取れば，$\frac{1}{r^k} A^k \mathbf{e}_i$ は $\frac{1}{r^k} A^k$ の第 i 列で，同様の極限を持つ．どれかは $c_i \mathbf{a} \neq \mathbf{0}$ を成分に含むので，極限行列は階数 1 となる．

8.4.6 A の（左）固有値，左固有ベクトルの転置は A^T の通常の固有値，固有ベクトルである．A^T は A と同じ固有値を持つ（問題 5.1.2 参照）ので，問題 8.4.3 により 1 が A^T の最大固有値となり，ペロンの定理（例題 8.4-3）と合わせると 1 が A^T のスペクトル半径であること，他の固有値は絶対値が真に 1 より小さいこと，1 の固有ベクトルが正成分を持つこと，および正成分の固有ベクトルはこれ以外には存在しないことが分かる．q_k の収束も問題 8.4.5 の A^T に対する主張を転置しただけである．

以上の実用的解釈としては，n 頂点のグラフでどの頂点からどの頂点へも辺が存在する"完全有向グラフ"を考える．各頂点 v_i で表されるサイトにある物質が初期量 q_i だけ配置されており，v_i から他の頂点 v_j へ各離散時刻ごとに a_{ij} の割合でこの物質が分配されるとする．時間が無限に経ったとき，各頂点の物質量は見掛け上定常になり，その量は $\mathbf{q} = (q_1, \ldots, q_n)^T$ とするとき $\lim_{k \to \infty} \mathbf{q}^T A^k$ の第 i 成分となる．（$\mathbf{q}$ は確率ベクトルでなくても，また 0 の成分が含まれていてもよい．物質の総量 $\|\mathbf{q}\|_1$ が一定なことは確率行列の性質から分かる．）

参 考 文 献

ここでは本書を読むための予備知識的な教科書と参考知識用の文献，本書を執筆する際に自分が参考にした文献を掲げています．実際に本文で参照引用しているのは [1] 〜 [7] ですが，序文にも書いたように，本書を使うには線形代数と微積分の標準的な教科書あるいはその知識が有れば十分です．

[1] 金子晃『線形代数講義』，サイエンス社，2004．
[2] 金子晃『基礎と応用微分積分 I』，サイエンス社，2000．
[3] 金子晃『基礎と応用微分積分 II』，サイエンス社，2002．
[4] 金子晃『応用代数講義』，サイエンス社，2006．
[5] 金子晃『微分方程式講義』，サイエンス社，2014．
[6] 金子晃『数値計算講義』，サイエンス社，2009．
[7] 金子晃『数理基礎論講義』，サイエンス社，2010．
[8] 斎藤正彦『線形代数演習』，東京大学出版会，1985．
[9] 藤原松三郎『代数学一巻，二巻』，内田老鶴圃，1928, 1929．（行列式の面白い問題が載っています．古い書物ですが何度か重版されています．自分が持っているのは 1982, 1983 年の版です．）
[10] F. R. Gantmacher, "The Theory of Matrices", 原著はロシア語，初版 Gostehizdat 1954; 英訳 Chelsea (Vol. 1, 2), 1959．（行列の本格的な参考書です．著者が生前に改訂したと思われる第 2 版が死後 1966 年に出版され，ロシア語版はそれを継いでおり，自分が持っているのは 1988 年の原書第 4 版です．ロシア語は Nauka から，英訳は AMS から Chelsea 版が，いずれも 2000 年以降にも重版されているようです．）
[11] The Matrix Cookbook, "http://www2.imm.dtu.dk/pubdb/views/publication_details.php?id=3274" （線形代数の知識を証明抜きで事実だけまとめたサイトで，工学系の人たちが愛用しているようです．）
[12] G. Chartrand, L. Lesniak, "Graphs & Digraphs", CRC, 第 3 版 1996; 初版 (+ M. Behzad), Wadsworth, 1979 の邦訳『グラフとダイグラフの理論』，共立出版，1981．（原書は第 6 版まで出ているようですが，邦訳は品切れのようです．）

―― 以下は線形代数を多用している機械学習関連の参考文献です．

[13] C. M. Bishop, "Pattern Recognition and Machine Learning", Springer, 2006; 邦訳『パターン認識と機械学習上下』，丸善出版，2012．
[14] A. N. Langville, C. D. Meyer, "Google's PageRank and Beyond", Princeton Univ. Press, ペーパーバック初版 2012; 邦訳『Google PageRank の数理』，共立出版，2009．
[15] 佐藤一誠『トピックモデルによる統計的潜在意味解析』，コロナ社，2015．

索　引

あ　行

アフィン変換　144
1 次結合　1, 8, 13, 18, 42
1 次従属　1, 8, 18, 42
1 次独立　1, 8, 18, 42
一般固有空間　99
一般固有ベクトル　99
一般線形群　57
上三角型　16
エルミート共役　130
エルミート行列　134
エルミート内積　129, 131

か　行

解空間　51
階数　18, 62
階数落ち（ランク落ち）　18
外積　1, 8
階段型　18
可逆　32
核　62
拡大係数行列　28
確率行列　203
確率ベクトル　203
加法　13
慣性指数（インデックス）　140
完全正規直交系　129
完全列　64
幾何学的ベクトル　42
基底　1, 42
基底の延長　45
基底変換　65
基本対称式　85
基本単位ベクトル　13
逆行列　32
行基本変形　18
行ベクトル　12
行列　12
虚数単位　12
キルヒホッフ行列　204
グラム-シュミットの直交化法　130
クラメールの公式　77
クロネッカーのデルタ　13
群　40
係数行列　（連立 1 次方程式）28,（2 次形式）140
係数体　40
ケイリー-ハミルトンの定理　111
ケイリー変換　152
ゲルファントの公式　169
減法　13
交換子　165
交代式　85
後退代入　30
合同変換　144
勾配ベクトル　177
コーシーの行列式　86
弧状連結　184
固有空間　89
固有多項式　89
固有値　89
固有ベクトル　89
固有方程式　89
根　111
根と係数の関係　85

さ　行

最小多項式　111
最大階数　18
差積　85
座標変換　25, 65
作用素ノルム　159
サラスの公式　70
次元　28, 42
次元公式　45, 62
下三角型　16
射影作用素　111
周期型　200
重心座標　4
主軸変換　144
主小行列　81
主小行列式　81
主成分分析　187
巡回行列　200
小行列　81

索　引

乗法的（行列ノルム）　158
ジョルダン標準形　99
ジョルダンブロック　99
ジョルダン分解　112
シルベスタの慣性律　140
錐　184
錐面　148
数ベクトル　12
スカラー行列　14
スカラー倍　1, 13
スペクトル写像定理　111, 161
スペクトル半径　159
スペクトル分解　112
正規行列　152
正規直交基底　129
正行列　203
斉次　28
正錐　184
正則　32
正則化法　195
正定値　129, 140
成分　12, 42
正方行列　12
制約条件　187
接続行列　203
零化イデアル　111
零行列　13
零空間　62
零ベクトル　12, 40
漸近線　144
線形空間　40
線形空間の公理　40
線形結合　13
線形写像　56
線形同型　62
線形同型写像　62
線形部分空間　45
線形変換　57
像　62
双曲線　144
双曲放物面　148
相似変換　66
双線形　129
双葉双曲面　148

た　行

退化　18, 32
対角化　89
対角化可能性の判定条件　90, 99, 111
対角型　13

対角行列　13
対角成分　12
対角優位　167
対称行列　16, 134
対称式　85
楕円　144
楕円放物面　148
楕円面　148
多元環　57
たすき掛け　70
単位行列　13
単葉双曲面　148
値域　62
中心　144
中線定理　129
超平面　45
直和　45
直和分解　45, 112
直和補空間　45
直交　16
直交行列　130
直交補空間　130
テプリッツ行列　76
展開公式（行列式の）　70
転置行列　16
等長変換　130
特異値　195
特異値分解　195
特性根　125
特性方程式　125
凸　184
凸錐　184
トレース　16

な　行

内積　1, 8, 16, 129, 131
2次曲線　144
2次形式　140
ノイマン級数　167
ノルム　157

は　行

掃き出す　28
パッフィアン　156
張られる　45
半正定値　140
半単純　89
半単純部分　112
ヴァンデルモンド行列式　85
半負定値　140

索　引　　**281**

非斉次　28
非退化　32, 140
左固有ベクトル　98
非負行列　203
表現行列　56
標準内積　131
フィボナッチ数列　125
符号数　140
負定値　140
不変　112
ブロック対角化　99
平行 $2n$ 面体　69
平方根（半正定値行列の）　139
冪等　111
冪零　112
冪零部分　112
ベクトル　40
ベクトル空間　40
ベルヌーイ法　186
ペロン根　203
ペロンの定理　203
ペロン-フロベニウスの定理　203
変換行列　65
放物線　144

ま　行

ムーア-ペンローズの一般化逆　189, 198
無限次元　42
目的関数　187
モニック　111

や　行

ヤコビ行列　174
ユークリッド距離　129
ユークリッドノルム　157
ユークリッド変換　144
有向グラフ　203
有心 2 次曲線　144
有心 2 次曲面　148
ユニタリ行列　130
余因子　77
余因子行列　77
要素　12
余次元　45

ら　行

ラプラスの展開定理　81

離散逆フーリエ変換　200
離散コサイン変換　202
離散畳み込み　200
離散フーリエ変換　200
隣接行列　203
零行列　13
列基本変形　18
列ベクトル　12

わ　行

歪対称行列　16, 50, 73, 156
和空間　45

欧字・記号

A^T（転置）　16
det（行列式）　69
diag（対角行列）　13
dim（次元）　42
E（単位行列）　13
End　57
$GL(n, \boldsymbol{R})$（一般線形群）　57, 184
Hom　57
I（単位行列）　13
Image（像）　62
Ker（核）　62
$M(n, \boldsymbol{R})$　57
O（零行列）　13
$O(n)$（直交群）　131
PCA（主成分分析）　187
QR 分解　133
rank（階数）　18
$\rho(A)$（スペクトル半径）　159
$\sigma(A)$（スペクトル集合）　159
$SO(n)$（特殊直交群）　186
tr（トレース）　16
W（トリプリュー）　45
U^*（エルミート共役）　130
$U(n)$（ユニタリ群）　131
$W^\perp$（直交補空間）　130
$W_1 \dotplus W_2$（直和）　45
$\boldsymbol{0}$（零ベクトル）　1, 12
《　》　45
[　]（基底）42,（交換子）165
|　|（ベクトルの長さ）1,（行列式）69
‖ ‖（ノルム）　157
$\| \|_p$（L_p ノルム）　157

著者略歴

金 子 晃 (かねこ あきら)

1968年　東京大学 理学部 数学科卒業
1973年　東京大学 教養学部 助教授
1987年　東京大学 教養学部 教授
1997年　お茶の水女子大学 理学部 情報科学科 教授
　　　　理学博士，東京大学・お茶の水女子大学 名誉教授

主要著書

数理系のための 基礎と応用 微分積分 I, II（サイエンス社，2000, 2001）
線形代数講義（サイエンス社，2004）
応用代数講義（サイエンス社，2006）
数値計算講義（サイエンス社，2009）
数理基礎論講義（サイエンス社，2010）
微分方程式講義（サイエンス社，2014）
基礎演習 微分方程式（サイエンス社，2015）
定数係数線型偏微分方程式（岩波講座基礎数学，1976）
超函数入門（東京大学出版会，1980–82）
教養の数学・計算機（東京大学出版会，1991）
偏微分方程式入門（東京大学出版会，1998）

ライブラリ数理・情報系の数学講義＝別巻1
基礎演習 線形代数

2017年 4 月 25 日 © 　　　　　初 版 発 行

著　者　金　子　　晃　　　発行者　森　平　敏　孝
　　　　　　　　　　　　　印刷者　山　岡　景　仁
　　　　　　　　　　　　　製本者　関　川　安　博

発行所　株式会社 サイエンス社

〒151–0051　東京都渋谷区千駄ヶ谷1丁目3番25号
営業 ☎ (03) 5474–8500（代）　振替 00170–7–2387
編集 ☎ (03) 5474–8600（代）
FAX ☎ (03) 5474–8900

印刷 三美印刷(株)　　　製本 関川製本所

《検印省略》

本書の内容を無断で複写複製することは，著作者および
出版者の権利を侵害することがありますので，その場合
にはあらかじめ小社あて許諾をお求め下さい．

ISBN978-4-7819-1400-8

PRINTED IN JAPAN

サイエンス社のホームページのご案内
http://www.saiensu.co.jp
ご意見・ご要望は
rikei@saiensu.co.jp まで．